JN495403

원소의 주기율표

범례	
(파란색)	금속
(회색)	준금속
(연한 색)	비금속

전이금속

1	2	3	4	5	6	7	8	9
1 **H** 1.008								
3 **Li** 6.941	4 **Be** 9.012							
11 **Na** 22.99	12 **Mg** 24.30							
19 **K** 39.10	20 **Ca** 40.08	21 **Sc** 44.96	22 **Ti** 47.87	23 **V** 50.94	24 **Cr** 52.00	25 **Mn** 54.94	26 **Fe** 55.85	27 **Co** 58.93
37 **Rb** 85.47	38 **Sr** 87.62	39 **Y** 88.91	40 **Zr** 91.22	41 **Nb** 92.91	42 **Mo** 95.94	43 **Tc** (97.91)	44 **Ru** 101.1	45 **Rh** 102.9
55 **Cs** 132.9	56 **Ba** 137.3	71 **Lu** 175.0	72 **Hf** 178.5	73 **Ta** 180.9	74 **W** 183.8	75 **Re** 186.2	76 **Os** 190.2	77 **Ir** 192.2
87 **Fr** (223.0)	88 **Ra** (226.0)	103 **Lr** (262.1)	104 **Rf** (261.1)	105 **Db** (262.1)	106 **Sg** (263.1)	107 **Bh** (264.1)	108 **Hs** (265.1)	109 **Mt** (266.1)

란타넘족

57 **La** 138.9	58 **Ce** 140.1	59 **Pr** 140.9	60 **Nd** 144.2	61 **Pm** (144.9)

악티늄족

89 **Ac** (227.0)	90 **Th** 232.0	91 **Pa** 231.0	92 **U** 238.0	93 **Np** (237.0)

10	11	12	13	14	15	16	17	18
							1 **H** 1.008	2 **He** 4.003
			5 **B** 10.81	6 **C** 12.01	7 **N** 14.01	8 **O** 16.00	9 **F** 19.00	10 **Ne** 20.18
			13 **Al** 26.98	14 **Si** 28.09	15 **P** 30.97	16 **S** 32.07	17 **Cl** 35.45	18 **Ar** 39.95
28 **Ni** 58.69	29 **Cu** 63.55	30 **Zn** 65.39	31 **Ga** 69.72	32 **Ge** 72.61	33 **As** 74.92	34 **Se** 78.96	35 **Br** 79.90	36 **Kr** 83.80
46 **Pd** 106.4	47 **Ag** 107.9	48 **Cd** 112.4	49 **In** 114.8	50 **Sn** 118.7	51 **Sb** 121.8	52 **Te** 127.6	53 **I** 126.9	54 **Xe** 131.3
78 **Pt** 195.1	79 **Au** 197.0	80 **Hg** 200.6	81 **Tl** 204.4	82 **Pb** 207.2	83 **Bi** 209.0	84 **Po** (209.0)	85 **At** (210.0)	86 **Rn** (222.0)
110 **Ds** (271.1)	111 **Rg** (272.1)	112 **Cn** (277.1)						

62 **Sm** 150.4	63 **Eu** 152.0	64 **Gd** 157.2	65 **Tb** 158.9	66 **Dy** 162.5	67 **Ho** 164.9	68 **Er** 167.3	69 **Tm** 168.9	70 **Yb** 173.0
94 **Pu** (244.1)	95 **Am** (243.1)	96 **Cm** (247.1)	97 **Bk** (247.1)	98 **Cf** (251.1)	99 **Es** (252.1)	100 **Fm** (257.1)	101 **Md** (258.1)	102 **No** (259.1)

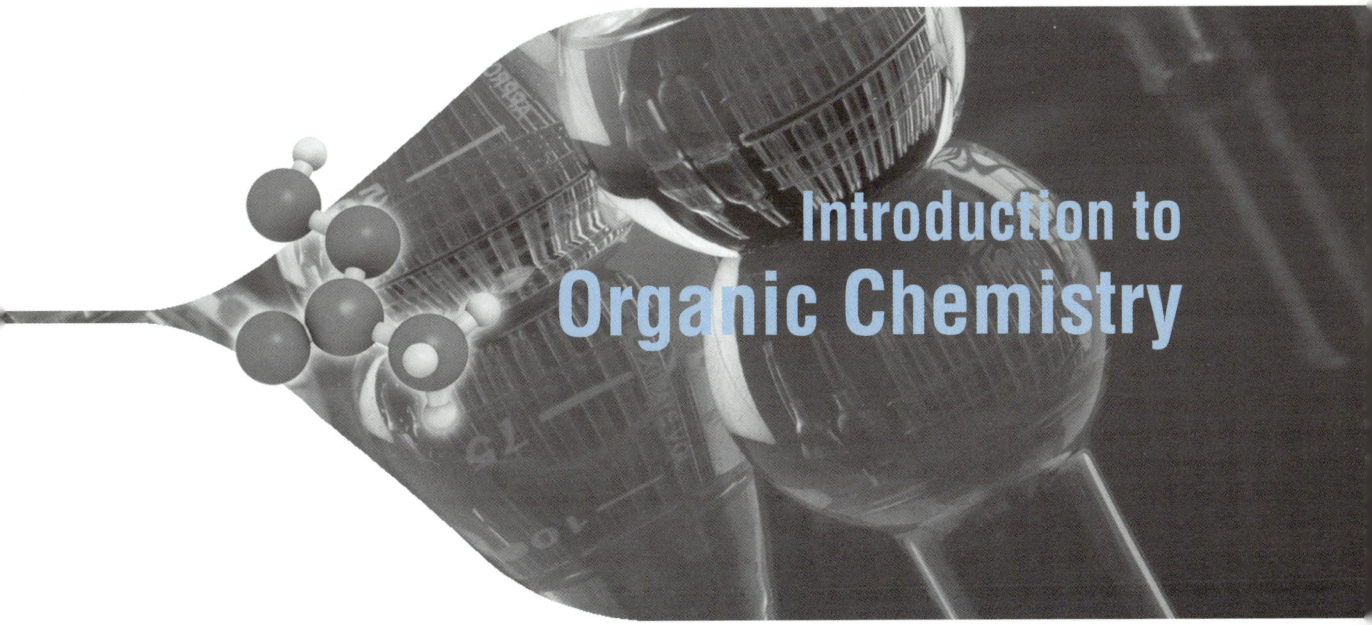

Introduction to Organic Chemistry

길잡이 유기화학

이론과 실험

신성철 지음

자유아카데미

머리말

“우리 모두는 매우 다양하고 고급스런 유기 화학을 끊임없이 경험하고 있다.” 푸른 나무와 풀에서 꽃이 피고 새가 날고 물고기가 헤엄치는 아름다운 자연을 감상할 때 우리는 즉시 눈에서 가시광선을 신경 신호로 전환시키기 위해 retinal이라고 하는 유기 분자를 이용할 줄 안다. 신나는 운동을 즐기거나 맛있는 음식을 먹을 때는 필요한 에너지를 얻기 위해 근육에 있는 포도당에 유기 화학 반응을 일으킨다. 이와 같이 살아가는 데 필요한 모든 현상에 우리는 탄소를 중심으로 10여 가지의 매우 적은 원소로 이루어져 있는 유기 화합물과 유기 화학 반응을 이용할 줄 안다. 극히 제한된 수의 원소가 무수히 다양하고 복잡한 생물세계를 만들고 있다는 놀라운 비밀을 풀어내고 생명의 화학을 이해하는 데 가장 핵심이 되는 열쇠가 바로 유기 화학이다.

1806년 스웨덴의 Berzelius가 의화학 교과서인 「동물 화학」에서 ‘유기 화합물’과 ‘유기 화학’이라는 용어를 처음으로 사용하였다. 당시 그는 대부분의 사람들과 마찬가지로 유기 화합물은 소수의 한정된 원소들이 생명력의 영향으로 서로 연결되어 있다고 생각하여 구성 원소로부터 인공적으로 합성하는 것이 불가능하다고 믿었다.

1828년 Berzelius의 제자였던 Friedrich Wöhler는 사이안산 암모늄을 증발시킬 때 유기 물질인 요소(urea)가 생성된다는 사실을 발견하고, 스승인 Berzelius에게 “선생님! 저는 콩팥이 없어도 요소를 만들 수 있습니다.”라고 편지를 썼다고 한다.

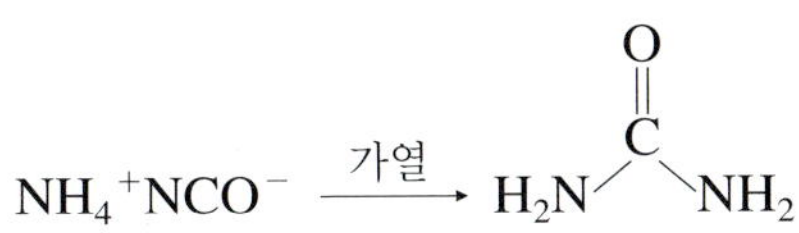

사이안산 암모늄 요소

이 실험은 현대 과학의 이정표적인 사건으로 알려져 있으며 생기론을 뒤집어엎는 첫걸음이 되었다. 뒤이어 수백만의 유기 화합물들이 실험실에서 합성되었다.

유기 물질을 구성하고 있는 주원소가 탄소이므로 **유기 화학**은 ‘탄소 화합물을 연구하는 화학’으로 정의된다. 원자가가 4인 탄소는 네 개의 화학 결합을 통해 다양한 많은 방법으로 다른 탄소와 연결될 수 있다. 이 때문에 간단한 메테인에서부터 수십억 개의 탄소로 이루어진 복잡한 생체 고분자까지 무한히 많은 유기 화합물이 있을 수 있다. 자연계에서 일어나는 모든 생명 현상은 유기 화합물들의 복잡한 상호 작용으로부터 비롯된 것이다. 질병을 치료하는 대부분의 의약품, 식품, 염료와 합성 고분자 등을 포함하는 매우 많은 물질들이 유기 화합물이므로 유기 화학의 범위는 실로 방대할 뿐만 아니라 자연 과학의 핵심이 되는 매우 중요한 분야라고 할 수 있다. 이 교재에서는 이러한 유기 화학을 이해하고 응용하는 데 필요한 기초를 소개한다.

저자는 이 교재를 가능한 한 가르치기 쉬울 뿐만 아니라 학생들이 쉽게 이해할 수 있도록 유기 화학의 핵심을 망라하면서도 한 학기용 교재로 적합하도록 구성하였다. 어려운 주제도 가능한 한 쉽게 설명하려고 하였으며 보다 효과적으로 익힐 수 있도록 필요한 곳에 그림과 예제들을 삽입하였다.

이 책은 1부와 2부로 나누어져 있다. 1부는 열여섯 개 장으로 이루어져 있으며 유기 화학의 핵심이 되는 기초 이론들을 중심으로 엮어져 있다.

1장에서는 유기 화합물의 구조를 이해하는 데 필요한 기초 개념들을 설명하였다.

2장에서는 알케인을 소재로 유기 화합물들의 이름을 짓는 기초와 알케인 분자들의 입체 형태들을 소개하였다.

5장에서는 유기 화합물들의 입체 화학적이고 비대칭적인 특징을 이해하는 데 필요한 내용들을 설명하였다.

3, 4장 및 6~11장에서는 대표적인 작용기별로 분류된 유기 화합물들의 물리적 특징, 제조 방법 및 반응들을 소개하였다.

12장에서는 유기 화합물의 구조를 규명하는 데 이용되는 분광법의 기초를 정리하였다.

13장에서는 고분자 화학의 기초를 소개하였다.

14~16장에서는 생체 구성 물질인 탄수화물, 단백질, 지질 및 핵산과 관련된 중요 내용들을 다루었다.

각 장의 끝에는 요약 및 보충 문제들을 삽입하였다. 교과서의 마지막 부분에는 예제의 해답과 보충 문제 중 선택된 문제들의 해답을 수록하였다.

제2부는 세 개의 장으로 이루어져 있다. 1장에서는 실험실 안전과 관련된 내용들을 소개하였다. 2장에서는 물질의 분리와 정제에 필요한 내용들을 설명하였다. 3장에서는 유기 화학의 가장 기본이 될 수 있는 열다섯 개의 실험들을 쉽게 수행할 수 있도록 소개하였다.

유기 화학은 먼저 배운 지식 위에 뒤에 배운 지식을 조금씩 점진적으로 쌓아올려야 하는 과목이다. 유기 화학을 정통하게 습득하는 지름길은 없다. 각 장을 배우기 전에 먼저 고딕체로 표시되어 있는 중요 개념들을 중심으로 한 번 훑어보기 바란다. 각 장의 강의를 듣고 난 다음에는 여러 번 꼼꼼하게 읽어보면서 예제와 보충 문제들을 풀어보아야 한다. 유기 화학뿐만 아니라 화학의 모든 과목을 공부할 때는 여러 가지 유형의 문제들을 반드시 반복해서 풀어보아야 한다. 내용을 효과적으로 이해하고 오랫동안 기억하는 것은 물론이고 응용력을 기르는 데도 문제 풀이는 필수적이다.

저자는 학생들이 이 책을 통해 생명 과학의 등뼈 역할을 하는 유기 화학을 재미있게 배울

수 있기를 바란다. 또 응용 과학을 전공하기 위한 소중한 기초가 되고 자연 과학적 교양에도 보탬이 될 수 있기를 희망한다. 이 책을 가르치는 선생님들이나 공부한 학생들에게서 어떤 제안이나 비평이 있으면 기꺼이 받아들이겠다. 출간 후 수정 사항이 있을 경우에는 자유아카데미 홈페이지(www.freeaca.com) 자료실에 제공할 예정이다.

한 권의 책이 출판되는 데는 여러 사람의 기여가 필요하다. 이 책을 집필할 기회를 주시고 출판에 필요한 여러 가지를 도와주신 자유아카데미 직원 여러분, 특히 꼼꼼하게 편집해주신 이호정 선생님께 감사드린다.

저 자

차 례

제 1 부

1장 구조와 결합

2장 알케인

3장 알켄과 알카인

4장 알켄과 알카인의 반응

5장 입체 화학

6장 할로알케인: 친핵성 치환 및 제거 반응

7장 방향족 화합물

8장 알코올 페놀 및 에터

9장 알데하이드와 케톤

10장 카복실산과 유도체

11장 아민

12장 구조 결정과 분광법

15장 단백질

16장 지방질과 핵산

제2부

1장 실험실 안전

2장 물질의 분리 및 정제

3장 유기 화학 실험

제 1 부

1장 구조와 결합

화합물의 성질은 어떤 원자들이 어떻게 연결되어 있느냐에 따라 결정된다. 팔전자 규칙을 따라 원자들이 연결되는 방식인 구조를 이해하는 것이 무엇보다 중요하다. 구조식을 읽을 수 있으면 화합물의 성질과 화학 반응을 예측할 수 있다. 또 구조식을 이용하면 유기 화학과 관련된 모든 정보들을 서로 편리하고 쉽게 교환할 수 있다. 이 장에서는 구조를 이해하기 위해 먼저 원자 내 전자들의 거동, **화학 결합**(chemical bonding) 및 이들과 관련된 기본 원리들을 공부한다.

1.1 원자의 전자 구조

유기 화합물의 구조와 화학적 성질을 이해하기 위해서는 먼저 원자 내 전자들의 기본적인 특징들을 알아야 한다.

1924년 프랑스의 물리학자인 de Broglie는 전자가 입자로서의 성질은 극히 적고 거의 파동으로서의 성질만 가지고 있다고 하였다. 이 놀라운 설명에 자극을 받은 물리학자들은 새로운 수학적 개념들로 이루어져 있는 **양자 역학**(quantum mechanics)을 발전시켰다.

양자 역학에서는 기타 현의 파동 운동을 기술할 때와 같은 방정식을 사용하여 핵 주위에 있는 전자의 움직임을 설명한다. de Broglie가 전자파 개념을 소개하고 난 2년 뒤 Ewin Schrödinger는 원자나 분자에서 각 전자들의 행동이 **파동 방정식**(wave equation)이라고 하는 수학적 방법으로 설명될 수 있음을 보여 주었다. 수소 원자의 전자에 대한 Schrödinger의 파동 방정식에 의하면 전자는 핵 주위의 공간에서 자유롭게 움직이는 것이 아니라 **주에너지 준위**(principal energy level) 또는 간단히 **껍질**(shell)이라고 하는 여러 층의 공간 영역에 제한되어 있다. 껍질은 **주양자수**(principal quantum number) $n=1, 2, 3, \cdots$으로 규정된다. n값이 큰 껍질일수록 핵으로부터 멀리 떨어져 있고 전자를 더 많이 포함하고 있을 뿐만 아니라 포함하고 있는 전자들의 에너지도 커진다. $n=1$인 첫 번째 껍질에는 2개, $n=2$인 두 번째 껍질에는 8개, $n=3$인 세 번째 껍질에는 18개, $n=4$인 네 번째 껍질에는 32개의 전자가 들어갈 수 있다. 각 껍질이 수용할 수 있는 최대 전자수는 $2n^2$개이다.

각 껍질은 **원자 오비탈**(atomic orbital)이라고 하는 **부껍질**(subshell)을 포함하고 있다. *s*, *p*, *d*, …로 표시되는 원자 오비탈은 전자가 존재하는 공간 영역이며 각 원자 오비탈에는 최대 두 개의 전자가 수용될 수 있다. 첫 번째 껍질에는 1*s* 오비탈만 있다. 두 번째 껍질에는 한 개의 2*s* 오비탈과 세 개의 2*p* 오비탈이 있다. 세 번째 껍질에는 한 개의 3*s*, 세 개의 3*p* 및 다섯 개의 3*d* 오비탈이 들어 있다. 처음 세 층의 껍질에 있는 원자 오비탈 및 전자의 분포를 종합하면 표 1.1과 같다.

표 1.1 각 껍질의 전자 분포

껍질(n)	원자 오비탈	최대 전자수	전자들의 상대적인 에너지
1	1*s*	2	낮은 에너지
2	2*s*, 3×2*p*	8(2+6)	⇩
3	3*s*, 3×3*p*, 5×3*d*	18(2+6+10)	높은 에너지

오비탈은 전자가 존재할 확률이 높은 공간 영역이므로 경계가 명확하지 않은 구름과 같은 모양을 보여 준다. 오비탈은 경계가 명확하지 않은 전자 구름이지만 편의상 전자가 발견될 수 있는 확률이 95%인 영역 주변을 경계면으로 그린다.

유기 화합물을 구성하고 있는 핵심 원소들은 *s*와 *p* 오비탈만 가지고 있으므로 본 교과서에서는 이들 두 원자 오비탈에만 집중한다. 그림 1.1에서 보는 것처럼 *s* 오비탈은 구형이며 중

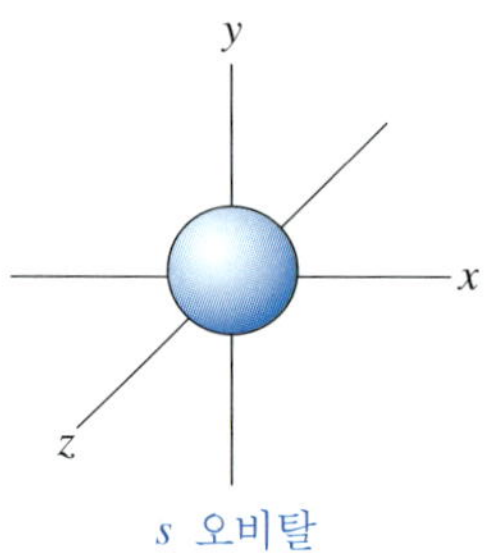

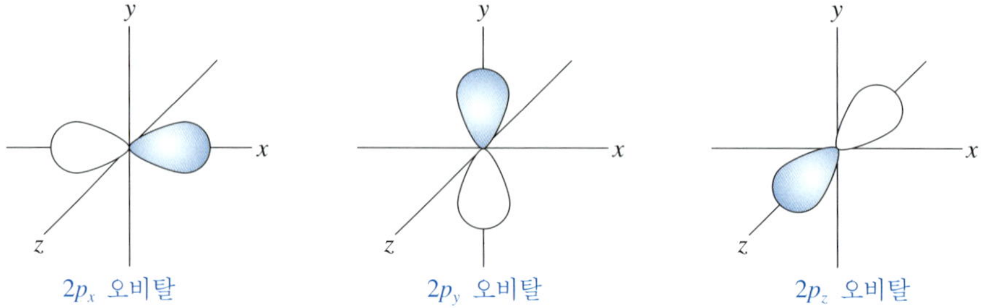

그림 1.1 원자 오비탈

심에 원자핵이 있다. p 오비탈은 중심의 핵에 두 개의 **로브**(lobe)가 붙어 있는 모양을 하고 있다. 각 껍질 내에 있는 에너지가 동일한 세 개의 p 오비탈들은 서로 직각을 이루고 있는데 이들을 $2p_x$, $2p_y$, $2p_z$로 표시한다. 아래 첨자는 원자핵이 중심인 직각좌표의 x, y, z축을 나타낸다(그림 1.1). 세 개의 $2p$ 오비탈과 같이 서로 동일한 에너지를 가지고 있는 오비탈들을 **축퇴**(degenerate)되어 있다고 한다.

전자가 가장 낮은 에너지 상태에서 원자 오비탈을 차지하고 있는 양상을 **바닥 상태 전자 배치**(ground state electronic configuration)라고 한다. 바닥 상태의 전자 배치는 다음 세 가지 원리를 따라 설명된다.

1. **쌓음 원리**(aufbau principle) Aufbau는 독일어로 구성 또는 쌓음이라는 의미이다. 이 원리를 따르면 전자는 에너지가 가장 낮은 오비탈로부터 채워진다. 따라서 전자는 $1s \to 2s \to 2p \to 3s \to 3p \to 4s \to 3d \to 4p \to 5s \to 4d \to 5p$의 순서로 채워진다.
2. **Pauli 배타 원리**(Pauli exclusion rule) 각 오비탈에는 두 개까지만 전자가 들어갈 수 있고 두 전자는 서로 반대 스핀($+\frac{1}{2}$ 또는 $-\frac{1}{2}$)이어야 한다.
3. **Hund 규칙**(Hund's rule) 두 개 이상의 에너지가 같은 오비탈, 즉 축퇴된 오비탈이 있을 때는 각 오비탈에 먼저 전자가 한 개씩 채워진 다음 두 개씩 채워져 나간다.

수소의 전자 배열은 $1s^1$인데, 이것은 $1s$ 오비탈에 전자 한 개가 있다는 것을 의미한다. 원자 번호 4인 베릴륨은 $1s$ 오비탈에 전자 두 개, $2s$ 오비탈에 전자 두 개가 있으므로 $1s^22s^2$로 표시한다. 원자 번호 6인 탄소 원자는 $1s^22s^22p_x{}^12p_y{}^1$의 전자 배열을 이루고 있으며 $1s^22s^22p^2$로 요약하여 표시할 때도 있다. 주기율표의 제 1 및 2주기 원소들의 바닥 상태 전자 배치를 종합하면 표 1.2와 같다.

표 1.2 원자 번호 1~11인 원소들의 바닥 상태 전자 배치

원소 기호	원소 이름	원자 번호	바닥 상태 전자 배치
H	수소(Hydrogen)	1	$1s^1$
He	헬륨(Helium)	2	$1s^2$
Li	리튬(Lithium)	3	$1s^22s^1$
Be	베릴륨(Beryllium)	4	$1s^22s^2$
B	붕소(Boron)	5	$1s^22s^22p_x{}^1$
C	탄소(Carbon)	6	$1s^22s^22p_x{}^12p_y{}^1$
N	질소(Nitrogen)	7	$1s^22s^22p_x{}^12p_y{}^12p_z{}^1$
O	산소(Oxygen)	8	$1s^22s^22p_x{}^22p_y{}^12p_z{}^1$
F	플루오린(Fluorine)	9	$1s^22s^22p_x{}^22p_y{}^22p_z{}^1$
Ne	네온(Neon)	10	$1s^22s^22p_x{}^22p_y{}^22p_z{}^2$
Na	소듐(Sodium)	11	$1s^22s^22p_x{}^22p_y{}^22p_z{}^23s^1$

1.1 Aluminum은 원자 번호가 13이고, 바닥 상태에서 한 개의 짝짓지 않은 전자를 가지고 있다. 짝짓지 않은 전자는 어떤 원자 오비탈을 차지하고 있는가?

1.2 다음 원소들의 바닥 상태 전자 배치를 쓰시오.

(1) ${}_{17}\mathrm{Cl}$ (2) ${}_{12}\mathrm{Mg}$ (3) ${}_{15}\mathrm{P}$

1.2 이온 결합

원자의 가장 바깥쪽 껍질에 있는 전자를 **원자가 전자**(valence electron)라고 한다. 화학 결합과 반응들은 모두 이 원자가 전자들에 의해 결정된다. 주기율표의 가장 오른쪽에 있는 **비활성 기체**(noble gas)들의 가장 바깥쪽 껍질의 원자 오비탈들은 원자가 전자로 모두 채워져 있다. 가장 바깥쪽 껍질이 전자들로 꽉 채워져 있는 비활성 기체들은 극도로 안정하며 화학 반응을 거의 하지 않는다.

1916년 독일의 Walter Kössel과 미국의 G. N. Lewis는 "원자들은 가장 바깥 껍질의 전자 배열이 비활성 기체의 전자 배열(헬륨은 2, 나머지는 8)과 같을 때 가장 안정하므로 이 배열을 이루기 위해 전자를 버리거나 얻거나 또는 공유한다."는 이론인 **팔전자 규칙**(octet rule)을 제안하였다.

비활성 기체의 전자 배열을 이루기 위해 원자가 전자를 버릴 것인가 얻을 것인가를 판단하는 데는 주기율표가 이용된다. 주기율표의 왼쪽에 있는 원소들은 가장 가까운 비활성 기체의 전자 배열을 이루기 위해 전자를 잃고 양이온이 된다. 예로서 소듐 원자가 전자 한 개를 잃으면 네온과 같은 전자 배열을 가지는 Na^+가 된다.

$$\mathrm{Na}\cdot \longrightarrow \mathrm{Na}^+ + e^-$$

주기율표의 오른쪽에 있는 원소들은 같은 주기의 비활성 기체의 전자 배열을 이루기 위해 전자를 얻고 음이온이 된다. 예를 들어 염소 원자가 전자 한 개를 얻으면 Cl^-가 되는데 이것은 비활성 기체인 아르곤과 같은 전자 배열을 가지고 있다.

$$:\underset{..}{\ddot{\mathrm{Cl}}}\cdot + e^- \longrightarrow :\underset{..}{\ddot{\mathrm{Cl}}}:^-$$

소듐 금속과 염소 기체를 서로 섞어 주면 소듐 원자로부터 염소 원자로 전자가 전달되어 소듐 양이온과 염소 음이온이 된다. 반대로 하전된 이 이온들은 서로 끌어당긴다. 이 끌어당기는 힘을 **정전기적 인력**(electrostatic attraction) 또는 **쿨롱 인력**(Coulombic attraction)이라고 하는데 이 인력을 **이온 결합**(ionic bond)라고 부른다. 원자들이 비활성 기체의 전자 배열을 이루기 위해 전자를 전달하는 결과로서 이온 결합이 형성된다.

이온 결합 ↓

$$\mathrm{Na}\cdot + :\underset{..}{\ddot{\mathrm{Cl}}}\cdot \longrightarrow \mathrm{Na}^+ :\underset{..}{\ddot{\mathrm{Cl}}}:^-$$

염화 소듐

1.3 공유 결합

원자들은 전자를 버리거나 얻는 대신 다른 원자와 전자를 공유함으로써 가장 바깥쪽 껍질에 여덟 개의 전자 배열을 이룰 수도 있다. 전자 공유의 결과로 형성된 결합이 **공유 결합**(covalent bond)이다. 두 개의 원자가 전자 한 쌍을 공유하면 한 개의 공유 결합이 형성된다. **Lewis 전자−점 구조식**을 사용하면 쉽게 원자가 전자들을 계산할 수 있고 공유 결합을 통해 비활성 기체 배열에 도달하는 것을 이해할 수 있다. Lewis 전자−점 구조식에서는 원소 기호와 원자가 전자의 수에 일치하는 점을 사용한다.

두 개의 수소 원자가 한 쌍의 전자를 공유하면 각 수소 원자의 첫 번째 껍질이 채워진다. 즉 헬륨과 같은 전자 배열을 이룰 수 있다.

공유 결합 ↓

$$\mathrm{H\cdot} + \mathrm{H\cdot} \longrightarrow \mathrm{H{:}H}$$

수소와 염소가 두 개의 전자를 공유하면 한 개의 공유 결합을 형성할 수 있다. 이때 수소는 첫 번째 껍질을 채우고 염소는 여덟 개 전자로 가장 바깥쪽 껍질을 채우게 된다. 염소 주위에 표시되어 있는 것과 같이 공유 결합에 참여하지 않은 전자쌍들을 **비결합 전자쌍**(nonbonding electron pairs) 또는 **비공유 전자쌍**(unshared electron pairs)이라고 한다.

$$\mathrm{H\cdot} + {:}\ddot{\underset{..}{\mathrm{Cl}}}{\cdot} \longrightarrow \mathrm{H}{:}\ddot{\underset{..}{\mathrm{Cl}}}{:}$$

두 개의 염소 원자도 원자가 전자들을 공유하여 염소 분자가 될 때 가장 바깥쪽 껍질이 꽉 채워진 네온의 전자 배열을 이룰 수 있다. 염소 분자에 포함된 각 염소 원자에는 세 쌍의 비공유 전자쌍이 있다.

비공유 전자쌍 ↓

$${:}\ddot{\underset{..}{\mathrm{Cl}}}{\cdot} + {:}\ddot{\underset{..}{\mathrm{Cl}}}{\cdot} \longrightarrow {:}\ddot{\underset{..}{\mathrm{Cl}}}{:}\ddot{\underset{..}{\mathrm{Cl}}}{:}$$

어떤 원자가 만드는 공유 결합의 수는 원자가 비활성 기체의 전자 배열을 이루는 데 필요한 전자의 수와 같다. 예로서 수소 원자가 헬륨의 전자 배열을 이루기 위해서는 한 개의 전자가 더 필요하므로 공유 결합의 수는 1개이다. 탄소 원자는 4개의 원자가 전자를 가지고 있다. 탄소가 네온의 전자 배열을 이루려면 4개의 전자가 필요하므로 4개의 공유 결합을 형성한다. 마찬가지로 염소가 아르곤의 배열을 이루기 위해서는 한 개의 전자가 더 필요하므로 한 개의 공유 결합을 형성한다. 유기 화합물을 구성하는 대표적인 원소들의 공유 결합수를 종합하면 표 1.3과 같다.

표 1.3 유기 화합물을 구성하는 대표적인 원소들의 공유 결합수

원소	공유 결합의 수	주기율표상의 족번호
H	1	1
C	4	14
N	3	15
O	2	16
Cl	1	17
I	1	17
Br	1	17

화합물을 구성하고 있는 원소 조성을 알면 원소가 형성하는 공유 결합의 수를 기초로 화합물의 구조를 그릴 수 있다. 한 쌍의 전자로 이루어져 있는 공유 결합은 보통 대시(—)로 나타내며 대시와 원소 기호를 사용하여 그린 구조식을 **Kekulé 구조식**이라고 한다. 수소, methane 및 tetrafluoromethane의 Kekulé 구조식은 다음과 같다.

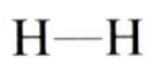
수소

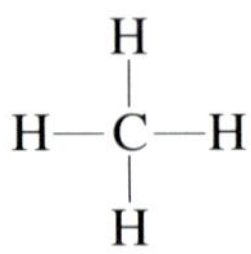
Methane

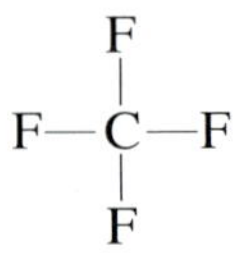
Tetrafluoromethane

두 원자 사이에서 한 쌍의 전자를 공유하는 결합을 **단일 결합**(single bond)이라고 한다. 두 개의 원자가 두 쌍 이상의 전자를 공유하는 결합을 **다중 결합**(multiple bond)이라고 한다. 두 쌍의 전자를 공유하는 결합을 **이중 결합**(double bond)이라고 하는데 ethylene(C_2H_4)은 탄소-탄소 이중 결합을 통하여 안정된 팔전자계를 이루고 있다. Acetylene(C_2H_2)은 탄소-탄소 사이에 세 쌍의 전자를 공유하는 **삼중 결합**(triple bond)을 포함함으로써 팔전자계를 형성한다.

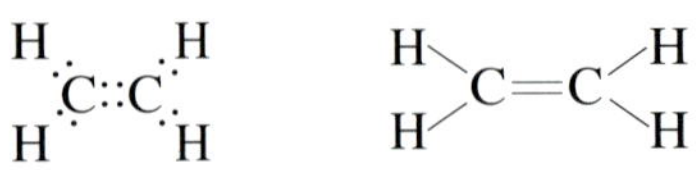
Ethylene

Acetylene

1.3 다음을 이온 결합 화합물과 공유 결합 화합물로 구분하시오.

(1) $CaCl_2$ (2) CCl_4 (3) NaBr (4) CH_2Cl_2 (5) Cl_2

1.4 황 원자는 몇 개의 수소 원자와 공유 결합을 형성할 수 있는가?

1.5 다음 분자들의 Lewis 전자-점 구조식과 Kekulé 구조식을 그리시오.

(1) $CHCl_3$ (2) CO_2 (3) CH_3OH (4) C_2H_6

1.4 극성 공유 결합

탄소-탄소 또는 수소-수소 사이의 결합처럼 동일한 원소들 사이의 공유 결합에서는 결합 전자들이 두 원자들 사이에 똑같은 정도로 분포된다. 이와 같은 결합을 **비극성 공유 결합**(nonpolar covalent bond)이라고 한다.

한편 원자가 전자를 자기 쪽으로 당기려는 경향을 **전기 음성도**(electronegativity)라고 한다. 몇 가지 대표적인 원자들의 전기 음성도를 종합하면 표 1.4와 같다. 전기 음성도는 주기율표의 오른쪽으로 갈수록, 같은 족의 위쪽으로 갈수록 증가한다.

표 1.4 몇 가지 대표적인 원소들의 전기 음성도

족 번호	1	2	13	14	15	16	17
	H						
	2.1						
원소	Li	Be	B	C	N	O	F
전기 음성도	1.0	1.5	2.0	2.5	3.0	3.5	4.0
	Na	Mg	Al	Si	P	S	Cl
	0.9	1.1	1.5	1.8	2.1	2.5	3.0

전기 음성도 증가 →

전기 음성도 증가 ↑

전기 음성도가 다른 두 원자들 사이에서 형성된 공유 결합에서는 전기 음성도가 큰 원자 쪽에 전자가 더 많이 분포되어 있는데 이와 같은 결합을 **극성 공유 결합**(polar covalent bond)이라고 한다. 예로서 염화 수소에서 수소와 염소 사이의 결합은 전기 음성도가 큰 염소 쪽으로 전자가 크게 당겨져 있는 극성 공유 결합이다. 극성 공유 결합에서는 보다 전기 음성도가 큰 원자는 부분(약간의) 음전하를, 전기 음성도가 작은 원자는 부분 양전하를 띤다. 부분 양전하와 부분 음전하는 각각 δ^+와 δ^-로 표시한다. 결합의 극성은 화살표로 나타내기도 한다. 전자들은 화살촉의 방향으로 끌어당겨지며 화살촉은 부분 음전하를 가리킨다. 화살표의 꼬리에 그려진 짧은 수직선은 부분 양전하를 나타낸다.

$$\overset{\delta^+}{\mathrm{H}}\text{—}\overset{\delta^-}{\mathrm{Cl}} \qquad \overset{+\!\!\longrightarrow}{\mathrm{H}\text{—}\mathrm{Cl}}$$

결합된 원자들의 전기 음성도 차가 클수록 결합은 더 큰 극성을 가진다. Methane에서 탄소와 수소는 전기 음성도가 거의 비슷하기 때문에 탄소-수소 사이의 공유 결합은 비교적 비극성이다.

이온 결합과 공유 결합은 그림 1.2에서 보는 것처럼 결합 형태를 나타내는 연속선의 반대편 끝에 있는 것으로 생각할 수 있다. 이온 결합은 공유 전자를 포함하지 않는다. 비극성 공유 결합은 정확하게 동등한 전자를 공유하고 있다. 결합을 형성하는 원자들 사이의 전기 음성도 차가 클수록 극성 공유 결합은 연속선의 이온 결합 쪽에 가까워진다.

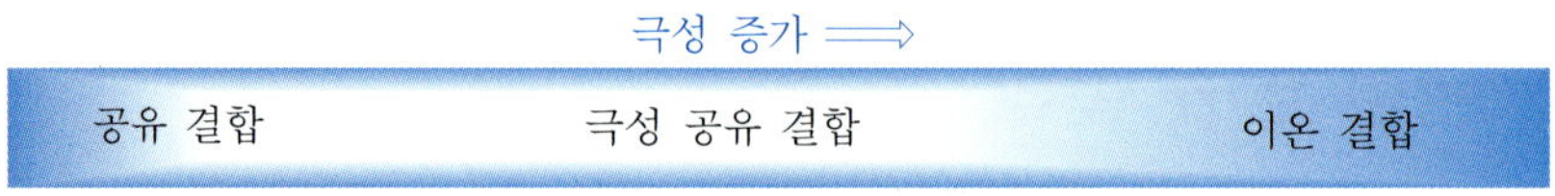

그림 1.2 결합 형태의 연속선

1.6 δ^+와 δ^- 기호를 사용하여 다음 각각의 지시된 결합에서 극성의 방향을 표시하시오.

(1) Cl—Br (2) CH_3—F (3) CH_3—MgBr

(4) CH_3O—H (5) CH_3—NH_2

1.5 공유 결합과 분자 오비탈

Kekulé 구조는 편리하지만 입체적인 모양(삼차원적 구조)을 포함하여 분자의 상세한 특징을 설명하는 데는 부족하다. **분자 오비탈**(molecular orbital)을 사용하면 유기 화합물의 삼차원적 구조는 물론이고 여러 가지 복잡한 반응들을 쉽게 설명할 수 있다. 분자 오비탈은 공유 결합의 다른 표현으로서 간단히 설명하면 한 개씩의 전자를 가지고 있는 두 개 이상의 원자 오비탈들이 서로 겹쳐서 이루어진 것이다.

예를 들면 수소 분자 H—H는 1*s* 오비탈에 한 개의 전자를 가지고 있는 수소 원자 두 개가 서로 접근하여 형성된 것으로 생각할 수 있다(그림 1.3). 두 수소 원자의 1*s* 오비탈이 접근하여 **겹침**(overlap)으로써 각 원자의 전자는 자신의 핵뿐만 아니라 다른 원자핵에도 끌리게 된다. 원자핵들이 **결합 길이**(bond length)라고 하는 어떤 일정한 거리(수소의 경우 0.74 Å)에서 겹치게 되면 오비탈들의 전자파가 강화되면서 분자 오비탈을 형성하게 된다. 이 분자 오비탈은 두 수소 원자핵과 한 쌍의 전자를 둘러싸고 있다. 이 새로운 오비탈의 음으로 하전된 전자들은 주로 양으로 하전된 두 원자핵들 사이에 단단히 잡혀있을 뿐만 아니라 핵들 사이의 반발도 최소화한다. 수소의 분자 오비탈은 타원 모양의 **원통형 대칭**(cylindrical symmetry)을 이루고 있다. 원자핵과 원자핵을 연결하는 선을 축으로 원통형 대칭을 이루고 있는 분자 오비탈을 **시그마(σ) 오비탈** 또는 **시그마 결합**이라고 한다.

시그마 결합은 *s*와 *p* 오비탈 또는 두 개의 *p* 오비탈 사이에서도 만들어질 수 있다(그림 1.4). 수소 분자의 공유 결합은 여러 가지 많은 형태의 시그마 결합 중 하나이다.

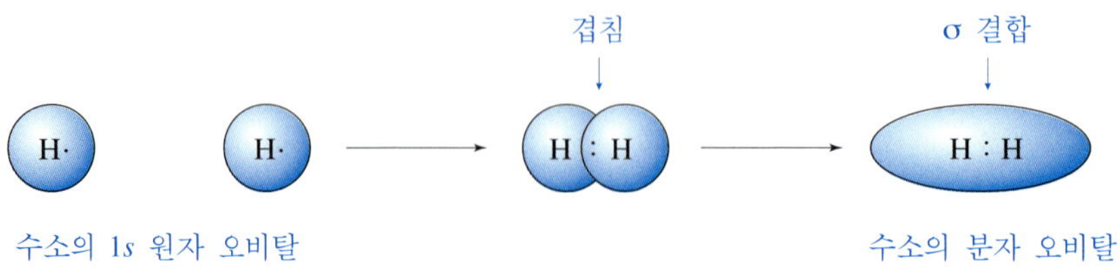

그림 1.3 두 수소 원자의 1*s* 오비탈들의 겹침에 의해 형성된 수소 분자

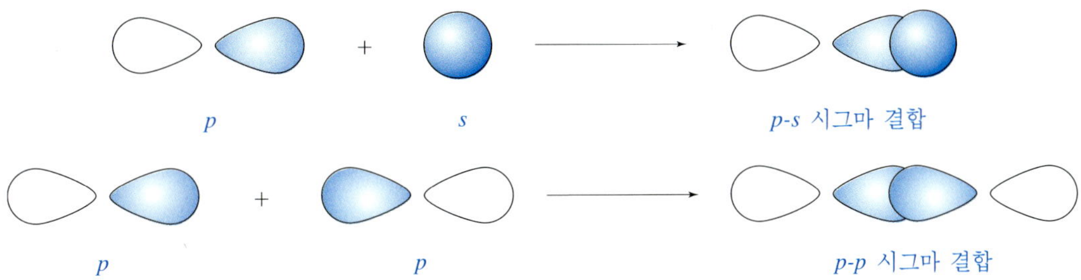

그림 1.4 **원자 오비탈들의 겹침에 의해 형성된 시그마 결합들**

1.6 sp^3 혼성 오비탈

1.5절의 분자 오비탈 개념은 탄소 화합물들의 결합을 설명하는 데도 적용된다. 수소 분자의 분자 오비탈은 간단하지만 탄소의 경우는 다소 복잡하다. 예로서 가장 간단한 탄소 화합물인 methane에서 탄소는 원자가 껍질에 네 개의 전자가 있으므로 네 개의 탄소–수소 공유 결합을 만든다. 탄소가 두 종류의 오비탈인 2*s*와 2*p*를 가지고 있기 때문에 메테인은 두 가지 다른 종류의 결합을 가지고 있을 것으로 생각되지만 모든 성격이 동일한 네 개의 결합을 가지고 있다. 이 사실은 1931년 Linus Pauling이 **혼성 오비탈**(hybrid orbital)을 사용하여 설명하였다. 혼성 오비탈은 성격이 다른 오비탈들을 섞는다는 개념이다. 탄소의 두 번째 껍질의 네 원자 오비탈인 2*s*, $2p_x$, $2p_y$와 $2p_z$를 모두 섞으면 네 개의 동등한 sp^3 **혼성 오비탈**(hybrid)이 만들어진다(그림 1.5). 네 개의 sp^3 혼성 오비탈은 각각 한 개의 전자를 포함하고 있다. 네 개의 sp^3 혼성 오비탈은 모두 같은 에너지를 가지고 있는데 이 에너지는 2*s* 오비탈보다는 크고 2*p* 오비탈보다는 작다.

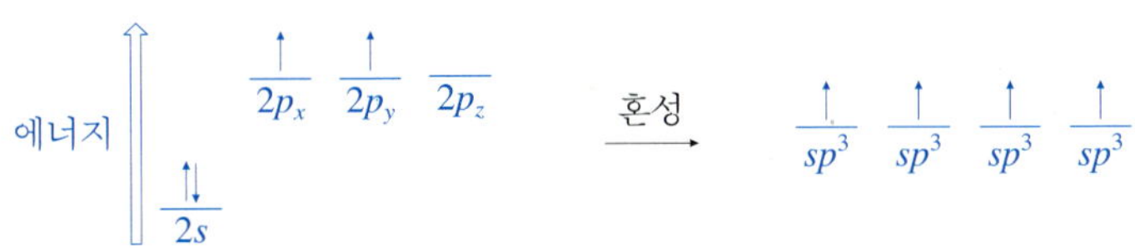

그림 1.5 **한 개의 *s* 오비탈과 세 개의 *p* 오비탈의 혼성과 관련된 전자 배치**

sp^3 혼성 오비탈은 25%의 *s* 오비탈의 성질과 75%의 *p* 오비탈의 성질을 가지고 있다(그림 1.6). 이 오비탈은 *p* 오비탈처럼 두 개의 로브를 가지고 있지만 핵에 대해 비대칭이다. 즉 한 쪽 로브가 다른 쪽 로브보다 훨씬 크며 큰 쪽의 로브에서 공유 결합이 형성된다. 네 개의 sp^3 혼성 오비탈은 전자들 사이의 반발력을 최소화하기 위해 서로 가장 멀리 떨어진 공간에 배열된다. 네 개의 sp^3 혼성 오비탈들이 가장 멀리 떨어져 있을 때 이들은 정사면체의 꼭짓점을

가리킨다. 각각 네 개의 수소의 *s* 오비탈과 탄소의 sp^3 혼성 오비탈이 겹치면 네 개의 동등한 C—H σ 결합을 가지고 있는 methane 분자가 형성된다. C—H의 길이는 1.10 Å이고 두 결합들 사이의 **정사면체 결합각** ∠H—C—H는 109.5°이다. 네 개의 sp^3 혼성 오비탈을 사용하여 공유 결합을 형성하는 탄소를 **사면체 탄소**(tetrahedral carbon)라고 한다.

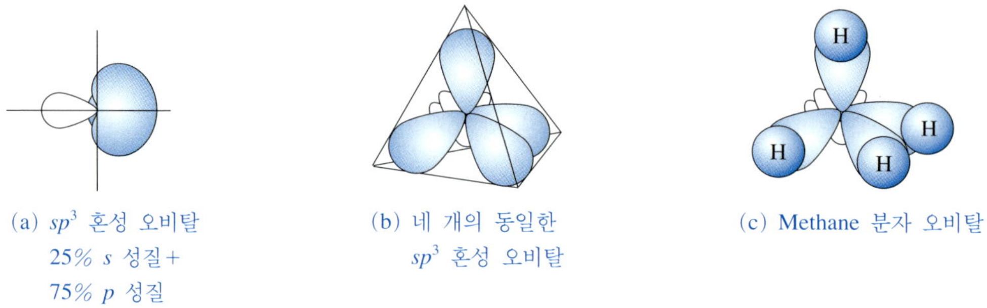

그림 1.6 sp^3 혼성 오비탈의 모양

Methane의 입체적인 모양을 그릴 때는 다음과 같이 쐐기 점선 구조, 공 막대 구조 및 공간 채움 구조 등을 사용하며 쐐기 점선 구조가 가장 많이 사용된다(그림 1.7). 이 구조에서 쐐기선은 지면의 앞으로 튀어나온 결합, 점선은 지면의 뒤로 뻗은 결합을, 그리고 실선은 지면에 포함된 결합을 나타낸다.

그림 1.7 Methane의 입체적인 모양

Ethane(C_2H_6)에는 sp^3-sp^3형 겹침을 통해 형성된 C—C σ 결합과 sp^3-s형 겹침을 통해 이루어진 C—H σ 결합의 두 종류가 있다(그림 1.8). 즉 한 탄소의 sp^3 혼성 오비탈 한 개와 다른 탄소의 sp^3 혼성 오비탈 한 개가 서로 겹치면 탄소-탄소 사이의 σ 결합이 형성된다. 각 탄소에 남아 있는 세 개의 sp^3 혼성 오비탈은 수소의 *s* 오비탈과 겹쳐서 모두 여섯 개의 탄소-수소 σ 결합을 형성한다. Ethane에서 C—H 결합의 길이는 methane과 같은 1.10 Å이고 C—C 결합 길이는 1.54 Å이다. Ethane에서의 ∠H—C—H은 모두 사면체 결합각인 109.6°이다.

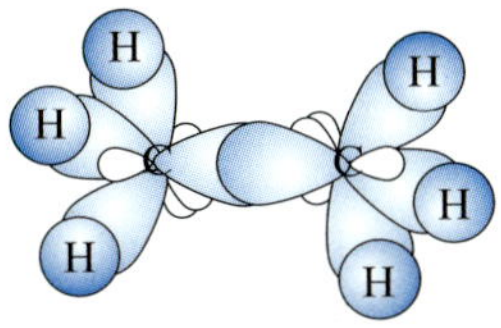

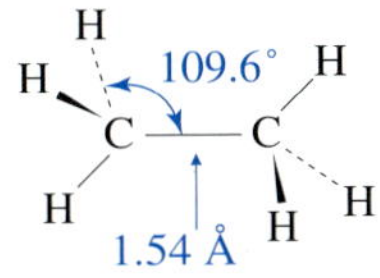

그림 1.8 **Ethane의 분자 오비탈과 입체 구조**

1.7 Propane($CH_3CH_2CH_3$) 분자의 공유 결합이 형성될 때 이용되는 오비탈을 분석하시오.

1.7 sp^2 혼성 오비탈

두 개의 탄소 원자와 네 개의 수소 원자로 이루어져 있으며 평면형 기하 구조를 보여 주는 ethene(C_2H_4) 분자를 설명하려면 **sp^2 혼성 오비탈**을 이용하여야 한다. 탄소의 2*s* 오비탈과 두 개의 2*p* 오비탈이 혼합되면 33.3%의 *s* 오비탈 성질과 66.6%의 *p* 오비탈 성질을 가지고 있는 세 개의 sp^2 혼성 오비탈이 만들어지고 한 개의 2*p* 오비탈이 남는다(그림 1.9).

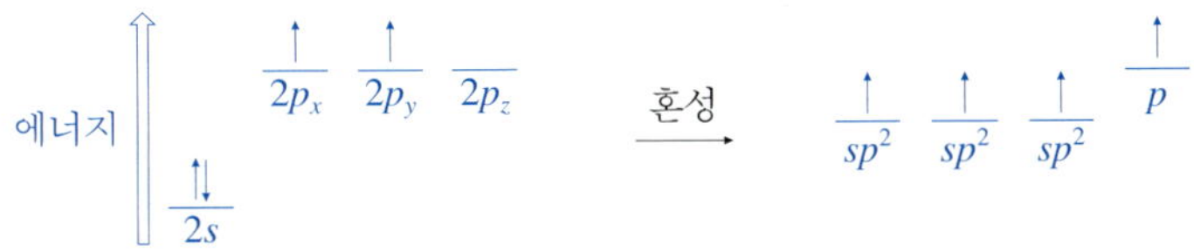

그림 1.9 **한 개의 *s* 오비탈과 두 개의 *p* 오비탈의 혼성과 관련된 전자 배치**

세 개의 sp^2 혼성 오비탈은 전자의 반발을 최소화하기 위해 서로 120°의 각을 이루면서 같은 평면에 포함되어 있고 남아 있는 *p* 오비탈은 sp^2 평면의 위와 아래에 수직으로 배열되어 있다(그림 1.10의 (a)). 한 탄소의 sp^2 혼성 오비탈 한 개와 다른 탄소의 sp^2 혼성 오비탈 한 개가 겹치면 탄소−탄소 사이에 σ 결합이 형성된다. 각 탄소의 다른 두 sp^2 혼성 오비탈은 수소의 *s* 오비탈과 겹쳐서 모두 네 개의 탄소−수소 σ 결합을 형성한다(그림 1.10의 (b)). 각 탄소의 혼성화되지 않은 *p* 오비탈이 측면으로 서로 겹치면 π 결합이 만들어진다. π 결합에 포함된 전자를 π 전자라고 하며 σ 결합 한 개와 π 결합 한 개로 이루어진 탄소−탄소 이중 결합은 탄소−탄소 단일 결합보다 더 짧아지고 강해진다. Ethene 분자에서 C—H 결합과 C—C 결합의 길이는 각각 1.076 Å과 1.33 Å이다. 또 ∠H—C—H와 ∠H—C—C의 결합각은 각각 117.2°와 121.4°이다(그림 1.10의 (c)).

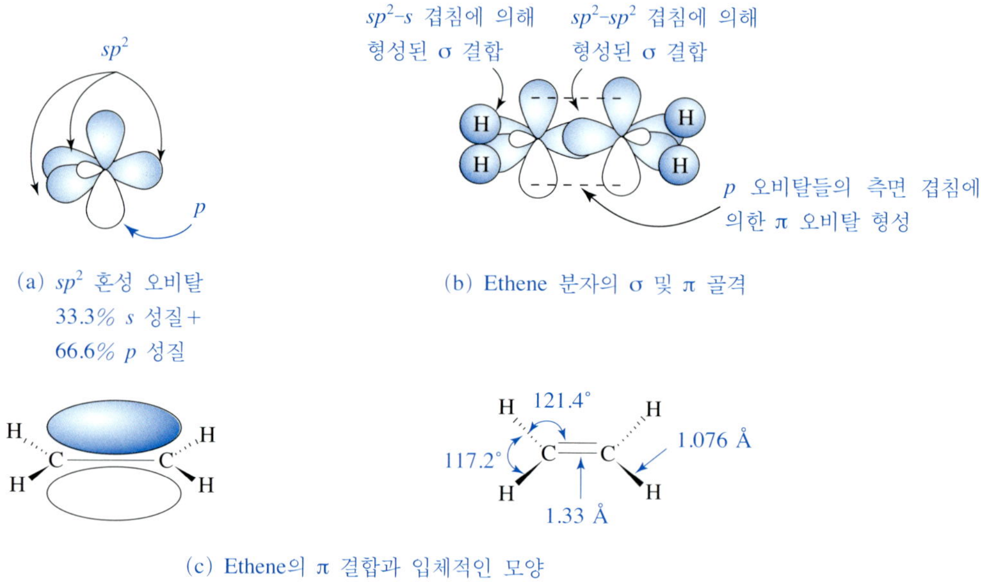

그림 1.10 sp^2 혼성 오비탈과 ethene의 입체적인 구조

1.8 sp 혼성 오비탈

두 개의 탄소 원자와 두 개의 수소 원자로 이루어져 있으며 직선형인 ethyne(C_2H_2) 분자의 구조는 ***sp* 혼성 오비탈**을 이용하여 설명된다. 탄소의 2*s* 오비탈과 한 개의 2*p* 오비탈이 혼합되면 *s* 오비탈의 성질과 *p* 오비탈의 성질이 각각 50%인 두 개의 *sp* 혼성 오비탈이 만들어지고 두 개의 2*p* 오비탈이 남는다(그림 1.11).

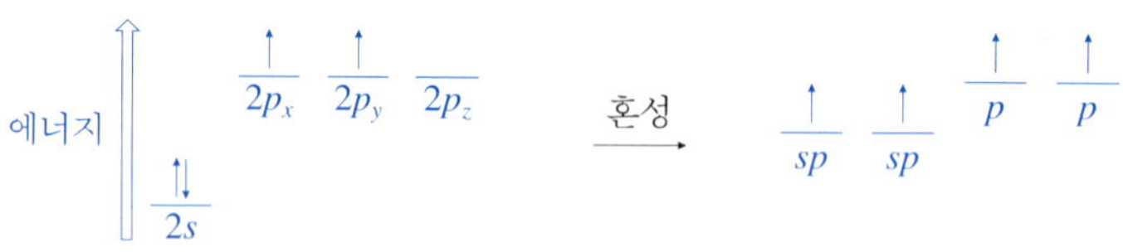

그림 1.11 한 개의 s 오비탈과 한 개의 p 오비탈의 혼성과 관련된 전자 배치

두 개의 *sp* 혼성 오비탈은 전자의 반발을 최소화하기 위해 180°의 각을 이루고 있으며 남아 있는 두 *p* 오비탈과 수직으로 배열되어 있다(그림 1.12). 한 탄소의 *sp* 혼성 오비탈과 다른 탄소의 *sp* 혼성 오비탈이 겹치면 탄소－탄소 사이의 σ 결합이 형성된다. 각 탄소의 다른 한 *sp* 혼성 오비탈은 수소의 *s* 오비탈과 겹쳐서 모두 두 개의 탄소－수소 σ 결합을 형성한다. 각 탄소의 혼성화되지 않은 두 p_x 및 p_z 오비탈 각각은 다른 탄소의 평행한 p_x 및 p_z 오

비탈과 측면 대 측면으로 서로 겹쳐서 두 개의 π 결합을 형성한다. 결과로서 한 개의 σ 결합과 두 개의 π 결합으로 이루어진 탄소–탄소 삼중 결합을 형성한다. 탄소–탄소 삼중 결합은 이중 결합보다 더 짧아지고 강해진다. Ethyne 분자에서 C—H 결합과 C—C 결합의 길이는 각각 1.06 Å과 1.20 Å이다. ∠H—C—C의 결합각은 180°이다.

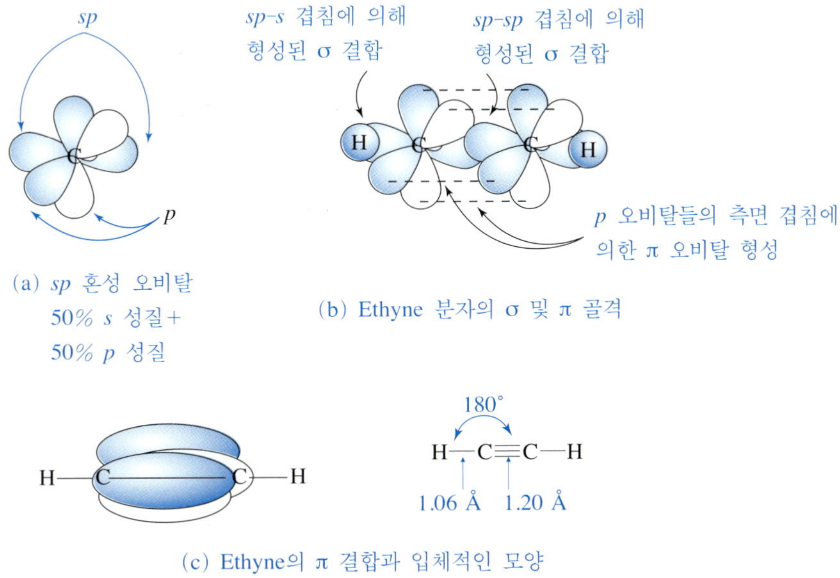

그림 1.12 ***sp* 혼성 오비탈과 ethyne의 입체적인 구조**

1.8 다음 화합물들의 공유 결합을 원자 및 혼성 오비탈을 사용하여 분석하시오.

(1) CH_3—CH═CH_2 (2) CH_3—CH═CH—C≡CH

1.9 수소 결합

비공유 전자를 가지고 있으면서 전기 음성도가 큰 질소, 산소 또는 플루오린과 같은 원자와 수소 사이의 공유 결합은 특히 극성이 크다. 한 분자의 부분 양전하를 가지고 있는 수소 원자와 전기 음성도가 큰 원자의 비공유 전자 사이에 작용하는 강한 인력을 **수소 결합**(hydrogen bond)이라고 한다.

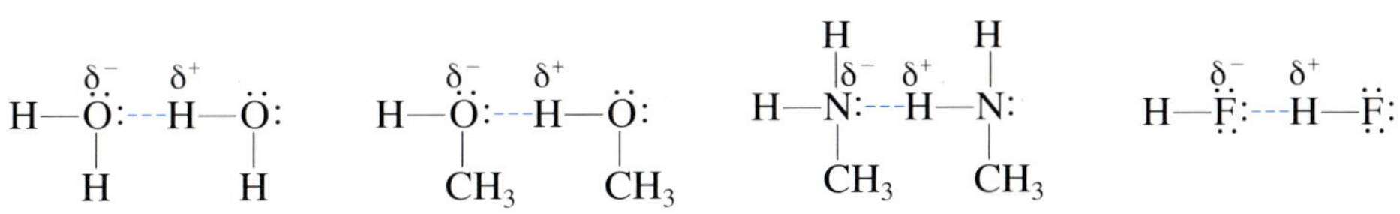

수소 결합을 하고 있는 액체를 증발시키기 위해서는 여분의 에너지를 가해 주어 분자들 사이에서 작용하는 수소 결합을 깨야 한다. 이 때문에 수소 결합을 하고 있는 화합물들은 비슷한 분자량을 가지고 있는 다른 계열의 화합물들에 비해 높은 끓는점을 가지고 있다.

수소 결합을 할 수 있는 알코올, 아민과 수소 결합을 할 수 없는 알케인 및 에터들의 끓는점을 종합하면 표 1.5와 같다.

표 1.5 수소 결합 및 비 수소 결합 화합물들의 끓는점(°C)

수소 결합을 할 수 없는 화합물		수소 결합 화합물	
알케인	에터	알코올	아민
$CH_3CH_2CH_3$	CH_3OCH_3	CH_3CH_2OH	$CH_3CH_2NH_2$
−42.1	−23.7	78	16.6
$CH_3CH_2CH_2CH_3$	$CH_3OCH_2CH_3$	$CH_3CH_2CH_2OH$	$CH_3CH_2CH_2NH_2$
−0.5	10.8	97.4	47.8
$CH_3CH_2CH_2CH_2CH_3$	$CH_3CH_2OCH_2CH_3$	$CH_3CH_2CH_2CH_2OH$	$CH_3CH_2CH_2CH_2NH_2$
36.1	34.5	117.3	77.8

표에서 보는 것처럼 ethanol(CH_3CH_2OH)은 dimethyl ether(CH_3OCH_3)과 분자식은 같지만 수소 결합을 할 수 있기 때문에 끓는점이 훨씬 높다. 또 수소 결합은 비공유 전자를 가지고 있는 원자의 전기 음성도가 클수록 강해지기 때문에 ethanol 분자들 사이에서 작용하는 수소 결합이 ethylamine의 경우보다 더 강하다. 따라서 ethanol은 ethylamine보다 끓는점이 높다.

액체 상태의 물은 분자들 사이에서 작용하고 있는 강한 수소 결합의 네트워크 때문에 극성이 매우 크다. 수용액 속에서는 이온들 사이의 상호 작용이 적어지기 때문에 물은 이온 결합 화합물들을 녹일 수 있는 가장 좋은 용매 중의 하나이다. 분자량이 작은 메탄올과 에탄올 같은 알코올도 강한 수소 결합의 네트워크를 이룰 수 있다. 따라서 비교적 높은 용매 극성을 가지고 있으며 염과 같은 화합물에 좋은 용매로 작용한다. 알코올의 —OH기는 물의 수소 결합 네트워크에 참여한다. 분자량이 작은 알코올들은 물에 완전히 녹는다. 알코올의 탄화수소 사슬이 butyl기($CH_3CH_2CH_2CH_2$—)보다 더 커지면 화합물들은 점점 알케인과 비슷해지고, 물에 대한 용해도는 점점 더 감소한다. Glucose와 같은 당분자도 여러 개의 —OH기를 가지고 있기 때문에 물에 매우 잘 녹는다.

생체 분자의 모양도 주로 수소 결합에 의해 결정된다. 수소 결합들은 탄수화물, 단백질과 같은 생체 분자에서 강한 아교풀처럼 작용하며 수십 미터 높이의 나무를 지지할 정도로 강하다.

1.9 다음 중에서 수소 결합을 할 수 있는 분자를 구별하시오.

(1) CH_3CH_2COOH (2) $CH_3CH_2NHCH_3$ (3) $CH_3CH_2CH_2Cl$
(4) CH_3CH_2F (5) $CH_3OCH_2CH_2SH$

1.10 다음 분자들을 끓는점이 높아지는 순서로 나열하시오.

(1) H_2O (2) H_2S (3) NH_3 (4) HF

1.10 형식 전하

유기 화합물의 전자들은 실제로는 분자 전체에 퍼져 있다. 그러나 유기 분자들의 구조식은 종종 어떤 원자들이 양전하 또는 음전하를 띠고 있는 것으로 그린다. 분자 구조의 원자들에 그려지는 이와 같은 전하들을 **형식 전하**(formal charge)라고 한다. 형식 전하는 분자의 전체 전자수와 존재하는 전하를 설명할 뿐만 아니라 분자의 화학적 현상을 해석하는 데 크게 도움이 된다. 예로서 methoxide 이온의 산소에 배당되는 형식 전하 −1은 왜 이 이온이 강한 염기이며 쉽게 양성자가 산소에 첨가되는지를 설명하는 데 도움이 된다.

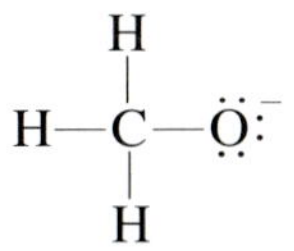

Methoxide ion

형식 전하는 각 원자가 가지고 있는 전자의 수를 계산하고 이것과 중성 원자의 전자수를 비교함으로써 결정된다. 공유 결합의 전자들은 결합이 연결하고 있는 원자들에 의해 동일하게 나누어진 것으로 계산하고 비공유 전자는 한 원자에만 속하는 것으로 생각한다. 즉 어떤 원자의 형식 전하는 다음 식을 사용하여 계산할 수 있다.

형식 전하 = 원자가 전자의 수 − 비공유 전자의 수 − 공유 결합의 수 {(또는 $\frac{1}{2}$결합 전자의 수)}

예로서 분자식이 HNO_3인 nitric acid를 생각해 보자. 수소 원자는 한 개의 공유 결합(두 개의 결합 전자)을 통해 산소에 결합되어 있다. 수소 원자는 한 개의 원자가 전자를 가지고 있으므로 수소의 형식 전하 $=1-1$(또는 $\frac{1}{2}\times2)=0$이다. 질소는 네 개의 공유 결합을 가지고 있고 원자가 전자는 5이다. 따라서 질소의 형식 전하 $=5-4$(또는 $\frac{1}{2}\times8)=+1$이다. 산소는 원자가 전자가 6이며 네 개의 비공유 전자를 가지고 있으므로 질소에 이중 결합으로 결합되어 있는 산소의 형식 전하 $=6-4-2$(또는 $\frac{1}{2}\times4)=0$이다. 또 질소에 단일 결합으로 결합되어 있는 산소는 6개의 비공유 전자를 가지고 있으므로 이것의 형식 전하 $=6-6-2$(또는 $\frac{1}{2}\times2)=-1$이다. 이 결과를 종합하면 형식 전하가 표시된 nitric acid 분자의 구조식은 다음과 같이 그릴 수 있다.

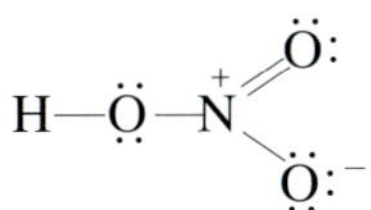

Nitric acid

1.11 다음 구조에서 수소와 탄소를 제외한 각 원자들의 형식 전하를 계산하시오.

(1) 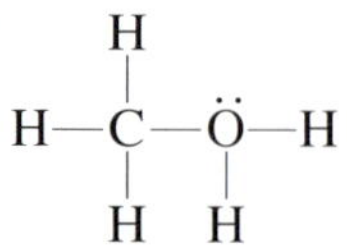

(2) 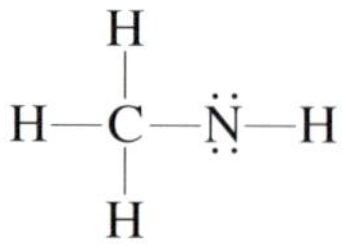

(3) 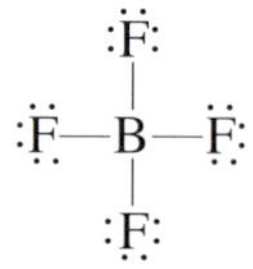

(4) 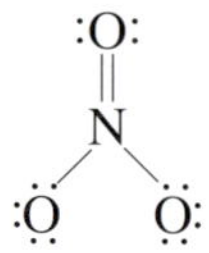

(5) 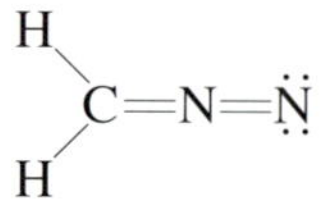

1.12 다음 각각에 해당하는 Lewis 점전자 구조를 그리시오.

(1) NO_3^- (2) NO_2^+ (3) HCO_3^- (4) CO_2

1.11 산과 염기

1923년 코펜하겐의 물리화학 연구소 소장이었던 J. N. Brønsted와 케임브리지 대학교의 물리학자였던 T. N. Lowry는 산 염기에 관한 이론을 거의 동시에 독립적으로 발표하였다.

Brønsted와 Lowry의 산 염기 개념에 따르면 **산**(acid)은 염기에 수소 이온(H^+)을 줄 수 있는 물질이다. 수소 이온은 **양성자**(proton)라고 부르기도 한다. 염기는 산으로부터 수소 이온을 받는 물질이다. 수소 이온은 양으로 하전되어 있으며 염기는 음으로 하전되어 있거나 수소 이온과 단일 결합을 형성할 수 있는 비공유 전자를 가지고 있다. 수산화 이온($H\ddot{O}:^-$)과 암모니아($:NH_3$)는 대표적인 염기이다.

산 염기 반응은 산에서 염기로 수소 이온이 전달되는 변화이다. 수소 이온이 전달되지만 유기 화학 반응식에서는 수소 이온의 움직임보다는 전자의 전달을 강조하며 굽은 화살표를 이용하여 전자가 움직이는 방향을 나타낸다.

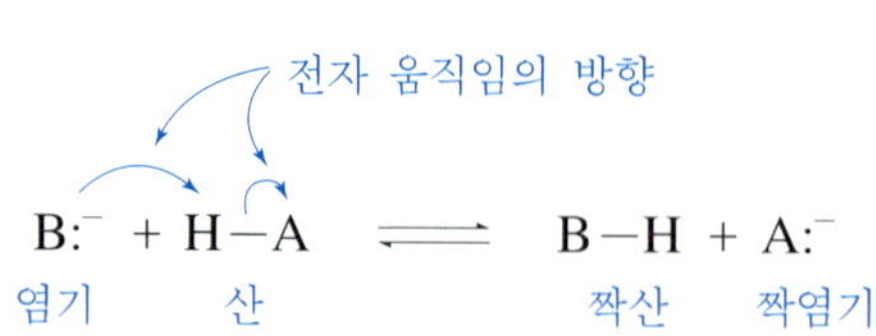

산으로서의 세기와 염기로서의 세기를 비교할 때 **짝산**(conjugate acid)과 **짝염기**(conjugate base)의 개념을 사용하면 편리하다. 산이 수소 이온을 잃으면 짝염기가 되고 염기가 수소 이온을 받으면 짝산이 된다. 산 염기 반응은 가역적으로 진행되는 **평형 과정**(equilibrium process)이다.

산의 세기는 **이온화 상수**(ionization constant)인 K_a로 표시하고 K_a값은 묽은 산 수용액을 기초로 계산한다.

$$HA + H_2O \rightleftharpoons H_3O^+ + A^-$$

이온화 상수 K_a는 다음과 같이 정의된다.

$$K_a = \frac{[H_3O^+][A^-]}{[HA]}$$

센산일수록 평형은 오른쪽으로 기울어져 H_3O^+의 농도가 커지므로 값이 더 커진다. 물분자의 K_a값은 다음 식으로 나타낸다.

$$K_a = \frac{[H_3O^+][OH^-]}{[H_2O]} = 1.8 \times 10^{-16}$$

K_a값은 음의 지수로 나타내지 않고 pK_a값을 더 많이 사용하는데 pK_a는 K_a의 $-\log$값에 해당된다. 더 강한 산일수록 K_a값이 더 크고 pK_a값은 더 작아진다. Brønsted-Lowry의 산 염기 이론에서 또 하나의 중요한 개념은 더 강한 산일수록 그 산의 짝염기는 더 약하고, 산이 약할수록 짝염기는 더 강하다는 것이다. 물의 pK_a값은 $-\log(1.8 \times 10^{-16}) = -\log 1.8 - \log 10^{-16} = -0.26 + 16 = 15.74$이다. 몇 가지 대표적인 화합물들의 p$K_a$값을 종합하면 표 1.6과 같다.

캘리포니아 대학교의 G. N. Lewis는 산 염기를 정의하는 기준을 수소 이온에서 **전자쌍**(electron pairs)으로 바꾸면 Brønsted-Lowry 개념으로는 설명할 수 없는 대부분의 화학 반응들을 쉽게 설명할 수 있다고 하였다. Lewis 이론에 의하면 전자쌍을 받는 물질은 **Lewis 산**이고, 전자쌍을 주는 물질은 **Lewis 염기**이다.

Lewis 이론에 의하면 수소 이온산뿐만 아니라 $ZnCl_2$, $AlCl_3$ 또는 BF_3와 같은 무기염도 산이다. Lewis 산 염기 반응에서는 전자가 많은 염기에서 전자가 부족한 산 쪽으로 전자의

표 1.6 대표적인 화합물들의 pK_a값

화합물 이름	구조식	pK_a값
황산	H_2SO_4	-10
염화수소산	HCl	-7
암모니아	NH_3	36
Methanol	CH_3OH	16
2-Propanol	$(CH_3)_2CHOH$	17
p-Toluenesulfonic acid	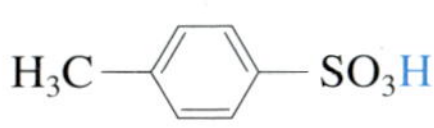	-7
Acetic acid	CH_3COOH	4.8
물	H_2O	15.7
Phenol	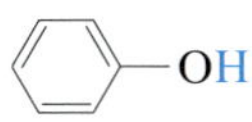	10.0
2,2,2-Trifluoroethanol	CF_3CH_2OH	12.4

이동이 일어나 새로운 공유 결합이 형성된다.

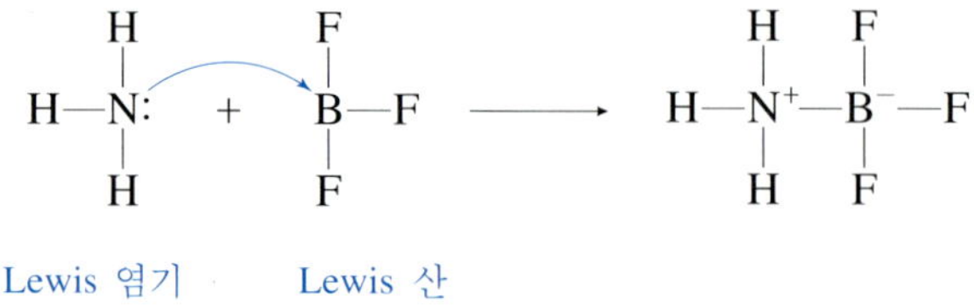

유기 화학에서는 일반적으로 그냥 산 염기라고 하면 수소 이온이 관여하는 Brønsted-Lowry 산 염기를 가리키고 수소 이온이 관여하지 않는 산 염기는 Lewis 산 염기라고 한다.

1.13 Ethanol의 K_a값은 1.0×10^{-16}이다. pK_a값을 구하시오.

1.14 Phenol과 methanol의 pK_a값은 각각 10.0과 16이다. 어느 것이 더 센산인가?

1.15 다음 화합물을 Lewis 산과 Lewis 염기로 분류하시오.

(1) $CH_3CH_2OCH_2CH_3$ (2) BF_3 (3) $FeCl_3$ (4) Ca^{2+}
(5) $CH_3CH_2NH_2$ (6) CH_3^- (7) $(CH_3)_3C^+$

1.12 작용기

가장 간단한 유기 화합물들인 **알케인**(alkane)은 탄소와 수소 원자들이 단일 결합으로만 연결되어 있다. 알케인에서는 탄소가 최대한의 수소에 연결되어 있기 때문에 **포화 탄화수소**(saturated hydrocarbon)라고 한다.

알케인을 제외한 다른 유기 분자들의 구조는 두 부분으로 이루어져 있는 것으로 생각하면 편리하다. 한 부분은 포화 탄화수소 골격으로서 **알킬기**(alkyl group)라고 하며, 기호 '–R'로 나타낸다. 알킬기는 탄소 골격을 형성하며 분자의 화학적 성질에는 거의 영향을 미치지 않는다. 알킬기에는 어떤 특정한 원자 또는 원자단이 연결되는데 분자에 특징적인 화학적 성질을 부여하는 이 부분을 **작용기**(functional group)라고 한다. 헤아릴 수 없이 많은 유기 화합물들이 있을 수 있으나 이들은 작용기에 따라 몇 가지 적은 수의 그룹으로 분류할 수 있다. 같은 작용기를 가지고 있는 분자들은 매우 비슷한 물리 화학적 성질을 보여 준다.

한 개 이상의 탄소–탄소 이중 결합을 포함하는 **탄화수소**(hydrocarbon)는 **알켄**(alkene)으로 분류되고 탄소–탄소 삼중 결합을 가지고 있는 탄화수소는 **알카인**(alkyne)으로 분류된다. 이중 결합과 삼중 결합은 작용기이며 구조적으로 비슷하기 때문에 비슷한 화학 반응들을 일으킨다.

어떤 유기 분자들에서는 알킬기에 전기 음성도가 큰 작용기가 단일 결합을 통해 결합되어 있다. **할로알케인**(haloalkane), **알코올**(alcohol), **에터**(ether), **아민**(amine), **나이트릴**(nitrile) 및 **황화물**(sulfide) 등이 여기에 해당하며 작용기와 알킬기 사이의 결합은 모두 극성 공유 결합이다.

탄소−산소 이중 결합인 **카보닐기**(carbonyl group)는 유기 화학에서 가장 중요할 뿐만 아

표 1.7 중요 작용기

계열 이름	일반식	화합물 예	이름
알켄(Alkene)	$R_2C{=}CR_2$	$H_2C{=}CH_2$	Ethene (Ethylene)
알카인(Alkyne)	$RC{\equiv}CR$	$HC{\equiv}CH$	Ethyne (Acetylene)
아렌(Arene)	ArH	—H	Benzene
할로알케인 (haloalkane)	$R—\ddot{\underset{..}{X}}:$ (X=F, Cl, Br, I)	CH_3CH_2Cl	Chloroethane (Ethyl chloride)
알코올(Alcohol)	$R—\ddot{\underset{..}{O}}H$	$CH_3CH_2\ddot{\underset{..}{O}}H$	Ethanol (Ethyl alcohol)
에터(Ether)	$R—\ddot{\underset{..}{O}}—R$	$CH_3CH_2\ddot{\underset{..}{O}}CH_2CH_3$	Diethyl ether
아민(Amine)	$R—\ddot{N}R'R''$	$CH_3CH_2\ddot{N}H_2$	Ethylamine
설파이드(Sulfide)	$R—\ddot{\underset{..}{S}}—R$	$CH_3CH_2\ddot{\underset{..}{S}}CH_2CH_3$	Diethyl sulfide
싸이올(Thiol)	$R—\ddot{\underset{..}{S}}H$	$CH_3CH_2\ddot{\underset{..}{S}}H$	Ethanethiol
카보닐(Carbonyl)기($—\overset{:O:}{\overset{\Vert}{C}}—$)**를 가지고 있는 화합물들:**			
알데하이드(Aldehyde)	$R—\overset{:O:}{\overset{\Vert}{C}}—H$	$CH_3—\overset{:O:}{\overset{\Vert}{C}}—H$	Ethanal (Acetaldehyde)
케톤(ketone)	$R—\overset{:O:}{\overset{\Vert}{C}}—R'$	$CH_3—\overset{:O:}{\overset{\Vert}{C}}—CH_3$	2-Propanone (Acetone)
카복실산(Carboxylic acid)	$R—\overset{:O:}{\overset{\Vert}{C}}—\ddot{\underset{..}{O}}H$	$CH_3—\overset{:O:}{\overset{\Vert}{C}}—\ddot{\underset{..}{O}}H$	Ethanoic acid (Acetic aicd)
에스터(Ester)	$R—\overset{:O:}{\overset{\Vert}{C}}—\ddot{\underset{..}{O}}R'$	$CH_3—\overset{:O:}{\overset{\Vert}{C}}—\ddot{\underset{..}{O}}CH_2CH_3$	Ethyl ethanoate (Ethyl acetate)
아마이드(Amide)	$R—\overset{:O:}{\overset{\Vert}{C}}—\ddot{N}R'R''$	$CH_3—\overset{:O:}{\overset{\Vert}{C}}—\ddot{N}H_2$	Ethanamide (Acetamide)
나이트릴(Nitrile)	$R—C{\equiv}\ddot{N}$	$CH_3C{\equiv}\ddot{N}$	Ethanenitrile (Acetonitrile)

니라 천연에서 발견되는 유기 분자에 가장 많이 포함되어 있는 작용기이다. 카보닐기에 탄소 한 개와 수소 한 개가 결합되면 **알데하이드**(aldehyde), 탄소 두 개가 결합되면 **케톤**(ketone)이 된다. 카보닐기가 탄소 한 개와 하이드록시기(—OH) 한 개에 연결된 것은 **카복실산**(carboxylic acid)이다.

여러 가지 중요한 작용기들을 종합하면 표 1.7과 같다. 작용기 이름은 유기 화학에 사용되는 용어의 기본이 된다. 유기 화학은 보통 작용기의 구조, 전자 이론, 명명, 물리적 성질 및 작용기의 상호 전환을 일으키는 반응 등을 다루기 때문에 작용기를 공부하는 것은 매우 중요하다.

1.16 다음 분자에 존재하는 작용기를 모두 지적하고 이름을 쓰시오.

(1) 

(2) 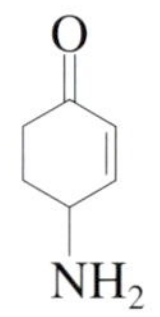

(3) 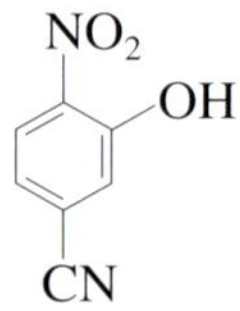

(4) 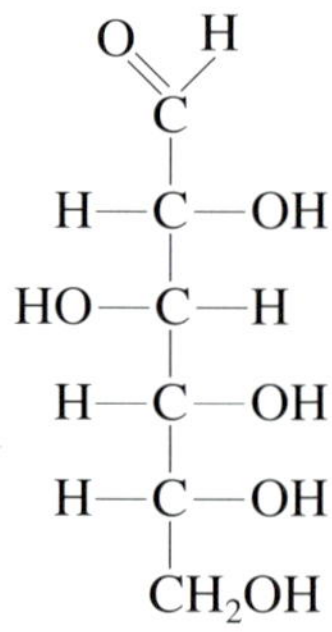

1.13 유기 분자의 구조식

유기 분자의 **구조식**(structural formula)은 공유 결합 전자를 나타내는 선, 비공유 전자쌍을 나타내는 점과 원소 기호를 사용하여 원자들의 연결 상태를 설명한다. 이와 같은 구조식으로 복잡한 분자를 다룰 때는 많은 지면과 시간이 소요되기 때문에 불편하다. 유기 화학자들은 구조식을 빠르고 편하게 쓸 수 있는 간단한 방법인 **축약 구조식**(condensed formula)을 고안하였다. 축약 구조식에서는 공유 결합의 일부 또는 전부를 생략하고 동일한 원자나 작용기의 수를 아래 첨자를 사용하여 나타낸다.

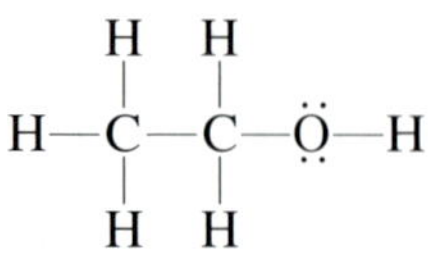 는 $CH_3—CH_2—OH$ 또는 더 축약하여 CH_3CH_2OH로 나타낸다.

축약 구조식을 그릴 때는 각 탄소 원자에 결합된 원자 또는 원자단의 수가 정확한지 주의 깊게 살펴보아야 한다. 여러 번 연습하면 쉽게 축약 구조식을 그릴 수 있다.

결합-선 구조식(bond line formula)을 사용하면 유기 분자의 구조를 더 간단하게 표현할 수 있다. 결합–선 구조식에서는 알킬 사슬을 지그재그형 선으로 나타낸다. 지그재그형 선의 각 끝들과 꺾인 모서리에는 탄소 원자가 있다고 생각한다. 수소 원자는 나타내지 않고 각 탄소에 네 개의 원자가를 만족시키는 수소가 있는 것으로 이해한다. 즉 pentane 분자인

$CH_3CH_2CH_2CH_2CH_3$는 로 그린다.

유기 화학에서는 탄소와 수소를 제외한 다른 원자들을 모두 **헤테로 원자**(heteroatom)라고 한다. 헤테로 원자와 헤테로 원자에 결합된 수소 원자들은 결합–선 구조식에서 생략하지 않는다. 즉,

$CH_3CH_2CH_2CH_2Cl$은 Cl로 그리고

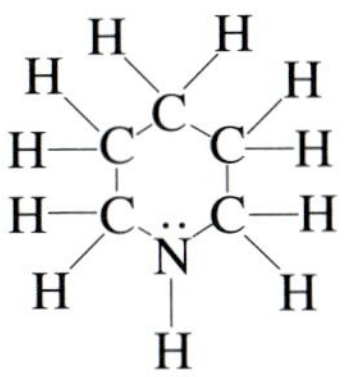
은 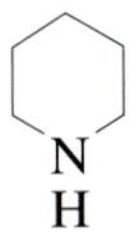 로 그린다.

1.17 다음 결합–선 구조식에서 생략된 탄소와 수소를 포함하여 모든 원자를 나타내는 구조식을 그리시오.

(1) 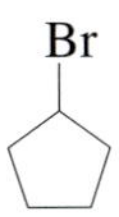
(2) 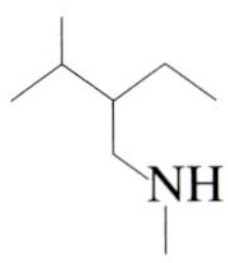
(3) 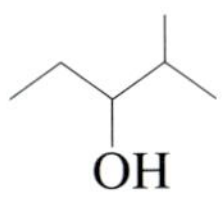

요약

원자 내 전자들은 s 또는 p 오비탈 등의 **원자 오비탈**이라는 특정 공간을 차지하고 있다. 전자는 **쌓음 원리**, **Pauli 배타 원리** 및 **Hund 규칙**을 따라 원자 오비탈에 배치된다.

원자들이 **팔전자계**(octet)를 이루려는 강한 경향 때문에 화학 결합이 형성된다. 화학 결합에는 반대 전하를 가지고 있는 원자 또는 원자단 사이에서 작용하는 정전기적인 인력인 **이온 결합**(ionic bond)과 두 원자가 한 쌍의 전자를 공유함으로써 형성되는 **공유 결합**(covalent bond)의 두 가지 형태가 있다. 공유 결합은 원자 오비탈들이 겹칠(overlap) 때 형성된다. 전기 음성도가 다른 두 원자는 **극성 공유 결합**을 형성하는데, 전기 음성도가 큰 원자에 부분 음전하가 걸린다. 오비탈들이 마주 보고 겹치면 **시그마 결합**(σ bond)이 형성되고 p 오비탈이 측면으로 겹치면 **파이 결합**(π bond)이 만들어진다.

유기 화합물의 공유 결합에는 **혼성 오비탈**(hybrid orbital)들이 이용된다. 한 개의 s 오비탈과 세 개의 p 오비탈이 **혼성화**(hybridization)되면 네 개의 sp^3 **혼성 오비탈**이 만들어진다. 네

개의 sp^3 혼성 오비탈은 사면체의 꼭짓점을 가리킨다. 이중 결합이 형성될 때는 같은 평면에 포함되어 있는 세 개의 **sp^2 혼성 오비탈**이 이용된다. 두 sp^2 탄소의 p 오비탈들이 측면으로 겹치면 파이 결합이 형성된다. 삼중 결합에서는 두 탄소의 ***sp* 혼성 오비탈**들이 겹쳐서 직선형의 시그마 결합을 형성한다. 두 sp 탄소의 서로 수직을 이루고 있는 두 p 오비탈들이 서로 겹치면 두 개의 파이 결합이 형성된다.

한 분자의 전기 음성도가 큰 질소, 산소 또는 플루오린과 같은 원자와 다른 분자의 수소 원자 사이에 작용하는 정전기적인 인력을 **수소 결합**이라고 한다. 수소 결합을 할 수 있는 분자의 끓는점은 비교적 높다. Lewis 구조 또는 Kekulé 구조의 특정 원자들에는 양전하 또는 음전하가 표시된다. 이 전하들을 **형식 전하**(formal charge)라고 하는데 이것은 분자 내 원자의 전자수를 중성 원자의 전자수와 비교함으로써 계산된다.

Brønsted-Lowry 산은 양성자(수소 이온, H^+)를 주고 **Brønsted-Lowry 염기**는 양성자를 받아들인다. 산과 염기의 세기는 $\boldsymbol{K_a}$ 또는 $\mathbf{p}\boldsymbol{K_a}$값으로 나타낸다. 전자를 주는 것은 **Lewis 산**이라고 하고, 전자를 받는 것은 **Lewis 염기**라고 한다.

분자에 특징적인 물리 화학적 성질을 결정하는 부분을 **작용기**(functional group)라고 한다. 유기 화합물의 Kekulé 구조는 사용하기 불편하기 때문에 **축약 구조식**(condensed formula) 또는 **결합-선 구조식**(bond line structure)을 더 많이 사용한다.

보충문제

1.18 다음 각 원소 및 이온의 바닥 상태 전자 배치를 적고, 비활성 기체의 전자 배치를 가지고 있는 것을 지적하시오.

(1) 산소 (2) 인 (3) Mg^{2+} (4) O^{2-} (5) K^+

1.19 다음 각 원소의 원자가 전자를 원소 기호 주위의 점으로 표시하시오.

(1) 질소 (2) 인 (3) 황 (4) 염소 (5) 규소

1.20 다음에서 공유 결합 화합물과 이온 결합 화합물을 구분하시오.

(1) $CaCl_2$ (2) KBr (3) $SiCl_4$ (4) CO
(5) CCl_4 (6) NaF (7) NO (8) F_2
(9) BF_3 (10) $AlBr_3$

1.21 다음 각 원자가 가장 흔하게 할 수 있는 공유 결합의 수를 쓰시오.

(1) 질소 (2) 알루미늄 (3) 황 (4) 플루오린 (5) 인

1.22 다음 각 화합물 또는 이온의 Lewis 전자-점 구조식을 그리시오.

(1) HSO_4^- (2) NH_2^- (3) NO_2^- (4) NO_2
(5) CH_3OH (6) $CH_3C{\equiv}CH$

1.23 다음 구조의 원자에 비공유 전자를 점으로 표시하시오.

(1) H_2S (2) CH_3CH_2Br (3) $CH_3\overset{O}{\overset{\|}{C}}OH$ (4) $CH_3\underset{H}{\underset{|}{N}}CH_3$

1.24 공유 결합은 선을, 비공유 전자쌍은 점을 사용하여 다음 분자들의 Kekulé 구조식을 그리시오.

(1) CH_3NH_2 (2) C_2H_5Br (3) C_2H_4O (4) C_2H_6O (5) CF_3OH

1.25 다음 화합물들은 이온 결합과 공유 결합을 모두 가지고 있다. 지적하시오.

(1) $KOCH_3$ (2) CH_3MgI (3) $LiNH_2$

1.26 다음 각 화합물의 구조식을 그리고, 극성 공유 결합의 알맞은 위치에 δ^+와 δ^-를 표시하시오.

(1) CH_3F (2) Cl_3CCCl_3 (3) CH_3OH (4) C_2H_7N
(5) CO_2 (6) HCl (7) SO_2

1.27 다음을 각 공유 결합의 극성이 감소하는 순서로 배열하시오.

(1) C—H, F—H, N—H, O—H
(2) O—H, Se—H, S—H
(3) C—Cl, C—F, C—Br, C—I
(4) C—Li, C—Na, C—K

1.28 다음에서 각 원자의 혼성 오비탈을 지적하시오.

(1) $CH_3-\underset{H}{\underset{|}{C}}=\underset{H}{\underset{|}{C}}-CH_3$　(2) $H_2C=C=CH_2$　(3) $CH_3-C\equiv C-C\equiv N$

(4) $CH_3\overset{O}{\overset{\|}{C}}CH_3$　(5) $CH_3\overset{O}{\overset{\|}{C}}OH$

1.29 쐐기 점선 구조식을 사용하여 다음 분자들의 삼차원 구조를 그리시오.

(1) CH_3OH　(2) CH_3NH_2　(3) NH_4^+
(4) $CH_3CH_2CH_3$　(5) $CHCl_3$

1.30 순수한 액체 상태에서 다음 각 화합물의 두 분자 사이에서 형성될 것으로 기대되는 수소 결합을 그리시오.

(1) $(CH_3)_2NH$　(2) CH_3CH_2OH　(3) $CH_3OCH_2CH_2OH$

1.31 다음 분자들 사이에서 관찰되는 모든 형태의 수소 결합을 그리시오.

(1) $CH_3CH_2CH_2NH_2$　(2) CH_3OH 수용액　(3) $CH_3\overset{O}{\overset{\|}{C}}OH$ 수용액

(4) $CH_3\overset{O}{\overset{\|}{C}}OH$ 의 ethanol 용액　(5) $CH_3\overset{O}{\overset{\|}{C}}OH$ 의 methanol 용액

1.32 수소를 제외한 다음 각 원소의 형식 전하를 계산하고 비활성 기체의 전자 배치를 가지고 있는 것을 지적하시오.

(1) 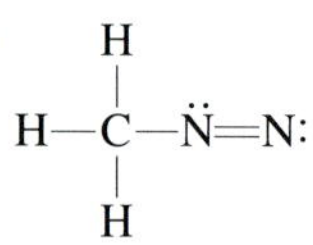

(2) 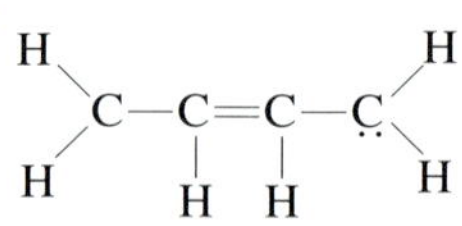

(3) 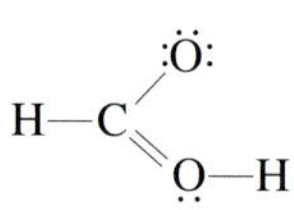

(4) 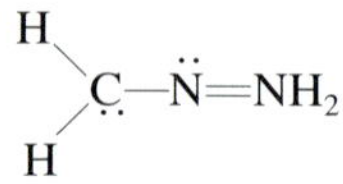

1.33 Carbonic acid(H_2CO_3)의 pK_a는 6.4이고 acetic aicd($CH_3\overset{O}{\overset{\|}{C}}OH$)의 pK_a는 4.8이다. Acetic acid와 sodium bicarbonate($NaHCO_3$) 사이의 산 염기 반응을 적으시오. 평형은 어느 쪽으로 기울어지겠는가? 이유를 설명하시오.

1.34 다음 Brønsted-Lowry 산 염기 반응들을 완성하고 산, 염기, 짝산 및 짝염기를 지적하시오.

(1) $HCl + H_2O \rightleftharpoons$　　(2) $NH_3 + HF \rightleftharpoons$

(3) $NH_3 + CH_3COOH \rightleftharpoons$　　(4) $H_2SO_4 + H_2O \rightleftharpoons$

1.35 표 1.6을 참고로 다음 각 산 염기 반응을 완성하고 반응이 생성물 또는 반응물 중 어느 쪽으로 기울어지는지를 나타내시오.

(1) $CH_3OH + CH_3COOH \rightleftharpoons$

(2) $CH_3O^- + NH_3 \rightleftharpoons$

(3) $H_2O + NH_2^- \rightleftharpoons$

1.36 다음은 아미노산인 Arginine이다.

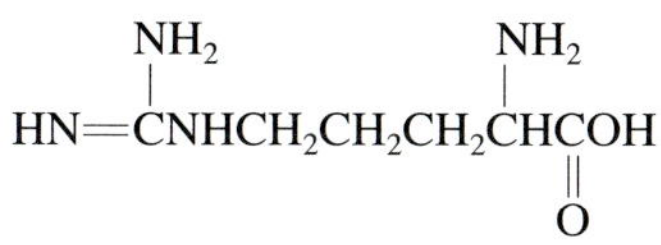

(1) 작용기를 지적하시오.

(2) 비공유 전자가 표시된 구조식으로 고쳐 쓰시오.

1.37 다음 결합-선 구조식을 Kekulé 구조로 고쳐 그리고 모든 원자와 비공유 전자를 표시하시오.

(1) 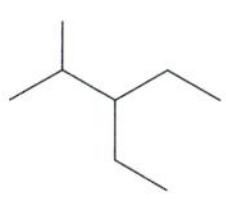

(2) 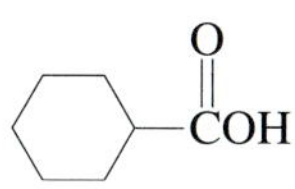

(3) 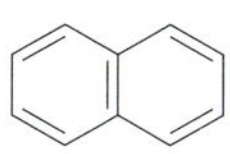

(4) 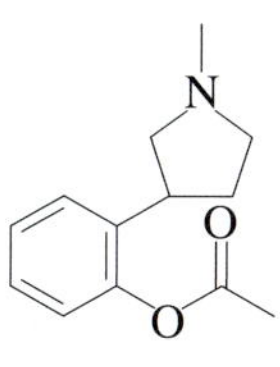

1.38 문제 1.37의 분자들 중에서 모든 탄소의 혼성이 sp^3인 것과 sp^2인 것을 지적하시오.

2장 알케인

탄소와 수소만 포함하고 있는 화합물들을 **탄화수소**(hydrocarbon)라고 한다. 이들 중 sp^3 탄소만 포함하고 있는(단일 결합으로만 이루어져 있는) 탄화수소를 **알케인**(alkane)이라고 부르며 일반식은 C_nH_{2n+2}이다. 특히 탄소 원자들이 고리를 이루고 있는 탄화수소는 **사이클로알케인**(cycloalkane)이라고 하며 단일 고리형인 경우 일반식은 C_nH_{2n}이다. 다섯 원자 고리에서 일곱 원자 고리가 가장 많다. 세 원자 및 네 원자 고리는 흔하지 않으며 일곱 원자보다 더 큰 고리 화합물은 고리가 클수록 드물다. 알케인은 천연 가스와 석유의 주성분이다. 알케인과 사이클로알케인은 작용기를 가지고 있는 많은 유기 화합물의 기본 골격이다. 알케인의 명명법은 다른 부류의 유기 화합물의 이름을 짓는 기초가 되기 때문에 중요하다. 이 장에서는 알케인과 사이클로알케인의 명명법, 물리적 성질 및 입체적인 형태와 관련된 내용을 공부할 것이다.

2.1 알케인의 구조와 이성질체

가지 없는 탄소 사슬로 이루어져 있는 알케인은 **노말 알케인**(normal alkane) 또는 **곧은 사슬 알케인**(straight chain alkane)이라고 한다. 여러 가지 기본적인 알케인과 이름들을 종합하면 표 2.1과 같다. 표 2.1에서 보는 것처럼 노말 알케인은 간단한 분자에서 다음 복잡한 분자로 갈 때 메틸렌기(methylene, $-CH_2-$)가 하나씩 늘어난다. 이와 같이 기본 골격이 규칙적 반복적으로 늘어나는 화합물 그룹을 **동족 계열**(homologous series)이라고 한다. Propane ($CH_3CH_2CH_3$)과 butane($CH_3CH_2CH_2CH_3$)은 서로 동족 계열이다.

탄소는 네 개의 공유 결합을 할 수 있고 수소는 한 개의 공유 결합을 할 수 있다. 이 때문에 한 개의 탄소와 네 개의 수소로 이루어진 methane은 한 개의 구조만 그려진다. 두 개의 탄소 원자와 여섯 개의 수소 원자로 이루어진 ethane과 세 개의 탄소 원자와 여덟 개의 수소 원자로 이루어진 propane도 단 한 개의 구조만 가능하다. 그러나 탄소의 수가 네 개인 butane의 경우에는 곧은 사슬 알케인인 *n*-butane과 propane 사슬에 methyl(CH_3-)기가 달린 isobutane의 두 구조가 가능하다. Isobutane처럼 사슬에 가지가 달린 알케인을 **가지 달린**

알케인(branched chain alkane)이라고 부른다.

표 2.1 노말 알케인들의 이름과 물리적 성질

n	이름	구조식	끓는점(°C)	녹는점(°C)
1	Methane	CH_4	−161.7	−182.5
2	Ethane	CH_3CH_3	−88.6	−183.3
3	Propane	$CH_3CH_2CH_3$	−42.1	−187.7
4	Butane	$CH_3(CH_2)_2CH_3$	−0.5	−138.3
5	Pentane	$CH_3(CH_2)_3CH_3$	36.1	−129.8
6	Hexane	$CH_3(CH_2)_4CH_3$	68.7	−95.3
7	Heptane	$CH_3(CH_2)_5CH_3$	98.4	−90.6
8	Octane	$CH_3(CH_2)_6CH_3$	125.7	−56.8
9	Nonane	$CH_3(CH_2)_7CH_3$	150.8	−53.5
10	Decane	$CH_3(CH_2)_8CH_3$	174.0	−29.7

n−Butane과 isobutane에서 보는 것처럼 분자식은 같지만 원자가 연결되어 있는 양상이 다른 분자들을 **구조 이성질체**(structural isomer)라고 부른다. Isobutane에서 보는 것처럼 두 개의 methyl기가 한 개의 수소를 가지고 있는 탄소에 연결되어 있는 구조 단위에는 *iso*−라고 하는 접두어를 붙인다. 따라서 isobutane은 *iso*− 구조를 가지고 있으면서 네 개의 탄소로 이루어져 있는 알케인을 의미한다.

n-Butane

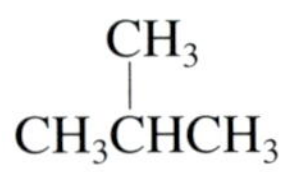
Isobutane
(2-methylpropane)

분자식이 C_5H_{12}인 pentane은 모두 세 개의 이성질체 구조가 가능하다.

n-Pentane

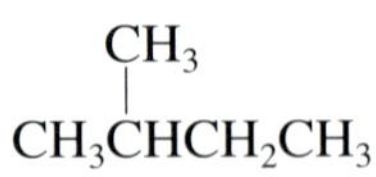
Isopentane
(2-methylbutane)

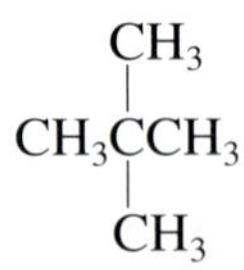
Neopentane
(2,2-dimethylpropane)

분자식이 C_6H_{14}인 hexane의 이성질체는 모두 다섯 개이다. 알케인에서 탄소수가 증가하면 이성질체의 수는 기하급수적으로 증가한다. 분자식이 $C_{15}H_{32}$인 경우에는 이성질체 수는 4347개이고, $C_{30}H_{62}$인 경우에는 이성질체의 수가 모두 4,111,846,763개나 된다.

알케인으로부터 수소 한 개를 제거한 것을 알킬기라고 한다. 알케인 이름의 어미인 'ane'를 'yl'로 바꾸면 알킬기의 이름이 된다.

대표적인 알킬기들의 이름을 종합하면 표 2.2와 같다.

표 2.2 대표적인 알킬기의 이름

구조	알킬기 이름
CH_3—	Methyl
CH_3CH_2—	Ethyl
$CH_3CH_2CH_2$—	*n*-Propyl
CH_3 | CH_3CH—	Isopropyl
$CH_3CH_2CH_2CH_2$—	*n*-Butyl
CH_3 | CH_3CHCH_2—	Isobutyl
$CH_3CH_2CH_2CH_2CH_2$—	*n*-Pentyl

n-Propyl에서 보는 것처럼 셋 이상의 탄소로 이루어진 사슬의 말단에서 수소 한 개를 제거한 알킬기를 *n*-알킬기라고 한다. 또 사슬의 말단 탄소에 두 개의 메틸기가 치환되어 있는 알킬기에는 *iso*-라고 하는 접두어를 붙여 부른다.

탄소의 종류는 치환되어 있는 알킬기의 수에 따라 분류한다. 한 개의 탄소만 결합되어 있는 탄소는 **일차 탄소**(primary carbon)라고 한다. 같은 요령으로 두 개의 탄소가 결합되어 있는 탄소는 **이차 탄소**(secondary carbon), 세 개 및 네 개의 탄소가 결합되어 있는 탄소는 각각 **삼차 탄소**(tertiary carbon), **사차 탄소**(quaternary carbon)라고 한다. 일차, 이차, 삼차, 사차 탄소는 각각 1°, 2°, 3°, 4° 탄소로도 나타낸다.

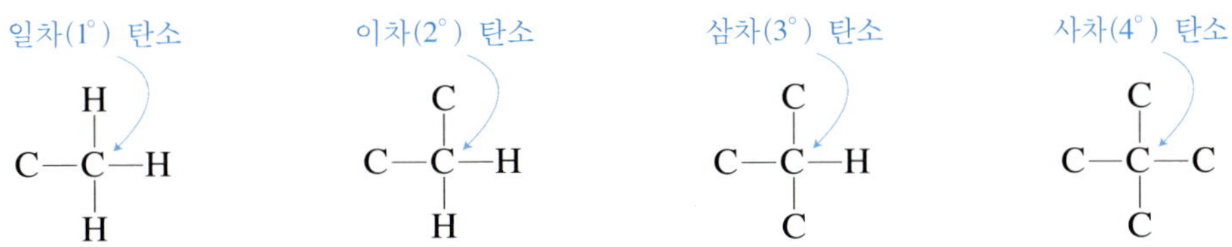

수소 원자에도 일차, 이차, 삼차 수소가 있다. 일차, 이차 및 삼차 탄소에 결합되어 있는 수소를 각각 **일차(1°) 수소**(primary hydrogen), **이차(2°) 수소**(secondary hydrogen), **삼차(3°) 수소**(tertiary hydrogen)라고 한다.

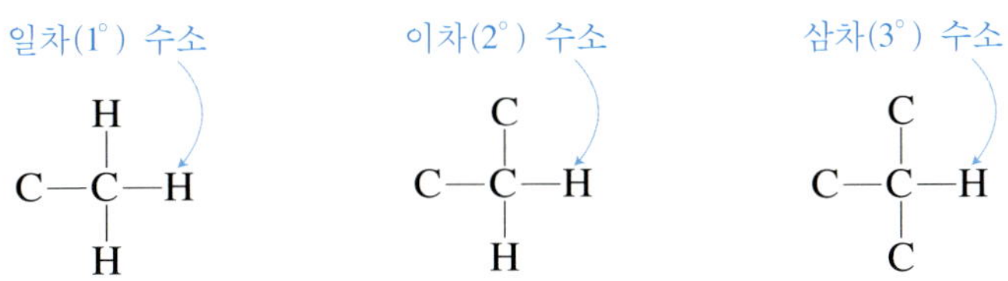

2.1 탄소 10개와 12개로 이루어진 각 알케인의 분자식을 쓰시오.

2.2 분자식이 C_6H_{14}인 이성질체의 구조를 모두 그리시오.

2.3 탄소 다섯 개로 이루어진 pentyl 이성질체를 모두 그리시오.

2.4 분자식이 C_4H_9Cl인 이성질체들의 구조를 모두 그리시오.

2.5 다음에서 서로 구조 이성질체의 관계에 있는 쌍들을 찾으시오.

(1) $C(CH_3)_4$ (2) $(CH_3)_3CCH_2CH_3$ (3) $CH_3CH_2CH_2CH(CH_3)_2$

(4) $(CH_3)_2CHCH_3$ (5) $CH_3CH_2CH_2CH_3$ (6) $CH_3CH_2CH(CH_3)_2$

2.2 알케인의 명명법

초기 유기 화학에서는 발견자가 화합물의 이름을 마음대로 지었다. 예를 들면 소나무(pine tree)에서 분리된 화합물 중의 하나는 α-pinene이라고 불렀으며 진정제인 barbituric acid는 사람 이름인 Babara에서 유래된 것이다. 유기 화학이 발전함에 따라 계속해서 많은 분자가 발견되었다. 유기 화합물의 수가 많아짐에 따라 유기 분자의 구조를 보면 이름을 지을 수 있고 이름을 보면 구조를 그릴 수 있는 명명법이 필요하게 되었다. 초기에 고안된 명명법 중의 하나가 **관용명**(common name)이며 isobutane이나 neopentane은 관용명에 속한다. 19세기 말 국제순수응용화학회(International Union of Pure and Applied Chemistry)에서는 관용명을 발전시켜 **IUPAC 명명법**(IUPAC nomenclature)이라는 명명법을 제안하였다. 유기 화학에서는 주로 이 방법을 이용하고 있다.

IUPAC 명명법에서는 화합물의 이름에 **치환기**(substituent), 탄소수 및 계열이 나타나 있다. 치환기는 치환되어 있는 위치 번호와 함께 접두사로, 탄소수는 어근으로, 그리고 계열은 접미사로 표시된다.

접두어 — 어근 — 접미어

치환기 및 치환기의 위치 → 접두어, 탄소수 → 어근, 속하는 계열 → 접미어

알케인을 명명할 때는 다음 규칙들을 따라야 한다.

가장 긴 연속된 사슬이 모체(parent)가 된다. 가장 긴 사슬은 분자 구조가 어떻게 그려졌는가에 상관없이 선택되므로 경우에 따라서는 구부러진 사슬이 모체가 될 수도 있다.

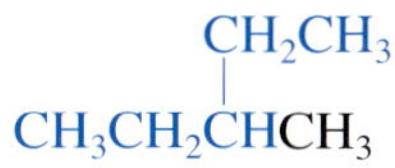

모체 사슬

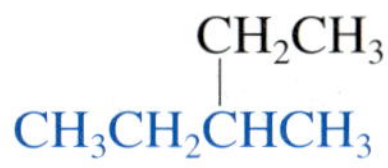

모체 사슬 아님

가능한 한 치환기에 작은 번호가 돌아가도록 모체 사슬의 끝에서부터 위치 번호를 붙인다.

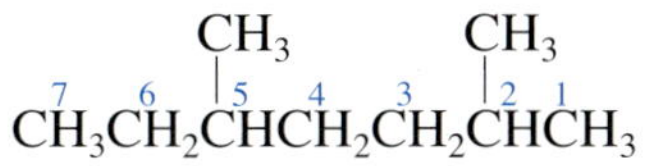

바른 번호 매김

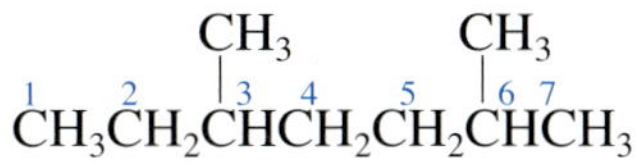

틀린 번호 매김

위치 번호를 하이픈을 사용하여 각 치환기의 이름 앞에 연결한다.

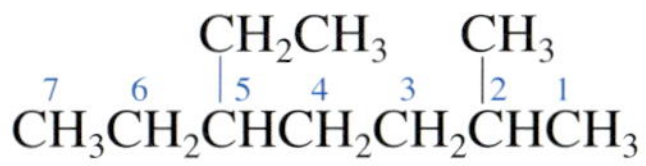

2-Methyl
5-Ethyl

치환기들을 알파벳순으로 모체 이름 앞에 배열하고 숫자와 문자 사이에는 하이픈을 넣고 숫자와 숫자 사이에는 쉼표를 넣는다. 화합물의 이름은 공백 없이 한 단어가 되도록 한다. 같은 치환기가 둘일 때는 'di-', 셋일 때는 'tri-', 넷일 때는 'tetra-'와 같은 접두사를 사용한다. 이들은 알파벳 순서를 비교하는 데 포함되지 않는다.

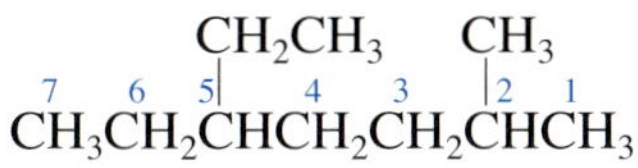

5-Ethyl-2-methylheptane

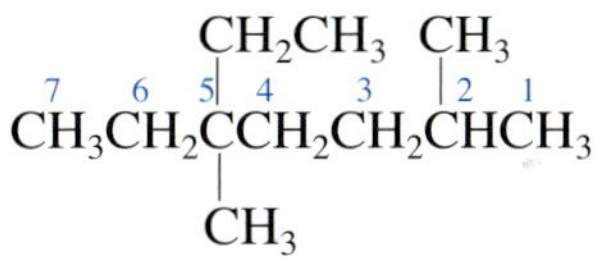

5-Ethyl-2,5-dimethylheptane

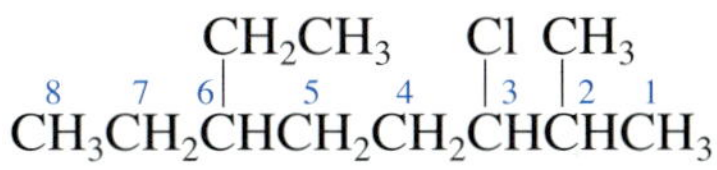

3-Chloro-6-ethyl-2-methyloctane

2.6 다음 각 화합물의 IUPAC 이름을 적으시오.

(1) $CH_3CHClCH_2CH_3$

(2) 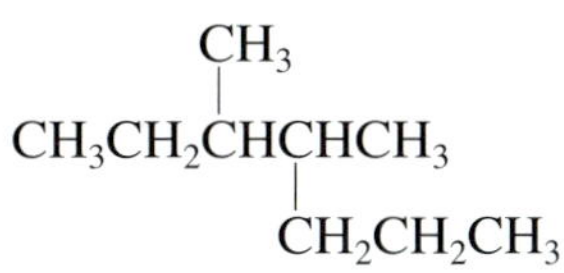

(3) 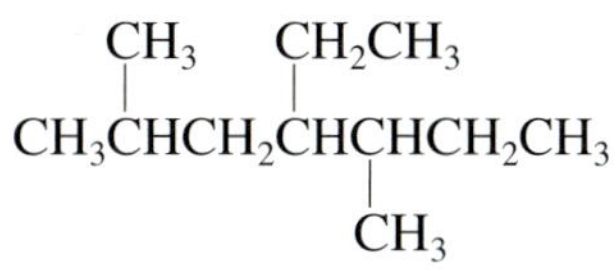

(4) $(CH_3)_3CCH_2C(CH_3)_3$

(5) $(CH_3)_3CCH_2CH(CH_3)_2$

2.7 다음 IUPAC 이름에 해당하는 구조를 그리시오.

(1) 3,5-Dimethyloctane

(2) 4-Ethyl-2,4-dimethylnonane

(3) 3-Ethyl-2-methyloctane

(4) 2,2,3-Trimethylhexane

2.3 알케인의 물리적 성질

상온에서 노말 알케인들의 물리적인 상태는 탄소의 수에 따라 달라진다. $C_1 \sim C_4$의 화합물은 기체, $C_5 \sim C_{16}$은 액체이며 C_{17} 이상은 고체 상태로 존재한다.

알케인은 비극성이기 때문에 극성인 물과 섞이지 않는다. 물과 잘 섞이지 않는 알케인의 성질은 식물 세계에서 매우 중요하다. 사과나 상추 잎의 표면을 반짝이게 하는 성분들은 $C_{27}H_{56}$ 또는 $C_{29}H_{60}$과 같은 알케인들이다. 이들은 잎의 지나친 수분 증발을 막아준다.

알케인과 같은 비극성인 분자들 사이에도 쌍극자-쌍극자 인력이 작용한다. 비극성 분자들이 서로 끌어당기는 힘은 **런던 힘**(London force) 또는 **van der Waals 힘**이라고 부른다. 분자 사이의 접촉 면적이 커지면 van der Waals 힘도 더 커진다. 알케인에서 $-CH_2-$ 단위의 수가 증가하면 접촉 면적이 증가하므로 끓는점도 더 높아진다. van der Waals 힘은 고체에서 훨씬 더 크다. 또 노말 알케인이 가지 달린 알케인보다 van der Waals 힘이 더 크다. 예로서 그림 2.1의 *n*-pentane에서 보는 것처럼 탄소의 사면체 성질 때문에 알케인은 지그재그 형태를 이루려는 경향이 있다. *n*-pentane과 같은 곧은 사슬 분자들이 지그재그 형태로 배열되어 포개어지면 접촉 면적이 커지므로 큰 van der Waals 힘이 작용할 수 있다. 그러나 같은 탄소 수를 가지고 있지만 접촉 면적이 작은 2,2-dimethylpropane에서는 인력도 작아진다.

이 때문에 곧은 사슬 화합물들은 같은 분자량을 가지고 있는 가지 달린 화합물들보다 끓는점과 녹는점이 더 높다. 알케인들의 끓는점은 표 2.1에 종합되어 있다.

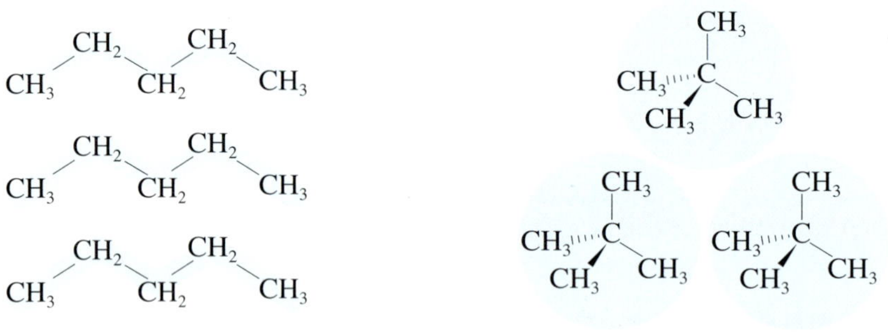

n-Pentane
접촉면이 크다
끓는점 36°C

2,2-Dimethylpropane
접촉면이 작다
끓는점 10°C

그림 2.1 ***n*-Pentane과 2,2-dimethylpropane의 분자들 사이의 접촉 면적 비교**

2.4 Ethane의 형태

탄소-탄소 단일 결합은 시그마 결합으로서 원통형 대칭이며 회전이 가능하다. Ethane 분자의 단일 결합을 회전시키면 무수히 많은 입체적인 **형태**(conformation)가 생길 수 있다. 단일 결합을 축으로 회전시켰을 때 생겨나는 특정한 형태들을 **이형태체**(conformer) 또는 **회전 이성질체**(rotamer)라고 한다. 이차원 지면 상에서 형태들을 입체적으로 나타낼 때는 **쐐기 점선**, **톱질대 구조** 또는 **Newman 투영도**가 사용된다. 모든 결합들이 다 보이도록 분자를 비스듬한 방향에서 바라보는 것이 톱질대 구조이다. 앞쪽에 있는 탄소는 세 개의 결합이 서로 교차하는 점으로 표시하고 뒤쪽에 있는 탄소는 원으로 표시하는 것이 Newman 투영도이다. 각 탄소로부터 시작하여 탄소 주위에 대칭으로 놓이는 세 개의 선은 치환기와의 결합을 나타낸다.

형태를 설명할 때는 Newman 투영도를 사용하는 것이 가장 편리하다. Ethane의 두 극단적인 형태인 **엇갈린 형태**(staggered conformation)와 **가려진 형태**(eclipsed conformation)를 도시하면 그림 2.2와 같다.

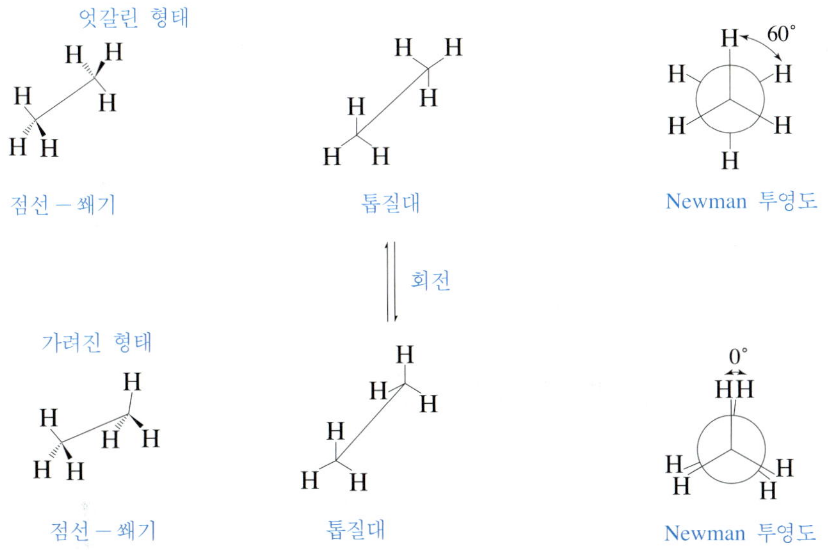

그림 2.2 Ethane의 엇갈린 형태와 가려진 형태

엇갈린 형태에서 한 탄소의 탄소−수소 결합은 다른 탄소의 수소−탄소−수소 사이의 결합을 이등분하고 있다. 가려진 형태에서는 앞쪽과 뒤쪽 탄소에 있는 탄소−수소 결합들이 모두 겹쳐져 있다. 엇갈린 형태에서는 앞쪽과 뒤쪽 탄소−수소 결합들이 서로 60° 각도로 떨어져 있다.

가려진 형태에서는 앞쪽과 뒤쪽 탄소−수소 결합들이 지나치게 가깝게 있기 때문에 결합 전자들이 서로 반발한다. 따라서 한 엇갈린 형태의 탄소−탄소 결합을 회전시켜 가려진 형태를 거친 다음 다른 엇갈린 형태로 전환되려면 **비틀림 무리**(torsional strain)라고 부르는 이 반발력을 극복하여야 한다.

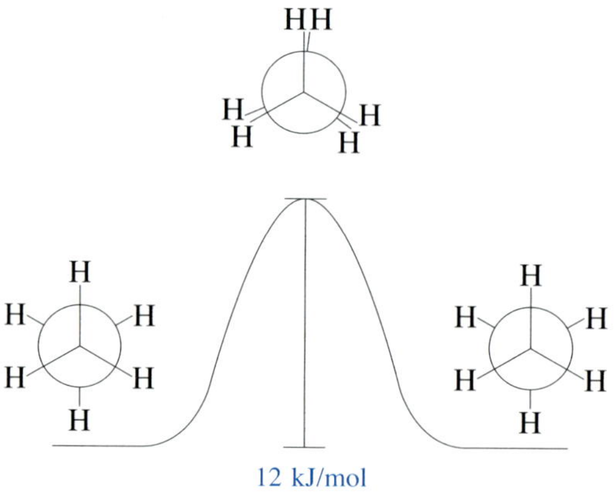

Ethane에서 이 반발력의 크기는 12 kJ/mol(2.9 kcal/mol)이다. 보통의 온도에서는 이 에너지 장벽을 쉽게 넘어갈 수 있을 만큼 충분한 열에너지가 공급되기 때문에 형태들이 초당 수백만 번 상호 전환될 수 있다.

2.8 Propane의 엇갈린 형태와 가려진 형태의 Newman 투영도를 그리시오.

2.9 Butane의 C(2)—C(3) 결합을 중심으로 관찰하면 각각 두 개씩의 엇갈린 형태와 가려진 형태가 있다. 이들의 Newman 투영도를 그리시오.

2.10 Butane의 형태 중 가장 안정한 것과 가장 불안정한 것을 지적하고, 그 이유를 설명해 보시오.

2.5 사이클로알케인

탄소 원자들이 고리를 이루고 있는 화합물들을 **사이클로알케인**(cycloalkane)이라고 한다. 사이클로알케인의 구조는 다음에서 보는 것처럼 보통 결합-선 구조식으로 그린다.

사이클로알케인은 고리가 아닌 알케인에서와 비슷한 규칙을 이용하여 명명한다.

고리를 구성하고 있는 탄소의 수에 해당하는 알케인의 이름에 접두어인 'cyclo-'를 붙여 모체 이름으로 사용한다. 알킬기 또는 할로젠 치환체는 접두어로 처리한다. 치환체가 하나일 때는 위치 번호를 사용하지 않는다.

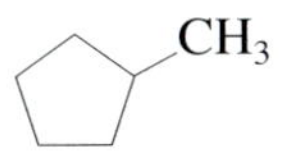

Methylcyclopentane

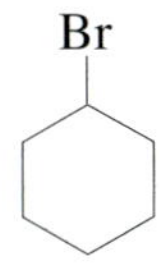

Bromocyclohexane

고리에 두 개 이상의 치환체가 있을 때는 알파벳순으로 모체 이름 앞에 놓인다. 치환체들 중의 어느 하나에 위치 번호 1이 돌아가며 번호들의 전체 합이 가장 작은 수가 되도록 번호를 붙인다.

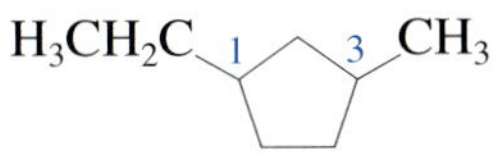

1-Ethyl-3-methylcyclopentane

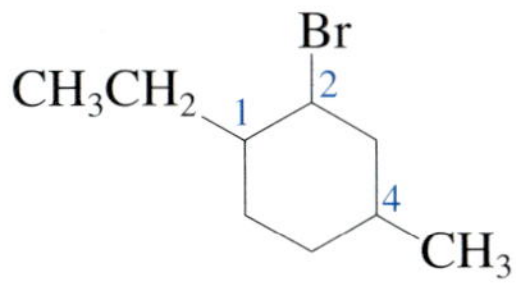

2-Bromo-1-ethyl-4-methylcyclohexane

2.11 다음 각 구조의 IUPAC 이름을 적으시오.

(1)

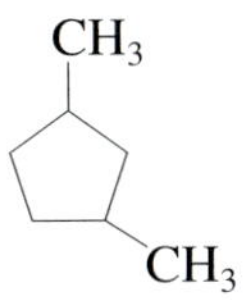

(2)

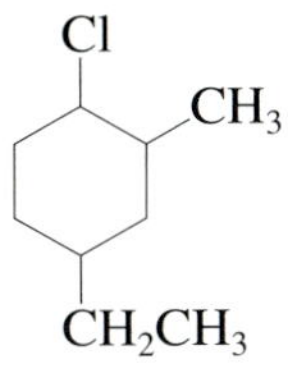

(3)

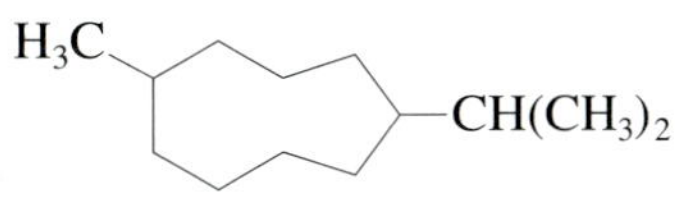

2.6 사이클로알케인의 시스–트랜스 이성질체

고리가 아닌 알케인에서는 탄소–탄소 σ–결합이 자유롭게 회전할 수 있다. 사이클로알케인에서는 고리의 탄소–탄소 σ–결합이 회전하려면 탄소에 결합되어 있는 원자나 원자단이 고리의 안쪽을 통과해야 한다. 이때 생기는 입체 반발력이 크기 때문에 고리를 구성하고 있는 σ–결합은 회전할 수 없다. 이와 같은 특징 때문에 새로운 이성질 현상이 나타난다.

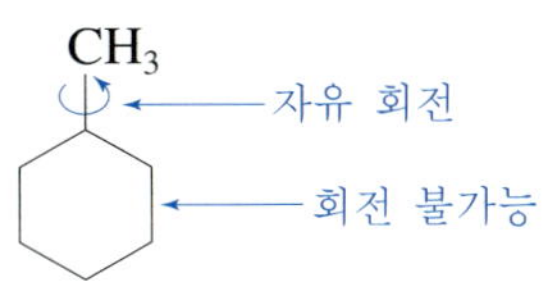

예로서 1,2-dimethylcyclopropane에는 두 개의 methyl기가 고리의 같은 쪽에 있는 구조와 고리의 반대쪽에 결합되어 있는 구조의 두 이성질체가 있다. 이 두 구조는 결합을 끊고 회전시킨 다음 다시 결합을 연결하지 않는 한 상호 전환되지 않는다.

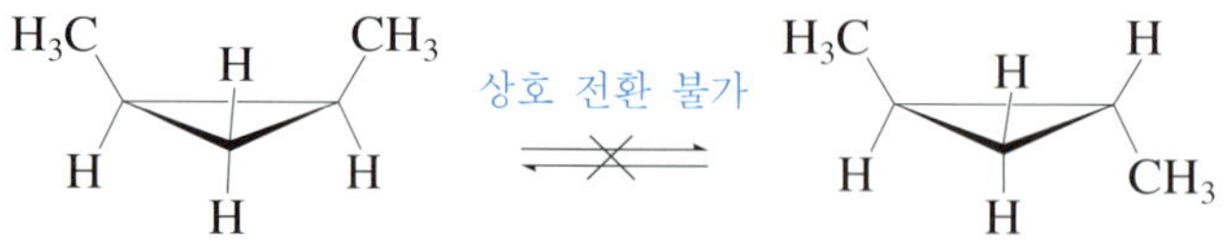

cis-1,2-Dimethylcyclopropane *trans*-1,2-Dimethylcyclopropane

두 methyl기가 고리의 같은 쪽에 있는 이성질체는 *cis*-1,2-dimethylcyclopropane이고 반대쪽에 있는 이성질체는 *trans*-1,2-dimethylcyclopropane이다. 접두어 '*cis*–' 및 '*trans*–'는 각각 같은 쪽 및 반대쪽을 의미한다. 1,2-Dimethylcyclopropane의 두 이성질체에서와 같이 원자의 결합된 순서는 같으나 공간상의 배치가 다른 이성질체를 **입체 이성질체**(stereoisomer) 또는 **시스-트랜스 이성질체**(*cis-trans* isomer)라고 한다. 시스–트랜스 이성질체는 물리 화학적 성질이 서로 다르며 분리될 수 있는 서로 다른 화합물이다. 입체 이성질 현상은 분자의 생물학적 성질에 결정적인 영향을 미친다. 시스와 트랜스 이성질체는 생물학적 수용체와 전혀 다르게 반응할 수 있다.

2.12 *trans*-1,3-Dimethylcyclopentane의 구조를 그리시오.

2.13 1,2-Dichlorocyclopentane의 *cis* 및 *trans* 이성질체를 그리시오.

2.7 사이클로알케인의 형태

탄소–탄소 단일 결합은 두 개의 sp^3 혼성 오비탈이 두 탄소 핵을 연결하는 축상에서 겹쳐서 형성된 것이다. 동등한 세 개의 탄소로 이루어져 있는 cyclopropane은 평면 구조를 가지고 있으며 C—C—C 결합각은 60°이다. 이것은 정상적인 C—C—C 결합각인 109.5°로부터 크게 벗어난 각이다. 이 때문에 sp^3 혼성 오비탈들은 탄소 핵들을 연결하는 축으로부터 벗어난 위치에서 덜 효과적으로 겹칠 수밖에 없다. 구부러진 모양의 이와 같은 결합을 **굽은 결합**(bent bond)이라고 한다. 굽은 결합은 보통의 탄소–탄소 단일 결합보다 불안정하며 이와 같은 불안정성을 **각무리**(angle strain)라고 한다.

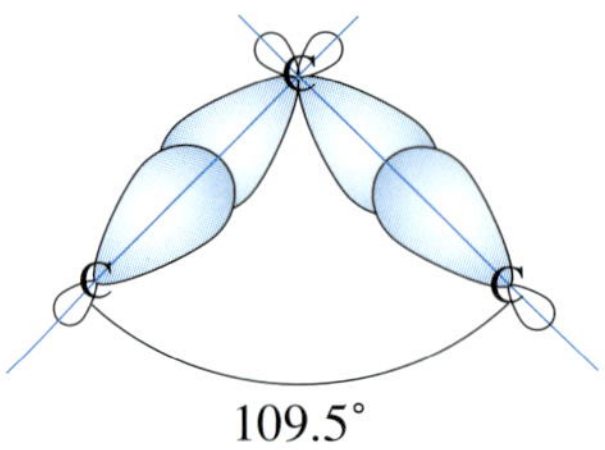

정상적인 C—C—C 결합

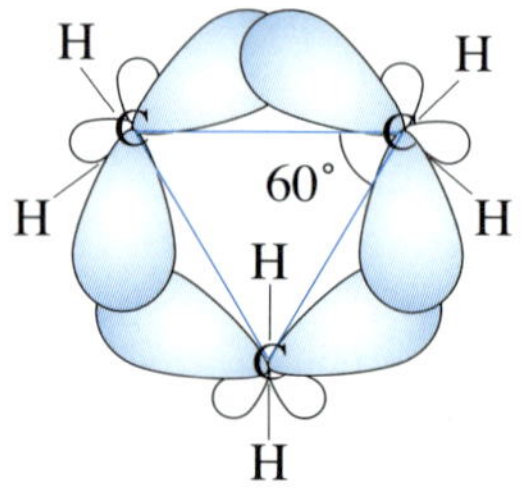

Cyclopropane의 굽은 결합

Cyclopropane에서는 인접한 탄소-수소 결합들이 모두 가려져 있기 때문에 비틀림 무리도 크게 작용한다. 각무리와 비틀림 무리 때문에 cyclopropane은 보통의 알케인보다 매우 불안정하다.

Cyclobutane은 methylene기 중의 하나가 다른 세 개의 methylene기들이 이루고 있는 평면으로부터 약 25° 벗어나 있다. 나비를 닮은 이 형태에서는 각무리가 약간 있기는 하지만 여덟 쌍의 인접한 수소들이 가려지면서 생기는 비틀림 무리가 크게 감소한다.

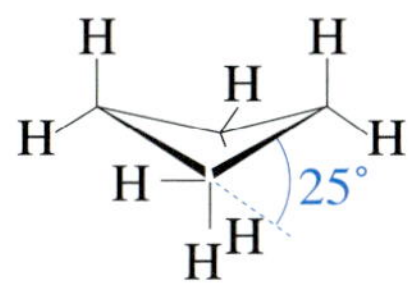

Cyclobutane

Cyclopentane은 모든 수소들이 거의 엇갈려지도록 오그라진 형태를 보여 준다. Cyclopentane의 이 오그라진 형태는 뚜껑을 가지고 있는 네모형 봉투를 닮았기 때문에 **봉투 형태**(envelope conformation)라고 한다. Cyclopentane의 봉투 형태에서는 각무리와 비틀림 무리가 크게 감소한다.

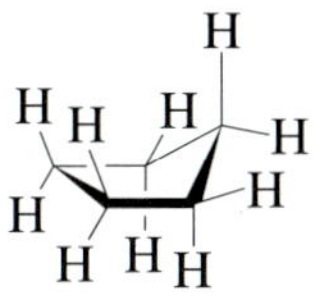

Cyclopentane

고리 화합물들 중 자연계에 가장 많이 분포되어 있는 것이 cyclohexane 유도체들이다. Cyclohexane 구조를 가지는 수많은 화합물들이 생물학적 활성을 보여 준다. Cyclohexane의 **의자 형태**(chair conformation)에는 무리가 거의 없다. 고리를 구성하고 있는 탄소들 사이의 결합각은 이상적인 사면체 결합각(109.5°)에 가까운 111°이다. 의자 형태의 Newman 투영식을 그려 보면 인접해 있는 탄소-수소 결합들은 모두 거의 정확하게 엇갈려 있다.

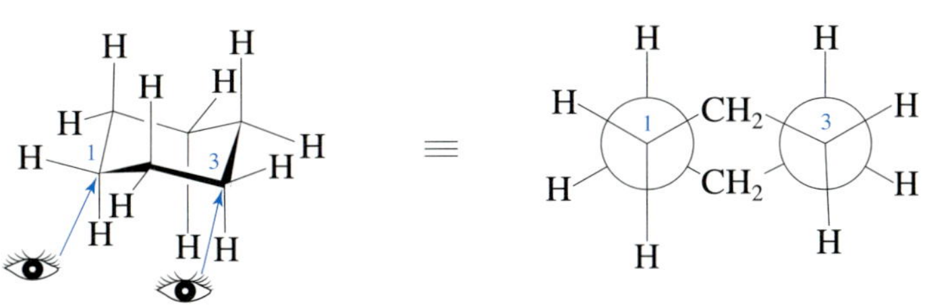

의자 형태에서는 다음과 같은 여러 가지 재미있는 특징들이 관찰된다. 즉 고리를 구성하고 있는 결합들 중 아래쪽에 그려진 결합들은 지면의 앞으로 튀어나와 있고, 위쪽에 그려진 결합들은 지면의 뒤쪽으로 뻗어 있다.

각 탄소는 **수직 방향**(axial)과 **수평 방향**(equatorial)의 결합을 가지고 있다. 수직 방향 결합들은 교대로 방향이 위아래로 바뀐다. 어느 한 탄소의 수직 방향 결합이 위쪽이라면 다음 탄소는 아래쪽, 다음은 위쪽이 된다. 수평 방향 결합들은 고리의 바깥쪽을 가리킨다. 수평 방향 결합들은 두 탄소 건너편에 있는 고리의 결합과 평행하다. 하나 건너 있는 탄소들(아래 구조의 1, 3, 5번 탄소)이 아래쪽으로, 나머지 탄소들이 위쪽으로 움직이면 한 의자 형태에서 다른 의자 형태로 전환된다. 두 의자 형태들 사이에서 매우 빠르게 일어나는 이 상호 전환을 **고리 뒤집기**(ring flip)라고 한다. 두 의자 형태가 상호 전환될 때 모든 수직 방향 결합들은 수평 방향이 되고, 수평 방향 결합들은 수직 방향이 된다.

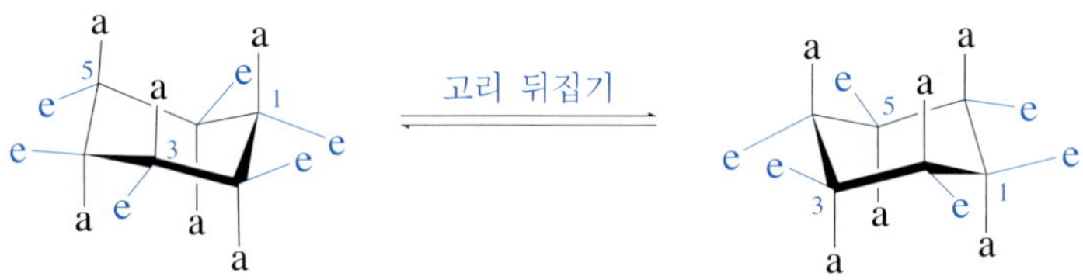

Cyclohexane에는 **보트 형태**(boat conformation)도 있다. 보트 형태에는 각무리는 없지만 탄소–수소 결합의 일부가 가려져 있다. 또 고물과 이물의 위치에 있는 **깃대 수소**(flag pole hydrogen)들 사이에서는 **깃대 작용**(flag pole interaction)이라고 하는 입체 반발력이 작용하기 때문에 의자 형태보다 크게 불안정하다.

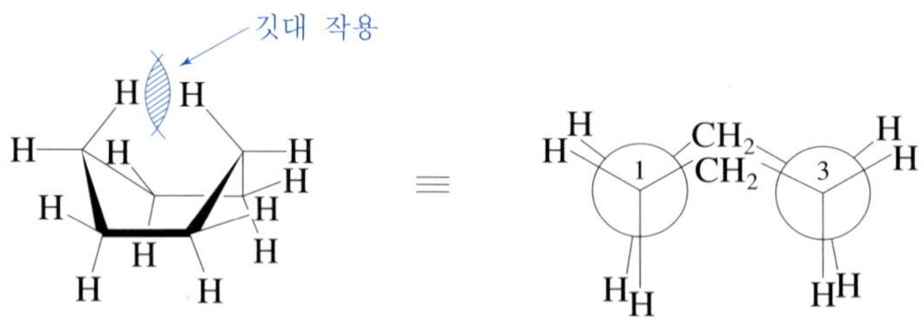

Cyclohexane의 의자 형태에서 고리의 같은 쪽에 있는 세 개의 수직 방향 수소는 서로 가까운 위치에 있다. 만약 수직 방향 수소 중의 하나가 methyl과 같이 큰 치환체로 치환되면 수직 방향에서 **입체 장애**(steric hindrance)라고 하는 입체적 반발 현상이 발생한다. 특히 이 입체 장애는 1,3-위치에 있는 치환체들 사이에서 발생하기 때문에 **1,3-이수직 방향 상호 작용**(1,3-diaxial interaction)이라고 부른다. 이 상호 작용 때문에 수직 방향에 치환체를 가지고 있는 의자 형태보다 수평 방향에 치환체를 가지고 있는 의자 형태가 더 안정하다.

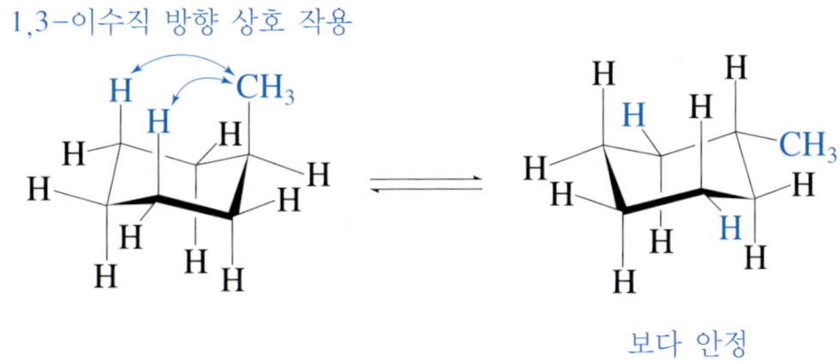

2.14 다음 cyclohexane의 의자 배열에서 지적하는 결합을 그리시오.

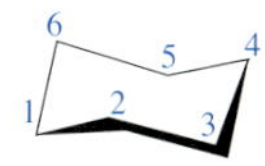

(1) C(1)에서 수직 방향 C—H 결합　　(2) C(2)에서 수직 방향 C—H 결합

(3) C(2)에서 수평 방향 C—H 결합　　(4) C(5)에서 수평 방향 C—H 결합

2.15 Ethylcyclohexane의 두 가지 의자 형태를 그리시오. 두 형태 중 어느 것이 더 안정한지 설명하시오.

2.16 *cis*-1,3-Dimethylcyclohexane과 *trans*-1,3-dimethylcyclohexane의 의자 형태를 그리시오.

2.8 알케인의 화학적 성질

작용기를 가지고 있는 다른 부류의 유기 화합물들에 비해 알케인과 사이클로알케인은 반응성이 매우 낮다. 많은 유기 화합물들은 강한 산, 강한 염기, 산화제 또는 환원제와 반응을 일으킨다. 그러나 알케인과 사이클로알케인은 일반적으로 이 시약들과 반응하지 않는다.

알케인은 **할로젠화**(halogenation) 및 **연소**(combustion)라고 하는 두 가지 형태의 반응만 일으킨다. 염소 기체와 같은 할로젠과 혼합하고 빛이나 열을 가하면 할로젠화 반응이 일어난다.

할로젠화에 대해서는 6장에서 상세하게 설명할 것이다.

$$CH_4 + Cl_2 \xrightarrow{\text{빛 또는 열}} \underset{\text{Methyl chloride}}{CH_3Cl} + HCl + \text{다른 생성물들}$$

화합물과 산소 사이에서 빠르게 진행되는 반응인, 타는 과정을 연소라고 한다. 알케인이 연소되면 열을 발생하기 때문에 에너지원으로서 중요하다. 알케인이 완전하게 연소되면 CO_2와 H_2O가 생성된다.

$$CH_4 + 2O_2 \longrightarrow \underset{\text{Carbon dioxide}}{CO_2} + 2H_2O + \text{열}$$

산소의 공급이 불충분하면 불완전 연소가 일어난다. 알케인이 불완전 연소하면 CO 또는 탄소(검댕)가 만들어진다.

$$2CH_3CH_2CH_3 + 7O_2 \longrightarrow \underset{\text{Carbon monoxide}}{6CO} + 8H_2O$$

$$CH_3CH_2CH_3 + 2O_2 \longrightarrow \underset{\text{Carbon}}{3C} + 4H_2O$$

요약

일반식이 C_nH_{2n+2}인 알케인에는 가지 없는 탄소 사슬인 **노말 알케인**(normal alkane)과 **가지 달린 알케인**(branched chain alkane)의 두 부류가 있다. 탄소 넷 이상의 알케인에는 **이성질체**(isomer)가 존재한다. 탄소수 네 개인 butane에는 곧은 사슬인 *n*-butane과 isobutane의 두 이성질체가 있다. 분자식은 동일하지만 원자의 결합 순서가 다른 화합물들을 **구조 이성질체**(structural isomer)라고 부른다. 알케인의 이름은 **IUPAC 명명법**을 따라 짓는다. IUPAC 명명법에서는 치환기는 치환된 위치 번호와 함께 접두사로, 탄소수는 어근으로, 그리고 계열은 접미사로 표시한다.

알케인은 비극성이기 때문에 물과 잘 섞이지 않는다. 알케인에서는 주로 **van der Waals 힘**이 작용하는데 이것은 분자 사이의 접촉 면적이 클수록 커진다. 탄소수가 증가하면 분자 사이의 인력도 증가하므로 끓는점도 증가한다. 노말 알케인 분자들 사이의 접촉 면적은 가지 달린 알케인 분자들보다 접촉 면적이 더 크므로 노말 알케인에 더 큰 인력이 작용한다. 따라서 노말 알케인의 끓는점은 같은 탄소수의 가지 달린 알케인보다 더 높다.

알케인의 탄소−탄소 σ−결합은 회전할 수 있기 때문에 여러 가지 입체적인 **형태**(conformation)가 생길 수 있다. 단일 결합을 회전시켰을 때 나타나는 특정한 형태들을 **이형태체**(conformer)라고 한다. Ethane 분자의 탄소−탄소 결합을 회전시키면 **엇갈린 형태**(staggered conformation)와 **가려진 형태**(eclipsed conformation)의 두 극단적인 모양이 나타난다. 가려진 형태는 **비틀림 무리**(torsion strain)가 작용하기 때문에 엇갈린 형태보다 12 kJ/mol 만큼 더 불안정하다.

사이클로알케인은 단일 고리인 경우 일반식이 C_nH_{2n}이다. 사이클로알케인의 구조는 결합−선 구조식을 사용하여 그리며 고리가 아닌 알케인에서와 비슷한 방법으로 명명한다.

사이클로알케인의 탄소−탄소 결합은 회전할 수 없기 때문에 두 개의 치환기로 치환된 사이클로알케인에서는 **입체 이성질체**(stereoisomer) 또는 **시스-트랜스 이성질체**(*cis−trans* isomer)가 존재한다. 시스 이성질체는 두 치환기가 고리의 같은 쪽에 있고 트랜스 이성질체는 두 치환기가 고리의 반대쪽에 있다.

Cyclopropane의 탄소−탄소 σ−결합은 탄소−탄소 원자핵을 연결하는 축으로부터 벗어난 **굽은 결합**(bent bond)을 하고 있기 때문에 cyclopropane은 **각무리**(angle strain)이 크다.

Cyclohexane의 가장 안정한 모양은 **의자 형태**(chair conformation)이다. 의자 형태에서는 모든 결합각이 109°에 가깝고, 인접한 탄소−수소 결합이 모두 엇갈려 있으므로 무리가 거의 없다. 의자형 cyclohexane에는 **수직 방향 결합**(axial bond)과 **수평 방향 결합**(equatorial bond)이 있다. 수직 방향 결합은 고리의 축에 평행하게 아래 위를 향하고 있으며, 수평 방향 결합은 고리의 바깥 쪽을 가리키고 있다. Cyclohexane의 한 의자 형태가 **고리 뒤집기**(ring flip)를 통하여 다른 의자 형태로 전환되면 수직 방향 수소는 모두 수평 방향으로, 수평 방향 수소는 모두 수직 방향으로 바뀐다. **1,3-이수직 방향 상호 작용**(1,3−diaxial interaction) 때문에 치환된 cyclohexane은 치환기가 수직 방향을 향하고 있을 때보다 수평 방향을 향하고 있을 때 더 안정하다.

보충문제

2.17 $C_5H_{11}Br$의 구조 이성질체들의 구조를 모두 그리시오.

2.18 C_3H_8O의 이성질체 구조를 모두 그리시오.

2.19 다음 구조 중 동일한 것과 다른 것을 가리시오.

(1)

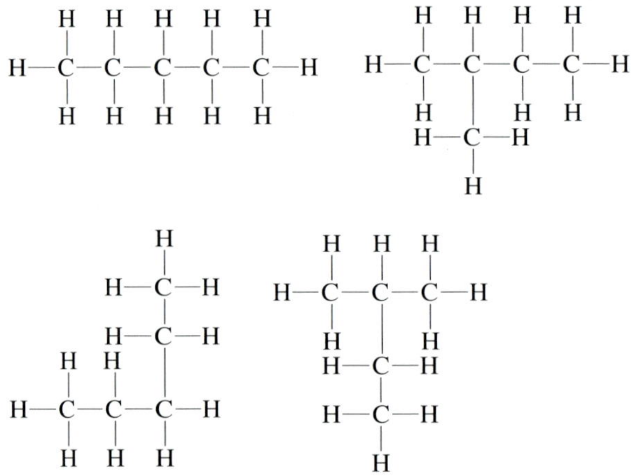

(2)

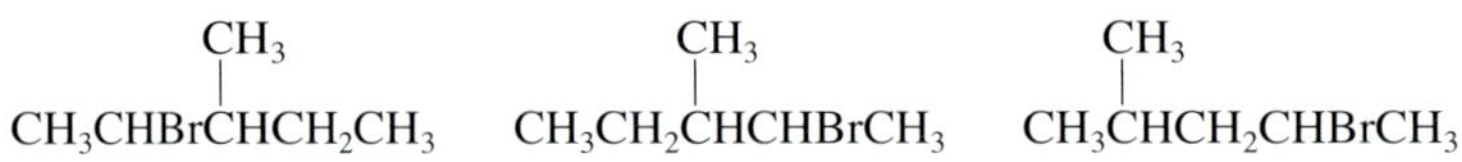

2.20 다음 알킬기의 이름을 적으시오.

(1)

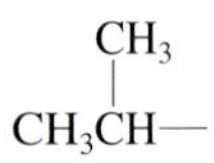

(2)

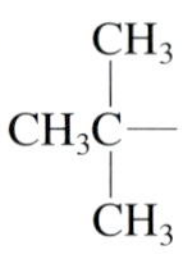

(3)

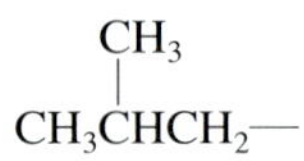

2.21 분자식 C_7H_{16}인 알케인의 이성질체들 중에서 다음에 지적하는 구조를 그리시오.

(1) Methyl 치환된 hexane
(2) Dimethyl 치환된 pentane
(3) Ethyl 치환된 pentane

2.22 다음 알케인들의 IUPAC 이름을 적으시오.

(1)

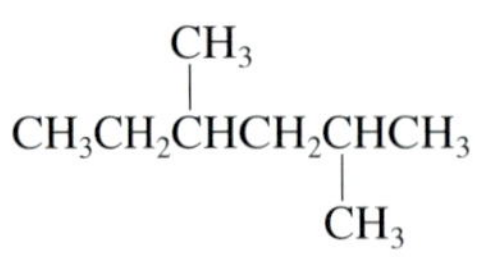

(2)

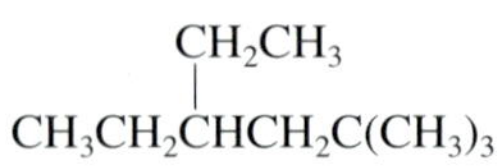

(3)

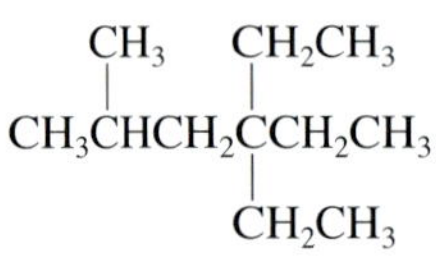

(4)

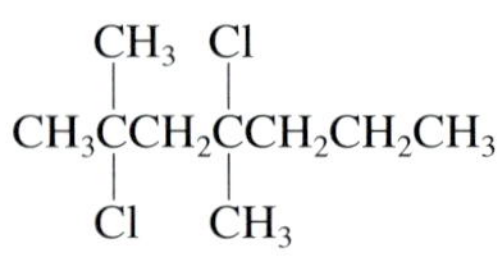

2.23 다음 각 화합물의 구조식을 그리시오.

(1) 2,2-Dimethyloctane
(2) 4-Ethyl-2,4-dimethylnonane
(3) 1,3-Diisopropylcyclohexane
(4) 1-*tert*-Butyl-3-methylcyclopentane
(5) 2,4,4-Trimethylheptane
(6) 4-Ethyl-3,4-dimethyloctane

2.24 분자식이 $C_4H_8Br_2$인 다음 화합물의 구조를 그리시오.

(1) 모든 탄소가 methylene기인 화합물
(2) 어떤 탄소도 methylene기가 아닌 화합물

2.25 다음 구조에서

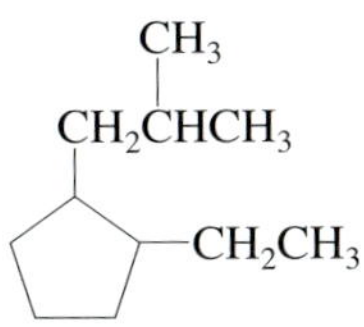

(1) 일차 탄소는 몇 개인가?
(2) 이차 탄소는 몇 개인가
(3) 삼차 탄소는 몇 개인가?

2.26 다음 알케인의 구조를 그리시오.

(1) 모두 이차인 탄소 6개로 이루어진 것
(2) 모두 일차인 탄소 8개로 이루어진 것
(3) 두 개의 isopropyl기를 가지고 있으며, 탄소 7개로 이루어진 것

2.27 Pentane의 C(2)—C(3) 결합을 축으로 회전시킬 때 생기는 엇갈린 형태와 가려진 형태들을 모두 그리시오. 어느 것이 가장 안정하고 어느 것이 가장 불안정하겠는가?

2.28 다음 사이클로알케인의 IUPAC 이름을 쓰시오.

(1) 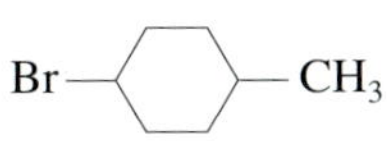

(2) 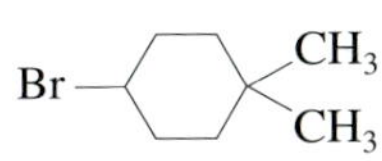

(3) 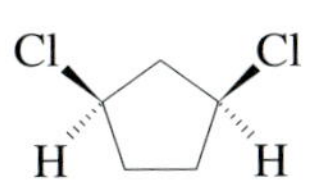

(4) 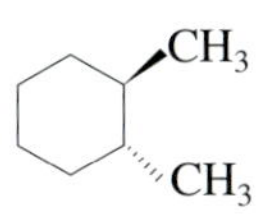

2.29 분자식이 C_5H_{10}인 사이클로알케인들의 구조 이성질체를 그리시오. *cis-* 및 *trans-* 이성질체가 가능한 경우에는 그들도 모두 그리시오.

2.30 1,3,5-Trichlorocyclohexane의 이성질체는 모두 몇 개인가? 가능한 의자 형태를 모두 그리시오.

3장 알켄과 알카인

2장에서 알케인은 탄소－탄소 단일 결합만을 포함하고 있는 탄화수소라는 것을 배웠다. 탄소－탄소 이중 결합을 포함하고 있는 탄화수소를 알켄이라고 한다. 초기 화학자들은 가장 간단한 알켄인 ethene($CH_2{=}CH_2$)이 염소와 반응할 때 기름과 같은 물질인 $ClCH_2CH_2Cl$이 형성된다는 사실을 관찰하였다. 이 관찰 때문에 알켄을 **올레핀**(olefin: oil forming＝오일 형성이라는 의미)이라고 불렀다.

알켄은 생물 세계에서 여러 가지 중요한 역할을 한다. 예로서 ethene은 발아와 꽃의 성장 및 과일이 익는 데 관여하는 **식물 성장 호르몬**이다.

곤충들은 **페로몬**(pheromone)이라고 하는 유기 분자를 방출함으로써 정보를 교환한다. 성, 경보 및 집합 페로몬이 있으며 이 중 많은 것들이 알켄에 속한다. 11-Tetradecenyl acetate는 옥수수 애벌레(European corn borer)의 성 페로몬으로 작용하는 알켄이다.

$$CH_3CH_2CH{=}CH(CH_2)_9CH_2O\overset{\displaystyle O}{\overset{\|}{C}}CH_3$$

11-Tetradecenyl acetate

식물들에 의해 생산되는 향기 성분들도 알켄에 속하는 것들이 많다.

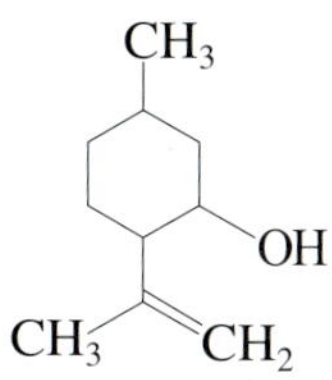

Menthol
박하향

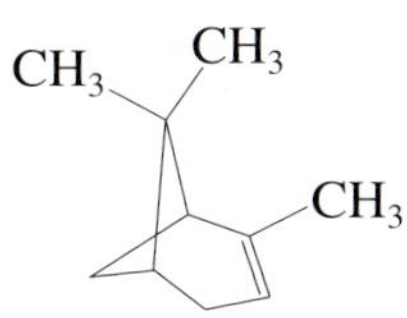

α-Pinene
소나무 향기 성분

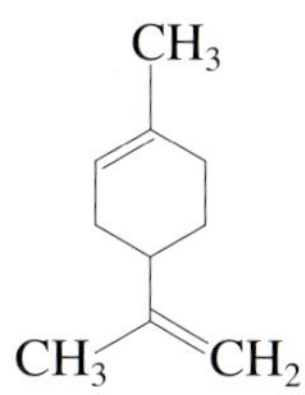

Limonene
레몬과 오렌지 향기 성분

탄소－탄소 삼중 결합을 포함하고 있는 탄화수소를 **알카인**(alkyne)이라고 한다.

생물학적인 활성을 보여 주는 비교적 제한된 수의 알카인들이 천연에서 발견되고 있다. 국화의 기름에서 얻어지는 capillin은 피부 진균류에 대한 항균 작용을 보여 준다. Ichthyothereol은 아마존강 하류의 원주민들이 화살 독으로 사용하던 성분이다.

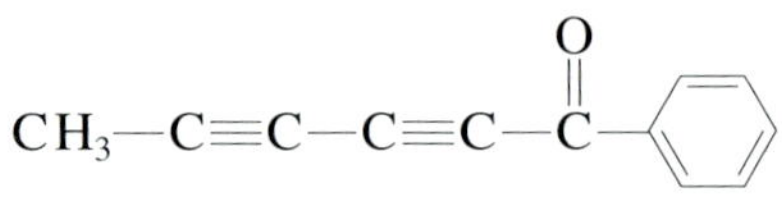

Capillin

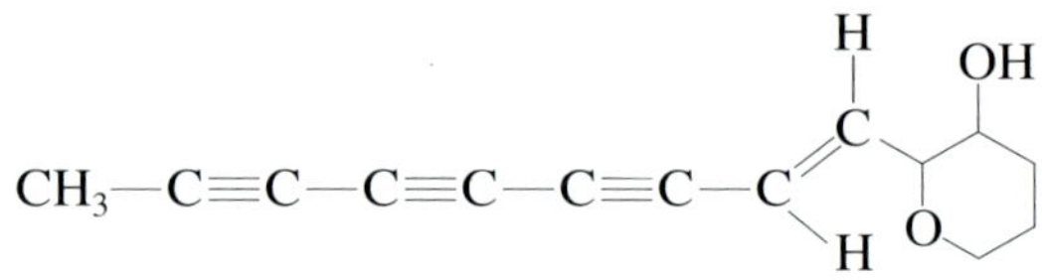

Ichthyothereol

몇 가지 합성된 알카인들이 의약품으로 이용되고 있다. 예로서 3-Methyl-1-pentyn-3-ol은 최면제로 이용되고 17-ethynylestradiol은 천연호르몬보다 더 강력한 피임 효과를 보여 준다.

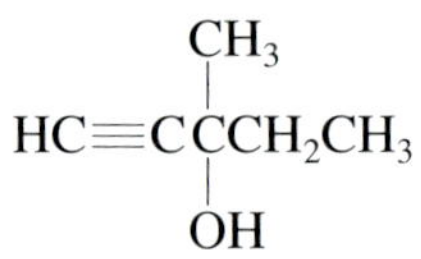

3-Methyl-1-pentyn-3-ol

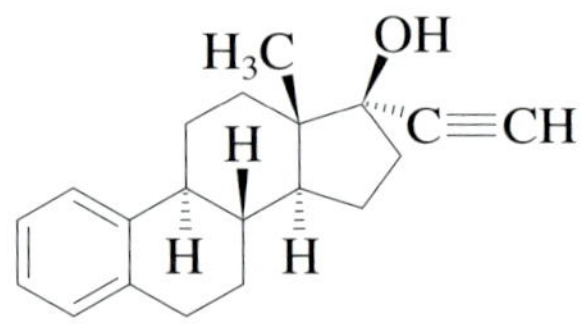

17-Ethynylestradiol

가장 간단한 알카인인 acetylene(HC≡CH)은 산소 용접이나 전도성 고분자인 polyacetylene의 원료로 사용된다.

이 장에서는 알켄과 알카인의 명명, 반응성 및 반응과 관련된 여러 가지 기초들을 공부할 것이다.

3.1 알켄의 명명법

알켄의 분자식은 탄소−탄소 이중 결합이 한 개 있을 때마다 같은 탄소수의 알케인보다 두 개씩의 수소 원자가 적어진다.

알켄 또는 알카인(alkyne)은 알케인보다 적은 수의 수소를 가지고 있기 때문에 **불포화 탄화수소**(unsaturated hydrocarbon)라고 한다. 간단한 알켄은 관용명으로 부를 때가 많다. 예를 들어 두 탄소 알켄은 ethylene이고, 세 탄소 알켄은 propylene이다. IUPAC 규칙을 따라 알켄의 이름을 지을 때는 알케인의 어미 '−ane'을 '−ene'로 바꾸어준다. 예로서 ethylene은 ethene이고 propylene은 propene이다.

$H_2C{=}CH_2$
Ethene
(ethylene)

$H_2C{=}CHCH_3$
Propene
(propylene)

$H_2C{=}C(CH_3){-}CH_3$
2-Methylpropene
(isobutylene)

복잡한 알켄을 명명할 때는 다음과 같은 규칙을 따른다.

이중 결합을 포함하고 있는 가장 긴 사슬이 모체가 된다. 이중 결합에 작은 숫자가 표시되게 번호를 매긴다. 예를 들면 2-pentene은 이중 결합이 두 번째와 세 번째 탄소 사이에 있다는 것을 의미한다.

$$\overset{1}{C}H_3\overset{2}{C}H{=}\overset{3}{C}H\overset{4}{C}H_2\overset{5}{C}H_3$$

2-Pentene

이중 결합이 사슬의 두 끝으로부터 동일한 거리에 있을 때는 치환체에 작은 번호가 표시되게 번호를 매긴다.

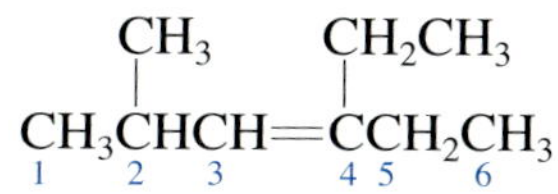

4-Ethyl-2-methyl-3-hexene

사슬이 두 개 이상의 치환체를 가지고 있을 때 치환체는 알파벳순으로 모체 이름 앞에 접두어로 처리된다. 이중 결합의 두 연속된 번호 중 작은 것을 모체 이름 앞에 붙임으로써 이중 결합의 위치를 표시한다.

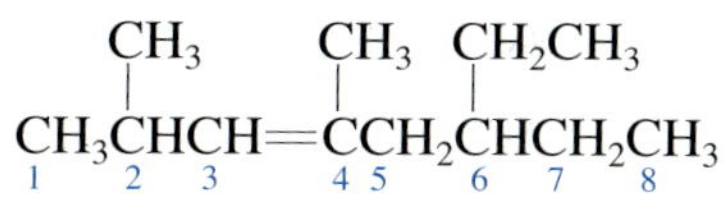

6-Ethyl-2,4-dimethyl-3-octene

이중 결합이 둘 이상일 때는 이중 결합의 위치를 모두 나타내야 하며 '–diene', '–triene' 등의 접미어를 사용한다.

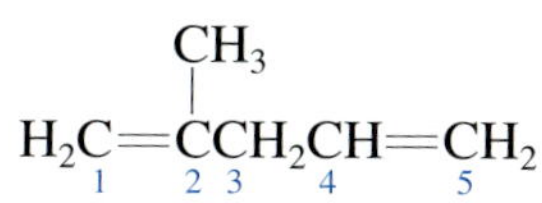

2-Methyl-1,4-pentadiene

사이클로알켄(cycloalkene)도 비슷한 방법으로 명명하지만 이중 결합의 두 탄소가 1번과 2번이 되고 첫 번째 치환기에 가능한 한 낮은 위치 번호가 가도록 한다.

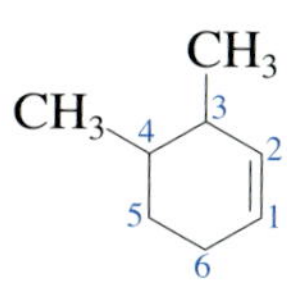

3,4-Dimethylcyclohexene

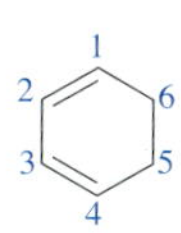

1,3-Cyclohexadiene

탄소–탄소 이중 결합을 포함하는 치환기 중 관용명이 더 많이 사용되는 것으로는 vinyl기와 allyl기가 있다.

$H_2C{=}CH{-}$ Vinyl기

$H_2C{=}CHCH_2{-}$ Allyl기

$H_2C{=}CHCl$
Chloroethene
(Vinyl chloride)

$H_2C{=}CHCH_2Cl$
3-Chloropropene
(Allyl chloride)

3.1 다음 각 화합물의 IUPAC 이름을 적으시오.

(1) $CH_3CHBrCH{=}CHCH_3$

(2) $(CH_3)_2C{=}C(CH_3)CH_3$

(3)

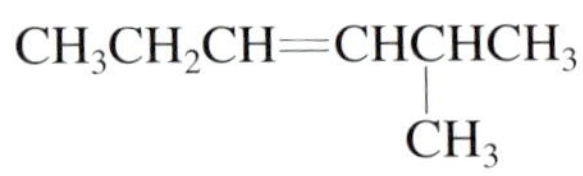

(4)

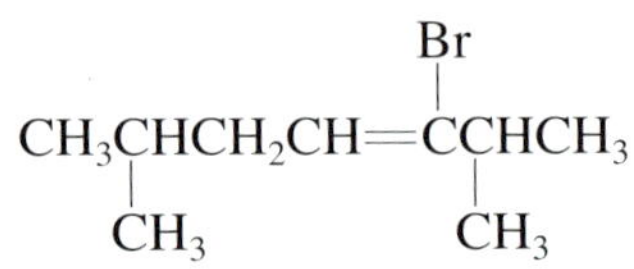

(5)

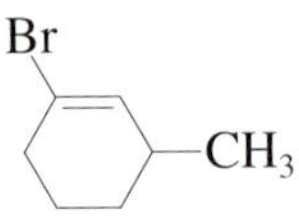

(6)

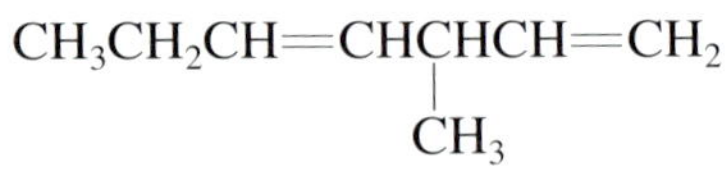

3.2 다음 각 화합물의 구조식을 그리시오.

(1) 1-Vinylcyclopentene

(2) 2,4-Dimethyl-2-hexene

(3) 1,3-Dichlorocyclopentene

(4) 3-Bromo-2-methyl-1,3-pentadiene

3.2 알켄의 구조

π 결합을 형성하는 두 개의 *p* 오비탈은 서로 평행해야 최대로 겹칠 수 있다. 만약 이중 결합을 축으로 회전하게 되면 두 개 *p* 오비탈의 겹침이 깨어지면서 π 결합이 파괴되기 때문에 자유롭게 회전할 수 없다.

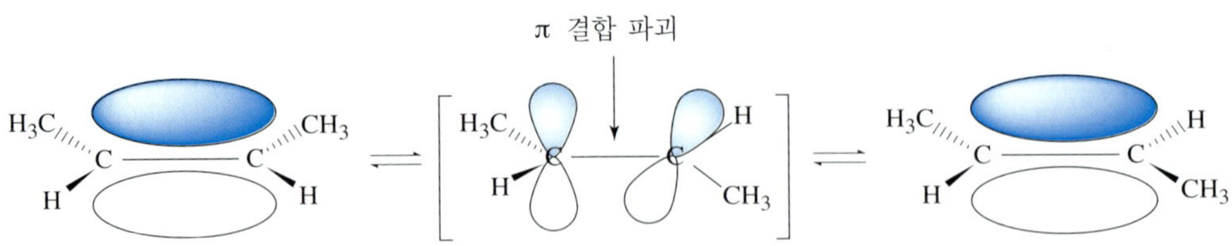

cis 이성질체 *trans* 이성질체

탄소–탄소 이중 결합을 축으로 회전할 수 없기 때문에 사이클로알케인에서와 마찬가지로 알켄에는 시스–트랜스 이성질체가 존재한다. 2-Butene을 예로 들면 두 sp^2 탄소에 결합되어 있는 수소들이 이중 결합의 같은 편에 있는 이성질체는 *cis*-2-butene이고 이중 결합의 반대쪽에 있는 것은 *trans*-2-butene이다.

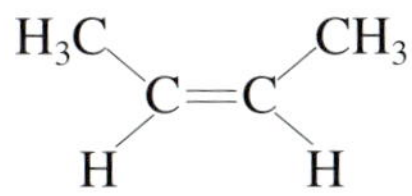

cis-2-Butene
끓는점 3.7 °C

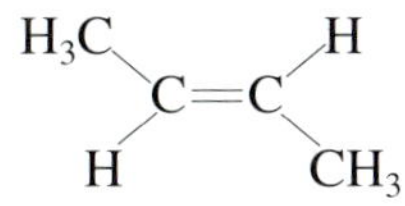

trans-2-Butene
끓는점 0.9 °C

이중 결합은 회전할 수 없기 때문에 시스와 트랜스 이성질체는 상호 전환될 수 없다(특수한 조건하에서는 예외). 두 이성질체는 끓는점과 같은 물리적인 성질이 다른 별개의 화합물이다.

이중 결합 탄소의 각각에 한 개씩의 치환체가 있을 경우에만 *cis*- 및 *trans*-라고 하는 접두어를 쓸 수 있다. 이중 결합 탄소에 세 개 이상의 치환체가 결합되어 있을 때는 *E*-*Z* 체계를 이용한다. 접두어 *E*, *Z*를 사용하여 이성질체를 구별할 때는 먼저 이중 결합의 각 탄소에 결합되어 있는 두 치환체의 상대적인 우선순위를 결정하여야 한다. 만약 우선순위가 높은 치환체가 이중 결합의 같은 쪽에 있으면 그 이성질체의 배열은 *Z*라고 한다(*Z*는 독일어로 함께라는 단어의 Zusammen에서 온 것). 만약 우선순위가 높은 치환체가 이중 결합의 반대쪽에 있으면 그 이성질체의 배열은 *E*가 된다(*E*는 독일어로 반대라는 단어인 Entgegen에서 온 것).

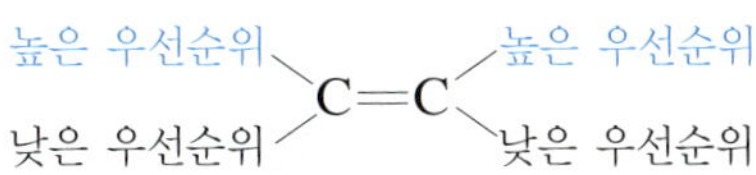

Z-이성질체

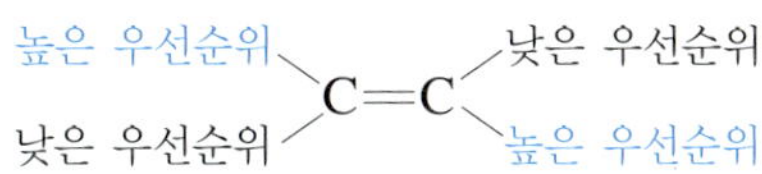

E-이성질체

다음 규칙이 우선순위를 결정하는 데 사용된다.

치환체의 상대적인 우선순위는 이중 결합 탄소에 직접 결합되어 있는 원자들의 원자 번호에 의해 결정된다. 원자 번호가 크면 우선순위가 더 크다. 예를 들면 2-chloro-1-iodopropene의 이성질체에서 이중 결합 탄소 중 한 개에는 아이오딘과 수소가 결합되어 있다. 아이오딘의 원자 번호가 수소보다 더 크기 때문에 아이오딘의 우선순위가 더 크다. 다른 이중 결합 탄소에는 염소와 탄소가 결합되어 있다. 염소의 원자 번호가 탄소보다 더 크기 때문에 염소의 우선순위가 더 크다. 왼쪽 이성질체는 우선순위가 큰 치환체들이 이중 결합의 같은 쪽에 있기 때문에 *Z*-이성질체가 된다. 오른쪽에 있는 이성질체는 우선순위가 큰 원자가 이중 결합의 반대쪽에 있기 때문에 *E*-이성질체이다.

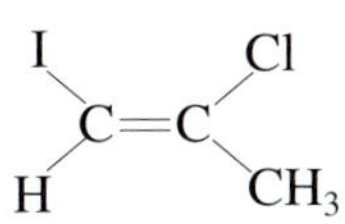

(*Z*)-2-Chloro-1-iodopropene

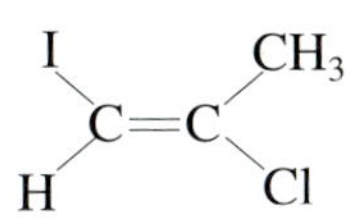

(*E*)-2-Chloro-1-iodopropene

같은 원자인 경우에는 그 원자에 결합되어 있는 다른 원자를 비교한다. 즉 다음 이성질체 쌍에서 브로민이 탄소보다 원자 번호가 더 크기 때문에 브로민이 bromomethyl기보다 우선순위가 더 크다. 다른 이중 결합의 탄소에는 ethyl기와 isopropyl기의 탄소 원자들이 결합되어 있다. Isopropyl기에는 C, C에 H가 결합되어 있고 ethyl기에는 C에 H가 결합되어 있다.

각각에서 탄소 한 개씩을 상쇄하고 나면 남은 원자들 중에는 탄소가 수소보다 원자 번호가 더 크기 때문에 isopropyl기가 ethyl기보다 우선순위가 더 크다. 따라서 *E*− 및 *Z*−이성질체는 다음과 같다.

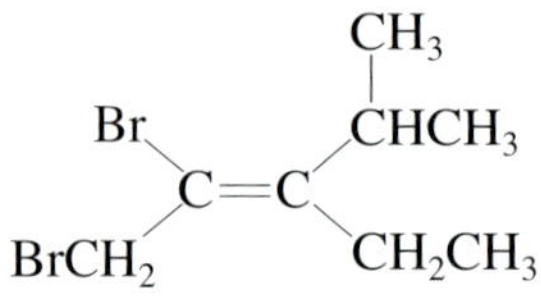

(*Z*)-1,2-Dibromo-3-ethyl-4-methyl-2-pentene

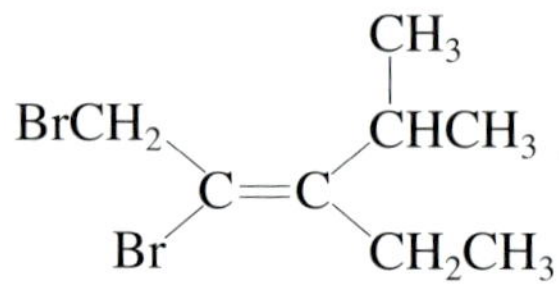

(*E*)-1,2-Dibromo-3-ethyl-4-methyl-2-pentene

한 원자가 다른 원자에 이중 결합 또는 삼중 결합으로 연결되어 있을 때는 그것이 두 개 또는 세 개의 다른 원자들에 결합되어 있는 것으로 간주한다.

예로서 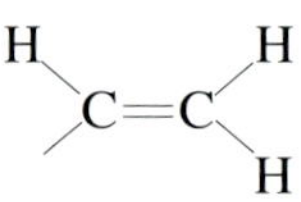 는 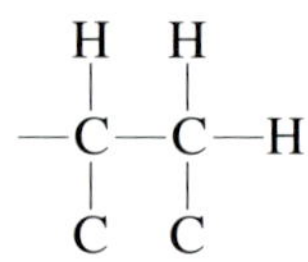

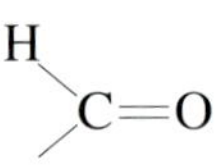 는 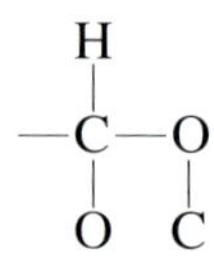

—C≡N 는 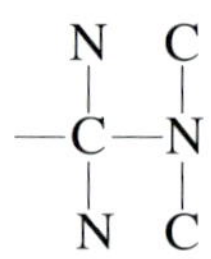 로 간주한다.

3.3 다음 중 시스−트랜스 이성질체로 존재할 수 있는 화합물은 어느 것인가?

(1) $CH_3CH{=}CHCH_2CH_3$

(2) 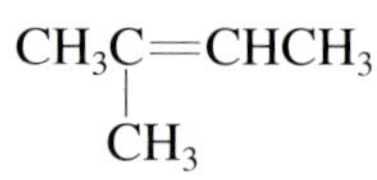

(3) 2-Hexene

(4) 1-Pentene

3.4 문제 3.3에서 시스−트랜스 이성질체로 존재하는 화합물의 구조를 그리고, 어느 것이 시스 이성질체이고 어느 것이 트랜스 이성질체인지 지적하시오.

3.5 다음 각 화합물에 알맞은 입체 배열을 *Z* 또는 *E*로 나타내시오.

(1) 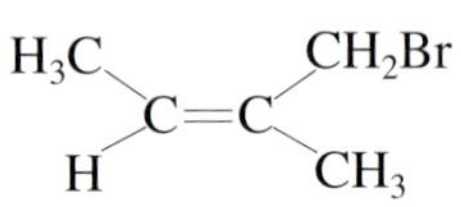

(2) 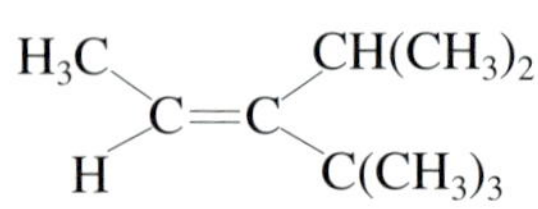

(3) 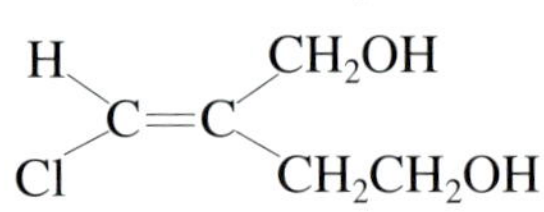

(4) 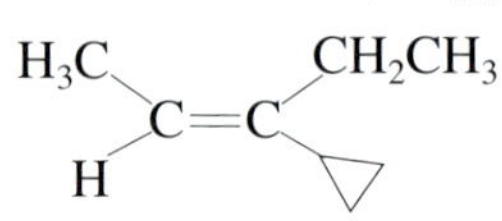

3.3 반응성

작용기들은 각각 독특한 화학 반응을 일으킨다. 각 작용기에 특징적인 반응들을 공부하고 작용기와 **반응성**(reactivity)의 관계를 이해하면 새로운 반응을 만났을 때 반응 생성물들을 미리 예측할 수 있을 것이다.

화학 반응은 대부분 양전하와 음전하 사이의 정전기적 상호 작용을 통해 일어난다. 전자가 풍부한 원자 또는 분자들과 전자가 부족한 원자 또는 분자들은 서로 끌어당긴다.

전자가 부족한 이온이나 분자는 **친전자체**(electrophile)라고 한다. 친전자체는 한 쌍의 전자를 더 수용할 수 있거나 팔전자계를 이루기 위해서는 전자 하나가 더 필요하며 홀전자를 가지고 있다. 친전자체는 '전자를 사랑하는' 이라는 의미를 가지고 있다(*-phile*은 그리스어로 사랑하는 이라는 접미사이다). 다음은 친전자체들이다.

H^+ $(CH_3)_3C^+$ BF_3 — 한 쌍의 전자를 수용할 수 있는 친전자체

$:\ddot{\underset{\cdot\cdot}{Cl}}\cdot$ $R\ddot{\underset{\cdot\cdot}{O}}\cdot$ — 한 개의 전자를 필요로 하는 친전자체

전자가 풍부한 이온 또는 분자는 **친핵체**(nucleophile)로 작용한다. 친핵체는 쉽게 줄 수 있는 전자쌍을 가지고 있다. 친핵체들은 전기적으로 중성일 수도 있고 음전하를 가지고 있을 수도 있다. 친핵체는 전자를 주고 친전자체는 전자를 받기 때문에 서로 끌어당겨서 반응한다. 다음은 친핵체로 작용한다.

$R\ddot{\underset{\cdot\cdot}{O}}:^-$ $:\ddot{\underset{\cdot\cdot}{I}}:^-$ $CH_3\ddot{N}H_2$ $H_2\ddot{\underset{\cdot\cdot}{O}}$

나누어 줄 수 있는 전자쌍을 가지고 있는 친핵체들

알켄의 π 결합은 σ 결합 위아래의 전자 구름으로 이루어져 있으며 핵에 느슨하게 잡혀 있다. 핵에 느슨하게 잡혀 있는 이 π 전자 구름 때문에 이중 결합은 전자가 풍부한 친핵체로 작용한다.

친핵체 알켄과 친전자체인 브로민화 수소 사이의 반응을 예로 들면 다음과 같다. 브로민화 수소와 같은 친전자체가 알켄에 가해지면 알켄은 브로민화 수소의 부분 양전하를 가지고 있는 수소와 반응하여 **탄소 양이온**(carbocation)이라고 하는 반응 중간체를 형성한다. 한 단계의 생성물이 다음 단계의 반응물이 되는 화학종을 **반응 중간체**(reaction intermediate)라고 한다. 이 반응에서 중간체인 탄소 양이온은 매우 불안정하기 때문에 분리할 수 없지만 어떤 반응에서는 중간체가 안정하기 때문에 분리될 수도 있다.

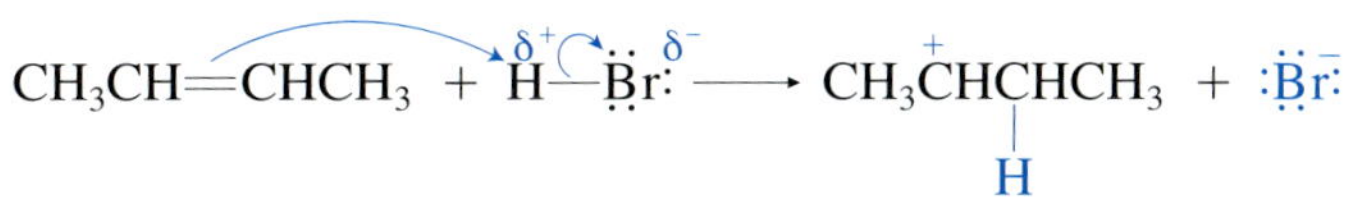

2-Butene (친핵체) — 브로민화 수소 (친전자체) — 탄소 양이온 중간체

반응의 두 번째 단계에서 브로민 음이온(친핵체)에 있던 한 쌍의 비공유 전자는 탄소 양이온(친전자체)의 양으로 하전된 탄소와 한 개의 새로운 결합을 형성한다. 반응의 두 단계는 모두 친전자체와 친핵체 사이의 반응을 포함하고 있다.

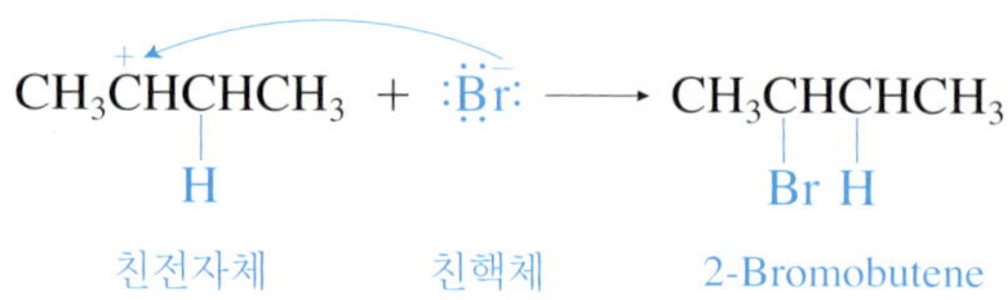

반응물들이 생성물로 변해 가는 과정을 한 단계씩 자세히 설명하는 것을 **반응 메커니즘**(reaction mechanism)이라고 한다. 굽은 화살표를 사용하여 전자의 움직임을 나타내면 반응 메커니즘을 보다 명확하게 이해할 수 있다. 굽은 화살표는 이미 있던 공유 결합이 깨어지고 새로운 공유 결합이 형성될 때 전자가 어떻게 움직이는가를 보여 준다. 굽은 화살표는 전자가 풍부한 곳에서 전자가 부족한 쪽으로 그린다. 화살촉이 두 개인 화살표(↷)는 한 쌍의 전자가 동시에 움직이는 것을 나타내고 화살촉이 한 개인 화살표(⌒)는 전자 하나가 움직이는 것을 의미한다.

2-Butene과 HBr의 반응에서는 π 결합의 두 전자가 HBr의 부분 양전하를 가지고 있는 수소쪽으로 끌린다는 것을 보여 주도록 굽은 화살표로 그린다. π 전자들이 수소쪽으로 움직일 때 H—Br 결합은 깨어지고 브로민이 결합 전자쌍을 가져간다.

친전자체가 친핵체와 반응한다고 하는 지식만으로도 2-butene과 HBr의 반응 생성물이 2-bromobutane이라는 것을 예측할 수 있다. 전체 반응을 통해 1몰의 알켄에 1몰의 HBr이 첨가된다. 특히 반응의 첫 번째 단계에서 알켄에 친전자체(H^+)가 첨가되기 때문에 이와 같은 형태의 변화를 **친전자성 첨가 반응**(electrophilic addition reaction)이라고 한다.

어떤 반응에서 반응물이 생성물로 전환되는 동안 일어나는 에너지의 변화를 나타낸 도표를 **반응 좌표**(reaction coordinate)라고 한다. 반응 좌표에서는 반응에 포함되는 화학종들의 퍼텐셜 에너지를 반응 진행 시간의 함수로 도시한다. 도표에서 y축은 에너지를 나타내고, x축은 반응 진행 시간을 나타낸다. 화학종의 에너지가 낮을수록 더 안정하다.

반응물이 생성물로 전환될 때 반응은 에너지가 가장 높은 상태를 지나가는데 이 상태를 **전이 상태**(transition state)라고 부른다. 전이 상태의 구조는 반응물의 구조와 생성물의 구조 사이에 있다. 전이 상태 구조에서는 반응물이 생성물로 전환될 때 깨어지는 결합은 부분적으로 깨어져 있고 생성되는 결합은 부분적으로 생성되어 있다.

전이 상태는 순식간에 지나가는 상태이므로 분리될 수 없다. 2-Butene에 대한 HBr의 친전자성 첨가 반응의 반응 좌표를 도시하면 그림 3.1과 같다. 이 반응에서는 탄소 양이온 중간체가 형성되는 단계와 탄소 양이온이 생성물로 전환되는 단계에 해당되는 두 개의 전이 상태가 있다. 출발 물질의 에너지를 전이 상태까지 끌어올리는 데 필요한 에너지를 **활성화 에너지**(activation energy, E_{act})라고 한다. 활성화 에너지가 클수록(전이 상태 에너지가 높을수록) 반응은 느리게 진행된다.

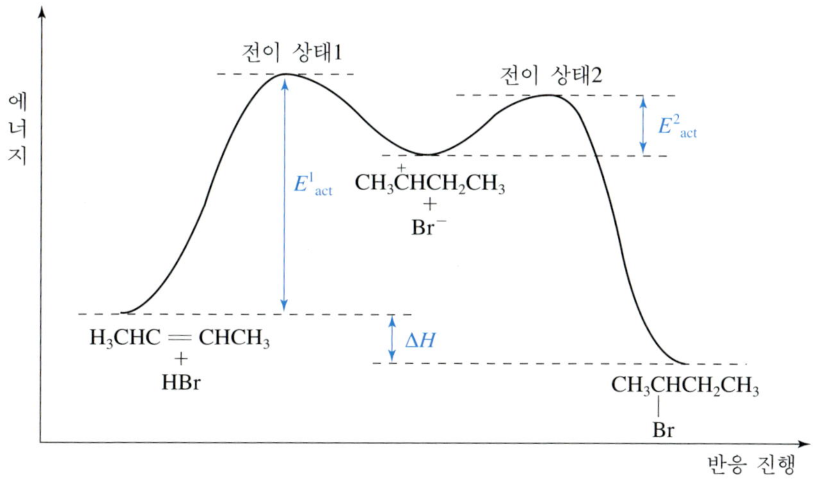

그림 3.1 **$CH_3CH{=}CHCH_3$에 대한 HBr의 친전자성 첨가 반응에 관한 반응 좌표**

친전자성 첨가 반응에서는 친전자체가 첨가되는 첫 단계가 속도 결정 단계이다. 여러 단계를 거쳐 진행하는 반응의 전체 속도는 가장 느린 단계에 의해 결정되기 때문에 가장 느린 단계를 **속도 결정 단계**(rate determining step)라고 한다.

어떻게 2-bromobutane이 생성되는가를 설명해 주는 반응 메커니즘을 이해하는 것보다 2-bromobutane이 생성물이라고 기억하는 것이 더 쉽다고 생각할지 모른다. 그러나 여러 가지 반응 메커니즘을 충분히 이해하면 유기 화학 반응들에 포함되어 있는 통일된 원리를 깨닫게 되고 유기 화학에 숙달되는 것이 훨씬 쉽고 재미있을 것이다. 다음 4장에서는 알켄의 여러 가지 친전자성 첨가 반응을 보게 될 것이다.

3.6 다음 각각에서 친전자체와 친핵체를 지적하시오.

(1) H^+　(2) $(CH_3)_2CH^+$　(3) $AlBr_3$

(4) CH_3NH_2　(5) CH_3^-　(6) $CH_3C{\equiv}CH$

3.7 다음 반응에서 굽은 화살표를 사용하여 전자의 이동을 나타내시오.

(1) 

(2) $CH_3CH_2CH{=}CH_2 + H{-}Br \longrightarrow CH_3CH_2\overset{+}{C}HCH_3 + Br^-$

(3) 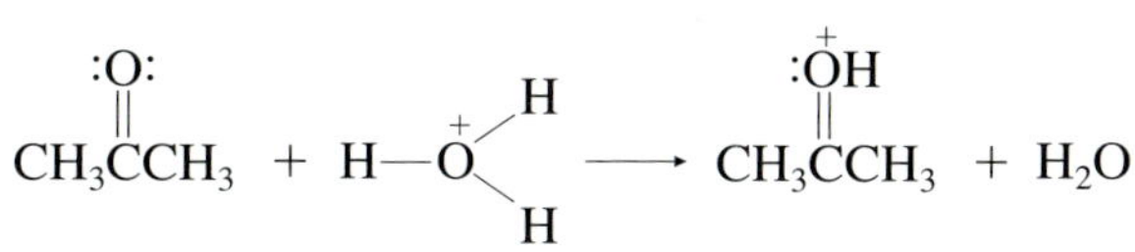

3.4 공명 혼성

한 개의 선 결합 구조로는 정확하게 표현할 수 없는 분자와 이온들이 있다. 예를 들면 팔전자 규칙에 맞게 그려진 탄산 이온(CO_3^{2-})의 선 결합 구조에는 다음 세 가지가 있다.

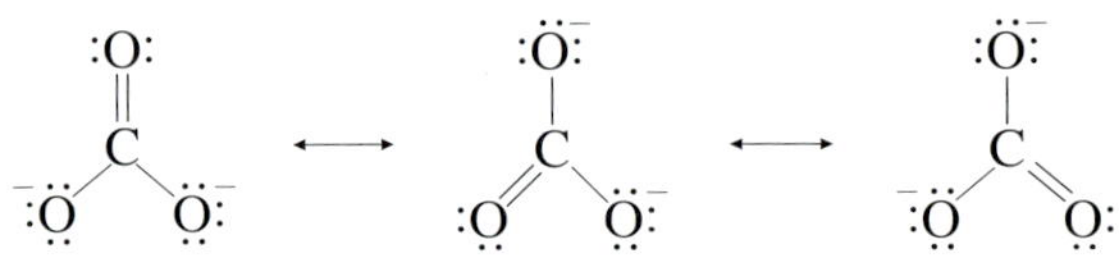

이들 각각의 구조에는 한 개의 C=O 결합과 두 개의 C—O 결합이 있다. C=O 결합과 C—O 결합의 길이는 각각 1.20 Å과 1.41 Å이므로 탄산 이온은 두 종류의 결합을 가지고 있을 것으로 예측된다. 그러나 실험적으로 밝혀진 탄소−산소 사이의 결합은 모두 1.31 Å으로 정확하게 동등하며 이 길이는 C=O 결합과 C—O 결합의 중간값에 해당된다. 따라서 위 세 구조의 어느 것도 실제의 탄산 이온을 정확하게 표현하지 못하고 있다.

이와 같은 상황을 설명하기 위해 도입된 개념이 **공명 혼성**(resonance hybrid)이다. 어떤 분자 또는 이온의 선 결합 구조가 두 개 이상 그려질 때 실제 구조는 이들 모든 구조적 성격이 **혼성**(hybrid)된, 즉 서로 섞인 것이라는 개념이 공명 혼성이다. 그려지는 각각의 구조를 **공명 구조**(resonance structure)라고 한다. 위의 세 가지 공명 구조가 모두 공명 혼성된 구조가 탄산 이온의 실제 모습이다. 공명 혼성을 나타낼 때는 각 공명 구조들 사이에 양쪽머리 화살표(⟷)를 사용한다. 양쪽머리 화살표는 구조들의 성격이 섞인 것이 실제 분자임을 의미하고, 구조들이 상호 전환되는 평형 과정(⇌)을 나타내는 것과는 다르다.

Lewis 구조에서 전자들은 단일 원자의 비공유 전자나 두 원자 사이에 공유 결합으로 편재(localized)되어 있다. 그러나 불포화 결합을 가지고 있는 분자 또는 이온들에서 전자들은 세 개 이상의 원자에 **비편재화**(delocalized)되어 있을 수 있다. 탄산 이온에서는 한 쌍의 비공유 전자와 π 결합 전자가 네 개의 원자에 걸쳐 비편재화되어 있다. 따라서 실제 탄산 이온의 세 탄소−수소 결합들은 모두 단일 결합과 이중 결합의 중간인 $1\frac{1}{3}$결합이고, 세 개의 산소 원자에는 $-\frac{2}{3}$의 전하가 걸려 있다. 유기 화학자들은 전자의 비편재화를 굽은 화살표를 사용하여 나타낸다.

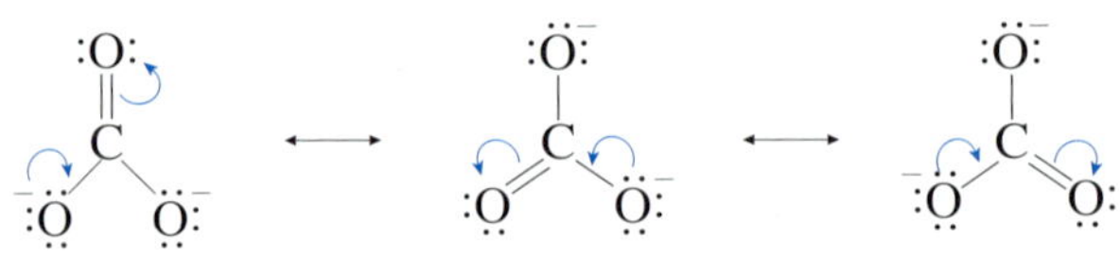

전자들은 실제로 이동하는 것이 아니며 굽은 화살표는 공명 구조들의 전자 배치의 차이를 설명하고 있다. 이와 같은 표현은 순전히 가상적인 것이다. 공명과 관련된 전자 이동에는 다음 세 가지 방법이 있다.

π−결합에서 인접한 결합으로 : 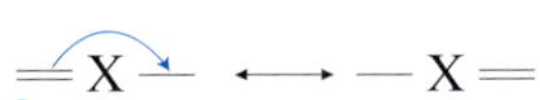

π−결합에서 인접한 원자로 : 

원자에서 인접한 결합으로 : 

어떤 경우에는 공명 혼성 구조를 그릴 때 점선을 사용하여 부분적인 결합과 전자의 비편재화를 나타내기도 한다.

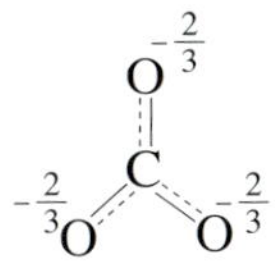

공명 구조를 바르게 쓰기 위해서는 다음 몇 가지 규칙들을 잘 이해해야 한다.

각 공명 구조들은 π-결합 전자 또는 비공유 전자의 위치만 다르고 원자 위치는 동일하다. 예를 들면 벤젠 분자의 공명 구조에서 π-결합 전자의 위치는 변하지만 탄소들의 위치는 변하지 않는다.

제2주기 원자들은 최대 8개 이상의 원자가 전자를 수용할 수 없다. 화살표를 사용하여 전자의 비편재화를 나타낼 때는 언제나 수용되는 원자가 전자의 수가 몇 개인가에 주의를 기울여야 한다. 유기 화학에 익숙해질 때까지는 전자들의 배치를 명확하게 하기 위해 공명 구조에서 비공유 전자를 나타내 주는 것이 바람직하다. Nitromethane의 구조에서 오른쪽은 불가능한 공명 구조이다.

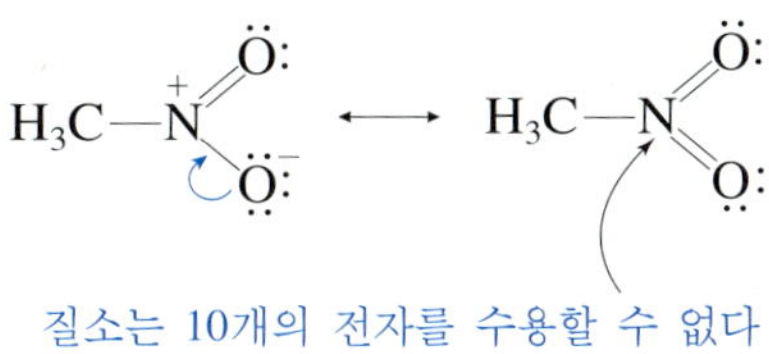

제2주기 원소들이 모두 팔전자계를 이루고 있는 공명 구조가 팔전자계를 채우지 못하고 있는 공명 구조보다 더 안정하며 실제 구조에 더 많이 기여한다. 또 팔전자계를 채우지 못하는 공명 구조에서 분리되는 음전하는 보다 전기 음성도가 큰 원자에 놓이고, 양전하는 보다 전기 음성도가 작은 원자에 놓인다. Formaldehyde 분자에서는 왼쪽의 공명 구조가 더 큰 기여 구조이다. 전하가 분리된 오른쪽 공명 구조에서 음전하는 전기 음성도가 보다 큰 산소 원자에 놓인다.

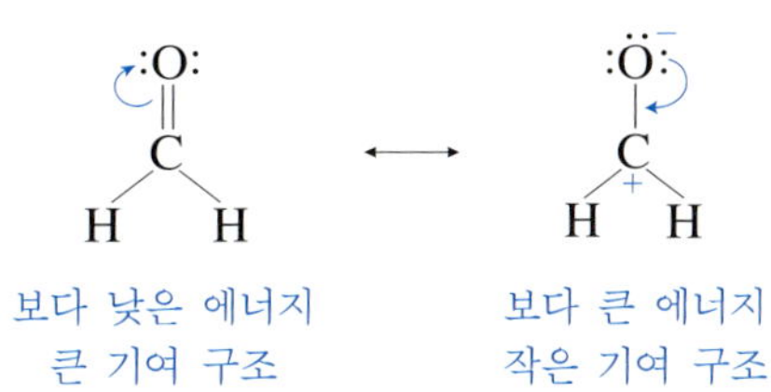

두 개 이상의 공명 구조가 팔전자계를 이루고 있을 때는 전하의 분리가 보다 더 작은 쪽이

더 안정하고 실제 구조에 더 크게 기여한다.

더 큰 기여 구조 더 작은 기여 구조

전자들이나 전하가 비편재화되어 있는 시스템은 전자 또는 전하가 편재화된 시스템보다 에너지가 더 낮고 더 안정하다. 어떤 구조가 두 개 이상의 공명 구조들의 공명 혼성 구조라면 실제 구조의 에너지는 단일 공명 구조보다 더 낮다. 이때 실제 구조는 **공명 안정화**(resonance stabilized)되었다고 한다. 공명 구조가 더 많이 그려질수록 분자는 더 안정해진다.

3.8 Acetate 이온의 탄소와 두 산소 사이의 결합이 동등한 이유를 공명 구조를 이용하여 설명하시오.

3.9 다음 각각의 공명 구조를 그리시오.

(1) 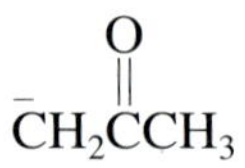

(2) $CH_3-\ddot{N}=\overset{+}{N}=\ddot{N}:^-$

(3) $CH_3\overset{+}{\ddot{O}}=CH-\overset{-}{\ddot{C}}H_2$

(4) 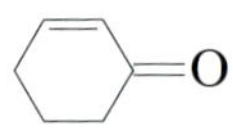

3.5 알켄의 제법

실험실에서 알켄을 합성하는 방법으로는 할로알케인의 제거 반응과 알코올의 탈수 반응이 이용된다.

할로알케인의 제거 반응을 이용하여 알켄을 만들 때는 할로알케인을 강염기로 처리한다. 예를 들면 bromocyclohexane을 ethanol 속에서 $CH_3CH_2O^-Na^+$로 처리하면 cyclohexene이 얻어진다. 제거 반응의 여러 가지 특징에 대해서는 7장에서 자세히 설명한다.

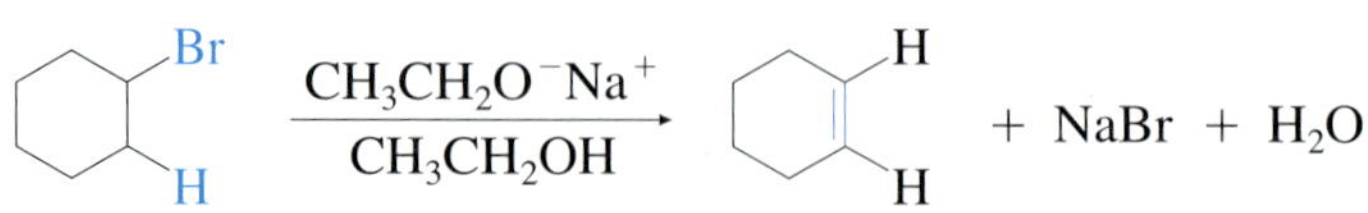

Bromocyclohexane Cyclohexene

알코올을 황산과 같은 산 촉매로 처리하면 탈수 반응이 일어나 알켄이 생성된다.

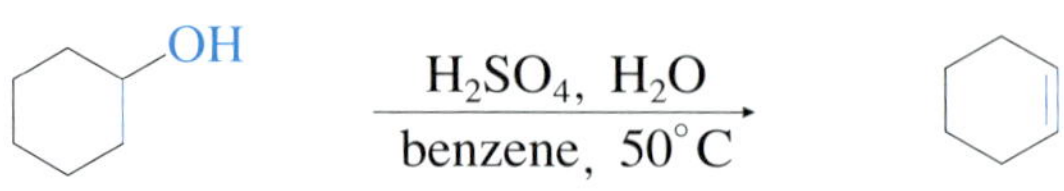

Cyclohexanol Cyclohexene

비대칭 할로알케인의 제거 반응이나 알코올의 탈수 반응에서는 치환이 더 많은 알켄이 더 안정하기 때문에 더 많이 생성된다. 알킬 치환이 더 많은 알켄이 생성된다는 규칙을 **Zaitsev의 규칙**이라고 한다. 예를 들면 2-bromo-2-methylbutane이나 2-methyl-1-butanol의 제거 반응에서는 2-methyl-2-butene(알킬 치환 셋)이 2-methyl-1-butene(알킬 치환 둘)보다 더 많이 생성된다.

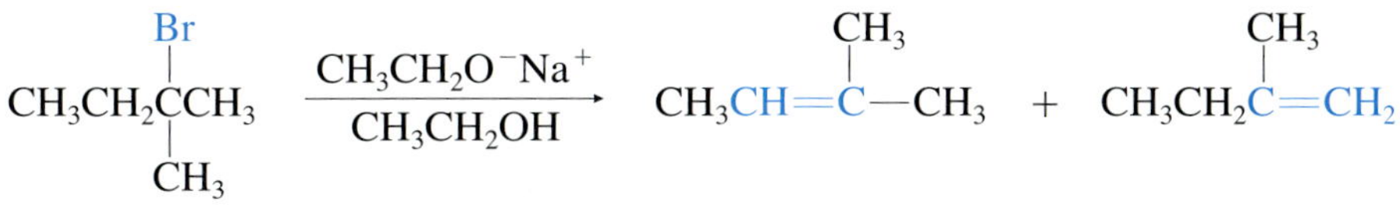

2-Bromo-2-methylbutane　　2-Methyl-2-butene 주생성물　　2-Methyl-1-butene 부생성물

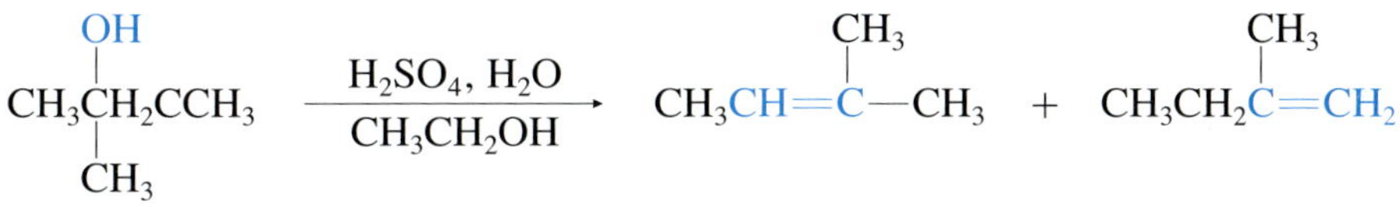

2-Methyl-2-butanol　　주생성물　　부생성물

할로알케인의 제거 반응과 알코올의 탈수 반응에 관해서는 6장과 8장에서 다시 자세히 설명할 것이다.

3.10 다음 할로알케인의 제거 반응에서 얻어지는 알켄의 구조를 그리시오.

(1) 3-Chloro-3-ethylpentane　　(2) 2-Bromopropane

(3) 2-Chloro-2,3,3-trimethylbutane　　(4) 1-Chloropropane

3.11 다음 각 할로알케인 또는 알코올의 제거 반응에서는 두 알켄의 혼합물이 생성된다. 두 알켄 생성물의 구조를 그리고, 어느 것이 주생성물인지를 지적하시오.

(1) $CH_3CHClCH_2CH_3$　(2) 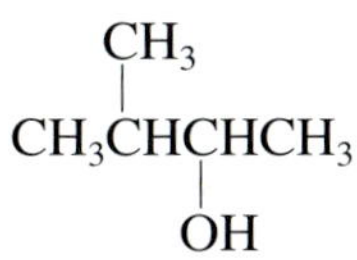　(3) 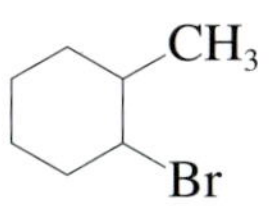　(4) 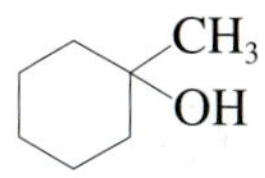

3.6 알카인의 명명법

알카인에 삼중 결합이 하나 있을 때마다 포화 탄화수소보다 수소가 네 개씩 적어진다. 따라서 한 개의 삼중 결합을 가지고 있는 알카인의 일반식은 C_nH_{2n-2}가 된다. 탄소 사슬의 말단에 삼중 결합이 있는 알카인(RC≡CH)은 **말단 알카인**(terminal alkyne) 또는 **일치환 알카인**(monosubstituted alkyne)으로 분류된다. 사슬의 중간에 삼중 결합이 있는 형태는 **내부 알카**

인(internal alkyne) 또는 **이치환 알카인**(disubstituted alkyne)이라고 한다.

IUPAC 규칙을 따라 알카인을 명명할 때는 알카인의 어미 '–ane'을 '–yne'로 바꾸어준다. 가장 간단한 알카인인 ethyne은 관용명인 acetylene으로 부를 수도 있다. 삼중 결합을 포함하고 있는 가장 긴 사슬이 모체가 된다. 치환체와 위치 번호는 알켄의 경우와 같은 방법으로 처리한다. 즉 삼중 결합에 가능한 한 작은 번호가 돌아가도록 모체 사슬의 끝에서부터 위치 번호를 매긴다. 모체 이름 바로 앞에 삼중 결합의 위치 번호를 표시하고, 치환체는 접두어로 처리한다.

$HC\equiv CH$

Ethyne
(acetylene)

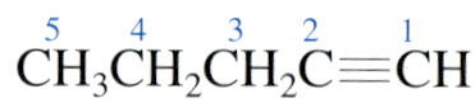

1-Pentyne

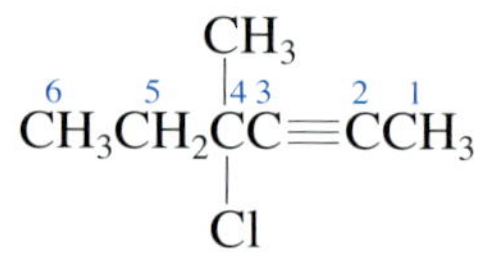

4-Chloro-4-methyl-2-hexyne

삼중 결합이 둘 이상일 때는 삼중 결합의 위치를 모두 나타내야 하며, '-diyne', '-triyne' 등의 접미어를 사용한다.

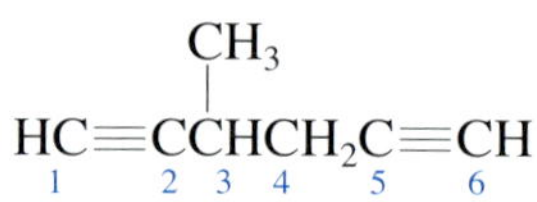

3-Methyl-1,5-hexadiyne

3.12 다음 알카인의 IUPAC 이름을 적으시오.

(1)  (2) $HC\equiv CCH_2C(CH_3)_3$ (3) $HC\equiv CCH_2C\equiv CCH_2CH_3$

3.7 알카인의 성질

알카인의 탄소–탄소 삼중 결합은 *sp* 혼성이기 때문에 삼중 결합 주위의 기하 구조는 선형이다(1.6절 참고). 알카인은 알켄이나 알케인과 비슷한 극성을 가지고 있기 때문에 끓는점도 비슷하다. Ethyne은 대기압하에서는 끓지 않고 −84°C에서 고체 상태로부터 바로 승화된다. 탄소수 네 개 이상의 작은 알카인들은 기체인 반면 중간 크기의 알카인들은 액체이다.

알카인의 삼중 결합은 작은 공간에 두 개의 π 결합이 밀집되어 있고 π 전자들 사이의 반발이 상당히 크다. 이 때문에 π 결합은 비교적 약하고 분자의 에너지 상태가 높다. 따라서 알카인은 화학 반응에 대한 반응성이 높으며 많은 경우 상당한 열을 발생하면서 격렬하게 반응한다.

3.8 알카인의 제법

염기 존재 하에서 일어나는 할로알케인 제거 반응을 이용하여 알켄을 제조하는 것처럼 적당한 염기를 사용하여 이할로알케인(dihaloalkane)을 이중 제거 반응시키면 알카인이 얻어진다. 예를 들면 1,2-dibromopentane을 액체 암모니아 속에서 $NaNH_2$로 처리하면 이중 제거 반응이 일어난다. 용매를 제거하고 물로 처리하면 1-pentyne이 얻어진다.

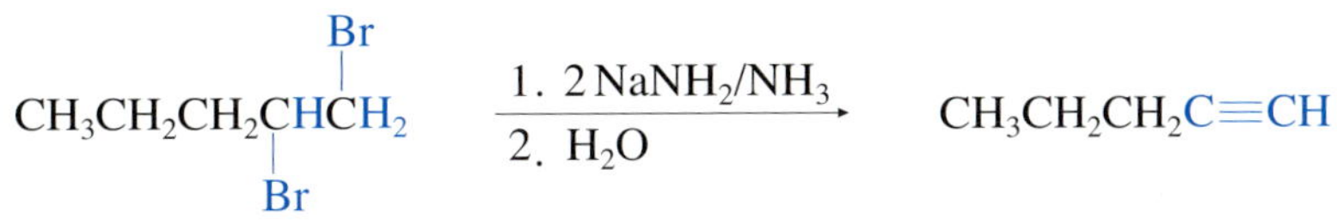

1,2-Dibromopentane　　　　1-Pentyne

요약

탄소-탄소 이중 결합을 가지고 있는 탄화수소인 알켄 중 많은 화합물들이 생물학적 활성을 보여 준다. 이중 결합은 회전할 수 없기 때문에 **시스-트랜스 이성질체**가 존재한다. 이중 결합의 기하학적 구조는 시스, 트랜스 또는 순위 결정 규칙을 적용한 ***Z***(zusammen) 또는 ***E***(entgegen)로 나타낸다.

전자가 부족한 이온이나 분자는 **친전자체**(electrophile)라고 하고 전자가 풍부한 이온 또는 분자는 **친핵체**(nucleophile)라고 한다. 친핵체인 알켄에 친전자체인 브로민화 수소가 첨가되는 것과 같은 반응을 **친전자성 첨가 반응**(electrophilic addition)이라고 하는데 이 반응에서는 첫 단계에서 **탄소 양이온**(carbocation)이라고 하는 **반응 중간체**(reaction intermediate)가 형성된다. 반응물에서 생성물로 변해가는 과정을 자세히 설명하는 것을 **반응 메커니즘**(reaction mechanism)이라고 한다.

반응 좌표(reaction coordinate)를 이용하여 반응 진행에 따른 에너지 변화를 나타낼 수 있는데 이것은 출발 물질에서 **전이 상태**(transition state)를 거쳐 최종 생성물에 이르는 과정을 추적한 것이다. 출발 물질이 가장 에너지가 높은 상태에 도달하는 데 필요한 에너지를 **활성화 에너지**(activation energy, E_{act})라고 한다. 반응이 여러 단계로 진행될 때 반응 속도가 가장 느린 단계가 **속도 결정 단계**(rate determining step)이다.

어떤 분자 또는 이온의 선 결합 구조가 두 개 이상 그려질 때 실제 구조는 이들 모든 구조적 성격이 혼성된 것이라는 개념이 **공명 혼성**(resonance hybrid)이다.

실험실에서 알켄을 합성할 때는 할로알케인 또는 물의 제거 반응을 이용하고, 알카인을 합성할 때는 이할로알케인의 이중 제거 반응을 이용한다.

보충문제

3.13 다음에서 친전자체와 친핵체를 구별하시오.

(1) Br^- (2) Ca^{2+} (3) $CH_3CH_2NH_2$ (4) $CH_3CH_2\cdot$ (5) $FeCl_3$

3.14 알켄도 선 결합 구조식을 사용하여 그릴 수 있다. 다음 선 결합 구조식에서

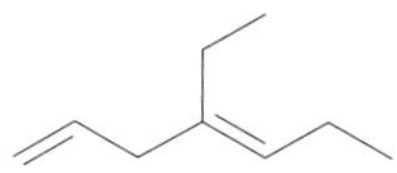

(1) 이 알켄의 분자식은 무엇인가?
(2) IUPAC 이름을 쓰시오.
(3) sp^2-sp^2형 σ 결합은 몇 개이며, sp^2-sp^3형 σ 결합은 몇 개인가?

3.15 다음 알켄의 IUPAC 이름을 쓰시오.

(1) $CH_3CH{=}CHC(CH_3)_2CH_2CH_3$
(2) $CH_3CH{=}CHCH(CH_3)CH{=}CHCH_2CH_3$
(3) $CH_2{=}CHCH{=}CHCH(Br)C(CH_3)_2CH{=}CHCH_3$
(4) $CH_2{=}C{=}CHCH_3$
(5)

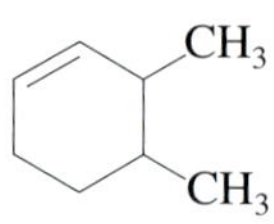

(6)

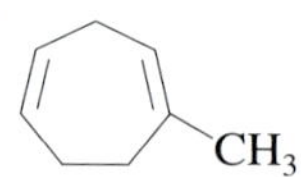

3.16 다음 이름에 해당하는 구조를 그리시오.

(1) 4-Ethyl-2-heptene
(2) 2,3-Dimethyl-2-hexene
(3) *trans*-2-Methyl-3-hexene
(4) *cis*-2-Pentene
(5) (*Z*)-1-Chloropropene
(6) (*E*)-3,6-Dimethyl-2-octene

3.17 다음 명명은 잘못되었다. 바르게 고치시오.

(1) 1-Methyl-2-cyclohexene
(2) 1-Methyl-2-butene
(3) 6-Ethylcycloheptene
(4) 3-Ethyl-2-cyclohexene

3.18 다음을 우선순위가 증가하는 순서로 배열하시오.

(1) $-CH_3$, $-H$, $-Cl$, $-CH_2CH_3$
(2) $-NHCH_3$, $-N(CH_3)_2$, $-OCH_3$, $-CH(CH_3)_2$, $-C(CH_3)_3$
(3) $-CH_3$, $-CH_2OH$, $-COOH$, $-CHO$
(4) $-CH_2CH_3$, $-CH{=}CH_2$, $-C{\equiv}CH$, $-CH(CH_3)_2$

3.19 분자식이 C_5H_{10}인 알켄의 구조를 모두 그리고, IUPAC 이름을 쓰시오. 가능한 경우에는 시스–트랜스 이성질체를 구분하시오.

3.20 다음의 어느 분자에 시스–트랜스 이성질체쌍이 가능한가? 가능한 경우에는 시스 이성질체와 트

랜스 이성질체의 구조를 그리시오.

(1) 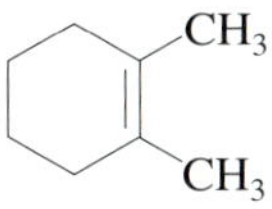

(2) 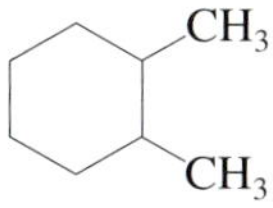

(3) $CH_3CHBr{=}CHBrCH_3$

(4) $CH_2{=}CHBr$

(5) $(CH_3)_2CHCH{=}CHCH_3$

3.21 다음의 어느 것이 *E* 또는 *Z* 배열인지를 지적하시오.

(1) 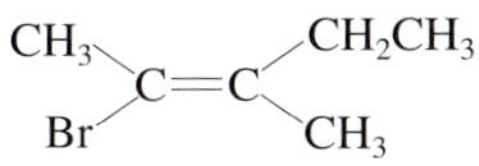

(2) 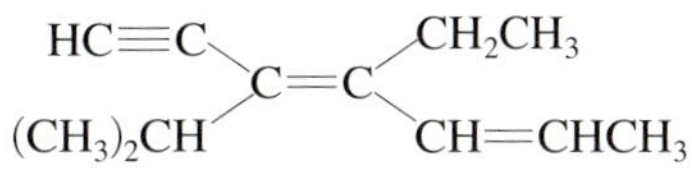

(3) 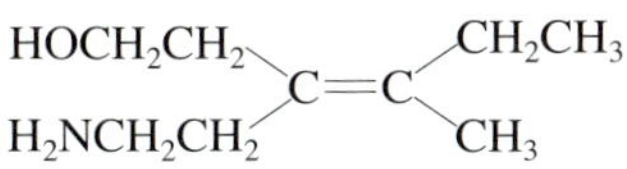

(4) 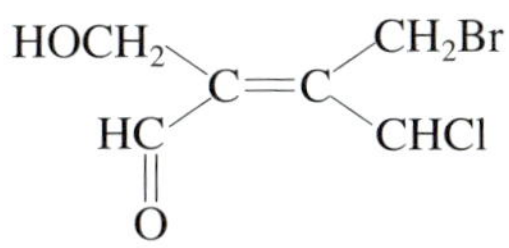

3.22 다음 각 알켄에 H^+가 첨가되었을 때 형성되는 탄소 양이온 이성질체 구조를 그리시오. 각 탄소 양이온은 일차, 이차, 삼차 중 어느 것에 해당하는가? 각 이성질체쌍 중에서 어느 것이 더 쉽게 형성되는가?

(1) 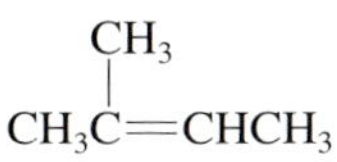

(2) 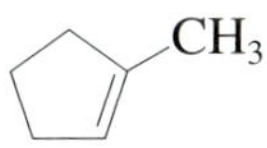

(3) 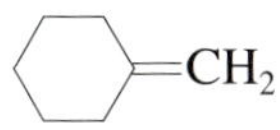

3.23 1,3-pentadiene에 대한 HBr의 친전자성 첨가 반응에서

(1) 탄소 양이온 중간체의 공명 구조를 그리시오.
(2) 반응 생성물들의 구조를 그리시오.

3.24 다음 각 화합물의 IUPAC 이름을 쓰시오.

(1) 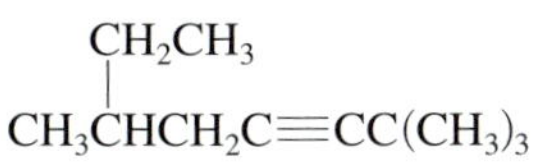

(2) 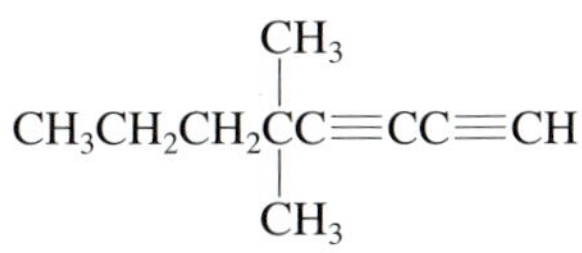

(3) $HC{\equiv}CCH{=}CHCH_2CH_3$

3.25 다음 화합물의 구조식을 그리시오.

(1) 3-Methyl-1-octyne
(2) 3-Methyl-1-pentyne
(3) 2,4-Octadiyne
(4) 1-Hexen-3-yne

3.26 다음 각 화합물의 길이가 (1)에서 (3)으로 갈수록 짧아지는 이유를 설명하시오.

(1) $H_2C{=}CH{-}CH{=}CH_2$ (1.47 Å)

(2) $H_2C{=}CH{-}C{\equiv}CH_2$ (1.43 Å)

(3) $HC{\equiv}C{-}C{\equiv}CH$ (1.37 Å)

4장 알켄과 알카인의 반응

알켄과 알카인의 대표적인 반응은 친전자성 첨가 반응이다. 알켄과 알카인의 π 결합은 약한 친핵체로 작용할 수 있기 때문에 친전자체와 쉽게 반응한다. 친전자성 첨가 반응에서는 첫 단계에서 π 결합 탄소 중의 하나에 친전자체가 첨가되고 두 번째 단계에서 인접한 탄소에 친핵체가 첨가됨으로써 끝난다.

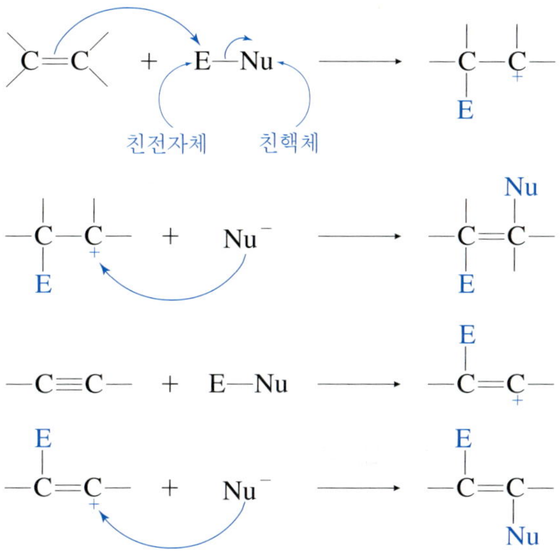

이 장에서는 친전자성 첨가 반응을 중심으로 알켄과 알카인의 반응들을 공부한다.

4.1 할로젠화 수소의 첨가 반응

3.3절에서 HBr이 2-butene에 첨가되면 2-bromobutane이 생성되는 반응을 공부하였다. 같은 방법으로 HCl 또는 HI와 같은 할로젠화 수소가 ethene 또는 3-hexene에 첨가되면

chloroethane과 3-iodohexane이 각각 생성된다.

$$H_2C{=}CH_2 + HCl \xrightarrow{CHCl_3} CH_3CH_2Cl$$

Ethene Chloroethane

$$CH_3CH_2CH{=}CHCH_2CH_3 + HI \xrightarrow{CHCl_3} CH_3CH_2CH_2CHICH_2CH_3$$

3-Hexene 3-Iodohexane

이 반응들의 알켄은 대칭적이기 때문에 한 가지 생성물만 생성된다. 그러나 알켄이 비대칭적일 경우, 예를 들면 HCl이 2-methylpropene에 첨가되면 1-chloro-2-methylpropane이나 2-chloro-2-methylpropane이 생성될 수 있지만 2-chloro-2-methylpropane만 유일하게 생성된다.

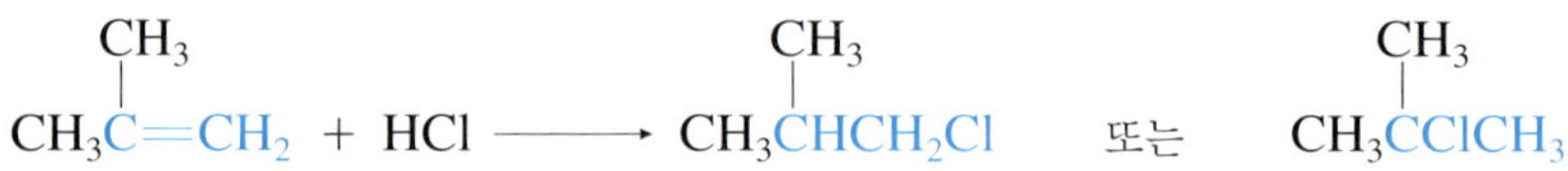

1-Chloro-2-methylpropane 생성되지 않음 2-Chloro-2-methylpropane 유일한 생성물

두 개 이상의 구조 이성질체가 얻어질 수 있는 반응에서 어느 한 이성질체가 더 많이 얻어지는 반응을 **위치 선택적**(regioselective)이라고 한다. 2-methylpropene에 대한 HCl의 친전자성 첨가 반응은 위치 선택적이다.

친전자성 첨가 반응에서 친전자체가 H^+일 경우 수소가 더 많은 이중 결합 탄소 쪽에 H^+가 첨가된다. "수소가 더 많은 이중 결합 탄소에 H^+가 첨가된다."는 원리를 **Markovnikov 규칙**이라고 한다. Markovnikov 규칙을 이해하려면 반응 중간체인 탄소 양이온의 안정도에 영향을 미치는 인자들을 공부하여야 한다.

4.2 탄소 양이온 안정도와 Markovnikov 규칙

탄소 양이온은 양전하가 걸려 있는 탄소의 알킬 치환체 수에 따라 일차, 이차 및 삼차 탄소 양이온으로 분류된다. 탄소 양이온은 차수가 증가할수록 더 안정해진다.

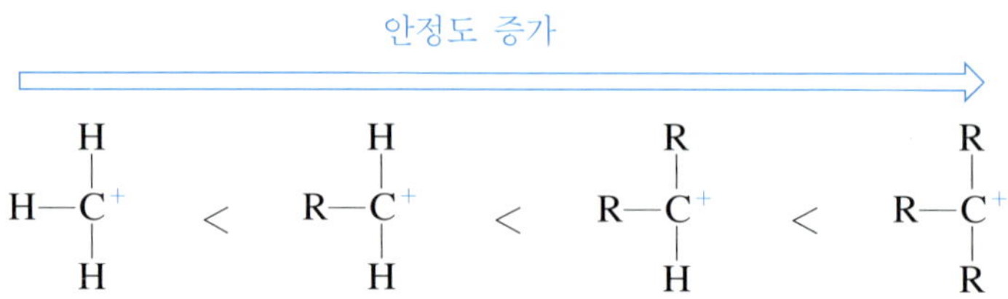

메틸 양이온 일차 탄소 양이온 이차 탄소 양이온 삼차 탄소 양이온

전하가 한 개의 원자에 밀집되어 있는 이온보다 한 개 이상의 원자에 퍼져 있는 이온이 더 안정하다. 양전하가 걸려 있는 탄소의 *p* 오비탈은 비어 있다. 인접한 탄소-수소 또는 탄소-탄소 결합의 σ 오비탈이 양전하가 걸려 있는 탄소의 빈 *p* 오비탈과 어느 정도 평행해지면 부분적으로 겹칠 수 있다.

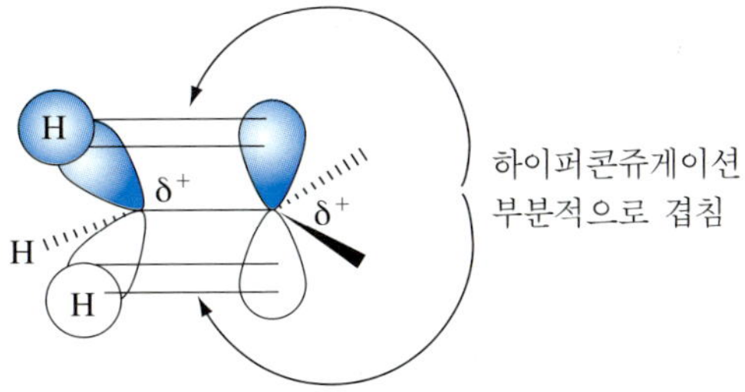

이때 σ 오비탈의 전자구름 중 일부가 비어 있는 *p* 오비탈쪽으로 흘러들어가고 σ 결합 오비탈쪽으로 양전하의 일부가 퍼지게 된다. 그 결과 양전하는 한 탄소 원자에만 편재되지 않고 더 넓은 공간으로 퍼지게 되므로 탄소 양이온은 안정화된다. 이와 같이 탄소-수소 또는 탄소-탄소 σ 결합 오비탈과 빈 *p* 오비탈의 부분적인 겹침을 통해 전자가 비편재화되는 현상을 **하이퍼콘쥬게이션**(hyperconjugation)이라고 한다. 하이퍼콘쥬게이션은 σ 결합 오비탈과 빈 *p* 오비탈이 부분적으로 평행한 배열을 하고 있을 때만 일어난다. Methyl 양이온에서는 잠재적으로 양으로 하전된 탄소의 빈 *p* 오비탈과 겹칠 수 있는 배열의 조합이 한 개도 없다. 그러나 Ethyl 양이온에는 그와 같은 배열의 조합이 세 개, *iso*-propyl 양이온에는 여섯 개, *tert*-butyl 양이온에는 9개가 있다. 따라서 methyl 양이온, 일차인 ethyl 양이온, 이차인 *iso*-propyl, 삼차인 *tert*-butyl 양이온 순서로 안정도가 증가한다.

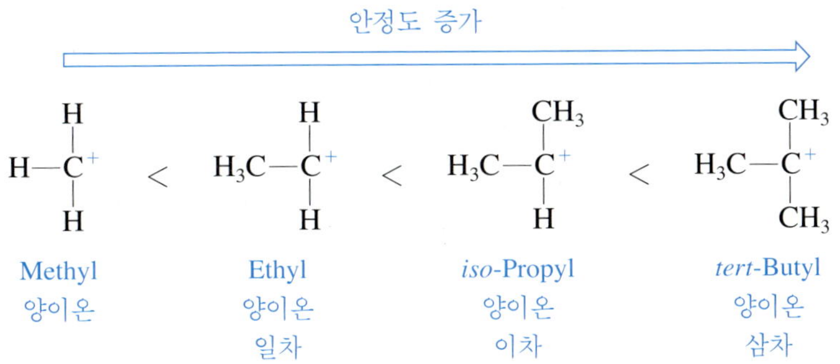

2-Methylpropene이 HCl과 반응할 때는 양성자가 1번 탄소에 첨가되어 삼차 탄소 양이온인 *tert*-butyl 양이온이 될 수도 있고 2번 탄소에 첨가되어 일차인 *iso*-butyl 양이온이 될 수도 있다. 삼차 탄소 양이온이 일차 탄소 양이온보다 훨씬 더 안정하기 때문에 *tert*-butyl 양이온만 형성된다(일차 탄소 양이온은 너무 불안정하기 때문에 형성되지 않는다). 그러므로 이 반응에서는 2-chloro-2-methylpropane만 생성된다.

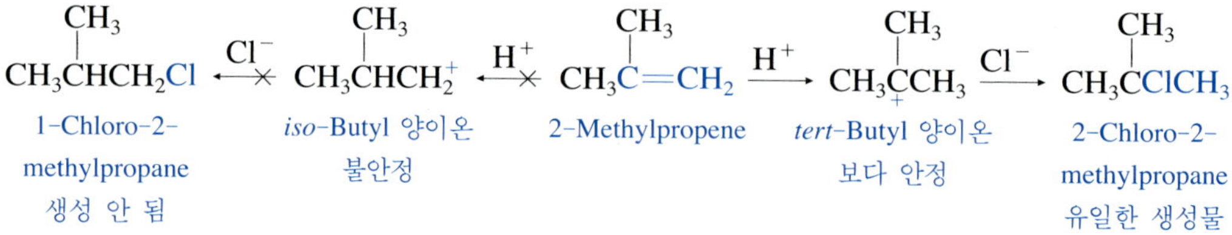

4.1 다음 반응에서 형성될 것으로 예상되는 탄소 양이온의 구조를 그리시오.

(1) 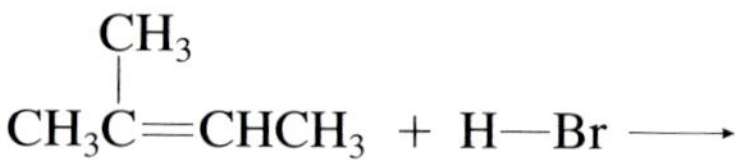

(2) 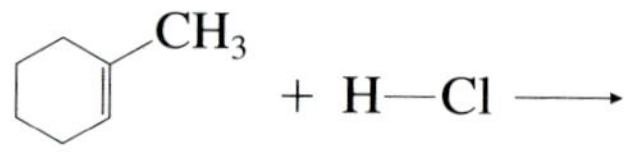

4.2 다음 탄소 양이온들을 안정도가 증가하는 순으로 나열하시오.

(1) 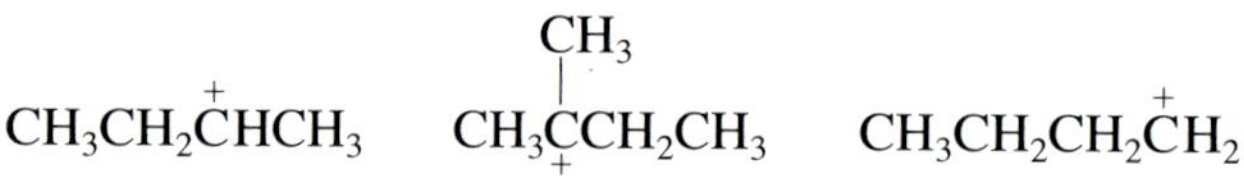

(2) 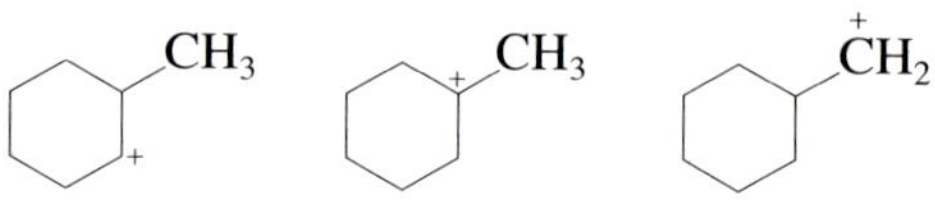

4.3 물의 첨가 반응: 수화 반응

황산과 같은 산 촉매 존재 하에서 알켄에 물을 가하면 물이 알켄에 첨가되어 알코올이 생성된다. 이 반응을 **수화 반응**(hydration reaction)이라고 부르기도 한다. 이 반응을 이용하여 전 세계적으로 매년 100만 톤 이상의 ethanol이 생산된다.

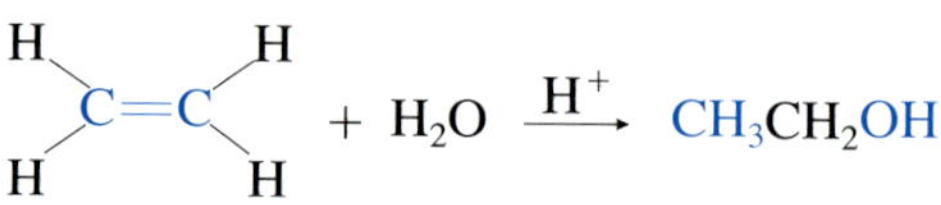

Ethene　　　　Ethanol

산이 물과 반응하면 H_3O^+가 형성되는데 이것의 양성자가 친전자체로 작용한다. 물의 첨가에 대한 메커니즘은 할로젠화 수소의 첨가 반응 메커니즘과 비슷하다. Markovnikov 규칙을 따르기 때문에 양성자가 수소수가 보다 많은 이중 결합 탄소에 첨가되어 탄소 양이온을 형성한다.

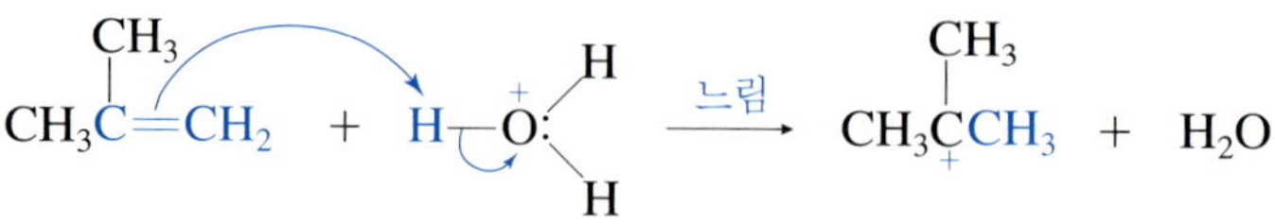

친핵체인 물이 탄소 양이온을 공격하여 탄소－산소 σ 결합을 형성하면 양성자화된 알코올 중간체가 생성된다.

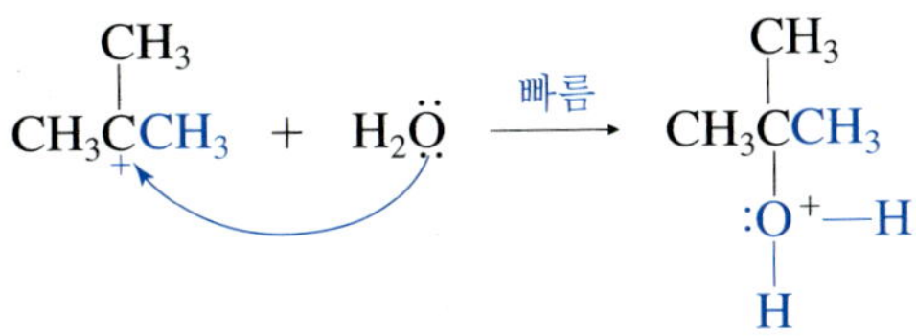

알켄에 대한 할로젠화 수소의 첨가와 마찬가지로 알켄에 대한 양성자의 첨가는 느리게 진행되고 탄소 양이온에 대한 물의 첨가는 빠르게 진행된다.

마지막 단계에서 양성자화된 알코올 중간체의 H^+가 제거되면 알코올이 생성된다. Markovnikov 규칙을 따르기 때문에 알킬 치환이 더 많은 이중 결합 탄소에 OH기가 결합된 알코올이 얻어진다.

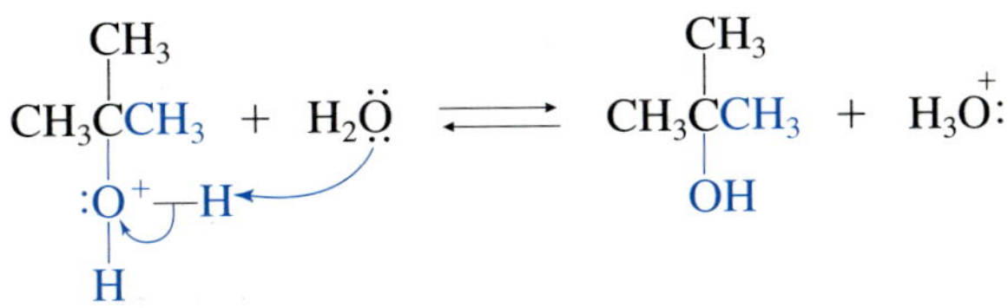

이 반응에서 양성자는 첫 단계에서 알켄에 첨가되지만 마지막 단계에서 재생되기 때문에 전체적으로 양성자는 소비되지 않는다. 이와 같이 반응 속도를 증가시키고 반응 과정에서 소비되지 않는 화학종을 **촉매**(catalyst)라고 한다. 산(H^+)이 촉매로 작용하기 때문에 이 반응은 **산 촉매 반응**(acid catalyzed reaction)이다.

4.3 산 촉매 존재 하에서 다음 알켄에 물을 첨가시키면 어떤 알코올이 생성되겠는가?

(1) 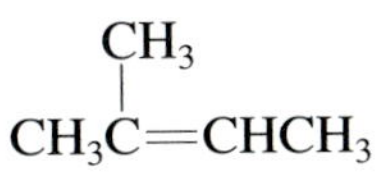

(2) 1－Methylcyclohexene

(3) 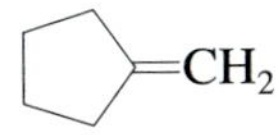

4.4 어떤 알켄을 이용하면 다음 각 알코올을 얻을 수 있겠는가?

(1) 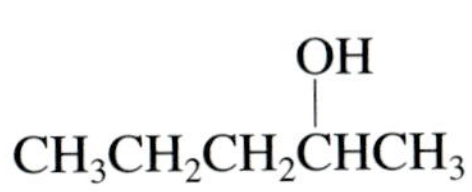

(2) 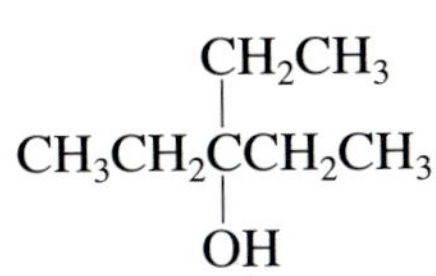

(3) 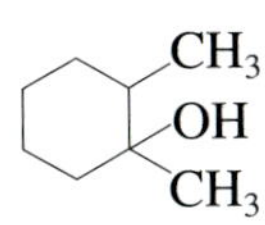

4.4 할로젠화 반응

할로젠 원자들은 전기 음성도가 크기 때문에 전자를 끌어당긴다. Br_2 또는 Cl_2의 할로젠 원자는 강하게 전자를 당기고 두 할로젠 원자를 연결하는 결합은 쉽게 깨어질 수 있기 때문에 이중 결합에서 **할로젠화 반응**(halogenation reaction)을 일으킨다.

Br_2나 Cl_2 분자가 이중 결합의 π 전자에 접근하면 할로젠 원자들 중의 하나가 π 전자쌍을 끌어당기면서 공유하고 있던 결합 전자쌍을 다른 할로젠 원자에게 넘겨 준다. 즉 친전자성 첨가 반응에서 Br_2는 Br^+와 Br^-인 것처럼 행동하고 Cl_2는 Cl^+와 Cl^-인 것처럼 행동한다.

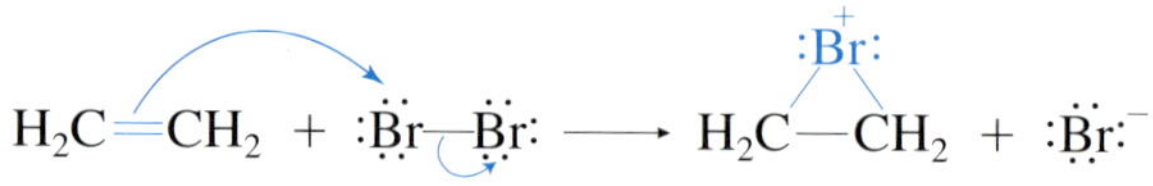

고리형 브로모늄 이온

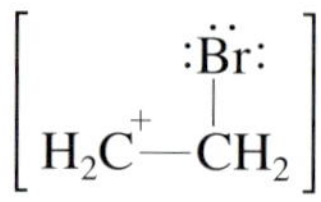

형성되지 않는 중간체

첫 번째 단계에서 생성되는 중간체는 브로민이 이중 결합의 두 탄소와 결합을 형성하고 있는 **고리형 브로모늄 이온**(cyclic bromonium ion)이다. 고리형 브로모늄 이온에서는 수소를 제외한 모든 원자들이 팔전자계를 이루고 있기 때문에 상당히 안정하다. 괄호 속 탄소 양이온은 양전하가 걸린 탄소가 완전한 팔전자계를 이루지 못하고 있을 뿐만 아니라 일차 탄소이기 때문에 매우 불안정하며 형성되지 않는다. 반응의 두 번째 단계에서 Br^-는 고리형 브로모늄 이온의 브로민 원자 반대쪽에서 탄소 원자를 공격한다. 이때 세 원자 고리에 있던 고리 무리(ring strain)는 해소되며 **이웃 자리 이브로민화물**(vicinal dibromide)이 생성된다. 이웃 자리는 두 브로민 원자가 인접한 탄소에 있다는 것을 의미한다.

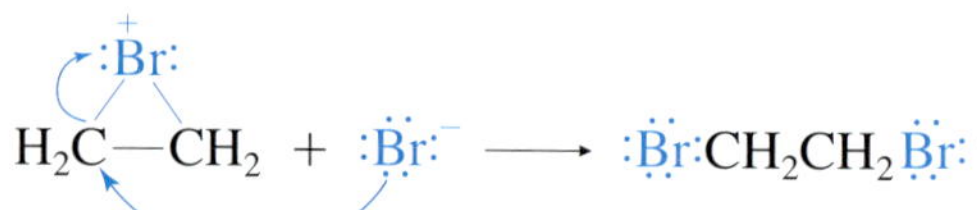

1,2-Dibromoethane
이웃 자리 이브로민화물

알켄에 대한 Br_2의 첨가에서와 같이 첨가되는 두 원자 또는 원자단이 이중 결합의 반대쪽에서 첨가되는 **입체 화학**(stereochemistry)을 **안티 첨가**(anti addition)라고 한다. Br_2는 이중 결합에 안티 첨가되기 때문에 cyclopentene과 같은 고리 화합물에서는 *trans*-1,2-dibromocyclopentane이 생성된다.

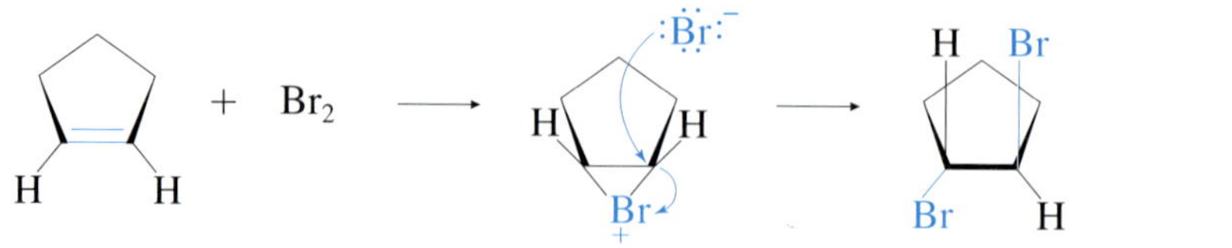

Cyclopentene　　*trans*-1,2-Dibromocyclopentane

F_2는 알켄과 폭발적으로 반응하고 이웃 자리 이아이오딘화물은 보통 온도에서 불안정하여 알켄과 I_2로 되돌아가기 때문에 F_2 또는 I_2의 친전자성 첨가 반응은 이용되지 않는다.

4.5 다음 각 알켄과 브로민의 반응식을 적으시오.

(1) 2-Methyl-2-butene (2) 2-Methyl-1-butene (3) 3-Methyl-1-butene

4.6 1,2-Dimethylcyclopentene을 Br_2로 처리하였을 때 생성되는 화합물의 입체 구조를 그리시오.

4.7 문제 4.6에서 생성되는 고리형 브로모늄 양이온의 구조를 그리시오.

4.5 촉매 수소화

백금, 팔라듐 또는 니켈과 같은 전이 금속 촉매 존재 하에서 알켄에 수소가 첨가되면 알케인이 된다. 이 반응을 **촉매 수소화**(catalytic hydrogenation)라고 한다. 촉매인 팔라듐은 보통 활성 탄소에 흡착된 미세 분말 상태로 사용된다. 백금 촉매는 **Adams 촉매**로 알려져 있는 PtO_2의 형태로 자주 사용된다.

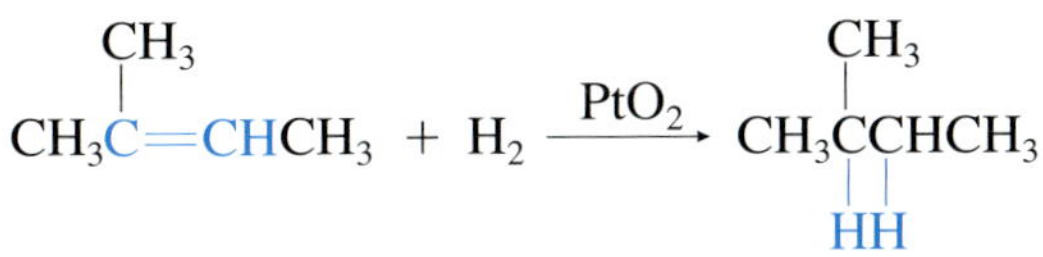

2-Methyl-2-butene 2-Methylbutane

알켄의 수화 반응에서 사용된 산 촉매와 같이 반응 용액에 녹을 수 있는 촉매를 **균일 촉매**(homogeneous catalyst)라고 하는 반면 촉매 수소화에서 사용되는 촉매는 반응 용액에 녹지 않기 때문에 **불균일 촉매**(heterogeneous catalyst)라고 한다.

수소-수소 결합은 강하기 때문에 촉매가 없으면 수소화 반응이 잘 일어나지 않는다. 촉매는 수소-수소 결합을 끊음으로써 활성화 에너지를 감소시킨다. 촉매 수소화 반응에서는 금속 표면에 수소가 흡착되면 금속-수소 사이에 일종의 σ 결합이 형성되고 이중 결합은 금속과 일종의 착체를 형성한다. 이중 결합 탄소에 금속 표면에 있던 수소 원자가 연속적으로 전달되면 알케인 분자가 생성된다.

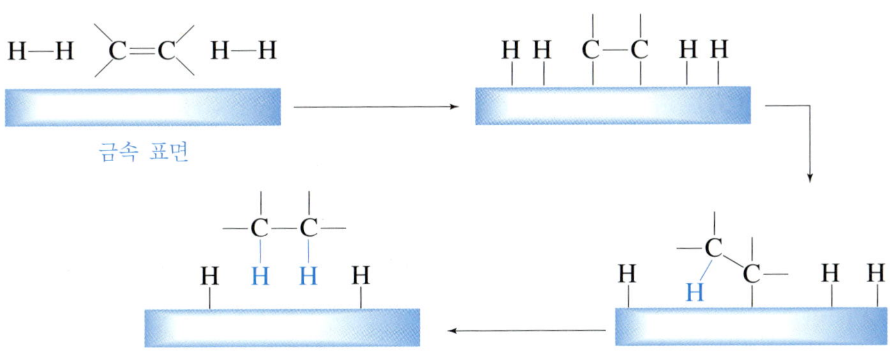

촉매의 표면에서 반응이 일어나기 때문에 두 수소는 이중 결합의 같은 편에서 첨가된다. 분자의 같은 편에서 원자 또는 원자단이 첨가되는 반응의 입체 화학을 **신 첨가**(syn addition)라고 한다.

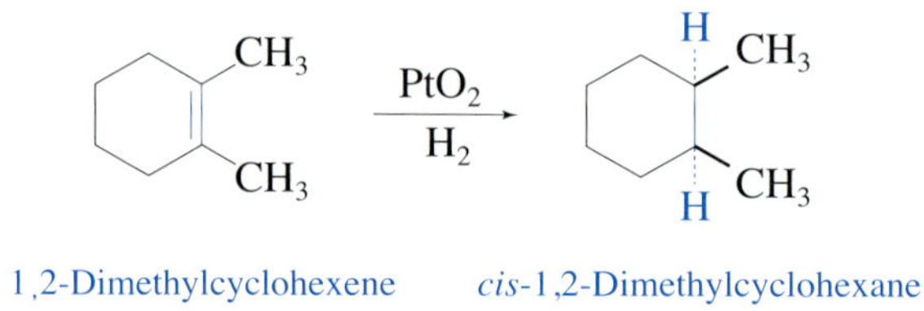

촉매 수소화는 불포화 지방인 식물성 기름을 마가린과 같은 요리용 지방으로 전환시킬 수 있기 때문에 공업적으로도 매우 중요한 반응이다.

4.8 다음 각 알켄의 촉매 수소화에 대한 반응식을 쓰시오.

(1) 2-Methyl-2-butene (2) 1-Ethyl-2-methylcyclohexene

4.9 2-Methylbutane은 세 가지 알켄의 촉매 수소화 반응으로부터 얻을 수 있다. 세 알켄의 구조를 그리시오.

4.6 수소화붕소

Borane(BH_3) 분자의 붕소 원자와 수소 원자도 알켄의 이중 결합에 첨가될 수 있다. 이 반응을 **수소화붕소**(hydroboration)라고 한다. 붕소 원자와 수소 원자는 $B^{\delta+}—H^{\delta-}$로 분극되어 있으며 전이 상태에서 알킬 치환이 많은 쪽에 부분 양전하가 걸리려면 알킬 치환이 적은 탄소에 붕소 원자가 결합되어야 한다. 다음 메커니즘에서 보는 것과 같이 수소화붕소는 한 단계로 진행되며 친전자체인 붕소 원자와 친핵체인 수소 원자가 동시에 알켄에 첨가된다. 수소붕소화와 같이 모든 결합의 분해와 생성이 한 단계에서 동시에 진행되는 반응을 **협동 반응**(concerted reaction)이라고 한다.

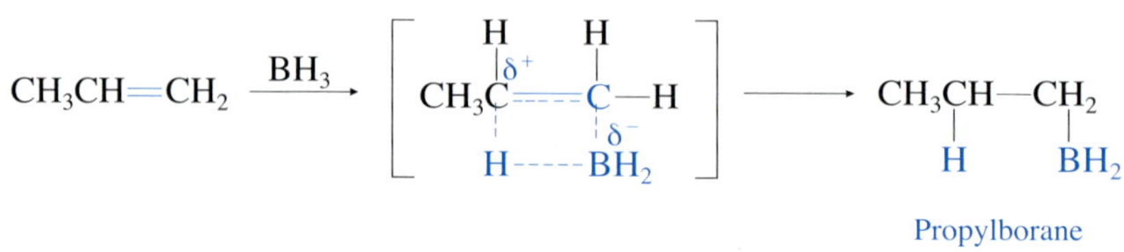

Borane 분자에는 세 개의 B—H 결합이 있기 때문에 세 분자의 알켄과 반응할 수 있다. Propene과의 반응에서는 tri(*n*-propyl)borane이 생성된다.

$$3\,CH_3CH{=}CH_2 \xrightarrow{BH_3} (CH_3CH_2CH_2)_3B$$

Tri(*n*-propyl)borane

Tri(*n*-propyl)borane에 수산화 소듐 수용액과 과산화 수소를 가하여 산화시키면 붕소 원자가 —OH기로 치환된 알코올이 얻어진다.

$$(CH_3CH_2CH_2)_3B \xrightarrow{3\,NaOH/3H_2O_2} 3\,CH_3CH_2CH_2OH$$

이 반응의 장점은 산 촉매 존재 하에서 일어나는 수화 반응과 달리 이중 결합의 알킬 치환이 적은 쪽에 —OH기가 치환된 알코올이 얻어진다는 데 있다.

4.10 다음을 수소화붕소-산화 반응시키면 어떤 알코올이 생성되는가?

(1) 1-Methylcyclopentene　　(2) 2-Methyl-1-butene

4.11 6몰의 1-butene에는 BH_3 몇 몰이 첨가되는가?

4.7 콘쥬게이션 다이엔에 대한 친전자성 첨가 반응

1,3-Butadiene과 같이 두 개의 이중 결합이 한 개의 단일 결합으로 분리되어 있는 구조를 콘쥬게이션 다이엔이라고 한다. 콘쥬게이션 다이엔을 1당량의 HBr로 처리하면 1번 탄소와 2번 탄소에서 첨가가 일어난 3-bromo-1-butene과, 1번 탄소와 4번 탄소에서 첨가가 일어난 1-bromo-2-butene의 두 가지 생성물이 얻어진다. 1번과 2번 탄소에서의 첨가를 **1,2-첨가**(1,2-addition)라고 하고, 생성물을 **1,2-첨가 생성물**이라고 한다. 1번과 4번 탄소에서의 첨가를 **1,4-첨가**(1,4-addition) 또는 **콘쥬게이션 첨가**(conjugate addition)라고 하고, 생성물을 **1,4-첨가 생성물**이라고 한다. 콘쥬게이션 다이엔을 제한된 양의 HBr로 처리했을 때 1,2-첨가와 1,4-첨가가 일어나는 이유는 반응의 메커니즘을 공부하면 쉽게 이해할 수 있다.

$$\overset{1}{C}H_2{=}\overset{2}{C}H{-}\overset{3}{C}H{=}\overset{4}{C}H_2 + HBr \longrightarrow \underset{|}{\overset{H}{}}CH_2\overset{Br}{\underset{|}{}}CHCH{=}CH_2 + \overset{H}{\underset{|}{}}CH_2CH{=}CH\overset{Br}{\underset{|}{}}CH_2$$

1,3-Butadiene (콘쥬게이션 다이엔)　　3-Bromo-1-butene (1,2-첨가 생성물)　　1-Bromo-2-butene (1,4-첨가 생성물)

반응의 첫 번째 단계에서 친전자체인 양성자가 Markovnikov 규칙을 따라 1번 탄소에 첨가되면 Allyl 양이온이 생성된다. 불안정한 일차 탄소 양이온이 생기기 때문에 2번 또는 3번 위치에는 양성자가 첨가되지 않는다.

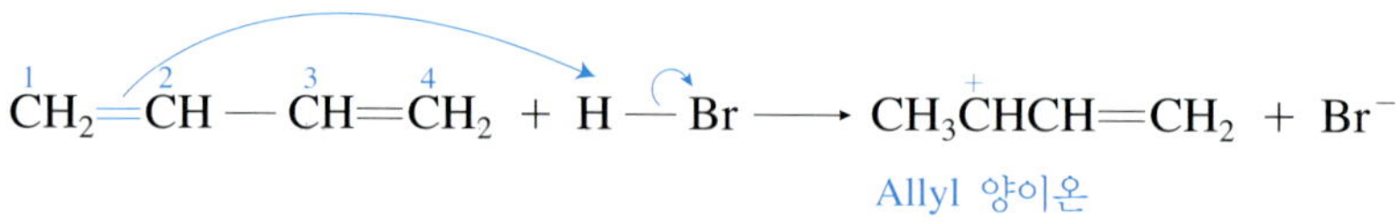

Allyl 양이온은 이중 결합의 인접한 탄소에 양전하를 가지고 있는 탄소 양이온이다. Allyl 양이온은 다음 두 공명 구조의 혼성체이며 공명에 의해 안정화되어 있다. Allyl 양이온에서 양전하는 π 전자의 비편재화 때문에 2번과 4번 탄소에 나누어져 있다. 반응의 두 번째 단계에서 브로민화 이온은 2번 또는 4번 탄소를 공격할 수 있기 때문에 1,2-첨가 생성물과 함께 1,4-첨가 생성물도 생성된다.

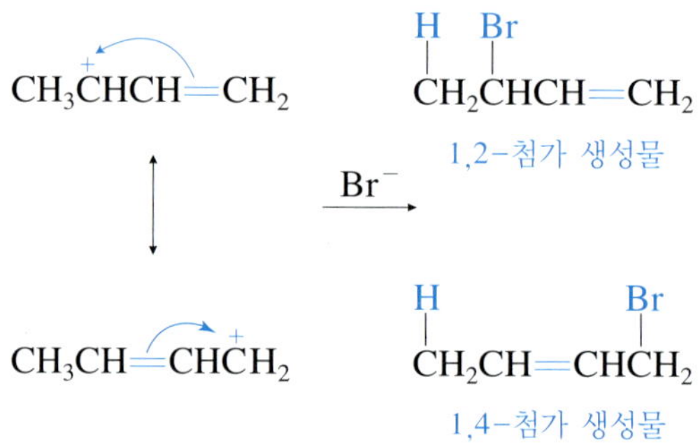

4.12 1,3-Cyclohexadiene에 HBr이 첨가되었을 때, 생성물의 구조를 그리시오.

4.8 Diels-Alder 반응

콘쥬게이션 다이엔이 알켄 또는 알카인과 반응하면 여섯 원자 고리인 cyclohexene 유도체들이 형성될 수 있다. **Diels-Alder 반응**으로 알려져 있는 이 반응에서는 세 개의 π 결합이 두 개의 σ 결합과 한 개의 π 결합으로 전환된다.

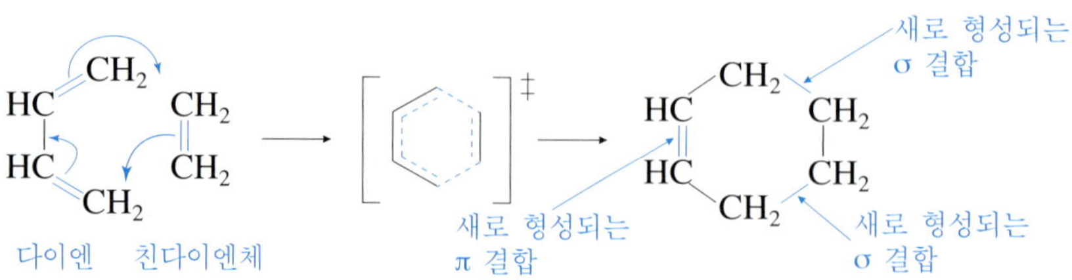

이 반응도 수소화붕소 반응과 마찬가지로 결합의 분해와 생성이 한 단계에서 협동적으로 동시에 진행되어 고리가 형성되며 이와 같은 종류의 반응을 **페리 고리 협동 반응**(pericyclic reaction)이라고 한다. 콘쥬게이션 다이엔을 **다이엔**(diene)이라고 부르고, 다이엔과 반응하는

알켄 또는 알카인을 **친다이엔체**(dienophile)라고 한다. 단순한 1,3-butadiene과 ethene은 효과적으로 Diels-Alder 반응을 일으키지 않는다. 그러나 다이엔에 전자를 밀어주는 기가 치환되어 있거나 친다이엔체에 전자를 끌어당기는 기가 치환되어 있을 때는 반응이 효과적으로 진행된다. 전자를 밀어주는 기에는 $R\ddot{\underset{..}{O}}—$, $R\ddot{\underset{..}{S}}—$, $R_2\ddot{N}—$, 알킬기와 같은 것이 있고 전자를 끌어당기는 기에는 $—\overset{O}{\overset{\|}{C}}H$, $—\overset{O}{\overset{\|}{C}}—OR$, $—CN$, $—NO_2$ 등이 있다.

1,3-Butadiene   Propenal   3-Cyclohexenecarbaldehyde

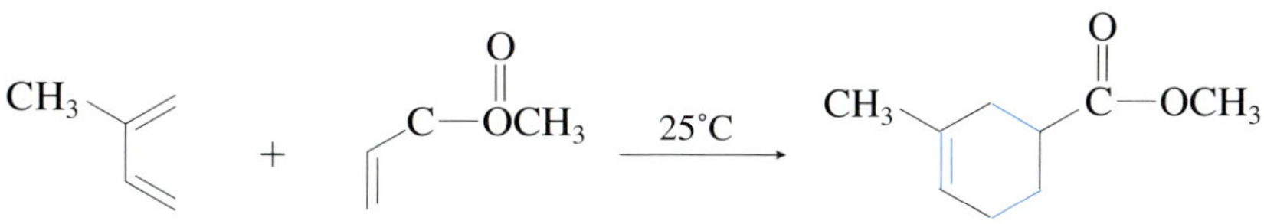

2-Methyl-1,3-butadiene   Methyl propenoate   Methyl-3-cyclohexenecarboxylate

4.13 다음에서 Diels-Alder 반응을 잘 일으킬 수 있는 다이엔체와 친다이엔체를 지적하시오.

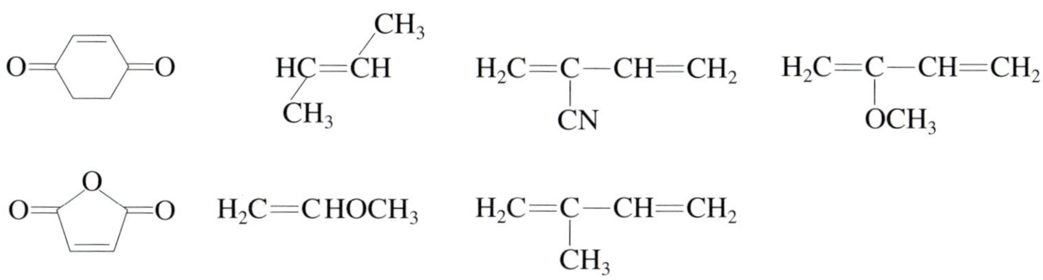

4.14 다음 각 반응에서 생성물의 구조를 그리시오.

(1) $H_2C{=}CH—CH{=}CH_2$ + 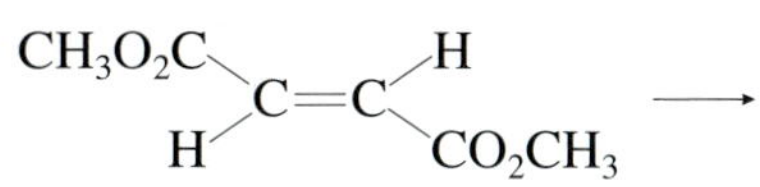

(2) $H_2C{=}CH—CH{=}CH_2$ + 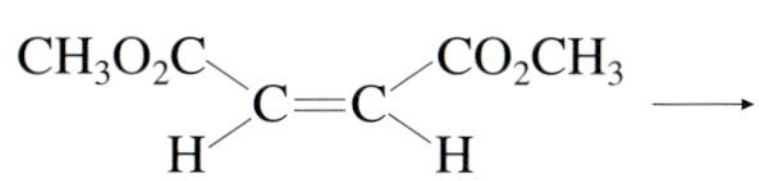

(3) $H_2C{=}CH—CH{=}CH_2 + CH_3O_2CC{\equiv}CCO_2CH_3 \longrightarrow$

4.9 알켄의 산화 반응

알켄의 이중 결합을 산화제로 처리하면 쉽게 산화된다. 산화제는 알켄의 π 전자를 공격하며 다음과 같은 산화 반응들이 있다.

알켄을 수산화 소듐과 같은 염기 촉매 존재 하에서 과망가니즈산 포타슘($KMnO_4$)으로 처리하면 이중 결합의 π 결합이 두 개의 하이드록시기로 전환되어 **이웃 자리 다이올**(vicinal diol)이 얻어진다. 이 반응은 신 입체 화학적으로 진행되기 때문에 cyclohexene에서는 *cis*-1,2-cyclohexanediol이 형성된다.

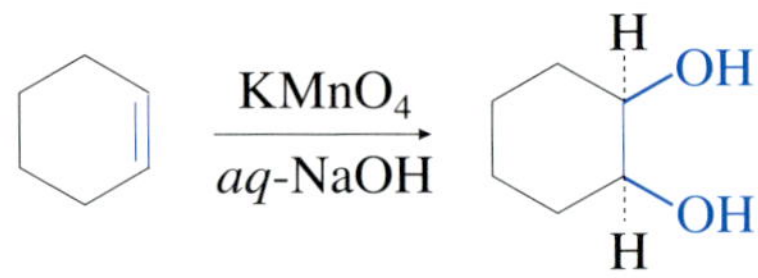

Cyclohexene *cis*-1,2-Cyclohexanediol

높은 압력의 산소를 전기 방전시킬 때 생성되는 오존(O_3)은 매우 강한 산화제이다. 낮은 온도에서 이것으로 알켄을 처리하면 이중 결합의 두 탄소에 오존이 첨가된 **몰오존 화합물**(molozonide)이 생성된다. 이것은 매우 빠르게 **오존 화합물**(ozonide)로 전환된다. 오존 화합물은 폭발성을 가지고 있기 때문에 분리하지 않고 아세트산과 같은 용매 속에서 아연 분말로 환원시키면 카보닐 화합물로 전환된다. 이 반응을 **가오존 분해 반응**(ozonolysis)이라고 한다.

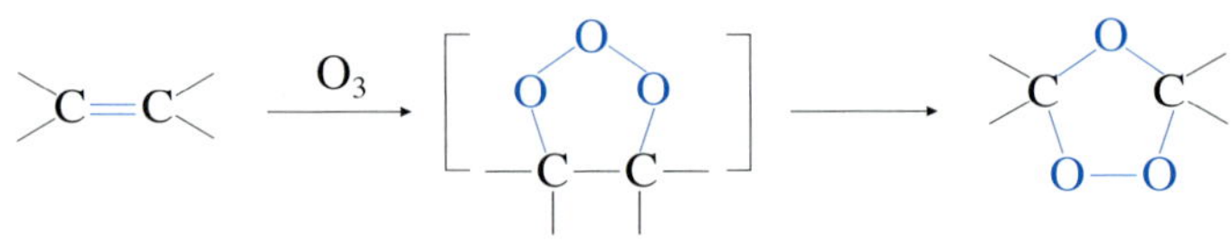

몰오존 화합물 오존 화합물

가오존 분해 반응은 이중 결합의 위치에서 보다 간단한 구조로 절단하기 때문에 알켄의 구조를 확인하는 데 이용된다. 즉 1-butene을 오존으로 처리하면 formaldehyde와 propanal이 생성된다.

$$CH_2{=}CHCH_2CH_3 \xrightarrow[\text{2. Zn, } CH_3COOH]{\text{1. } O_3} CH_2{=}O + CH_3CH_2CH{=}O$$

1-Butene Formaldehyde Propanal

알켄을 과산화산(RCO_3H, peroxy acid)으로 처리하면 에폭시 화합물(epoxide)로 전환된다.

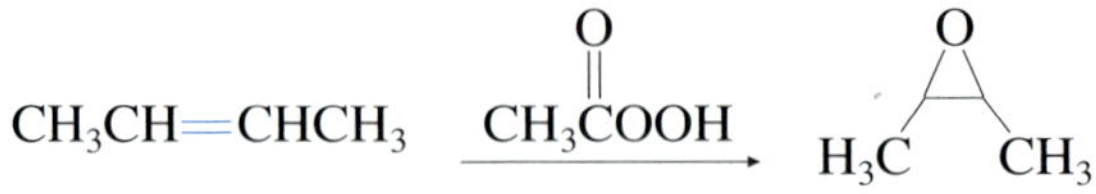

2,3-Dimethyloxirane

4.15 다음 반응의 생성물을 적으시오.

(1) 

(2)
$$CH_3\overset{\displaystyle CH_3}{\overset{|}{C}}{=}CHCH_3 \xrightarrow{KMnO_4,\ OH^-}$$

(3)
$$CH_3\overset{\displaystyle CH_3}{\overset{|}{C}}{=}CH_2 \xrightarrow[2.\ Zn,\ CH_3COOH]{1.\ O_3}$$

(4) 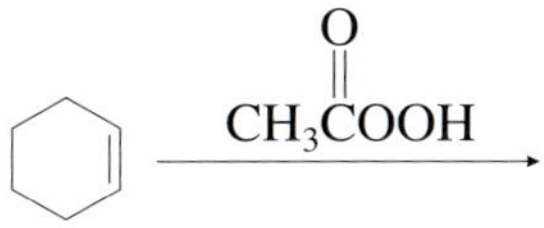

4.10 알카인의 촉매 수소화 반응

알켄에서와 비슷한 방법으로 팔라듐, 백금 또는 니켈과 같은 전이 금속 촉매가 존재하면 알카인에 수소가 첨가된다. 1몰의 수소가 첨가되었을 때의 생성물인 알켄도 수소 첨가에 대한 반응성이 매우 크다. 이 때문에 알켄의 단계에서 반응을 멈출 수 없으며 생성물로서 2몰의 수소가 첨가된 알케인이 얻어진다.

$$\underset{\text{1-Pentyne}}{CH_3CH_2CH_2C{\equiv}CH} \xrightarrow[Pd,\ Pt\ or\ Ni]{H_2} \underset{\text{분리되지 않음}}{[CH_3CH_2CH_2CH{=}CH_2]}$$

$$\xrightarrow[Pd,\ Pt\ or\ Ni]{H_2} CH_3CH_2CH_2CH_2CH_3$$

부분적으로 **훼손된 촉매**(poisoned catalyst)를 사용하면 알켄의 단계에서 반응을 멈출 수 있다. **Lindlar 촉매**(Lindlar's catalyst)가 가장 일반적으로 사용된다. 금속의 표면에서 삼중결합에 수소가 신 첨가되기 때문에 얻어지는 생성물은 시스 알켄이다.

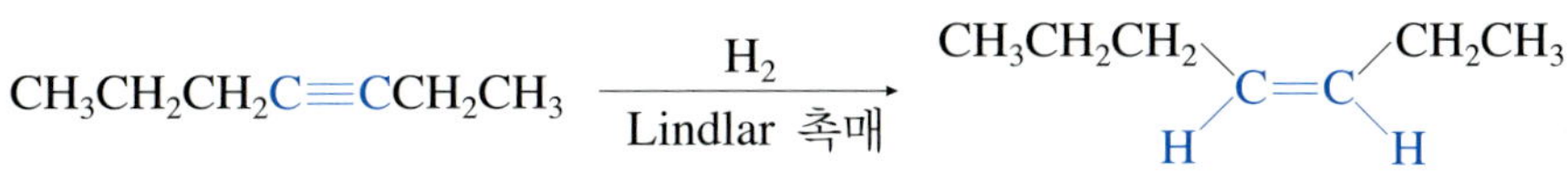

3-Heptyne　　　　*cis*-3-Heptene

4.11 금속-암모니아 환원 반응

알카인으로부터 트랜스 알켄을 얻고 싶을 때는 **금속 암모니아 환원 반응**(metal ammonia reduction)을 이용한다. 액체 암모니아 속에서 알카인을 소듐 또는 리튬과 같은 1족 금속으로 처리하면 트랜스 알켄이 얻어진다.

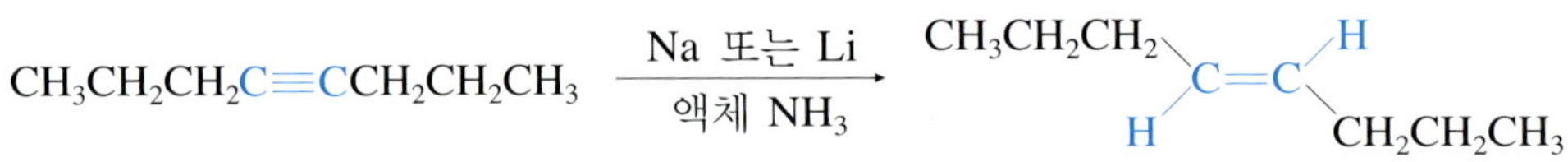

4-Octyne　　　　*trans*-4-Octene

4.16 다음 반응 생성물의 구조를 그리시오.

(1) 

(2) 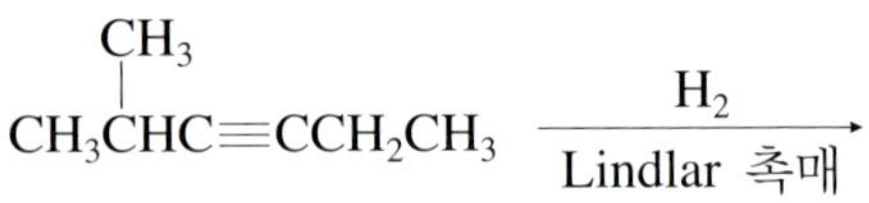

(3) 

4.12 알카인에 대한 할로젠화 수소 및 할로젠 첨가 반응

알카인에 할로젠화 수소가 첨가되면 할로알켄이 생성된다. 말단 알카인에 할로젠화 수소가 첨가될 때는 Markovnikov 규칙을 따른다. 즉 이미 한 개의 수소 원자가 결합되어 있는 탄소에 수소 원자가 첨가되고 할로젠 원자는 수소가 결합되어 있지 않는 내부 탄소에 첨가된다.

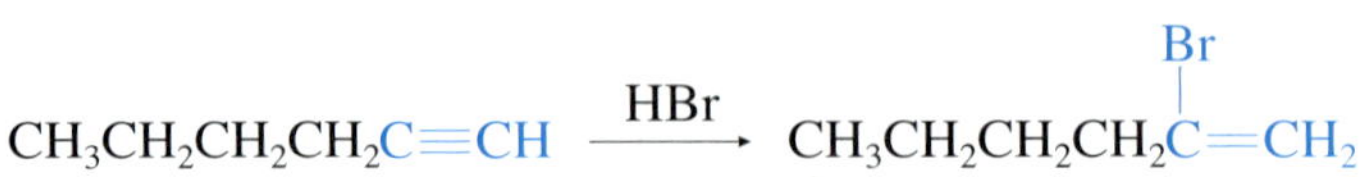

1-Hexyne　　　　2-Bromo-1-hexene

과량의 할로젠화 수소가 존재할 때는 삼중 결합에 두 분자의 할로젠화 수소가 Markovnikov 규칙을 따라 첨가된다. 예를 들면 1-hexyne을 과량의 브로민화 수소로 처리하면 같은 자리 이할로젠 화합물인 2,2-dibromohexane이 생성된다.

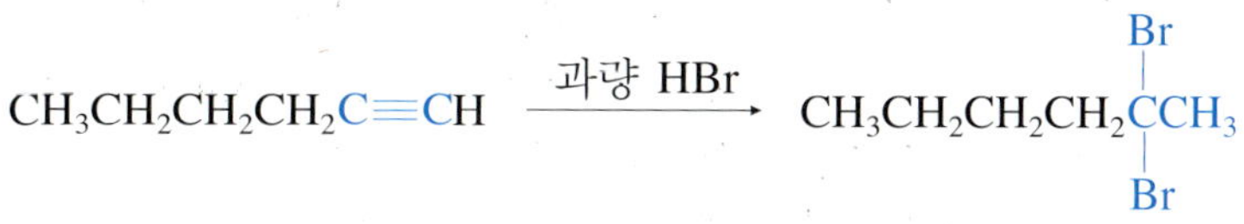

1-Hexyne 2,2-Dibromohexane

당량의 염소 또는 브로민이 내부 알카인에 첨가되면 트랜스 입체 화학을 가지고 있는 이할로알켄이 생성된다.

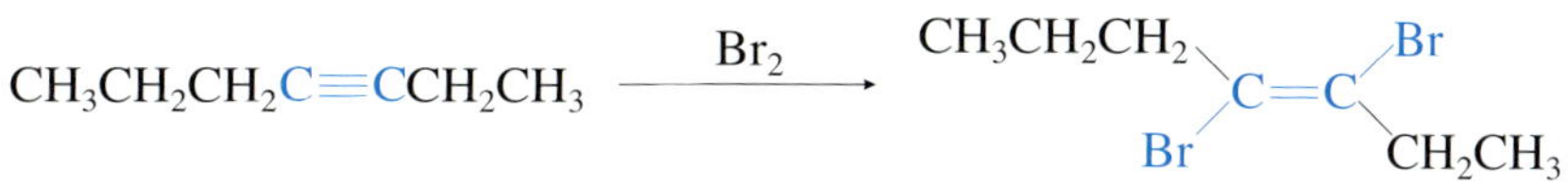

3-Heptyne (*E*)-3,4-Dibromo-3-heptene

4.17 다음 반응의 생성물을 쓰시오.

(1) $CH_3CH_2CH_2C{\equiv}CH \xrightarrow{1\,mol\ HCl}$

(2) $CH_3CH_2CH_2C{\equiv}CH \xrightarrow{2\,mol\ HBr}$

(3) $CH_3CH_2C{\equiv}CCH_2CH_3 \xrightarrow{1\,mol\ Br_2}$

요약

알켄에 대한 할로젠화 수소 또는 물의 첨가 반응은 **Markovnikov 규칙**을 따라 수소가 더 많은 탄소 쪽에 수소가 첨가된다. 이 규칙을 따르면 보다 안정한 탄소 양이온 중간체가 형성되기 때문이며 탄소 양이온의 안정도는 **하이퍼콘쥬게이션**(hyperconjugation) 효과로 설명된다.

촉매 수소화(catalytic hydrogenation) 반응은 **신 첨가**(syn addition)의 **입체 화학**(stereochemistry)을 보여 주는 반면 **할로젠화 반응**(halogenation reaction)에서는 안티 첨가(anti addition)가 일어난다. **수소화붕소**(hydroboration)에 이은 산화 반응에서는 치환이 적은 쪽에 하이드록시기가 결합된 알코올이 얻어진다.

공명 혼성 때문에 **콘쥬게이션 다이엔**(conjugated diene)의 친전자성 첨가 반응에서는 **1,2-첨가**와 **1,4-첨가**가 동시에 일어난다.

다이엔체(diene)와 **친다이엔체**(dienophile) 사이에서 여섯 원자 고리 화합물이 형성되는 반응을 **Diels-Alder 반응**이라고 한다.

알켄을 염기성 조건 하에서 $KMnO_4$로 처리하면 **이웃 자리 다이올**(vicinal diol)이 생성되고 오존과 반응시킨 다음 아연과 아세트산으로 처리하면 이중 결합이 분해되어 두 개의 카보닐 화합물로 전환된다.

탄소−탄소 삼중 결합을 가지고 있는 알카인의 화학은 알켄과 매우 비슷하다. 할로젠화 수소는 친전자성 첨가 반응을 일으킨다. 말단 알카인에서는 Markovnikov 규칙을 따라 수소가 있는 말단 탄소에 수소가 첨가된다. 촉매 수소화 반응에서는 보통 알케인이 얻어지지만 Lindlar 촉매를 사용하면 시스 알켄의 단계에서 반응을 중지시킬 수 있다. 알카인을 액체 암모니아 속에서 소듐으로 처리하면 트랜스 알켄이 생성된다.

보충문제

4.18 다음 각 시약으로 2-butene을 처리했을 때 얻어지는 생성물의 구조를 그리시오.

(1) H_2O/H_2SO_4 (2) Br_2 (3) H_2/PtO_2
(4) HCl (5) $KMnO_4/OH^-$ (6) BH_3 다음 H_2O_2/OH^-
(7) O_3 다음 Zn/CH_3CO_2H (8) HI (9) $CH_3\overset{\overset{\displaystyle O}{\|}}{C}OOH$

4.19 다음 각 시약과 2-methyl-2-hexene의 반응은 매우 높은 위치 선택성을 보여 준다. 각 반응에서 위치 선택적으로 생성된 생성물의 구조를 그리시오.

(1) HCl (2) H_2O/H_2SO_4 (3) BH_3 다음 H_2O_2/OH^-

4.20 1,2-Dimethylcyclopentene과 다음 시약의 반응은 입체 선택적으로 진행된다. 주생성물의 구조를 그리시오.

(1) H_2/PtO_2 (2) $KMnO_4/OH^-$ (3) Br_2

4.21 산 촉매 존재 하에서 물과 반응했을 때 다음 각 알코올은 두 가지 알켄으로부터 생성될 수 있다. 출발 물질로 사용될 수 있는 알켄들의 구조를 그리시오.

(1) 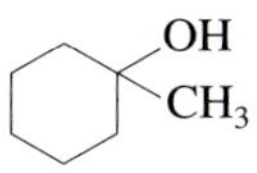

(2) 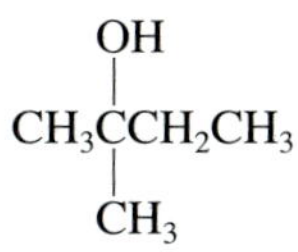

4.22 O_3에 이어 Zn/CH_3CO_2H로 처리했을 때 $CH_3CH_2CH_2\overset{\overset{\displaystyle O}{\|}}{C}H$만 생성시키는 알켄의 구조를 그리시오.

4.23 O_3에 이어 Zn/CH_3CO_2H로 처리했을 때 $H\overset{\overset{\displaystyle O}{\|}}{C}CH_2CH_2CH_2\overset{\overset{\displaystyle O}{\|}}{C}CH_3$를 생성시키는 알켄의 구조를 그리시오.

4.24 1,3-Cyclohexadiene에 다음 각 시약을 처리하면 어떤 생성물이 얻어지겠는가?

(1) 2몰 H_2/Pd-C (2) 1몰 HCl (3) 1몰 Br_2 (4) 2몰 Br_2 (5) CF_3OH

4.25 다음 탄소 양이온의 공명 구조를 그리시오.

$$(CH_3)_2CH\overset{+}{C}HCH{=}CHCH(CH_3)_2$$

4.26 다음 Diels-Alder 반응에서 얻어질 수 있는 생성물의 구조를 그리시오.

(1) $H_2C{=}CH{-}CH{=}CH_2$ + 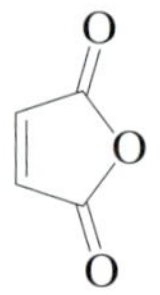 ⟶

(2) 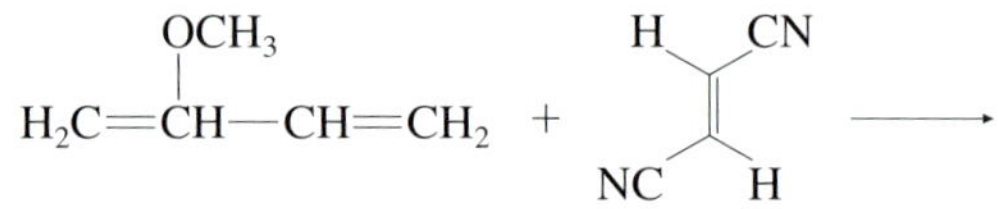

4.27 다음 화합물을 얻으려면 어떤 다이엔체와 친다이엔체가 필요한가?

(1) 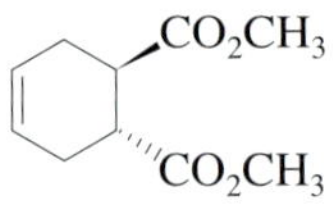

(2) 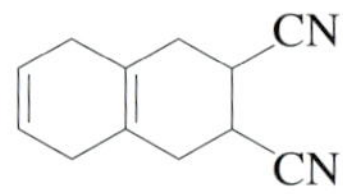

4.28 분자식이 $C_{21}H_{40}$인 화합물이 있다. 이 화합물은 Br_2와 빠르게 반응하고 $KMnO_4$와도 반응한다. Adams 촉매 존재 하에서는 2당량의 수소를 흡수한다. 또 이것을 가오존 분해 반응시키면 $CH_3(CH_2)_{10}CHO$, $CH_3(CH_2)_4CHO$ 및 $OHCCH_2CHO$가 생성된다. 이 화합물의 구조를 그리시오.

4.29 2-Methyl-1,3-butadiene(isoprene)을 25°C에서 HCl과 반응시키면 화합물 A와 B가 75 : 25의 비로 생성된다. 이 화합물들이 형성되는 반응의 메커니즘을 제시하시오.

$(CH_3)_2CClCH{=}CH_2$ (Cl on the central C)
A

$(CH_3)_2C{=}CHCH_2Cl$
B

4.30 다음 각 반응 생성물의 구조를 그리시오.

(1) 1-Hexyne $\xrightarrow{H_2,\ \text{Lindlar 촉매}}$

(2) 1-Hexyne $\xrightarrow{Cl_2}$

(3) 3-Hexyne $\xrightarrow{Na,\ \text{액체 } NH_3}$

5장 입체 화학

분자 내에 있는 어떤 원자 또는 원자단들의 공간적인 배열이 달라지기 때문에 생기는 입체 이성질 현상은 생물학적 현상에 매우 중요한 역할을 한다. 생물학적 계는 극도로 선택적이며 분자들 사이의 미묘한 입체 화학적 차이를 구별한다. 입체 화학적인 기초가 없으면 생물학이나 생화학적 현상을 이해할 수 없다. 이 장에서는 유기 분자들에서 관찰되는 입체 화학(stereochemistry)의 여러 가지 기초들을 공부한다.

5.1 카이랄성과 거울상 이성질체

우리 주변에 있는 많은 물체들은 거울에 비친 모습과 서로 포개지는 부류들이 있는 반면 거울에 비친 모습과 서로 포개지지 않는 부류들도 있다. 쟁반, 탁자, 포크나 공과 같은 물체는 거울에 비친 모습과 서로 포개진다. 그러나 그림 5.1에서 보는 것처럼 우리의 왼손과 오른손은 서로 거울에 비친 모습이며 서로 포개지지 않는다. 거울에 비친 모습들을 서로 포갤 수 없는 예로는 발, 신발 또는 귀와 같은 것들을 들 수 있다.

그림 5.1

1894년 William Thomson은 어떤 물체가 그것의 거울상과 서로 포개지지 않을 때 그 물체는 **카이랄**(chiral)이라고 정의하였다. 카이랄이라는 용어는 손을 의미하는 그리스어 *cheir*에서 유래되었다. 카이랄인 물체에는 **대칭면**(plane of symmetry)이 없다. 대칭면은 한 물체를 반으로 절단했을 때 한쪽 반이 다른 쪽 반의 거울상이 되도록 나누는 가상적인 면이다. 거울상과 서로 포개지는 물체는 **비카이랄**(achiral)이라고 한다. 비카이랄인 물체는 대칭면을 가지고 있다.

유기 분자들도 비카이랄이거나 카이랄일 수 있다. 예를 들면 2-bromopropane의 삼차원 구조는 대칭면을 가지고 있기 때문에 거울상과 서로 포개지며 비카이랄이다.

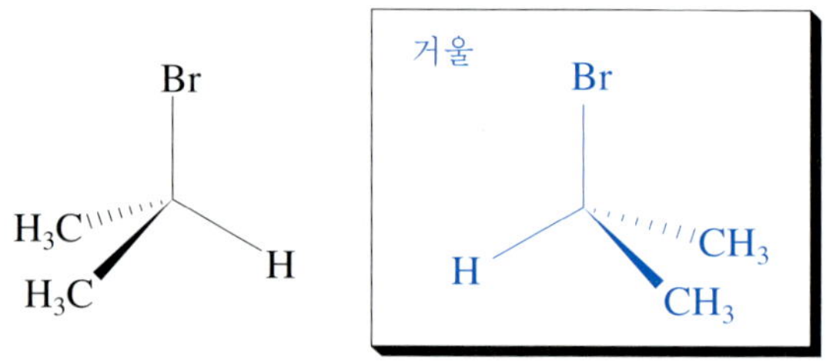

2-Bromopropane과 그것의 거울상

겹치도록 하기 위해
거울상의 C—Br을 축으로 180° 회전

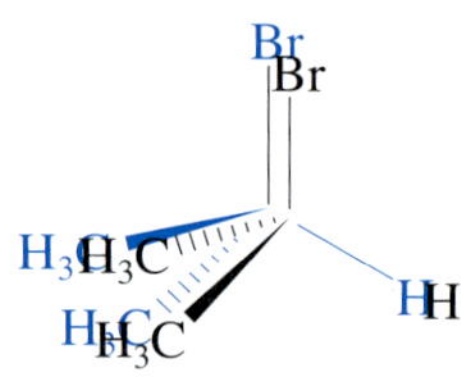

모든 치환체가 겹친다

그러나 2-bromobutane의 삼차원적인 구조에는 대칭면이 없기 때문에 그것의 거울상과 서로 포개지지 않으며 카이랄이다.

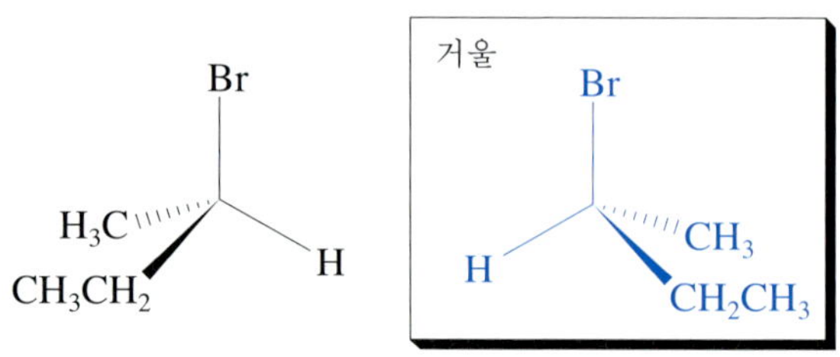

2-Bromobutane과 그것의 거울상

겹치도록 하기 위해
거울상의 C—Br을 축으로 180° 회전

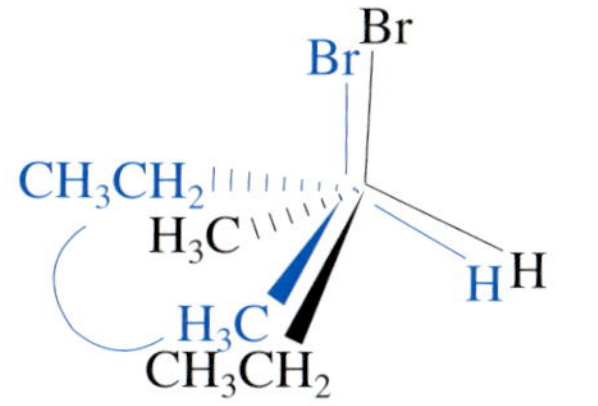

Methy과 ethyl의 위치에서 겹치지 않는다

서로 거울상의 관계에 있는 2-bromobutane은 화학식은 같지만, 원자들의 공간 배열이 다른 입체 이성질체이다. 한 쌍의 분자들이 거울상의 관계에 있으면서 서로 포개지지 않는 입체 이성질체를 특히 **거울상 이성질체**(enantiomer)라고 한다. 유기 분자의 어떤 탄소에 모두 다른 네 개의 치환체가 결합되어 있으면 대칭면을 가질 수 없으므로 카이랄이다. 2-Bromobutane의 2번 탄소에는 H, CH_3, CH_2CH_3 및 Br의 모두 다른 네 개의 치환체가 결합되어 있으므로 대칭면이 없다. 네 개의 모두 다른 치환체를 가지고 있는 탄소를 **카이랄 중심**(chiral center) 또는 **입체 생성 중심**(stereogenic center)이라고 한다.

한 개 이상의 입체 중심을 가지고 있는 분자는 락트산, L-alanine을 포함하는 아미노산 또는 D-glucose와 같은 탄수화물 분자들의 예에서 보는 것처럼 자연계에 매우 흔하게 분포되어 있다.

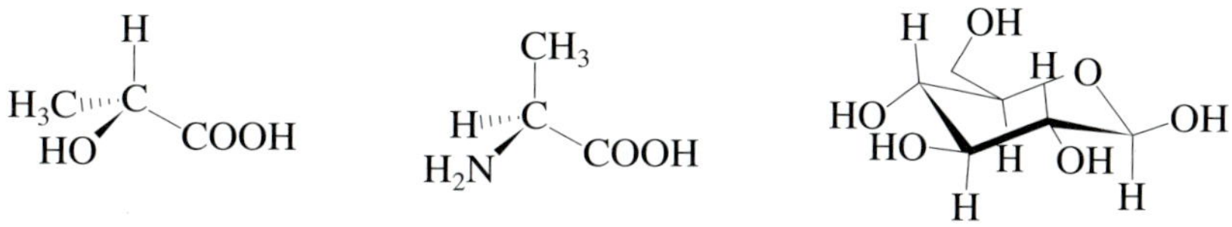

Lactic acid　　L-Alanine　　D-Glucose

5.1 다음 어느 물체가 카이랄성인가?

(1) 신발　　(2) 안경　　(3) 못

(4) 조개껍데기　　(5) 귀　　(6) 코

5.2 다음 화합물 중 어느 것이 카이랄성인가? 카이랄 중심을 찾아내시오.

(1) 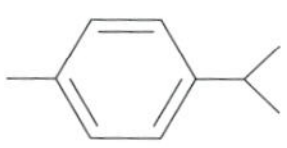
(2) 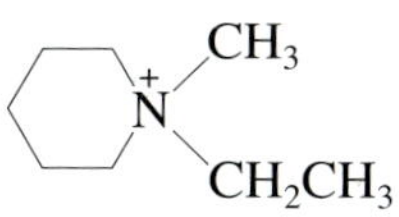
(3) 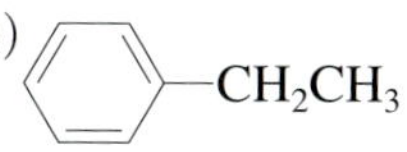
(4) $HO_2CCHCH_2CO_2H$ (가운데 CH에 OH)

5.3 다음 화합물 중 어느 것이 카이랄성인가?

(1) 3-Chloropentane　　(2) 3-Chlorohexane

(3) 2-Bromopentane　　(4) 2-Bromo-3-methylbutane

5.4 $CH_3CH(OH)CH_2CH_3$는 카이랄성 화합물이다. 쐐기선, 실선 및 점선을 사용하여 이 화합물의 두 거울상 이성질체 구조를 그리시오.

5.2 평면 편광과 광학 활성

일반적으로 빛은 진행하는 방향에 수직인 모든 면에서 진동하는 전자기파로 이루어져 있다. 보통의 빛을 편광 프리즘의 일종인 폴라로이드가 장착된 **편광기**(polarimeter)를 통과시키면 어떤 한 면에서 진동하는 빛만 투과되고 나머지 빛은 차단된다. 한 평면 내에서만 진동하는 빛을 **평면 편광**(plane-polarized light)이라고 한다(그림 5.2).

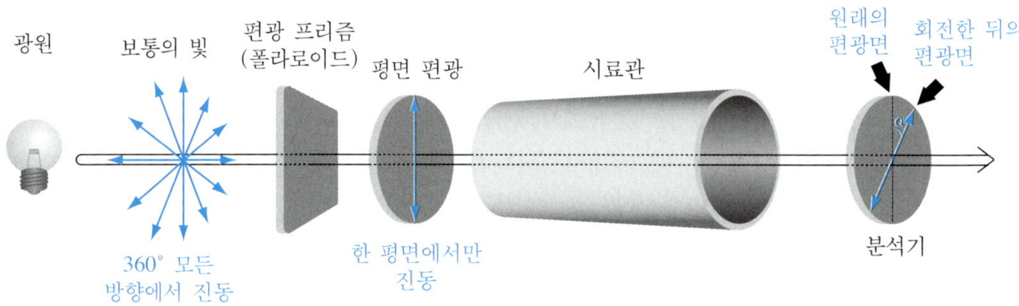

그림 5.2 **편광기**

폴라로이드 렌즈는 평면 편광만 통과시키고 반사파를 포함하는 나머지 파들은 차단해 버리기 때문에 선글라스로도 이용된다.

1985년 프랑스의 물리학자인 Jean-Baptiste Biot는 camphor 또는 linalool 오일과 같은 유기 물질이 **편광면**(plane of polarization)을 회전시킬 수 있다는 사실을 발견하였다. 그는 또 편광면을 시계 방향으로 회전시키는 화합물이나 시계 반대 방향으로 회전시키는 화합물이 있는 반면 어떤 화합물들은 편광면을 회전시키지 못한다는 사실도 알아내었다.

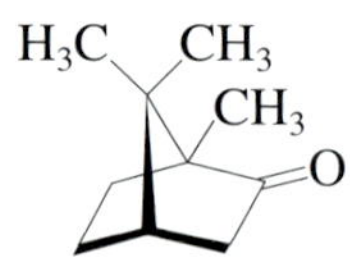

Camphor
월계수 나무의 향기 성분

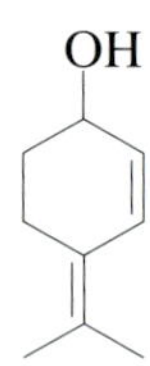

Linalool
오렌지 꽃의 방향 성분

카이랄인 화합물들은 편광면을 시계 또는 시계 반대 방향으로 회전시킬 수 있지만 비카이랄인 화합물들은 편광면을 회전시키지 않는다. 편광면을 회전시킬 수 있는 화합물들을 **광학 활성**(optically active)이라고 하고 편광면을 회전시키지 않는 화합물들을 **광학 비활성**(optically inactive)이라고 한다.

만약 광학 활성인 물질이 편광면을 시계 방향으로 돌린다면 **우선성**(dextrorotatory)라 하고 시계 반대 방향으로 돌린다면 **좌선성**(levorotatory)라고 한다. 일반적으로 우선성은 (+) 또는

*d*로, 좌선성은 (−) 또는 *l*로 화합물의 이름 앞에 표시한다. 예를 들면 (+)-morphine 또는 *d*-morphine은 우선성이고 (−)-terpentine 또는 *l*-terpentine은 좌선성이다.

광학 활성인 물질이 편광면을 돌린 각도는 편광기를 사용하여 측정한다. 광학 활성인 화합물을 시료관에 넣고 여기에 평면 편광을 통과시키면 편광면이 회전된다. 통과된 빛은 분석기에 도달되는데 분석기를 회전시키면 시료에 의해 회전된 편광면을 발견하게 된다. 이것과 시료를 넣지 않았을 때의 편광면을 비교하면 편광면의 회전 각도를 알아낼 수 있다. 관찰된 회전각은 α°로 나타낸다.

광학 활성인 화합물에서 관찰되는 회전각은 분자의 구조, 시료관 내부의 분자수, 시료관의 길이, 편광 파장 및 온도에 따라 달라진다. 회전각에 영향을 미치는 조건들을 표준화하여 나타낸 화합물의 광학 활성을 **고유 광회전도**(specific rotation)라고 한다. 고유 광회전도는 다음과 같이 정의된다.

$$\text{고유 광회전도} = [\alpha]_D = \frac{\alpha}{l(\text{dm}) \times c(\text{g/mL})}$$

여기서 D는 광원으로 사용된 소듐 D선(파장 5896 Å의 노란색 빛), *l*은 시료관의 길이이고, *c*는 농도를 나타낸다. 광학 활성인 물질의 고유 광회전도는 녹는점 또는 끓는점과 마찬가지로 광학 활성인 물질의 물리적 특성이다.

쌍을 이루는 두 거울상 이성질체는 편광면을 회전시키는 각도, 녹는점, 끓는점, 밀도와 같은 물리적 성질은 물론이고 보통의 반응에 대한 화학적 성질도 동일하다. 그러나 편광면을 회전시키는 방향은 서로 반대이다. 예를 들면 한 거울상 이성질체의 고유 광회전도 $[\alpha]_D$가 $+25^\circ$라면 다른 거울상 이성질체는 -25°이다.

카이랄인 물질의 두 거울상 이성질체가 동일한 양으로 혼합되어 있으면 한 거울상 이성질체가 회전시킨 편광면을 다른 거울상 이성질체가 반대 방향으로 회전시켜 상쇄해 버리기 때문에 광학 활성을 보여 주지 않는다.

두 거울상 이성질체가 같은 양으로 섞여 있는 광학 비활성인 혼합물을 **라셈 혼합물**(racemic mixture)이라고 한다. 라셈 혼합물은 화합물의 이름 앞에 기호 (±)나 *dl*을 사용하여 나타낸다. 즉 라셈 glyceraldehyde는 (±)-glyceraldehyde 또는 *dl*-glyceraldehyde로 나타낸다.

5.5 Camphor의 시료(1.5 g)를 ethanol에 녹여 50 mL가 되게 하였다. 이 용액을 길이 5 cm인 편광기의 시료관에 넣고 광학 활성을 측정하였더니 $+0.66^\circ$의 회전을 보여 주었다. Camphor의 고유 광회전도를 계산하시오.

5.6 $[\alpha]_D = +8.7^\circ$인 glyceraldehyde 1.2 g을 7.5 mL의 ethanol에 녹여 길이 5 cm인 시료관에 넣었다. 이때 회전각은 몇 도인가?

5.3 절대 배열과 *R*–*S* 규칙

카이랄 중심에 결합된 치환체의 공간적 배열을 **절대 배열**(absolute configuration)이라고 한다. 거울상 이성질체의 절대 배열을 나타낼 때는 Cahn, Ingold와 Prelog가 제안한 ***R-S* 규칙**을 사용한다.

R–*S* 규칙을 사용하여 절대 배열을 결정할 때는 먼저 3.2절의 우선순위 규칙을 따라 카이랄 중심에 결합된 치환체의 우선순위(a→b→c→d)를 정한다. 우선순위가 가장 낮은 치환체(d)의 반대쪽에서 분자를 관찰했을 때 우선순위가 감소하는 방향(a→b→c)이 시계 방향이면 절대 배열은 *R*(라틴어로 오른쪽이라는 Rectus에서 유래)이다. 우선순위가 감소하는 방향이 시계 반대 방향이면 절대 배열은 *S*(라틴어로 왼쪽이라는 Sinister에서 유래)이다.

a→b→c 시계 방향
R

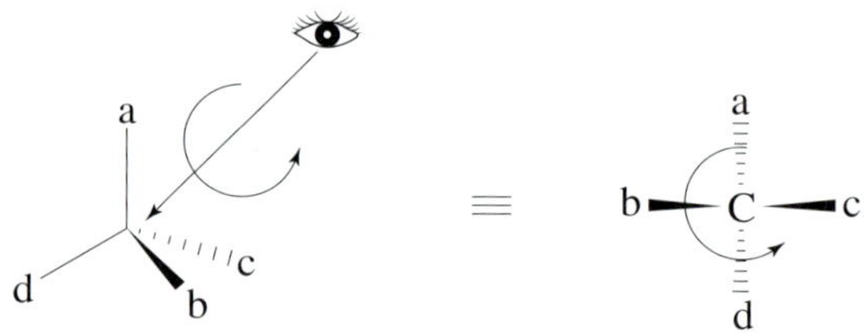

a→b→c 시계 반대 방향
S

한 거울상 이성질체의 카이랄 중심의 절대 배열이 *R*이라면 다른 거울상 이성질체의 카이랄 중심의 절대 배열은 이것의 반대인 *S*이다. 예를 들면 카이랄 화합물인 2-chlorobutane에서 왼쪽 구조의 절대 배열은 *S*이고 이것의 거울상인 오른쪽 구조의 절대 배열은 반대인 *R*이다.

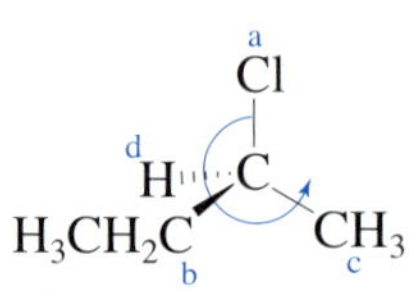

(*S*)-2-Chlorobutane

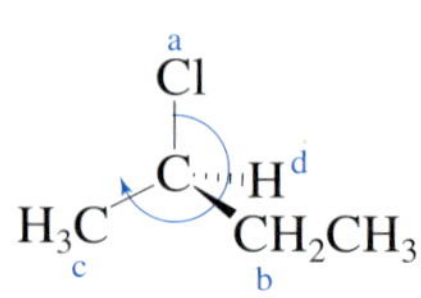

(*R*)-2-Chlorobutane

5.7 다음 각 작용기의 우선순위를 결정하시오.

(1) $-H$, $-Cl$, $-CH_3$, $-CH_2CH_3$
(2) $-OH$, $-OCH_3$, $-CH_2OH$, $-CH_2CH_2OH$
(3) $-OCH_3$, $-NHCH_3$, $-SCH_3$, $-CH_2NH_2$
(4) $-COOH$, $-COOCH_3$, $-CONH_2$, $-CH_2Cl$

5.8 다음 각 화합물에서 카이랄 중심의 절대 배열을 결정하시오.

(1)
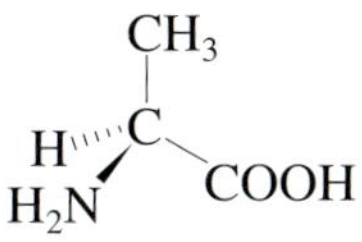

(2)
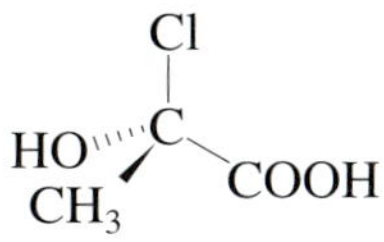

(3)
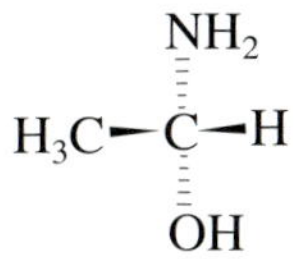

(4)
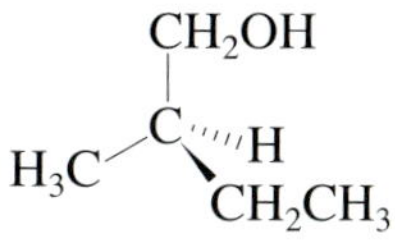

5.9 다음 각 화합물의 쐐기 점선 구조를 그리시오.

(1) (*R*)-2-Bromopentane
(2) (*S*)-1-Bromo-2-methylbutane
(3) (*R*)-3-Bromocyclopentene
(4) (*S*)-3-Chlorohexane

5.4 Fischer 투영도

지금까지는 카이랄 분자의 입체적인 모양을 그릴 때 쐐기 점선 구조를 이용하였다. 독일의 화학자인 Emil Fischer가 고안했던 **Fischer 투영도**(Fischer Projection)를 사용하면 카이랄 분자의 입체 화학적 정보를 이차원 그림으로 간단하게 전달할 수 있다.

다음 구조에서 보는 것처럼 카이랄 탄소에 결합된 네 치환체는 사면체의 각 꼭짓점을 차지하고 있기 때문에 분자를 가상적인 사면체의 어느 면에서 바라보아도 두 치환체는 관찰자 쪽으로 향하고 있고 나머지 두 치환체는 관찰자로부터 멀어지는 방향을 향하고 있다.

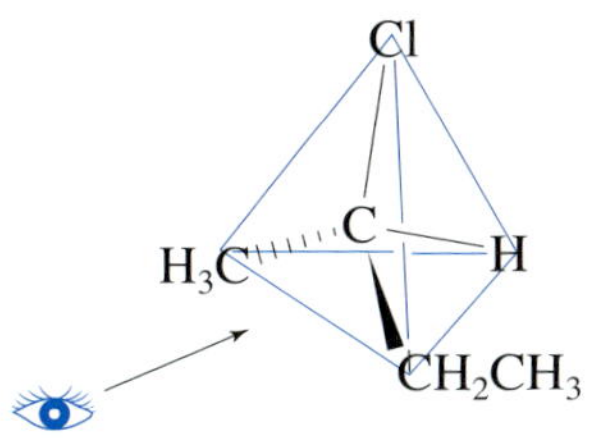
(*R*)-2-Chlorobutane

≡

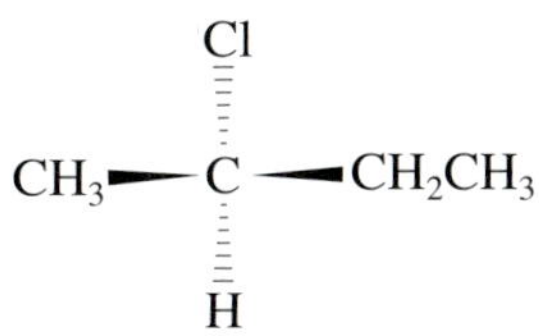
(*R*)-2-Chlorobutane

≡

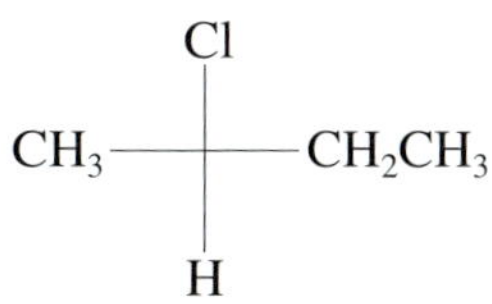
(*R*)-2-Chlorobutane의 Fischer 투영도

Fischer 투영도에는 이와 같은 입체적 특징이 그대로 반영된다. 즉 Fischer 투영도에서 카이랄 중심은 열십자(+)에서 수직선과 수평선이 교차하는 점으로 표시된다. 관찰자 쪽을 향하고 있는 두 치환체는 수평선의 양쪽 끝에 연결되고 관찰자로부터 멀어지는 치환체들은 수

직선의 양쪽 끝에 연결된다.

5.10 다음 각 화합물의 Fischer 투영도를 그리시오.

(1) (*R*)-2-Bromopentane

(2) (*S*)-1-Bromo-2-methylbutane

(3)

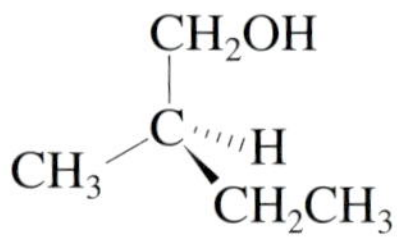

(4)

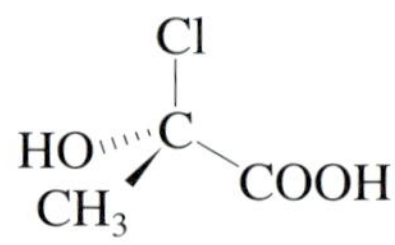

5.5 부분 입체 이성질체

많은 유기 화합물들이 두 개 이상의 카이랄 중심을 가지고 있다. 카이랄 중심이 많은 화합물일수록 입체 이성질체도 많아진다. 어떤 화합물의 카이랄 중심의 수가 n개이면 그 화합물의 입체 이성질체의 수는 최고 2^n개이다. 예를 들면 아미노산인 isoleucine은 두 개의 카이랄 중심을 가지고 있으므로 모두 네 개($2^2=4$)의 입체 이성질체가 있다.

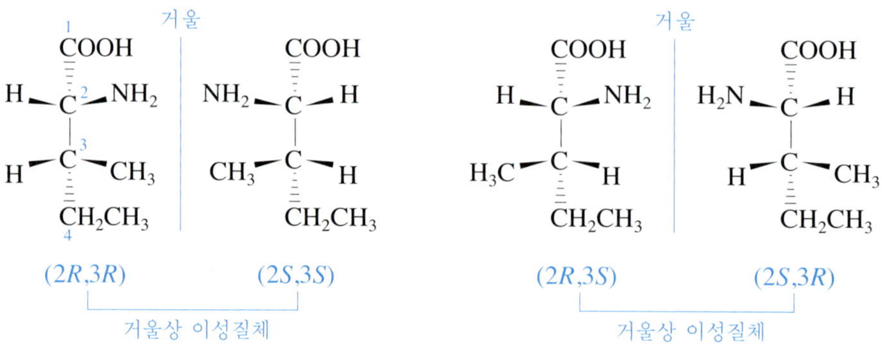

이들 네 개의 입체 이성질체는 두 쌍의 거울상 이성질체로 나누어진다. 절대 배열이 (2*R*,3*R*)인 입체 이성질체와 (2*S*,3*S*)는 거울상이고 (2*R*,3*S*)는 (2*S*,3*R*)과 거울상이다. 그러나 입체 이성질체인 (2*R*,3*R*)과 (2*R*,3*S*)는 서로 겹칠 수도 없고 거울상도 아니다. 카이랄 중심의 절대 배열 중 일부는 같지만 (2*R* ↔ 2*R*) 일부가 반대 (3*R* ↔ 3*S*)인 이와 같은 입체 이성질체를 **부분 입체 이성질체**(diastereomer)라고 한다. 입체 이성질체 (2*R*,3*R*)과 (2*S*,3*R*), (2*S*,3*S*)와 (2*R*,3*S*), (2*S*,3*S*)와 (2*S*,3*R*)도 부분 입체 이성질체의 관계에 있다.

거울상 이성질체쌍은 편광면을 회전시키는 방향을 제외한 물리적 성질이 동일하지만 부분 입체 이성질체들의 물리적 성질은 서로 다르다. 부분 입체 이성질체는 다른 녹는점, 다른 용해도 및 다른 고유 광회전도를 가지고 있다. 거울상 이성질체는 비카이랄인 환경에서 관찰되는 모든 화학적 성질이 동일하지만 부분 입체 이성질체는 비카이랄인 환경에서 관찰되는 화학적 성질들이 다르다.

5.11 다음 구조에서 각 카이랄 중심의 절대 배열을 결정하시오.

(1)

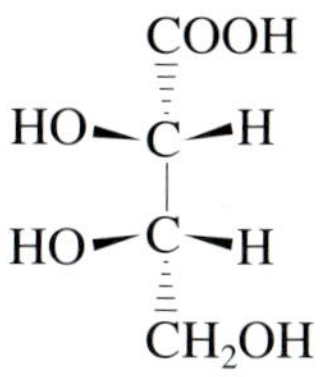

(2)

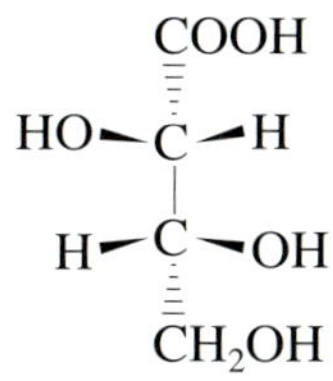

(3)

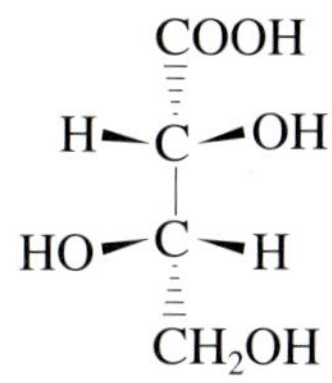

5.12 2-Bromo-3-chlorobutane에서

(1) 입체 이성질체 네 개를 쐐기 점선 구조로 그리시오.

(2) (1)에서 어느 구조들이 서로 거울상 이성질체의 관계에 있으며 어느 구조들이 서로 부분 입체 이성질체의 관계에 있는가?

(3) (1)의 네 구조를 Fischer 투영도로 그리시오.

5.6 메소 화합물

5.5절에서 공부했던 것처럼 두 개의 카이랄 중심을 가지고 있는 화합물에는 최고 네 개의 입체 이성질체가 있다. 그러나 어떤 화합물의 경우에는 두 개의 카이랄 중심을 가지고 있지만 세 개의 입체 이성질체만 존재한다. 두 개의 카이랄 중심에 치환체들의 동일한 집합이 결합되어 있는 tartaric acid와 같은 경우가 여기에 해당된다. Tartaric acid는 다음과 같이 네 개의 입체 이성질체 구조를 그릴 수 있다.

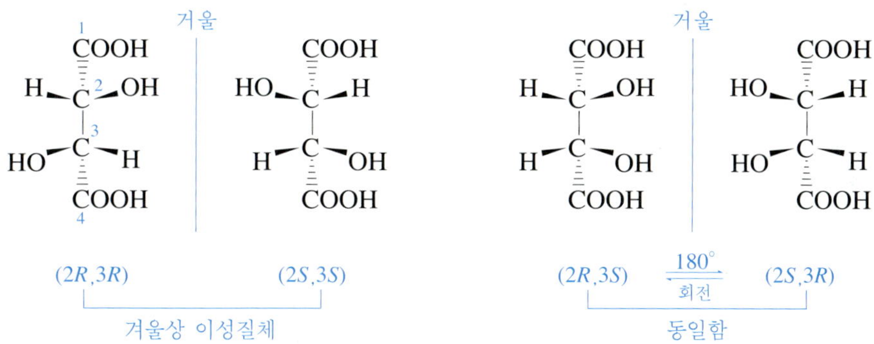

입체 이성질체 (2*R*,3*R*)과 (2*S*,3*S*)는 서로 포개지지 않으므로 거울상 이성질체쌍이다. 그러나 (2*R*,3*S*) 또는 (2*S*,3*R*)의 구조를 180° 회전시켜 보면 서로 동일한 화합물임을 알 수 있다. (2*R*,3*S*) 또는 (2*S*,3*R*)의 구조는 대칭면을 가지고 있기 때문에 서로 포개지지 않는 거울상을

가질 수 없다.

카이랄 중심을 가지고 있지만 대칭면이 존재하기 때문에 비카이랄성이 되는 화합물을 **메소 화합물**(meso compound)이라고 한다. 메소 화합물은 대칭면을 가지고 있기 때문에 분자의 반쪽은 다른 반쪽의 거울상이다. 따라서 **카이랄성**(chirality)을 가지고 있는 반쪽이 편광면을 한 방향으로 회전시키면 반대의 카이랄성을 가지고 있는 다른 반쪽이 편광면을 반대 방향으로 같은 각도만큼 회전시켜 상쇄해 버린다. 그 결과 메소 화합물은 편광면을 회전시킬 수 없으며 광학 비활성이다.

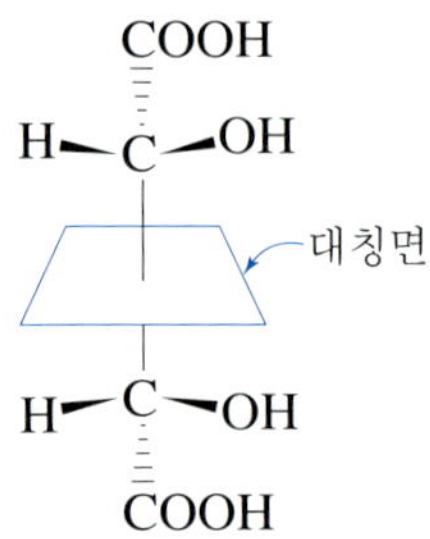

5.13 다음 중 메소 형태가 가능한 것을 가리시오.

(1) 2,3-Dichlorobutane
(2) 1,2-Dimethylcyclopentane
(3) 1,3-Dimethylcyclohexane
(4) 1,4-Dimethylcyclohexane

5.14 2,3-Dibromobutane에서

(1) 가능한 입체 이성질체들을 모두 쐐기 점선 구조식으로 그리시오.
(2) (1)에서 각 카이랄 중심의 절대 배열을 결정하시오.
(3) (1)의 입체 이성질체들의 Fischer 투영도를 그리시오.
(4) (1)에서 거울상 이성질체의 관계에 있는 것, 부분 입체 이성질체의 관계에 있는 것, 메소 화합물인 것을 가리시오.

5.7 라셈 분할

라셈 혼합물로부터 각각의 거울상 이성질체를 분리하는 과정을 **라셈 분할**(racemic resolution)이라고 한다. 가장 일반적으로 사용하는 방법은 다음과 같다. 먼저 라셈 혼합물을 부분 입체 이성질체의 혼합물로 전환시킨다. 부분 입체 이성질체들은 물리적 성질들이 다르기 때문에 분리될 수 있다. 이것들을 분리한 다음 다시 원래의 거울상 이성질체로 전환시킨다.

예를 들면 (*R*)-lactic acid와 (*S*)-lactic acid의 라셈 혼합물에 염기인 (*R*)-1-phenylethylamine을 작용시키면 산 염기 반응에 의해 두 개의 입체 이성질체인 염이 형성된다. *R* 산은 *R* 염기와 반응하기 때문에 (*R*,*R*) 염이 되고 *S* 산은 *R* 염기와 반응하므로 (*S*,*R*) 염이 될 것이다.

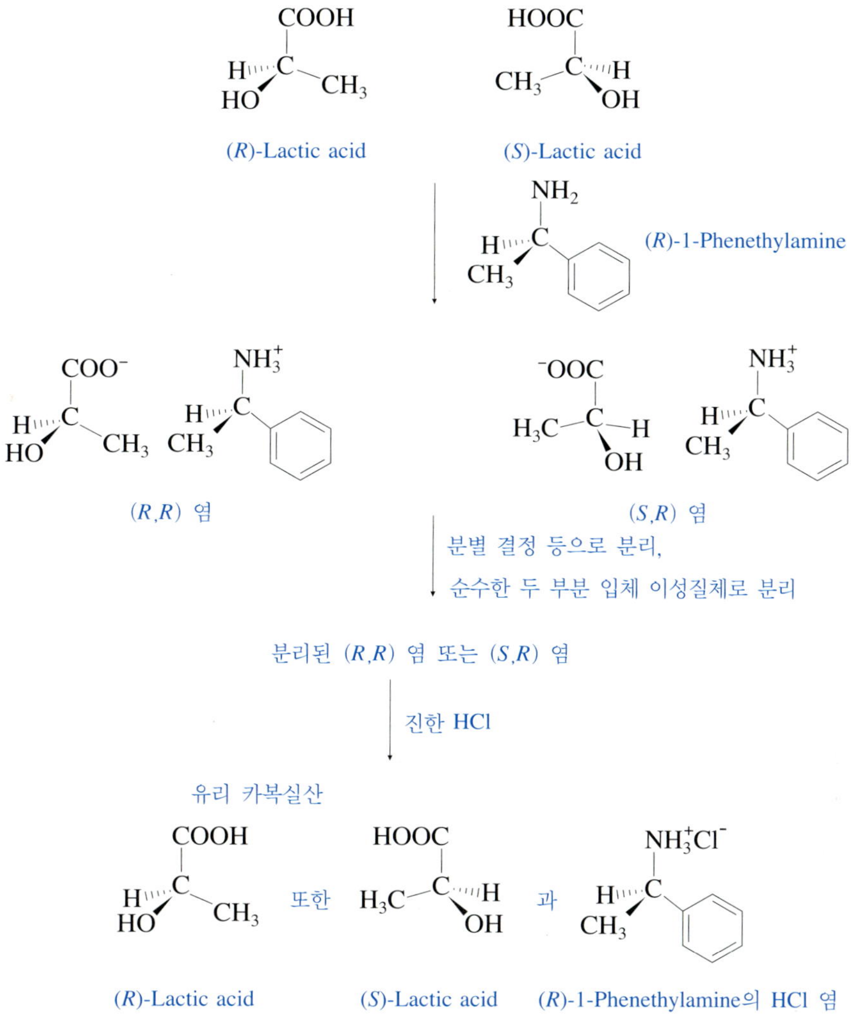

(*R*,*R*) 염에서 카이랄 중심 중의 하나는 (*S*,*R*) 염의 카이랄 중심과 동일하고 (*R*,*R*) 염에서 다른 카이랄 중심은 (*S*,*R*) 염의 카이랄 중심과 거울상이므로 두 염들은 서로 부분 입체 이성질체이다. 이들은 분별 결정과 같은 방법으로 분리될 수 있다. 분리한 다음 HCl과 같은 강산으로 처리하면 부분 입체 이성질체는 (*R*)-lactic acid 또는 (*S*)-lactic acid와 (*R*)-1-phenylethylamine의 HCl 염으로 전환된다. (*R*)-1-phenylethylamine은 회수된 다음 다시 사용할 수 있다.

거울상 이성질체의 쌍은 카이랄 크로마토그래피라고 하는 기법을 사용해서도 분리할 수 있다. 이 방법에서는 분리하려는 라셈 혼합물을 적당한 용매에 녹인 다음 카이랄성을 가지고 있는 흡착제로 채워진 관을 통과시킨다. 두 거울상 이성질체는 카이랄성의 흡착제에 대한 흡착력이 서로 다르기 때문에 다른 속도로 관을 통과하므로 분리된다.

요약

어떤 물체가 그것의 거울상과 겹치지 않을 때 **카이랄**(chiral)이라고 한다. 카이랄성인 물체에는 대칭면이 없다. 유기 화합물에서 sp^3 탄소는 사면체 구조를 형성하기 때문에 탄소에 모두 다른 네 개의 치환기가 결합되어 있으면 카이랄인데 이 탄소를 **카이랄 중심**(chiral center) 또는 **입체 생성 중심**(stereogenic center)이라고 한다. 카이랄인 분자는 **거울상 이성질체**(enantiomer)라는 한 쌍의 입체 이성질체로 존재할 수 있다. 거울상 이성질체쌍은 편광면을 회전시키는 방향을 제외한 다른 물리 화학적 성질들이 동일하다. 편광면을 회전시킬 수 있는 능력을 **광학 활성**(optically active)이라고 하고, 광학 활성은 **고유 광회전도**(specific rotation)로 나타낸다. 카이랄 탄소의 입체 배열에는 **절대 배열** *R* 또는 *S*가 있다. 카이랄 분자의 입체적인 모양은 **Fischer 투영도**를 이용하면 이차원에서 간단하게 나타낼 수 있다. 두 개 이상의 카이랄 중심이 있을 때는 **부분 입체 이성질체**(diastereomer) 구조들이 존재한다.

n개의 카이랄 중심이 있으면 부분 입체 이성질체의 수는 2^n개가 된다. 두 개 이상의 카이랄 중심과 대칭면이 있으면 **메소 화합물**(meso compound)이 존재한다. 메소 화합물은 광학 비활성이다. 라셈 혼합물을 각각의 거울상 이성질체 성분으로 분리할 때는 **라셈 분할**(racemic resolution)을 이용한다.

보충문제

5.15 다음에서 광학 활성으로 존재할 수 있는 것을 가리시오.

(1) 2-Chloropentane (2) 2,2-Dichloropropane

(3) 3-Chloropentane (4) 2,3-Dimethylhexane

5.16 다음 각각의 거울상을 그리시오.

(1) 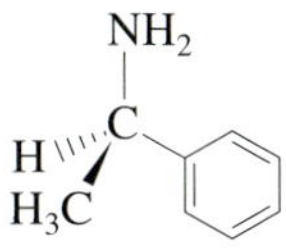

(2) 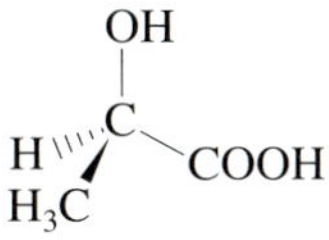

(3) 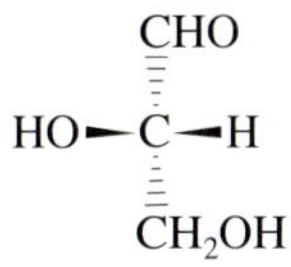

(4) 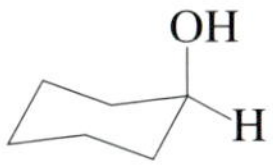

(5) 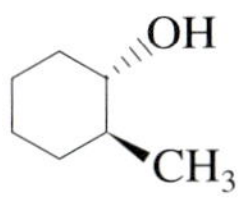

(6) 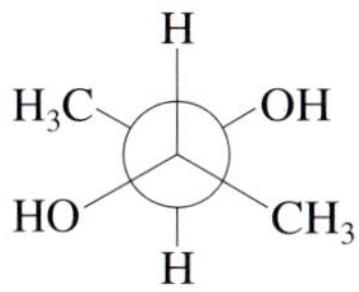

5.17 다음 cyclohexane 유도체 중 어느 것이 광학 활성이겠는가?

(1) 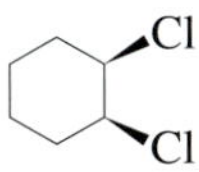

(2) 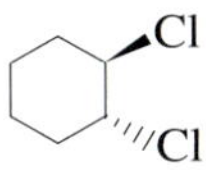

(3) 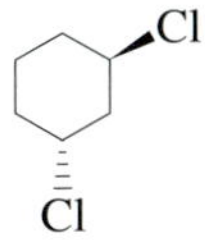

(4) 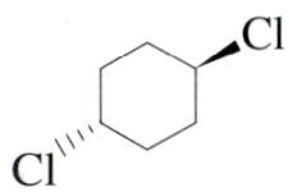

5.18 소듐 D-선을 광원으로 사용하여 20°C에서 다음 실험을 하였다. 고유 광회전도를 계산하시오.

(1) 1.0 g의 시료를 ethanol 5.0 mL에 녹였다. 이 중 3.0 mL를 1.0 cm 길이의 시료관에 넣고 회전도를 측정하였더니 +0.45°이었다.

(2) 0.20 g의 시료를 2.0 mL의 chloroform에 녹인 다음 10 cm의 시료관에 넣고 측정한 회전도가 +3.2°이었다.

5.19 다음 각각에서 어느 구조가 동일하고 어느 구조가 서로 거울상 이성질체인지 구별하시오.

(1) 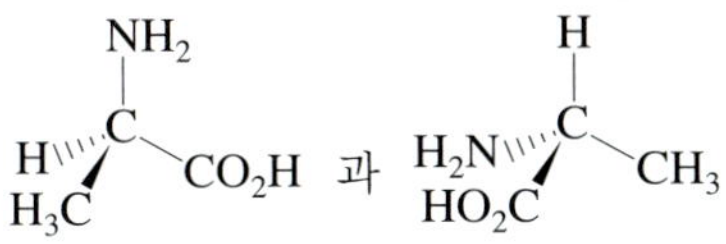

(2) 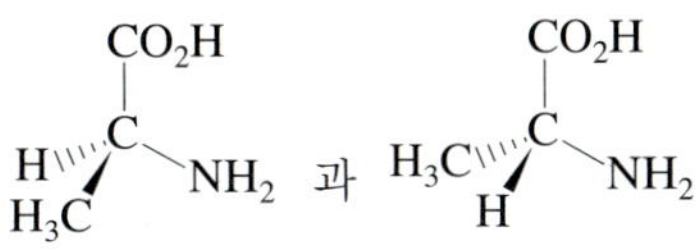

(3) 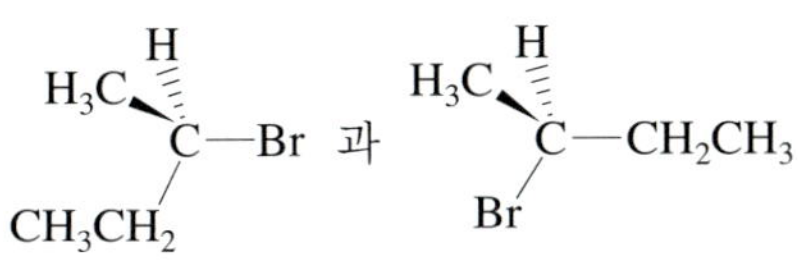

(4) 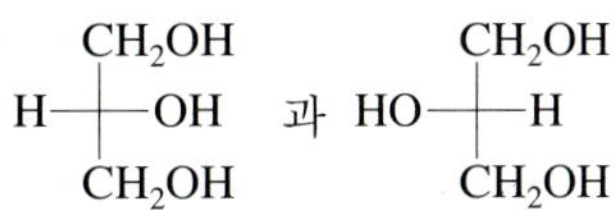

5.20 다음은 모두 glyceraldehyde의 입체 구조이다. 어느 것이 (1)과 같은 구조이고 어느 것이 (1)의 거울상 이성질체인가?

(1) 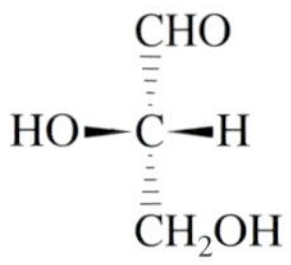

(2) 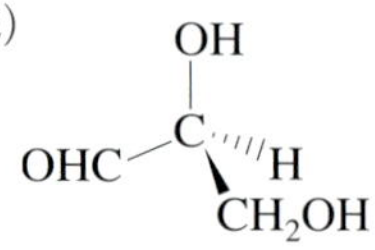

(3) 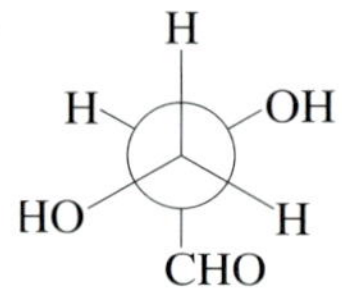

(4) 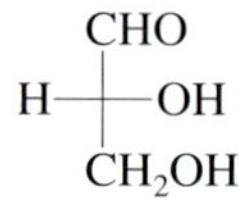

5.21 분자식 $C_3H_5O_2Br$인 카복실산은 광학 활성이다. 이것을 쐐기 점선 구조식으로 그리시오.

5.22 *R-S* 규칙을 따라 다음 각각을 우선순위가 감소하는 순으로 나열하시오.

(1) —CH_3, —OH, —H, —NH_2

(2) —CH_3, —C_6H_5, —I, —CH_2CH_3

(3) —CH_2CH_3, CH=CH_2, —C≡CH, —C≡N

(4) —CH=CH_2, —CH=CHCl, —CO_2H, —CHO

5.23 다음 각 화합물에서 입체 중심의 절대 배열을 결정하시오.

(1) 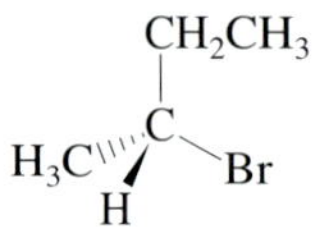

(2) 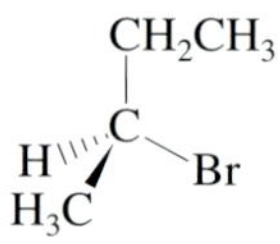

(3) 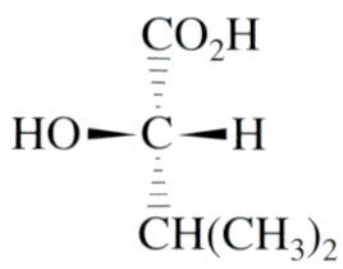

(4) 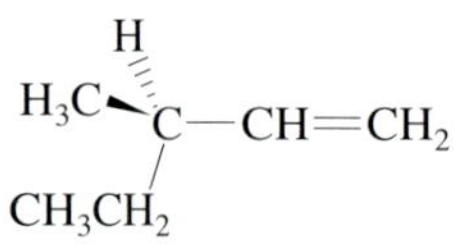

(5) 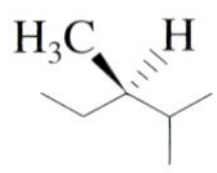

(6) 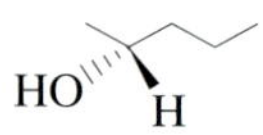

(7) 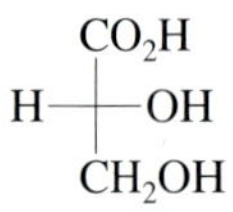

(8) 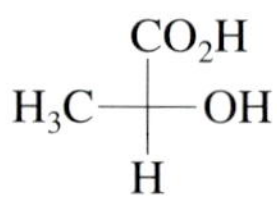

(9) 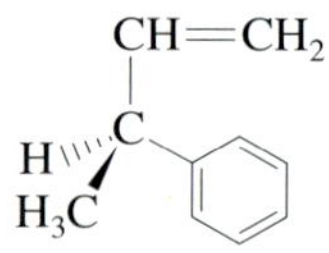

5.24 다음 각 분자를 쐐기 점선 구조식으로 그리시오.

(1) (*S*)-2-Bromopentane

(2) (*R*)-1-Bromo-3-methylhexane

(3) (*S*)-1,3-Dichlorobutane

(4) 3-Bromo-3-methylhexane

5.25 다음 각 화합물을 Fischer 투영도로 그리고, 각 카이랄 중심의 절대 배열을 결정하시오.

(1) 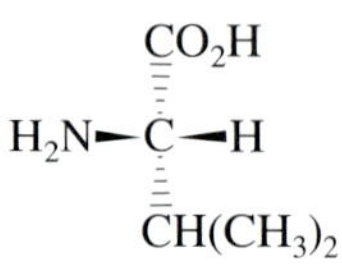

(2) 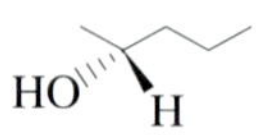

(3) 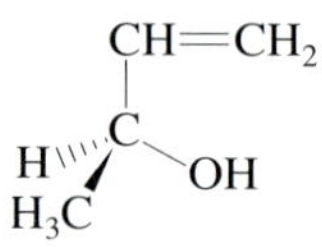

(4) 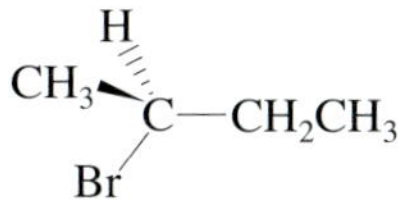

(5) 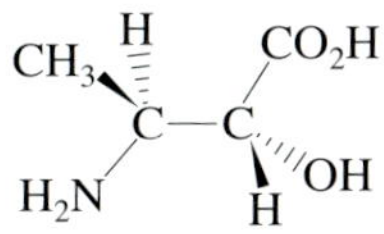

(6) 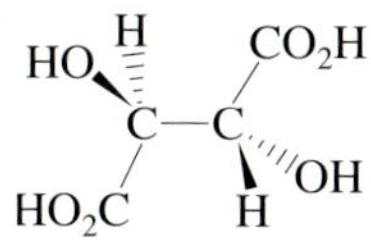

5.26 다음 각 Fischer 투영도를 쐐기 점선 구조식으로 그리시오.

(1) 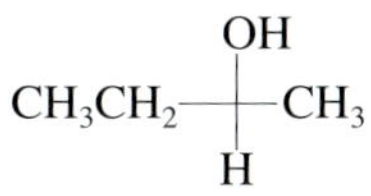

(2) 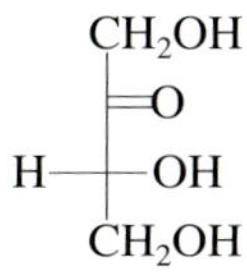

(3) 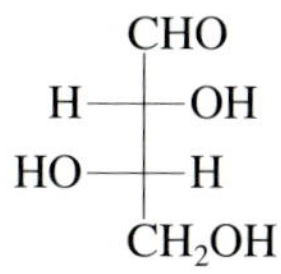

5.27 다음 각 Fischer 투영도에서

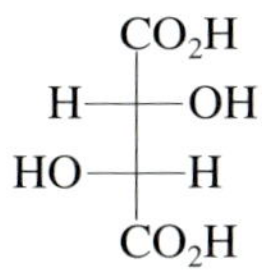

I

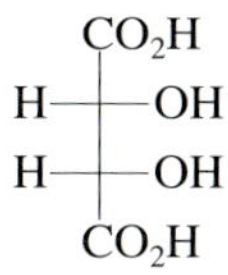

II

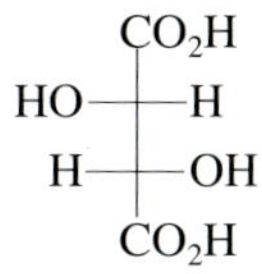

III

(1) 부분 입체 이성질체의 관계에 있는 구조들을 지적하시오.
(2) 메소 화합물인 것은 어느 것인가?

5.28 2,3-Dichlorobutane의 입체 이성질체의 Fischer 투영도를 모두 그리시오.

5.29 다음 각 구조의 메소형을 그리고, 구조를 지나가는 대칭면을 지적하시오.

(1) 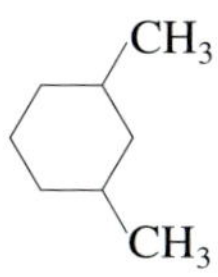

(2) 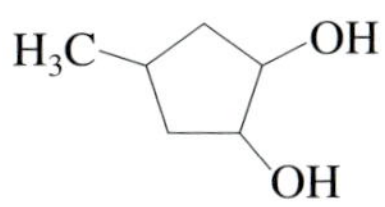

5.30 1-Chloro-2-methylcyclopentane과 1-chloro-3-methylcyclopentane의 모든 입체 이성질체의 구조를 그리시오.

6장 할로알케인: 친핵성 치환 및 제거 반응

해양 생물의 대사 물질들인 많은 할로알케인 화합물들이 알려져 있다. 바다에서 사는 생명체들은 주로 자기 방어 물질로서 독성이 있는 할로알케인을 생산하였다. 대표적인 예로서 태평양의 갈조류로부터 분리된 10-bromo-α-chamigrene이나 violacene과 같은 해양 천연물을 들 수 있다.

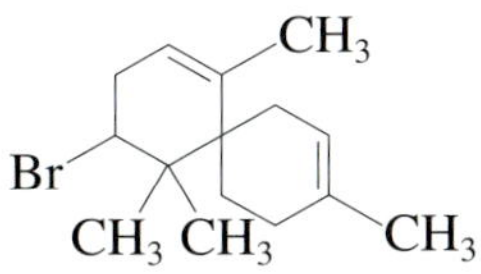

10-Bromo-α-chamigrene

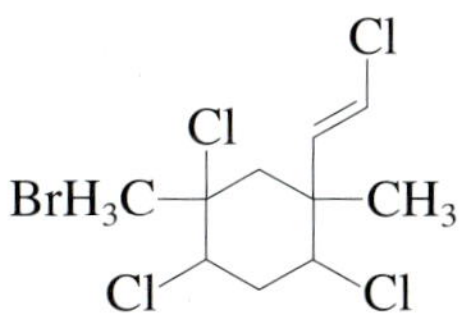

Violacene

할로알케인 화합물들은 대부분 실험실에서 합성되며 endosulfane을 포함하는 어떤 할로알케인 화합물들은 살충제로서의 효능을 보여 준다.

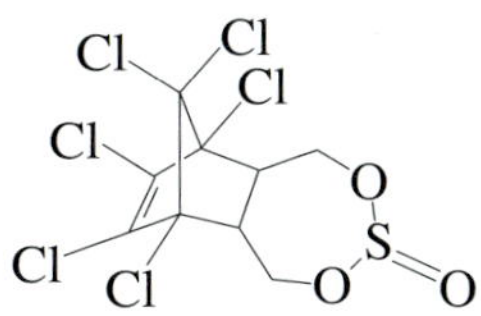

Endosulfane

할로알케인 중에는 제초제, 방화제, 세척액, 용매, 냉각제 등으로 이용되는 것들도 있다.

할로알케인(haloalkane)은 두 가지 중요한 반응을 한다. 하나는 할로젠 원자가 다른 원자 또는 원자단으로 치환되는 **치환 반응**(substitution reaction)이고 다른 하나는 할로젠 원자가 인접한 탄소에 결합된 수소와 함께 제거되는 **제거 반응**(elimination reaction)이다.

$$\mathrm{RCH_2CH_2Y} + \mathrm{X^-} \xleftarrow[\text{치환 반응}]{\mathrm{Y^-}} \mathrm{RCH_2CH_2X} \xrightarrow[\text{제거 반응}]{\mathrm{Y^-}} \mathrm{RCH{=}CH_2} + \mathrm{YH} + \mathrm{X^-}$$

이 두 형태의 반응을 이용하면 할로알케인으로부터 매우 다양한 구조를 가지고 있는 유기 화합물들을 얻을 수 있다.

이 장에서는 할로알케인의 명명법, 할로알케인을 만드는 법, 치환 반응과 제거 반응을 포함하는 할로알케인의 반응들과 반응 메커니즘들을 공부할 것이다.

6.1 할로알케인의 명명법

간단한 할로알케인은 관용명을 많이 사용한다. 관용명에서는 알킬기 뒤에 fluoride, chloride, bromide 또는 iodide가 온다.

CH_3Cl	CH_3CH_2Br	$(CH_3)_2CHF$	$(CH_3)_3CBr$
Methyl chloride	Ethyl bromide	Isopropyl fluoride	*tert*-Butyl bromide

IUPAC 규칙을 따라 이름을 지을 때는 할로젠 원자를 치환체로 취급하며 할로젠 원자의 어미 '-ine'를 '-o'로 바꾸어준다.

—F	—Cl	—Br	—I
Fluoro-	Chloro-	Bromo-	Iodo-

알케인 사슬에 할로젠과 알킬기는 번호매김의 우선순위가 같기 때문에 어느 것이나 사슬의 말단에 더 가까운 치환체에 더 작은 숫자가 가도록 번호를 매긴다.

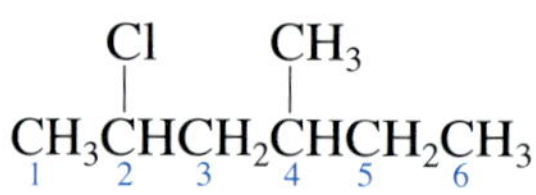

2-Chloro-4-methylhexane

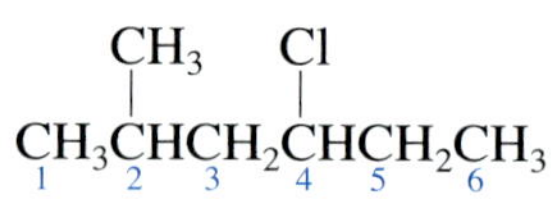

4-Chloro-2-methylhexane

할로젠 원자는 일반적으로 X로 나타낸다. 할로알케인은 할로젠 원자가 결합되어 있는 탄소에 치환된 알킬기의 수에 따라 일차, 이차 및 삼차 할로알케인으로 분류한다. RCH_2X는 일차, R_2CHX는 이차, R_3CX는 삼차 할로알케인이다.

6.1 다음 할로알케인의 IUPAC 이름을 적으시오.

(1) 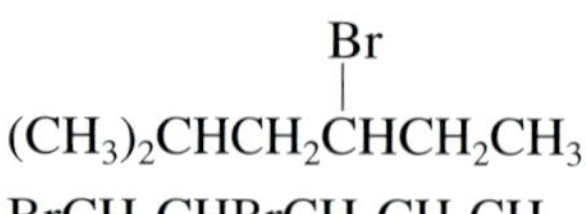

(2) 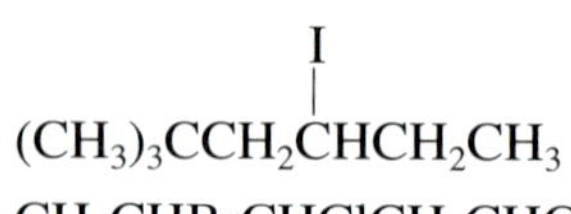

(3) $BrCH_2CHBrCH_2CH_2CH_3$

(4) $CH_3CHBrCHClCH_2CHClCH_3$

6.2 다음 화합물의 구조를 그리시오.

(1) 3-Bromo-3-ethylhexane

(2) 2-Methyl-3-chloroheptane

(3) 3,4-Dichloro-2-methyloctane

(4) 1,2-Dibromo-3-iodohexane

6.2 할로알케인의 제법

빛에너지($h\nu$)를 가하면서 methane을 염소(Cl_2)로 처리하면 할로젠화 반응이 일어나 chloromethane이 얻어진다.

$$CH_4 + Cl_2 \xrightarrow{h\nu} CH_3Cl + HCl$$

알케인에서 진행되는 할로젠화 반응은 **개시**(initiation), **전파**(propagation) 및 **종결**(termination)의 세 단계로 진행된다.

Methane 할로젠화 반응의 개시 단계에서 염소-염소 단일 결합이 빛에너지에 의해 **균일 분해**(homolytic cleavage)되면 염소 라디칼(염소 원자)이 생성된다. 7개의 전자를 가지고 있는 염소 라디칼은 팔전자계를 이루려는 경향이 강하기 때문에 반응성이 매우 크다.

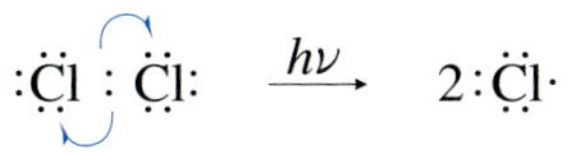

개시 단계

염소 라디칼이 methane으로부터 수소 원자를 탈취하면 메틸 라디칼($CH_3\cdot$)과 HCl이 형성된다. 메틸 라디칼이 염소 분자(Cl_2)로부터 염소 원자를 탈취하면 chloromethane과 다른 염소 라디칼이 생성된다. 이 두 단계를 전파 단계라고 한다.

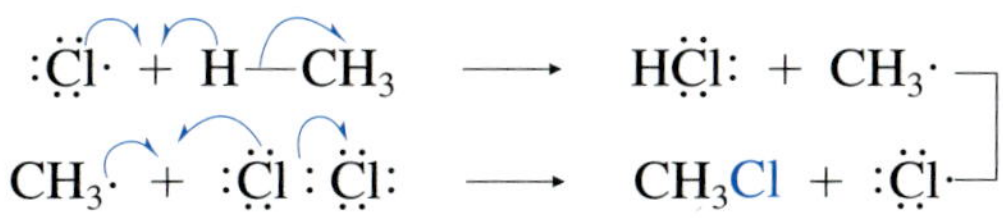

전파 단계

Chloromethane

첫 번째 전파 단계에서 생성된 메틸 라디칼은 두 번째 전파 단계에서 다시 염소와 반응한다. 두 단계는 계속해서 반복되고 그 때마다 자유 라디칼 중간체가 형성되기 때문에 이와 같은 형태의 반응을 **라디칼 연쇄 반응**(radical chain reaction)이라고 한다. 라디칼 연쇄 반응의 종결 단계에서는 어떤 두 개의 라디칼이 서로 결합하여 모든 전자가 쌍을 이루고 있는 분자가 형성된다. 일어날 수 있는 세 가지 종결 단계는 다음과 같다.

$$CH_3\cdot + \cdot CH_3 \longrightarrow H_3C{-}CH_3$$
$$:\ddot{\underset{..}{Cl}}\cdot + \cdot CH_3 \longrightarrow H_3C{-}Cl$$
$$:\ddot{\underset{..}{Cl}}\cdot + \cdot\ddot{\underset{..}{Cl}}: \longrightarrow Cl{-}Cl$$

종결 단계

알케인의 할로젠화 반응은 일할로젠화에서 끝나지 않고 계속 반응하여 이할로젠화, 삼할로젠화 및 사할로젠화가 일어나기 때문에 복잡한 혼합물이 얻어진다.

알코올을 할로젠화 수소 HX(X=Cl, Br 또는 I)로 처리하면 할로알케인 RX가 얻어질 수 있다.

$$CH_3CH_2CH_2CH_2OH \xrightarrow[\text{가열}]{HBr/H_2SO_4} CH_3CH_2CH_2CH_2Br$$

1-Butanol　　　1-Bromobutane

그러나 이 방법에서는 알코올의 구조에 따라서 여러 가지 부반응이 일어날 수 있다. 이 때문에 클로로알케인 또는 브로모알케인을 만들 때는 $SOCl_2$ 또는 PBr_3와 같은 할로젠화 시약들이 주로 사용된다. 이 방법들은 온화한 조건 하에서 효과적으로 진행된다.

3-Hexanol　　　3-Chlorohexane

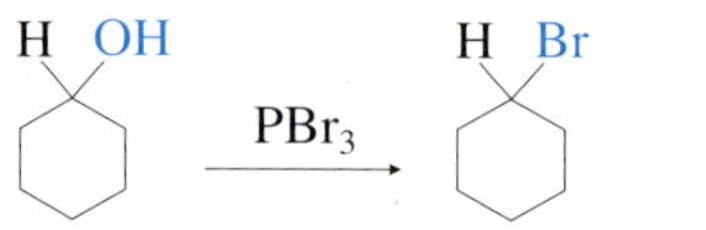

Cyclohexanol　　　Bromocyclohexane

6.3 적당한 알코올로부터 다음 할로알케인을 합성하는 반응식을 적으시오.

(1) 3-Bromopentane　　　(2) 2-Methyl-1-chlorocyclopentane

(3) 3-Ethyl-3-bromopentane

6.3 친핵성 치환 반응

할로젠 원자는 전기 음성도가 탄소 원자보다 크기 때문에 할로알케인의 할로젠화된 탄소 원자는 부분 양전하를 가지고 있다. 이 탄소 원자는 음이온이나 비공유 전자를 가지고 있는 화학종의 공격을 쉽게 받는다. 결과로서 일어나는 반응을 **친핵성 치환 반응**(nucleophilic substitution)이라고 한다. 예를 들면 bromomethane과 하이드록사이드 이온이 친핵성 치환 반응을 일으키면 methanol과 브로민화 이온이 생성된다.

친핵체　　Bromomethane　　Methanol　　이탈기

친핵체인 하이드록사이드 이온의 공격을 받는 bromomethane을 **기질**(substrate)이라고 부르고 치환되는 브로민화 이온을 **이탈기**(leaving group)라고 한다. 친핵성 치환 반응에서는 공유 결합 한 개가 분해되고 새로운 공유 결합 한 개가 형성된다. 친핵체는 새로 형성되는 결합에 전자 한 쌍을 제공하고 이탈기는 분해되는 결합으로부터 전자 한 쌍을 받는다.

친핵체에는 음이온과 전기적으로 중성이지만 비공유 전자쌍을 가지고 있는 분자의 두 가지 유형이 있다. 친핵체가 음이온일 때 생성물은 중성이 되고 친핵체가 중성일 때 생성물은 양이온이 된다.

$$\mathrm{Nu}\!:^{-} + \mathrm{R{-}L} \longrightarrow \mathrm{R{-}Nu} + \mathrm{L}\!:^{-}$$

$$\mathrm{Nu}\!: + \mathrm{R{-}L} \longrightarrow \mathrm{R{-}Nu^{+}} + \mathrm{L}\!:^{-}$$

친핵체 기질 생성물 이탈기

친핵성 치환 반응은 매우 다양할 뿐만 아니라 유기 화합물을 합성할 때 가장 유용하게 이용된다. 친핵성 치환 반응은 다음 절들에서 보는 것처럼 크게 S_N1 반응과 S_N2 반응의 두 가지 메커니즘으로 진행된다. 할로알케인에서 진행될 수 있는 대표적인 친핵성 치환 반응을 종합하면 표 6.1과 같다.

표 6.1 할로알케인에서 진행되는 대표적인 친핵성 치환 반응

$$\mathrm{Nu}\!: + \mathrm{R{-}L} \longrightarrow \mathrm{R{-}Nu} + \mathrm{L}\!:^{-}$$

친핵체		생성물	
구조식	이름	구조식	이름
산소 친핵체			
$HO:^-$	하이드록사이드 이온	R—OH	알코올
$RO:^-$	알콕사이드 이온	R—O—R	에터
$RCOO:^-$	카복실산 이온	RCOOR	에스터
HOH	물	ROH_2^+	알킬옥소늄 이온
ROH	알코올	R^-O^+HR	다이알킬옥소늄 이온
질소 친핵체			
RNH_2	아민	$R\overset{+}{N}H_2R$	다이알킬암모늄 이온
$:\bar{N}{=}\overset{+}{N}{=}\bar{N}:$	아자이드 이온	$RN{=}\overset{+}{N}{=}\bar{N}$	알킬 아자이드
황 친핵체			
$HS:^-$	황화 수소 이온	R—SH	싸이올
$RS:^-$	싸이올레이트 이온	RS—R	설파이드
할로젠 친핵체			
$:I:^-$	아이오딘화 이온	R—I	아이오도알케인

6.4 S_N2 반응

하이드록사이드 이온과 bromomethane으로부터 methanol이 생성되는 반응은 친핵성 치환 반응이다. 이 반응의 속도는 친핵체인 하이드록사이드 이온과 기질인 bromomethane의 농도에 비례한다. Bromomethane의 농도가 두 배가 되면 반응 속도는 두 배가 된다. 마찬가지로 하이드록사이드 이온의 농도가 두 배가 되면 반응 속도도 두 배가 된다. 만약 두 반응물의 농도를 모두 두 배로 해 주면 반응 속도는 네 배가 된다. 즉 이 반응은 전체적으로 **이차 반응**(second order reaction)이며, 속도식은 다음과 같이 표현된다.

$$\text{속도} = k[CH_3Br][OH^-]$$

이와 같이 반응의 속도가 친핵체와 기질의 농도에 의해 결정되는 **이분자 친핵성 치환 반응**(bimolecular nucleophilic substitution)을 **S_N2 반응**이라고 한다(S는 치환, N은 친핵성 그리고 2는 두 분자를 나타낸다).

S_N2 반응에 대한 메커니즘은 1937년 영국의 Ingold와 Hughes에 의해 제안되었다. S_N2 반응은 한 단계의 **협동 과정**(concerted process)으로 진행된다.

하이드록사이드 이온과 bromomethane의 반응을 모델로 사용하여 S_N2 반응의 메커니즘을 설명하면 다음과 같다.

먼저 친핵체인 하이드록사이드 이온은 이탈기인 브로민 원자에 결합된 기질의 탄소를 공격하면서 브로민화 이온을 추방한다. 친핵체가 이탈기의 반대쪽에서 탄소를 공격하기 때문에 이와 같은 공격을 **뒷면 공격**(backside attack)이라고 부른다. 친핵체가 bromomethane의 sp^3 탄소를 뒷면 공격하면 탄소−수소 결합들은 친핵체로부터 멀어지기 시작한다. 전이 상태에 도달하면 공격받는 탄소 원자는 sp^2 혼성으로 변한다. 세 개의 탄소−수소 결합들은 모두 같은 평면에 놓이게 되고 탄소에 5개의 치환기가 결합된 **5배위착물**(pentacoordinate)이 된다.

전이 상태에서 친핵체−탄소 및 탄소−이탈기는 부분적으로 결합되어 있기 때문에 이 결합들은 비교적 약하고 길다. 전이 상태를 지나 친핵체가 탄소 원자에 더 가까워지면 브로민화 이온은 추방되고 세 개의 탄소−수소 결합들은 처음과 반대 방향을 향하게 된다. 마지막으로 친핵체와 탄소 원자 사이의 결합이 완전히 형성되고 탄소와 브로민 원자 사이의 결합이 완전히 끊어지면 기질의 탄소 원자는 다시 sp^3 혼성이 되고 분자는 사면체 배열을 이루게 된다.

치환이 일어나는 탄소에 결합되어 있던 세 수소들의 배열은 우산이 바람에 뒤집혀지듯이 왼쪽에서 오른쪽으로 뒤집힌다.

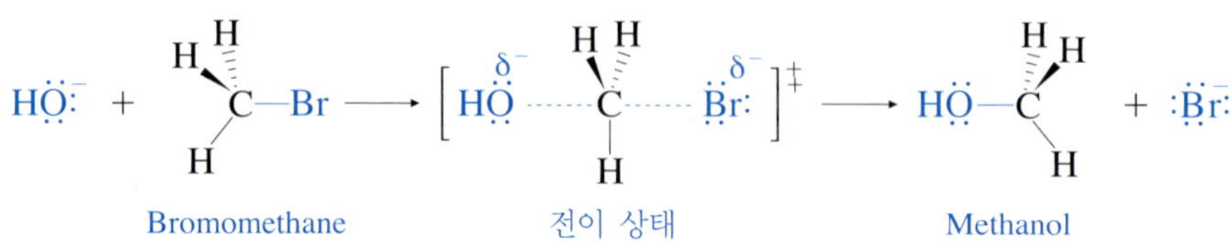

이와 같은 입체 형태의 변화를 **배열의 반전**(inversion of configuration) 또는 발견자의 이름을

따서 **Walden 반전**(Walden inversion)이라고 한다. 이탈기가 카이랄 탄소에 결합된 기질의 S_N2 반응에서는 생성물과 기질의 절대 배열이 항상 반대이다. 예를 들면 기질인 (*S*)-2-bromoheptane이 하이드록사이드 이온과 반응하면 기질과 절대 배열이 반대인 (*R*)-2-heptanol이 생성된다.

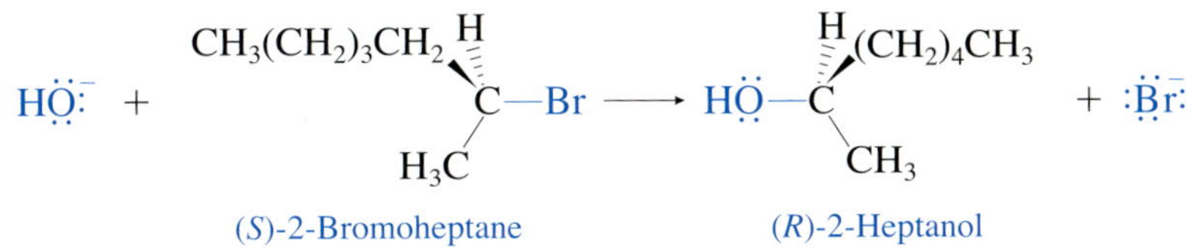

S_N2 반응이 진행되는 동안의 에너지 변화를 도표로 나타내면 그림 6.1과 같다.

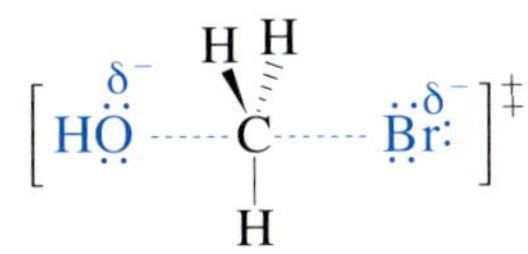

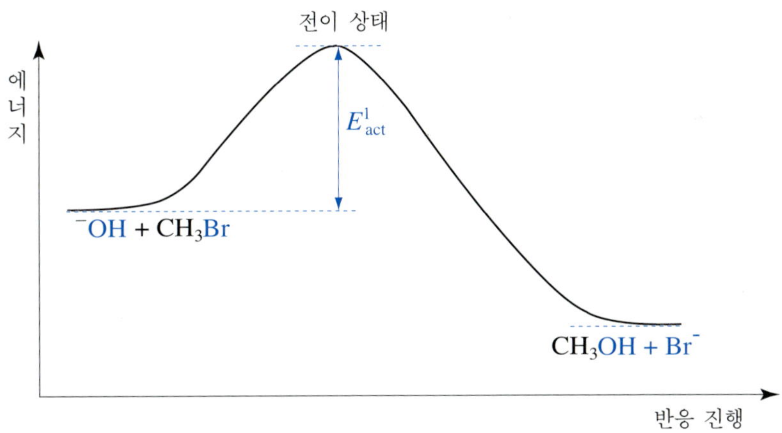

그림 6.1 **S_N2 반응의 에너지 도표**

S_N2 반응의 속도는 기질의 입체 장애가 커지면 느려진다. 즉 반응 속도는 삼차>이차>일차>메틸 순으로 증가한다.

6.4 CH_3CH_2I와 HS^- 사이에서 일어나는 S_N2 반응의 에너지 도표를 그리시오. 이 반응에 대한 활성화 에너지(E_a)를 표시하시오.

6.5 (*S*)-2-Bromopentane과 HO^- 사이에서 일어나는 S_N2 반응의 반응식을 분자들의 쐐기-점선 구조식과 Fischer 투영도를 이용하여 쓰시오.

6.5 S_N1 반응

S_N2 반응에서 공부했던 내용들을 기초로 *tert*-butyl bromide와 물의 반응을 생각해 보자. 물은 약한 친핵체이고 *tert*-butyl bromide는 입체 장애가 크기 때문에 반응이 매우 느릴 것으로 판단된다. 그러나 이 반응은 입체 장애가 전혀 없는 methyl bromide와 물의 반응보다 백만 배 이상 빠르다. 이 반응에서 *tert*-butyl bromide의 농도가 변하면 반응 속도가 달라지지만 물의 농도 변화는 반응 속도에 영향을 미치지 않는다. 반응 속도가 *tert*-butyl bromide의 농도에만 의존하므로 이 반응은 **1차 반응**(first order reaction)이고 속도식은 다음과 같이 쓸 수 있다.

$$\underset{tert\text{-Butyl bromide}}{(CH_3)_3CBr} + H_2O \longrightarrow \underset{tert\text{-Butyl alcohol}}{(CH_3)_3COH} + HBr$$

$$\text{반응 속도} = k[(CH_3)_3CBr]$$

반응의 속도가 기질의 농도에만 의존하는 **한분자 친핵성 치환 반응**(unimolecular nucleophilic substitution)을 **S_N1 반응**이라고 한다(S는 치환, N은 친핵성 그리고 1은 한 분자를 나타낸다). S_N1 반응은 보통 중성 또는 산성 조건 하에서 진행된다.

친핵체의 접근과 이탈기의 분리가 동시에 진행되는 S_N2 반응과는 달리 S_N1 반응은 두 단계의 메커니즘으로 진행된다. 첫 번째 단계에서 이탈기가 자발적으로 결합 전자쌍을 가지고 떨어져 나가면 탄소 양이온 중간체가 형성된다. 두 번째 단계에서는 친핵체가 탄소 양이온 중간체와 반응함으로써 치환 생성물이 생성된다.

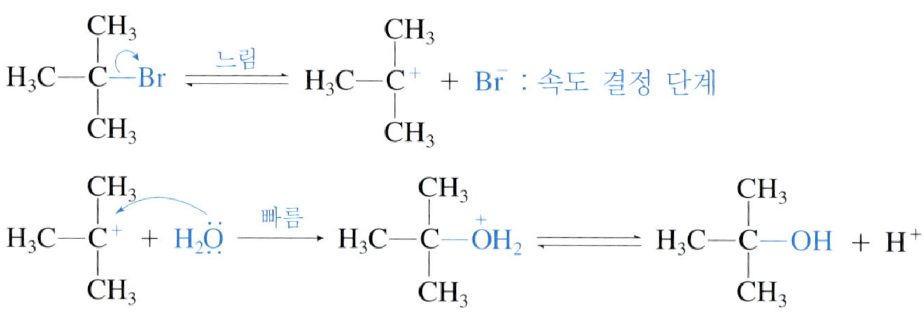

tert-Butyl bromide와 물 사이에서 일어나는 S_N1 반응의 반응 좌표를 도시하면 그림 6.2와 같다. S_N1 반응의 두 단계는 각각의 전이 상태를 가지고 있다. 첫 번째 단계는 두 번째 단계보다 활성화 에너지가 크기 때문에 이 단계가 속도 결정 단계이다. 친핵체인 물이 탄소 양이온을 공격하는 단계는 활성화 에너지가 작기 때문에 빠르게 진행된다.

S_N1 반응의 속도는 기질의 입체적인 영향을 받지 않으며, 주로 탄소 양이온의 상대적인 안정도에 의해 결정된다. 이 반응의 상대 속도는 탄소 양이온의 상대적인 안정도와 같은 경향을 보여 준다. S_N1 반응의 상대적인 속도는 S_N2 반응과 반대이다.

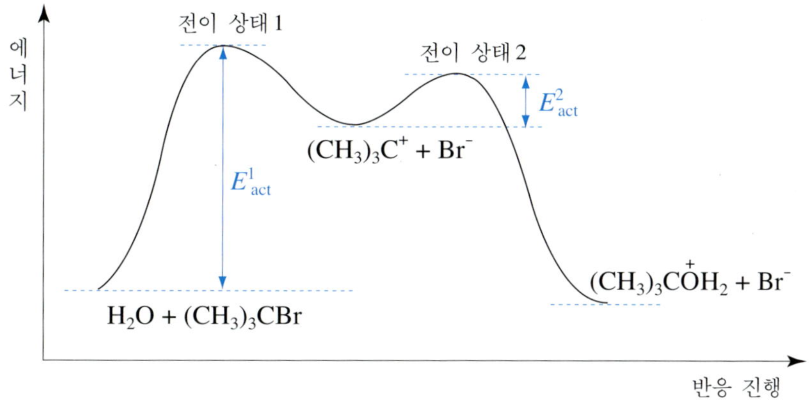

그림 6.2 ***tert*-Butyl bromide와 물의 S_N1 반응 좌표**

Methyl < 1차 < 2차 < 3차

⟹

S_N1 반응성 및 탄소 양이온의 안정도 증가

Methyl 양이온과 일차 탄소 양이온은 매우 불안정하기 때문에 methyl halide와 일차 alkyl halide는 S_N1 반응을 일으키지 않는다.

S_N2 반응에서는 기질의 배열이 100% 반전된다. 그러나 S_N1 반응은 전혀 다른 입체 화학적 특징을 보여 준다. 탄소 양이온 중간체의 양으로 하전된 탄소는 sp^2 혼성이기 때문에 이 탄소에 결합된 세 개의 결합은 모두 같은 평면에 들어 있다. 두 번째 단계에서 친핵체는 평면의 양쪽에서 sp^2 혼성 탄소를 공격할 수 있다. 이탈기가 떨어져 나간 쪽에서 친핵체가 공격하면 생성물의 배열은 기질의 배열과 동등할 것이다. 친핵체가 이탈기가 차지하고 있던 공간의 반대쪽에서 공격하면 생성물은 기질과 반대 배열을 가지게 된다. S_N1 반응에는 이와 같이 **배열의 보존**(retention of configuration)과 **배열의 반전**이 동시에 일어난다. 반응의 초기 단계에서 갓 분리된 이탈기는 탄소 양이온의 한쪽 면을 부분적으로 가리기 때문에 배열이 반전된 생성물이 배열이 보존된 생성물보다 더 많이 생성된다.

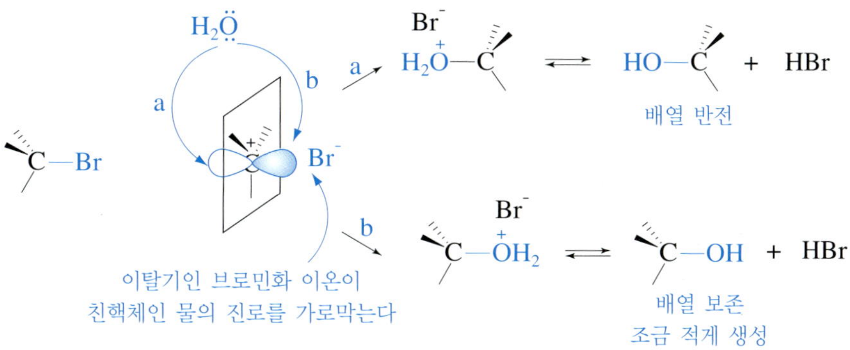

예를 들면 광학 활성인 (*R*)-2-bromooctane이 물과 S_N1 반응을 일으키면 부분적인 라셈화

가 일어나 (*S*)-2-octanol과 (*R*)-2-octanol이 각각 83%, 17%의 비율로 생성된다.

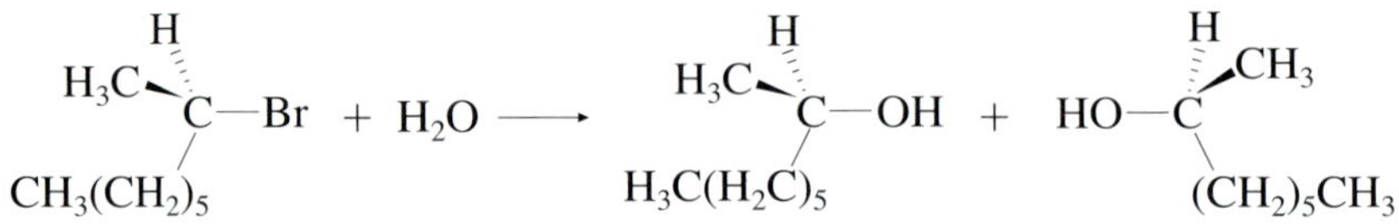

(*R*)-Bromooctane (*R*)-Octanol 17% (*S*)-Octanol 83%

6.6 2-Bromo-2-methylbutane과 methanol 사이에서 일어나는 S_N1 반응의 메커니즘을 제시하시오.

6.7 다음의 반응 생성물을 제시하시오.

(1) $(CH_3CH_2)_3CBr + H_2O \longrightarrow$

(2)

6.8 다음 각 반응에서 기대되는 탄소 양이온 중간체와 생성물의 입체 화학적 구조를 제시하시오.

(1)

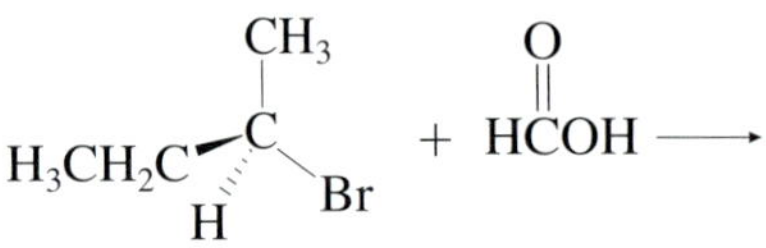

(2)

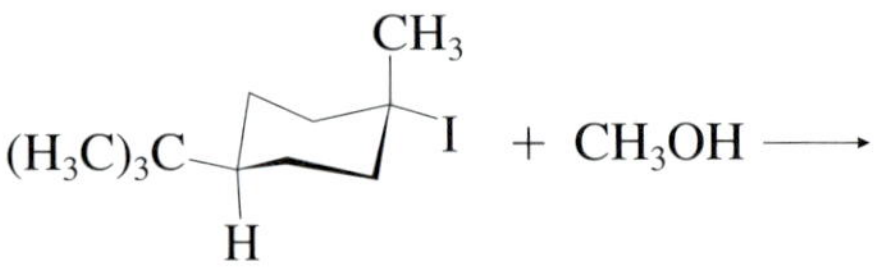

6.6 할로알케인의 제거 반응

할로알케인의 S_N2와 S_N1 반응에서는 **제거 반응**(elimination reaction)이 경쟁적으로 일어나 알켄이 생성된다. 제거 반응에는 E2 반응과 E1 반응의 두 가지 메커니즘이 있다.

E2 반응은 S_N2 반응과 경쟁한다. Bromoalkane과 하이드록사이드 이온이 반응하여 alkene이 생성되는 반응의 속도는 bromoalkane과 하이드록사이드 이온의 농도에 비례한다. 반응 속도가 2차이기 때문에 **E2 반응**(elimination bimolecular)이라고 한다(E는 제거 반응, 2는 두 분자를 나타낸다).

$$CH_2RCHRBr + OH^- \longrightarrow CHR{=}CHR + H_2O + Br^-$$

$$\text{반응 속도} = k[CH_2RCHRBr][OH^-]$$

E2 반응은 할로알케인을 하이드록사이드 이온이나 알콕사이드(RO^-)와 같은 강한 염기로 처리했을 때 잘 일어난다. S_N2 반응에서 보았던 것처럼 E2 반응도 한 단계로 진행된다. 수소와 할로젠 음이온과 같은 이탈기가 같은 단계에서 제거된다.

E2 반응 메커니즘에서 염기는 할로젠 원자가 결합되어 있는 탄소에 인접한 탄소의 수소를 제거한다. 수소가 제거될 때 수소와 탄소 사이의 결합 전자는 할로젠 원자가 결합되어 있는 탄소 쪽으로 움직인다. 이때 할로젠 원자는 탄소와 공유하고 있던 전자쌍을 가지고 떨어져 나간다. 반응물에서 제거되는 수소에 결합되어 있던 σ 전자는 생성물의 이중 결합에 있는 π 전자로 전환된다.

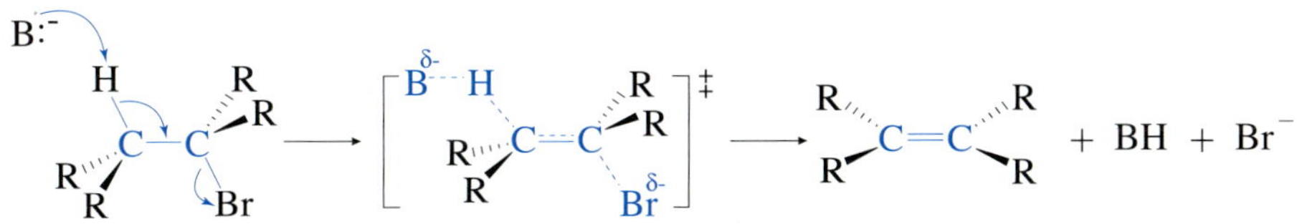

E2 반응도 S_N2 반응처럼 재미있는 입체 화학적 특성을 보여 준다. E2 반응은 전이 상태에서 언제나 반응에 관여하는 모든 원자들이 동일 평면을 이루고 있으며 제거되는 수소와 이탈기는 서로 분자의 반대쪽에 있다. 이와 같은 구조를 **안티 준평면 구조**(antiperiplanar structure)라고 한다.

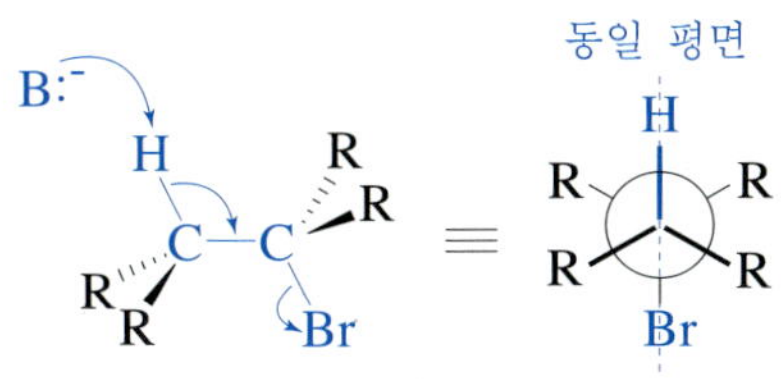

안티 준평면 기하 구조

S_N2 반응과는 반대로 기질의 입체 장애가 클수록 E2 반응의 속도가 증가한다.

즉, 삼차 alkyl halide가 가장 빠르게 반응하고 일차 alkyl halide가 가장 느리게 반응한다. 일차 alkyl halide는 염기가 매우 강하고 부피가 큰 경우를 제외하고는 일반적으로 S_N2 반응을 쉽게 한다.

일차 < 이차 < 삼차

⟹ E2 반응성 증가

E2 반응이 S_N2 반응과 경쟁하는 것처럼 E1 반응은 S_N1 반응과 경쟁한다. 모두 일차 반응인 S_N1 반응과 E1 반응은 기질로부터 자발적으로 이탈기가 떨어져 나와 생성된 탄소 양이온을 거쳐 진행된다. 카보양이온이 친핵체와 결합하면 S_N1 반응이 된다. 그러나 탄소 양이온으

로부터 수소가 제거되어 알켄이 생성되면 **E1 반응**(elimination unimolecular)이 된다(E는 제거 반응, 1은 한 분자를 나타낸다).

$$(CH_3)_3CBr \xrightarrow{-Br^-} (CH_3)_3\overset{+}{C} \xrightarrow{-H^+} (CH_3)_2C{=}CH_2$$

tert-Butyl bromide　　*tert*-Butyl cation　　2-Methylpropene

E1 반응 메커니즘의 첫 번째 단계는 S_N1 반응과 동일하며 탄소 양이온이 생성된다. S_N1 반응과 마찬가지로 E1 반응은 일차이며 반응의 속도가 기질의 농도에만 의존한다.

두 번째 단계에서는 염기가 양으로 하전된 탄소의 인접한 탄소의 수소를 제거한다. 탄소−수소의 σ 결합 전자는 양으로 하전된 탄소 쪽으로 이동하여 π 결합 전자가 되면서 알켄이 형성된다.

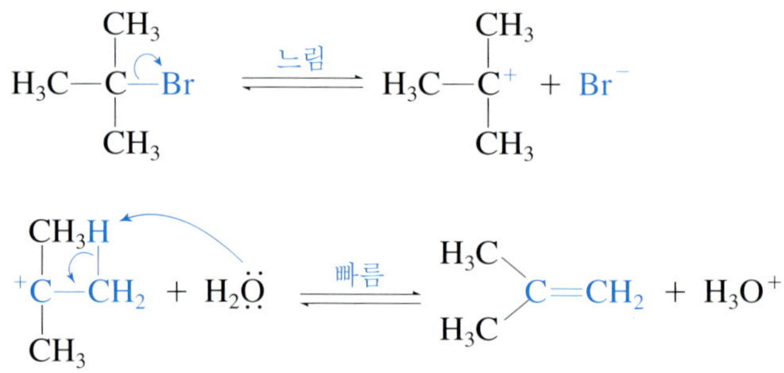

탄소 양이온 중간체를 거쳐가기 때문에 E1 반응도 삼차 할로알케인에서 가장 빠르게 진행된다.

일차 < 이차 < 삼차

⟹ E1 반응성 증가

비대칭인 할로알케인이 기질일 때는 E2 및 E1 반응 모두 Zaitsev 규칙을 따르기 때문에 알킬 치환이 더 많은 알켄이 얻어진다(3.5절 참고).

6.9 *meso*-2,3-Dibromobutane과 (2*S*,3*S*)-2,3-dibromobutane을 $CH_3CH_2O^-Na^+$로 처리했을 때 일어나는 E2 반응 생성물의 입체 화학적 구조를 비교하시오.

6.10 다음 화합물을 제거 반응시켰을 때 얻어지는 생성물은 무엇인가? 생성되는 알켄의 입체 화학은 무시하고 구조를 그리시오.

(1)
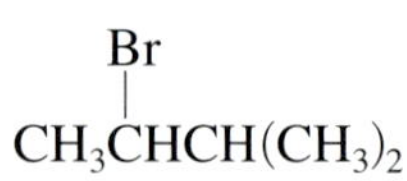

(2)
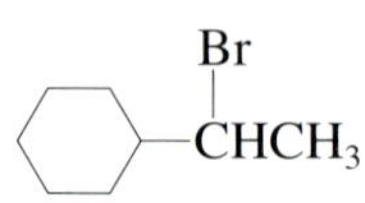

요약

간단한 구조의 할로알케인은 알케인을 빛에너지 존재 하에서 염소화 또는 브로민화시킴으로써 얻을 수 있지만 여러 가지 복잡한 혼합물의 형태로 생성된다. 알코올을 $SOCl_2$나 PBr_3로 처리하면 할로알케인을 효과적으로 합성할 수 있다.

할로알케인을 음전하 또는 비공유 전자쌍을 가지고 있는 화학종으로 처리하면 **친핵성 치환 반응**(nucleophilic substitution) 또는 **제거 반응**(elimination)을 일으킨다.

친핵성 치환 반응에는 **S_N2**와 **S_N1**의 두 가지 반응 메커니즘이 있다. S_N2 반응은 한 단계로 진행된다. 친핵체가 **뒷면 공격**(backside attack)을 하기 때문에 **배열의 반전**(inversion of configuration)이 일어나 기질의 배열이 변한다. S_N2 반응은 **입체 장애**(steric hindrance) 때문에 삼차 < 이차 < 일차 < methyl의 순으로 반응 속도가 증가한다. S_N1 반응은 두 단계로 진행되며, 첫 단계에서는 탄소 양이온이 형성된다. 삼차 기질에서 가장 반응이 잘 일어난다. 친핵체는 탄소 양이온의 앞면과 뒷면을 공격할 수 있기 때문에 배열 반전된 생성물과 **배열 보존**(retention of configuration)된 생성물이 동시에 얻어진다.

제거 반응에도 E2와 E1의 두 가지 반응 메커니즘이 있다. E2 반응은 **안티 준평면 구조**(antiperiplanar structure)를 거쳐 한 단계로 진행된다. E1 반응의 첫 단계는 S_N1 반응과 동일하다. 두 번째 단계에서 탄소 양이온의 양전하가 걸려 있는 탄소의 인접한 수소가 제거되면서 알켄이 생성된다.

보충문제

6.11 IUPAC 규칙을 따라 다음 화합물들의 이름을 적으시오.

(1) $(CH_3)_2CHCHBrCHClCH_2CH(CH_3)_2$

(2) 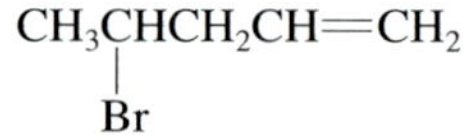

(3) 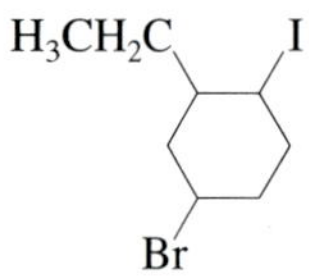

(4) 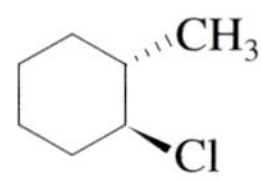

6.12 다음 각 화합물의 구조를 그리시오.

(1) 2,3-Dichloro-3-methylheptane
(2) Isobutyl iodide
(3) *cis*-1,3-Dichlorocyclohexane
(4) 2,2,4,4-Tetrachloro-3-methylhexane

6.13 다음 할로알케인을 일차, 이차 및 삼차로 분류하시오.

(1) $(CH_3)_3CCH_2I$
(2) $(CH_3CH_2)_2CHCl$

(3) 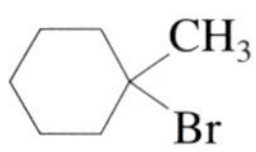

(4) 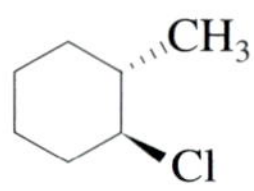

6.14 2-Methylbutane을 라디칼 염소화 반응을 시켰을 때 얻어지는 일염화 화합물들의 구조를 그리시오. 어느 생성물이 카이랄인지 지적하시오.

6.15 다음 각 쌍에서 어느 화합물이 더 빠르게 S_N2 반응을 일으키겠는가?

(1) $(CH_3)_3CBr$, $(CH_3CH_2)_2CHBr$
(2) $(CH_3)_2CHI$, $(CH_3)_2CHBr$

(3) 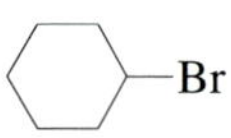 , 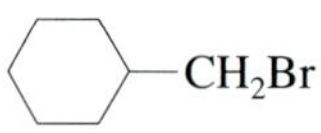

6.16 다음 반응에서 생성물의 구조를 그리시오.

(1) $(CH_3CH_2)_3COH \xrightarrow{HBr}$

(2) 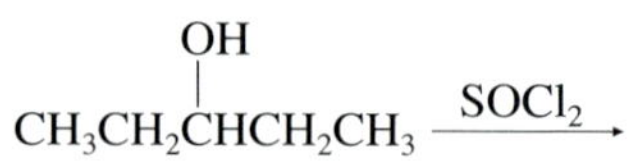

(3) 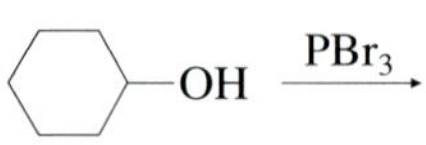

(4) 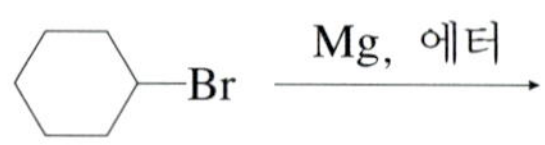

6.17 Bromoethane과 OH^-의 반응에서 다음 각각은 반응 속도에 어떤 영향을 미칠 것인가?

(1) Bromoethane의 농도는 2배, OH^-의 농도는 3배 높인다.
(2) OH^-의 농도를 반으로 줄인다.
(3) 용매의 양을 2배 늘린다.

6.18 다음 각 치환 반응을 완성하시오.

(1) 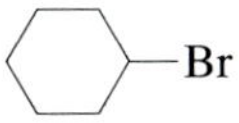 + NaSH ⟶

(2) $\mathrm{CH_3I}$ + $\mathrm{CH_3\overset{O}{\overset{\|}{C}}ONa}$ ⟶

(3) $\mathrm{CH_3CH_2CH_2CH_2Br}$ + $\mathrm{NaSCH_3}$ ⟶

(4) $\mathrm{BrCH_2CH_2CH_2CH_2Br}$ + NaCN(과량) ⟶

(5) 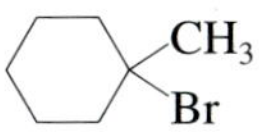 + $\mathrm{H_2O}$ ⟶

6.19 $\mathrm{S_N2}$ 반응의 속도가 증가하는 순으로 다음을 늘어놓으시오.

$\mathrm{(CH_3CH_2CH_2)_2CHCl}$, $\mathrm{CH_3CH_2CH_2CH_2Cl}$, 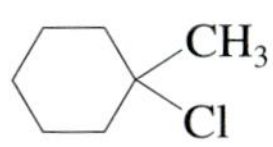

6.20 (*R*)-2-Iodohexane이 다음과 $\mathrm{S_N2}$ 반응했을 때의 생성물과 생성물의 입체 화학을 설명하시오.

(1) $\mathrm{SCN^-}$ (2) $\mathrm{CH_3O^-}$ (3) $\mathrm{HS^-}$

6.21 (*R*)-2-Iodohexane이 $\mathrm{H_2O}$ 또는 $\mathrm{CH_3COOH}$와 $\mathrm{S_N1}$ 반응했을 때 생성물의 입체 구조를 그리시오.

6.22 (2*R*,3*R*)-2-Iodo-4-methylhexane이 문제 6.21의 조건 하에서 반응했을 때 생성물의 입체 화학을 설명하시오.

6.23 2-Iodopentane과 $\mathrm{CH_3OH}$의 E1 반응에서

(1) 메커니즘을 제시하고 주생성물을 지적하시오.
(2) 어느 단계가 속도 결정 단계인가?

6.24 다음 각 쌍 중 어느 것이 더 빠르게 E2 반응을 일으키겠는가? 이유를 설명하시오.

(1) $\mathrm{CH_3CH_2\overset{Br}{\overset{|}{C}}HCH_2CH_3}$, $\mathrm{(CH_3)_3C\overset{Br}{\overset{|}{C}}HCH_2CH_3}$

(2) $\mathrm{CH_3CH_2\overset{I}{\overset{|}{C}}HCH_3}$, $\mathrm{CH_3CH_2\overset{Cl}{\overset{|}{C}}HCH_3}$

6.25 다음 각 화합물의 제거 반응에서는 두 가지 알켄이 얻어진다. 두 알켄의 구조를 그리시오. 어느 것이 더 많이 생성되는가? 이유를 설명하시오.

(1) $\mathrm{CH_3(CH_2)_6\overset{CH_3}{\overset{|}{\underset{Br}{\underset{|}{C}}}}CO_2H}$

(2) 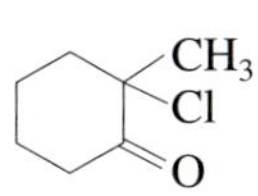

6.26 다음 반응에서 주 생성물의 구조를 그리고, 어떤 메커니즘(S_N2, S_N1, E2, E1)으로 반응이 진행되는지 설명하시오.

(1) $(CH_3)_2CHCl \xrightarrow[\text{acetone}]{\text{KI}}$

(2) $(CH_3)_2CHCl \xrightarrow[\text{ethanol}]{\text{KOH}}$

(3) $(CH_3)_2CHCl \xrightarrow[\text{가열}]{CH_3CH_2ONa}$

(4) $(CH_3)_2CBrCH_2CH_3 \xrightarrow[\text{ethanol}]{CH_3CH_2ONa}$

(5) $ClCH_2\overset{\overset{\displaystyle O}{\|}}{C}OH \xrightarrow[\text{ethanol}]{CH_3CH_2ONa}$

6.27 *trans*-1-Ethyl-2-iodocyclohexane을 $CH_3CH_2O^-Na^+$으로 처리하면 Zaitsev 생성물이 아닌 3-ethylcyclohexene이 얻어진다. 설명하시오.

7장 방향족 화합물

1825년 영국의 Michael Faraday가 고래기름을 열분해했을 때 얻어진 혼합물로부터 끓는점이 80°C인 벤젠을 처음으로 분리하였다. 1834년 Eilhardt Mitscherlich는 안식향으로부터 분리한 benzoic acid를 가열함으로써 같은 화합물을 합성하였다. 그는 이 화합물의 분자식이 C_6H_6라는 사실을 알아낸 얼마 뒤 벤젠(benzene)이라는 이름을 붙였다. 19세기에 탄소의 수에 비하여 수소의 수가 비교적 적은 벤젠과 비슷한 화합물들이 식물성 기름에서 발견되었다. 화학자들은 이 화합물들이 기분 좋은 향기를 가지고 있었기 때문에 **방향족 화합물**(aromatic compound)이라고 불렀다.

많은 벤젠 유도체들이 천연으로부터 발견되고 있으며 이들 중 어떤 것들은 강한 생물학적 활성을 보여 준다. 예를 들면 epinephrine은 부신 피질 호르몬이고 estrone은 여성 호르몬으로 작용한다. Ephedrine은 기관지 확장제로 사용되는 천연물이다.

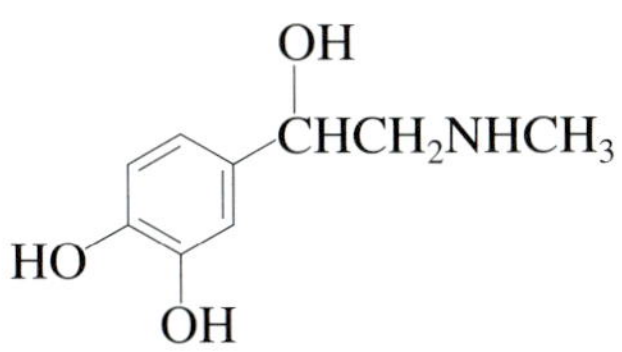

Epinephrine
부신 피질 호르몬

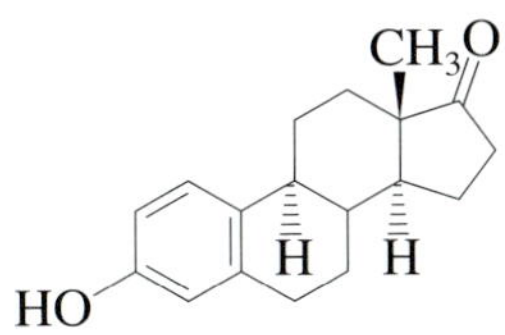

Estrone
여성 호르몬

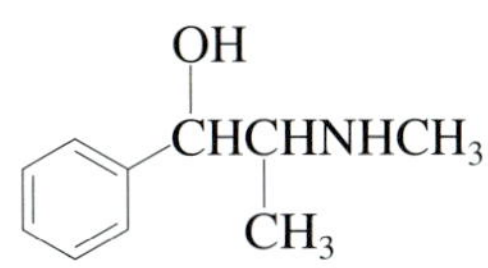

Ephedrine
기관지 확장제

생물학적 활성을 보여 주는 매우 많은 벤젠 유도체들이 합성되었다. 몇 가지 예를 들면 aspirin은 진통 해열제, BHT는 식품 보존제 그리고 saccharin은 인공 감미료로 사용되고 있다.

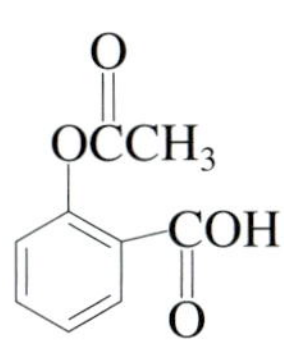

Aspirin

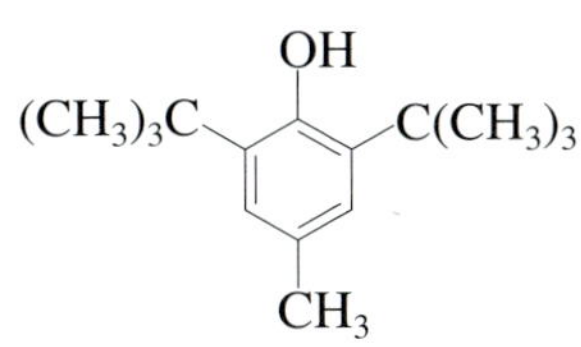

2,6-Bis(*tert*-butyl)-4-methylphenol(BHT)

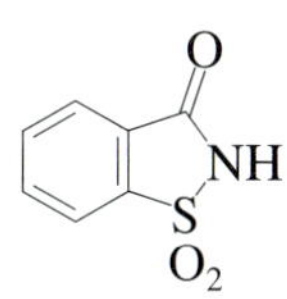

Saccharin

이 장에서는 먼저 벤젠의 구조와 벤젠이 왜 독특한 안정도를 갖는가에 대한 설명을 할 것이다. 또 방향족 화합물들의 명명법을 소개한 다음 이 화합물들의 반응을 설명할 것이다.

7.1 벤젠의 구조와 결합

벤젠은 발견된 직후 분자식이 C_6H_6라는 사실이 밝혀졌지만 그 구조는 초기 유기화학자들에게 풀 수 없는 수수께끼였다. 벤젠은 같은 수의 탄소를 가지고 있는 알케인인 hexane(C_6H_{14})보다 수소수가 8개나 적었기 때문에 몇 개의 불포화 결합을 가지고 있을 것으로만 추정되었다.

벤젠의 구조에 관한 논란은 X-선 회절이라는 새로운 구조 결정법이 소개된 1930년대까지 계속되었다. X-선 회절 데이터는 벤젠이 여섯 개의 탄소-탄소 결합 길이가 모두 같은 평면 구조를 가지고 있다는 사실을 보여 주었다. 벤젠의 각 탄소-탄소 결합 길이는 1.39 Å으로서 탄소-탄소 단일 결합 길이인 1.54 Å보다 짧고 이중 결합 길이인 1.34 Å보다 길다.

벤젠의 구조는 두 가지 공명 구조의 혼성으로 이해하여야 한다. 즉 벤젠의 실제 구조는 두 공명 구조의 성격을 동등하게 갖고 있다. 벤젠의 공명 구조에서 양방향 화살표는 π 전자들이 여섯 개의 탄소에 균일하게 **비편재화**(delocalized)되어 있다는 것을 의미한다. 벤젠의 구조를 그릴 때는 두 공명 혼성 구조를 다 그려야 하지만 편리를 위해 보통 두 구조 중 한 가지 구조만 그린다. 어떤 경우에는 벤젠을 육각형 고리에 원을 그려 넣은 구조로 나타내기도 한다.

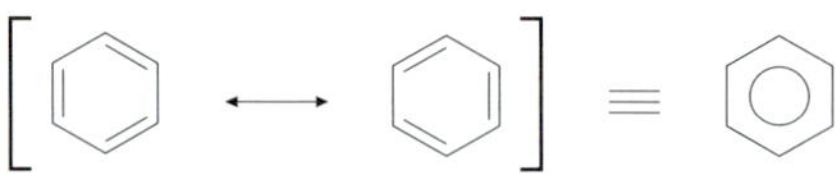

벤젠의 공명 구조

7.1 Kekulé의 이론을 기초로 dimethylbenzene의 구조는 몇 개를 그릴 수 있는가?

7.2 벤젠의 오비탈 모형과 안정도

벤젠의 각 탄소는 세 개의 다른 원자에 결합되어 있고 결합각이 120°이며 평면 구조를 가지고 있다. 이와 같은 구조적 특징으로부터 벤젠은 각 탄소가 sp^2 혼성 오비탈을 사용하여 σ-골격을 형성하고 있음을 알 수 있다. 각 탄소 원자에 있는 p 오비탈들은 σ 골격에 수직이다. 벤젠의 구조가 평면이기 때문에 여섯 개의 p 오비탈들은 서로 평행할 뿐만 아니라 가까운 거리에서 측면으로 겹칠 수 있다. 각 p 오비탈들이 서로 겹쳐지면 벤젠 고리 평면의 위와 아래에 도너츠형의 π 전자 구름이 형성된다(그림 7.1). 모두 여섯 개인 벤젠의 π 전자들은 여섯 개 탄소 전체에 균일하게 비편재화되어 있다.

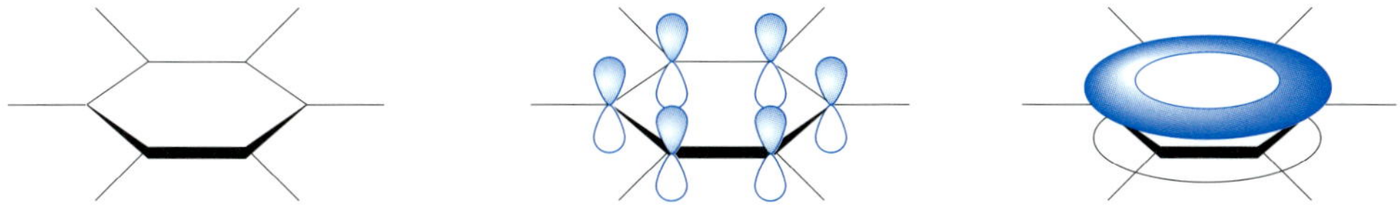

(a) (b) (c)

그림 7.1 **(a) 벤젠의 σ−골격. (b) 벤젠의 각 탄소에 있는 *p* 오비탈들은 인접한 탄소의 *p* 오비탈들과 서로 겹친다. (c) 벤젠의 σ−골격 위아래에 퍼져 있는 π 오비탈**

전자들이 비편재화되어 있는 벤젠의 π 오비탈의 에너지는 편재화되어 있는 이중 결합 세 개의 π 오비탈 에너지를 합한 것보다 몰당 36 kcal 더 낮다. 에너지가 낮다는 것은 더 안정하여 반응성이 낮다는 것을 의미한다. 전자들의 비편재화 때문에 발생된 이 안정화를 **비편재화 에너지**(delocalization energy) 또는 **공명 에너지**(resonance energy)라고 한다.

7.3 벤젠 유도체의 명명법

IUPAC 규칙에서는 일반적으로 관용명들을 사용하지 못하게 하지만 표 7.1에 종합된 관용명들은 예외이다.

표 7.1 **IUPAC에서 사용할 수 있는 벤젠 유도체의 관용명**

구조	이름	구조	이름
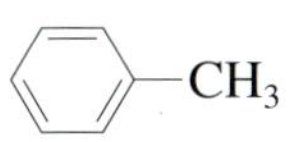	Toluene	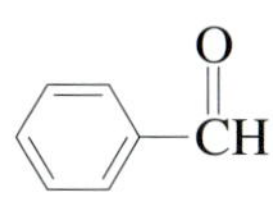	Benzaldehyde
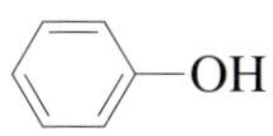	Phenol	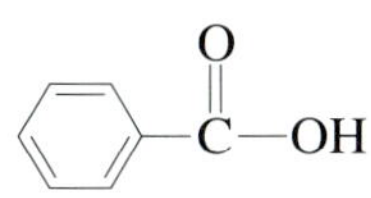	Benzoic acid
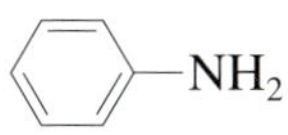	Aniline	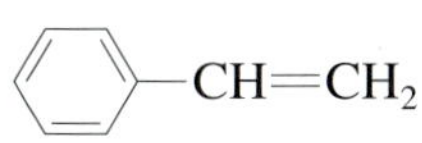	Styrene
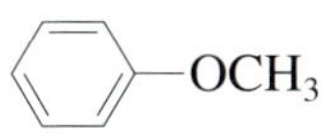	Anisole	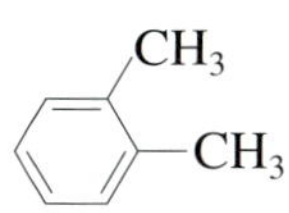	*o*-Xylene

한 개의 치환기로 치환된 벤젠 유도체는 benzene 앞에 치환기 이름을 붙여서 부른다.

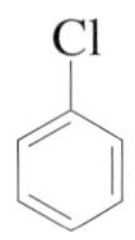

Chlorobenzene

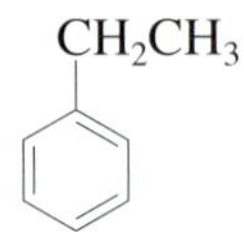

Ethylbenzene

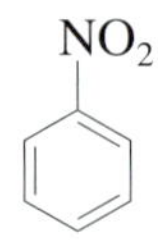

Nitrobenzene

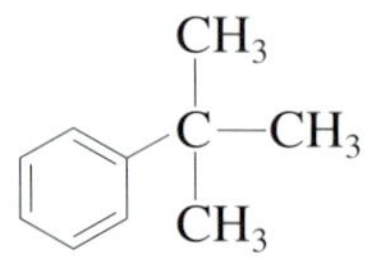

t-Butylbenzene

벤젠 고리가 치환기로 취급될 때는 C_6H_5— 또는 Ph－로 나타내고 phenyl－기라고 부른다. $C_6H_5CH_2$—는 benzyl－기라고 한다. 알케인에서 유도된 치환기들을 alkyl－기라고 하는 것처럼 phenyl－, 치환된 phenyl－기는 일반적으로 aryl－기라고 하며 Ar－로 나타낸다.

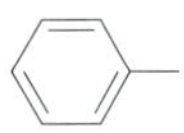

Phenyl

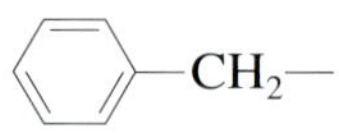

Benzyl

Ar—

Aryl

두 개의 치환기로 치환되어 있는 벤젠은 *ortho*－(*o*－ 또는 1,2－), *meta*－(*m*－ 또는 1,3－) 그리고 *para*－(*p*－ 또는 1,4－)와 같이 접두어나 아라비아 숫자를 이용하여 치환 위치를 나타낸다.

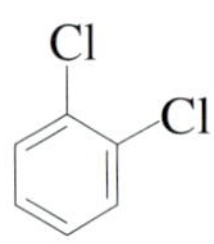

o-Dichlorobenzene
(1,2-dichlorobenzene)

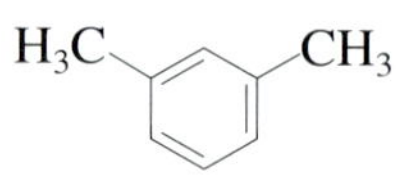

m-Xylene
(1,3-dimethylbenzene)

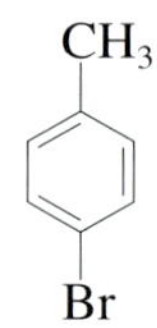

p-Bromotoluene
(4-Bromotoluene)

치환기를 셋 이상 가지고 있는 벤젠의 이름을 지을 때는 번호의 합이 가장 작은 값이 되도록 위치 번호를 붙이고 치환기 이름을 알파벳 순서로 benzene 앞에 적는다.

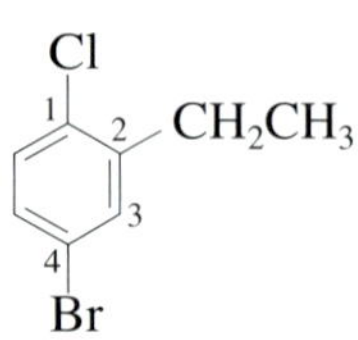

4-Bromo-1-chloro-2-ethylbenzene

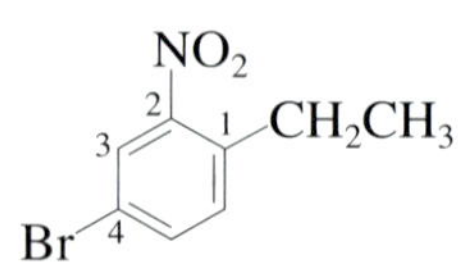

4-Bromo-1-ethyl-2-nitrobenzene

표 7.1에 있는 화합물들은 모두 모체로 사용될 수 있는데 기본 치환기(예를 들어 aniline의 경우는 NH_2—)가 치환되어 있는 탄소가 1번이 된다.

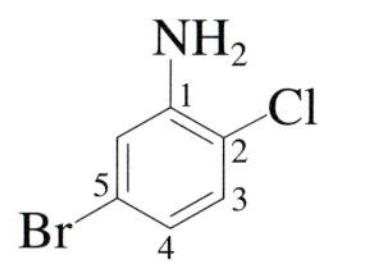

5-Bromo-2-chloroaniline

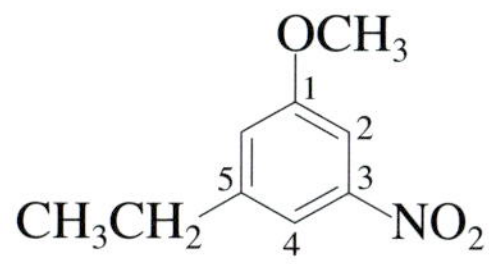

5-Ethyl-3-nitroanisole

7.2 다음 치환된 벤젠의 IUPAC 이름을 적으시오.

(1) 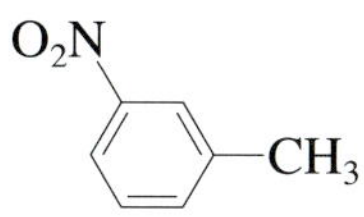

(2) 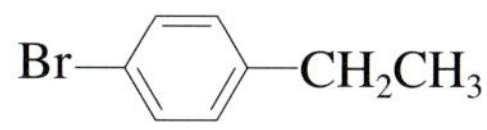

(3) 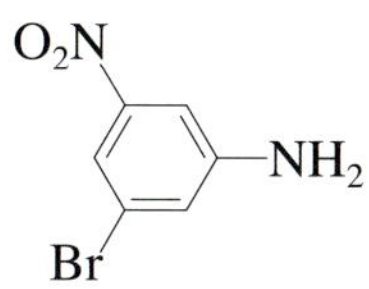

(4) 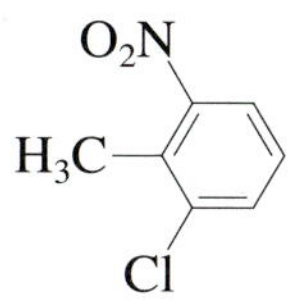

7.3 다음 화합물의 구조를 그리시오.

(1) 2,6-Dimethylaniline
(2) 1-Bromo-3,5-diethylbenzene
(3) 1,1,2-Triphenylethane
(4) 3,5-Dinitrophenol

7.4 친전자성 치환 반응

벤젠의 π 전자는 독특한 안정성을 가지고 있기 때문에 알켄의 이중 결합에서 일어나는 대부분의 반응이 벤젠에서는 일어나지 않는다. 그러나 어떤 조건 하에서는 벤젠 고리에 있는 수소 원자 한 개가 친전자체에 의해 치환되는 반응인 **친전자성 치환 반응**(electrophilic substitution)이 일어난다.

모든 친전자성 치환 반응은 두 단계 메커니즘으로 진행된다. 첫 번째 단계에서는 벤젠 고리에 있는 한 쌍의 π 전자가 친전자체(E^+)를 공격하여 탄소 양이온 중간체가 형성되는데 이것은 세 공명 구조의 혼성체이다.

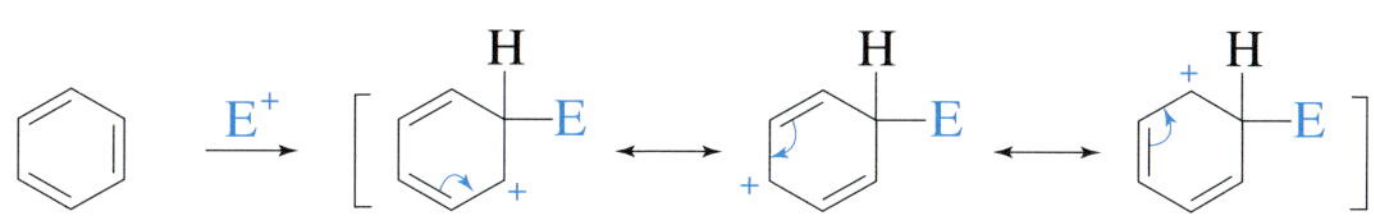

탄소 양이온 중간체

이 단계는 알켄의 친전자성 첨가 반응에서 탄소 양이온이 형성되는 첫 번째 단계와 비슷하다. 알켄에서 만들어진 탄소 양이온은 두 번째 단계에서 친핵체와 반응하여 첨가 생성물을 형성한다.

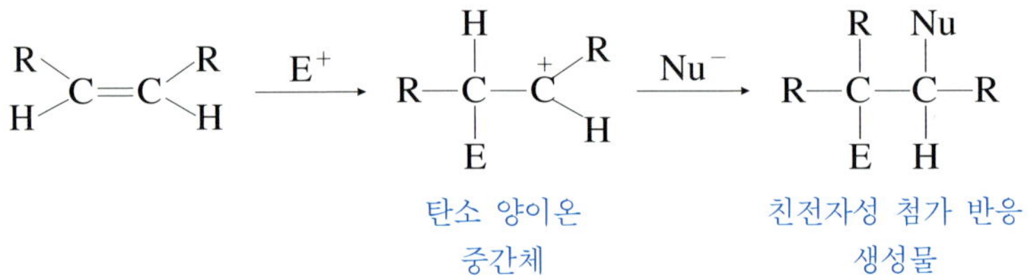

벤젠에서 형성된 탄소 양이온 중간체가 알켄의 경우처럼 친핵체와 반응한다면 생성물은 방향족성을 잃게 될 것이다. 방향족성을 되찾기 위해 벤젠에서 형성된 탄소 양이온은 친핵체와 반응하는 대신 친전자체가 첨가된 자리의 양성자를 버린다. 그 결과로 벤젠의 수소 원자 한 개가 친전자체로 치환되고 벤젠의 방향족성은 복원된다.

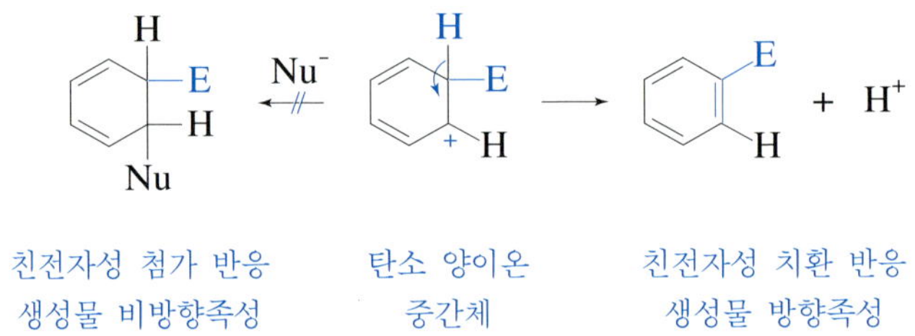

벤젠의 친전자성 치환 반응과 친전자성 첨가 반응의 반응 좌표를 도시하면 그림 7.2와 같다.

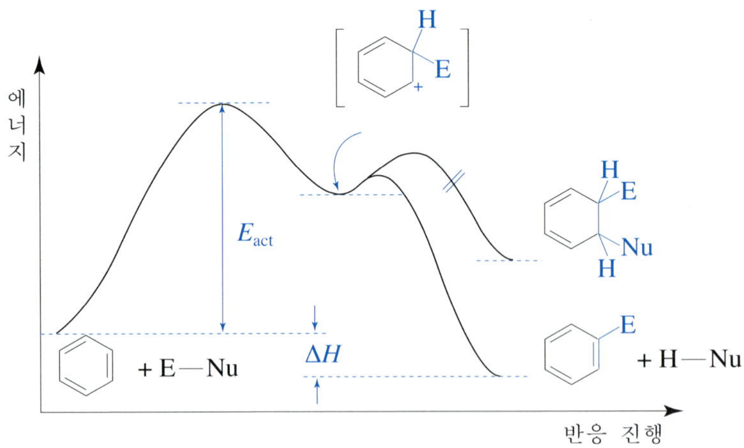

그림 7.2 **벤젠의 친전자성 치환 반응과 첨가 반응의 반응 좌표**

반응의 첫 단계에서는 π 시스템의 방향족성이 깨어짐으로써 공명 에너지(공명 안정화)를 잃는다. 전이 상태 에너지가 큰 이 과정이 반응 속도 결정 단계이며 강한 친전자체가 필요하다. 두 번째 단계에서는 탄소 양이온 중간체의 양성자가 빠르게 떨어져 나감으로써 방향족성이 회복된다.

대표적인 친전자성 치환 반응에는 할로젠화, 나이트로화(nitration), Friedel-Crafts 알킬화(Friedel-Crafts alkylation) 및 Friedel-Crafts 아실화(Friedel-Crafts acylation) 등이 있다.

7.5 할로젠화 반응

보통 조건 하에서 벤젠은 할로젠과 반응하지 않는다. 그러나 Lewis 촉매로 작용하는 할로젠화 철이 존재하면 할로젠화 반응을 일으킨다. 이 반응을 시킬 때는 보통 벤젠과 쇳조각의 혼합물에 할로젠(Cl_2 또는 Br_2)을 천천히 가해 준다. 반응 용기 내에서 할로젠화 철($FeCl_3$ 또는 $FeBr_3$)이 형성되고 이것이 촉매 작용을 한다.

브로민화 반응(bromination)에서는 친전자체가 생성되는 단계에서 Br_2가 Lewis 산인 $FeBr_3$에 비공유 전자쌍을 빼앗긴다. 이때 Br—Br 결합이 깨어지면서 친전자체로 작용하는 착체인 $Br^+[BrFeBr_3]^-$이 생성된다.

$$:\ddot{\underset{..}{Br}}-\ddot{\underset{..}{Br}}: + FeBr_3 \rightleftharpoons :\ddot{\underset{..}{Br}}^{+}[Br-\bar{Fe}Br_3]$$

친전자체인 Br^+이 첨가되면 탄소 양이온 중간체가 형성된다.

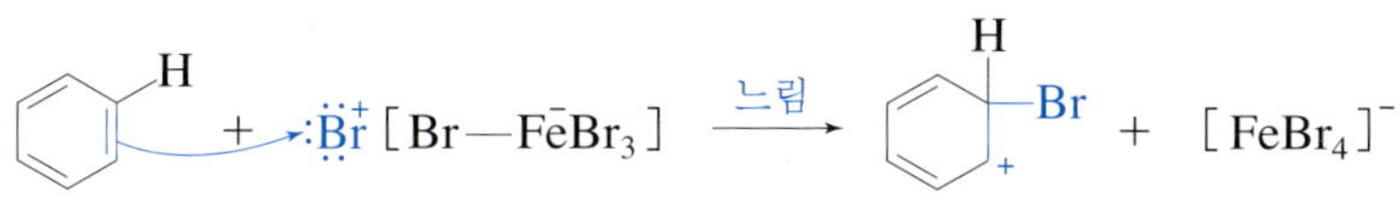

마지막 단계에서 $[BrFeBr_3]^-$이 염기로 작용하여 탄소 양이온 중간체의 양성자를 제거하면 반응이 끝나게 된다.

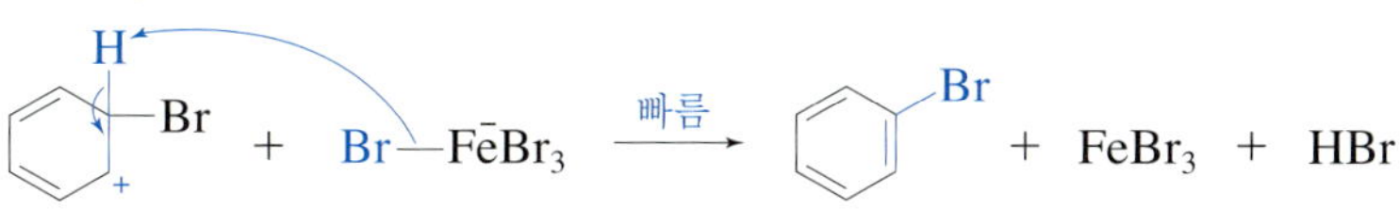

7.4 벤젠의 브로민화 반응에서 형성되는 탄소 양이온 중간체의 공명 구조를 그리시오.

7.6 나이트로화 반응

벤젠의 **나이트로화 반응**(nitration)에서는 보통 촉매로 황산이 필요하다. 황산은 질산을 양성자화한다. 양성자화된 질산으로부터 물이 제거되면 친전자체로 작용하는 나이트로늄 이온(nitronium ion)이 생성된다.

$$HO\!\!-\!NO_2 + H_2SO_4 \rightleftharpoons H_2\overset{+}{O}\!-\!NO_2 \rightleftharpoons NO_2^+ + H_2O + HSO_4^-$$

나이트로늄 이온

반응 혼합물에 존재하는 물 분자 등이 염기로 작용하여 나이트로화된 탄소 양이온 중간체로부터 양성자를 제거하면 나이트로벤젠이 생성된다.

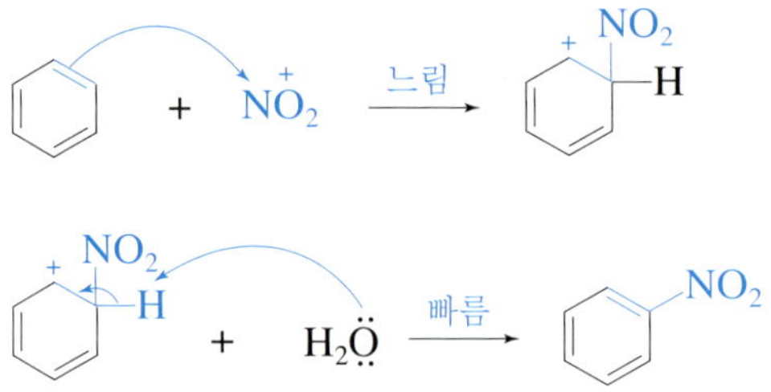

7.5 *o*−, *m*− 및 *p*-xylene을 염소화시켰을 때 각각에서 얻어질 수 있는 생성물의 구조를 모두 그리시오.

7.7 Friedel−Crafts 알킬화 및 아실화

Friedel-Crafts 알킬화 반응(Friedel-Crafts alkylation)은 1877년 프랑스의 Charles Friedel과 James Crafts에 의해 발견되었다. 친전자체로 작용하는 탄소 양이온은 할로알케인과 Lewis 산 촉매인 $AlCl_3$의 반응에서 생성된다.

$$(CH_3)_2CHCl + AlCl_3 \longrightarrow (CH_3)_2\overset{+}{C}H[Cl\!-\!\overset{-}{Al}Cl_3]$$

2-Chloropropane

형성된 탄소 양이온은 다른 친전자체와 비슷한 방법으로 벤젠과 반응한다.

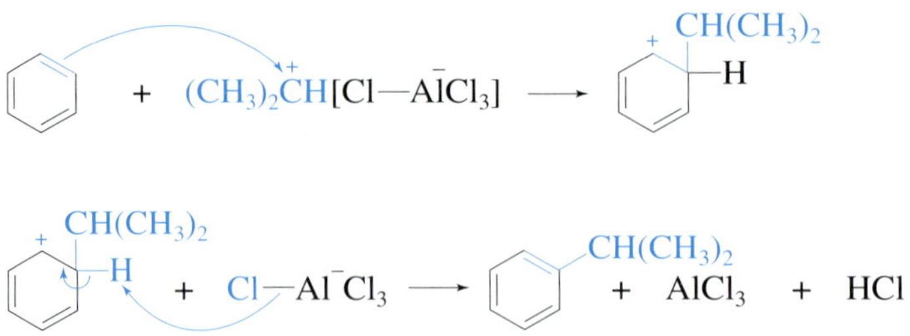

Isopropylbenzene

Friedel-Crafts 아실화 반응(Friedel-Crafts acylation)도 알킬화 반응과 비슷하게 진행된다. 할로알케인 대신 염화 아실을 사용하면 케톤이 생성된다. 염화 아실이 $AlCl_3$와 반응했을 때 형성되는 친핵체는 **아실 양이온**(acyl cation) 또는 **아실륨 이온**(acylium ion)이라고 한다. 아실륨 이온은 두 구조의 공명 혼성체이다.

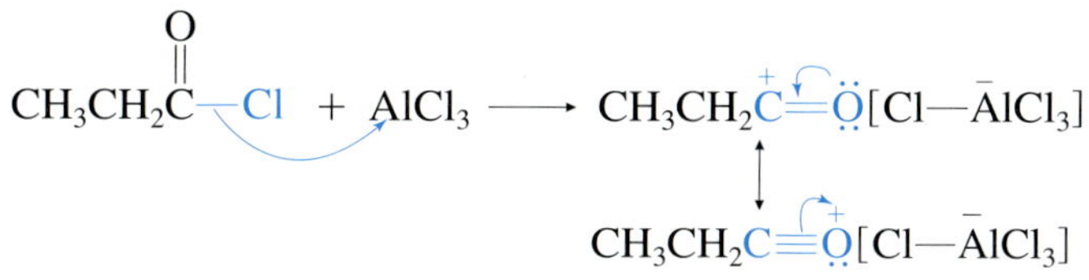

아실륨 이온

아실륨 이온에서 반응 자리는 아실 탄소이다. 이 반응은 방향족 케톤을 합성하는 매우 효과적인 방법이다.

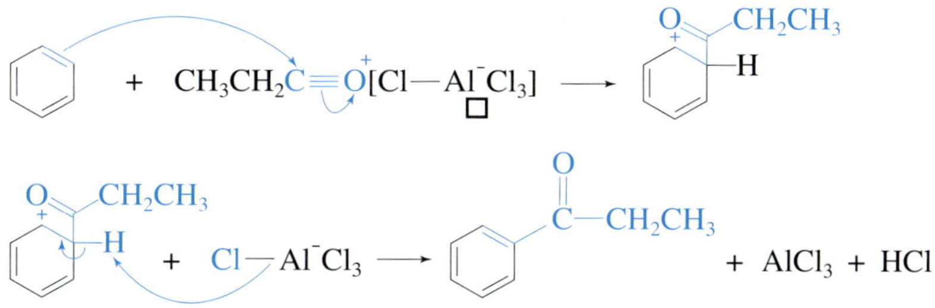

Ethyl phenyl ketone

7.6 $AlCl_3$ 존재하에서 벤젠과 다음을 반응시켰을 때 얻어지는 주생성물의 구조를 그리시오.

(1) $(CH_3)_3CCl$

(2)

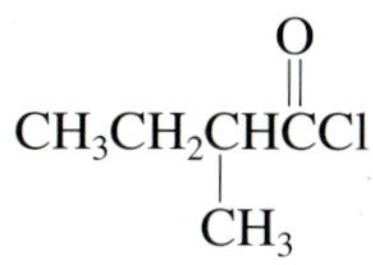

7.8 치환된 벤젠의 상대적 반응성과 위치 선택성

벤젠 고리의 치환체는 친전자성 치환 반응의 반응성에 영향을 미친다. 예로서 aniline에서 친전자성 치환 반응이 일어날 때 반응 속도는 벤젠보다 백만 배 정도 크다. 그러나 nitrobenzene의 반응은 벤젠보다 백만 배 느리게 진행된다.

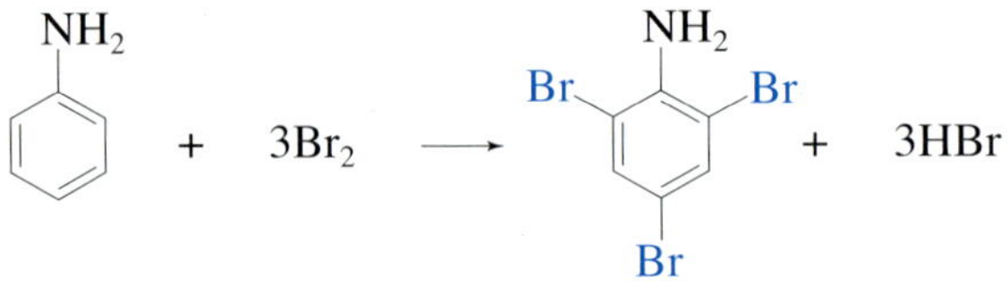

벤젠보다 반응 속도
100만배 크다.
촉매 불필요

2,4,6-Tribromoaniline

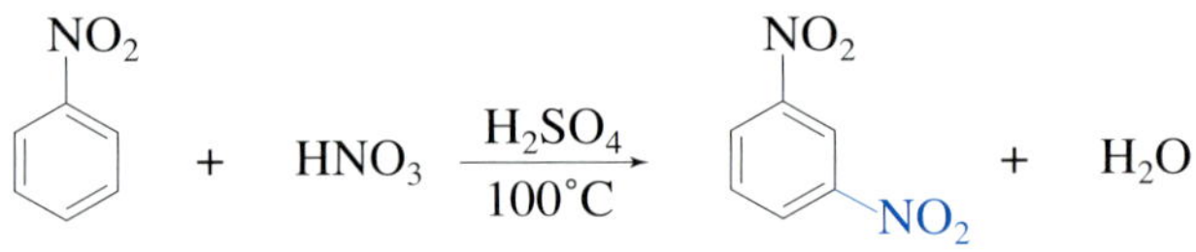

벤젠보다 반응 속도
100만배 작다.
격렬한 조건 필요

m-Dinitrobenzene

이들 예에서 보는 바와 같이 NH_2기는 **활성화기**(activating group)로 작용하여 벤젠 고리가 친전자체의 공격을 훨씬 쉽게 받도록 한다. 반면 NO_2기는 **활성 감소기**(deactivating group)로 작용하여 벤젠 고리의 반응성을 떨어뜨린다. 전자를 밀어주는 **전자 주개**(electron donating group 또는 electron donor) 치환체는 친전자성 치환 반응의 속도를 증가시키고, 전자를 끌어당기는 **전자 받개**(electron withdrawing group 또는 electron acceptor)는 속도를 감소시킨다. 전자 주개는 탄소 양이온 중간체를 안정화시킴으로써 활성화 에너지를 낮추는 반면, 전자 받개는 탄소 양이온 중간체를 불안정하게 함으로써 활성화 에너지를 증가시킨다. 전자 주개와 전자 받개들의 치환기 효과를 종합하면 표 7.2와 같다.

표 7.2 친전자성 치환 반응에서 치환기의 효과

반응 속도 영향	*o*,*p*-지향기	반응 속도 영향	*m*-지향기
매우 강한 활성화	$-\ddot{N}H_2$, $-\ddot{N}HR$, $-\ddot{N}R_2$	강한 활성 감소	$-\overset{O}{\overset{\Vert}{C}}OR$
	$-\ddot{O}H$		$-\overset{O}{\overset{\Vert}{C}}R$
	$-\ddot{O}R$		$-SO_3H$
강한 활성화	$-\ddot{O}-\overset{O}{\overset{\Vert}{C}}-R$		$-\overset{O}{\overset{\Vert}{C}}H$
	$-\ddot{N}H-\overset{O}{\overset{\Vert}{C}}-R$		$-\overset{O}{\overset{\Vert}{C}}OH$
활성화	$-C_6H_5$(aryl)		$-CN$
	$-R$(alkyl)	매우 강한 활성 감소	$-NO_2$
약한 활성 감소	$-X$(X = halogen, 활성 감소)		$-\overset{+}{N}R_3$

7.7 Bromobenzene과 toluene 중 친전자성 치환 반응에 대한 반응성이 더 큰 것은 어느 것인가?

7.8 친전자체에 대한 반응성이 증가하는 순서로 다음을 나열하시오.

(1) Ethylbenzene, nitrobenzene, phenol
(2) Phenol, chlorobenzene, benzoic acid
(3) Benzaldehyde, aniline, bromobenzene

벤젠에 결합되어 있는 치환기는 새로운 친전자성 치환 반응에서의 반응성뿐만 아니라 치환기의 위치에도 영향을 미친다. 치환체들은 **오쏘- 및 파라- 지향기**(director)와 **메타- 지향기**의 두 부류로 나누어진다.

***o*- 및 *p*- 지향기** 벤젠에 치환된 활성화기와 약한 활성 감소기인 할로젠은 새로운 친전자체가 오쏘- 및 파라- 위치를 공격하게 한다. 오쏘- 및 파라- 지향기는 고리에 직접 결합되는 원자에 비공유 전자가 있거나 알킬기와 같이 유도 효과를 통해 전자를 밀어주는 치환체들이다.

***m*- 지향기** 할로젠을 제외한 모든 활성 감소기는 새로운 친전자체의 공격이 메타- 위치에서 일어나게 한다. 메타 지향기는 고리에 직접 결합되는 원자에 양전하가 있거나 부분 양전하가 있어 전자를 당기는 치환체들이다.

7.9 다음 화합물을 브로민화할 때 얻어지는 생성물의 구조를 그리시오.

(1) Nitrobenzene (2) Toluene (3) Anisole
(4) Aniline (5) Benzaldehyde

7.9 산화 환원 반응

알켄의 불포화 결합은 뜨거운 $KMnO_4$와 같은 산화제에 의해 쉽게 산화되지만 벤젠의 불포화 결합은 이와 같은 산화제에 의해 산화되지 않는다. 벤질 위치(benzylic position)에 수소가 있는 알킬기는 강한 산화제에 의해 산화되어 모두 카복실기로 전환된다.

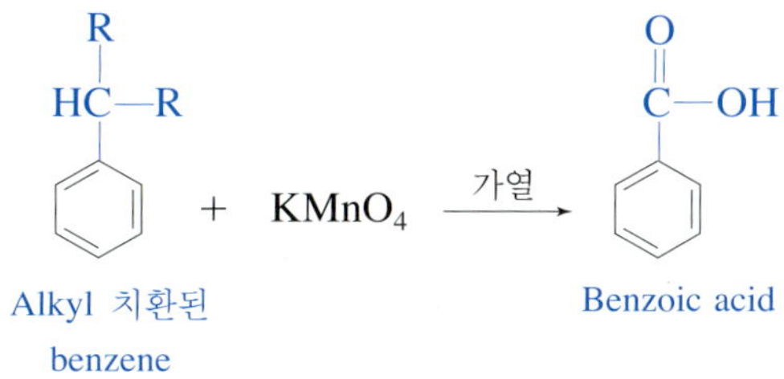

산화 반응과 마찬가지로 환원 반응도 벤젠 고리에서는 잘 일어나지 않지만 전이 금속 촉매

존재 하에서 매우 높은 온도와 압력을 가하면 환원될 수 있다.

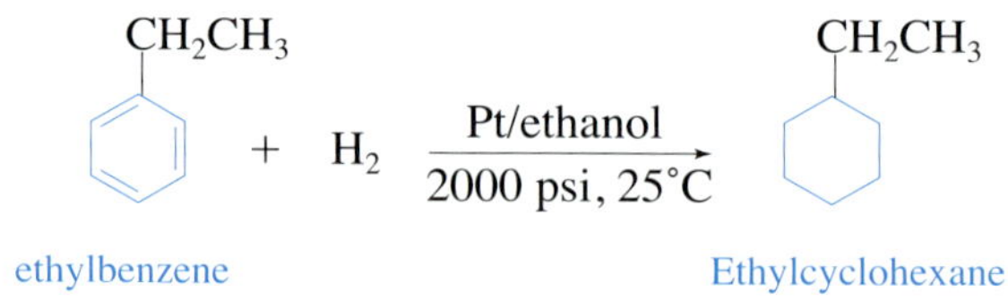

7.10 벤젠으로부터 다음을 합성하시오.

(1) *p*-Bromobenzoic acid (2) *m*-Nitrobenzoic acid (3) *p*-Nitrobenzoic acid

7.10 방향족성에 대한 일반화

기초 유기 화학에서 다루는 방향족 화합물들은 벤젠과 벤젠 유도체들이지만 둘 이상의 벤젠 고리가 **접합**(fused, 둘 상의 고리들이 변을 공유하고 있는)되어 있는 화합물들이나 벤젠 고리를 가지고 있지 않은 부류의 방향족 화합물들도 있다. 1930년대 독일의 Erich Huckel은 "평면형 고리 구조이고 완전히 콘쥬게이션되어 있으면서 (4n+2)개의 π 전자를 가지고 있는 폴리엔은 **방향족**(aromatic)이다."라고 하는 **Hückel 법칙**(Hückel's rule)을 발표하였다. 방향족 화합물들이 공통적으로 보여 주는 특징을 **방향족성**(aromaticity)이라고 하는데 모두 벤젠과 비슷한 안정도를 갖고 있다. Hückel 법칙에서 n=1, 즉 π 전자 여섯에 해당하는 경우가 벤젠이다.

Naphthalene과 anthracene은 벤젠 고리들이 접합되어 있는 **여러 고리형 벤젠류**(polycyclic benzenoid)이다. 이들은 각각 n=2, n=3에 해당하는 π 전자가 10개, 14개인 방향족 화합물들이다.

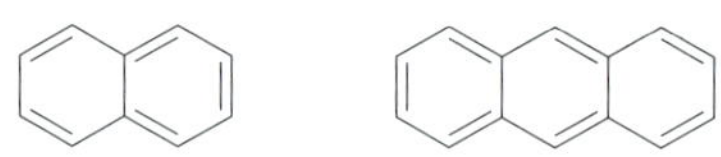
Naphthalene Anthracene

이 화합물들도 방향족 화합물의 특징인 친전자성 치환 반응을 일으킨다.

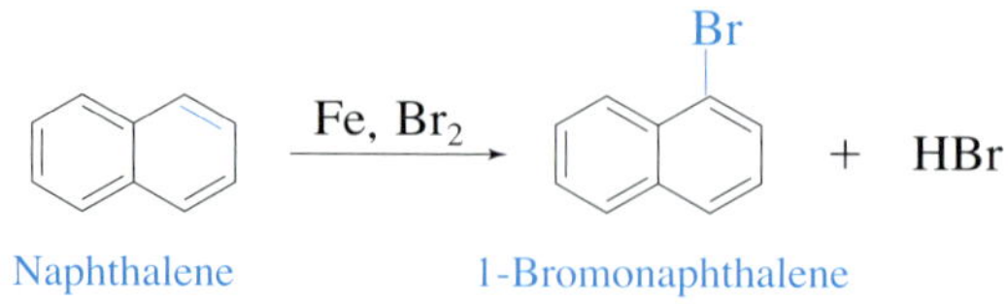

벤젠 고리를 가지고 있지 않은 고리 화합물 또는 이온들도 방향족성을 보여 준다. 예를 들면 cyclopropenyl 양이온과 [10]annulene은 Huckel 법칙에서 각각 n=0, n=2에 해당하는 방향족성을 가지고 있다.

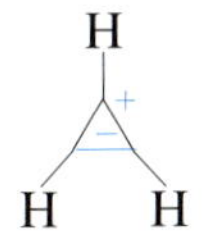

Cyclopropenyl
양이온

[10]Annulene

7.11 헤테로 고리 방향족 화합물

헤테로 고리 화합물(heterocyclic compound)들은 고리를 구성하고 있는 한 개 이상의 원자가 헤테로 원자인 구조를 가지고 있다. 질소와 산소를 포함하고 있는 헤테로 고리 화합물들이 가장 많으며 황 원자를 가지고 있는 부류도 있다. 헤테로 고리 화합물들 중 많은 것들이 Hückel 법칙을 만족하는 방향족성을 보여 준다. Pyrrole, furan 및 thiophene도 Hückel 법칙의 n=1인 방향족성을 보여 준다. 이들은 두 개의 π 결합에서 제공된 4개의 π 전자와 헤테로 원자에서 제공된 2개의 π 전자로 이루어진 방향족성인 6π 전자계를 가지고 있다.

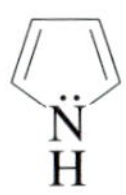

Pyrrole

Furan

Thiophene

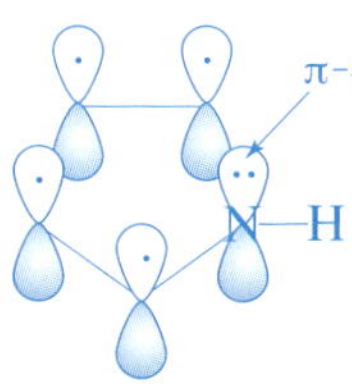

Pyrrole의 오비탈

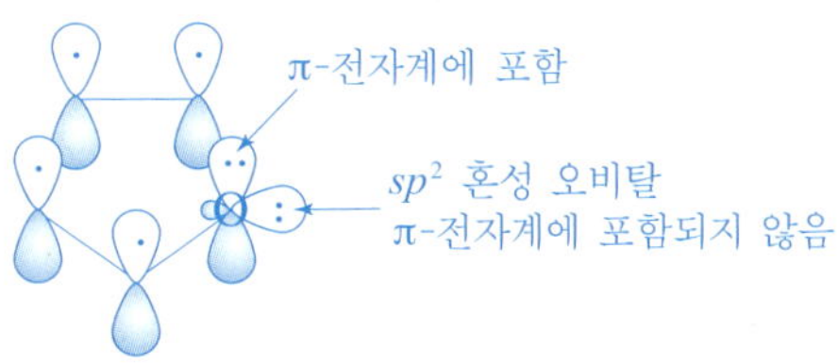

Furan의 오비탈

Pyridine은 벤젠과 비슷한 세 개의 π 결합에서 제공된 방향족성인 6π 전자계를 가지고 있다. 질소에 있는 비공유 전자는 방향족성 π 분자 오비탈에 수직한 sp^2 혼성 오비탈에 들어 있으며, 방향족성 π 전자계에 참여하지 않는다.

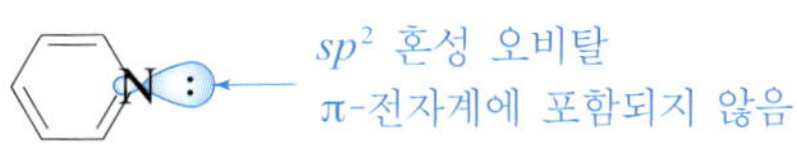

Pyridine

대부분의 의약품과 수많은 천연 화합물들이 헤테로 고리 화합물에 속한다. 의약품으로 사용되는 대표적인 헤테로 고리 화합물의 예로는 penicillin을 들 수 있다. Histamine은 알레르기 반응에 관계가 있으며 pyridoxine은 바이타민 B_6이다.

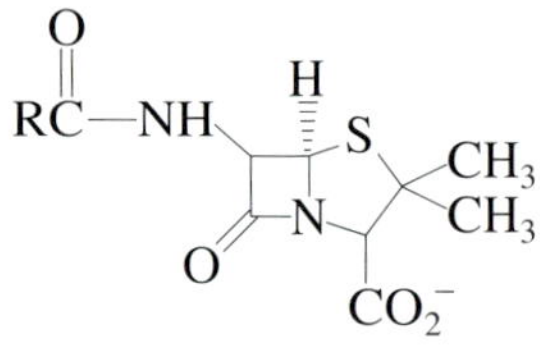

Penicillin

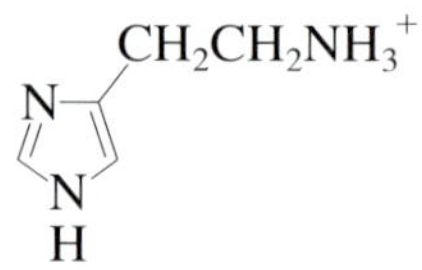

Histamine

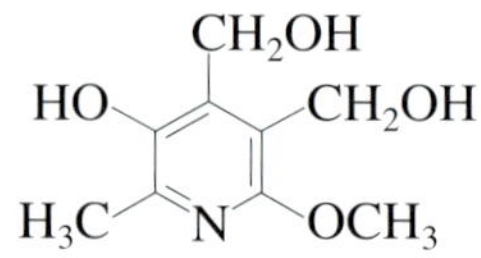

Pyridoxine
(바이타민 B_6)

요약

벤젠의 실제 구조는 두 구조의 공명 혼성체이며 π 전자들이 여섯 개의 탄소 원자에 균일하게 비편재화되어 있다.

벤젠의 공명 구조

공명에 의한 전자들의 비편재화 때문에 발생되는 벤젠의 이 안정화를 **공명 에너지**(resonance energy)라고 한다.

벤젠 유도체를 이름 지을 때는 IUPAC 규칙을 따르지만 고리에 치환체가 둘 있는 경우에는 위치를 아라비아 숫자로 나타내기보다 *ortho*-(*o*-, 1,2-이치환), *meta*-(*m*-, 1,3-이치환) 및 *para*-(*p*-, 1,4-이치환)와 같은 접두어로 표시한다.

방향족 화합물은 **친전자성 치환 반응**(electrophilic substitution)을 한다. 이 반응의 첫 번째 단계에서는 탄소 양이온 중간체가 형성된다. 두 번째 단계에서 친전자체가 결합되는 탄소의 수소가 제거되면 방향족성을 되찾으면서 치환된 벤젠 유도체가 생성된다. 친전자성 치환 반응에는 할로젠화, 나이트로화, Friedel-Crafts 알킬화 및 아실화가 있다.

Benzyl 위치에 적어도 한 개 이상의 수소 원자를 가지고 있는 알킬기는 $KMnO_4$와 같은 강한 산화제에 의해 —COOH로 산화된다.

평면형 고리 구조이고, 완전히 콘쥬게이션되어 있으면서 (4n+2)개의 π 전자를 가지고 있는 폴리엔은 **방향족**이라 하고 방향족 화합물들이 공통적으로 보여 주는 특징을 **방향족성**(aromaticity)이라고 한다. Naphthalene, anthracene과 같은 접합된 고리 화합물 또는 pyrrole, furan, thiophene 및 pyridine과 같은 헤테로 고리 화합물들은 방향족성을 가지고 있다.

보충문제

7.11 다음 구조의 IUPAC 이름을 쓰시오.

(1) 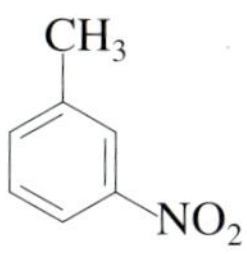

(2) 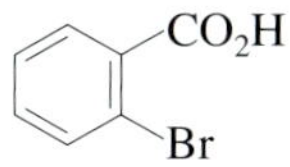

(3) 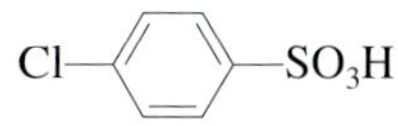

(4) 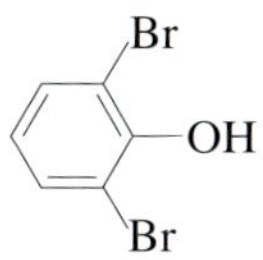

(5) 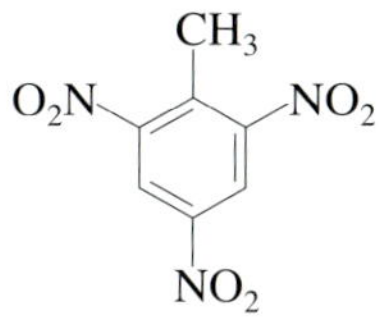

(6) 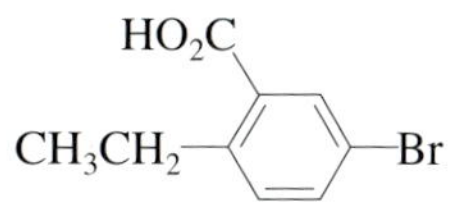

7.12 다음 화합물들의 구조를 그리시오.

(1) *p*-Chlorophenol
(2) *m*−Nitroaniline
(3) *o*−Ethylbenzoic acid
(4) 2,4,6-Tribromotoluene
(5) 2,3,5-Trinitrophenol
(6) 2-Methyl-2-phenylhexane

7.13 분자식이 C_7H_7Br인 화합물들의 구조를 모두 그리고 이름을 쓰시오.

7.14 다음 화합물의 모든 이성질체의 구조와 이름을 쓰시오.

(1) Bromoaniline
(2) Dinitrotoluene

7.15 벤젠으로부터 다음을 합성하는 반응식을 쓰시오.

(1) Nitrobenzene
(2) Chlorobenzene
(3) 1-Phenyl-1-butanone

7.16 분자식이 $C_8H_9NO_2$인 화합물을 $KMnO_4$로 산화시켰더니 *m*-nitrobenzoic acid가 얻어졌다. 이 화합물의 구조식을 그리시오.

7.17 Anthracene의 네 가지 공명 구조를 그리시오.

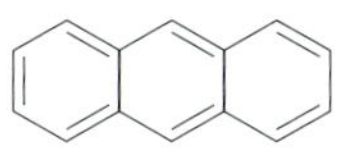

Anthracene

7.18 Friedel-Crafts 아실화 반응은 산 염화물뿐만 아니라 산 무수물에서도 진행될 수 있다.

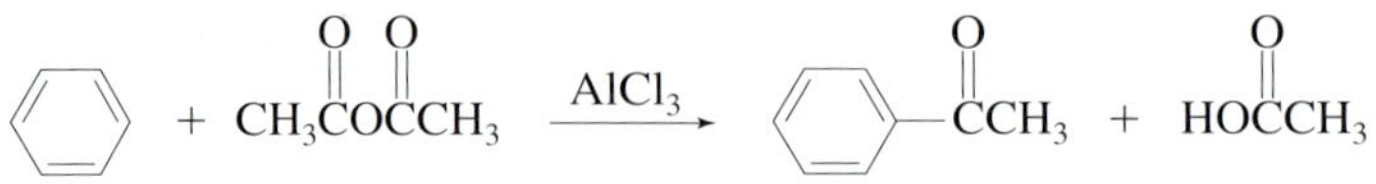

$AlCl_3$ 존재하에서 benzene과 다음 화합물을 반응시켰을 때 얻어지는 생성물의 구조를 그리시오.

(1)

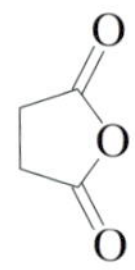

(2)

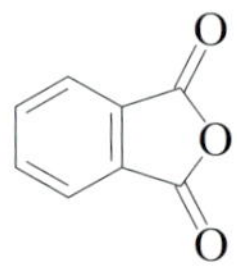

7.19 Dimethylbenzene 이성질체 중 하나를 염소화했더니 세 종류의 chlorodimethylbenzene이 얻어졌다. Dimethylbenzene 이성질체와 염소화된 생성물의 구조를 그리시오.

7.20 다음의 4-bromobiphenyl을 염소화시킬 때 생성되는 탄소 양이온 중간체의 공명 구조를 그리시오.

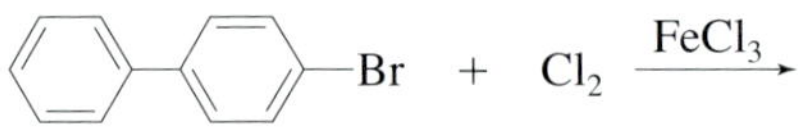

4-Bromobiphenyl

7.21 Nitrous acid(HONO)는 산성 용액에서 HNO_3와 거의 같은 양상으로 방향족 화합물과 반응한다.

(1) 친전자체가 형성되는 반응식을 쓰시오.
(2) Phenol에 대한 이 친전자체의 치환 반응 메커니즘을 쓰시오.

7.22 다음 반응 생성물의 입체 구조를 그리시오.

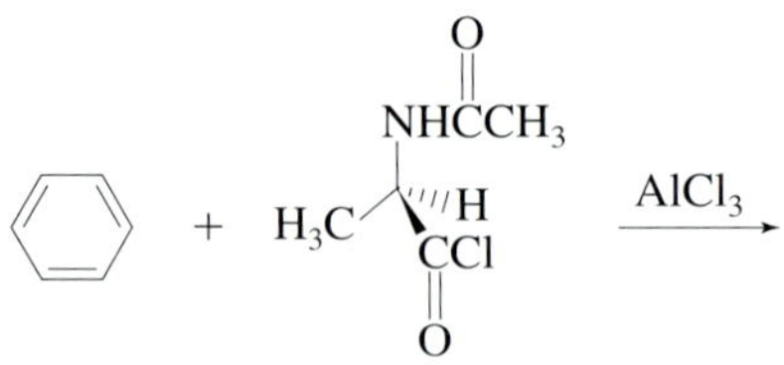

8장 알코올 페놀 및 에터

일반식 R—O—H인 알코올은 물 H—O—H의 수소 원자 한 개가 알킬기(R)로 치환된 것으로 생각할 수 있다.

알코올은 자연계에 폭넓게 존재하며 매우 유용한 생물학적 활성들을 보여 준다. Methanol, ethanol 및 propanol과 같은 알코올들은 매우 중요한 유기 용매이다. Ethanol은 알코올성 음료, 화장품 및 의약품의 원료로 이용된다. Isopropanol은 항균 작용이 있기 때문에 수술 도구나 피부를 소독하는 데 이용된다. 또 알코올들은 여러 가지 유기 화합물들을 합성하는 출발 물질로 사용된다. 3-Methyl-2-buten-1-ol과 geraniol은 신진 대사에 중요하며 생물체가 복잡한 화합물을 생합성할 때 원료로 사용한다. Menthol은 박하 향기 성분으로 잘 알려져 있다.

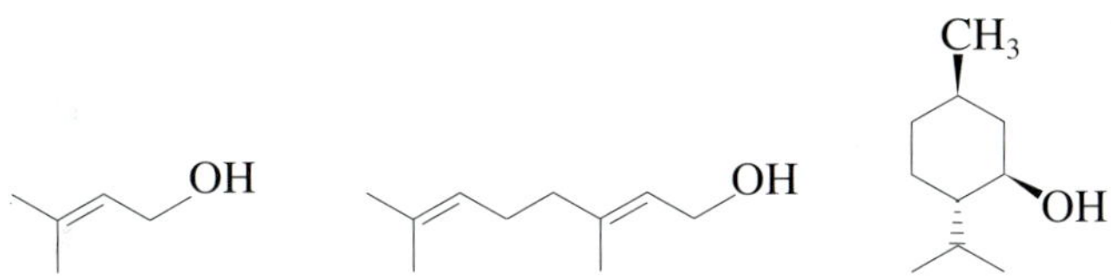

3-Methyl-2-buten-1-ol Geraniol Menthol

—OH기를 가지고 있는 화합물들에는 **페놀**(phenol)류도 있다. 페놀류는 —OH기가 방향족 고리에 결합되어 있는 화합물들이다. 많은 페놀류의 화합물도 생물학적 활성을 가지고 있다. Urushiol은 옻나무의 알레르기를 일으키는 성분이다. Kaempferol은 여러 가지 식물체에서 발견되며 항산화 및 항암 작용을 보여 준다.

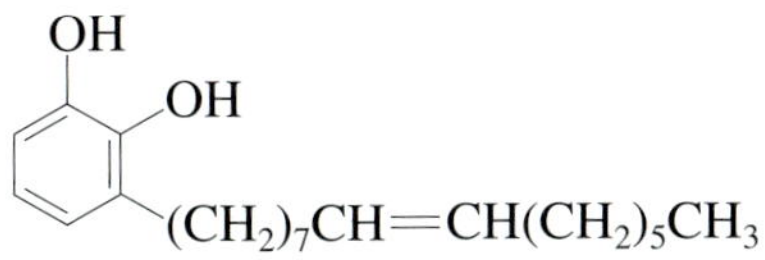

Urushiol

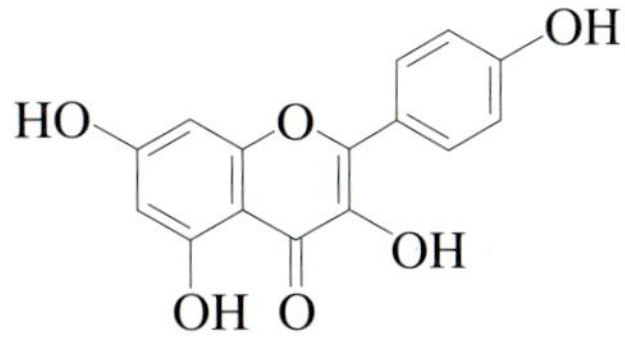

Kaempferol

일반식이 R—O—R인 **에터**(ether)는 물의 두 수소가 모두 알킬기로 치환된 형태를 가지고 있다. 에터는 물 또는 알코올에 비해 화학 반응성이 매우 낮다. 이 때문에 에터 화합물들은 여러 가지 화학 반응의 용매로 이용된다.

Diethyl ether($CH_3CH_2OCH_2CH_3$), methyl propyl ether($CH_3OCH_2CH_2CH_3$) 및 ethyl vinyl ether($CH_3CH_2OCH{=}CH_2$)는 마취제로 사용되었다.

C—O—C 골격이 세 원자 고리를 이루고 있는 에터인 **에폭시화물**(epoxide)은 보통 반응성이 크다. 에폭시화물도 자연계에서 흔하게 발견된다. 집시나방 암컷의 성유인물질인 disparlure에는 에폭사이드 골격이 들어 있다.

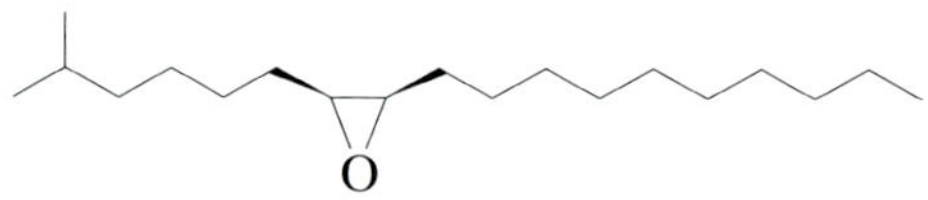

Disparlure

이 장에서는 알코올, 페놀, 에터 및 황 화합물들의 명명법, 수소 결합을 포함한 이 화합물들의 물리적 성질, 제법 및 중요한 반응들을 공부할 것이다.

8.1 알코올과 페놀의 명명법

알코올도 —OH(하이드록시기)가 결합되어 있는 탄소의 차수에 따라 일차 알코올(1°, primary alcohol), 이차 알코올(2°, secondary alcohol) 및 삼차 알코올(3°, tertiary alcohol)로 분류된다.

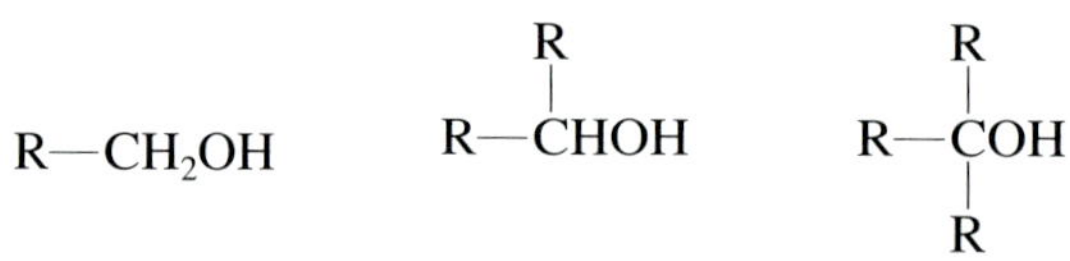

일차 알코올 이차 알코올 삼차 알코올

IUPAC 체계를 따라 이름을 지을 때는 알코올을 alkanol로 부른다. 즉 알케인 이름의 어미 '-e'를 '-ol'로 바꾸어준다.

CH_3OH Methanol

CH_3CH_2OH Ethanol

복잡한 알코올인 경우 —OH기를 포함하고 있는 가장 긴 사슬을 모체로 하고 —OH에 가능한 한 작은 번호가 돌아가도록 사슬의 탄소에 번호를 매긴다. 모체 이름 앞에 —OH기의 위치를 표시하고 사슬에 있는 다른 치환기들은 접두어로 처리한다.

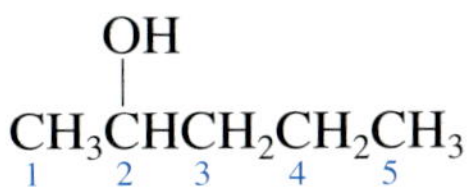

2-Pentanol

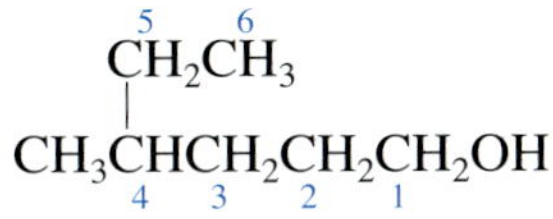

4-Methyl-1-hexanol

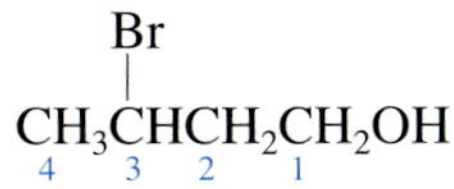

3-Bromo-1-butanol

—OH기가 둘 또는 셋 있을 때는 각각 '–diol', '–triol'을 어미로 사용하고 각 OH기의 위치 번호를 모체 이름 앞에 적는다.

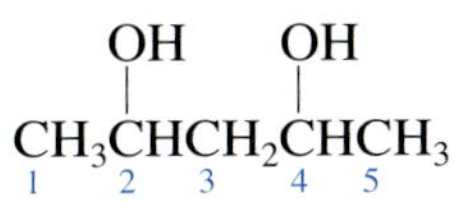

2,4-Pentanediol

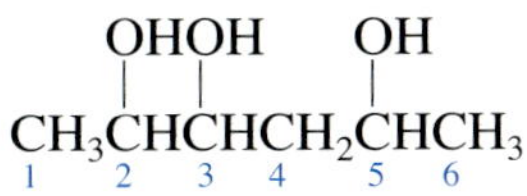

2,3,5-Hexanetriol

간단한 알코올들은 IUPAC 이름보다 관용명으로 부를 때가 많다. 관용명에서는 알킬기 이름 다음에 'alcohol'이 온다.

CH_3OH Methyl alcohol

CH_3CH_2OH Ethyl alcohol

$(CH_3)_2CHOH$ Isopropyl alcohol

$(CH_3)_3COH$ *tert*-Butyl alcohol

$CH_2{=}CHCH_2OH$ Allyl alcohol

Benzyl alcohol

일반적으로 페놀류는 페놀의 유도체로 명명한다. —OH기가 치환된 탄소가 1번이며 치환체에 가능한 한 작은 숫자가 돌아가도록 번호를 붙인다.

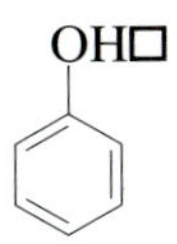

Phenol

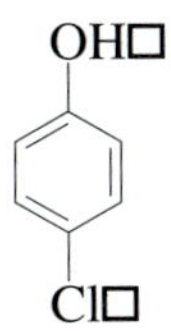

4-Chlorophenol
(*p*-chlorophenol)

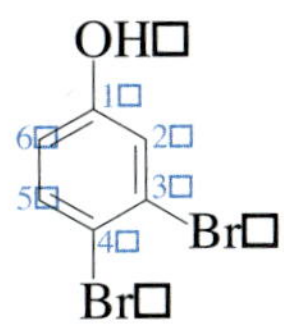

3,4-Dibromophenol

8.1 다음 알코올의 IUPAC 이름을 적고 일차, 이차 및 삼차 알코올로 분류하시오.

(1) $(CH_3)_3CCH_2CH_2OH$

(2)

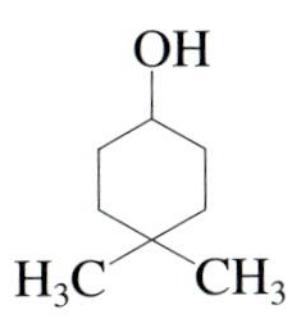

(3)

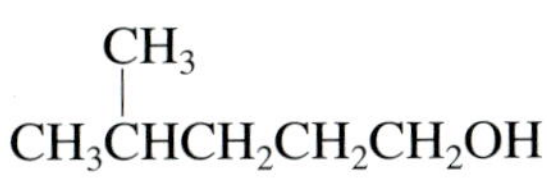

(4)

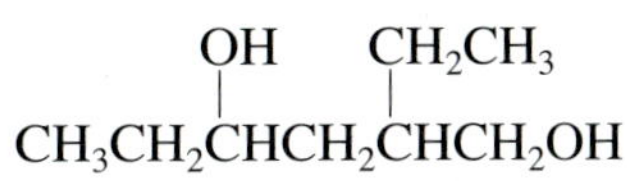

8.2 다음 알코올들의 구조를 그리시오.

(1) 2-Methyl-2-butanol
(2) 2-Cyclohexenol
(3) *trans*-4-Methylcyclohexanol
(4) 2,4,6-Trinitrophenol

8.2 알코올과 페놀의 염기성도와 산도

알코올과 페놀의 하이드록시기는 비공유 전자를 가지고 있기 때문에 Lewis 염기로 작용할 수 있으며 산성 용액에서 양성자화된다. 양성자화된 알코올 분자는 옥소늄 이온(oxonium ion)이라고 한다.

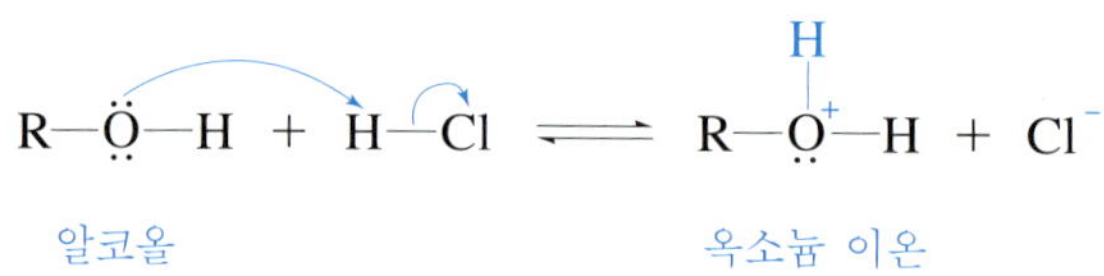

알코올의 양성자화는 알케인이 생성되는 E1 반응과 할로알케인이 생성되는 알코올 치환 반응의 첫 단계에서 일어난다.

알코올은 약한 산으로도 작용한다. 몇 가지 알코올과 페놀들의 pK_a값을 종합하면 표 8.1과 같다.

표 8.1 대표적인 알코올의 pK_a값

화합물	pK_a값
HO—H	15.7
CH_3O—H	15.5
CH_3CH_2O—H	15.9
$(CH_3)_3CO$—H	18
$ClCH_2CH_2O$—H	14.3
CF_3CH_2O—H	12.4
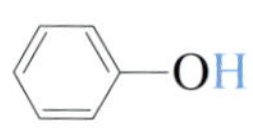	10.0
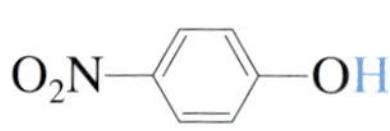	7.2

알코올이 강한 염기의 작용을 받으면 양성자를 잃고 **알콕사이드 이온**(alkoxide ion, RO^-)이 된다. Methanol로부터 형성된 알콕사이드 이온은 methoxide 이온이라고 하고, ethanol로부터 형성된 것은 ethoxide 이온이라고 부른다. 알콕사이드 이온은 하이드록사이드 이온보다

더 강한 염기이다. 이 때문에 수산화 소듐과 같은 염기로는 알콕사이드 이온을 만들 수 없다. 알콕사이드 이온을 만들 때는 알코올을 NaH 또는 KH와 같은 매우 강한 염기로 처리하거나 소듐 또는 포타슘과 같은 금속으로 처리하여야 한다.

$$R-\ddot{\underset{\cdot\cdot}{O}}-H + NaH \longrightarrow R-\ddot{\underset{\cdot\cdot}{O}}^{-}\ Na^{+} + H_2$$

Soudium hydride　　Sodium alkoxide

$$R-\ddot{\underset{\cdot\cdot}{O}}-H + K \longrightarrow R-\ddot{\underset{\cdot\cdot}{O}}^{-}\ K^{+} + \frac{1}{2}H_2$$

Potassium alkoxide

$pK_a = 10.0$인 페놀은 보통의 pK_a값이 15 이상인 알코올보다 훨씬 강한 산이기 때문에 수산화 소듐 또는 수산화 포타슘과 같은 염기로 처리하면 쉽게 phenoxide 이온으로 전환된다.

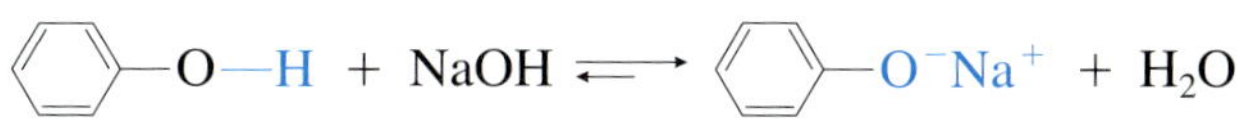

Phenol　　Sodium phenoxide

알콕사이드 이온에서 음전하는 산소 원자에 편재되어 있으나 phenoxide 이온의 음전하는 공명에 의해 페닐 고리의 *o*− 및 *p*−위치로 비편재화되어 안정화된다. 이 때문에 페놀은 알코올보다 센산이다.

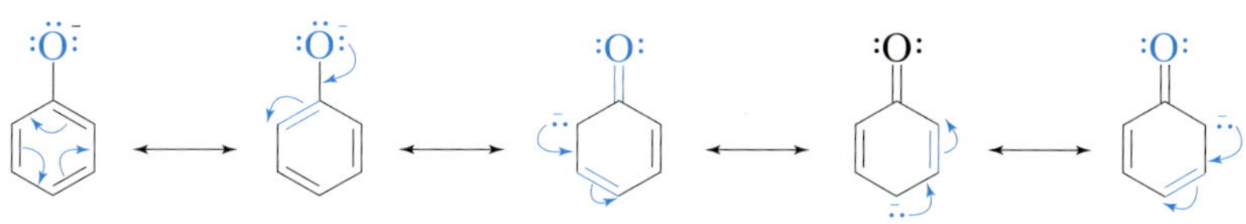

8.3 알코올의 제법

가장 간단한 알코올인 methanol은 공기를 차단하고 600°C 이상의 높은 온도에서 나무를 건류할 때 생성되기 때문에 목정(wood alcohol)이라고도 부른다. 탄수화물에 효모가 작용하면 이산화 탄소와 ethanol이 생성된다. 탄수화물을 함유하고 있는 식물의 종류와 숙성 방법에 따라 독특한 맛과 향기를 가지고 있는 알코올 음료가 얻어진다. 발효를 통해 얻어지는 알코올성 음료의 최대 ethanol 함량은 약 15%이다. 발효주를 증류하면 ethanol 함량이 증가된 증류주가 얻어진다. Isopropanol은 석유로부터 분리된 propene을 수화하여 얻는다.

실험실에서는 다음과 같은 방법을 이용하여 알코올을 만든다. 즉 일차 할로알케인과 NaOH 수용액의 S_N2 반응을 이용하면 높은 수득률로 일차 알코올을 만들 수 있다. 이차 또는 삼차 할로알케인은 제거 반응을 일으키기 때문에 알코올을 만드는 데 일반적으로 이용될 수 없다.

$$CH_3CH_2CH_2CH_2Br + OH^- \xrightarrow{\text{가열}} CH_3CH_2CH_2CH_2OH + Br^-$$

1-Bromobutane 일차 할로알케인 → 1-Butanol 일차 알코올

카보닐 화합물을 적당한 환원제로 환원시키면 높은 수득률로 알코올이 얻어진다. 카보닐 화합물의 환원 반응에 대해서는 9장과 10장에서도 설명된다.

$$CH_3CH_2CH_2C(=O)CH_2CH_3 \xrightarrow[\text{Ethanol}]{NaBH_4} CH_3CH_2CH_2CH(OH)CH_2CH_3$$

3-Hexanone → 3-Hexanol

$$CH_3CH_2CH_2C(=O)OH \xrightarrow[\text{ether}]{LiAlH_4} CH_3CH_2CH_2CH_2OH$$

Butanoic acid → 1-Butanol

8.3 알켄과 케톤으로부터 다음 알코올을 만드는 반응식을 쓰시오.

(1) 2-Butanol (2) 2,4-Dimethylcyclopentanol

8.4 알코올의 탈수 반응

알코올을 센산으로 처리하면 탈수 반응이 일어난다.

$$CH_3CH_2CH_2OH \xrightarrow[\text{가열}]{H_2SO_4} CH_3CH{=}CH_2 + H_2O$$

1-Propanol → Propene

이 반응은 하이드록시기의 양성자화 반응으로부터 시작되며 삼차 및 이차 알코올에서는 E1 메커니즘으로 진행된다. 예를 들면 삼차 알코올인 *tert*-butyl alcohol에서는 먼저 삼차 탄소 양이온인 *tert*-butyl 양이온이 형성되고 이것으로부터 양성자가 제거된다.

$$(CH_3)_3COH \overset{H^+}{\rightleftharpoons} (CH_3)_3C\overset{+}{O}H_2$$

tert-Butyl alcohol

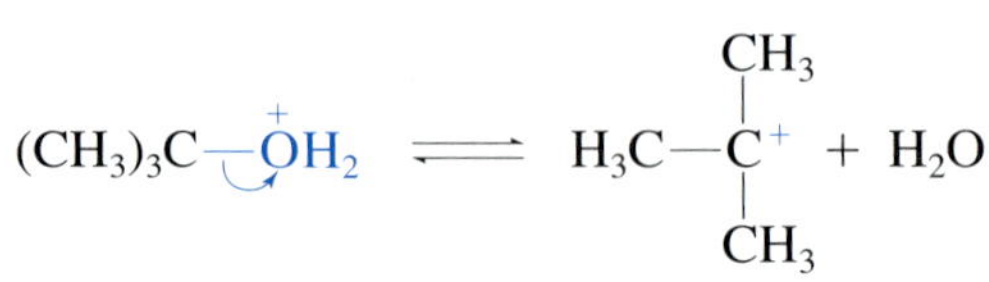

tert-Butyl 양이온

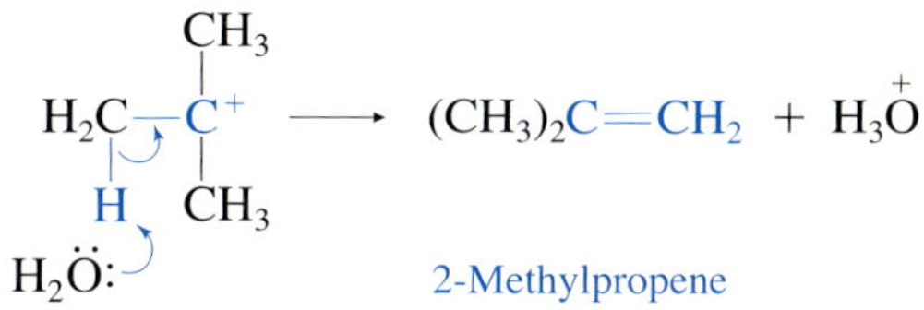

2-Methylpropene

일차 알코올인 1-propanol에서는 하이드록시기에 양성자화가 일어난 다음 E2 메커니즘으로 반응이 진행된다.

$$CH_3CH_2CH_2OH \underset{}{\overset{H^+}{\rightleftharpoons}} CH_3CH_2CH_2\overset{+}{O}H_2$$

1-Propanol

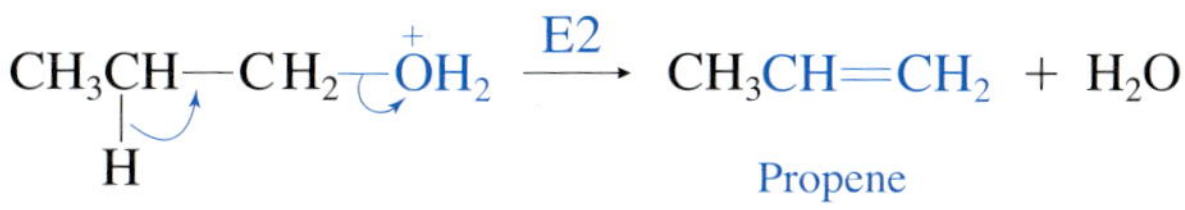

Propene

비대칭 알코올의 탈수 반응은 Zaitsev 규칙을 따르며 알킬 치환이 더 많은 알켄이 더 안정하기 때문에 더 많이 생성된다.

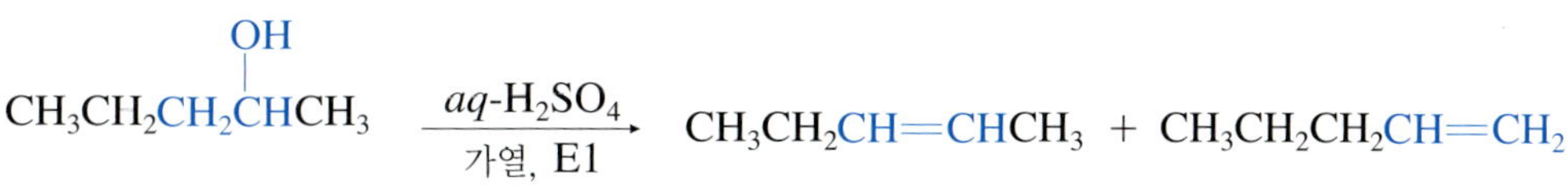

2-Pentanol　　2-Pentene(80%)　　1-Pentene(5%)

8.4 2-Hexanol과 3,3-dimethyl-2-butanol의 제거 반응에서 얻어지는 주생성물은 무엇인가?

8.5 다음 각 반응에서 얻어질 수 있는 화합물들의 구조를 그리고, 주생성물을 지적하시오.

(1)

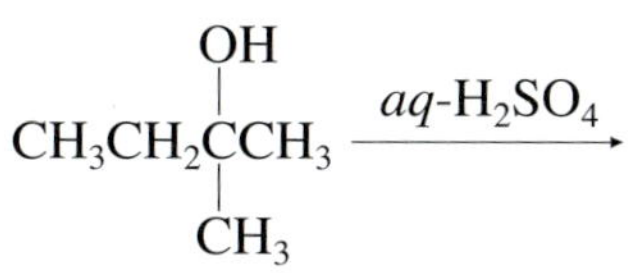

(2)

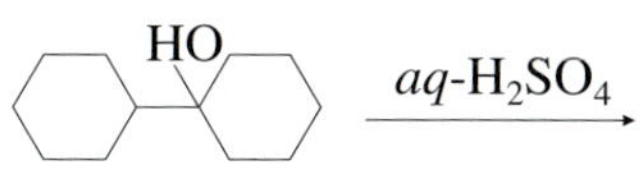

8.5 알코올의 할로젠화 반응

알코올을 할로젠화 수소 HX(X=Cl, Br 또는 I)로 처리하면 할로알케인 RX가 생성된다.

$$(CH_3CH_2)_2CHOH \xrightarrow[\text{가열}]{HBr/H_2SO_4} (CH_3CH_2)_2CHBr$$

3-Pentanol　　3-Bromopentane

반응은 삼차 알코올에서는 효과적으로 진행되지만 이차 또는 일차 알코올에서는 잘 일어나지 않는다.

R_3COH 삼차 → R_2CHOH 이차 → RCH_2OH 일차

반응 속도 감소

8.6 다음을 적당한 알코올로부터 합성하시오.

(1) 1-Chloro-1-methylcyclohexane

(2) Chlorocyclohexane

(3) 

(4) *tert*-Butyl bromide

8.6 알코올의 산화

알코올의 가장 중요한 반응 중의 하나가 산화 반응이다. 일차 알코올을 강한 산화제인 H_2CrO_4로 처리하면 알데하이드를 거쳐 카복실산으로 산화된다. 중간체로서 생성되는 알데하이드는 알코올보다 더 빠르게 산화되기 때문에 분리되지 않는다.

$$CH_3CH_2CH_2CH_2OH \xrightarrow[KMnO_4]{H_2CrO_4 \text{ 또는}} [CH_3CH_2CH_2CH{=}O] \longrightarrow CH_3CH_2CH_2CO_2H$$

1-Butanol   Butanal   Butanoic acid

일차 알코올을 알데하이드로 산화시킬 때는 pyridinium chlorochromate(PCC)의 CH_2Cl_2 용액을 사용하는 것이 효과적이다.

$$CH_3(CH_2)_5CH_2OH \xrightarrow{PCC} CH_3(CH_2)_5CH{=}O$$

1-Heptanol   1-Heptanal

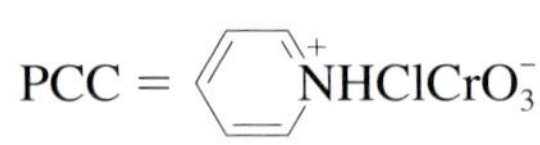

묽은 황산과 아세톤의 혼합 용매에 녹인 CrO_3로 이차 알코올을 처리하면 높은 수득률로 케톤으로 전환된다. 이 CrO_3 용액은 **Jones 시약**이라고 부른다.

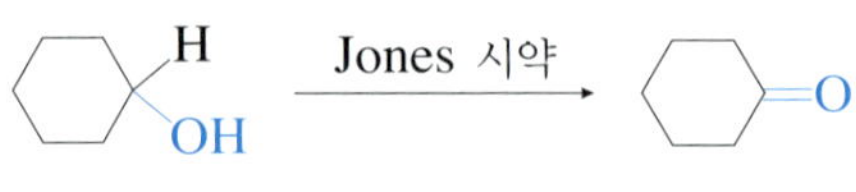

Cyclohexanol   Cyclohexanone

삼차 알코올은 보통의 산화제에 의해 산화되지 않는다.

8.7 Benzyl alcohol을 CrO_3/묽은 H_2SO_4의 아세톤 용액과 PCC의 CH_2Cl_2 용액으로 처리하면 각각 어떤 생성물이 얻어지겠는가?

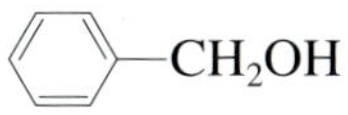

Benzyl alcohol

8.8 다음의 산화 반응식을 쓰시오.

(1) Jones 시약과 cyclohexanol (2) PCC와 1-pentanol

(3) Jones 시약과 4-phenyl-2-pentanol (4) H_2CrO_4와 cyclopentanol

8.7 페놀의 반응

페놀은 산 촉매 존재 하의 탈수 반응이나 할로젠화 반응을 일으키지 않는다. 그러나 염기에 의해 생성된 phenoxide 이온은 좋은 친핵체이기 때문에 쉽게 입체 장애가 적은 할로알케인과 S_N2 반응을 일으킨다.

Sodium phenoxide Methyl iodide Methoxybenzene(anisole)

페놀 화합물들은 빠르게 친전자성 치환 반응을 일으킨다.

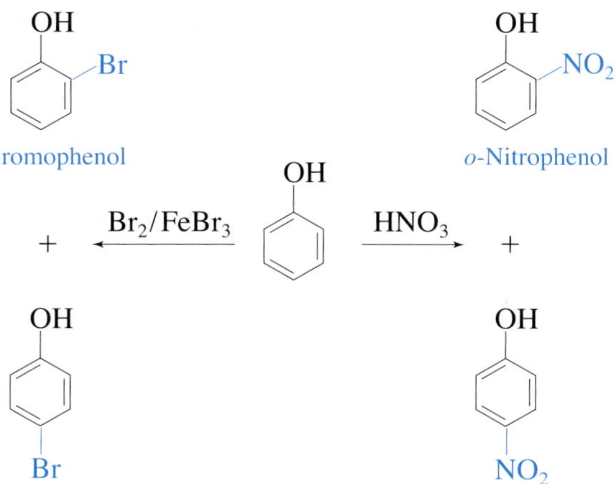

o-Bromophenol *o*-Nitrophenol *p*-Bromophenol *p*-Nitrophenol

8.8 에터의 명명법

간단한 에터는 두 개의 알킬기 또는 아릴기의 이름을 알파벳 순서로 쓰고 그 뒤에 'ether'란 단어를 붙이는 관용명을 더 많이 사용한다.

$CH_3OCH_2CH_3$	$CH_3CH_2OCH{=}CH_3$	$CH_3CH_2OCH_2CH_3$
Ethyl methyl ether	Ethyl vinyl ether	Diethyl ether

복잡한 에터 화합물의 이름을 지을 때는 IUPAC 규칙을 따른다. 즉 분자량이 작은 alkoxy 기를 치환기로 간주하여 alkoxyalkane으로 명명한다.

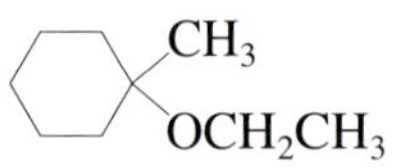

1-Ethoxy-1-methylcyclohexane

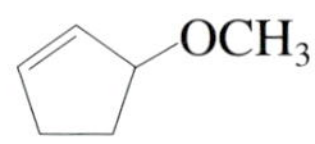

3-Methoxycyclopentene

p-Dimethoxybenzene

고리를 구성하고 있는 탄소 대신 산소가 치환되어 있는 화합물을 **고리형 에터**(cyclic ether)라고 한다. 고리형 에터는 oxacycloalkane으로 명명한다. 즉 세 원자 고리 에터는 oxacyclopropane(epoxide 또는 oxirane)이라고 하며 공업화학의 중요한 원료이다. 다섯 원자 고리 에터인 oxacyclopentane(tetrahydrofuran)과 oxacyclohexane(tetrahydropyran)은 유기화학 반응에 사용되는 중요한 유기 용매이다.

Oxacyclopropane
(ethylene oxide
또는 oxirane)

Oxacyclopentane
(tetrahydrofuran)

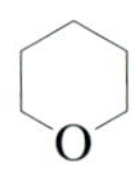

Oxacyclohexane
(tetrahydropyran)

8.9 에터의 합성: Williamson 에터 합성법

알코올을 소듐 또는 포타슘 금속으로 처리하여 만든 알콕사이드를 할로알케인과 반응시키면 에터가 얻어지는데 이 방법을 **Williamson 에터 합성법**이라고 한다. Williamson 에터 합성 반응은 S_N2 메커니즘으로 진행되기 때문에 기질인 할로알케인의 입체 장애가 작아야 한다.

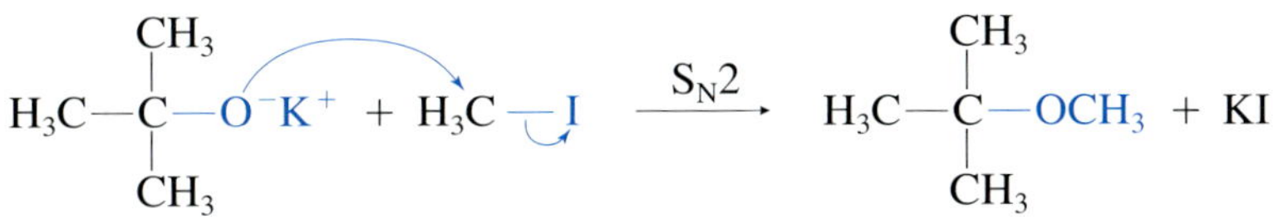

Potassium *t*-butoxide　　Methyl iodide 입체 장애 작음　　*t*-Butyl methyl ether

입체 장애가 클 때는 E2 반응이 일어나 알켄이 형성된다.

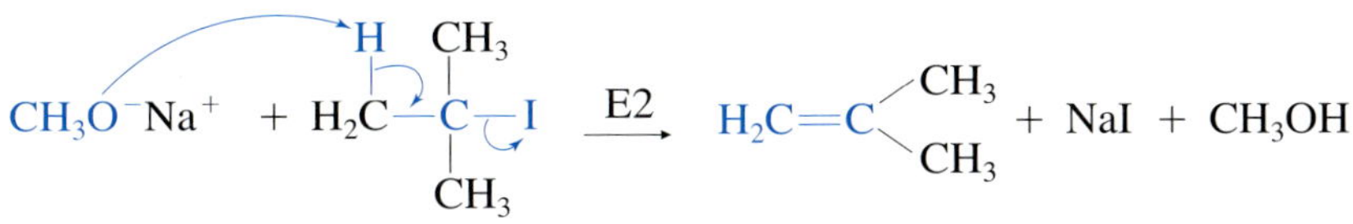

Sodium methoxide　　*t*-Butyl iodide 입체 장애 큼　　2-Methylpropene

8.9 다음 에터를 Williamson 합성법으로 합성하시오.

(1) Ethyl *t*-butyl ether　　(2) Propyl isopropyl ether

(3) Cyclopentyl methyl ether　　(4) Benzyl phenyl ether

8.10 크라운 에터

거대 고리형 에터에 속하는 재미있는 화합물들이 있다. 이 화합물들은 왕관을 위에서 내려다 본 형태를 가지고 있기 때문에 **크라운 에터**(crown ether)라고도 부른다. 이 분자들은 보통 $—OCH_2CH_2—$의 단위가 반복되는 고리 구조를 가지고 있으며 x-crown-y 형으로 이름을 짓는다. 여기서 x는 고리를 구성하고 있는 전체 원자수를 나타내고 y는 고리의 산소 원자수를 나타낸다.

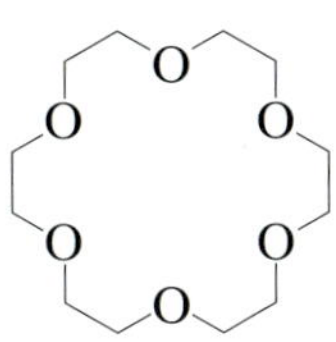

18-Crown-6

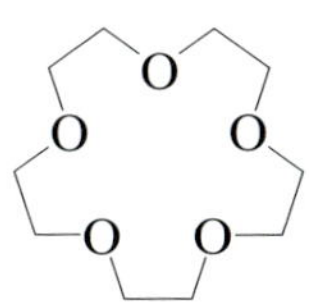

15-Crown-5

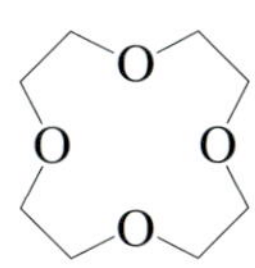

12-Crown-4

크라운 에터는 양이온과 착체 화합물을 형성하는데 크기가 다른 에터는 다른 크기의 양이온과 선택적으로 결합하는 독특한 선택성을 보여 준다. 예를 들면 18-crown-6은 K^+, 15-crown-5는 Na^+과 그리고 12-crown-4는 Li^+과 착체 화합물을 형성한다.

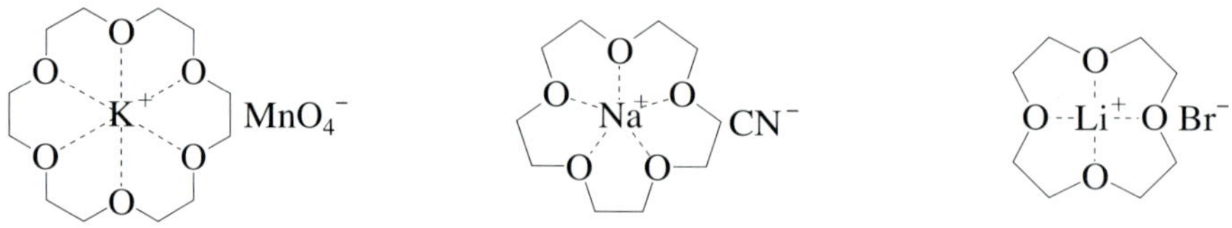

크라운 에터와 양이온의 결합력은 상당히 강하며 이들 착체는 유기 용매에 잘 녹는다. 예를 들면 $KMnO_4$는 유기 용매에 녹지 않지만 18-crown-6과의 착체는 벤젠과 같은 유기 용매에 잘 녹는다. 뿐만 아니라 짝이온인 K^+로부터 **벗겨진**(naked) MnO_4^-의 반응성은 더 커지게 된다. 이 착체를 이용하면 유기 용매 속에서 화합물을 보다 효과적으로 산화시킬 수 있다.

Nonactin과 같은 거대 고리 에터는 이온 선택성 항생 물질로 작용한다. 크라운 에터와 비슷한 형태로 K^+ 이온과 선택적 착체를 형성한다. 이 착체가 가지고 있는 탄화수소 부분의 **친지질성**(lipophilic) 때문에 세포의 탄화수소로 이루어진 지질 벽을 쉽게 통과하면서 K^+ 이온을 수송한다.

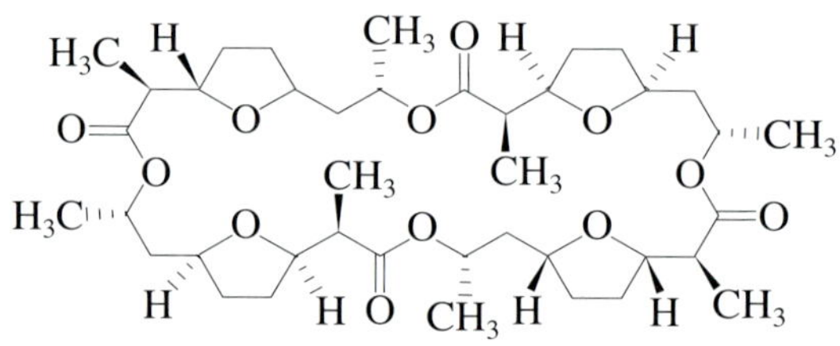

Nonactin

8.11 알코올, 페놀 및 에터의 황 유사체

황 원자는 주기율표에서 산소의 바로 아래쪽에 있다. 산소 원자를 포함하고 있는 많은 유기 화합물들의 황 유사체가 있다. 알코올의 황 유사체인 R—SH는 **싸이올**(thiol) 또는 **머캅탄**(mercaptan)이라고 한다. —SH기는 **머캅토**(mercapto)기라고 한다. 싸이올은 alkanethiol로 명명한다.

Ethanethiol

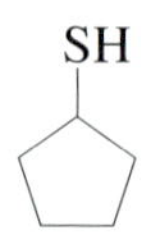

Cyclopentanethiol

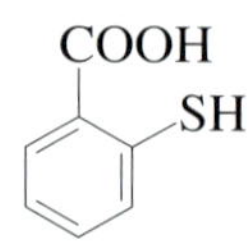

o-Mercaptobenzoic acid

에터의 황 유사체는 **설파이드**(sulfide) 또는 황화물이라고 한다. 관용명을 지을 때는 에터와 마찬가지로 알킬기 또는 아릴기를 알파벳 순서로 적고 'sulfide'라고 하는 단어를 붙인다. RS기는 alkylthio− 또는 arylthio−, RS^-은 alkanethiolate 또는 arenethiolate라고 한다.

$CH_3CH_2SCH_2CH_3$

Diethyl sulfide

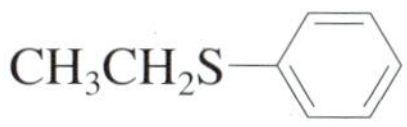

Ethyl phenyl sulfide

$CH_3CH_2CH_2S^-$

Propanethiolate

싸이올과 설파이드는 일반적으로 매우 불쾌한 냄새가 난다. 스컹크의 악취는 3-methyl-1-butanethiol과 같은 낮은 분자량의 싸이올 때문이다. 황 원자는 산소보다 전기 음성도가 작기 때문에 산소보다 약한 수소 결합을 형성한다. 이 때문에 싸이올은 알코올 유사체보다 끓는점과 녹는점이 낮다.

싸이올을 I_2와 같이 온화한 산화제로 처리하면 S—S 결합을 가지고 있는 **이황화물**(disulfide)이 생성된다. 이황화물을 액체 암모니아 속에서 리튬으로 처리하면 싸이올로 환원된다.

$$CH_3CH_2CH_2SH + I_2 \longrightarrow CH_3CH_2CH_2SSCH_2CH_2CH_3 + HI$$

Propanethiol　　　　Dipropyl disulfide

$$CH_3CH_2CH_2SSCH_2CH_2CH_3 \xrightarrow{\text{Li-액체 } NH_3} CH_3CH_2CH_2SH$$

8.10 다음 화합물들의 구조를 그리시오.

(1) 3-Hexanethiol　　(2) Pentyl mercaptan

(3) Methyl isopropyl sulfide　　(4) Diphenyl sulfide

8.11 왼쪽에서 오른쪽을 합성하시오.

(1) $(CH_3)_2CHCH_2CH_2Br \longrightarrow (CH_3)_2CHCH_2CH_2SH$

(2) $CH_3CH_2CH_2OH \longrightarrow (CH_3CH_2CH_2)_2S$

요약

알코올, **에터**, 및 **페놀**은 물의 수소 원자 한 개 또는 두 개가 알킬 또는 아릴기로 치환된 것이다.

알코올과 페놀은 비공유 전자를 가지고 있기 때문에 Lewis 염기로 작용하며 산성 용액에서는 **옥소늄 이온**(oxonium ion)을 형성한다. 또 알코올은 약한 산이기 때문에 강한 염기나 알칼리 금속으로 처리하면 **알콕사이드 이온**(alkoxide ion)이 형성된다. Phenoxide 이온의 음전하는 공명에 의해 페닐기 쪽으로 비편재화될 수 있기 때문에 알코올보다 더 강한 산이다.

알켄의 수화 반응 또는 수소화붕소에 이은 산화 반응, 일차 할로알케인과 하이드록사이드 이온의 반응, 카보닐 화합물의 환원 반응을 이용하면 알코올을 쉽게 합성할 수 있다.

알코올을 탈수시키면 알켄이 생성된다. 일차 알코올은 알데하이드를 거쳐 카복실산으로 산화되고 이차 알코올을 산화시키면 케톤이 생성된다.

에터는 **Willamson 합성법**으로 얻을 수 있으며 일반적으로 안정한 화합물들이다. **크라운 에터**는 거대 고리형 에터이며 금속에 대해 독특한 선택성을 보여 준다.

알코올 및 에터의 황 유사체로는 **싸이올**(thiol)과 **설파이드**(sulfide)가 있다. 이들은 일반적으로 매우 불쾌한 냄새를 낸다.

보충문제

8.12 다음 중 이차 알코올을 지적하시오.

(1) 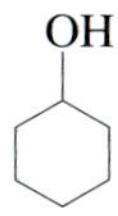

(2) $(CH_3)_3COH$

(3) 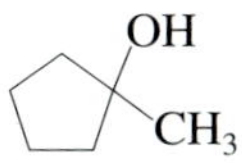

(4) 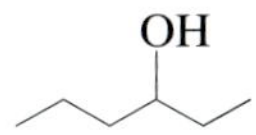

8.13 다음 화합물의 IUPAC 이름을 쓰시오.

(1) 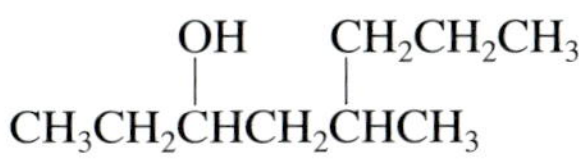

(2) 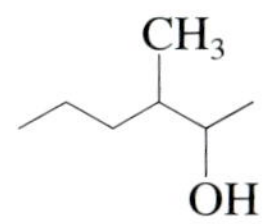

(3) 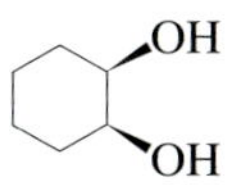

(4) 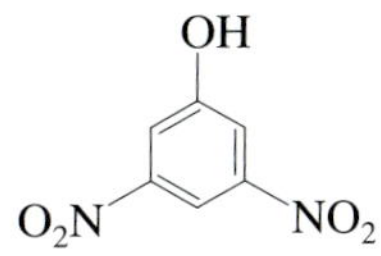

8.14 다음 화합물의 구조를 그리시오.

(1) Isopropyl alcohol
(2) 3,3-Dimethylcyclohexanol
(3) 4-Allyl-2-methoxyphenol
(4) 4-Bromo-2,3-dimethylphenol
(5) Propylene glycol
(6) *cis*-2-Buten-1-ol

8.15 다음 각 에터의 이름에는 구조식을 그리고, 구조식에는 IUPAC 이름을 쓰시오.

(1) Cyclopentyl isopropyl ether
(2) 3-Ethoxycyclohexene
(3) 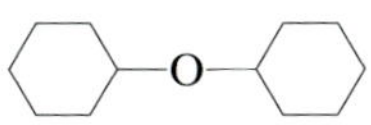
(4) 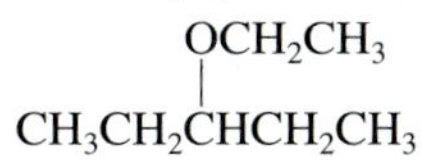

8.16 분자식이 $C_4H_{10}O$인 알코올 이성질체의 구조를 모두 그리시오.

8.17 알코올의 분자량이 증가할수록 물에 대한 용해도가 감소하는 이유를 설명하시오.

8.18 다음을 끓는점이 증가하는 순서로 나열하시오.

$$CH_3CH_2CH_2OH,\ CH_3CH_2OCH_3,\ HOCH_2CH_2OH,\ CH_3CH_2CH_2CH_3$$

8.19 다음 각 쌍이 하고 있는 수소 결합의 구조를 그리시오.

(1) 물의 산소와 methanol의 수소
(2) Methanol의 산소와 물의 수소
(3) Diethyl ether와 물

8.20 다음 반응식을 완결하시오.

(1) CH_3CH_2OH + Na ⟶

(2)  —OH + H^+ $\rightleftharpoons$

(3) $(CH_3)_3CO^-K^+$ + H_2O ⟶

(4) $CH_3CH_2\overset{+}{O}H_2$ + H_2O $\rightleftharpoons$

(5) $(CH_3)_3COH$ + K ⟶

8.21 어떻게 하면 다음 각 알코올을 할로알케인, 알데하이드, 카복실산으로부터 얻을 수 있겠는가?

(1) $CH_3CH_2CH_2CH_2OH$

(2)  —CH_2OH

8.22 어떻게 하면 알켄으로부터 다음 알코올을 만들 수 있겠는가?

(1) 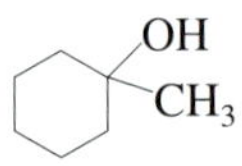

(2) 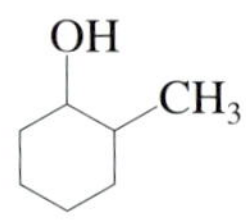

8.23 2-Pentanol을 다음 시약으로 처리했을 때 생성되는 주생성물의 구조를 그리시오.

(1) H_2SO_4

(2) $Na_2Cr_2O_7/H_2SO_4$

(3) HBr

(4) PBr_3

8.24 다음 각 알코올을 HBr로 처리했을 때 일어나는 반응 메커니즘을 제시하시오.

(1) 1,1-Dimethylethanol

(2) 1-Propanol

8.25 (*S*)-2-Chlorobutane으로부터 (*S*)-2-bromobutane을 합성하는 전략을 제시하시오.

8.26 Di-*t*-butyl ether는 산 촉매 존재 하에서 *t*-butyl alcohol과 2-methylpropene을 반응시키면 얻을 수 있다. 이 반응의 메커니즘을 제시하시오.

8.27 3-Buten-2-ol을 진한 HBr로 처리하면 3-bromo-1-butene과 1-bromo-2-butene이 생성된다. 메커니즘을 제시하시오.

8.28 다음 평형에서는 라셈화가 일어난다. 설명하시오.

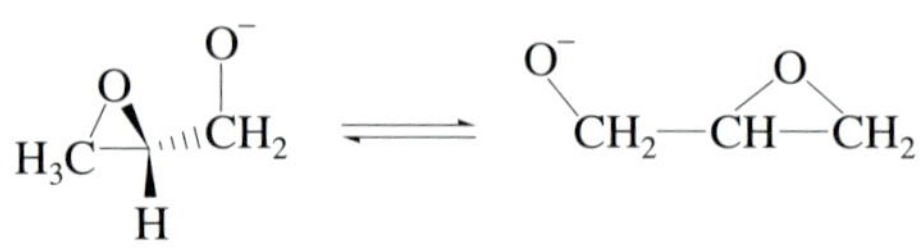

9장 알데하이드와 케톤

카보닐기(carbonyl group)는 유기 화학뿐만 아니라 생화학 및 생물학에서도 매우 중요한 작용기 중의 하나이다. 카보닐기를 가지고 있는 화합물들을 **카보닐 화합물**(carbonyl compounds)이라고 한다. 9장에서는 카보닐 화합물 중 **알데하이드**(aldehyde)와 **케톤**(ketone)의 두 가지 부류를 소개한다.

가장 간단한 알데하이드인 formaldehyde는 카보닐기의 양쪽에 두 개의 수소 원자가 결합되어 있다. 그 밖의 다른 모든 알데하이드의 카보닐기에는 한 개의 수소 원자와 한 개의 알킬기 또는 아릴기가 결합되어 있다. 케톤은 카보닐기에 두 개의 알킬 또는 아릴기가 결합되어 있다.

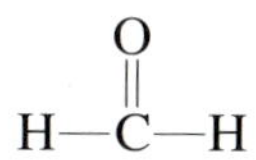

Formaldehyde

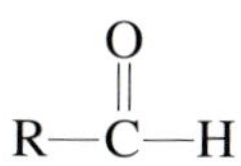 또는 RCHO

알데하이드

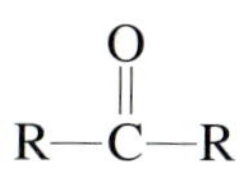 또는 RCOR (R＝알킬기 또는 아릴기)

케톤

많은 알데하이드와 케톤들이 생물학적 활성을 보여 주며 독특한 향기를 가지고 있다. 예를 들면 11-tetradecenal은 가문비나무 새싹을 갉아먹는 입말이나방 유충의 성유인 물질이다. *trans*-Cinnamaldehyde는 계피 향의 주성분이고 (+)-carvone은 박하 기름의 향기 성분이다.

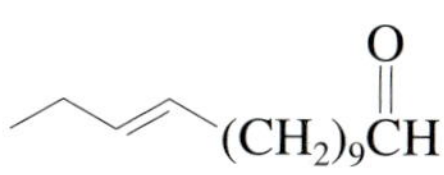

11-Tetradecenal

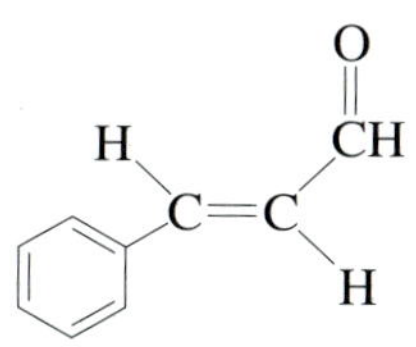

trans-Cinnamaldehyde
(*trans*-3-phenylpropenal)

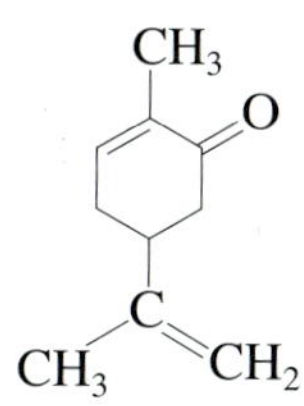

(+)-Carvone

식물과 동물의 단백질, 탄수화물 및 핵산에도 카보닐기가 있다. 9장에서는 알데하이드와 케톤의 명명법, 제법 및 중요한 반응들을 공부할 것이다.

9.1 카보닐기의 구조

카보닐기의 탄소−산소 이중 결합은 알켄의 탄소−탄소 이중 결합과 비슷한 오비탈 구조를 가지고 있다. 가장 간단한 알데하이드인 formaldehyde의 오비탈 구조를 예로 들어 카보닐기를 설명하면 다음과 같다.

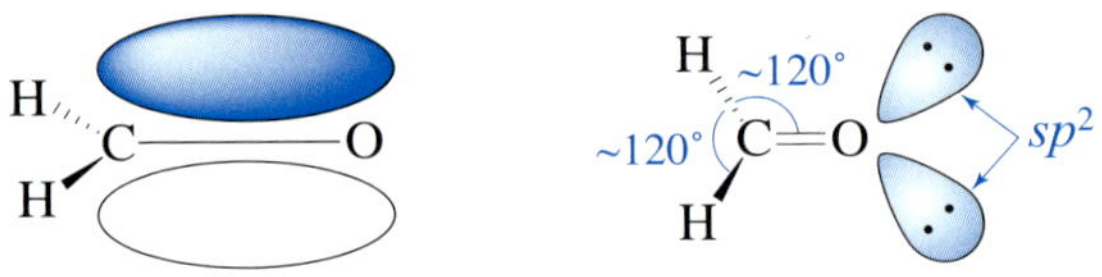

formaldehyde의 오비탈 구조

카보닐기의 sp^2 혼성 탄소는 sp^2 산소 원자에 각각 한 개씩의 σ 결합과 π 결합으로 연결되어 있다. 카보닐 탄소의 세 σ 결합들은 같은 평면에서 거의 120° 각을 이루고 있다. 탄소와 산소를 연결하는 π 결합은 이들 σ 결합의 위와 아래에 놓여 있다. 산소 원자에 있는 두 쌍의 비공유 전자들은 산소의 sp^2 혼성 오비탈에 들어 있다. 카보닐기는 분극되어 있고 π 결합과 σ 결합 전자들은 전기 음성도가 큰 산소 원자 쪽으로 치우쳐 있으며 카보닐 탄소에는 부분 양전하가 걸려 있다. 이와 같은 구조적 특징은 극성 공명 구조 또는 극성 공유 결합 구조로 나타낼 수 있다.

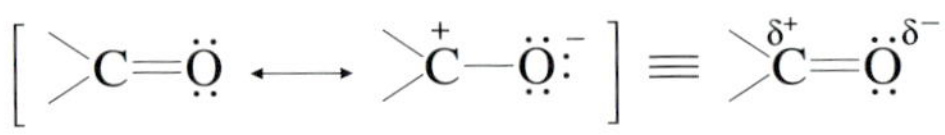

극성 공명 구조 극성 공유 결합 구조

카보닐기의 여러 가지 반응성들은 π 결합, 분극 및 비공유 전자와 같은 구조적 특징들에 의해 결정된다.

9.2 알데하이드와 케톤의 명명법

IUPAC 체계를 따라 알데하이드의 이름을 지을 때는 탄소수가 같은 알케인의 어미 '−e'를 '−al'로 바꾸어 주면 된다. 모체 사슬은 반드시 카보닐기를 포함해야 하고 카보닐기는 사슬의 끝에 있기 때문에 언제나 1번이 된다.

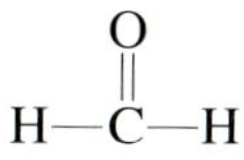
Methanal

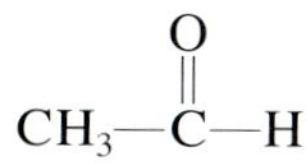
Ethanal

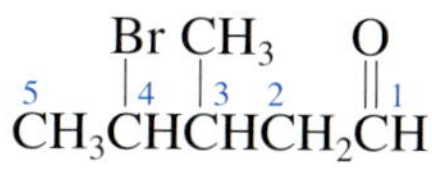
4-Bromo-3-methylpentanal

간단한 알데하이드는 관용명을 많이 사용하며 관용명은 대응하는 카복실산의 관용명에서 '-ic acid' 또는 '-oic acid'를 aldehyde로 바꾸어 주면 된다.

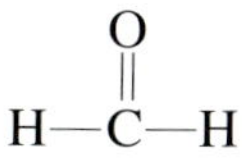
Formaldehyde

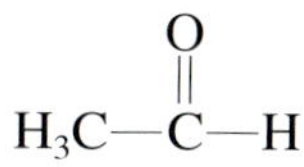
Acetaldehyde

Propionaldehyde

—CHO기를 formyl기라고 한다. Formyl기가 고리에 결합되어 있는 알데하이드의 이름을 지을 때는 고리 화합물의 이름에 어미인 '-carbaldehyde'를 붙여 준다.

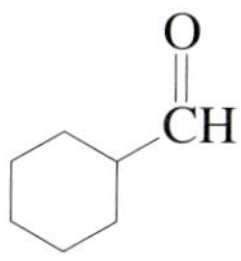
Cyclohexanecarbaldehyde

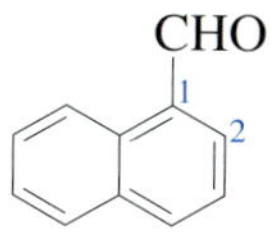
1-Naphthalenecarbaldehyde

IUPAC 체계를 따라 케톤의 이름을 지을 때는 탄소수가 같은 알케인의 '-e'를 '-one'으로 바꾸어 준다. 모체 사슬은 카보닐기를 포함하여야 하며 카보닐기에 가까운 끝에서부터 번호를 붙인다.

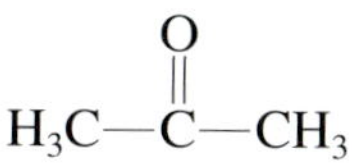
Propanone

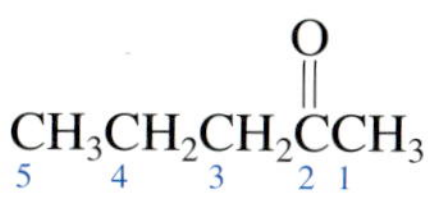
2-Pentanone

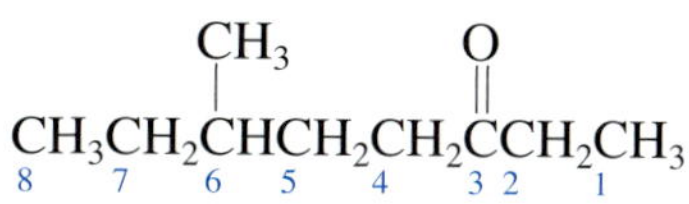
6-Methyl-3-octanone

다음과 같은 케톤은 관용명을 더 많이 사용한다.

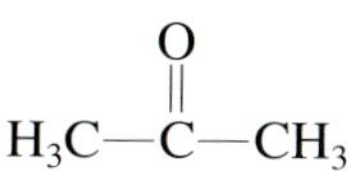
Acetone

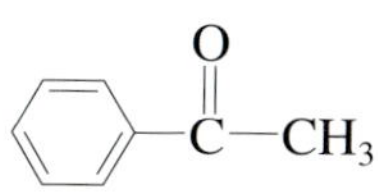
Acetophenone

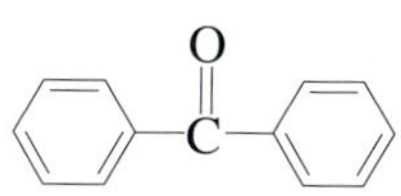
Benzophenone

카보닐기가 알킬기 또는 아릴기에 결합되어 있는 작용기를 아실기(acyl group)라고 하며 다음과 같은 아실기들이 있다.

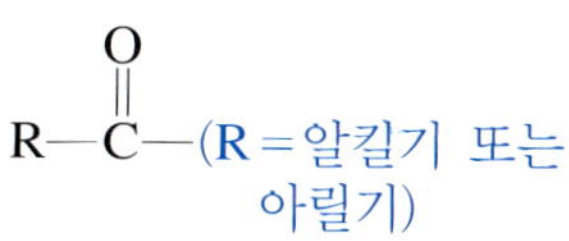

아실기(acyl)

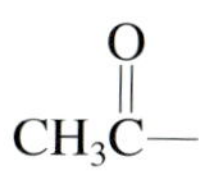
Acetyl 기

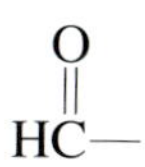
Formyl 기

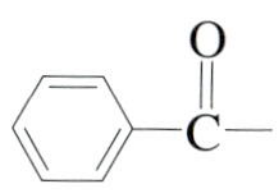
Benzoyl 기

9.1 다음 화합물의 IUPAC 이름을 쓰시오.

(1) $CH_3CH_2CHCH_2CHO$
 |
CH_2CH_3

(2)
O
‖
$CH_3(CH_2)_5CCH_3$

(3) 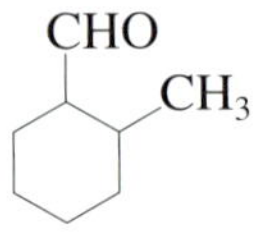

(4) 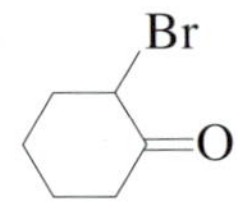

(5)
O O
‖ ‖
$HC(CH_2)_4CH$

(6)
O
‖
$CH_3CH{=}CHCH$

9.2 다음 화합물의 구조를 그리시오.

(1) Hexanal

(2) *m*-Chlorobenzaldehyde

(3) Cyclopentanecarbaldehyde

(4) 3-Pentyn-2-one

9.3 알데하이드 및 케톤의 제법

실험실에서 알데하이드와 케톤을 만들 때 가장 일반적으로 사용하는 방법은 알코올의 산화이다. 일차 알코올을 PCC로 처리하면 알데하이드로 산화된다(8.7절 참고). 이차 알코올을 H_2CrO_4로 처리하면 케톤으로 산화된다.

1-Hexanol → Hexanal

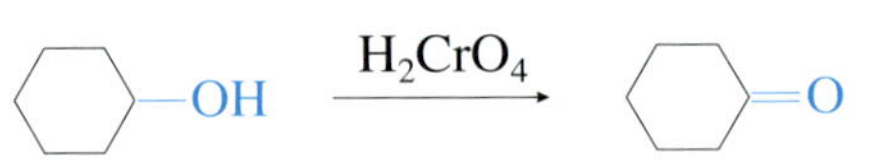

Cyclohexanol → Cyclohexanone

아릴 케톤은 Friedel-Crafts 아실화 반응을 이용하면 쉽게 얻을 수 있다.

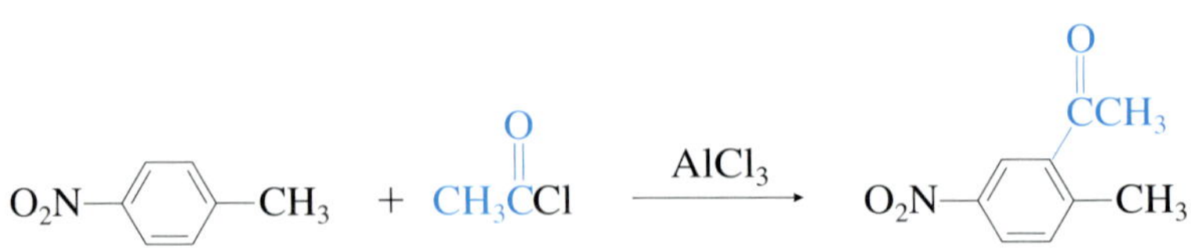

P-Nitrotoluene → 2-Acetyl-4-nitrotoluene

9.3 다음 반응의 생성물은 무엇인가?

(1) 1-Pentanol과 PCC

(2) 3-Methylcyclohexanol과 H_2CrO_4

9.4 친핵성 아실 첨가 반응

카보닐 탄소에 부분 양전하가 걸려 있기 때문에 알데하이드와 케톤은 카보닐 탄소에서 친핵체의 공격을 받아 첨가 생성물을 형성하는 **친핵성 아실 첨가 반응**(nucleophilic acyl addition reaction)을 일으킨다.

친핵체가 카보닐 탄소를 공격하고 C=O 결합의 π 결합 전자가 전기 음성도가 큰 산소 쪽으로 이동하면 음이온 중간체가 형성된다. 이 중간체는 물 또는 알코올과 같은 용매나 산에 의해 양성자화된다.

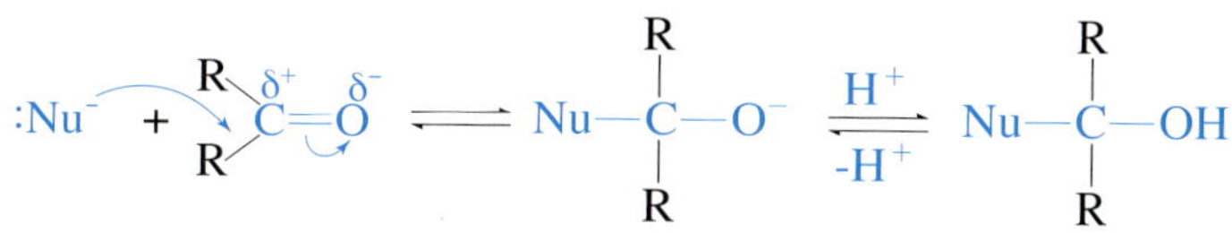

친핵체의 반응성이 작을 때는 산 촉매가 필요하다. 산이 카보닐 산소를 양성자화하면 공명 안정화된 탄소 양이온이 형성된다. 양전하 밀도가 커진 카보닐 탄소는 친핵체에 대해 크게 증가된 반응성을 보여 준다.

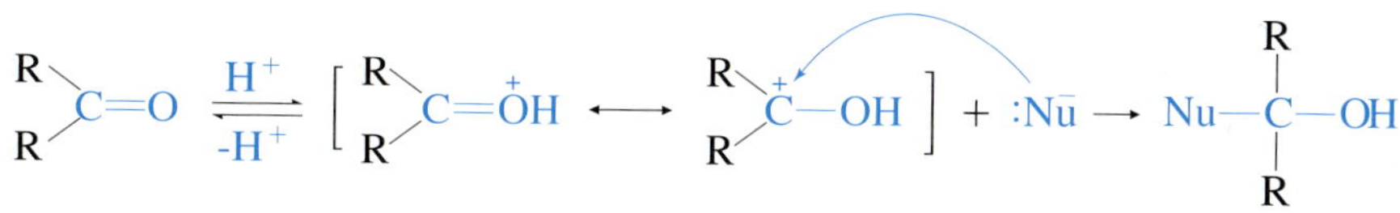

알킬기는 수소보다 전자를 주는 능력과 입체 장애가 더 크다. 카보닐기에 결합되어 있는 알킬기의 수가 증가하면 카보닐기의 양전하 밀도는 감소하고 입체 장애는 증가한다. 이 때문에 친핵체에 대한 반응성은 일반적으로 알데하이드보다 케톤이 더 작다.

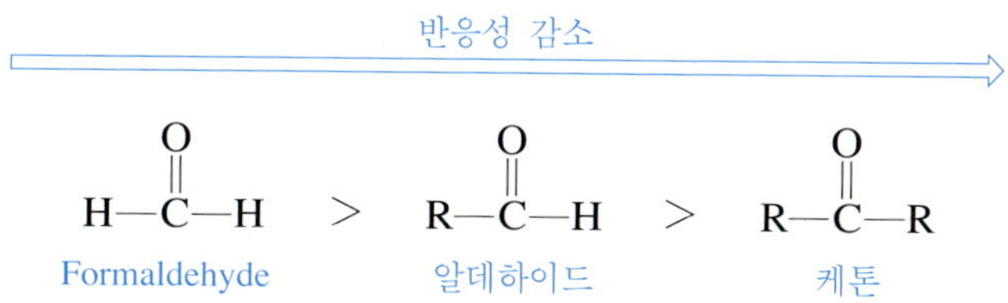

9.5 물의 첨가 반응

카보닐기에 물이 첨가되면 **같은 자리 다이올**(geminal diol)이라고 하는 **수화물**(hydrate)이 생성된다. 반응은 가역적으로 진행된다. 중간체의 양으로 하전된 산소로부터 양성자가 제거되고 음으로 하전된 산소가 양성자화되면 같은 자리 다이올이 형성된다.

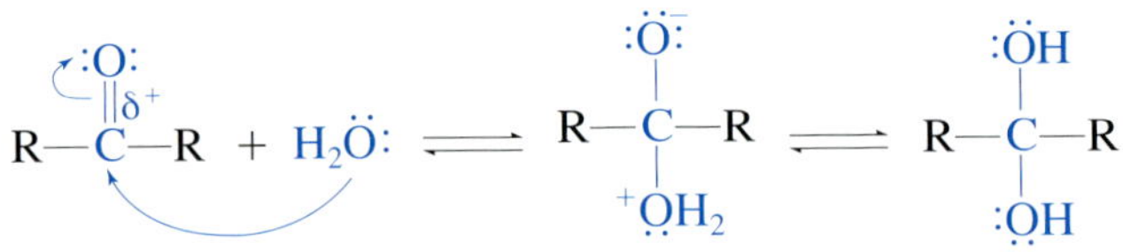

같은 자리 다이올

일반적으로 카보닐 화합물의 구조는 평형에 큰 영향을 미친다. 카보닐 탄소의 양전하 밀도가 클수록, 입체 장애가 작을수록 평형은 수화물에 유리하다. 즉 케톤보다 알데하이드의 수화물이 훨씬 더 많이 형성된다. Formaldehyde는 비교적 안정한 수화물인 formalin을 형성하지만 대부분의 수화물은 쉽게 물을 잃고 원래의 카보닐 화합물로 되돌아가기 때문에 분리할 수 없다. Acetone은 0.1% 정도만 수화물로 존재한다.

염기 또는 산 촉매가 존재하면 물의 첨가 반응 속도는 크게 증가한다. 염기 촉매는 물을 하이드록사이드 이온으로 전환시키고 산 촉매는 카보닐 탄소의 양전하 밀도를 증가시킴으로써 반응 속도를 증가시킨다.

염기 촉매 존재 하에서는 하이드록사이드 이온이 카보닐 탄소를 공격하고 hydroxyalkoxide 중간체를 형성한다. 이 중간체가 물로부터 양성자를 취하면 같은 자리 다이올이 생성되고 촉매인 하이드록사이드 이온은 재생된다.

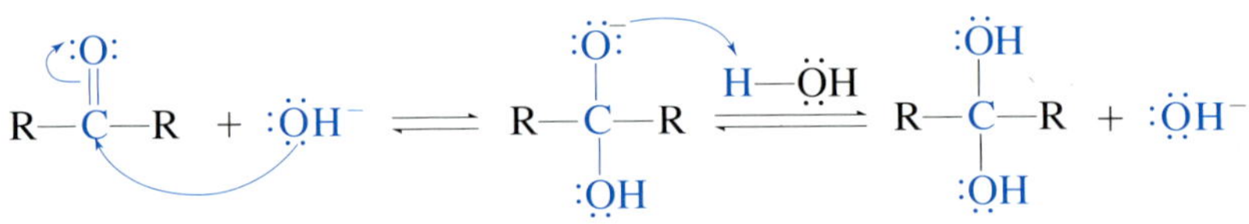

hydroxyalkoxide
중간체

산 촉매 존재 하에서는 먼저 카보닐 산소에 양성자화가 일어난다. 물이 카보닐 탄소를 공격하면 **옥소늄 이온**(oxonium ion) 중간체가 형성된다. 양성자가 제거되면 중성인 수화물이 생성되고 산 촉매가 재생된다.

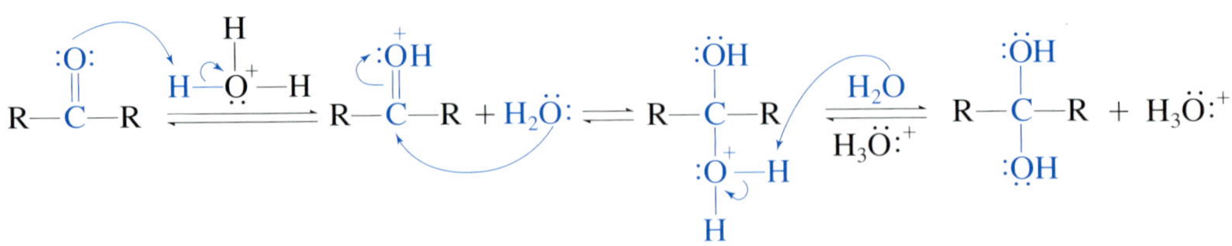

9.4 다음을 물의 첨가에 대한 반응성이 증가하는 순서로 나열하시오.

(1) CH_3CHO, CCl_3CHO, $CHCl_2CHO$, CH_2ClCHO

(2) $CH_3CH_2CH_2CHO$, $CH_3CH_2CH_2COCH_3$, $CH_3CH_2CH_2COCH_2CH_2CH_3$

9.6 알코올 첨가 반응

물과 마찬가지로 알코올도 카보닐기에 친핵성 첨가 반응을 한다. 알데하이드에 알코올 한 분자가 첨가되면 **반아세탈**(hemiacetal)이 형성되고 두 분자의 알코올이 첨가되면 **아세탈**(acetal)이 생성된다. 이 반응들은 산 촉매 작용을 받는다. 카보닐 화합물이 알데하이드 대신 케톤일 때 첨가 생성물은 **반케탈**(hemiketal)과 **케탈**(ketal)이다.

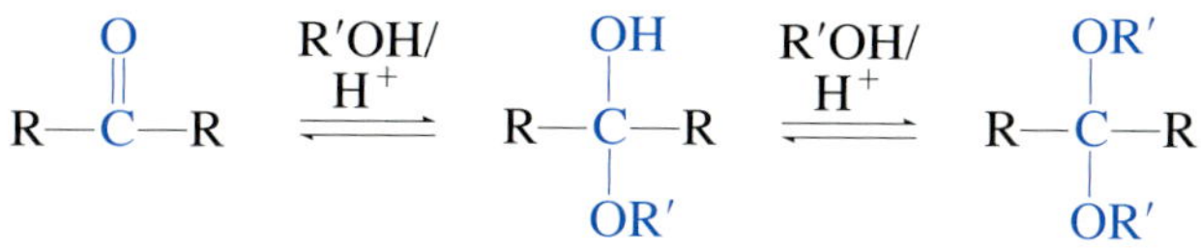

알데하이드 (케톤) 반아세탈 (반케탈) 아세탈 (케탈)

알데하이드 또는 케톤과 알코올의 반응도 전과정이 가역적으로 진행된다. 이 반응의 메커니즘에서는 산소를 포함하고 있는 작용기들의 양성자화와 양성자 제거가 반복된다. 산 촉매 존재하에서 일어나는 많은 카보닐 화합물의 첨가 반응들이 비슷한 메커니즘으로 진행된다.

카보닐 산소가 산에 의해 양성자화되면 카보닐 탄소에 대한 알코올의 첨가가 쉬워진다. 양성자화된 반아세탈로부터 양성자가 제거되면 반아세탈이 형성된다.

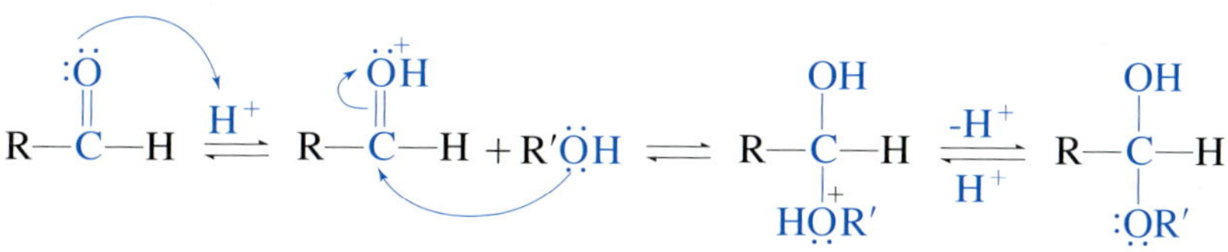

양성자화된 반아세탈 반아세탈

반아세탈의 하이드록시기가 양성자화되면 그곳으로부터 물이 제거되면서 반응성이 큰 중간체가 형성된다.

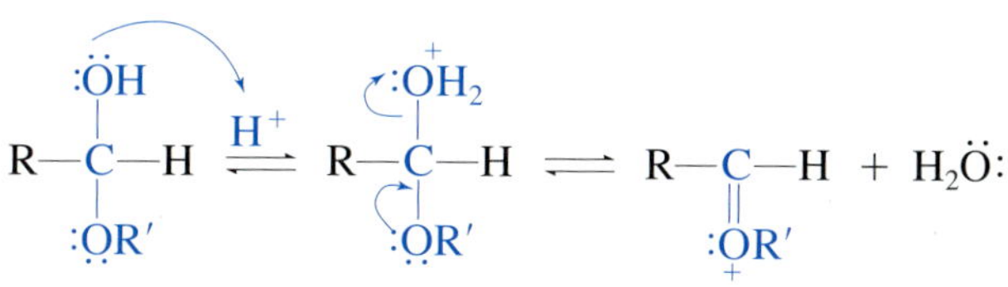

두 번째 알코올 분자가 이 중간체의 카보닐기에 첨가되고 양성자가 제거되면 아세탈이 생성된다.

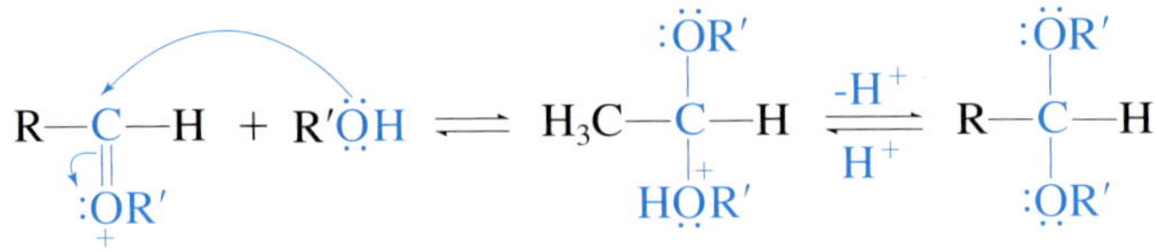

아세탈

알코올 첨가 반응의 평형은 일반적으로 알데하이드에 유리하기 때문에 평형에서는 보통 다량의 알데하이드와 소량의 반아세탈 및 아세탈이 존재한다. 일반적으로 반아세탈은 분리될 수 없다. 그러나 아세탈은 산성이 아닌 용액에서는 안정하므로 분리될 수 있다. 반응 조건을 조절하면 아세탈이 형성되도록 하거나 알데하이드 쪽으로 역반응을 일으키게 할 수 있다. 아세탈을 얻으려면 과량의 알코올을 사용하거나 생성되는 물을 제거해 주면 된다. 알데하이드 쪽으로 진행되게 하려면 산 촉매 존재 하에서 과량의 물을 가해 주면 된다.

만약 산이 존재하지 않는다면 다섯 원자 또는 여섯 원자 고리 구조를 가지고 있는 아세탈은 특히 안정하다.

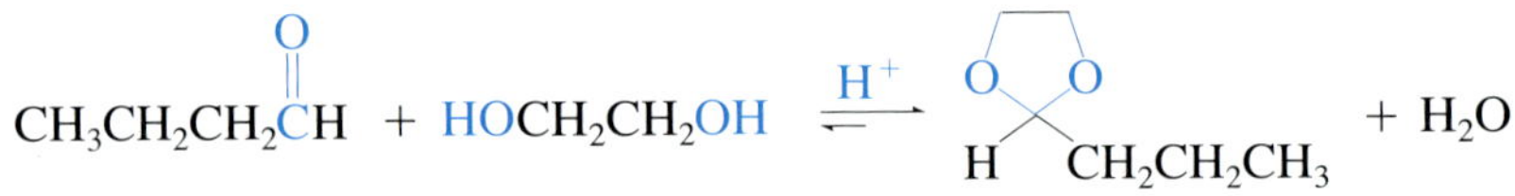

1-Butanal　　1,2-Ethanediol　　고리형 아세탈 안정함

9.5 다음에서 반케탈, 반아세탈 및 케탈의 구조를 포함하고 있는 것을 가리시오.

(1) 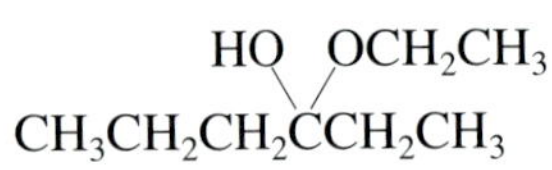

(2) 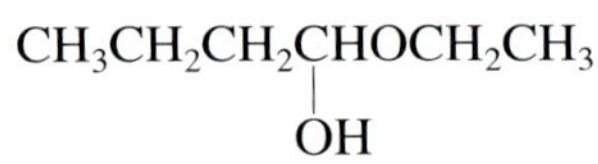

(3) 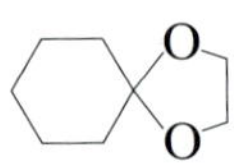

9.6 문제 9.5의 화합물들이 형성되는 데 필요한 알코올과 알데하이드 또는 케톤의 구조를 제시하시오.

9.7 소량의 HCl 존재하에서 일어나는 다음 반응의 메커니즘을 제시하시오.

9.7 친핵성 첨가-제거 반응

알데하이드와 케톤에서 친핵성 첨가 반응이 일어난 다음 물이 제거되는 반응을 **친핵성 첨가-제거 반응**(nucleophilic addition-elimination reaction)이라고 한다. 카보닐 탄소를 공격한 원자가 비공유 전자쌍을 가지고 있고 첨가 생성물이 불안정할 때 이 반응이 일어난다.

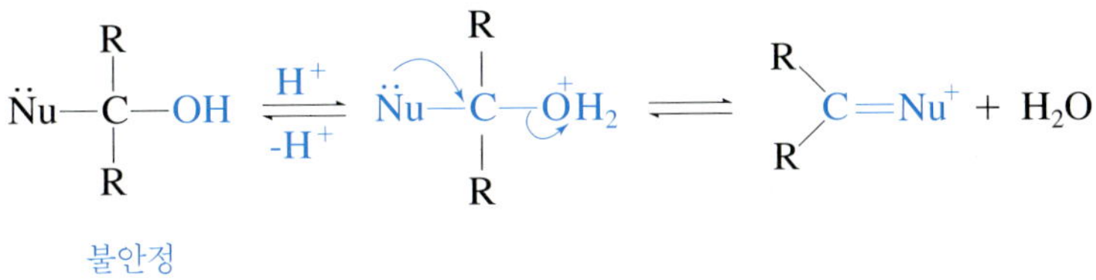

주로 암모니아나 아민 유도체들이 산 촉매 존재 하에서 이 반응을 일으킨다. 생성된 화합물을 **이민**(imine)이라고 하며 이민의 C═N 결합을 **이미노기**(imino group)라고 부른다.

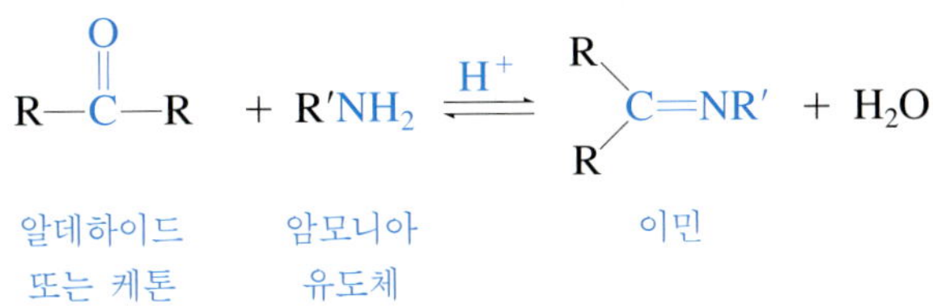

암모니아로부터 형성된 이민은 불안정하여 분리될 수 없다. 일차 아민(RNH_2)으로부터 생성된 이민은 보다 안정하며 이것을 **Schiff 염기**라고 부른다. Hydroxylamine으로부터 얻어진 이민은 **옥심**(oxime)이라고 하고 **하이드라진**(hydrazine)으로부터 얻어진 이민은 **하이드라존**(hydrazone)이라고 한다.

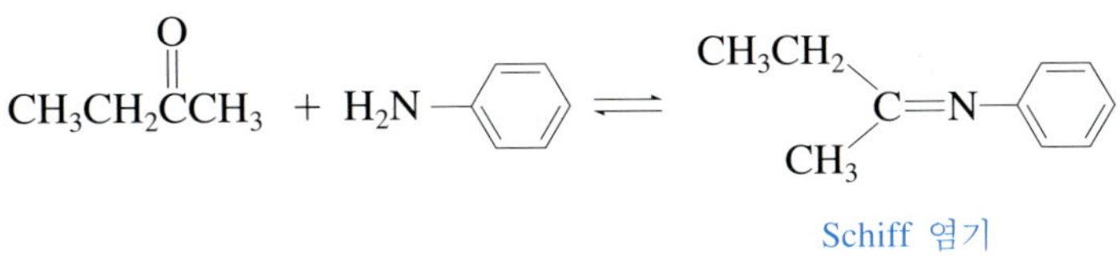

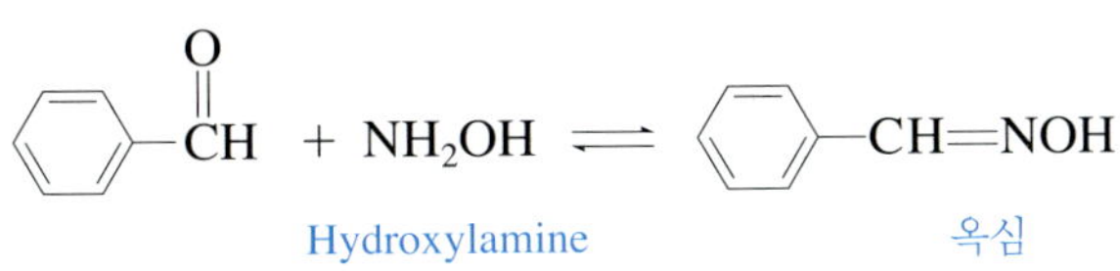

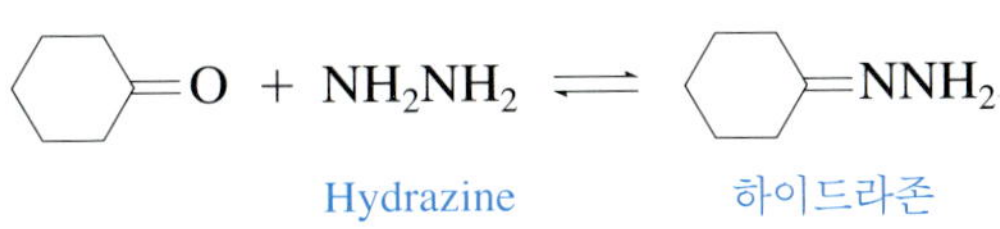

9.8 Benzaldehyde와 다음 화합물의 반응식을 쓰시오.

(1) Phenylhydrazine($C_6H_5NHNH_2$)

(2) *p*-Methylaniline

(3) Semicarbazide($NH_2NHCONH_2$)

(4) Hydroxylamine(NH_2OH)

9.8 산화 환원

케톤은 쉽게 산화되지 않지만 알데하이드를 산 촉매 존재 하에서 CrO_3와 같은 산화제로 처리하면 쉽게 카복실산으로 산화된다.

$$\underset{\text{2-Butanone}}{CH_3CH_2\overset{\overset{\displaystyle O}{\|}}{C}CH_3} \xrightarrow{CrO_3,\ H^+} \text{반응 안 함}$$

$$\underset{\text{Pentanal}}{CH_3CH_2CH_2CH_2\overset{\overset{\displaystyle O}{\|}}{C}H} \xrightarrow{CrO_3,\ H^+} CH_3CH_2CH_2CH_2\overset{\overset{\displaystyle O}{\|}}{C}OH$$

알데하이드는 Ag^+과 같이 약한 산화제에 의해서도 쉽게 산화된다. Ag^+을 묽은 암모니아 수용액에 녹여 만든 **Tollens 시약**(은–암모니아 착체)으로 알데하이드를 처리하면 알데하이드는 카복실산 음이온으로 산화되고 금속 은이 생성된다. 생성된 금속 은은 유기 벽면에 은 거울을 형성하기 때문에 알데하이드의 검출에 이용된다. 여러 가지 현대적인 분석법의 개발로 지금은 더 이상 Tollens 시약이 알데하이드의 검출에 이용되지 않지만 은 거울을 만들 때는 아직도 이 방법이 사용된다.

$$R\overset{\overset{\displaystyle O}{\|}}{C}H + \underset{\text{Tollens 시약}}{Ag(NH_3)_2^+} \xrightarrow{OH^-} R\overset{\overset{\displaystyle O}{\|}}{C}O^- + \underset{\text{은거울}}{Ag^0}$$

알데하이드와 케톤은 각각 일차 및 이차 알코올로 쉽게 환원된다. 환원제로는 전이 금속 촉매 존재 하에서의 수소, 수소화붕소 소듐($NaBH_4$) 또는 수소화알루미늄 리튬($LiAlH_4$) 등이 자주 사용된다.

$$\underset{\text{Butanal}}{CH_3CH_2CH_2\overset{\overset{\displaystyle O}{\|}}{C}H} + H_2 \xrightarrow{Pt} \underset{\substack{n\text{-Butanol}\\ \text{일차 알코올}}}{CH_3CH_2CH_2CH_2OH}$$

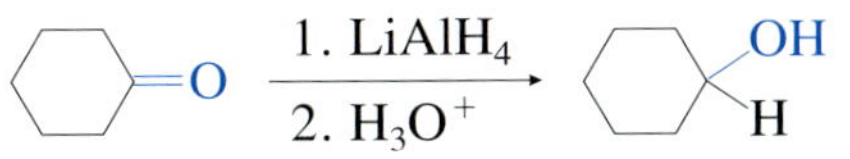

Cyclohexanone　　Cyclohexanol
이차 알코올

9.9 다음 반응식을 완성하시오.

(1) $CH_3CH_2CH_2CH_2CHO \xrightarrow{CrO_3,\ H^+}$

(2) 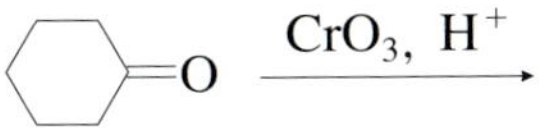

(3) 

(4) 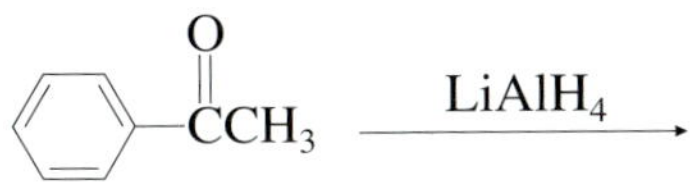

(5) $CH_3CH_2CH_2CH_2CHO \xrightarrow{H_2,\ Pd/C}$

9.9 Grignard 시약과의 반응

에터 용매에서 알킬, 아릴 또는 바이닐의 할로젠 화합물을 금속 마그네슘으로 처리하면 Grignard 시약이 얻어진다.

$$R{-}M \xrightarrow{\text{Ethyl ether, Mg}} RMgX(X=Cl, Br, I)$$

Grignard 시약

Grignard 시약이 탄소 음이온(R:⁻)처럼 작용하여 카보닐기에 친핵성 첨가 반응을 하면 카보닐기는 하이드록시기로 환원된다. 이 반응은 카보닐 화합물에 대한 Grignard 시약의 첨가와 생성된 할로마그네슘 알콕사이드를 산 수용액으로 가수 분해하는 두 단계로 이루어져 있으며 비가역적으로 진행된다.

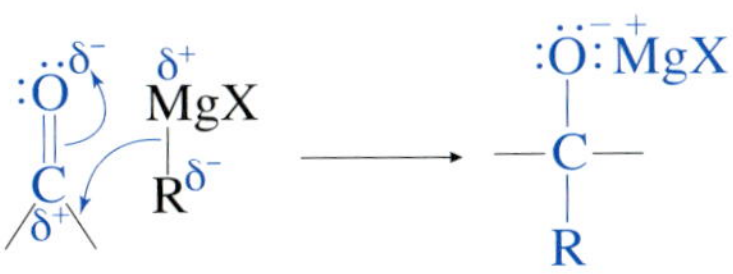

(X=Br, I)

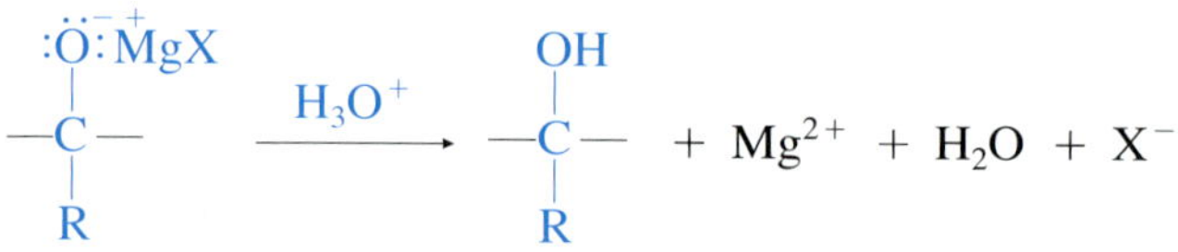

할로마그네슘
알콕사이드

Grignard 시약과 알데하이드, 케톤의 반응을 이용하면 여러 가지 알코올을 효과적으로 합성할 수 있다. 예를 들면 Grignard 시약을 formaldehyde와 반응시키면 일차 알코올이 생성된다.

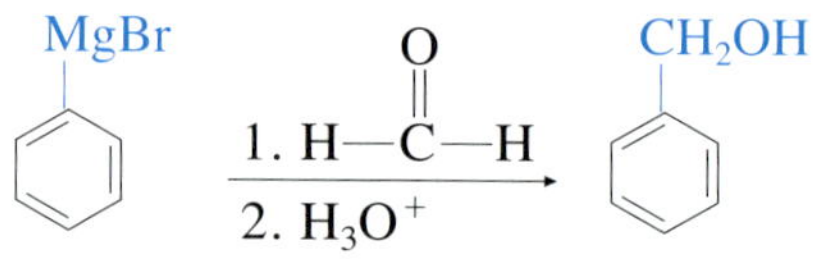

Phenylmagnesium bromide　　Benzyl alcohol 일차 알코올

9.10 Grignard 시약과 적당한 알데하이드로부터 2-pentanol을 합성하는 두 가지 방법을 제시하시오.

9.11 Grignard 시약과 적당한 카보닐 화합물로부터 다음을 합성하시오.

(1) 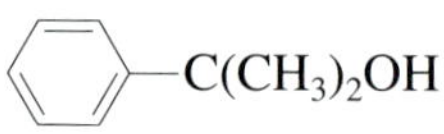

(2) 

9.10 케토-엔올 토토머화

카보닐기의 바로 인접한 위치에 있는 탄소를 α-탄소라고 하고 α-탄소에 결합되어 있는 수소를 α-수소라고 한다.

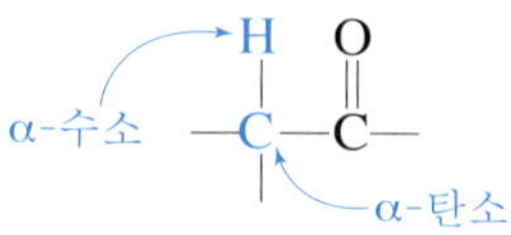

α-수소를 가지고 있는 알데하이드 또는 케톤은 엔올 이성질체와 **케토-엔올 토토머화**(keto-enol tautomerism)라고 하는 평형을 이룬다. 보통의 알데하이드 또는 케톤은 거의 케토 이성질체로 존재한다. 예를 들면 아세톤은 99.99% 이상이 케토 이성질체이다.

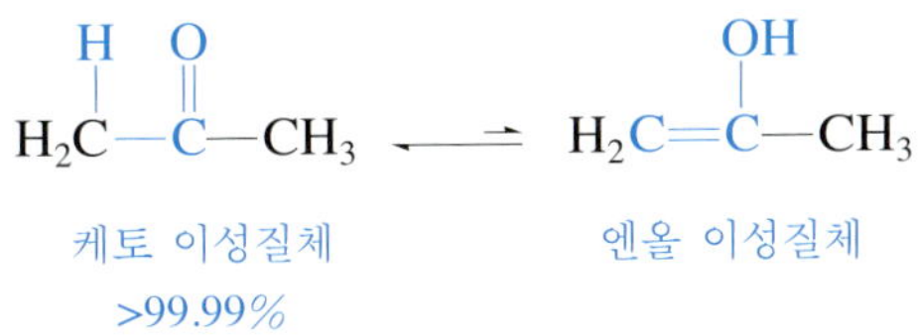

Acetone

엔올은 평형에서 소량으로 존재하고 분리할 수 없지만 카보닐 화합물의 화학에 매우 중요한 중간체이다.

9.12 다음 화합물의 엔올형 구조를 그리시오.

(1) Cyclohexanone (2) 2,4-Pentandione

9.13 Phenol의 케토형 구조를 그리시오.

9.11 산 염기 촉매에 의한 엔올화

엔올화(enolization)라고도 부르는 엔올 형성 반응은 산 또는 염기 촉매 작용을 받을 수 있다. 산 촉매 존재 하에서 카보닐 산소에 양성자가 첨가되면 공명 혼성체로 존재하는 양이온이 형성된다. 양이온으로부터 α-수소가 제거되면 엔올이 생성된다.

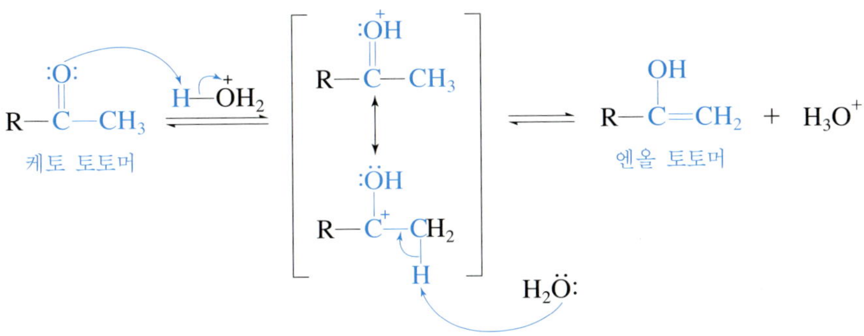

카보닐 α-수소는 보통의 sp^3 탄소에 결합되어 있는 수소보다 산성도가 크기 때문에 염기에 의해 제거될 수 있다. 카보닐 α-수소가 비교적 산성도가 큰 데는 두 가지 이유가 있다. 한 가지는 부분 양전하가 걸려 있는 카보닐 탄소가 α-탄소와 수소 사이의 결합 전자를 끌어당기기 때문에 α-수소는 전자가 부족하다.

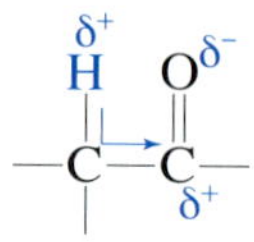

다른 한 가지 이유는 수소가 제거되어 형성된 음이온이 공명에 의해 안정화되기 때문이다. 이 음이온을 **엔올 음이온**(enolate ion)이라고 하는데 음전하는 산소 원자와 α-탄소쪽에 분산되어 있다.

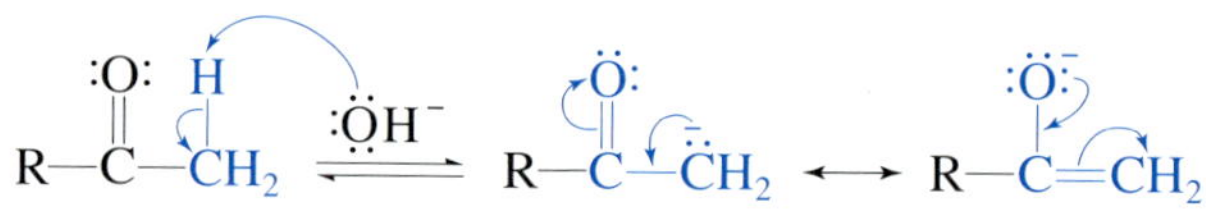

공명 안정화된
엔올 음이온

엔올 음이온의 산소 원자에 양성자가 첨가되면 엔올 토토머가 된다.

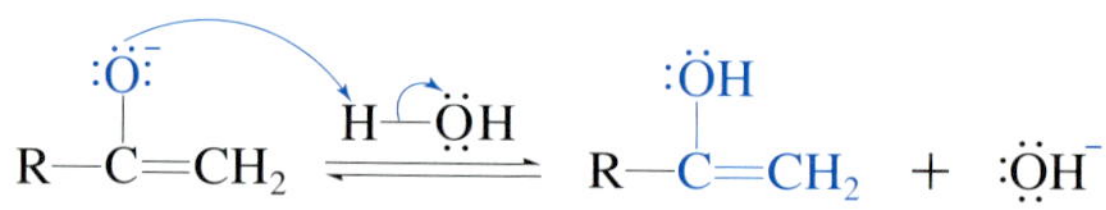

엔올 토토머

만약 엔올 음이온의 α-탄소에 양성자가 첨가되면 케토 토토머가 형성된다.

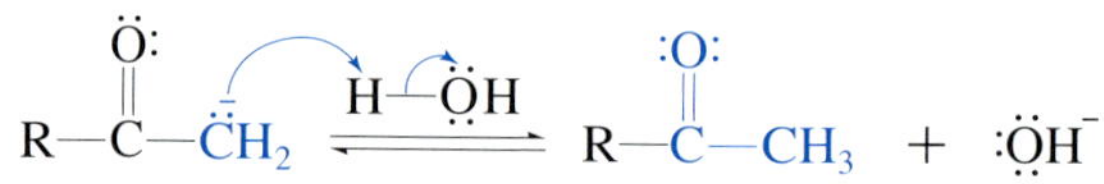

케토 토토머

9.14 다음 화합물의 엔올 음이온 구조를 그리시오.

(1)

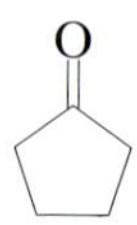

(2)

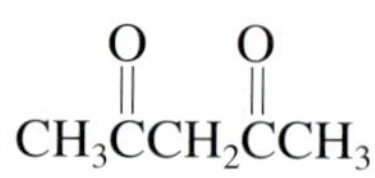

9.12 알돌 축합 반응

알데하이드를 NaOH 수용액과 같은 염기로 처리하면 두 분자의 알데하이드가 결합하여 **알돌**(aldol)이라는 구조의 화합물이 생성된다.

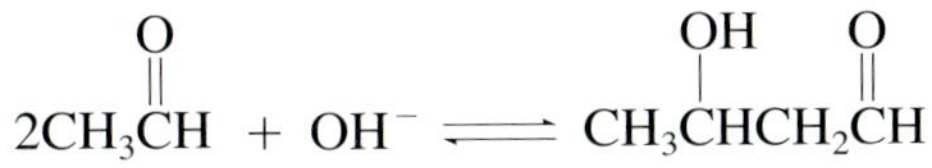

Acetaldehyde 3-Hydroxybutanal (β-hydroxyaldehyde) (알돌)

이 반응을 **알돌 축합 반응**(aldol condensation reaction)이라고 부른다. *Ald*ehyde와 alcoh*ol* 로부터 유래된 'aldol' 이란 단어는 생성물인 β-hydroxyaldehyde를 의미한다.

반응 메커니즘의 첫 번째 단계에서는 알데하이드로부터 낮은 농도의 엔올 음이온이 형성된다.

반응은 가역적으로 진행되며 엔올 음이온이 반응 용기 내에 있는 다른 알데하이드 분자의 카보닐기에 첨가되면 알콕사이드 이온이 형성된다. 이것이 물 분자로부터 양성자를 얻으면 알돌이 생성된다.

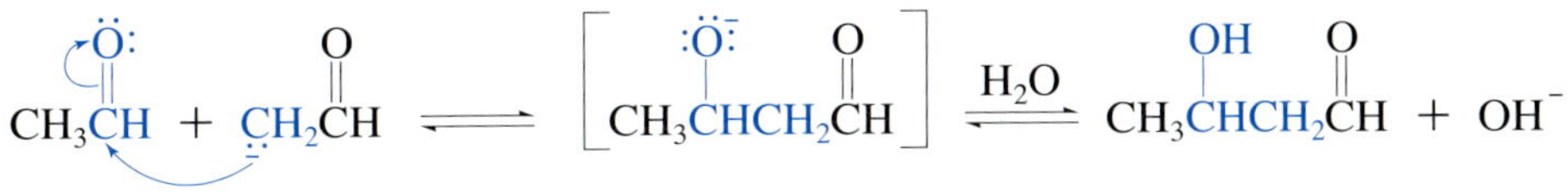

알돌 축합 반응의 생성물인 β-hydroxyaldehyde를 산 촉매 존재 하에서 가열해 주면 쉽게 물이 제거되면서 α,β-**불포화 알데하이드**(α,β-unsaturated aldehyde)가 생성된다. 물이 쉽게 제거되는 이유는 이중 결합과 카보닐기가 콘쥬게이션되어 있는 α,β-불포화 알데하이드가 β-hydroxyaldehyde보다 열역학적으로 훨씬 더 안정하기 때문이다.

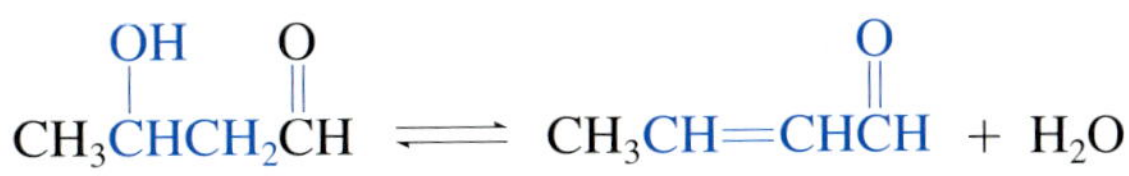

3-Hydroxybutanal 2-Butenal (crotonaldehyde)

9.15 다음에서 알돌 축합 반응을 일으킬 수 있는 알데하이드를 가리시오.

(1)

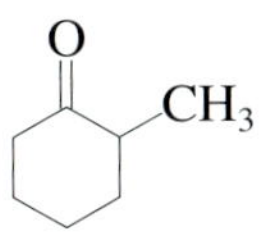

(2) $(CH_3)_3CCHO$

(3) $(CH_3)_2CHCHO$

(4)

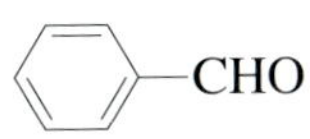

요약

알데하이드(aldehyde)는 카보닐기에 적어도 한 개의 수소와 한 개의 알킬 또는 아릴기가 결합되어 있으며 **케톤**(ketone)은 카보닐기에 두 개의 알킬 또는 아릴기가 결합되어 있다. 카보닐기의 탄소-산소 이중 결합은 알켄의 탄소-탄소 이중 결합과 비슷한 구조를 가지고 있다. 카보닐기의 sp^2 탄소는 sp^2 산소에 각각 한 개씩의 σ 결합과 π 결합으로 연결되어 있다. 카보닐기의 산소 원자에는 부분 음전하가 탄소 원자에는 부분 양전하가 걸려 있기 때문에 탄소 원자에서 친핵체의 공격을 받는다.

일반적으로 알데하이드는 일차 알코올을, 케톤은 이차 알코올을 산화시켜 제조한다.

알데하이드와 케톤은 비슷한 화학적 성질을 가지고 있으며, **친핵성 아실 첨가 반응**(nucleophilic acyl addition reaction)과 **친핵성 첨가 제거 반응**(nucleophilic addition-elimination reaction)을 일으킨다. 이들 반응에 대한 반응성은 알데하이드가 케톤보다 더 크다. 예를 들면 물이 첨가되면 **같은 자리 다이올**(gem-diol)이, 알코올이 첨가되면 **아세탈**(acetal) 또는 **케탈**(ketal)이 생성된다. 아민이 알데하이드 또는 케톤에 첨가되면 이민(imine, $R_2C{=}NR'$)이 생성된다. 알데하이드 또는 케톤을 $NaBH_4$, $LiAlH_4$ 또는 Pd/C 촉매 존재 하에서 H_2로 처리하면 알코올로 환원된다. 알데하이드 또는 케톤에 Grignard 시약이 첨가되면 여러 종류의 알코올이 합성될 수 있다. 알데하이드는 카복실산으로 산화되는 반면, 케톤은 쉽게 산화되지 않는다.

α-수소를 가지고 있는 알데하이드와 케톤은 소량의 엔올 이성질체와 **케토-엔올 토토머화**(keto-enol tautomerism)라고 하는 평형을 이룬다. 엔올화는 산 또는 염기 촉매 작용을 받는다. 염기 촉매 존재 하에서 알데하이드는 **알돌 축합**(aldol condensation) 반응을 일으킨다. 알돌 축합 반응에서 생성된 알돌은 쉽게 α,β-불포화 알데하이드로 전환된다.

보충문제

9.16 다음 화합물의 IUPAC 이름을 쓰시오.

(1) 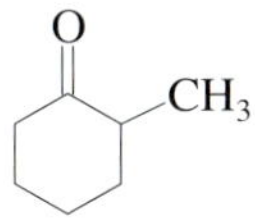

(2) 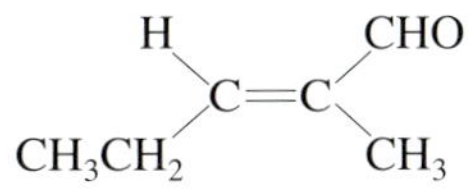

(3) 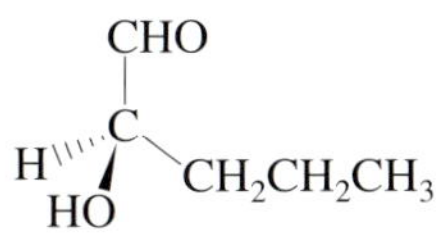

(4) 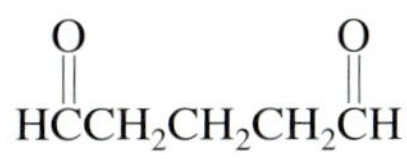

9.17 다음의 구조를 그리시오.

(1) 2-Methylpentanal
(2) 3-Hydroxybenzaldehyde
(3) Phenylethanal
(4) 2,3-Dihydroxybutanal
(5) Ethyl isopropyl ketone
(6) 2,4-Dimethylcyclohexanone
(7) Diisopropyl ketone
(8) *p*-Chlorobenzaldehyde

9.18 다음 이름들이 왜 잘못되었는가를 설명하고 올바른 IUPAC 이름을 쓰시오.

(1) Cyclopentanal
(2) 4-Pentanone
(3) 5-Nitrobenzaldehyde
(4) 4-Methylbutanal
(5) 3-Ethyl-2-butanone
(6) 1-Butanone

9.19 분자식이 $C_5H_{10}O$인 알데하이드와 케톤의 7개 구조를 그리시오. 어느 화합물이 카이랄인가?

9.20 Friedel-Crafts 아실화 반응을 이용하여 ethyl phenyl ketone을 합성하시오.

9.21 Pentane, 1-butanol 및 butanal은 서로 비슷한 분자량을 가지고 있지만 끓는점은 다르다. 이들을 끓는점이 증가하는 순서로 배열하고 이유를 설명하시오.

9.22 다음 시약과 pentanal의 반응에서 얻어지는 생성물의 구조를 그리시오.

(1) 과량의 ethanol, HCl 기체
(2) ethylene glycol($HOCH_2CH_2OH$), H^+
(3) aniline, H^+
(4) CrO_3, H^+
(5) Tollens 시약
(6) Pt, H_2
(7) $LiAlH_4$
(8) KOH, NH_2NH_2
(9) Phenylhydrazine
(10) H^+
(11) OH^-

9.23 다음 반응을 완결하시오.

(1) 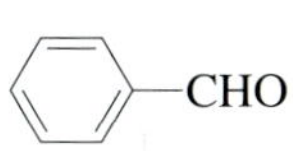 + 과량 CH_3OH ⟶

(2) 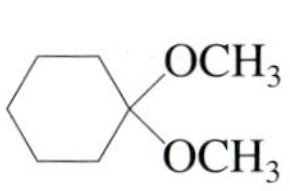 + 과량 H_2O, H^+ ⟶

(3) 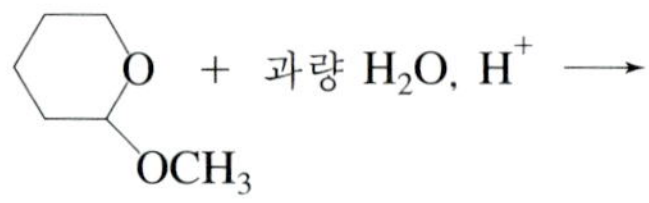

9.24 다음 케탈을 합성하는 데 필요한 알코올과 카보닐 화합물을 제시하시오.

(1) $CH_3CH(CH_3)CH_2CH(OCH_2CH_3)_2$

(2) 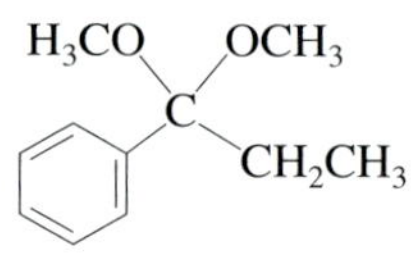

(3) 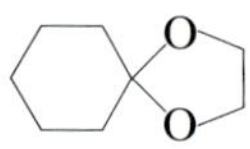

9.25 다음에서 주생성물의 구조를 그리시오.

(1) 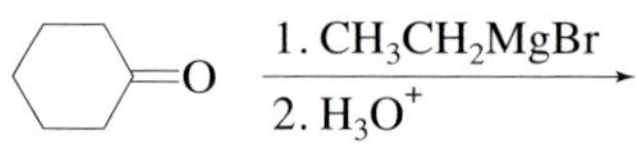

(2) 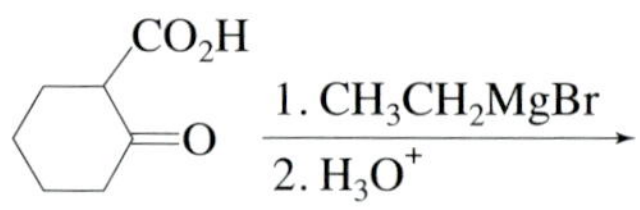

(3) $HCHO \xrightarrow[2.\ H_3O^+]{1.\ CH_3CH_2MgBr}$

(4) 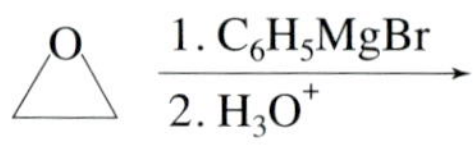

9.26 산 촉매 존재 하에서 cyclohexanone과 다음 화합물이 반응했을 때 생성되는 화합물의 구조를 그리시오.

(1) 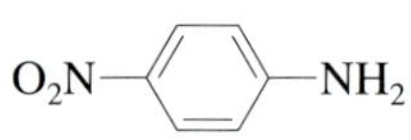

(2) NH_2NH_2

(3) NH_2OH

9.27 흔적량의 산 촉매 존재 하에서 5-hydroxypentanal을 ethanol로 처리하면 2-ethoxytetrahydropyran이 얻어진다. 이 반응의 메커니즘을 제시하시오.

5-Hydroxypentanal 2-Ethoxytetrahydropyran

9.28 다음 각 화합물의 토토머화 반응식을 제시하시오.

(1) 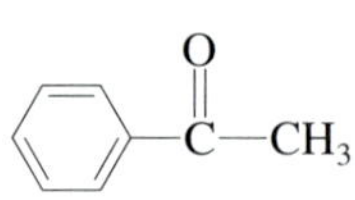

(2) 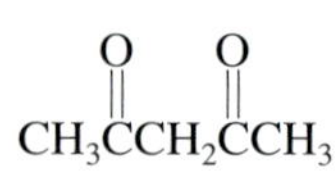

(3) 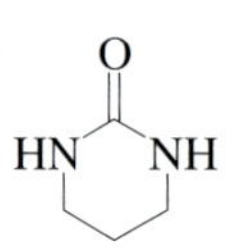

(4) 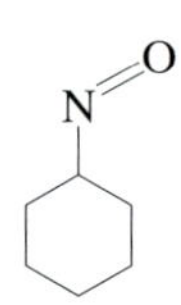

10장 카복실산과 유도체

카복실산(carboxylic acid)은 **카복실기**(carboxyl group, $-\overset{\overset{:O:}{\|}}{C}-OH$)를 포함하고 있는 유기 화합물이다. 카복실기는 카보닐기와 하이드록시기를 포함하고 있기 때문에 극성이 크다. 카복실산의 반응성 중 상당 부분은 이들 두 작용기의 상호 작용으로부터 비롯된 것이다.

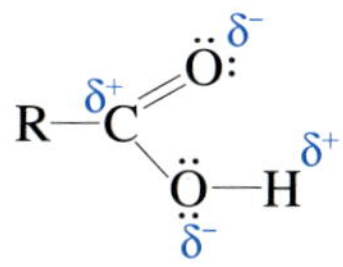

카복실기 극성 구조

카복실산은 산화성 조건 하에서 일어나는 생화학 반응의 주생성물이기 때문에 무수히 많은 카복실산 및 그 유도체들이 천연 자원에서 발견된다. 아세트산은 에탄올이 효모의 작용을 받아 산화된 것이고 산패한 버터와 은행 열매 껍질에서 나는 냄새의 원인 물질인 butyric acid는 butanol이 산화된 것이다. 아세트산을 포함하는 여러 가지 카복실산들이 공업화학의 원료로 사용되며 아스피린과 같은 카복실산은 잘 알려져 있는 의약품이다.

카복실산 유도체에는 **할로젠화 아실**(acyl halide), **카복실산 무수물**(carboxylic acid anhydride), **에스터**(ester) 및 **아마이드**(amide)가 있다. 이 유도체들은 각각 다른 친핵체로 치환될 수 있는 작용기인 X(=Cl, Br, OCOR, OR, NR_2)를 가지고 있으며 카복실산으로 가수분해될 수 있다. **나이트릴**(nitrile, R—CN)은 카복실산으로 가수 분해될 수 있기 때문에 카복실산 유도체로 간주된다.

10.1 카복실산과 유도체의 명명법

카복실산, RCO_2H

상당수의 카복실산에는 IUPAC 이름보다 관용명이 더 많이 사용된다. 관용명은 카복실산들이 천연에서 분리되었기 때문에 그 출처를 기초로 붙여진 것이다. 대표적인 카복실산과 이름의 유래를 종합하면 표 10.1과 같다.

표 10.1 대표적인 카복실산

구조식	출처	관용명	IUPAC 이름
HCOOH	개미(라틴, formica)	Formic acid	Methanoic acid
CH_3COOH	식초(라틴, acetum)	Acetic acid	Ethanoic acid
CH_3CH_2COOH	우유(그리스, protos pion)	Propionic acid	Propanoic acid
$CH_3(CH_2)_2COOH$	버터(라틴, butyrum)	Butyric acid	Butanoic acid
$CH_3(CH_2)_3COOH$	쥐오줌풀(라틴, valere)	Valeric acid	Pentanoic acid
$CH_3CH(OH)COOH$	젖당(Lactose)의 발효	Lactic acid	2-Hydroxypropanoic acid
$CH_3(CH_2)_4COOH$	염소(라틴, caper)	Caproic acid	Hexanoic acid
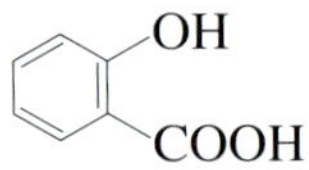	버드나무(라틴, salix)	Salicylic acid	*o*-Hydroxybenzoic acid

IUPAC 규칙을 따라 카복실산의 이름을 지을 때는 알케인의 어미 '-e'를 '-oic acid'로 바꾸어 주면 된다. 치환기의 위치는 카복실기의 탄소로부터 붙여 나간 번호를 사용하여 표시한다. 관용명으로 부를 때는 카복실기의 바로 인접한 탄소에서부터 그리스 문자로 치환기의 위치를 표시한다.

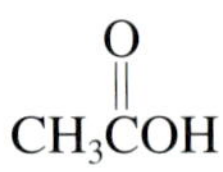

Ethanoic acid
(acetic acid)

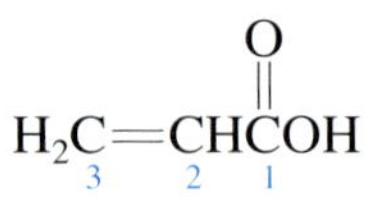

Propenic acid
(acrylic acid)

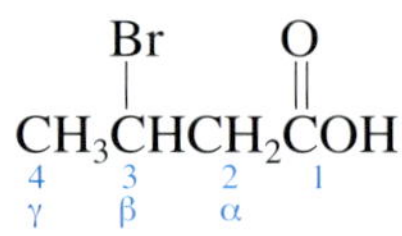

3-Bromobutanoic acid
(β-bromobutyric acid)

고리 구조에 카복실기가 결합되어 있는 화합물은 고리 이름에 '-carboxylic acid'라는 어미를 붙인다.

Cyclopentanecarboxylic acid

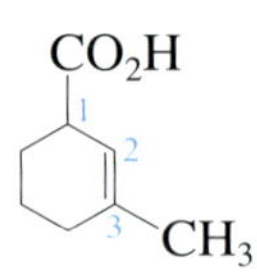

3-Methyl-2-cyclohexenecarboxylic acid

10.1 다음 각각의 IUPAC 이름을 쓰시오.

(1) 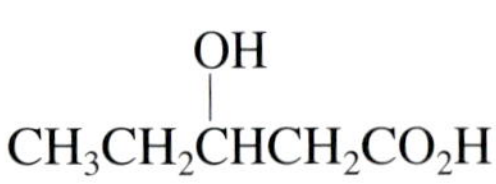

(2) $CH_3CH{=}CHCH_2CO_2H$

(3) 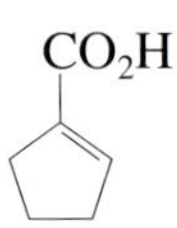

(4) 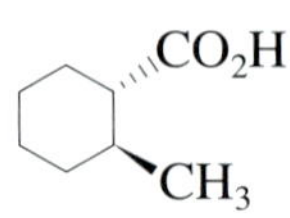

10.2 다음 각 화합물의 구조를 그리시오.

(1) Formic acid
(2) 1,7-Heptanedioic acid
(3) *trans*-1,2-Cyclohexanedicarboxylic acid
(4) *p*-Hydroxybenzoic acid

할로젠화 아실, RCOX

할로젠화 아실의 이름은 아실기의 이름과 할로젠 음이온의 이름으로 이루어져 있다. 카복실산의 어미 '–ic acid'를 '–yl halide'로 바꾸어 준다. 고리 구조인 경우에는 '–carboxylic acid'를 '–carbonyl halide'로 바꾸어 준다.

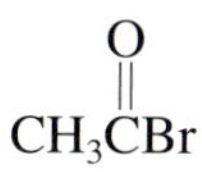
Acetyl bromide

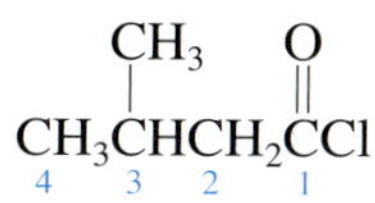
3-Methylbutanoyl chloride

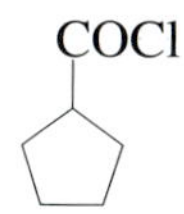
Cyclopentanecarbonyl chloride

카복실산 무수물, RCO_2COR

카복실산 무수물은 카복실산의 'acid'를 'anhydride'로 바꾸어 부른다.

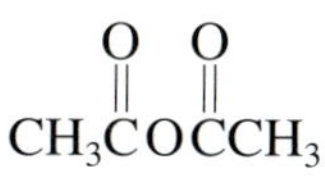
Acetic anhydride

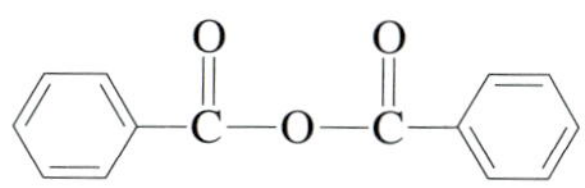
Benzoic anhydride

에스터, RCOOR

에스터는 카복실산염과 같은 방법으로 이름 짓는다. 즉 —OR의 알킬기 이름 다음에 해당하는 산의 '–ic acid'를 '–ate'로 바꾸어 부른다.

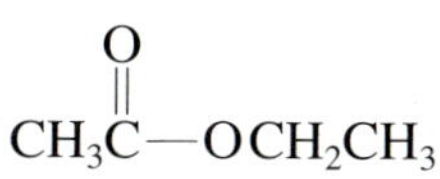
Ethyl acetate

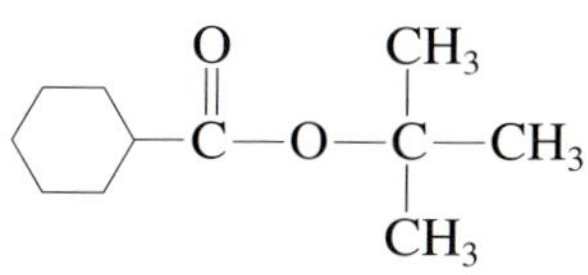
t-Butyl cyclohexanecarboxylate

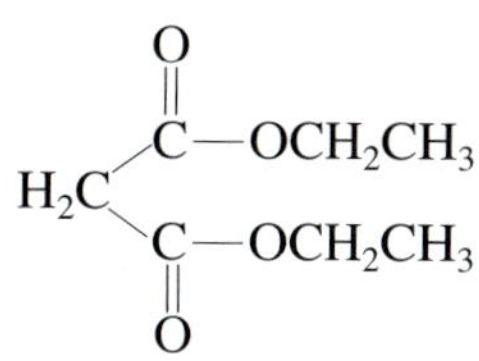
Diethyl malonate

아마이드, $RCONH_2$

질소에 치환기가 없는 간단한 아마이드의 이름을 지을 때는 산의 어미 '–oic acid' 또는 '–ic acid'를 '–amide'로, '–carboxylic acid'는 '–carboxamide'로 바꾸어 준다.

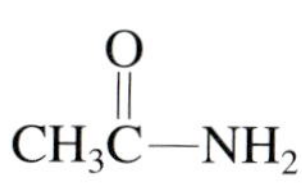
Acetamide

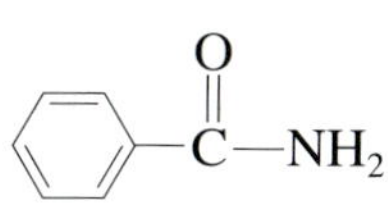
Benzamide

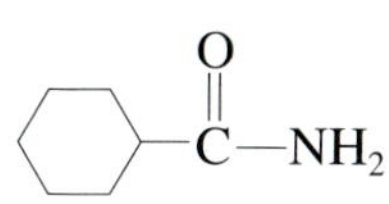
Cyclohexanecarboxamide

나이트릴, R—C≡N

사이아노기(cyano group) —C≡N를 가지고 있는 화합물들을 나이트릴이라고 한다. 나이트릴 화합물들을 IUPAC 규칙을 따라 이름 지을 때는 해당하는 알케인의 이름에 어미 '-nitrile'을 붙여 준다. 나이트릴 화합물들의 관용명은 산의 유도체로 취급하여 짓는다. 즉 산의 '-oic acid' 또는 '-ic acid'는 '-onitrile'로, '-carboxylic acid'는 '-carbonitrile'로 바꾸어 준다.

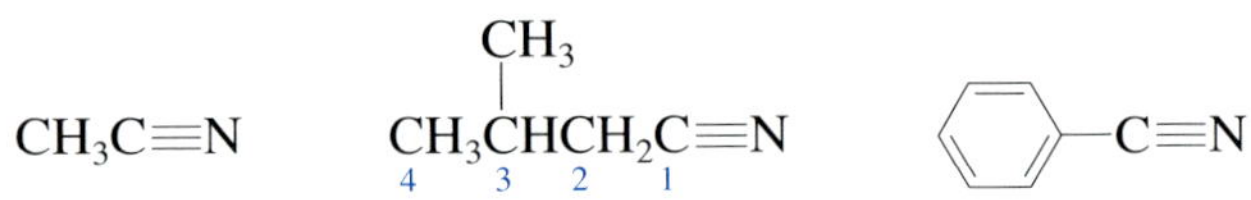

Ethanenitrile (acetonitrile)　　3-Methylbutanenitrile　　Benzenenitrile (benzonitrile)

10.3 다음 각각의 IUPAC 이름을 쓰시오.

(1) $(CH_3)_2CHCH_2CH_2CH_2COCl$

(2) 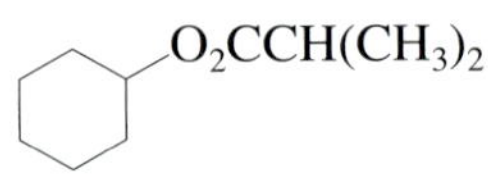

(3) 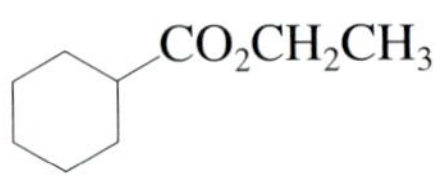

(4) 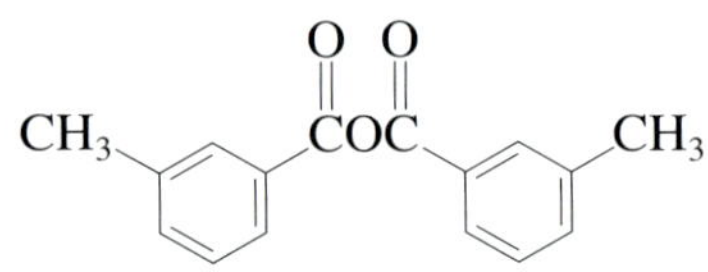

(5) 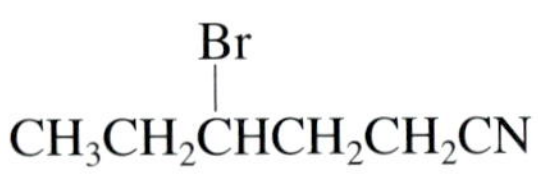

(6) 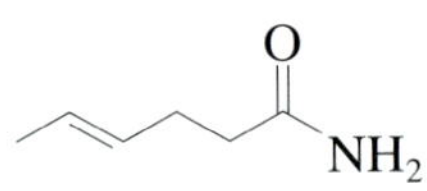

10.2 카복실산의 구조 및 성질

카복실산의 카보닐 탄소는 sp^2 혼성이다. 카보닐 탄소의 세 sp^2 혼성 오비탈은 각각 카보닐 산소, α-탄소 및 하이드록시 산소와 σ 결합을 형성하고 있다. 카보닐 탄소에 결합되어 있는 세 개의 원자는 같은 평면에 있으며 각각의 결합각은 약 120°이다. 카보닐 산소도 sp^2 혼성이다. sp^2 혼성 오비탈 중 한 개는 탄소와 σ 결합을 형성하고 있으며 다른 두 개의 sp^2 오비탈은 비공유 전자가 차지하고 있다. 남아 있는 카보닐 산소의 p 오비탈은 카보닐 탄소의 p 오비탈과 겹쳐져 π 오비탈을 형성한다.

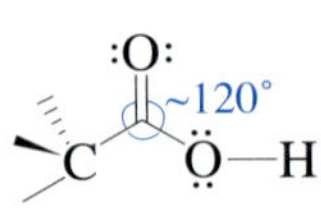

카보닐 π 오비탈은 하이드록시기의 비공유 전자쌍 중 하나와 콘쥬게이션되어 있다. 카복실산은 다음과 같이 π 계가 비편재화되어 있는 공명 혼성체이다.

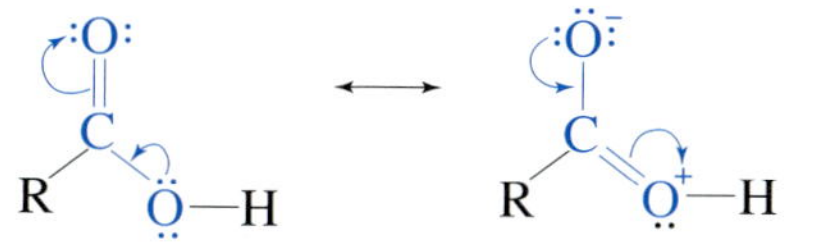

카복실산은 알코올과 마찬가지로 다른 분자들과 수소 결합을 형성한다. 기체 상태에서는 두 분자가 두 개의 강한 수소 결합을 통해 안정화되어 있는 **이합체**(dimer)로 존재한다.

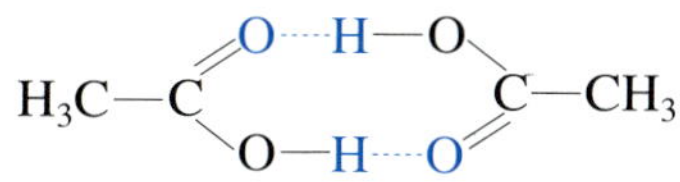

액체 상태에서는 이합체는 물론이고 더 많은 분자들이 수소 결합을 통해 응집되어 있는 집합체로 존재한다. 이 때문에 카복실산은 비슷한 분자량의 다른 화합물에 비해 끓는점과 녹는점이 높다. 예를 들면 acetic acid는 118°C에서 끓지만 chloropropane은 47°C에서 끓는다. 분자량이 작은 카복실산이 물에 잘 녹는 것도 수소 결합으로 설명된다.

10.3 카복실산의 산성도

묽은 수용액 속에서 완전히 해리하는 HCl이나 H_2SO_4와 같은 무기산에 비해 카복실산은 약 1% 내외만 해리하는 약산이다.

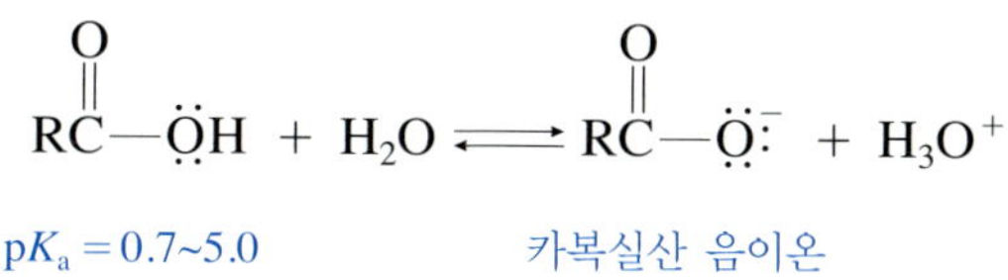

대표적인 산들의 이온화 상수 K_a 및 pK_a값을 종합하면 표 10.2와 같다. 카복실산은 같은 하이드록시기를 가지고 있는 알코올보다 훨씬 작은 pK_a값을 보여 준다.

카복실산은 두 가지 구조적 특징 때문에 알코올보다 센산으로 작용한다. 첫째는 알코올의 하이드록시기는 —CH_2—에 결합되어 있는 반면 카복실산의 하이드록시기는 부분 양전하가 걸려 있어 전자를 강하게 끌어당기는 카보닐 탄소에 결합되어 있다. 두 번째는 양성자가 제거된 알콕사이드 음이온에서 음전하는 산소 원자에 집중되어 있는 반면, 카복실산 음이온의 음전하는 공명 현상 때문에 카복실기의 두 산소 원자에 비편재화되어 있다. 비편재화 때문에 카복실산 음이온은 알콕사이드 음이온보다 훨씬 더 안정화되고, 더 많은 H^+ 이온이 해리된다.

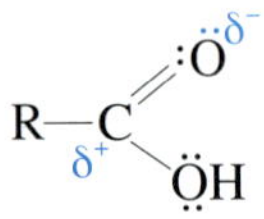

하이드록시기의 전자
카보닐 탄소 쪽으로 끌림

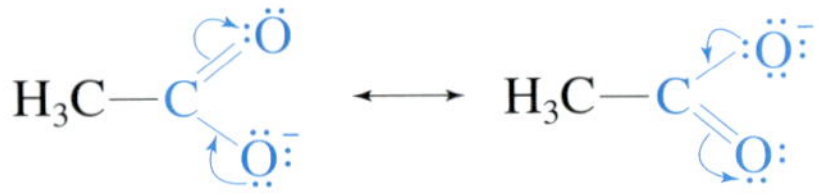

공명에 의해 두 산소 원자에
음전하 비편재, 안정화됨

표 10.2 대표적인 산의 산성도

산의 이름	구조	이온화 상수(K_a)	pK_a
Formic acid	HCOOH	2.1×10^{-4}	3.68
Acetic acid	CH_3COOH	1.8×10^{-5}	4.74
Propanoic acid	CH_3CH_2COOH	1.4×10^{-5}	4.85
Chloroacetic acid	$ClCH_2COOH$	1.5×10^{-3}	2.82
Dichloroacetic acid	$Cl_2CHCOOH$	5.0×10^{-2}	1.30
Trichloroacetic acid	Cl_3CCOOH	2.0×10^{-1}	0.70
Butanoic acid	$CH_3CH_2CH_2COOH$	1.6×10^{-5}	4.80
2-Chlorobutanoic acid	$CH_3CH_2CHClCOOH$	1.4×10^{-3}	2.85
3-Chlorobutanoic acid	$CH_3CHClCH_2COOH$	8.9×10^{-5}	4.05
4-Chlorobutanoic acid	$CH_2ClCH_2CH_2COOH$	3.0×10^{-5}	4.5
Benzoic acid	C_6H_5COOH	6.6×10^{-5}	4.18
o-Chlorobenzoic acid	*o*-Cl-C_6H_4COOH	12.5×10^{-4}	2.90
p-Chlorobenzoic acid	*p*-Cl-C_6H_4COOH	1.0×10^{-4}	4.00
p-Nitrobenzoic acid	*p*-O_2N-C_6H_4COOH	4.0×10^{-4}	3.40
Ethanol	CH_3CH_2OH	1.0×10^{-16}	16.00
Water	H_2O	1.8×10^{-16}	15.74
Hydrochloric acid	HCl	1.0×10^{7}	−7
Sulfuric acid	H_2SO_4	1.0×10^{9}	−9

10.4 카복실산의 구조가 산성도에 미치는 영향

표 10.2의 acetic acid, propanoic acid 및 butanoic acid의 pK_a값에서 볼 수 있는 것처럼 일반적으로 카복실기에 결합되어 있는 알킬기는 카복실산의 산성도에 거의 영향을 미치지 않는다. 카복실산의 산성도는 유도 효과의 영향을 크게 받는다. 전기 음성도가 큰 치환체가 카

복실기의 인접한 위치에 치환되어 있으면 해리된 카복실산 음이온의 음전하가 그 치환체 쪽으로 분산되므로 음이온이 안정화된다.

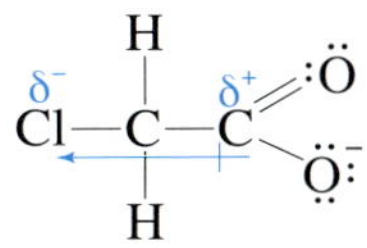

전자 끌개 염소 원자 때문에 음전하가 안정화됨

음이온이 안정화될수록 산성도는 커진다. 이와 같은 효과는 전기 음성도가 큰 치환체의 수가 많을수록, 치환체가 카복실기에 가까울수록 커진다. 표 10.2에서 보는 것처럼 산성도의 크기는 acetic acid < chloroacetic acid < dichloroacetic acid < trichloroacetic acid와 butanoic acid < 4-chlorobutanoic acid < 3-chlorobutanoic acid < 2-chlorobutanoic acid 순으로 증가한다.

10.4 다음을 산성도가 증가하는 순서로 나열하고 이유를 설명하시오.

(1) *p*-Methoxybenzoic acid, *p*-nitrobenzoic acid, *p*-chlorobenzoic acid 및 benzoic acid

(2) Chloroacetic acid, iodoacetic acid, bromoacetic acid

10.5 다음 반응 생성물의 구조를 그리시오.

(1) Propanoic acid + sodium ethoxide ⟶

(2) 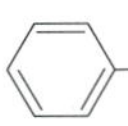 $-CO_2H$ + NaOH ⟶

10.5 카복실산의 제법

간단한 카복실산인 formic acid와 acetic acid는 공업적인 방법으로 대량 생산된다. 가죽을 검게 만드는 공정과 라텍스 고무를 제조하는 데 사용되는 formic acid는 높은 온도와 압력하에서 일산화 탄소와 수산화 소듐을 반응시킴으로써 제조된다.

$$\text{CO} + \text{NaOH} \xrightarrow[100^\circ\text{C}]{100\text{ psi}} \text{HCOO}^-\text{Na}^+ \xrightarrow{\text{H}_3\text{O}^+} \text{HCOOH}$$

Acetic acid는 의약품, 염료 및 살충제의 원료로 이용되는데 매년 전 세계적으로 700만 톤 이상이나 되는 막대한 양이 소비되었다. Acetic acid를 대량 생산할 때는 Rh^{3+}과 I_2 촉매 존재 하에서 일산화 탄소와 methanol을 높은 온도와 압력으로 처리하는 Monsanto 공정이 이용된다.

$$\text{CH}_3\text{OH} + \text{CO} \xrightarrow[\text{Monsanto 공정}]{\text{Rh}^{3+},\ \text{I}_2,\ 30\text{-}40\text{ atm},\ 180^\circ\text{C}} \text{CH}_3\text{COOH}$$

8.7절과 9.8절에서 설명했던 것처럼 일차 알코올 또는 알데하이드를 산화시키면 카복실산이 얻어진다. 산화제로는 $KMnO_4$, CrO_3 또는 HNO_3 등이 이용된다.

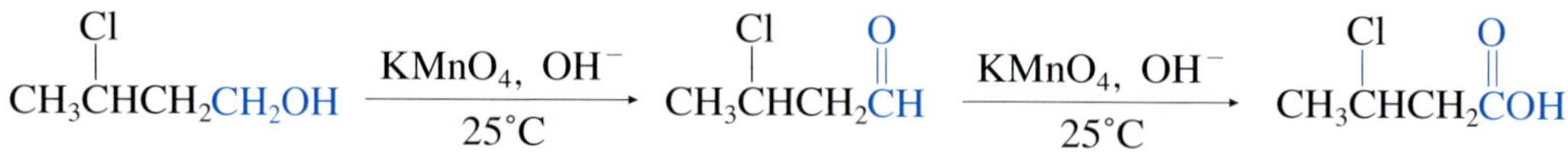

3-Chlorobutanol 3-Chlorobutanal 3-Chlorobutanoic acid

알킬 곁사슬을 가지고 있는 방향족 화합물을 산화제로 처리하면 방향족 고리는 안정하기 때문에 산화되지 않고 알킬 사슬만 카복실기로 산화된다. 예를 들면 폴리에스터 섬유 중의 하나인 Dacron의 원료인 1,4-benzenedicarboxylic acid(terephthalic acid)는 *p*-xylene을 질산으로 산화시켜서 생산한다.

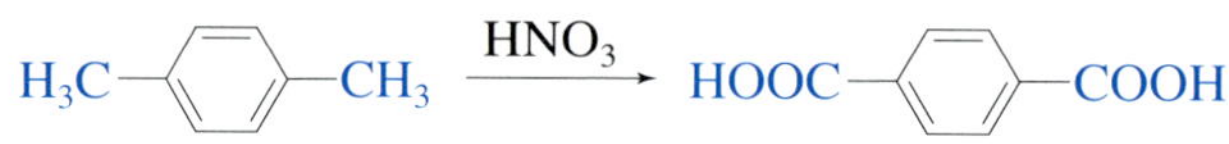

p-Xylene 1,4-Benzenedicarboxylic acid (terephthalic acid)

Grignard 시약은 알데하이드 또는 케톤에서와 거의 같은 메커니즘으로 이산화 탄소에 첨가될 수 있다. 생성된 카복실산염을 산 수용액으로 처리하면 카복실산이 생성된다.

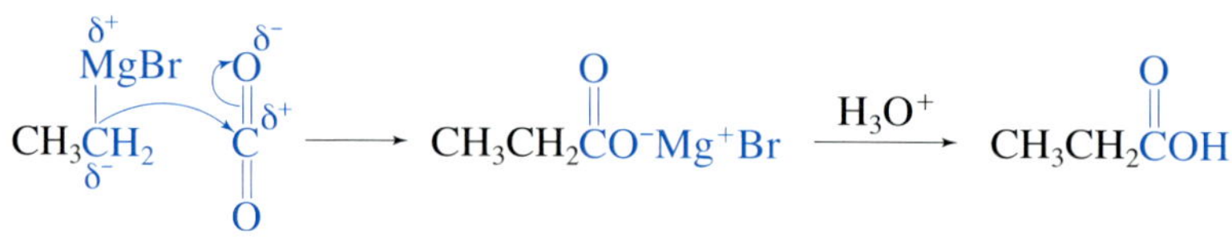

Ethyl magnesiumbromide Propanoic acid

나이트릴 화합물들을 산 촉매 존재 하에서 가수 분해하면 카복실산으로 전환된다.

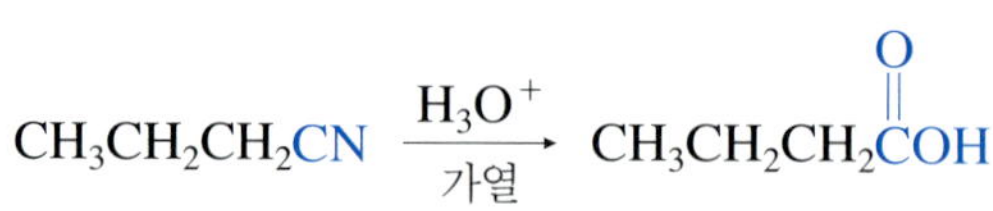

Butanenitrile (butyl cyanide) Butanoic acid (butyric acid)

10.6 1-Bromo-3,5-dimethoxybenzene에서 3,5-dimethoxybenzoic acid를 합성하시오.

10.7 다음 반응 생성물의 구조를 그리시오.

(1)

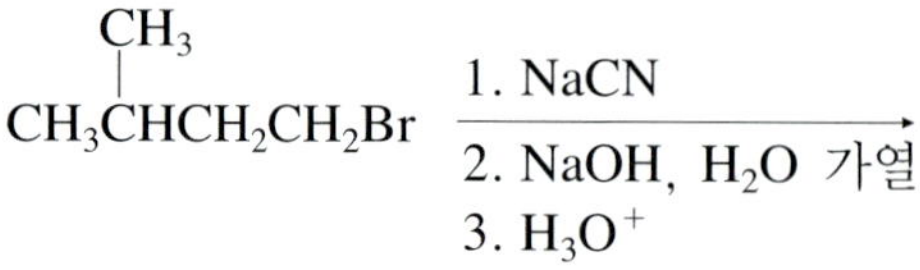

(2) 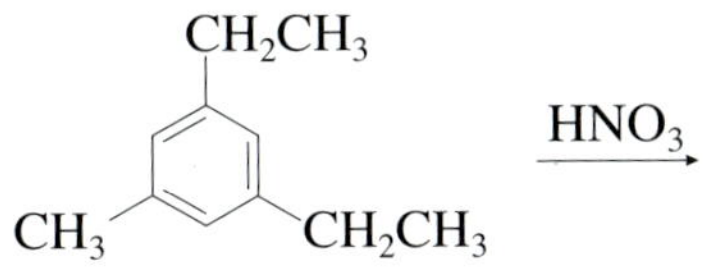

10.6 친핵성 아실 치환 반응

알데하이드와 케톤에서는 카보닐 탄소에 친핵체가 첨가되는 친핵성 아실 첨가 반응이 일어나 사면체형 생성물이 얻어진다.

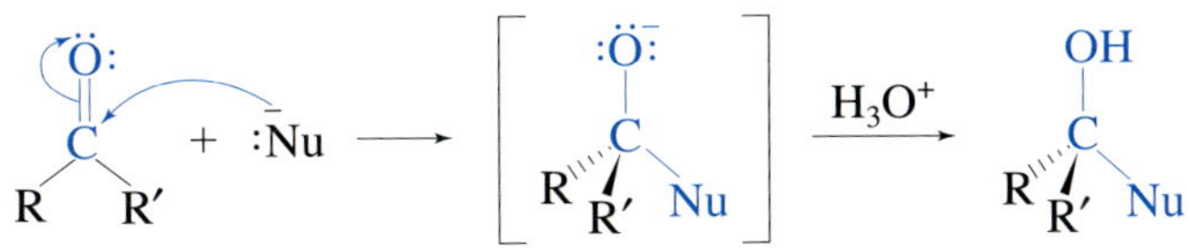

그러나 카복실산과 카복실산 유도체에서는 **친핵성 아실 치환 반응**(nucleophilic acyl substitution)이 일어난다. 이들이 일으키는 반응의 경로가 알데하이드 또는 케톤과 다른 이유에는 두 가지가 있다. 첫 번째는 아실기가 안정한 음이온으로 이탈될 수 있는 치환기 Y에 결합되어 있다. 알데하이드와 케톤에는 이와 같은 이탈기가 없으므로 친핵성 아실 치환 반응이 일어나지 않는다. 두 번째 이유는 반응 메커니즘에서 친핵체가 첨가되었을 때 생성되는 **사면체형 중간체**(tetrahedral intermediate)가 불안정하기 때문이다. 메커니즘의 두 번째 단계에서 불안정한 사면체형 중간체의 산소에 있는 비공유 전자는 다시 π-결합 전자로 전환되고 Y^-가 제거되면 새로운 카복실산 유도체가 생성된다.

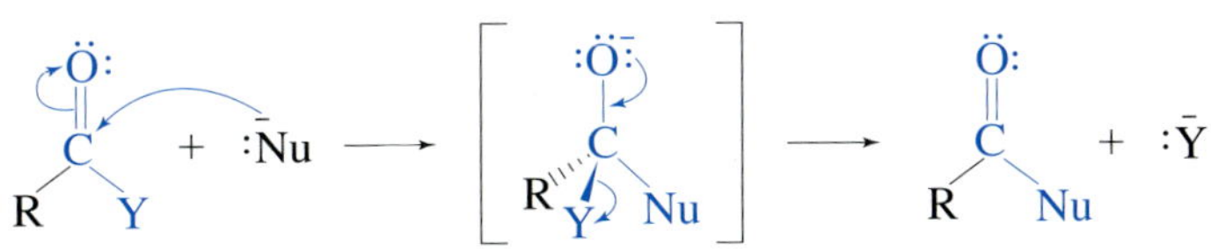

카복실산 유도체의 반응성은 Y의 전기 음성도와 밀접한 관계가 있다. Y의 전기 음성도가 클수록 카보닐 탄소의 양전하 밀도가 커지므로 친핵체에 대한 반응성이 커진다. 카복실산 유도체에서 Y의 전기 음성도는 —NRR < —OR < —OCOR < —Cl의 순으로 증가하기 때문에 아마이드의 반응성이 가장 작고 염화 아실의 반응성이 가장 크다.

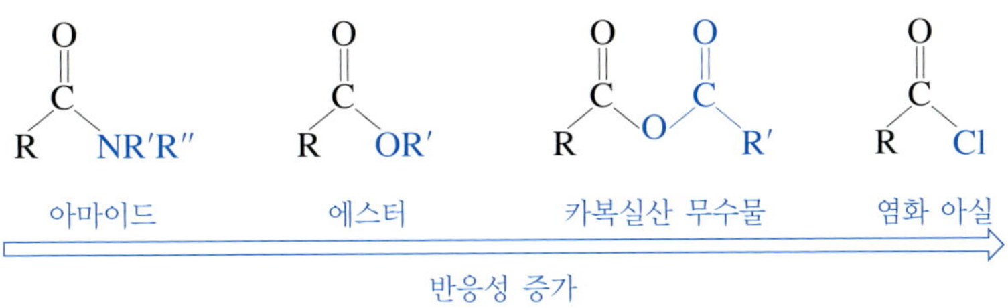

특히 아마이드의 질소 원자는 공명 현상을 통해 전자 주개로 작용하기 때문에 카보닐 탄소의 양전하 밀도가 카복실산 유도체들 중에 가장 작다. 또 카보닐 탄소–질소 결합은 공명 때문에 이중 결합으로서의 성격도 상당히 크다.

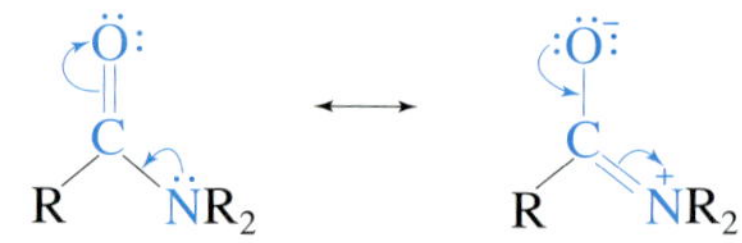

카복실산 유도체들이 보여 주는 중요한 특징들 중의 하나는 반응성이 큰 유도체로부터 반응성이 더 작은 유도체로 전환시키기는 쉽지만 반응성이 작은 유도체로부터 반응성이 더 큰 유도체를 만드는 것은 쉽지 않다는 점이다. 예를 들면 카복실산 무수물로부터 에스터나 아마이드는 쉽게 만들 수 있지만 할로젠화 아실은 만들 수 없다.

10.8 암모니아와의 친핵성 아실 치환 반응에서 CH_3COOCH_3와 $CH_3COOCOCH_3$ 중 어느 것이 더 반응성이 큰가?

10.9 Methyl trichloroacetate($CCl_3CO_2CH_3$)가 methyl acetate($CH_3CO_2CH_3$)보다 반응성이 더 큰 이유를 설명하시오.

10.7 카복실산염의 형성 및 환원

다른 무기산들과 마찬가지로 카복실산도 센염기로 처리하면 빠르게 중화되면서 염을 형성한다.

$$R\overset{O}{\overset{\|}{C}}-OH + NaOH \longrightarrow R\overset{O}{\overset{\|}{C}}-\overset{-}{O}\overset{+}{Na} + H_2O$$

카복실산 수산화 소듐 소듐염
센염기

물을 증발시키면 생성된 염이 분리된다. 긴 알킬 사슬의 카복실산염은 비누의 원료로 사용된다. 카복실산염의 이름을 지을 때는 금속 양이온의 이름을 먼저 부른 다음 산의 '–ic acid'를 '–ate'로 바꾸어 준다.

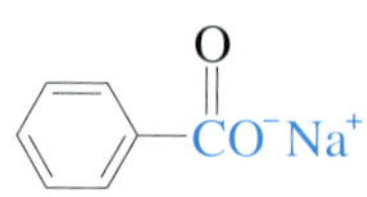

Sodium benzoate

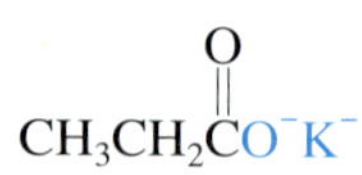

Potassium propanoate

카복실산을 에터 용매에서 강한 환원제인 $LiAlH_4$로 처리하면 일차 알코올로 환원된다.

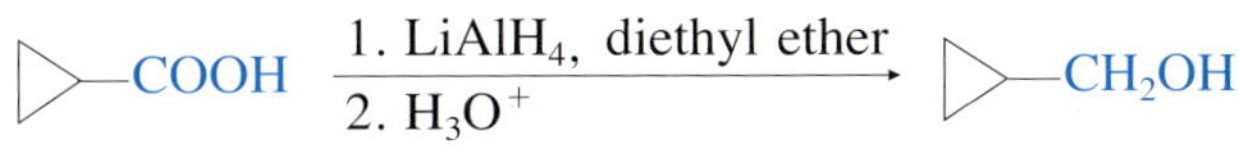

Cyclopropanecarboxylic acid　　　　Cyclopropylmethanol

10.10 다음 각 카복실산염의 이름을 쓰시오.

(1) 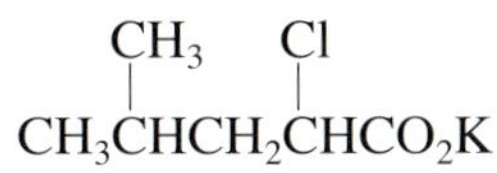

(2) 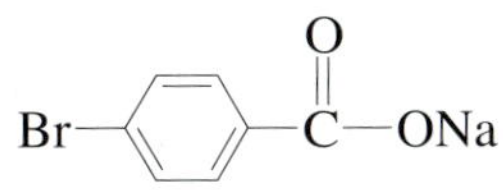

10.11 Cyclohexanecarboxylic acid를 $LiAlH_4$로 처리했을 때 일어나는 환원 반응을 제시하시오.

10.8 할로젠화 아실 화합물

카복실산을 $SOCl_2$ 또는 PBr_3로 처리하면 각각 염화 아실 화합물과 브로민화 아실 화합물이 얻어진다.

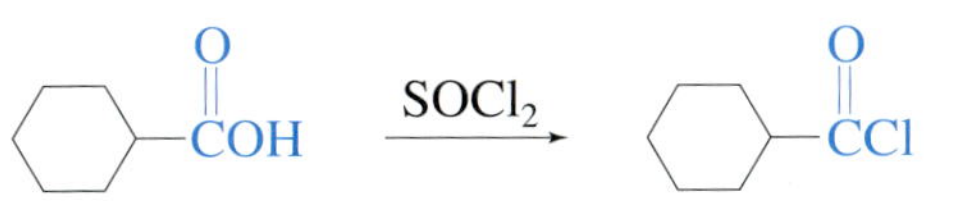

Cyclohexanecarboxylic acid　　　　Cyclohexanecarboxyl chloride

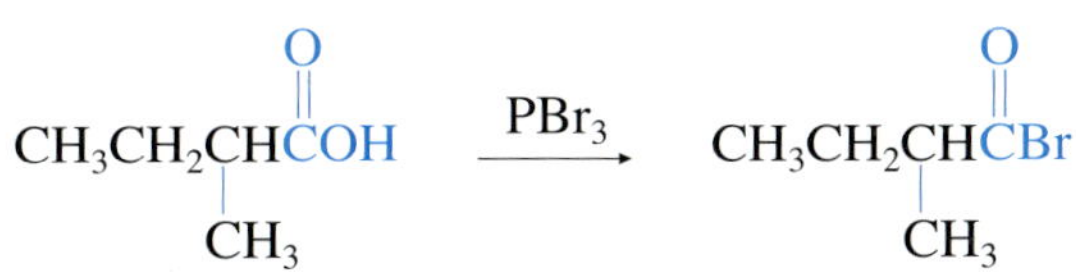

2-Methylbutanoic acid　　　　2-Methylbutanoyl bromide

할로젠화 아실 화합물들은 카복실산 유도체들 중 가장 반응성이 크기 때문에 쉽게 다른 유도체들로 전환된다. 반응은 친핵성 아실 치환 반응의 메커니즘으로 진행된다. 할로젠화 아실 화합물을 물로 처리하면 카복실산으로 전환되고 피리딘과 같은 염기 존재 하에서 알코올과 반응시키면 에스터가 된다.

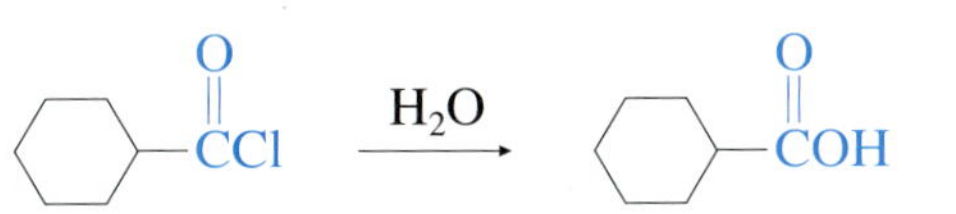

Cyclohexanecarboxyl chloride　　　　Cyclohexanecarboxylic acid

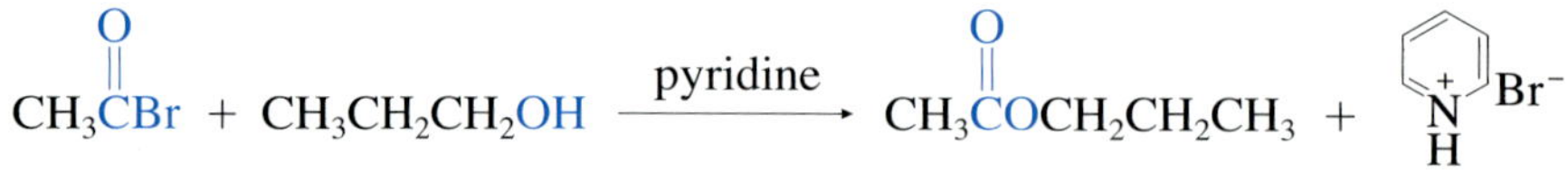

Acetyl bromide Propanol Propyl acetate Pyridinium bromide

또 할로젠화 아실 화합물은 암모니아 또는 아민과 빠르게 반응하여 아마이드를 형성한다.

$$CH_3CH_2CH_2\overset{\overset{\displaystyle O}{\|}}{C}Cl + 2NH_3 \longrightarrow CH_3CH_2CH_2\overset{\overset{\displaystyle O}{\|}}{C}NH_2 + NH_4Cl$$

Butanoyl chloride Butanamide

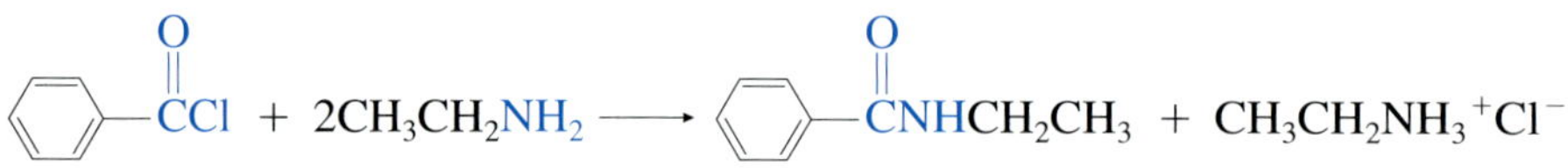

Benzoyl chloride *N*-Ethylbenzamide

10.12 다음 각 할로젠화 아실을 만드는 반응식을 제시하시오.

(1) $CH_3(CH_2)_2\overset{\overset{\displaystyle O}{\|}}{C}Cl$

(2)

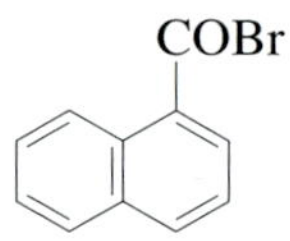

10.13 할로젠화 아실로부터 다음 화합물을 합성하는 반응식을 제시하시오.

(1)

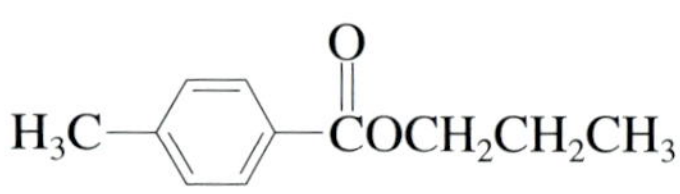

(2)

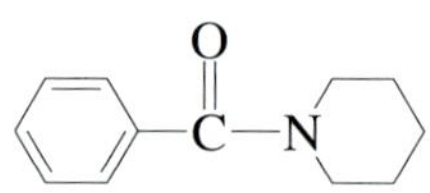

(3) $CH_3(CH_2)_4\overset{\overset{\displaystyle O}{\|}}{C}O\overset{\overset{\displaystyle O}{\|}}{C}CH_3$

10.9 카복실산 무수물

카복실산 무수물은 두 분자의 카복실산에서 물 한 분자가 제거된 형태의 구조를 가지고 있다.

$$CH_3\overset{\overset{\displaystyle O}{\|}}{C}OH + HO\overset{\overset{\displaystyle O}{\|}}{C}CH_3 \xrightarrow{-H_2O} CH_3\overset{\overset{\displaystyle O}{\|}}{C}O\overset{\overset{\displaystyle O}{\|}}{C}CH_3$$

카복실산 두 분자 카복실산 무수물 물이 제거된 형태

카복실산을 할로젠화 아실로 처리하면 카복실산 무수물이 생성된다.

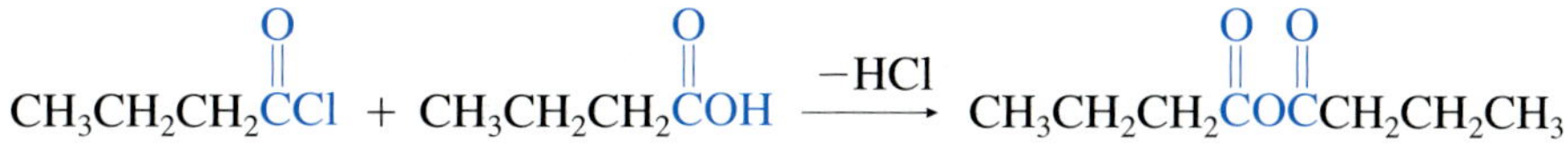

Butanoyl chloride Butanoic acid Butanoic anhydride

카복실산 무수물은 할로젠화 아실 다음으로 반응성이 큰 유도체이며 할로젠화 아실과 비슷하게 반응한다. 즉 물과 반응하면 카복실산으로, 알코올과 반응하면 에스터로 전환된다. 예를 들면 아스피린은 salicylic acid와 acetic anhydride의 반응으로 생성된 일종의 에스터이다.

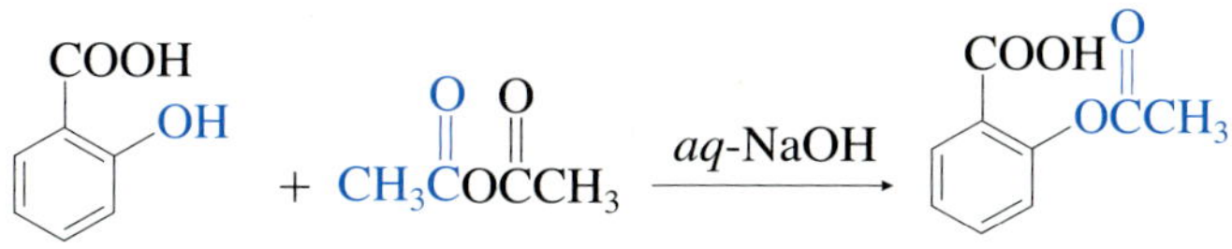

Salicylic acid (*o*-hydroxybenzoic acid) Acetic anhydride Aspirin

아민과의 반응에서는 아마이드가 얻어진다.

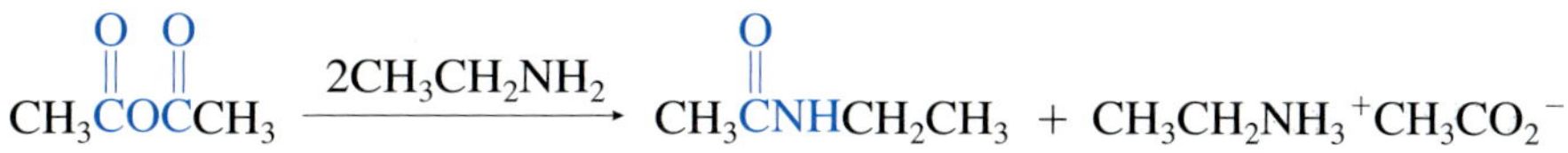

N-Ethylacetamide

10.14 다음 반응식을 완결하시오.

(1)

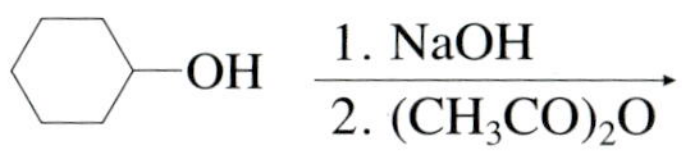

(2)

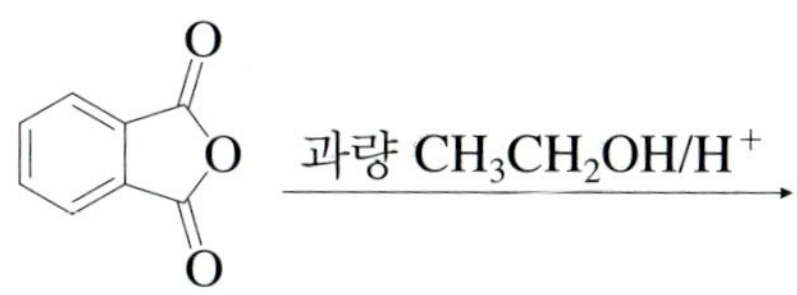

(3)

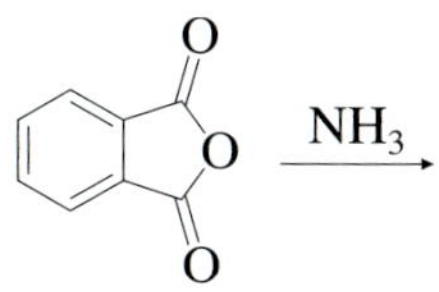

10.10 에스터

에스터는 여러 가지 다른 화합물로 전환될 수 있기 때문에 가장 유용한 유기 화합물들 중의 한 부류이다. 에스터는 합성 고분자의 원료로 사용된다. 예를 들면 합성 섬유인 Dacron은 폴리에스터이다. 에스터는 자연계에 널리 분포되어 있다. 지방과 왁스는 triacyl glycerol(트라이아실 글리세롤)로 분류되는 에스터이다.

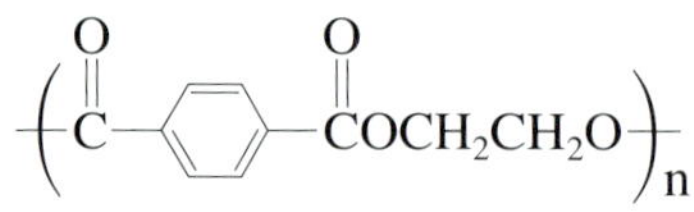

Poly(ethylene terphthalate)
Dacron

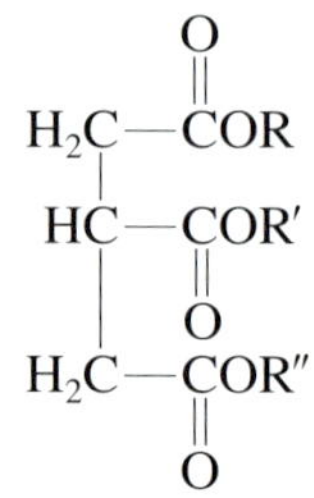

Triacyl glycerol
왁스 및 지방의 기본 구조

끓는점이 낮은 에스터들은 향기를 가지고 있으며 과일과 향료의 중요 성분들이다. 예를 들면 ethyl butanoate는 파인애플, propyl acetate는 서양배, methyl salicylate는 등록유의 향기 성분이다.

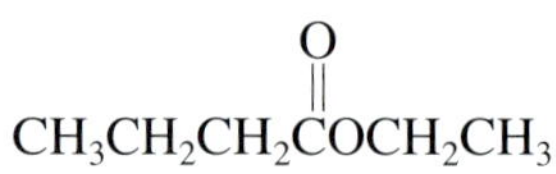

Ethyl butanoate
파인애플 향기 성분

Propyl acetate
서양배 향기 성분

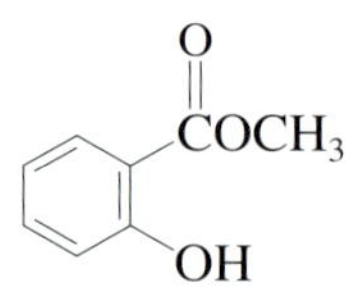

Methyl salicylate
등록유 향기 성분

또 동물들이 교신할 때 사용하는 물질인 페로몬에도 에스터가 많다. Ethyl cinnamate는 동양 잎말이나방 수컷의 성페로몬이고 암코끼리는 (*Z*)-7-dodecenyl acetate을 발산하면서 수컷들을 유혹한다.

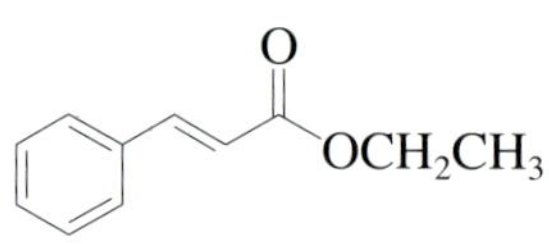

Ethyl cinnamate
동양 잎말이나방
수컷의 성페로몬

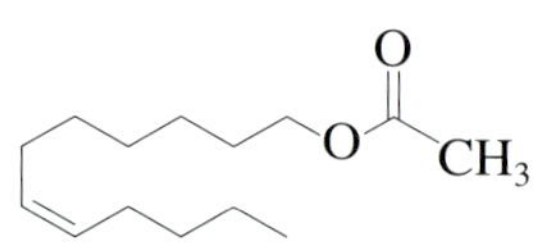

(*Z*)-7-Dodecenyl acetate
암코끼리의 성페르몬

10.11 에스터의 합성: Fischer 에스터화 반응

카복실산을 알코올과 단순히 섞어 놓으면 아무런 반응을 일으키지 않지만 소량의 황산 또는 염산과 같은 무기산을 첨가해 주면 에스터와 물이 생성된다. 이 반응을 **Fischer 에스터화 반응**(Fischer esterification)이라고 한다.

$$CH_3CH_2\overset{O}{\overset{\|}{C}}OH + CH_3CH_2OH \xrightleftharpoons{H_2SO_4} CH_3CH_2\overset{O}{\overset{\|}{C}}OCH_2CH_3$$

Propanoic acid　Ethanol　Ethyl propanoate

이 반응은 평형 과정이기 때문에 카복실산 또는 알코올 중 어느 하나를 과량으로 사용하거나 생성되는 물을 제거해 주면 높은 수득률로 에스터를 얻을 수 있다.

10.12 락톤

하이드록시기와 카복실기가 탄소 사슬로 연결되어 있는 화합물에서 에스터화 반응이 일어나면 고리형 에스터인 **락톤**(lactone)이 생성된다. 다섯 또는 여섯 원자 고리 락톤(γ-lactone 또는 δ-lactone)이 특히 잘 만들어진다.

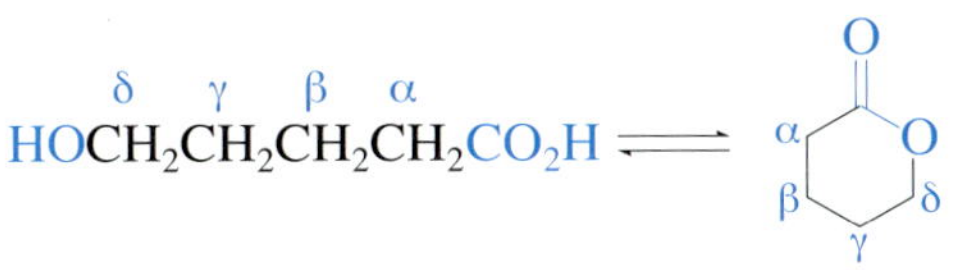

5-Hydroxypentanoic acid (δ-hydroxyvaleric acid)　δ-Lactone

자연계에서 발견되는 락톤에는 생물 활성 물질이나 향기 성분으로 작용하는 것들이 많다. 보통 다섯 또는 여섯 원자 고리형이 흔하지만 어떤 경우에는 거대 고리형 락톤도 발견된다. 예를 들면 여섯 원자 고리 락톤인 nepatalactone은 고양이를 흥분하게 하는 물질이고, ethylene brassylate는 수컷 사향노루의 성페로몬 성분이다.

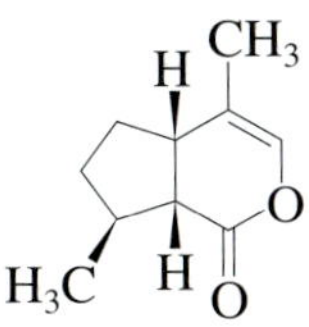

Nepatalactone

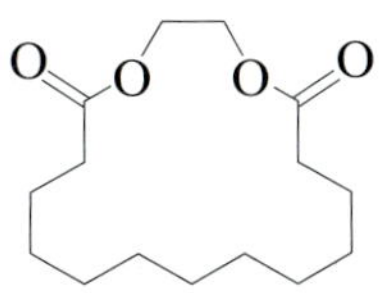

Ethylene brassylate

10.15 5-Hydroxypentanoic acid로부터 δ-lactone이 형성되는 과정의 메커니즘을 제시하시오.

10.13 에스터의 가수 분해와 가아민 분해

산 또는 염기 촉매 하에서 에스터가 가수 분해되면 물과 카복실산이 된다. 산 촉매 존재 하에서 일어나는 가수 분해 반응은 Fischer 에스터화 반응의 역반응이며 과량의 물을 사용하면 평형이 가수 분해되는 쪽으로 기울어진다.

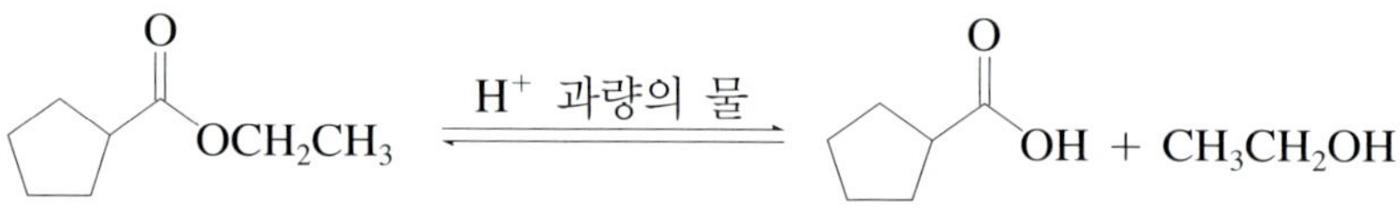

Ethyl cyclopentanecarboxylate　　Cyclopentanecarboxylic acid

염기 촉매 존재 하에서 진행되는 가수 분해 반응을 **비누화**(saponification, 라틴어로 비누인 sapon에서 유래)라고 하며 이 반응을 이용하여 동물의 지방으로부터 비누가 만들어진다. 친핵성 아실 치환 반응의 메커니즘으로 진행되는 이 반응은 하이드록사이드 이온이 카보닐 탄소를 공격함으로써 시작된다. 알콕사이드 이온이 카복실산으로부터 양성자를 제거하여 카복실산 음이온과 알코올을 생성하는 마지막 단계는 비가역적으로 진행된다.

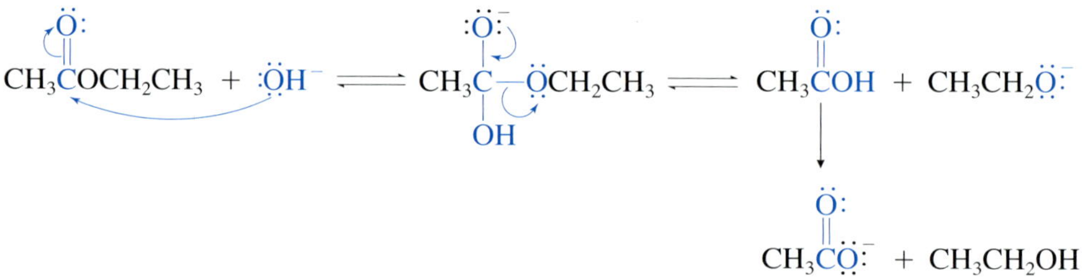

에스터를 암모니아 또는 아민으로 처리하면 아마이드가 생성된다.

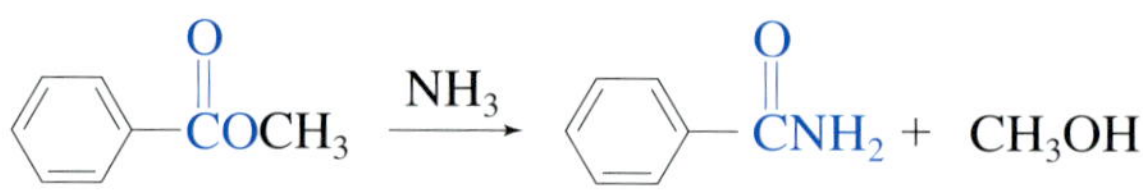

Methyl benzoate　　Benzamide

할로젠화 아실을 이용하면 훨씬 더 효과적으로 아마이드를 만들 수 있기 때문에 이 반응은 잘 이용하지 않는다.

10.16 NaOH 수용액에서 일어나는 다음 각 에스터의 비누화 반응식을 쓰시오.

(1) 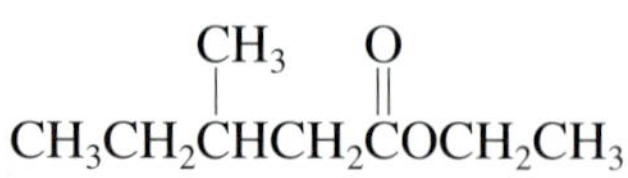

(2) 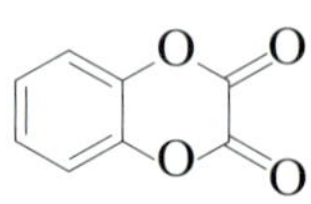

(3) Isopropyl butanoate

(4) Ethyl cyclopentanecarboxylate

10.17 Isopropyl acetate를 암모니아로 처리했을 때 일어나는 반응의 메커니즘을 제시하시오.

10.14 에스터의 환원 반응

에테 용매에서 에스터를 $LiAlH_4$로 처리하면 일차 알코올로 환원된다.

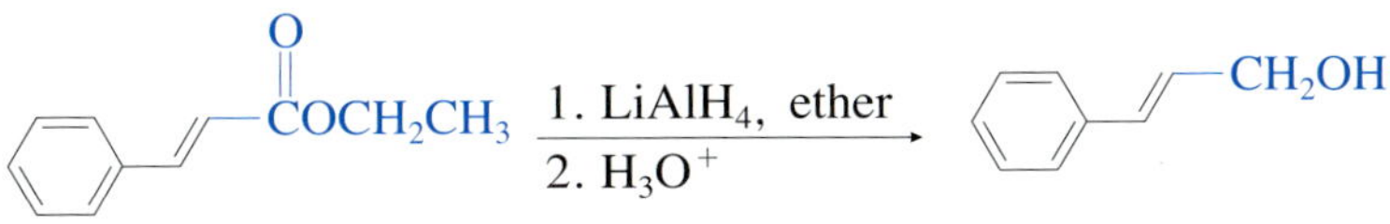

Ethyl cinnamate   *trans*-3-Phenyl-2-propen-1-ol

반응 메커니즘은 $LiAlH_4$에 의한 카복실산의 환원 반응과 비슷하다. $LiAlH_4$로부터 발생된 수소 음이온이 에스터의 카보닐 탄소에 첨가되는 것으로 시작되는 반응의 중간 단계에서 알데하이드가 형성된다. 알데하이드는 빠르게 수소 음이온의 공격을 받아 알콕사이드 음이온으로 환원된다. 반응이 끝난 다음 산 수용액으로 뒷처리하면 일차 알코올이 생성된다.

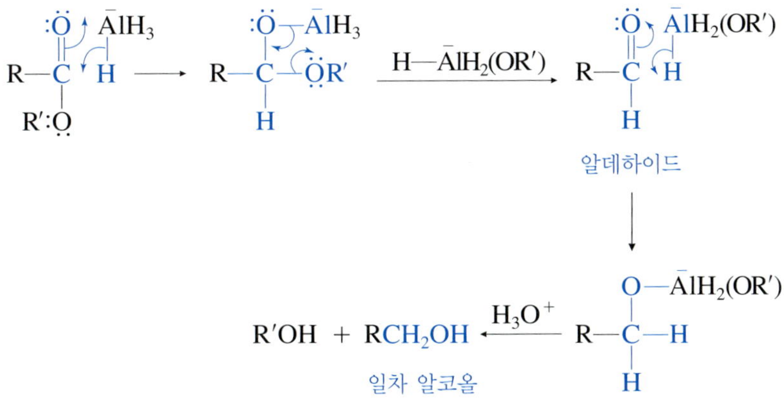

10.18 다음을 $LiAlH_4$로 환원시켰을 때 얻어지는 생성물의 구조를 그리시오.

(1) Ethyl benzoate

(2) $CH_3CH_2CH(CH_3)CH_2CO_2CH_3$

(3) 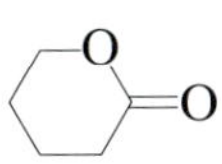

10.15 에스터와 Grignard 시약의 반응

에스터가 2당량의 Grignard 시약과 반응하면 삼차 알코올이 생성된다. 이 반응도 에스터 환원 반응의 일종이다.

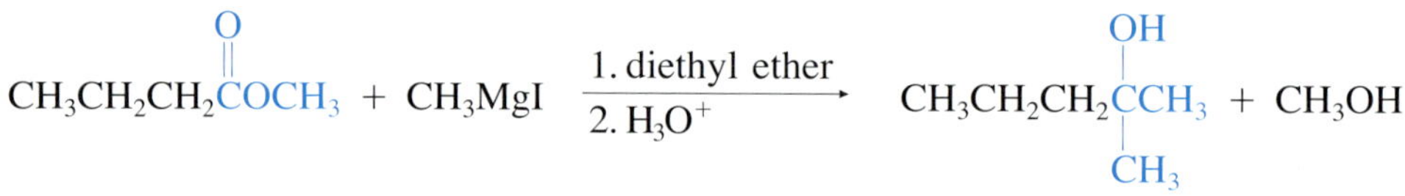

Methyl butanoate　Methyl magnesium iodide　2-Methyl-2-pentanol

반응의 첫 단계에서 Grignard 시약이 에스터 카보닐을 공격하면 친핵성 아실 치환 반응이 일어나 케톤이 생성된다.

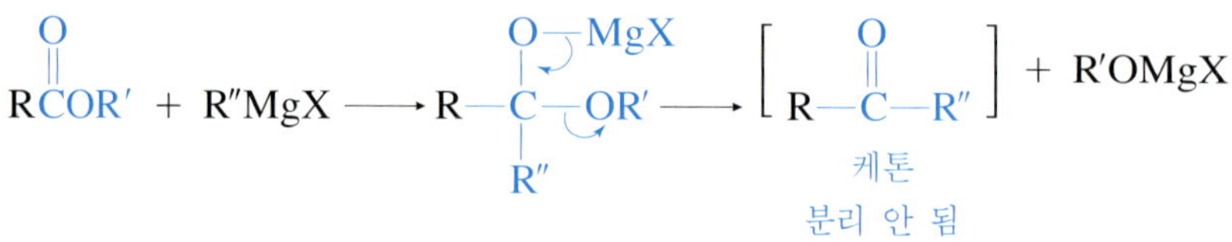

생성된 케톤은 두 번째 Grignard 시약과 빠르게 반응하기 때문에 분리할 수 없으며 삼차 알콕사이드로 전환된다. 이것을 산 수용액으로 뒷처리하면 삼차 알코올이 생성된다.

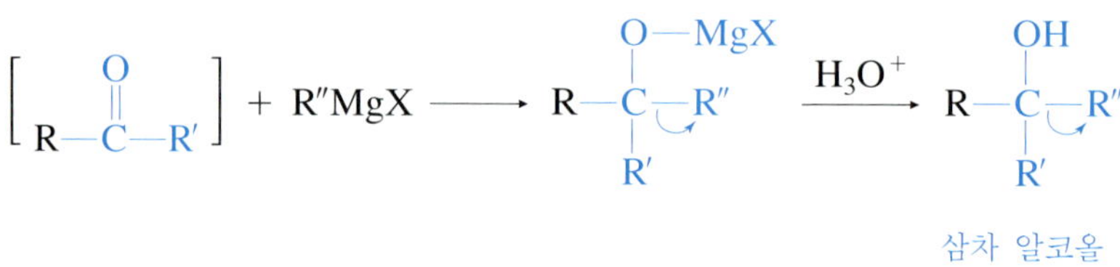

10.19 적당한 에스터와 Grignard 시약으로부터 다음 알코올을 합성하시오.

(1) 2-Methyl-2-butanol　(2) 2-Phenyl-2-propanol　(3) 1,1-Diphenylpropanol

10.16 아마이드

아마이드는 반응성이 가장 낮은 카복실산 유도체이다. 화학적으로 안정하기 때문에 생체 구성 물질로서 자연계에 널리 분포되어 있다. 아마이드기를 통해 아미노산이 반복적으로 결합한 것이 단백질이다.

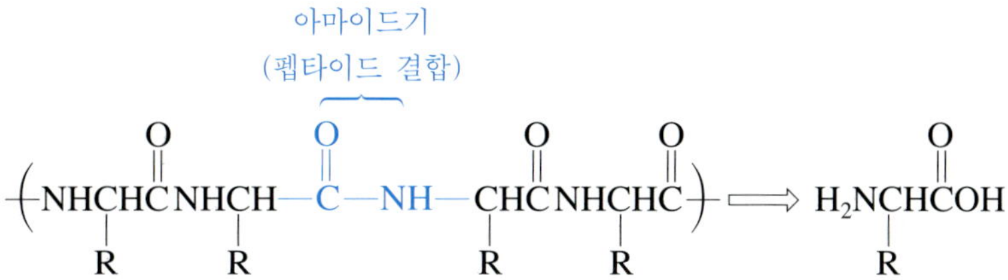

단백질 아미노산

약리 작용을 보여 주는 아마이드의 예로는 진통제로 사용되는 tylenol(타이레놀)과 부정맥 치료제인 procainamide hydrochloride를 들 수 있다.

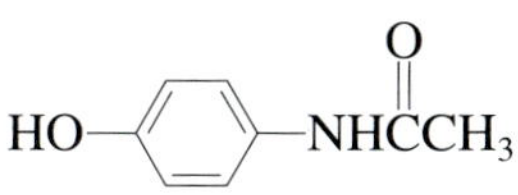

Tylenol

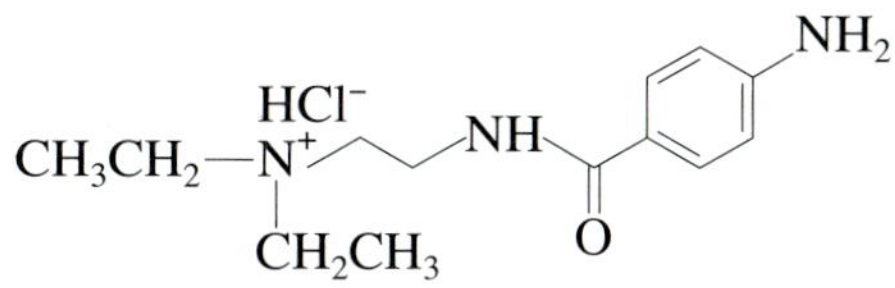

Procainamide hydrochloride

고리형 아마이드를 **락탐**(lactam)이라고 하는데, 페니실린은 락탐의 일종이다.

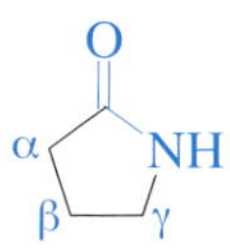

γ-Butyrolactam

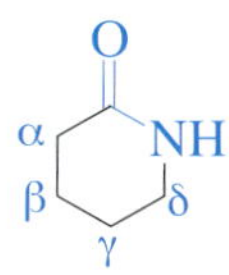

δ-Valerolactam

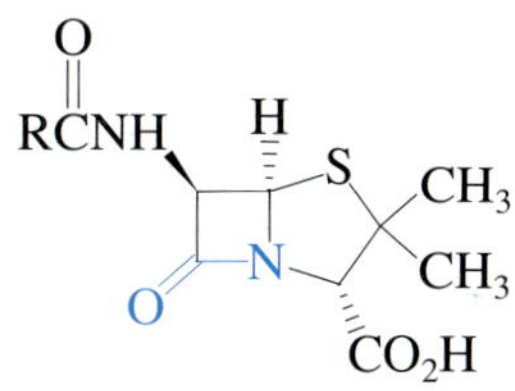

Penicillin
(일종의 β-락탐)

아마이드는 극성이 매우 크며 카복실산과 비슷한 형태로 수소 결합을 형성한다.

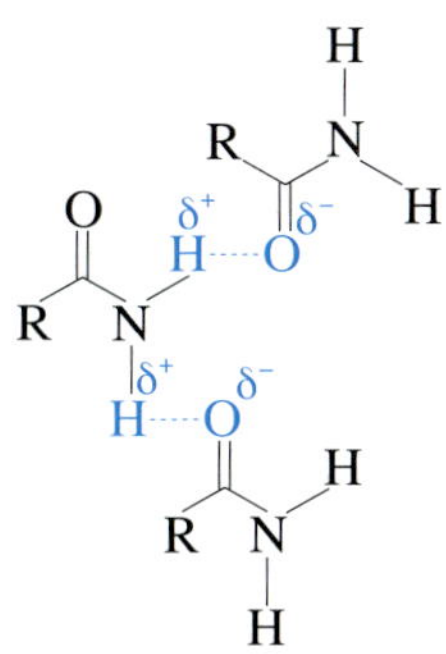

앞 절에서 설명한 것처럼 아마이드는 할로젠화 아실, 카복실산 무수물 및 에스터로부터 얻을 수 있다. 아마이드를 산 또는 염기 수용액에서 가열하면 카복실산과 아민으로 가수 분해된다.

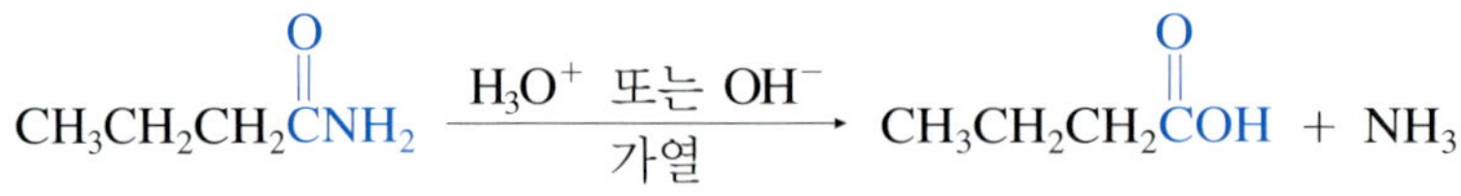

Butanamide Butanoic acid

$LiAlH_4$와 같은 환원제로 처리하면 아마이드가 환원된다. 다른 카복실산 유도체들의 환원에서는 알코올이 얻어지지만 아마이드에서는 아민이 생성된다.

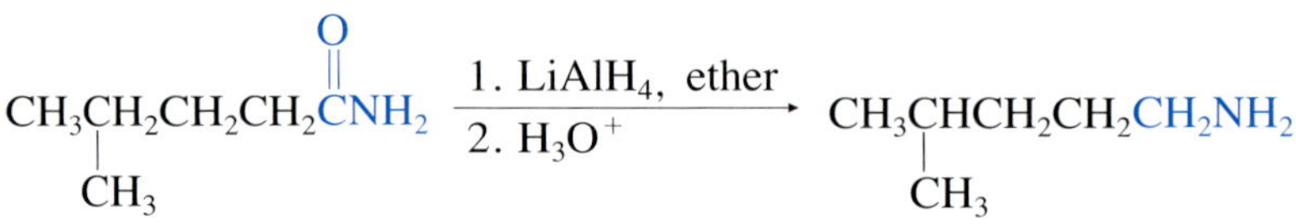

4-Methylpentanamide 4-Methylpentylamine

10.20 산 촉매 존재 하에서 일어나는 acetamide의 가수 분해 반응 메커니즘을 제시하시오.

10.17 나이트릴

나이트릴 화합물들은 카복실기를 가지고 있지 않지만 사이아노기의 화학이 카복실산의 화학과 비슷할 뿐만 아니라 사이아노기의 탄소가 카복실기와 산화수가 같기 때문에 카복실산 유도체로 분류된다.

나이트릴은 보통 일차 또는 이차 할로알케인을 사이안산 음이온으로 처리하여 얻는다.

$$CH_3CH_2CH_2CH_2Br + Na^+CN^- \longrightarrow CH_3CH_2CH_2CH_2CN + NaBr$$

Bromobutane Sodium cyanide Pentanenitrile

나이트릴은 산 또는 염기 수용액에서 가열하면 카복실산으로 가수 분해된다.

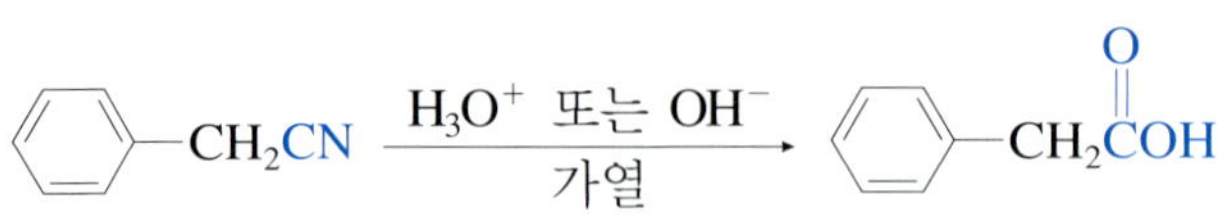

Benzyl cyanide Phenylacetic acid

나이트릴을 $LiAlH_4$와 같은 환원제로 처리하면 아민으로 환원된다.

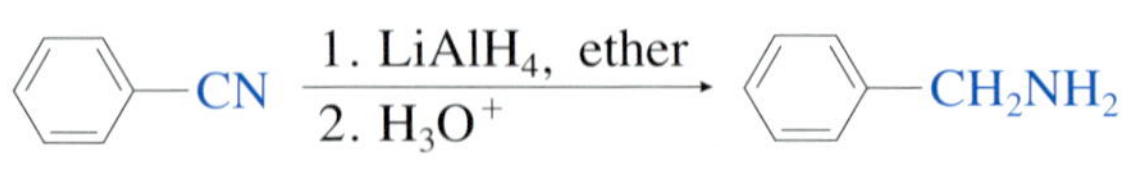

Benzenenitrile Benzylamine

나이트릴을 Grignard 시약으로 처리하면 이민 음이온이 형성되는데 이것을 산 수용액으로 가수 분해하면 케톤이 생성된다.

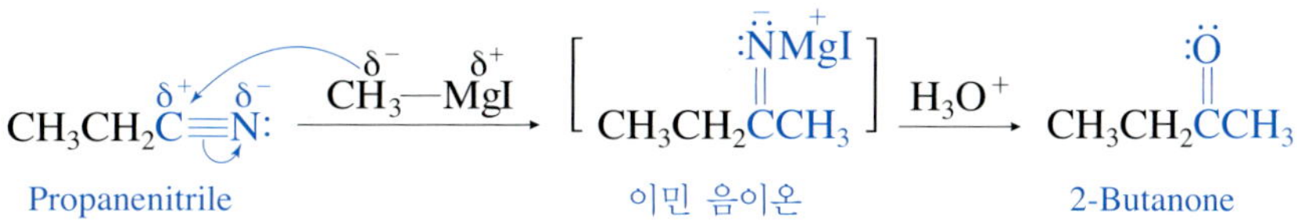

10.21 나이트릴과 Grignard 반응으로부터 다음을 합성하시오.

(1) 2-Hexanone
(2) Acetophenone(methyl phenyl ketone)
(3) 3-Pentanone
(4)

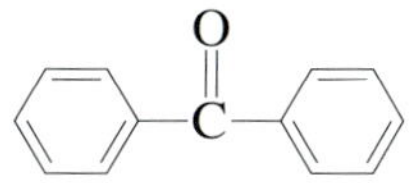

요약

카복실산(carboxylic acid)은 **카복실기**(carboxyl group)를 포함하고 있는 유기 화합물이다. 카복실기는 카보닐기와 하이드록시기를 포함하고 있기 때문에 극성이 매우 크며 카복실산의 반응성은 이들 두 작용기의 상호 작용으로부터 비롯된다. 카복실산의 가장 중요한 특성은 산성도이다. 카보닐 탄소가 전자를 강하게 끌어당길 뿐만 아니라 양성자가 제거된 알콕사이드 음이온의 음전하가 공명 현상에 의해 카복실기의 두 산소 원자로 비편재화되기 때문에 카복실산은 약산으로 작용한다. 카보닐기의 인접한 탄소에 전자 끌개가 치환되면 카복실산의 음이온이 더 안정화되기 때문에 더 큰 산성도(더 작은 pK_a값)를 보여 준다.

카복실산의 하이드록시기가 치환되면 여러 가지 카복실산 유도체로 전환된다. 카복실산의 유도체에는 **할로젠화 아실**(acyl halide), **카복실산 무수물**(carboxylic acid anhydride), **에스터**(ester), **아마이드**(amide) 및 **나이트릴**(nitrile)이 있다. 카복실산 유도체들은 모두 **친핵성 아실 치환 반응**(nucleophilic acyl substitution)을 일으킨다. 이 반응의 메커니즘은 카보닐 탄소에 친핵체가 첨가된 다음 이탈기가 제거되는 두 단계로 이루어져 있다.

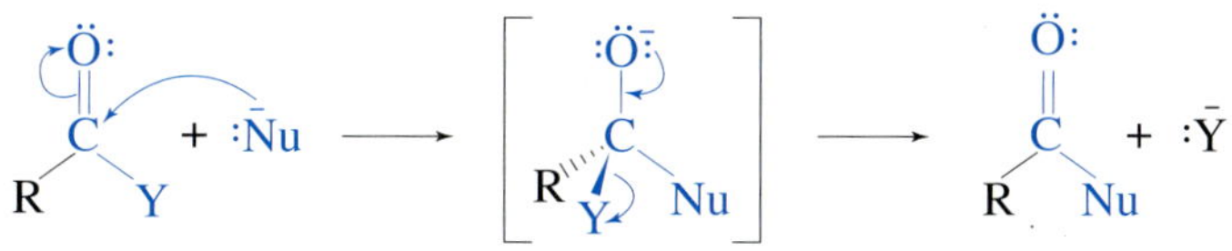

카복실산 유도체들의 반응성은 아마이드, 에스터, 카복실산 무수물, 할로젠화 아실의 순으로 증가한다. 반응성이 더 큰 카복실산 유도체는 반응성이 더 작은 유도체로 쉽게 전환될 수 있다. 카복실산, 에스터는 알코올로 환원되는 반면 아마이드와 나이트릴은 아민으로 환원된다. 에스터는 Grignard 시약과 반응하여 삼차 알코올로 전환된다.

보충문제

10.22 다음 카복실산 및 카복실산 유도체의 IUPAC 이름을 쓰시오.

(1) $(CH_3)_2CHCOOH$

(2) $CH_3CHClCHBrCH_2COOH$

(3)

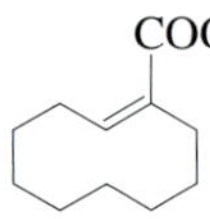

(4)

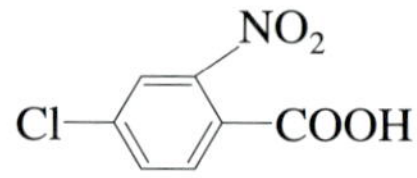

10.23 다음 카복실산의 구조를 그리시오.

(1) 4-Methylhexanoic acid

(2) 1,5-Pentanedioic acid

(3) Triphenylacetic acid

(4) *m*-Toluic acid

10.24 다음 카복실산 유도체의 IUPAC 이름을 쓰시오.

(1) $(CH_3)_3CCH_2COCl$

(2) $CH_3CH(CH_3)COO^-Na^+$

(3)

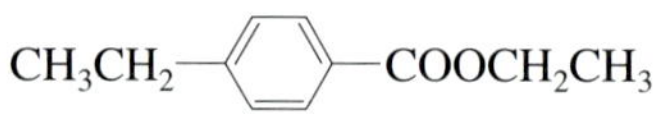

(4) $CH_3CH_2CH_2CH_2COOC_6H_5$

(5) $CH_3CH_2COOCOCH_2CH_3$

(6) $HCONH_2$

(7) $(CH_3)_2CHCH_2CONHCH_3$

(8) $CH_3CH(CH_3)CH(CH_3)CH_2CH_2CN$

10.25 다음 각각의 구조식을 그리시오.

(1) 4,5-Dichlorooctanoic acid

(2) *trans*-1,3-Cyclohexanedicarboxylic acid

(3) 2,3-Dimethylpentanamide

(4) Ethyl cyclohexanecarboxylate

(5) Phenyl butanonate

(6) Propanoic anhydride

(7) Benzonitrile

(8) 2-Bromopentanoyl bromide

10.26 다음을 끓는점이 높아지는 순서로 나열하고 이유를 설명하시오.

CH_3CH_2COOH, $CH_3CH_2CH_2CHO$, $CH_3CH_2CH_2CH_3$

10.27 다음을 산성도가 증가하는 순서로 나열하시오.

(1) $CH_3CH_2CH_2COOH$, $CH_3CHBrCH_2COOH$, $CH_3CH_2CHBrCOOH$

(2) CH_3COOH, $CH_2ClCOOH$, CCl_3COOH, $CHCl_2COOH$

10.28 다음 각 반응에서 주생성물의 구조를 그리시오.

(1) $CH_3CH_2COOH \xrightarrow{NH_3}$

(2) $CH_3CH_2COOH \xrightarrow{LiAlH_4}$

(3) $CH_3CH_2COOH \xrightarrow{H_2,\ Pt}$

(4)

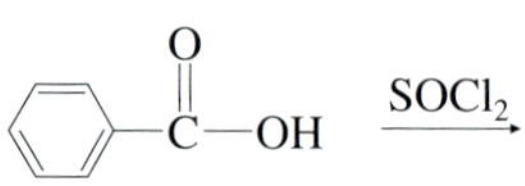

(5)

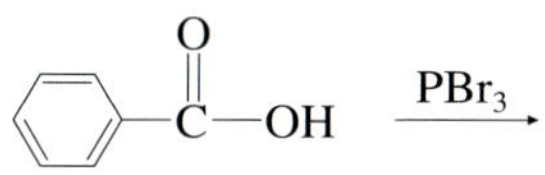

(6)

(7)

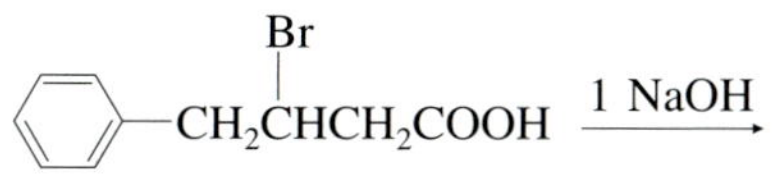

(8)

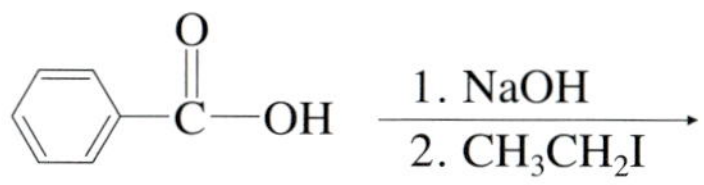

10.29 다음 반응을 완결하시오.

(1) $HOOCCH_2CH_2COOH \xrightarrow{\text{가열}}$

(2)

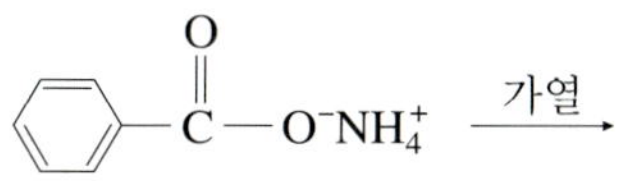

(3) $CH_3CH_2CH_2COOCH_2CH_3 \xrightarrow{LiAlH_4}$

(4) $CH_3CH_2CH_2CONH_2 \xrightarrow{LiAlH_4}$

(5) $CH_3CH_2CH_2CN \xrightarrow[\text{2. } H_3O^+]{\text{1. } CH_3CH_2MgBr}$

10.30 2,2-Dimethylhexanoic acid를 합성하기 위해 2-chloro-2-methylhexane을 NaCN으로 처리하고 가수 분해하였지만 원하는 생성물이 얻어지지 않았다. 문제점을 지적하시오.

10.31 (±)-2-methylbutanoic acid와 (*S*)-2-butanol을 반응시켜 에스터를 합성하였다.

(1) 얻어진 에스터의 구조를 그리시오.
(2) 에스터는 서로 거울상 이성질체인가? 부분 입체 이성질체인가?

10.32 다음 왼쪽 화합물은 두 단계의 반응을 거쳐 오른쪽으로 전환될 수 있다. 두 단계 반응을 제시하시오.

$(CH_3)_3CCH_2COOH$, $(CH_3)_3CCH_2C(OH)(CH_3)_2$

11장 아민

질소는 탄소, 수소 및 산소와 함께 생명체를 구성하고 있는 중심 원소이다. 질소는 식물과 동물의 단백질, 핵산은 물론이고 많은 조직들에서 발견된다.

한 개 이상의 알킬 또는 아릴기가 질소에 결합되어 있는 암모니아의 유도체를 **아민**(amine)이라고 한다. 질소 원자가 알킬기에 결합되어 있으면 **알킬아민**(alkylamine)이라고 하고 방향족 고리에 결합되어 있으면 **아릴아민**(arylamine)이라고 한다. 많은 아민들이 생물학적 활성을 가지고 있다. 예를 들면 합성 아민의 일종인 amphetamine에는 혈액의 glucose 함량을 높여줌으로써 공복감과 피로를 감소시키는 작용이 있다. 이 때문에 체중 감량을 원하는 사람들의 식욕 억제제와 피로 회복제로 사용된다. 코카 잎에서 분리되는 cocaine은 중추 신경을 흥분시킨다. 소량을 섭취했을 때는 피로감이 줄어들고 기분이 좋아지지만 오랫동안 사용하면 중독과 우울증에 빠지게 된다. 담배의 성분인 (*S*)-nicotine은 중독성 흥분제이다. 오랫동안 섭취하면 치명적인 독으로 작용한다.

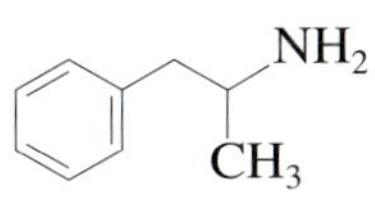

Amphetamine

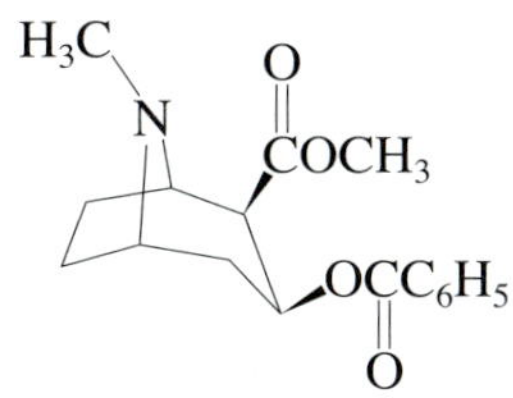

Cocane

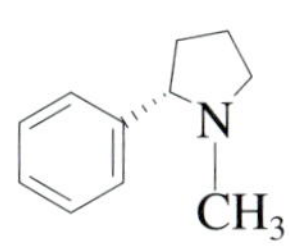

(*S*)-Nicotine

11.1 아민의 명명법

아민은 질소에 결합되어 있는 알킬 또는 아릴 치환체의 수에 따라 일차, 이차, 삼차 아민으로 분류된다.

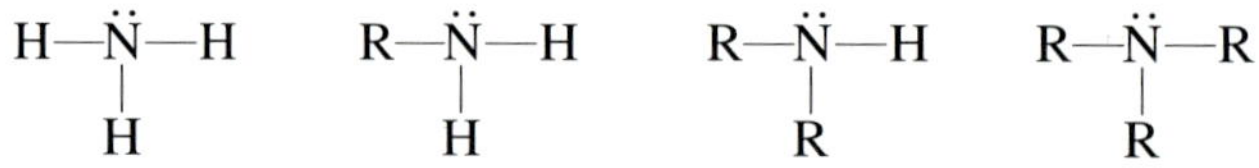

암모니아　　일차 아민　　이차 아민　　삼차 아민

이것은 할로알케인 또는 알코올의 분류와 다르다. 할로알케인과 알코올의 경우에는 할로젠 원자 또는 하이드록시기가 치환되어 있는 탄소에 결합된 알킬 또는 아릴기의 수를 기초로 분류된다.

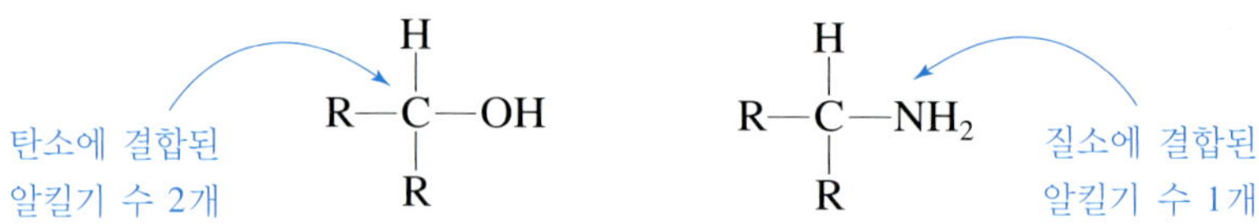

이차 알코올　　일차 아민

질소에 4개의 알킬 또는 아릴기가 결합된 양이온은 **사차 암모늄 이온**(quaternary ammonium ion)이라고 한다.

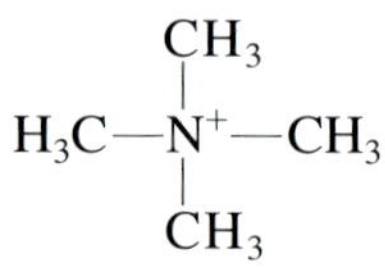

Tetramethylammonium ion
사차 암모늄 이온

아민은 몇 가지 방법으로 명명할 수 있다. 간단한 아민의 IUPAC 이름은 알킬 또는 아릴기 다음에 어미 '–amine'을 붙여서 짓는다.

$CH_3CH_2CH_2NH_2$　　$(CH_3CH_2)_2NH$　　$(CH_3CH_2)_3N$

Propylamine　　Diethylamine　　Triethylamine

두 개 이상의 다른 알킬기가 질소에 결합되어 있을 때는 가장 큰 알킬기를 모체로 생각한다. 작은 알킬기들은 접두어로 처리해서 '*N*-alkyl-'로 이름을 짓는다.

N-Methyl-2-butylamine　　*N*,*N*-Diethyl-2-propylamine

Alkanamine으로 이름을 짓는 보다 편하고 합리적인 방법도 있다.

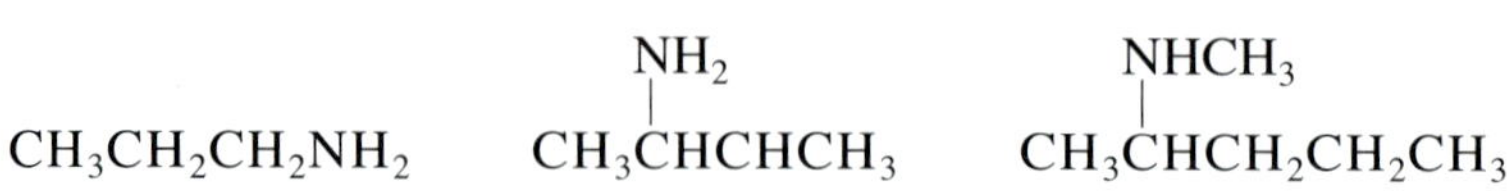

1-Propanamine　　2-Butanamine　　*N*-Methyl-2-pentanamine

다른 작용기와 함께 있을 때는 $—NH_2$를 치환체로 생각하며 'amino−'라고 하는 접두어로 처리한다.

3-Aminopentanoic acid　　3-Amino-1-propanol　　3-Amino-2-pentanone

중요한 비방향족성 헤테로 고리 아민(nonaromatic heterocyclic amine)에는 다음과 같은 화합물들이 있다.

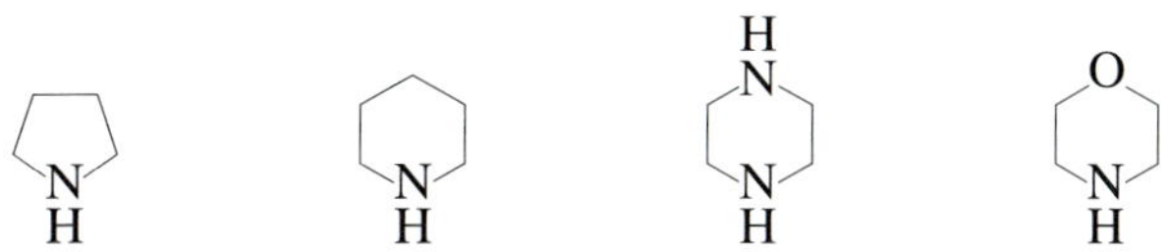

Pyrrolidine　　Piperidine　　Piperazine　　Morpholine

11.1 다음 각 아민들의 이름을 쓰시오.

(1) $CH_3(CH_2)_4NH_2$

(2) 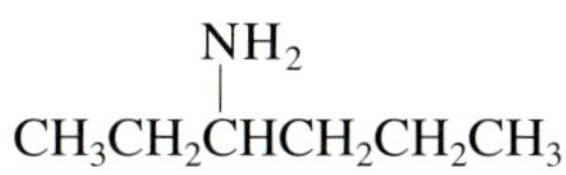

(3) 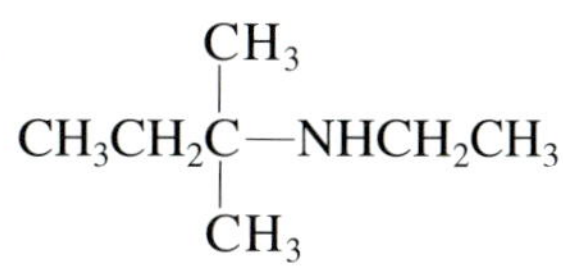

(4) 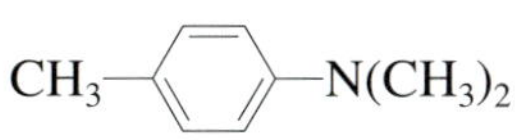

(5) 

(6) 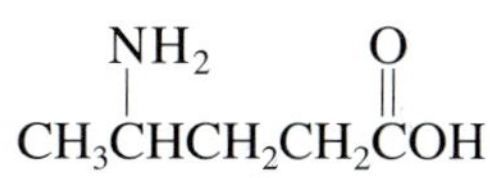

11.2 다음 각 아민들의 구조를 그리시오.

(1) 2-Methyl-1-pentanamine　　(2) Cyclohexylamine

(3) (*R*)-2-Butanamine　　(4) *N*-Ethyl-*N*-methylaniline

11.2 아민의 구조와 물리적 성질

아민의 질소 원자에는 네 개의 sp^3 혼성 오비탈이 있다. 이들 중 세 개는 적어도 한 개 이상의 알킬 또는 아릴기와 수소 원자에 결합되어 있고 나머지 한 개는 한 쌍의 비공유 전자를 수용하고 있다. 이 때문에 아민의 구조는 피라미드형이며 질소 원자의 세 치환체가 모두 다를 때는 카이랄이다. 그러나 아민의 거울상 이성질체들은 보통의 온도에서 반전을 통해 빠르게 상호 전환되기 때문에 분리할 수 없다. **피라미드형 반전**(pyramidal inversion)이라고 불리는 이 반전은 sp^2 질소의 평면형 전이 상태를 거쳐서 진행된다.

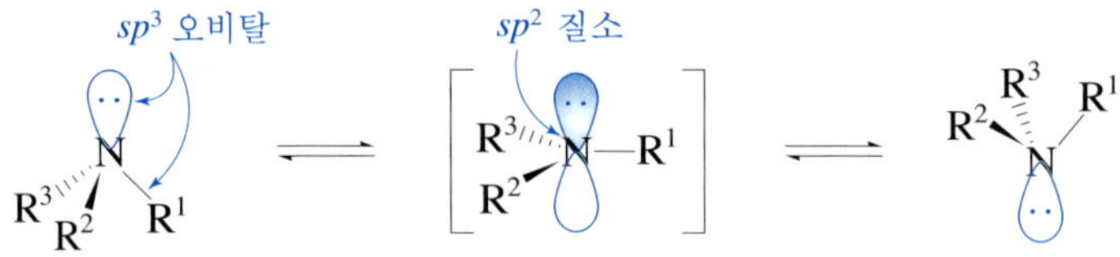

카이랄 아민 반전의
평면형 전이 상태

아민은 N—H 결합이 크게 분극되어 있기 때문에 극성이 크고 알코올과 마찬가지로 수소 결합을 형성한다. 수소 결합 때문에 아민들은 끓는점과 녹는점이 높다.

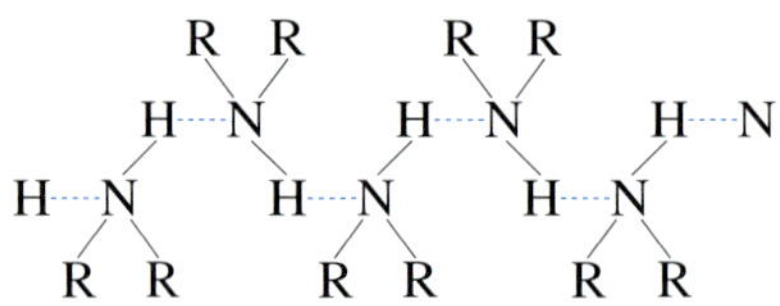

일차 및 이차 아민은 물 분자들과 N···H···O 형의 수소 결합을 형성한다. 이 때문에 탄소 수가 5개 이하인 작은 아민들은 물에 녹는다. 분자량이 작은 아민들은 생선 비린내와 비슷한 독특한 냄새가 난다.

11.3 삼차 아민은 분자량이 비슷한 일차 아민보다 끓는점이 낮다. 그 이유를 설명하시오.

11.3 아민의 염기도

질소 원자에 있는 비공유 전자쌍 때문에 아민은 염기뿐만 아니라 친핵체로도 작용한다.

즉 아민은 Lewis 염기로 작용하여 전자가 부족한 원자, 이온 또는 분자에 전자를 제공하며 극성 반응에서는 친전자체와 반응한다.

아민은 알코올, 에터 또는 물보다 훨씬 센염기이다. 수용액 속에서 아민은 산 염기 평형 반응을 일으키며 물 분자로부터 양성자를 받는다.

$$R_3N{:} + H{-}\ddot{O}H \rightleftharpoons R_3\overset{+}{N}H + {:}\ddot{O}H^-$$

이 평형에서 아민이 양성자를 받아들이는 정도인 염기로서의 세기는 **염기도 상수**(basicity constant) K_b로 정의된다.

$$K_b = \frac{[R_3NH^+][OH^-]}{[R_3N]}$$

$$pK_b = -\log K_b$$

여기서 물의 농도 $[H_2O]$는 K_b에 포함되어 있다. 염기로서의 세기가 증가할수록 K_b값은 증가하고 pK_b값은 감소한다. 즉 pK_b값이 작을수록 더 센염기이다.

$$K_b:\quad 10^{-10}\qquad 10^{-5}\qquad 10^{-3}$$

$$pK_b:\quad 10\qquad 5\qquad 3$$

염기로서의 세기 증가

대표적인 아민들의 pK_b값을 종합하면 표 11.1과 같다. 간단한 아민들은 구조에 상관없이 3~4 정도의 pK_b값을 보여 준다.

표 11.1 대표적인 아민들의 pK_b값

구조	이름	pK_b	염기로서의 세기
 NH	Piperidine	2.88	강염기
$(CH_3CH_2)_2NH$	Diethylamine	3.06	
$(CH_3CH_2)_3N$	Triethylamine	3.21	
$CH_3CH_2NH_2$	Ethylamine	3.25	
$(CH_3)_2NH$	Dimethylamine	3.27	
CH_3NH_2	Methylamine	3.34	
$(CH_3)_3N$	Trimethylamine	4.19	
NH_3	암모니아	4.75	
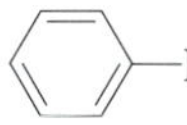 $-NH_2$	Aniline	9.37	약염기

알킬기와 같이 전자를 주는 기가 질소에 있으면 염기도가 증가한다. 표 11.1에서 보는 것처럼 알킬아민들은 암모니아보다 10배 이상 센염기이다. 짝산의 용매화, 입체 및 전자적인 상호 작용과 같은 복잡한 효과들이 간섭하기 때문에 알킬아민들의 염기도는 서로 비슷하다.

아릴아민의 경우는 매우 다르다. 예로서 aniline의 염기도는 구조적으로 연관지을 수 있는 cyclohexylamine보다 약 10^6배 약하다. Aniline은 다음과 같은 공명 혼성 구조를 가지고 있다. 질소의 비공유 전자는 공명에 의해 페닐기 쪽으로 크게 비편재화되므로 산과 거의 결합할 수 없다.

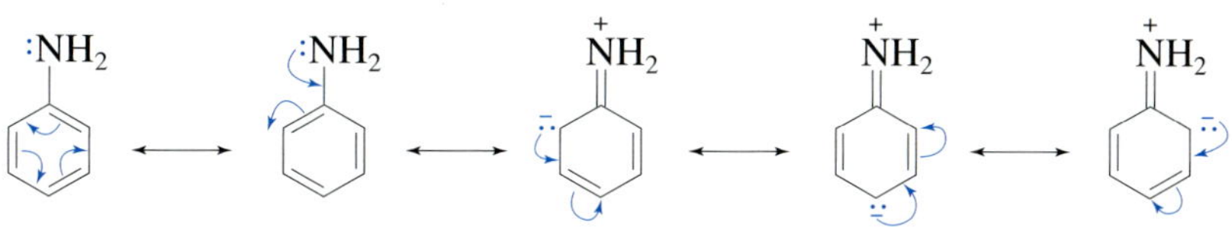

Aniline과 마찬가지로 아마이드도 공명 혼성에 의해 질소의 비공유 전자쌍이 카보닐기 쪽으로 비편재화되어 있기 때문에 염기도가 매우 낮다. 아마이드는 산으로 처리했을 때 염을 형성하지 않으며 수용액은 거의 중성이다.

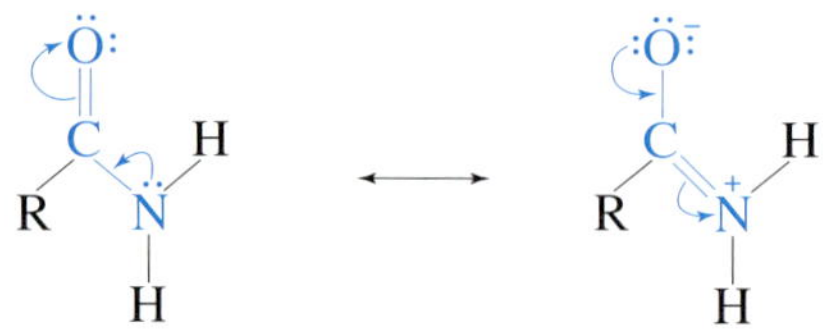

11.4 다음 중 어느 것이 더 강한 염기인지 설명하시오.

(1) $CH_3CH_2NH_2$ 와 $CH_3CH(Cl)NH_2$

(2) $CH_3CH_2NH_2$ 와 $CH_3C(=O)NH_2$

(3) 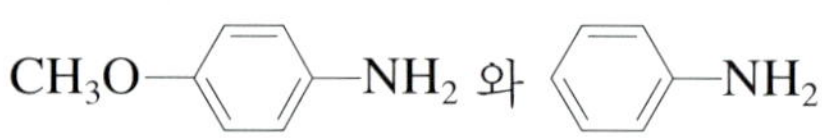

11.4 아민염

아민과 HCl과 같은 무기산이나 카복실산이 반응하면 **아민의 염**(amine salt)이 형성된다. 아민의 염은 보통 **치환된 암모늄염**(substituted ammonium salt)으로 이름 지으며 치환된 암모늄 양이온의 이름 다음에 음이온 이름을 부른다.

$$(CH_3CH_2)_3N: \; + \; HCl \longrightarrow (CH_3CH_2)_3NH^+Cl^-$$

Triethylamine → Triethylammonium chloride

$$(CH_3CH_2)_2NH \; + \; CH_3COOH \longrightarrow (CH_3CH_2)_2NH_2^+CH_3COO^-$$

Diethylamine → Diethylammonium acetate

물에 녹지 않는 아민은 묽은 산으로 처리하여 염으로 만들면 물에 녹는다. 이와 같은 특성을 이용하면 아미노기를 포함하고 있는 화합물들을 산 수용액에 녹지 않는 다른 물질로부터 분리할 수 있다. 예를 들면 식물 조직에 함유되어 있는 아민인 **알칼로이드**(alkaloid)는 산 수용액을 이용해서 식물 조직으로부터 추출한다.

11.5 다음 암모늄염들의 이름을 쓰시오.

(1) 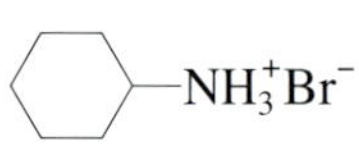

(2) $(CH_3CH_2)_4\overset{+}{N}Cl^-$

(3) $(CH_3CH_2CH_2)_2\overset{+}{N}H_2CH_3CO_2^-$

11.6 다음 산 염기 반응식을 완결하고 생성물의 이름을 쓰시오.

(1) $CH_3CH_2CH_2NH_2 \ + \ HBr \longrightarrow$

(2)

$(CH_3)_3N \ +$ 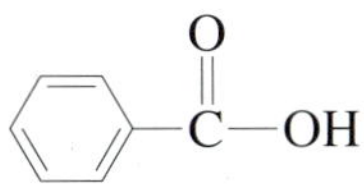 $\longrightarrow$

11.5 아민의 합성

아민과 할로알케인의 반응

암모니아 또는 아민은 비공유 전자를 가지고 있으므로 할로알케인과의 치환 반응에서 친핵체로 작용할 수 있다. 할로알케인을 암모니아로 처리하면 일차 아민이 얻어지고 일차 아민과 할로알케인의 반응에서는 이차 아민이, 이차 아민과의 반응에서는 삼차 아민이 얻어질 수 있다.

$$RX \ + \ NH_3 \longrightarrow RNH_3^+X^- \xrightarrow{OH^-} RNH_2 \quad \text{일차 아민}$$

$$RX \ + \ RNH_2 \longrightarrow R_2NH_2^+X^- \xrightarrow{OH^-} R_2NH \quad \text{이차 아민}$$

$$RX \ + \ R_2NH \longrightarrow R_3NH^+X^- \xrightarrow{OH^-} R_3N \quad \text{삼차 아민}$$

그러나 이 반응 생성물들은 여전히 질소 원자에 비공유 전자를 가지고 있기 때문에 자체로서 친핵체이며 할로알케인을 두고 출발 아민과 경쟁한다. 예로서 1-bromooctane을 암모니아와 반응시키면 비슷한 양의 octylamine 및 dioctylamine과 함께 소량의 trioctylamine과 tetraoctylammonium bromide가 생성된다. 따라서 이 방법은 아민을 합성하는 데 일반적으로 이용할 수 없다.

$$\underset{\text{1-Bromooctane}}{CH_3(CH_2)_6CH_2Br} \ + \ NH_3$$

$$\downarrow$$

$$\underset{\text{Octylamine(45\%)}}{CH_3(CH_2)_6CH_2NH_2} + \underset{\text{Dioctylamine(43\%)}}{(CH_3(CH_2)_6CH_2)_2NH} + \underset{\text{Trioctylamine(소량)}}{(CH_3(CH_2)_6CH_2)_3N} + \underset{\text{Tetraoctylammonium bromide(소량)}}{(CH_3(CH_2)_6CH_2)_4N^+Br^-}$$

11.7 다음 반응에서 얻어지는 주생성물의 구조를 그리시오.

(1) 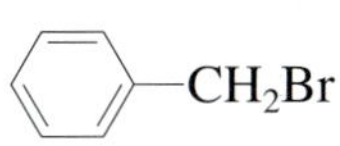 $+$ 과량 $NH_3 \longrightarrow$

(2) $(CH_3CH_2)_2NH \ + \ CH_3CH_2Br \longrightarrow$

(3) 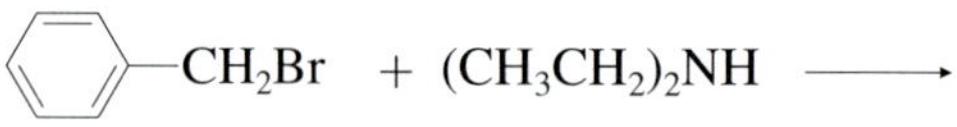

Gabriel 합성

Gabriel 합성법을 이용하면 부생성물없이 일차 아민을 얻을 수 있다. 이 방법에서는 phthalimide를 KOH로 처리하여 포타슘염을 만드는 단계로부터 시작한다. 친핵체로서 phthalimide 음이온과 적당한 알킬화제를 S_N2 반응시키면 치환된 phthalimide가 생성된다. 이것을 가수 분해하면 일차 아민이 얻어진다.

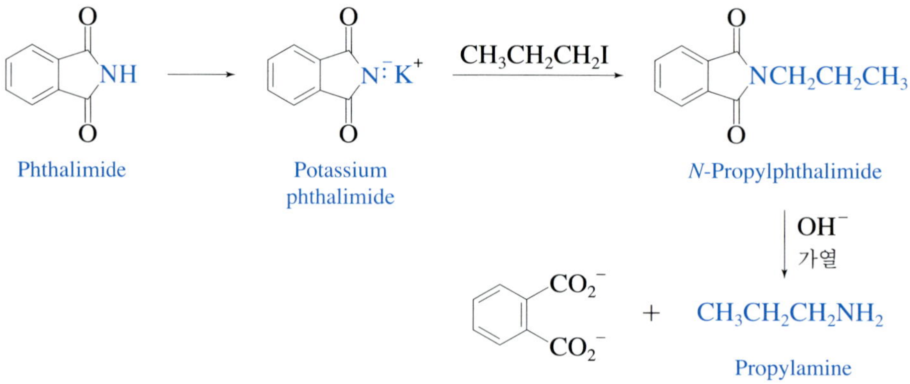

나이트릴과 아마이드의 환원

할로알케인으로부터 나이트릴을 만들고 이것을 전이 금속 촉매 존재 하에서 수소로 처리하거나 $LiAlH_4$와 같은 환원제로 처리하면 아민이 얻어진다. 이 방법을 이용하면 할로알케인으로부터 탄소수가 한 개 더 많은 아민을 합성할 수 있다.

$$CH_3\underset{}{\overset{CH_3}{C}}HCH_2CH_2Br \xrightarrow{CN^-} CH_3CH_2\overset{CH_3}{C}HCH_2CN \xrightarrow[2.\ H_3O]{1.\ LiAlH_4} CH_3CH_2\overset{CH_3}{C}HCH_2CH_2NH_2$$

1-Bromo-3-methylbutane　　3-Methylpentanenitrile　　3-Methylpentylamine

환원제로 처리하면 아마이드도 아민으로 전환된다.

$$CH_3CH_2CH_2\overset{O}{\overset{\|}{C}}NHCH_3 \xrightarrow[2.\ H_3O^+]{1.\ LiAlH_4} CH_3CH_2CH_2CH_2NHCH_3$$

N-Methylbutanamide　　*N*-Methylbutylamine

방향족 화합물을 나이트로화하고 이것을 환원하는 방법은 방향족 아민을 합성하는 데 효과적이다. 나이트로기를 환원시킬 때는 산 수용액에서 금속 철 또는 염화 주석으로 처리하는 방법이 주로 이용된다.

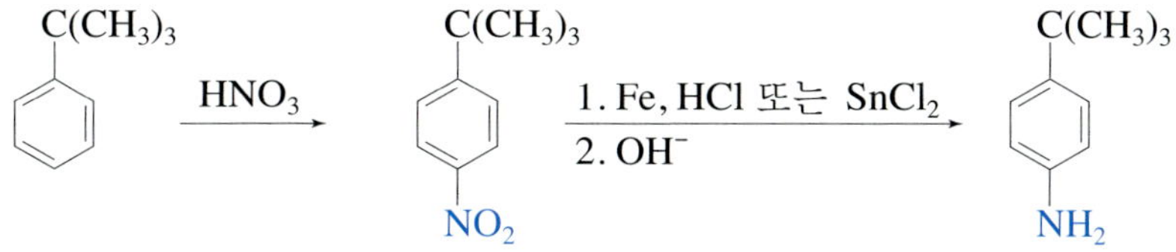

tert-Butylbenzene　　*p*-*tert*-Butylnitrobenzene　　*p*-*tert*-Butylaniline

11.8 Toluene을 친전자성 나이트로화 반응과 환원 반응을 거쳐 *p*-methylaniline을 합성하는 방법을 설명하시오.

11.9 어떤 아마이드를 환원시키면 *N*-Methylcyclohexylamine이 얻어지겠는가?

11.10 Bromopropane으로부터 butylamine을 합성하려고 한다. 어떻게 하면 되겠는가?

11.6 다이아조늄염의 형성

일차 아민을 아질산(nitrous acid)으로 처리하면 **다이아조늄 이온**(diazonium ion)이 생성되는데, 이 과정은 다음과 같은 몇 개의 단계를 거쳐 진행된다. 아질산은 낮은 온도의 묽은 염산에 아질산 소듐(sodium nitrite, $NaNO_2$)을 가함으로써 용기 내에서 만들어진다.

$$\underset{\text{아질산 소듐}}{NaNO_2} + aq\text{-}HCl \xrightarrow{0^\circ C} \underset{\text{아질산}}{HO—N{=}O} + NaCl$$

아질산이 양성자화되면 반응성이 매우 큰 **나이트로실 양이온**(nitrosyl cation, NO^+)이 생성된다.

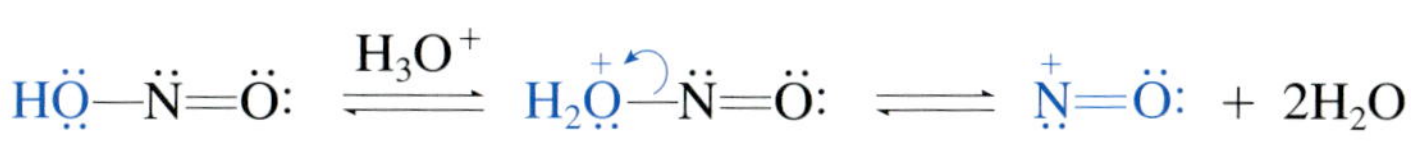

나이트로실 양이온

나이트로실 양이온이 아민과 반응하면 ***N*-나이트로사민**(*N*-nitrosamine)이 생성된다.

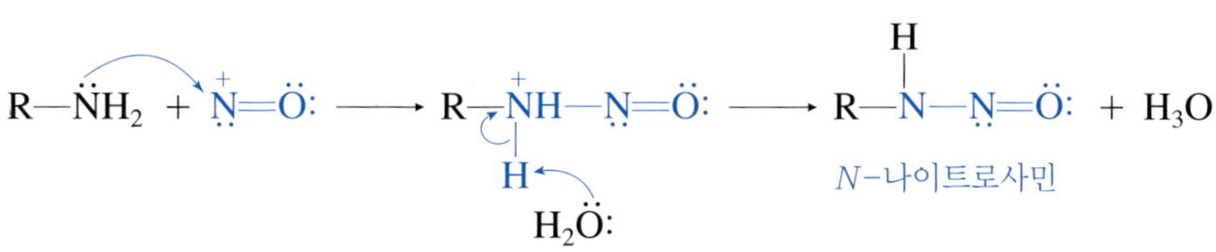

일차 아민으로부터 생성된 *N*-나이트로사민은 다이아조늄 이온으로 전환된다.

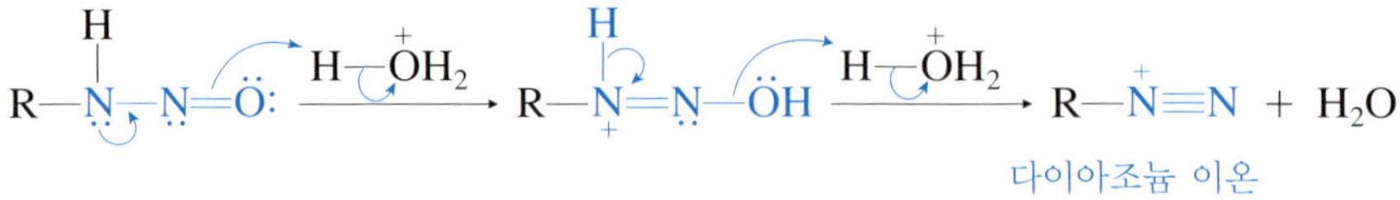

알킬다이아조늄염은 매우 불안정하지만 아릴다이아조늄염은 수용액 속에서 비교적 안정하기 때문에 몇 시간 동안 보관할 수 있다.

아릴다이아조늄염은 여러 가지 방향족 화합물로 전환될 수 있는 매우 중요한 중간체이다. 아릴다이아조늄염을 CuCl, CuBr 또는 CuCN과 함께 50~100°C로 가열하면 다이아조늄 이온의 N_2가 Cl, Br 또는 CN으로 치환된다. 이때 Cu^+ 이온은 반응의 촉매로 작용한다. 이 반응은 1884년 스위스의 Traugott Sandmeyer가 발견하였는데 발견자의 이름을 따라 **Sandmeyer 반응**이라고 한다.

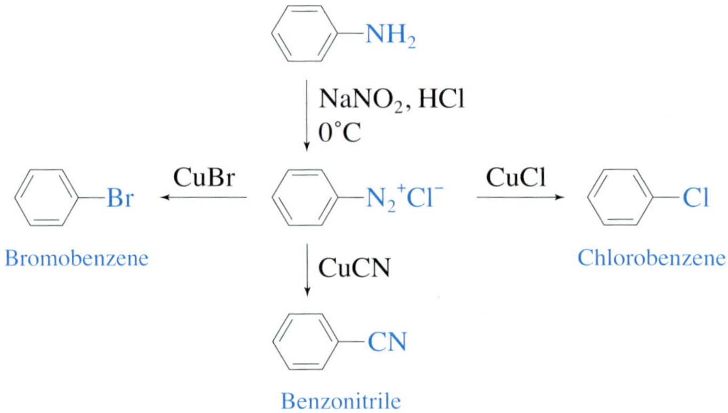

N_2를 아이오딘 또는 플루오린으로 치환할 때는 KI 또는 fluoroboric acid(HBF_4)로 처리하면 된다. 또 아릴다이아조늄염을 뜨거운 산 수용액으로 가열하면 N_2가 OH로, hypophosphorous acid(H_3PO_2)로 처리하면 N_2가 H로 치환된다.

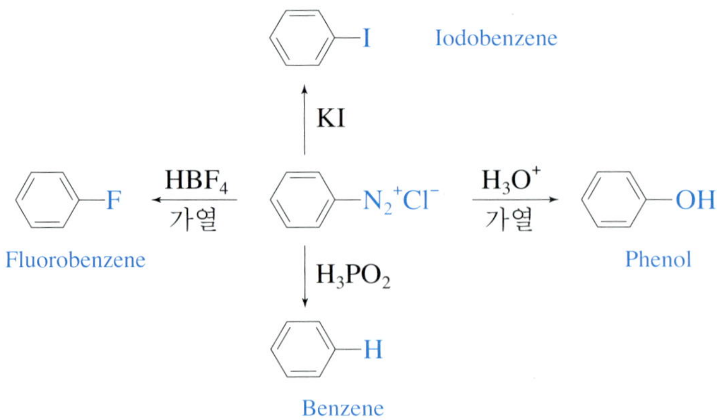

11.7 다이아조 짝지음 반응

아릴다이아조늄염은 1858년 J. P. Griess에 의해 발견된 직후부터 섬유를 염색하는 **아조 염료**(azo dye)를 합성하는 데 이용되었다. 아조 염료는 아릴다이아조늄염의 **짝지음 반응**을 통해 합성된다.

다이아조늄 이온은 두 질소 원자가 모두 부분 양전하를 가지고 있는 공명 혼성체이다.

이것을 하이드록시기와 같은 전자를 밀어 주는 치환체에 의해 활성화되어 있는 방향족 화합물로 처리하면 아조기(azo group, —N═N—) 를 포함하고 있는 아조 염료가 생성된다.

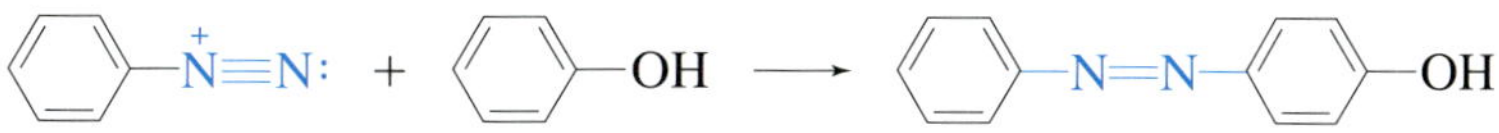

p-Hydroxyazobenzene
orange

11.11 다음 반응을 완성하시오.

(1)
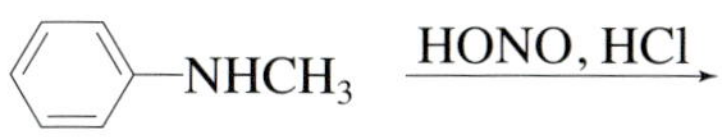

(2)
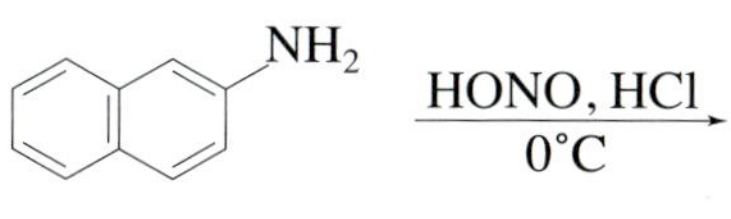

(3)
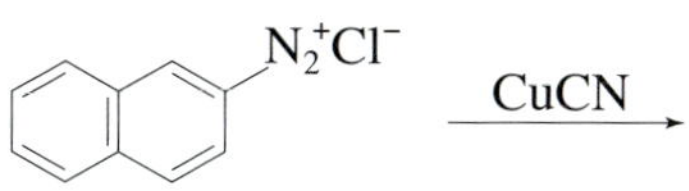

(4)
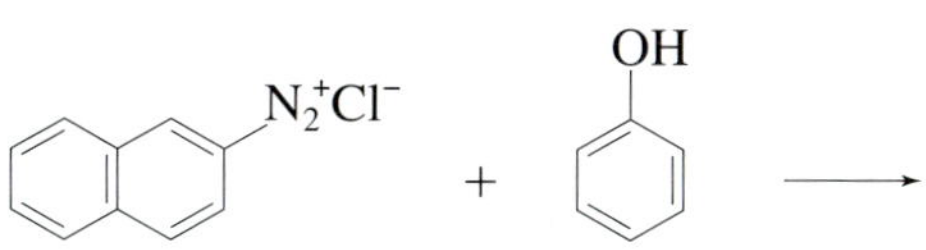

11.8 알칼로이드

알칼로이드는 질소를 포함하고 있는 천연 화합물들로서 주로 고등식물의 조직에서 발견된다. 아민의 일종으로, 염기성이기 때문에 알칼로이드(alkali like를 의미하는)라는 이름이 지어졌다. 알칼로이드들은 염기성이기 때문에 식물 조직으로부터 쉽게 분리된다. 식물 조직을 산 수용액으로 처리하면 알칼로이드가 물에 녹을 수 있는 암모늄염으로 전환된다. 용액을 염기를 사용하여 중화하면 알칼로이드는 침전으로 분리된다.

담배에서 분리되는 nicotine과 같은 알칼로이드는 비교적 간단한 구조를 가지고 있다.

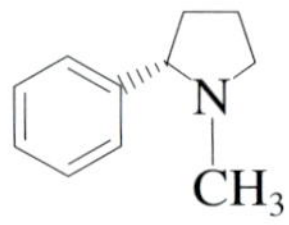

Nicotine

그러나 morphoine이나 strychnine의 예에서 보는 것처럼 많은 알칼로이드들이 복잡한 구조를 가지고 있다.

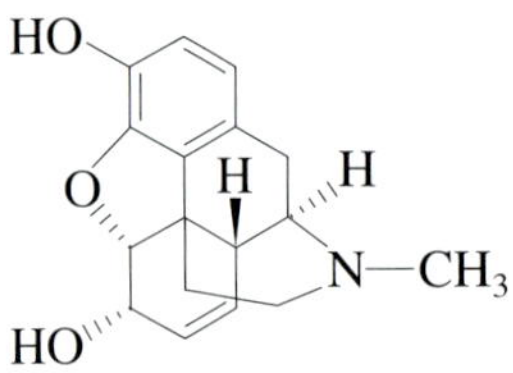

Morphine
아편에서 분리되는
중독성 진통제

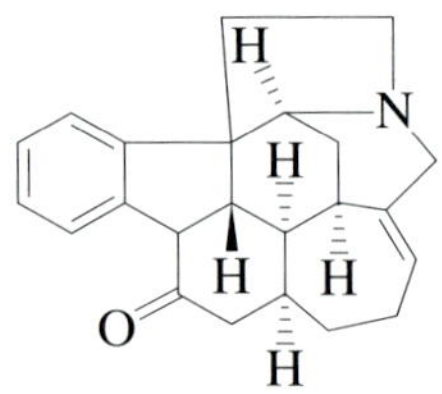

Strychnine
극도로 독성이 강한 중추 신경 흥분제
쥐약, 라셈 분할제

화학자들은 알칼로이드의 생물학적 활성과 복잡한 구조에 흥미를 가졌으며 오랫동안 복잡한 알칼로이드의 구조를 규명하는 연구들이 이루어졌다. 예를 들면 strychnine은 1818년에 처음으로 분리되었지만 구조는 1946년 R. Robinson에 의해 처음으로 밝혀졌다. Robinson은 strychnine을 포함하는 알칼로이드들의 구조 규명과 합성 화학의 발전에 기여한 공로로 1947년 노벨상을 받았다.

많은 알칼로이드들이 생물학적 활성을 보여 준다. Morphine은 양귀비에서 분리되는 진통제이며 반복해서 사용하면 중독된다. Strychnine은 극도로 독성이 강한 중추 신경 흥분제이며, 쥐약으로 사용된다. 이것은 값이 싸고 광학 활성 아민이기 때문에 라셈 분할에도 이용된다. Cocaine은 국소 마취제이지만 마약으로 남용되고 있다.

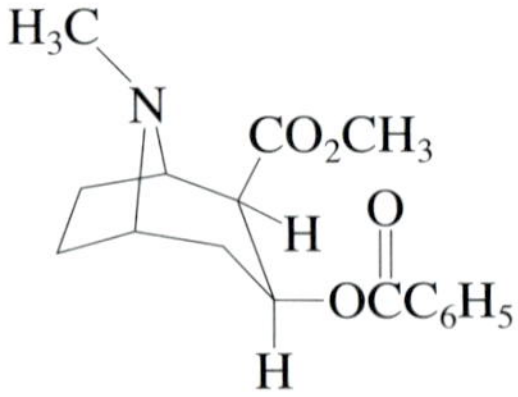

Cocaine
국소 마취제
환각제

다른 재미있는 예로는 coniine을 들 수 있다. 이것은 독당근, Conium maculatum이란 식물에서 분리되며 기원 전 399년 그리스의 철학자인 소크라테스가 먹었던 사약의 주성분이다.

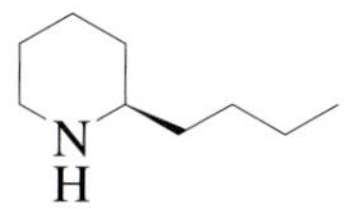

Coniine

인용된 예에서 본 것처럼 알칼로이드는 재미있는 구조들을 가지고 있고 유용한 생물학적 활성을 보여 주기 때문에 많은 과학자들의 지속적인 관심을 끌고 있다.

요약

아민(amine)은 암모니아의 유도체이다. 아민의 질소는 sp^3 혼성 오비탈을 통하여 수소 또는 탄소와 공유 결합을 형성하고 있다. 따라서 질소에 결합된 세 원자는 사면체 탄소의 세 꼭짓점을 향하고 있으며 네 번째 꼭짓점은 비공유 전자쌍이 가리키고 있다.

아민은 질소의 비공유 전자쌍 때문에 염기성이고 친핵체로 작용한다. 일반적으로 알킬아민은 아릴아민보다 염기성이 크다. Aniline과 같은 아릴아민은 비공유 전자쌍이 방향족 고리의 π-계와 공명 혼성을 이루기 때문에 염기성도가 낮다. 아민을 무기산이나 카복실산으로 처리하면 아민염이 형성된다.

나이트릴기를 환원하거나 **Gabriel 합성법**을 이용하면 쉽게 일차 아민을 얻을 수 있으며 방향족 아민은 방향족 나이트로 화합물을 환원하여 얻는다. 일차 아민을 아질산으로 처리하면 **다이아조늄 이온**(diazonium ion)이 생성된다. 알킬 다이아조늄염은 매우 불안정하지만 아릴 다이아조늄염은 수용액에서 보다 안정하며 **Sandmeyer 반응**을 통하여 여러 가지 방향족 화합물로 전환될 수 있다. 또 아릴 다이아조늄염의 **짝지음 반응**을 이용하면 여러 가지 아조 염료를 만들 수 있다.

알칼로이드는 질소를 포함하고 있는 천연 화합물들로서 주로 고등식물의 조직에서 분리된다. 많은 알칼로이드들이 생물학적 활성을 보여 준다.

보충문제

11.12 다음 각각의 질소 원자를 일차, 이차 및 삼차로 분류하시오.

(1) 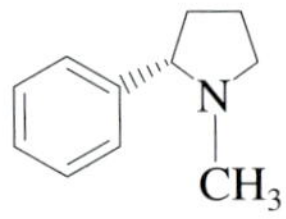

(2) 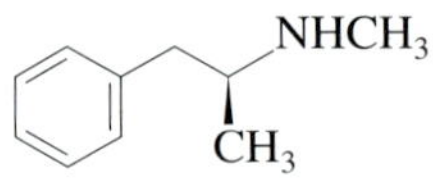

(3) 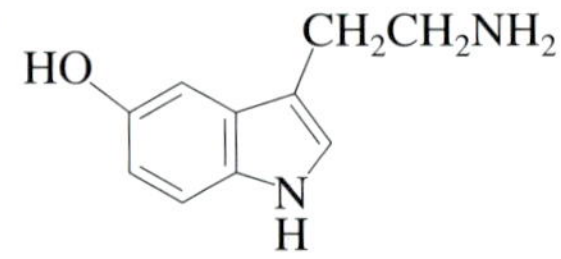

11.13 다음 각각을 IUPAC 규칙을 따라 명명하시오.

(1) 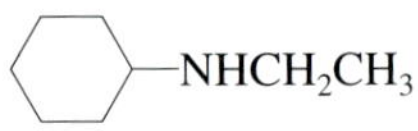

(2) $CH_3CH_2CH_2\overset{NH_2}{C}HCH_2CH_3$

(3) $CH_3CH_2\overset{CH_3}{C}HNHCH_3$

(4) $CH_3\overset{O}{\overset{\|}{C}}CH_2CH_2N(CH_3)_2$

(5) 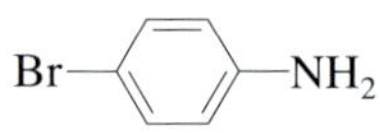

(6) 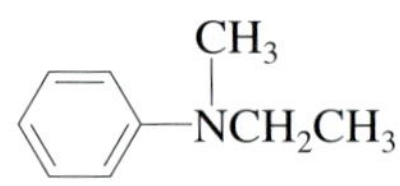

11.14 다음 각 화합물의 구조를 그리시오.

(1) *N*,*N*-Diethylaniline (2) 4-Aminobenzoic acid (3) (*S*)-2-Butanamine
(4) *cis*-3-Aminocyclohexanol (5) *N*-Ethyl-2-phenylethylamine (6) 2-Aminoethanol

11.15 Trimethylamine(끓는점 3°C)이 dimethylamine(7°C)보다 끓는점이 낮은 이유를 설명하시오.

11.16 다음 각각의 구조를 그리시오.

(1) 이차 아릴아민, C_7H_9N (2) 삼차 아릴아민, $C_8H_{11}N$ (3) 카이랄 일차 아민, $C_4H_{11}N$

11.17 다음 각 쌍 중 어느 것이 더 염기성도가 큰가?

(1) 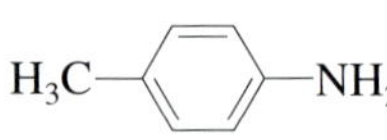 와 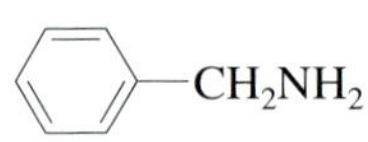

(2)  와 

(3)  와 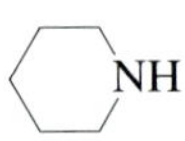

(4) 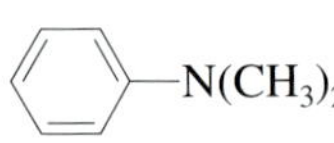 와 $(CH_3CH_2CH_2)_3N$

11.18 다음 산 염기 반응을 완성하시오.

(1) CH_3COOH + 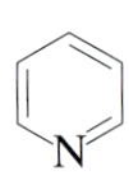 $\rightleftharpoons$

(2) 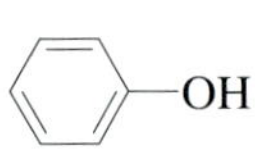 + $(CH_3CH_2CH_2)_3N$ $\rightleftharpoons$

(3) $CH_3CH_2C{\equiv}CH + NaNH_2 \rightleftharpoons$

(4) 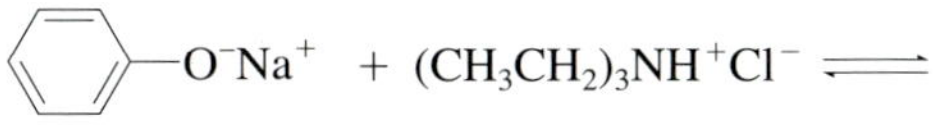

(5) 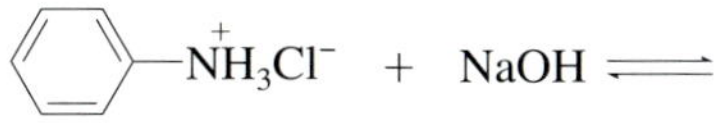

11.19 할로젠 출발 물질로부터 다음 각각을 합성하는 방법을 제시하시오.

(1) 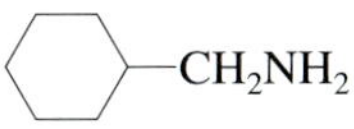
(2) 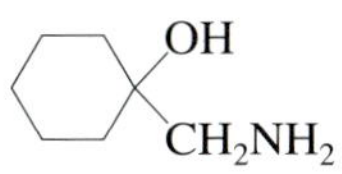
(3) 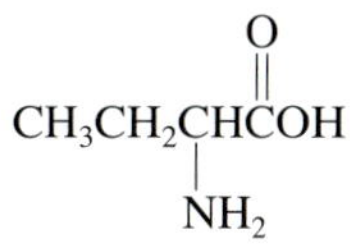

11.20 다음으로부터 1-pentanamine을 합성하시오.

(1) 다섯 개 탄소 원자의 1-bromoalkane
(2) 네 개 탄소 원자의 1-bromoalkane

11.21 다음 출발 물질로부터 benzylamine을 합성하시오.

(1) 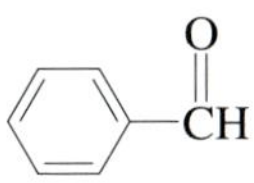
(2) 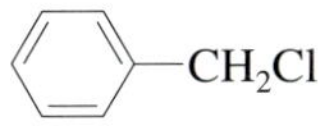
(3) 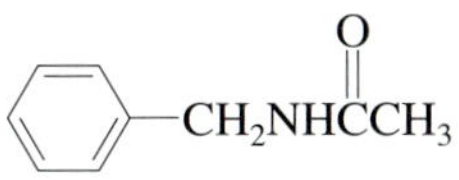
(4) 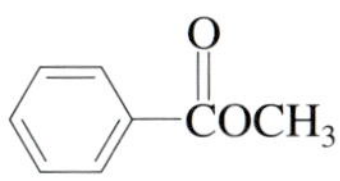

11.22 11.1절의 piperidine과 다음 각 화합물의 반응에서 얻어지는 주생성물의 구조를 그리시오.

(1) Benzyl chloride (2) Acetic anhydride (3) Iodomethane
(4) HCl (5) Phthalic anhydride
(6) 1) Acetyl chloride, 2) $LiAlH_4$ (7) 차가운 아질산

11.23 다음 각 반응을 완성하시오.

(1) $(CH_3CH_2)_2NH + ClCH_2CH_2OH \xrightarrow{NaOH}$
(2) $CH_3CH_2NH_2 + CH_2{=}CHCH_2Br \longrightarrow$
(3) 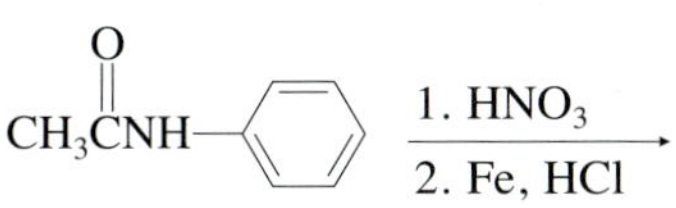
(4) 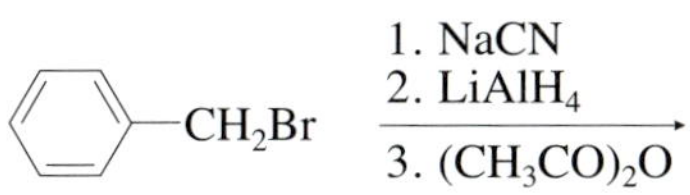
(5) 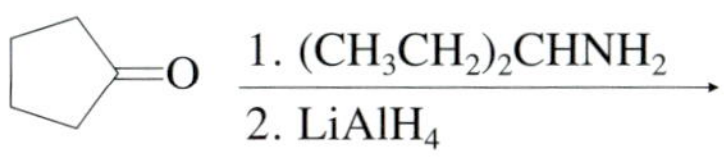

11.24 1-Phenyl-2-propanone(phenylacetone)과 methylamine으로부터 1-phenyl-*N*-methyl-2-propylammonium chloride를 합성하는 과정을 제시하시오.

11.25 4-*t*-Butyl-*N*-methylpiperidine을 ethylbromide와 반응시키면 사차 암모늄염의 두 가지 이성질체가 생성된다. 두 이성질체의 구조를 그리시오.

11.26 왼쪽 화합물에서 오른쪽 화합물을 합성하시오.

(1)

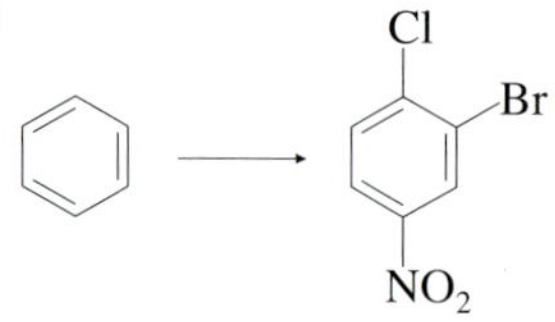

(2)

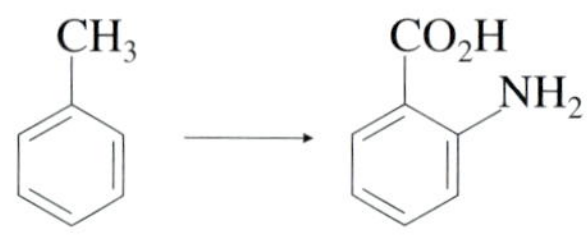

11.27 Aniline으로부터 Sandmeyer 반응을 이용하여 1,3,5-tribromobenzene을 합성하시오.

11.28 Toluene으로부터 다음을 합성하시오.

(1)

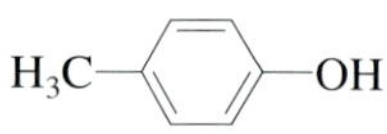

(2)

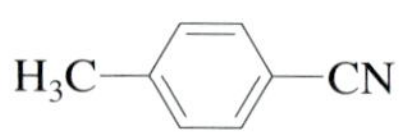

11.29 왼쪽 화합물에서 오른쪽 화합물을 합성하시오.

(1)

(2)

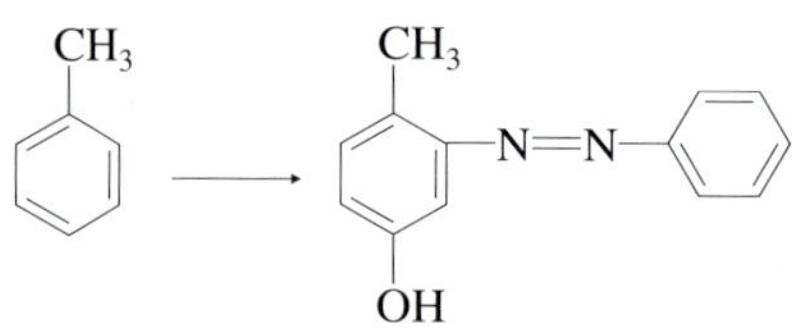

11.30 Choline은 세포막 인지질의 구성 요소이다. Trimethylamine과 ethylene oxide로부터 choline이 만들어지는 반응의 메커니즘을 제시하시오.

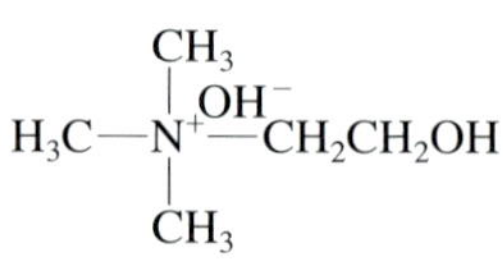

Choline

12장 구조 결정과 분광법

유기 화학에서 공부해야 하는 중요한 내용 중의 하나가 화합물의 구조를 결정하는 방법이다. 구조를 결정해야 할 화합물은 반응으로부터 분리된 화합물일 수도 있고 밀매되는 불법 의약품 시료일 수도 있다. 이 때는 구조를 결정할 수 있는 실마리를 쉽게 얻을 수 있다. 그러나 식물이나 동물과 같이 천연소스로부터 분리된 화합물일 때는 구조를 규명하는 데 필요한 정보가 매우 제한된다. 수십 년 전까지만 해도 그와 같은 화합물의 구조를 결정하는 일은 매우 어려웠으며 구조를 푸는 데 몇 년씩이나 걸리기도 하였다. 화합물에 여러 가지 반응을 적용하는 방법이 일반적으로 사용되었다. 여러 가지 반응들로부터 구조와 관련된 단편적인 정보들을 수집한 다음 조각 그림 맞추기와 같은 방법으로 구조를 밝혀나갔다.

현대 유기화학자들은 분자가 흡수하는 빛에너지와 분자 구조 사이의 상관 관계를 분석하는 원리인 **분광법**(spectroscopy)을 이용함으로써 미지 화합물의 구조를 결정한다. 이때 사용하는 장치들을 **분광기**(spectrometer)라고 한다. 이 장치들을 이용하면 짧은 시간 내에 미지 화합물의 구조를 규명할 수 있다.

이 장에서 우리는 먼저 **전자기 복사선**(electromagnetic radiation)과 분광법의 일반적인 원리를 공부할 것이다. 그런 다음 **적외선 분광법**(infrared spectroscopy)을 이용하여 유기 화합물이 가지고 있는 작용기를 분석하는 방법, **핵자기 공명 분광법**(nuclear magnetic resonance spectroscopy)을 이용하여 화합물의 탄화수소 부분을 분석하는 방법, **자외선 가시광선 분광법**(ultraviolet visible spectroscopy)를 이용하여 π-콘쥬게이션계를 조사하는 요령을 공부할 것이다. 마지막 절에서는 **질량 분석법**(mass spectroscopy)을 이용하여 분자량과 분자식을 구하는 방법을 배울 것이다.

12.1 전자기 복사선과 분광법의 원리

빛은 파동으로서의 성질과 입자로서의 성질을 동시에 갖고 있다. 가시광선뿐만 아니라 자외선 적외선 마이크로파(microwave)를 포함하는 모든 빛을 파동으로 설명할 때 전자기 복사선이라는 표현을 사용한다. 파동으로서의 빛은 파의 연속되는 봉우리와 봉우리 사이의 거리인 **파장**(wavelength, **λ**)으로 정의된다. 파장은 센티미터 또는 나노미터와 같은 거리의 단위로 표시된다.

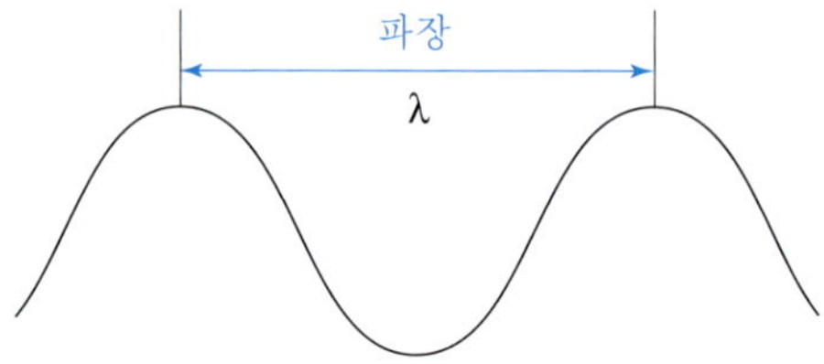

파동으로서의 빛

빛은 또 초당 어떤 점을 지나가는 파의 수인 **진동수**(frequency, **ν**)로도 정의된다. 진동수는 초당 파의 수를 나타내는 s^{-1} 또는 헤르츠(Hz)의 단위로 나타낸다. 빛의 속도 c는 진동수와 파장의 곱이고, **광자**(photon, **ε**)로 나타낸 빛에너지(E)는 진동수와 Plank 상수, h의 곱으로 나타내므로 다음과 같이 표현할 수 있다.

$$c = \lambda\nu,\ \mathrm{E} = h\nu = \frac{hc}{\lambda}$$

$$\text{Plank 상수} = h = 6.62 \times 10^{-34}\ \mathrm{J \cdot s} = 1.58 \times 10^{-34}\ \mathrm{cal \cdot s}$$

$$\text{빛의 속도} = c = 3 \times 10^{10}\ \mathrm{cm \cdot s^{-1}}$$

이 식에 의하면 빛에너지는 진동수에 비례하고 파장에 반비례한다. 에너지가 가장 큰 우주선으로부터 에너지가 가장 작은 라디오파까지의 전자기 복사선들을 진동수 또는 파수의 단위로 도시하면 그림 12.1과 같다.

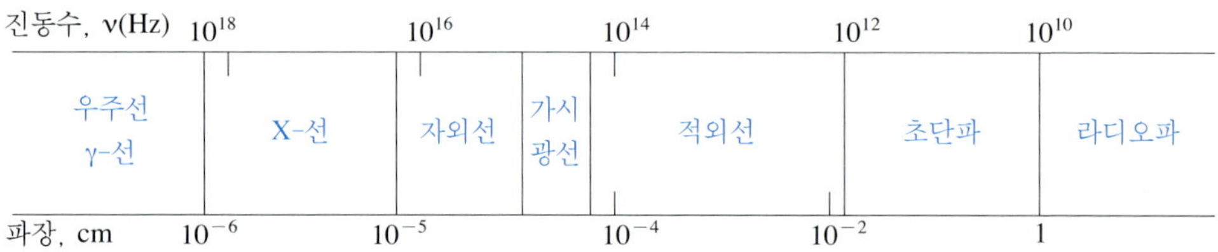

그림 12.1 전자기 복사선의 연속 스펙트럼

분자의 모든 상태는 어떤 에너지 준위들을 가지고 있으며 이 에너지 준위들은 **양자화**(quanatized)되어 있다. 예로서 1s 오비탈과 2s 오비탈은 양자화된 에너지 준위에 있으며 이들 사이의 중간 에너지를 가지고 있는 오비탈은 존재하지 않는다.

분자의 에너지 상태들은 양자화되어 있기 때문에 분광학적 방법으로 분자의 구조를 규명할 수 있다. 이 원리는 그림 12.2와 같이 두 가지 에너지 상태만 가지고 있는 가상적인 분자를 이용하여 설명할 수 있다. 두 에너지 상태 중 낮은 에너지 쪽을 **바닥 상태**(ground state)라고 하고, 높은 에너지 쪽은 **들뜬 상태**(excited state)라고 한다.

바닥 상태의 분자에 두 상태 사이의 에너지 차이와 정확하게 일치하는 전자기 복사선을 가하면 분자가 이것을 흡수하여 들뜬 상태가 된다. 두 상태 사이의 에너지와 일치하지 않는 전자기 복사선은 분자에 아무런 변화를 일으킬 수 없다. 흡수되는 에너지의 양을 파장 또는 진동수의 함수로 도시한 것을 **스펙트럼**(spectrum)이라고 한다. 스펙트럼으로부터 분자가 가지고 있는 에너지 준위 사이의 차이에 관한 정보를 얻을 수 있다. 에너지 준위들은 분자의 구조에 의존하기 때문에 이 정보를 이용하면 분자들의 구조를 결정할 수 있다.

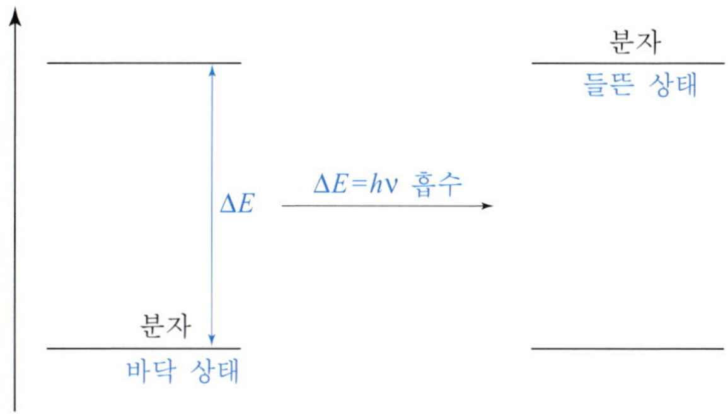

그림 12.2 **가상적인 분자의 두 에너지 상태**

12.1 보라빛과 빨간빛은 파장이 각각 4×10^{-7} m와 8×10^{-7} m이다. 각각의 진동수를 계산하시오. 어느 빛의 에너지가 더 큰가?

12.2 적외선 분광법

공유 결합으로 연결되어 있는 원자핵들은 스프링으로 연결되어 있는 공처럼 끊임없이 진동한다. 분자의 진동은 결합된 원자들 사이의 거리가 변하는 **신축 진동**(stretching vibration)과 결합각이 변하는 **굽힘 진동**(bending vibration)의 두 가지 형태가 있다.

분자와 관련된 다른 모든 에너지와 마찬가지로 **진동 에너지**(vibration energy)도 양자화되어 있다. 실온에서 분자들은 가장 낮은 진동 에너지 준위에 있다. 준위들 사이의 에너지 차이는 1~14 kcal·mol^{-1} 정도이며 이것은 **적외선**(infrared, **IR**)의 복사 에너지 범위와 일치한다. 그러므로 분자에 적외선 에너지를 쪼여 주면 바닥 상태와 어떤 높은 상태 사이의 에너지 차와 일치하는 빛이 흡수되면서 분자가 높은 진동 에너지 준위로 들뜨게 된다. 흡수한 적외

선 에너지는 분자 내 어떤 구조의 고유한 진동 에너지와 같으므로 분자의 적외선 스펙트럼을 조사하면 그 분자가 어떤 작용기를 가지고 있는가를 알 수 있다. 즉, 어떤 특정한 형태의 공유 결합은 언제나 적외선 스펙트럼의 어떤 특정 위치에서 흡수 피크를 보여 준다. 따라서 미지 화합물의 IR 스펙트럼을 조사하면 예로서 그 화합물이 케톤인지 알데하이드인지 또는 알코올인지를 알 수 있다.

적외선 에너지의 흡수를 측정하는 데 사용하는 장치를 **IR 분광계**(infrared spectrometer)라고 한다. IR 분광계를 모형으로 도시하면 그림 12.3과 같다.

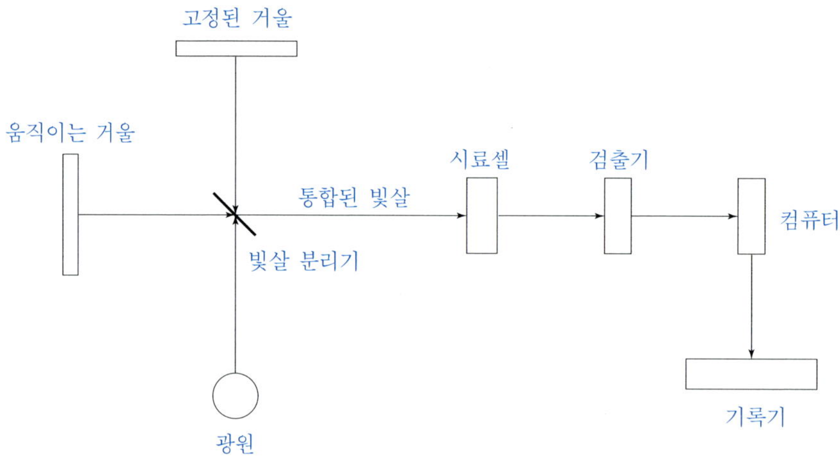

그림 12.3 **IR 분광계의 모형도**

이 장치에서는 광원에서 나온 적외선이 두 개의 빛살로 분리된다. 한 빛살은 위치가 고정된 거울을 향하고 다른 한 빛살은 천천히 반복적으로 왕복하는 거울로 향한다. 두 거울에서 반사되어 나오는 빛살이 한 개의 빛살로 합쳐져서 간섭 현상이 일어나면 검출기에서 검출될

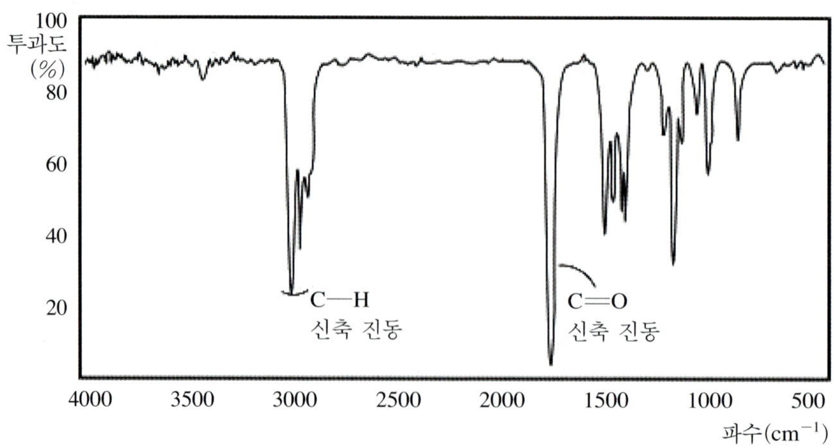

〈3-pentanone〉

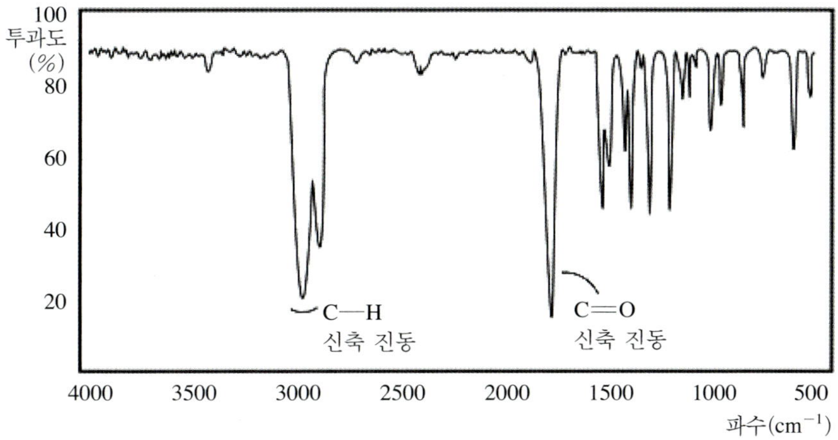

〈cyclohexanone〉

그림 12.4 **3-Pentanone과 cyclohexanone의 IR 스펙트럼**

수 있는 빛살로 변조된다. 시료를 통과한 적외선 신호가 검출되고 디지털화된 다음 컴퓨터에서 계산을 거치게 되면 IR 스펙트럼이 만들어진다.

3-Pentanone과 cyclohexanone의 IR 스펙트럼을 도시하면 그림 12.4와 같다.

스펙트럼에서 y축은 투과된 빛의 백분율(퍼센트 투과율, %T)을 나타낸다. 스펙트럼의 맨 위쪽이 100% 투과율(빛이 흡수되지 않음)을 나타낸다. 그러므로 흡수 피크는 스펙트럼의 위쪽에서 아래쪽으로 그려진다. x축에 표시되는 흡수 피크의 위치(흡수 에너지)는 파장 또는 진동수보다 **파수**(wave number, $\bar{\nu}$)로 나타낸다. 파수의 단위는 파장의 역수이며 cm^{-1}이다.

$$\bar{\nu} = \frac{1}{\lambda}$$

파수는 에너지에 정비례한다. 즉, 파수가 클수록 에너지가 더 크다. 대부분의 IR 스펙트럼에는 4000 cm^{-1}에서 500 cm^{-1}까지의 파수 범위가 기록된다.

그림 12.4의 두 스펙트럼에서 2900 cm^{-1}과 1700 cm^{-1} 근처에서 각각 C—H 신축 진동과 C═O 신축 진동 피크를 볼 수 있다. 두 화합물뿐만 아니라 카보닐기를 가지고 있는 모든 케톤은 1700 cm^{-1} 근처에서, 알킬 골격의 모든 C—H는 2900 cm^{-1} 근처에서 비슷한 피크를 보여 준다.

Cyclohexanone과 3-pentanone 두 스펙트럼은 낮은 파수 영역인 1500~500 cm^{-1}에서 두드러진 차이를 보여 준다. 신축 진동과 굽힘 진동들이 뒤섞여서 나타나는 이 영역은 화합물이 다르면 반드시 다르게 나타난다. 사람이 다르면 지문이 다르듯이 화합물이 다르면 다르게 나타나는 이 영역을 **지문 영역**(fingerprint region)이라고 한다.

그림 12.5에 대표적 작용기를 가지고 있는 cyclohexanol, heptanoic acid 및 aniline의 IR 스펙트럼을 도시하였으며 표 12.1에 대표적 작용기들의 피크 위치를 종합하였다.

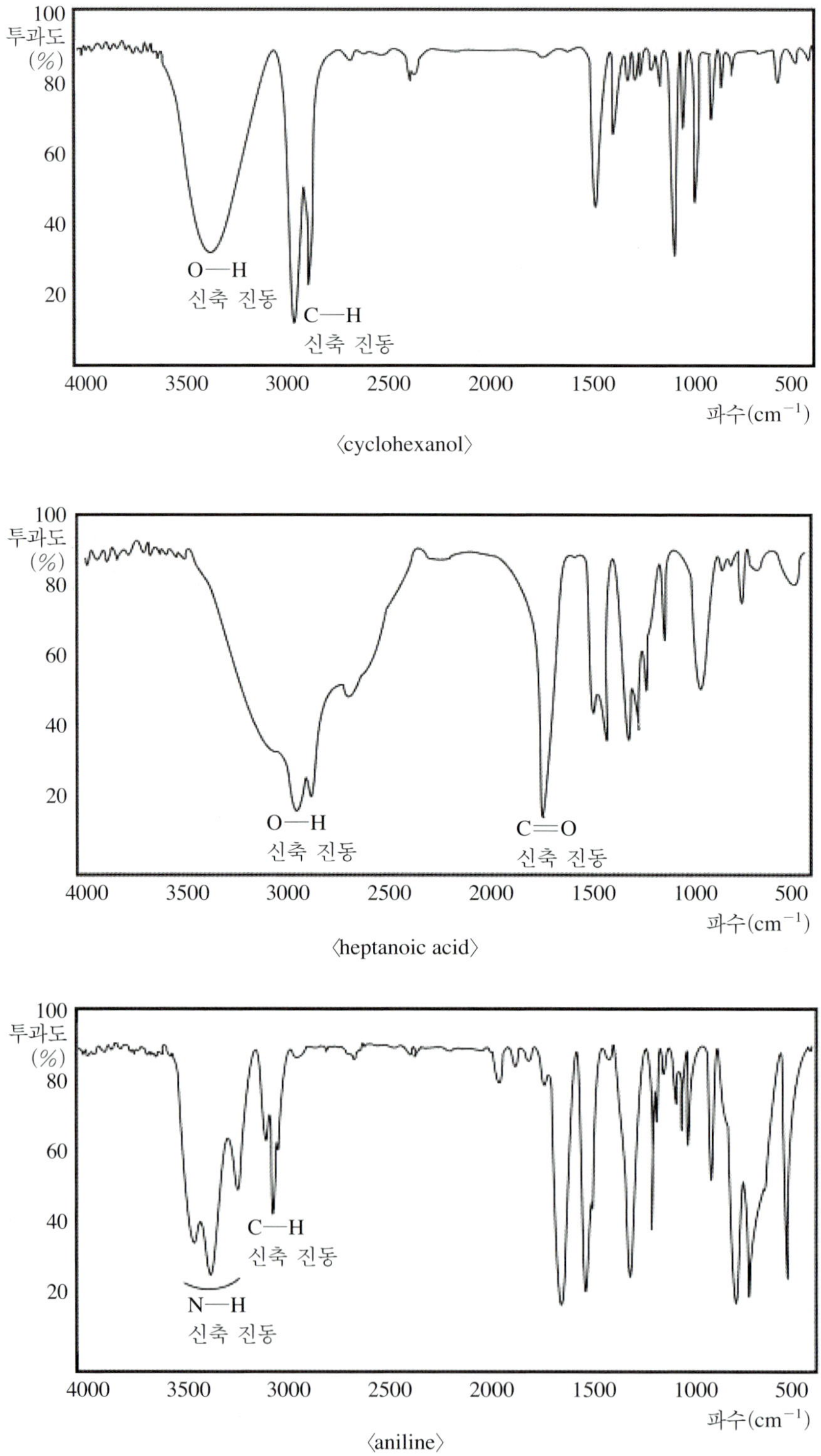

그림 12.5 **Cyclohexanol, heptanoic acid 및 aniline의 IR 스펙트럼**

표 12.1 대표적 작용기들의 피크 위치

작용기	파수(cm^{-1})	작용기	파수(cm^{-1})
신축 진동		—C≡C—	2100~2260
—C—H	2850~2950	—C—O	1050~1150
=C—H(알켄)	3000~3100	$—NO_2$	1540
=C—H(방향족)	3030	C—Br	500~600
≡C—H	3310~3320		
=N—H	3350~3500	굽힘 진동	
—O—H(알코올)	3200~3600	벤젠 유도체:	
—O—H(카복실산)	2500~3600	일치환	730~770, 690~710
—C=C—(알켄)	1620~1680	*o*-이치환	735~770
—C=C—(방향족)	1600, 1500	*m*-이치환	750~810, 680~730
C=O	1650~1780	*p*-이치환	790~840
C=O	1650~1780	*cis*-RCH=CHR	670~730
—C≡N	2210~2260	*trans*-RCH=CHR	960~980

12.2 다음 각 화합물의 작용기들은 어떤 위치에서 흡수 피크를 보여 주겠는가?

(1) 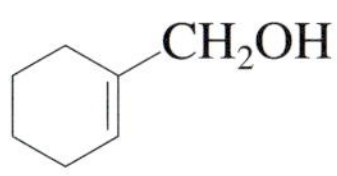

(2) 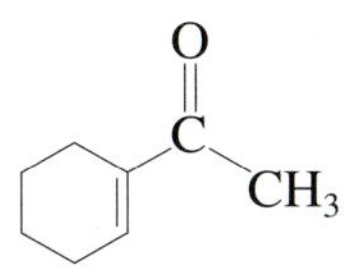

(3) 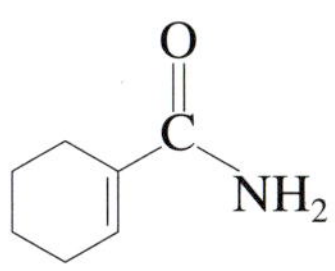

(4) $HC{\equiv}CCH_2CH_2\overset{\overset{\Large O}{\|}}{C}OCH_3$

12.3 다음 중 어떤 화합물이 그림 12.6에 주어진 스펙트럼과 가장 일치하는가?

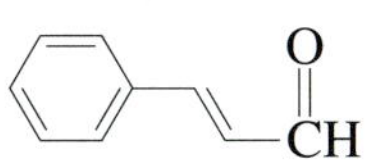, 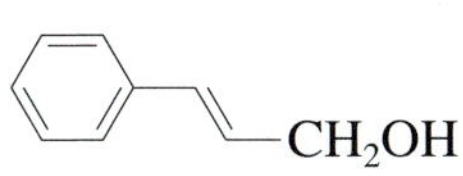, 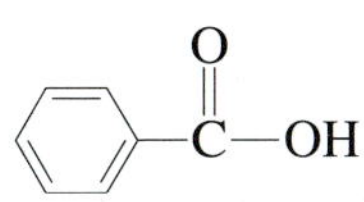

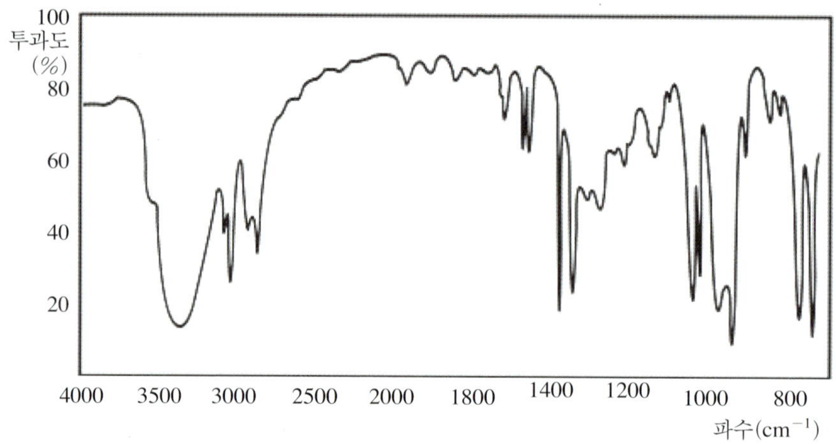

그림 12.6 **문제 12.3의 미지 화합물에 대한 IR 스펙트럼**

12.3 핵자기 공명 분광법

핵자기 공명 분광법(NMR)은 1946년 F. Bloch와 E. M. Purcell이 이끄는 두 연구팀이 각각 독립적으로 이론적인 기초를 제공하였다. 핵자기 공명 분광법을 이용하면 유기 분자들의 기본 골격인 탄화수소에 관한 정보를 얻을 수 있기 때문에 구조를 규명하는 데 가장 효과적인 방법이다. 유기 화합물의 구조를 분석할 때는 이 방법을 가장 많이 이용한다. NMR 스펙트럼을 해석하는 요령을 익히기 전에 먼저 NMR 현상이 일어나는 원리를 간단히 설명하면 다음과 같다.

^{1}H 또는 ^{13}C를 포함하는 여러 가지 원자핵들은 팽이처럼 자전하고 있다. 핵은 양전하를 가지고 있기 때문에 일종의 작은 자석으로 행동한다. 보통 상태에서 핵들은 무질서하게 배열되어 있지만 강한 자기장을 걸어 주면 한 막대 자석의 N극이 다른 자석의 S극 쪽으로 끌리어 일렬로 정렬되는 것처럼 일정한 배열만 가지게 된다.

회전하는 ^{1}H 또는 ^{13}C 핵들의 자기장은 외부에서 걸어 주는 자기장의 방향과 평행(parallel)하거나 역평행(antiparallel)하게 정렬된다. 자기장이 평행하게 되는 핵의 회전을 **α-스핀 상태** (또는 스핀 $+\frac{1}{2}$), 역평행하게 되는 회전을 **β-스핀 상태**(또는 스핀 $-\frac{1}{2}$)라고 한다. 막대 자석과 ^{1}H 핵의 정렬을 도시하면 그림 12.7과 같다.

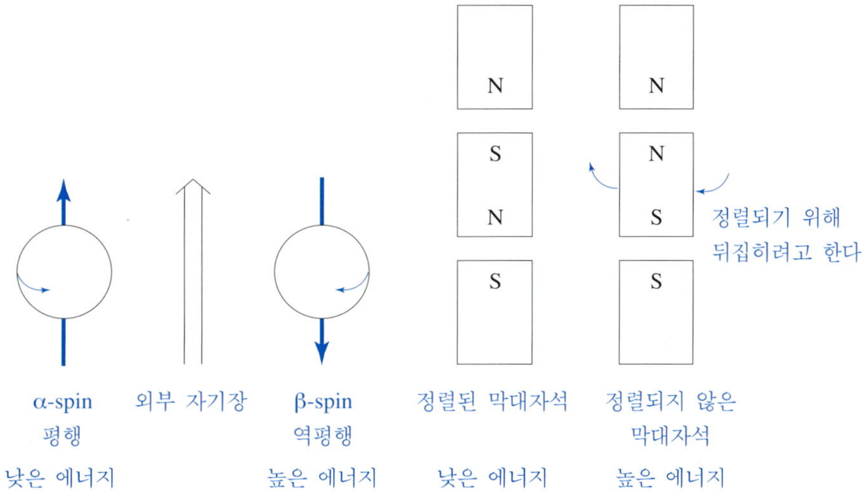

그림 12.7 **막대 자석과 ^{1}H 또는 ^{13}C 핵의 정렬**

α-스핀 상태가 β-스핀 상태보다 에너지가 조금 낮으므로 조금 더 많이 존재한다. 여기에 두 상태 사이의 에너지 차와 꼭 같은 에너지를 가하면 α-스핀 상태의 핵들이 에너지를 흡수하여 β-스핀 상태의 핵으로 젖혀진다. 이와 같은 스핀 젖힘 현상을 **공명**(resonance)이라 하고 공명이 핵에서 일어나기 때문에 **핵자기 공명**(nuclear magnetic resonance)이라고 한다. 공명에는 라디오파 영역에 속하는 에너지가 필요하며 이것을 **공명 에너지**(resonance energy)라고 한다. 공명 에너지의 크기는 외부 자기장에 비례한다. 외부 자기장이 커지면 공명 에너지 차가 커지며 β-스핀 상태의 핵보다 α-스핀 상태의 핵수가 더 많아진다. α-스핀 상태의 핵수가 많을수록 더 쉽게 신호를 검출할 수 있기 때문에 최신 **핵자기 공명 분광계**(NMR spectrometer)에는 14.1 T(tesla) 이상의 강한 자기장을 발생하는 초전도 자석을 사용한다.

12.4 가리움과 화학적 이동

분자 내에 있는 모든 ^{1}H 또는 ^{13}C 핵들이 동일한 진동수의 공명 에너지를 가지고 있지 않다는 사실 때문에 핵자기 공명 분광학이 구조를 결정하는 데 효과적으로 사용될 수 있다.

분자 내 핵들은 전자구름에 **가리어져**(shielded) 있으며 전자 밀도는 핵의 환경에 따라 서로 조금씩 다르다. 외부에서 자기장을 걸어 주면 핵 주위의 전자들은 외부 자기장과 반대 방향의 자기장이 형성되도록 핵 주위를 회전한다. 전자들이 만들어 내는 이 자기장을 **유도 자기장**(induced magnetic field)이라고 한다. 유도 자기장은 핵이 경험하는 알짜 외부 자기장을 감소시킨다. 핵을 둘러싸고 있는 전자의 밀도가 커질수록 유도 자기장의 세기도 커진다.

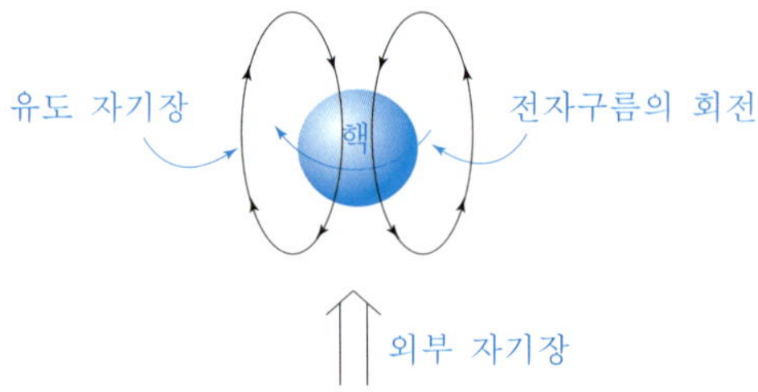

분자 내에 있는 ^{1}H 또는 ^{13}C 핵들은 조금씩 다른 화학적 환경에 놓여 있기 때문에 전자구름에 의해 조금씩 다르게 가리어져 있다. 그 결과 화학적 환경이 다른 핵들은 다른 공명진동수에서 공명한다. 즉 α-스핀에서 β-스핀으로 젖혀진다. 따라서 핵들의 공명 진동수를 측정하면 분자 내의 탄소 또는 수소들의 연결 상태를 알아낼 수 있다. 핵들의 공명 진동수를 피크로 나타내는 NMR 스펙트럼에서 피크들은 각각 다른 탄소 또는 수소의 공명 진동수에 해당된다. 또 ^{1}H와 ^{13}C의 공명에는 매우 다른 진동수의 에너지가 필요하기 때문에 한 개의 분광계에서 ^{1}H와 ^{13}C의 스펙트럼을 동시에 얻을 수 없다. 이들 두 스펙트럼은 따로 얻어져야 한다.

실제로는 핵들의 정확한 공명 진동수는 쉽게 측정할 수 없다. 대신에 분자 내 각 핵의 공명 진동수는 표준 물질의 수소가 보여 주는 진동수에 대한 상대적인 값으로 측정된다. 다시 말하면 표준 물질과 화합물의 진동수 차이를 측정하여 NMR 스펙트럼의 피크로 기록한다. NMR 스펙트럼을 얻을 때는 먼저 측정하려는 화합물을 모든 수소가 중수소로 치환된 용매($CDCl_3$, CD_3COCD_3 또는 CD_3SOCD_3)에 녹인 다음 표준 물질을 소량 첨가한다.

표준 물질로는 **tetramethylsilane**($(CH_3)_4Si$, TMS)이 이용된다. 이 표준 물질의 수소들은 거의 대부분의 유기 화합물들보다 더 많이 가리어져 있기 때문에 스펙트럼의 가장 낮은 진동수 영역에서 피크로 나타난다. TMS의 열두 개 수소는 모두 동등하기 때문에 한 개의 피크로 나타나고 이 피크가 위치의 기준점이 된다. 다른 화합물들의 피크의 위치는 TMS 피크로부터의 **화학적 이동값**(chemical shift, δ)으로 표시하고 **ppm**(parts per million)이라고 하는 단

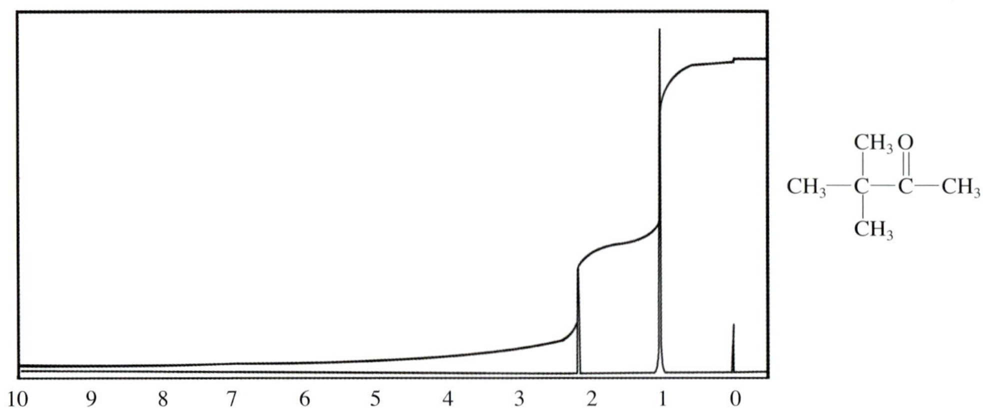

그림 12.8 **3,3-Dimethyl-2-butanone의 ^{1}H NMR 스펙트럼**

위를 사용한다. 스펙트럼에서 왼쪽을 **낮은 장**(downfield)이라 하고 오른쪽을 **높은 장**(upfield)이라고 한다. TMS의 δ값은 0이고 거의 대부분 유기 화합물의 수소들은 TMS보다 큰 화학적 이동값을 가지고 있다. 화학적 이동값이 큰 피크일수록 공명 진동수가 크며 피크는 스펙트럼의 낮은 장에서 나타난다. 3,3-Dimethyl-2-butanone ^{1}H NMR 스펙트럼을 도시하면 그림 12.8과 같다. 3,3-Dimethyl-2-butanone은 δ=1.15 ppm과 2.13 ppm에서 각각 $(CH_3)_3C$와 CH_3의 수소 피크를 보여 준다.

12.5 ^{1}H NMR의 화학적 이동과 적분

앞에서는 ^{1}H와 ^{13}C NMR 스펙트럼에 모두 적용되는 내용을 소개하였다. 여기서부터는 ^{1}H NMR을 유기 화합물의 구조 분석에 이용하는 방법을 설명한다.

여러 가지 화학적 환경에 있는 수소의 화학적 이동값을 종합하면 표 12.2와 같다. 표에서 보는 것처럼 보통 유기 화합물의 수소들은 대부분 δ=0에서 10 ppm 사이에서 관찰된다. NMR 스펙트럼을 해석하기 위해서는 먼저 피크 위치와 관련된 몇 가지 기본적인 원리를 익히고, 표 12.2에 종합된 정도의 기본적인 화학적 이동값을 기억해야 한다.

표 12.2 대표적인 수소의 화학적 이동값

수소의 유형	δ(ppm)	수소의 유형	δ(ppm)
$C-CH_3$	0.8~1.0	$-N(-)-CH_3$	2.1~3.0
$C-CH_2(-C)$	1.2~1.4	$-O-CH_3$	3.2~3.8
$-C(-)(-)-H$	1.4~1.7	FCH_3	4.3
$C=C(-)-CH_3$	1.6~1.9	$ClCH_3$	3.1
$Ar-CH_3$	2.1~2.5	$BrCH_3$	2.7
$C=C(-)-CH_3$	2.1~2.5	Cl_2CH_2	5.3
$C=CH_2$	4.5~5.0	Cl_3CH	7.3
$C=CH(-)$	5.2~6.0	$-C(=O)-H$	9.0~10.0
$C\equiv C-H$	2.4~2.7	$-C(=O)-OH$	10.0~13.0
$Ar-H$	6.6~8.0	$R-OH$	0.5~8.0

표 12.2에서 보는 것처럼 일반적으로 포화 탄소에 결합된 수소들이 높은 장에서 나타나고, 불포화 탄화수소에 결합된 수소들은 더 낮은 장에서 관찰된다. 수소의 화학적 이동값은 전기 음성도의 영향을 크게 받는다. 전기 음성도가 큰 원자가 인접한 위치에 치환되어 있으면 수소핵 주변의 전자 밀도가 작아진다. 전자 밀도가 작아지면 가리움 효과가 작아지므로 화학적 이동값은 낮은 장으로 이동한다. 전기 음성도의 크기는 Br<Cl<F의 순서로 증가하므로 halomethane에서 화학적 이동값도 같은 순서로 증가(낮은 장으로 이동)한다.

전기 음성도 및 화학적 이동값 증가 ⟹

	CH_3Br	<	CH_3Cl	<	CH_3F
할로젠 원자의 전기 음성도	2.68		3.05		4.0
메틸 수소의 δ값(ppm)	2.7		3.1		4.3

할로젠의 수가 증가할 때도 같은 경향을 보여 준다.

염소 원자수 및 화학적 이동값 증가 ⟹

	CH_3Cl	<	CH_2Cl_2	<	$CHCl_3$
수소의 δ값(ppm)	3.05		5.30		7.27

^1H NMR 스펙트럼에서 각 피크의 면적은 그 피크에 해당하는 수소의 수에 비례한다. 피크 면적을 **적분**(integration)하면 분자 내의 화학적 환경이 다른 수소들의 상대적인 수를 계산할 수 있다. 피크 적분은 스펙트럼에 계단 형태로 기록되고 계단의 높이가 수소의 수와 비례한다. 예를 들면 그림 12.9에 도시된 4,4-dimethyl-2-pentanone의 ^1H NMR 스펙트럼에는

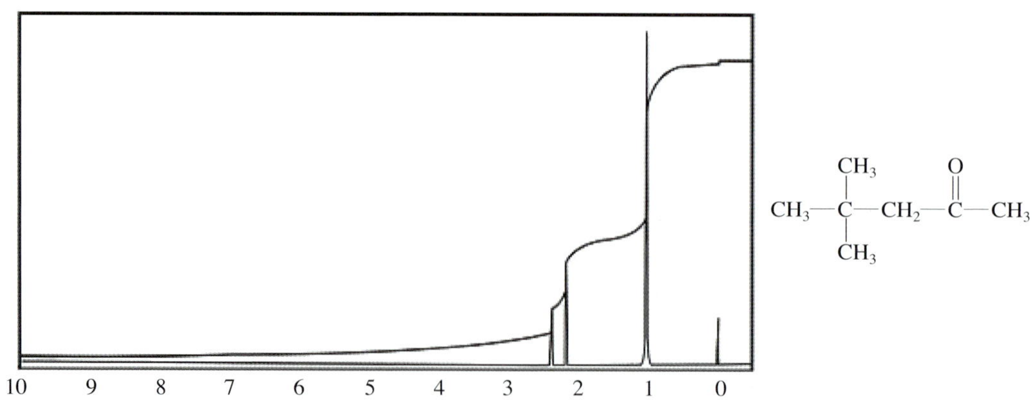

그림 12.9 **4,4-Dimethyl-2-pentanone의 ^{1}H NMR 스펙트럼**

δ=1.00, 2.10 및 2.33의 세 피크가 있다. 이들의 적분비는 9 : 3 : 2이므로 각각$(CH_3)_3C$, CH_3 및 CH_2기의 수소에 해당됨을 알 수 있다.

12.4 2-Methylpropanal의 ¹H NMR 스펙트럼에서는 세 개의 피크가 관찰된다. 이들의 대략적인 화학적 이동값을 예측하시오.

12.5 Methyl 2-methylpropanoate의 ¹H NMR 스펙트럼에서는 몇 개의 피크가 관찰되겠는가? 이 스펙트럼을 적분하면 피크들의 면적비는 어떻게 되겠는가? 각 피크들의 대략적인 화학적 이동값을 예측하시오.

12.6 ¹H NMR의 스핀-스핀 갈라짐

유기 화합물의 수소들은 NMR 스펙트럼에서 한 개의 피크인 **단일선**(singlet)으로 관찰될 수도 있지만 많은 경우 여러 개로 갈라진 피크를 보여 준다. **스핀-스핀 갈라짐**(spin-spin splitting)이라는 이 현상 때문에 어떤 수소에 대한 피크는 **이중선**(doublet), **삼중선**(triplet), **사중선**(quartet)뿐만 아니라 더 많은 선으로 갈라질 수 있다. 스핀-스핀 갈라짐은 수소 원자의 핵스핀(자기장)이 인접한 다른 핵의 스핀(자기장)과 **짝지음**(coupling)이라는 상호 작용을 하기 때문에 일어난다. 수소 핵이 외부 자기장 속에 놓이면 외부 자기장뿐만 아니라 인접한 수소가 만들어 내는 미세한 자기장도 느끼게 된다. 측정하고 있는 어떤 수소 핵이 들뜬 상태에 있을 때 인접한 탄소의 수소들은 바닥 상태 또는 들뜬 상태에 있으며 두 상태의 확률은 거의 비슷하다. 이때 측정하고 있는 수소의 자기장은 인접한 수소들의 두 상태에서 발생하는 자기장의 간섭을 받게 된다. 이들 간섭, 즉 짝지음이 스핀-스핀 갈라짐으로 나타난다. 스핀-스핀 갈라짐은 화학적 이동값과 함께 유기 화합물의 구조를 해석하는 데 매우 중요한 실마리가 된다.

어떤 수소의 피크가 갈라지는 정도를 **다중도**(multiplicity)라고 한다. 한 개 이상의 화학적으로 동등한 수소의 피크는 인접한 탄소의 수소수가 n개이면 n+1개의 피크로 갈라지고 피크의 면적비는 파스칼의 삼각형으로 나타난다는 **n+1 규칙**으로 설명한다.

n = 0	1
n = 1	1 : 1
n = 2	1 : 2 : 1
n = 3	1 : 3 : 3 : 1
n = 4	1 : 4 : 6 : 4 : 1
⋮	⋮

파스칼의 삼각형

그림 12.10은 ethyl acetate의 ^{1}H NMR 스펙트럼이다. Ethyl acetate의 아세틸기의 CH_3는 인접한 탄소에 수소가 없기 때문에 단일선으로 나타난다.

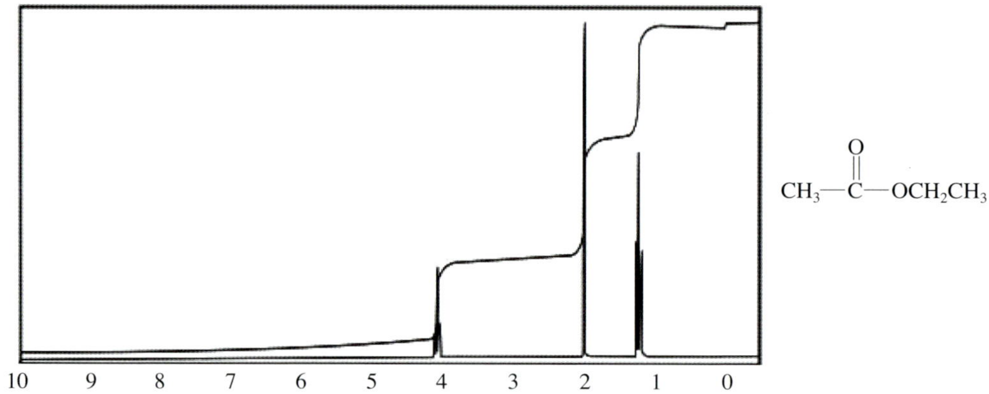

그림 12.10 **Ethyl acetate의 ^{1}H NMR 스펙트럼**

에틸기의 CH_3는 인접한 탄소에 두 개의 수소(CH_2)가 있기 때문에 2+1=3의 삼중선(1 : 2 : 1의 면적비)으로 갈라진다. 에틸기의 CH_2는 인접한 위치에 세 개의 수소(CH_3)가 있기 때문에 3+1=4의 사중선(1 : 3 : 3 : 1의 면적비)으로 갈라진다.

갈라진 피크들 사이의 거리는 **짝지음 상수**(coupling constant, J)라고 하며, Hz의 단위로 나타낸다. 보통 유기 화합물들에서 관찰되는 짝지음 상수값은 0~20 Hz 정도이며 대표적 골격에서 관찰되는 짝지음 상수를 종합하면 표 12.3과 같다. 짝지음 상수값은 짝짓는 수소들 사이의 거리 또는 분자의 기하학적 형태 등에 따라 달라진다. 일반적으로 고리가 아닌 포화 탄화수소에서 서로 인접한 수소들 사이에서 관찰되는 J값은 7 Hz 정도이고 두 탄소 이상 떨어져 있는 수소들 사이의 J값은 매우 작다. 서로 짝짓는 두 양성자 무리는 동일한 J값을 보여 준다. 동등한 이웃 수소가 n개인 수소는 n+1개 피크로 갈라지고 피크 사이의 J값은 동일하다. 예로서 CH_3CH_2—기의 CH_3는 삼중선 CH_2는 사중선으로 갈라지는 데 피크들 사이의 J값은 7 Hz이다.

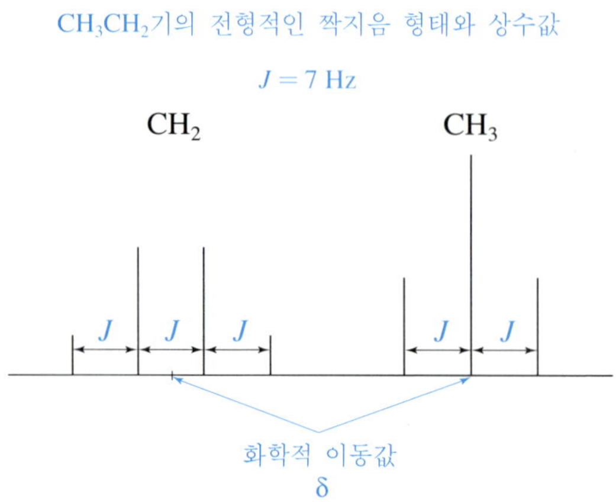

화학적으로 동등한 ^{1}H 수소들은 서로 짝지음을 하지 않는다. 예를 들면 $ClCH_2CH_2Cl$ 분자의 네 수소들은 서로 짝지음을 하지 않기 때문에 동일한 화학적 이동값에서 단일선으로 나타난다. 짝지음 상수값은 *cis*– 및 *trans*– 이중 결합과 벤젠 고리의 치환 형태를 구별하는 데 유용하게 사용된다.

간단한 화합물의 ^{1}H NMR 스펙트럼은 단순하기 때문에 쉽게 해석할 수 있지만 분자가 커지면 스펙트럼도 복잡해진다. 복잡한 스펙트럼에서는 수소들의 피크가 심각하게 겹쳐져 있으므로 n+1 규칙 등을 적용해서 구조를 분석하는 작업이 매우 어려워진다. 이와 같은 경우에는 이차원 NMR 스펙트럼과 같은 고급 기법을 이용해야 한다.

표 12.3 **대표적인 짝지음 상수값**

구조	*J*(Hz)	구조	*J*(Hz)
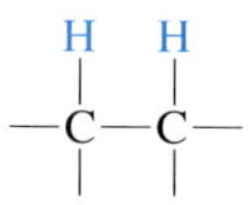	7	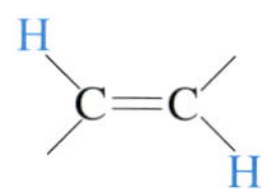	12~18
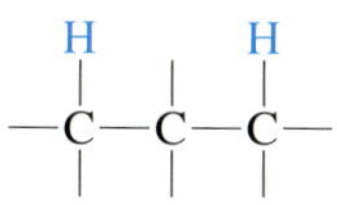	0~1	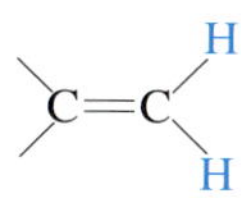	1~3
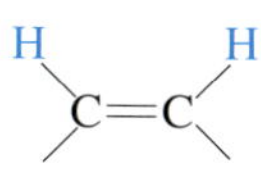	8~12	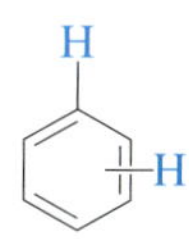	ortho : 6~9 meta : 2~3 para : 0~1

12.6 표 12.2의 자료를 이용하여 CH_3CH_2Cl의 화학적 이동값과 갈라짐 양상을 설명하시오.

12.7 다음 각 분자의 갈라짐 양상을 예측하시오.

(1) $(CH_3)_3CH$ (2) CH_3CH_2Cl (3) $(CH_3)_2CHCH_3$
(4) $BrCH_2CH_2CH_2Br$ (5) $CH_3CH_2OCH_3$ (6) $CH_3CH_2COOCH_2CH_3$

12.8 분자식이 $C_3H_6Br_2$인 네 이성질체의 구조를 그리고, ^{1}H NMR 스펙트럼의 특징을 설명하시오.

12.7 ^{13}C NMR 분광법

^{1}H NMR 분광법에서는 유기 분자의 수소에 대한 정보를 얻는 반면 ^{13}C NMR 분광법에서는 탄소 골격에 관한 정보를 얻을 수 있다. 천연 탄소의 98.9%를 차지하고 있는 ^{12}C는 핵스

핀을 가지고 있지 않기 때문에 NMR 신호를 얻을 수 없다. ^{13}C NMR에서는 자연 존재비가 1.1%에 지나지 않는 ^{13}C의 정보를 얻는다. 또, ^{13}C 핵의 스핀 젖힘은 수소보다 감도가 훨씬 낮은 에너지 전이이다. 이런 이유 때문에 분해능이 고도로 높은 분광계를 이용해야만 ^{13}C NMR 스펙트럼을 얻을 수 있다. 미약한 ^{13}C NMR 신호의 세기를 높이는 기법으로는 FT NMR 분광법이 이용된다. 이 기법의 FT NMR 분광계를 이용하면 몇 초 정도의 짧은 시간에 ^{1}H와 ^{13}C NMR 데이터를 얻을 수 있으며 컴퓨터에 반복해서 여러 번 저장할 수 있다. 반복 저장된 데이터의 강도를 증가시킨 다음 Fourier transformation이라고 하는 계산을 거치면 NMR 스펙트럼이 얻어진다.

^{13}C NMR은 ^{1}H NMR보다 훨씬 단순한 모양을 보여 준다. 분자 내의 인접한 ^{13}C 핵들은 서로 짝지음할 수 있지만 ^{13}C 핵들이 인접해 있을 확률은 매우 적다. 이 때문에 $^{13}C-^{13}C$ 짝지음에 의한 피크 갈라짐 현상이 쉽게 관찰되지 않는다. 또 ^{13}C 스펙트럼에서 피크 면적은 탄소 원자의 수에 비례하지 않으므로 적분하지 않는다.

^{13}C NMR에서도 TMS가 내부 표준 물질로 사용되고 화학적 이동값도 TMS로부터 낮은 장 쪽으로 기록된다. ^{13}C NMR에서 화학적 이동값은 ^{1}H NMR에서 관찰되는 이동값보다 훨씬 크다. ^{1}H NMR에서 대부분의 수소는 0~10 ppm의 영역에서 화학적 이동값을 보여 주지만 ^{13}C−흡수는 0~200 ppm에서 관찰된다. 화학적 이동값의 범위가 크기 때문에 ^{1}H NMR에서와 같이 피크가 겹치는 현상이 훨씬 작다. ^{13}C NMR의 상대적인 화학적 이동값은 ^{1}H NMR의 화학적 이동값과 같은 경향을 보여 준다. 예로서 TMS는 높은 장에서, 알데하이드 및 케톤의 카보닐 탄소는 매우 낮은 장에서 관찰된다. 탄소 유형에 따른 ^{13}C의 화학적 이동값을 종합하면 표 12.4와 같다.

표 12.4 유형에 따른 ^{13}C의 화학적 이동값

^{13}C의 유형	화학적 이동값(δ), ppm	^{13}C의 유형	화학적 이동값(δ), ppm
$(CH_3)_4Si$	0	C—I	0~40
$-CH_3$	8~35	C—Br	20~60
$-CH_2-$	15~40	C—Cl	35~80
$-\overset{\mid}{C}H-$	20~50	C—O	50~80
$-\overset{\mid}{\underset{\mid}{C}}-$	30~40	C—N	35~50
$=C$	100~150	$-C\equiv N$	110~125
$\equiv C$	56~90	$-\overset{O}{\overset{\|}{C}}-$	170~210
	110~175		

^{13}C 스펙트럼에는 $^{13}C-^{1}H$ 스핀−스핀 짝지음을 보여 주는 스펙트럼과 $^{13}C-^{1}H$ 스핀−스핀 짝지음을 보여 주지 않는 **양성자 짝풀림 스펙트럼**(proton decoupling spectrum)의 두 가지

기본적인 형태가 있다. 구조 분석을 할 때는 이들 두 가지 형태의 스펙트럼을 같이 이용하는 경우가 많다. 예를 들면 그림 12.11에 methyl vinyl ketone의 $^{13}C-^{1}H$ 스핀－스핀 짝지음 스펙트럼과 양성자 짝풀림 스펙트럼을 도시하였다. $^{13}C-^{1}H$ 스핀－스핀 짝지음 스펙트럼에서 탄소의 피크는 n+1 규칙을 따라 갈라진다(n은 결합된 수소수). 오른쪽으로부터 각각 $-CH_3$, $=CH_2$, $-OCH$ 및 CO의 피크가 사중선, 삼중선, 이중선 및 단일선으로 관찰된다. 양성자 짝풀림 스펙트럼에서는 $-CH_3$, $=CH_2$, $-OCH$ 및 CO가 오른쪽으로부터 각각 단일선으로 관찰된다.

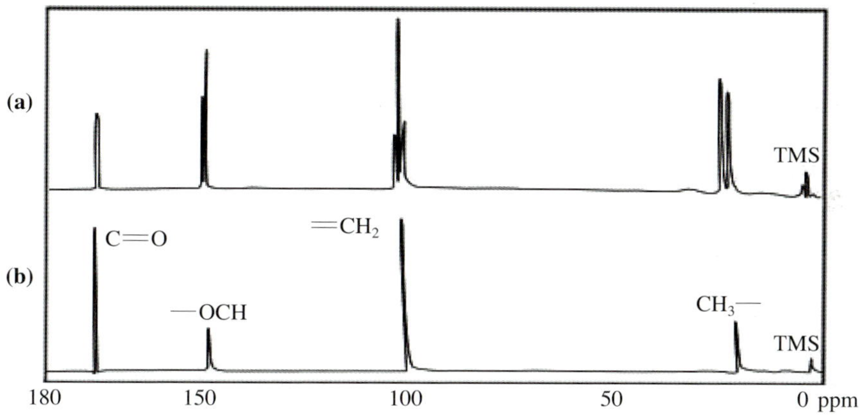

그림 12.11 **Methyl vinyl ketone($CH_3COCH{=}CH_2$)의 $^{13}C-^{1}H$ 스핀－스핀 짝지음 스펙트럼 (a)와 양성자 짝풀림 스펙트럼 (b)**

12.9 다음 각화합물에서

(1) 양성자 짝풀림 스펙트럼에서 각각 몇 개씩의 피크가 관찰되겠는가?

(2) 표 12.4의 자료를 기초로 화학적 이동값이 증가하는 순서로 탄소들을 늘어놓으시오.

a. $CH_3CH_2CH_2Br$　　b. $(CH_3)_2C{=}CH_2$　　c. $CH_2{=}CHBr$

d. CH_3CHCH_3 (with Cl on the central C)　　e. $CH_3COCH_2CH_3$　　f. $CH_3CH_2COOCH_3$

12.8 DEPT ^{13}C 스펙트럼

유기 분자에는 일차, 이차, 삼차 및 사차 탄소가 있다. 이들을 구별해 내는 가장 분명한 방법이 **DEPT**(**D**istortionless **E**nhancement by **P**olarization **T**ransfer) 실험이다. DEPT 실험에서는 다소 복잡한 일련의 펄스를 ^{13}C와 ^{1}H에 적용한다. 적용된 일련의 펄스의 영향으로 각 탄소에 결합되어 있는 ^{1}H 원자의 수에 따라 ^{13}C 피크들의 상이 다르게 나타난다. 이 상들의

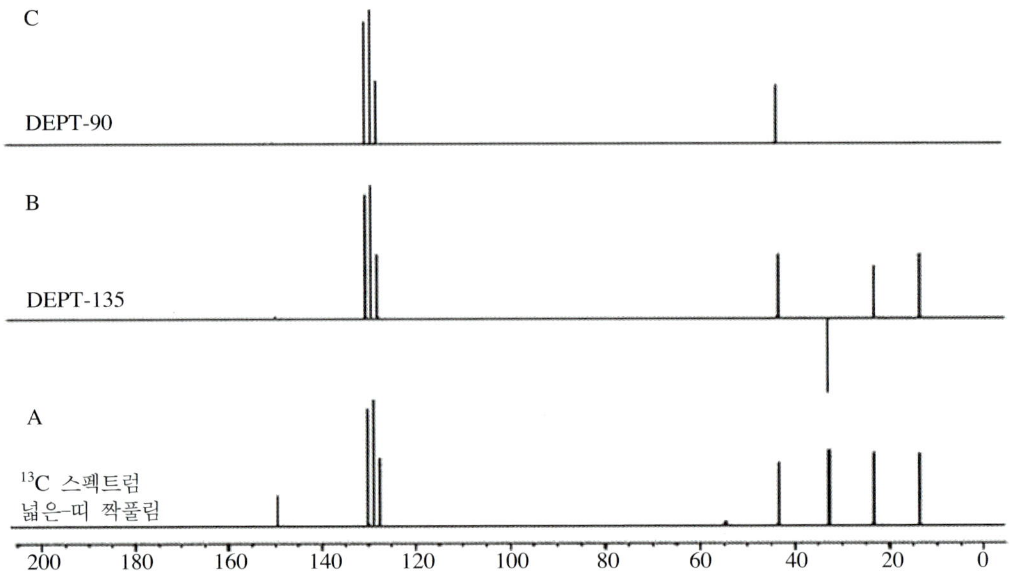

그림 12.12 ***sec*-Butylbenzene의 DEPT ^{13}C 스펙트럼**

차이를 검출하여 도시한 것이 **DEPT ^{13}C 스펙트럼**이다. 일반적으로 DEPT 스펙트럼은 보통의 양성자 짝풀림 스펙트럼, DEPT-135 및 DEPT-90 스펙트럼으로 이루어져 있다. 그림 12.12 A는 *sec*-butylbenzene의 양성자 짝풀림 스펙트럼으로서 모든 탄소 원자의 ^{13}C이 다 관찰된다. 그림 12.12 B는 DEPT-135 스펙트럼이다. 이 스펙트럼에서는 수소가 결합되어 있지 않은 사차 탄소는 관찰되지 않는다. CH_3와 CH 탄소는 + 피크로 나타나며 CH_2 탄소는 − 피크로 나타난다. 그림 12.12 C는 DEPT-90 스펙트럼이다. 여기서는 CH만 + 피크로 나타난다. 따라서 이들 세 가지 실험을 하면 모든 탄소 원자의 종류를 다 구별할 수 있다.

12.9 이차원 NMR 스펙트럼

1970년대에 **이차원 NMR** 기법이 발전하면서 NMR의 새로운 시대가 시작되었다. 이차원 NMR에서는 두 개의 진동수 축에 스펙트럼이 기록되며 신호의 세기는 삼차원으로 나타난다. 여러 가지 이차원 NMR 기법을 이용하면 쉽게 분자를 구성하고 있는 원자들의 스핀-스핀 짝지음과 관련된 정보들을 수집하고 원자들의 연결 상태를 규명할 수 있다. 이들 기법을 이용하면 복잡한 유기 화합물의 구조를 보다 빠르고 효과적으로 해석할 수 있다.

이차원 NMR 중 가장 기본적인 기법이 보통 **COSY 스펙트럼**이라고 부르는 **^{1}H−^{1}H 상관 스펙트럼**(correlation spectrum)과 HETCOR라고 부르는 **^{13}C−^{1}H 이종핵 상관 스펙트럼**(heteronuclear correlation spectrum)이다. 이들 스펙트럼을 얻을 때는 복잡한 기계적 파라미터들을 이용해야 하지만 이 파라미터들과 이차원 NMR 이론적인 기초는 이 책의 범위를 벗

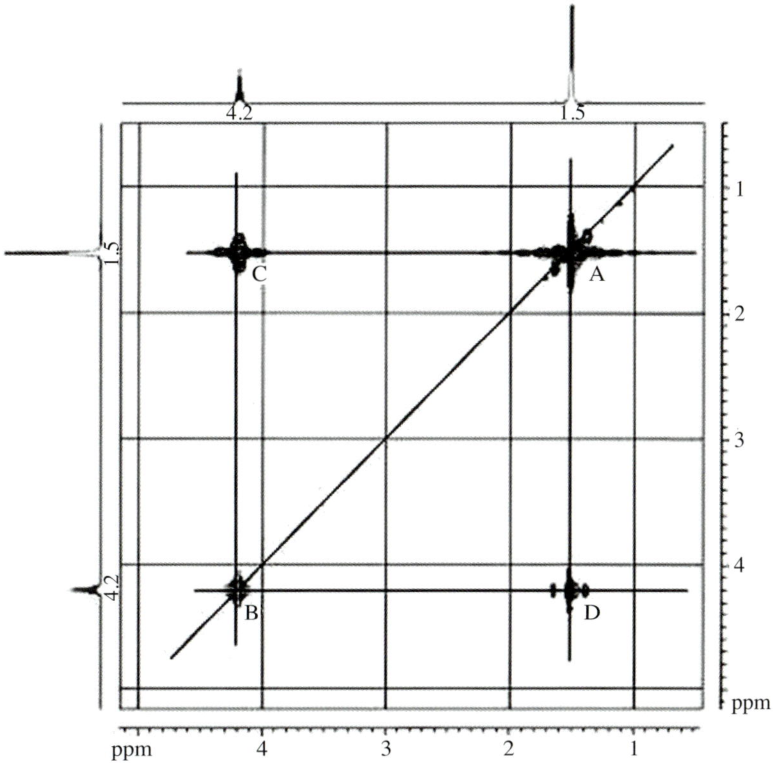

그림 12.13 **2-Chloropropane의 COSY 스펙트럼**

어나기 때문에 이차원 NMR 스펙트럼을 읽는 요령만 간단하게 설명하면 다음과 같다.

그림 12.13은 2-chloropropane의 COSY 스펙트럼이다. 스펙트럼에서 화합물의 ^{1}H NMR 스펙트럼이 수평 축과 수직 축에 도시되어 있으며 화학적 이동값이 표시되어 있다. COSY 스펙트럼에는 **대각선 피크**(diagonal peak)와 **교차 피크**(cross peak)의 두 종류의 피크가 있다. 스펙트럼의 오른쪽 위쪽 모퉁이로부터 왼쪽 아래쪽 모퉁이를 연결하는 대각선상에 있는 피크들을 대각선 피크라고 하고 그 밖의 피크들을 교차 피크라고 부른다. 대각선 피크로부터 수평선과 수직선을 연장하면 각 대각선 피크들이 수평 축과 수직 축에 각각 해당하는 피크들이 있음을 쉽게 알 수 있다. 2-Chloropropane의 스펙트럼에서 A로 표지되어 있는 1.5 ppm에 있는 피크로부터 왼쪽으로 수평선을 연장하면 4.2 ppm에 있는 메타인 수소에 해당하는 교차 피크 C에 도달하게 된다. 이 교차 피크로부터 수직선을 내리면 메타인 수소에 해당하는 대각선 피크 B를 만나게 된다. 메틸 수소와 메타인 수소를 상관 짓는 교차 피크 C의 존재로부터 기대했던 것처럼 메틸 수소와 메타인 수소가 서로 짝짓고 있는 것을 확인할 수 있다.

1.5 ppm의 피크 A로부터 수직선을 긋고 4.2 ppm에 있는 피크 B로부터 수평선을 오른쪽으로 그어도 마찬가지 결과를 얻게 된다. 두 선은 두 번째 대각선 피크인 D에서 만나게 된다. 이와 같은 분석 결과를 도시하면 그림 12.13과 같다.

그림 12.14는 2-chloropropane의 HETCOR 스펙트럼이다. HETCOR 스펙트럼에서는 한 축에는 ^{1}H 스펙트럼이, 다른 축에는 ^{13}C 스펙트럼이 도시된다. 이차원 스펙트럼에 있는 각

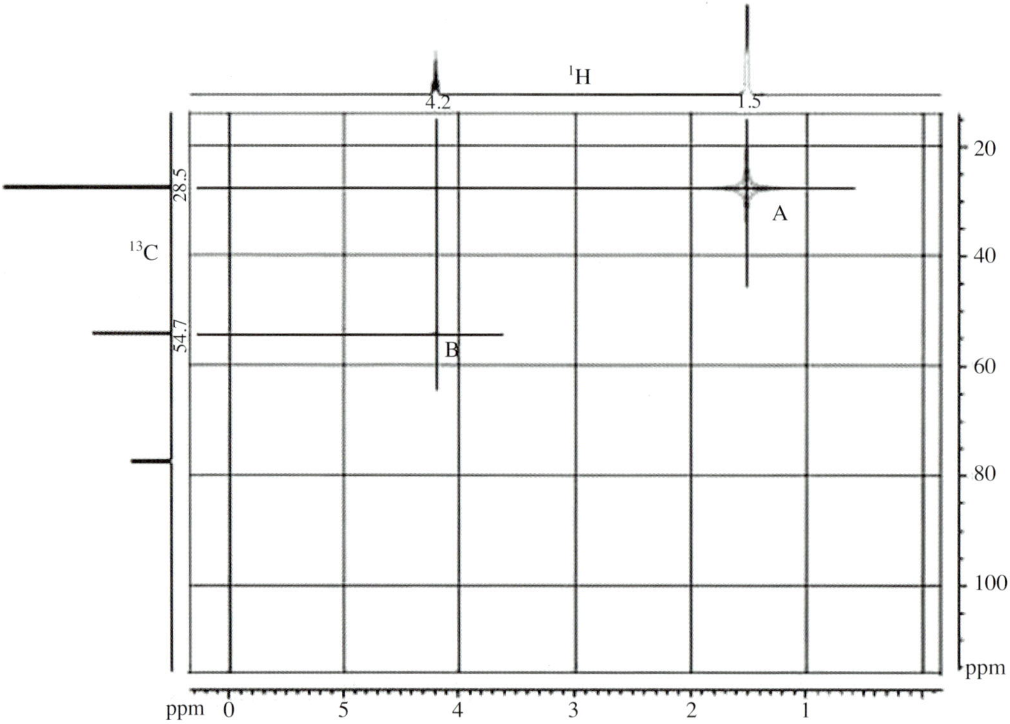

그림 12.14 **2-Chloropropane의 HETCOR 스펙트럼**

피크는 해당하는 수소가 결합되어 있는 탄소 원자를 나타낸다. 그림 12.14에는 ^{13}C 스펙트럼의 28.5 ppm에서 메틸 탄소에 해당하는 피크와 53.7 ppm에서 메타인 탄소에 해당하는 피크를 볼 수 있다. 수직 축에서는 1.5 ppm에서 메틸 수소와 4.2 ppm에서 메타인 수소를 볼 수 있다. ^{13}C 스펙트럼의 메틸 피크(28.5 ppm)로부터 수직선을 내리고 ^{1}H 스펙트럼의 메틸 피크(1.5 ppm)로부터 오른쪽으로 수평선을 그으면 두 선은 이차원 스펙트럼의 피크 A에서 서로 만나게 된다. 이 교차 피크는 각각에 해당하는 탄소와 수소가 서로 결합되어 있다는 것을 의미한다. 같은 방법으로 HETCOR의 왼쪽 아래에 있는 교차 피크 B는 53.7 ppm에 있는 탄소와 4.2 ppm에 있는 칠중선의 수소가 서로 결합되어 있는 것을 나타낸다.

1970년대 NMR을 이용하여 몸의 여러 부위를 영상화하면 효과적으로 질병을 진단할 수 있다는 사실이 인식되었다. 사람의 몸은 NMR 현상을 일으킬 수 있는 몇 가지 핵들을 포함하고 있다. 이들 중에서 물, 트라이글리세라이드 및 인지질을 구성하고 있는 중요한 원소인 수소는 가장 유용한 NMR 신호를 낼 수 있다. NMR 현상에서 이완 시간이라고 부르는 특징적인 시간은 들뜬 상태의 핵이 에너지를 버리고 바닥 상태로 돌아가는 데 필요한 시간이다. 1971년 암세포 속에 있는 물의 이완 속도는 정상 세포의 물이 이완되는 속도보다 훨씬 느리다는 사실이 발견되었다. 만약 인체를 구성하고 있는 물의 이완 영상을 얻을 수 있다면 초기 단계에서 암을 진단할 수 있을 것이라는 생각들을 하였다. 뒤이은 연구들을 통해 이 방법이 실용화되었으며 많은 암조직들이 진단되었다.

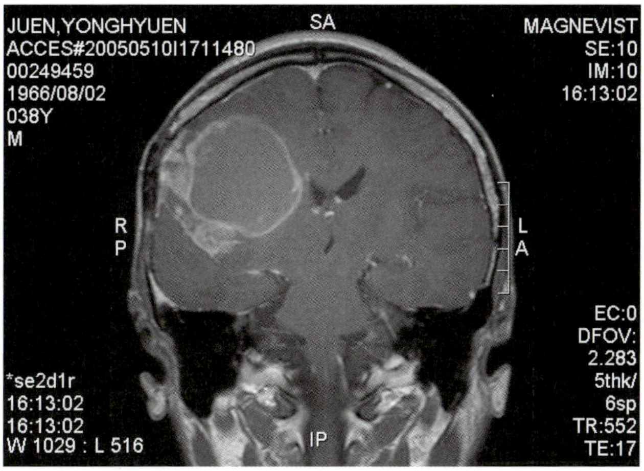

그림 12.15 **사람의 뇌종양 사진**

'핵자기 공명'이라고 하는 용어는 사람들에게 마치 방사성 물질과 관련이 있는 것처럼 오해할 수 있기 때문에 의료에 종사하는 사람들이 이 기술을 **자기 공명 영상**(magnetic resonance imaging, MRI)이라고 불렀다.

MRI와 X-선은 여러 가지 면에서 서로 상보적이다. 뼈의 딱딱한 바깥쪽 층은 MRI에는 보이지 않지만 X-선 이미지에서는 매우 잘 보인다. 반면 부드러운 조직에서의 어떤 변화는 X-선에는 거의 관찰되지 않지만 MRI에서는 잘 보인다.

MRI 촬영은 보통 수십분 이내에 끝난다. 데이터는 신체의 각 부분을 여러 구간으로 나눈 평면 영상이나 삼차원 영상으로 얻어진다. 그림 12.15는 사람의 뇌종양 사진이다. 뇌의 중심부에 커다란 종양 덩어리가 관찰된다.

NMR을 이용하면 오줌, 혈장, 뇌척수액, 눈의 점액과 같은 체액들을 몸속에 그대로 둔 채 조사할 수 있다. NMR은 식품의 질을 평가하고 식물 종자의 발아 연구에 이용된다. 건축 공학에서는 목재의 내부 수분의 농도와 분포를 평가하는 데도 이용된다. 그 밖에 NMR은 생물학과 의학의 헤아릴 수 없이 많은 연구에 이용되고 있다.

NMR 현상이 처음 발견되었을 때는 이것이 인류에게 어떤 영향을 미칠지 미처 몰랐지만 시간이 지날수록 인류 역사상 이보다 더 유익한 과학 기술은 없었다는 사실이 밝혀지고 있다. 앞으로 NMR은 어떤 가능성을 더 보여 줄지 모를 정도로 놀라운 현상이다.

12.10 자외선 및 가시광선 분광법

적외선보다 강한 에너지 영역이 자외선과 가시광선이다(그림 12.1 참고). 이들 영역의 에너지에는 보통 파장의 단위로 **나노미터**(nanometer, 1 nm$=10^{-9}$ m)가 사용된다. 가시광선은 약 400 nm(보라)에서 800 nm(빨강)의 영역이고 자외선은 100 nm에서 400 nm 영역에 해당된다. 유기 화학에서 관심을 갖는 영역의 파장은 200 nm에서 800 nm 정도이다.

분자가 적외선을 흡수하면 공유 결합의 진동수가 증가하는 반면 자외선과 가시광선을 흡수하면 바닥 상태에 있던 π 전자가 바로 위의 에너지 준위의 오비탈로 **전자 전이**(electron transition)를 일으키게 된다. 흡수되는 가시광선 또는 자외선의 파장은 얼마나 전자 들뜸이 쉽게 일어날 수 있는가에 따라 달라진다. 전자가 들뜨기 쉬운 분자일수록 더 긴 파장의 빛을 흡수한다. 이 때문에 자외선 가시광선(UV) 분광법을 이용하면 전자의 분포 또는 π 분자 오비탈 등에 관한 정보들을 얻을 수 있다. 그림 12.16에 mesityl oxide의 UV 스펙트럼을 도시하였다.

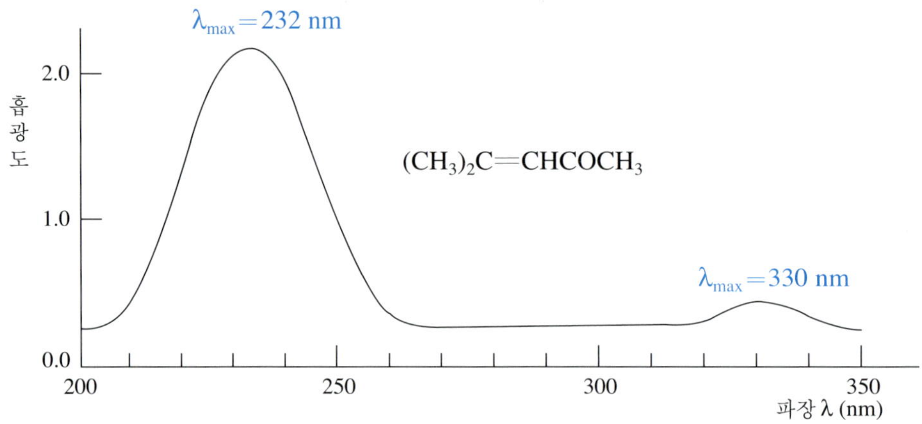

그림 12.16 **Mesityl oxide ($(CH_3)_2C{=}CHCOCH_3$)의 UV 스펙트럼**

UV 스펙트럼의 피크는 폭이 넓고 수가 적다. 피크 꼭대기의 파장을 최대 흡수 파장이라 하고, λ_{max}로 나타낸다. Mesityl oxide의 π 전자가 들뜰 때 흡수하는 에너지는 λ_{max} = 232 nm이다. λ_{max}값은 표 12.5에 종합된 것처럼 π 분자 오비탈의 콘쥬게이션 폭이 길어질수록 커진다. 피크의 강도는 빛을 흡수하는 분자의 수와 구조에 따라 달라진다. 시료에 흡수된 빛의 강도를 **흡광도**라고 하며, 다음과 같은 식으로 나타낸다.

$$A = \varepsilon c l$$

이 식에서 ε는 **흡광 계수**(extinction coefficient), c는 시료의 농도($mol \cdot L^{-1}$), l은 빛이 시료를 통과하는 길이를 나타낸다. 흡광 계수는 빛을 흡수하는 분자의 구조에 따라 달라지는 상수이다.

표 12.5 **전자 들뜸에 미치는 콘쥬게이션 효과**

화합물	λ_{max}(nm)	ε
Ethylene $CH_2{=}CH_2$	175	15,000
1,3-Butadiene $CH_2{=}CHCH{=}CH_2$	217	21,000
1,3,5-Hexatriene $CH_2{=}CHCH{=}CHCH{=}CH_2$	258	35,000
β-Carotene(11 double bond)	465	125,000

12.10 1,4-Pentadiene과 1,3-pentadiene은 서로 이성질체이다. UV 스펙트럼 상에서 어떤 특징을 보여 주겠는가?

12.11 2,5-Dimethyl-2,4-hexadiene을 methanol에 녹인 용액의 흡광 계수는 13,100 $M^{-1}cm^{-1}$이다. 흡광도가 1.6이 되려면 이 화합물의 methanol 용액 농도는 얼마가 되어야 하는가?

12.11 질량 분석법

앞 절들에서는 분자가 흡수한 전자기 복사선의 에너지를 분석하는 분광법들을 소개하였다. **질량 분석법**(mass spectroscopy)은 이들과 다른 원리를 이용한다. 질량 분석법에서는 분자에 강한 에너지의 전자를 조사했을 때 일어나는 변화들을 분석한다. 분자에 70 eV(1610 $kcal \cdot mol^{-1}$) 정도의 강한 에너지를 가지고 있는 전자를 쪼여 주면 분자의 전자 하나가 방출되면서 **분자 이온**(molecular ion, M^{+})이 생성된다. 이것은 짝짓지 않은 전자와 양이온을 가지고 있기 때문에 **양이온 라디칼**(cation radical)이라고 부른다.

$$A{:}B + e^- \longrightarrow A\overset{+}{\cdot}B + e^-$$

분자 이온(어미 이온)

분자 이온들 중의 일부는 양이온과 라디칼로 분해된다.

$$A\overset{+}{\cdot}B \longrightarrow A^+ + B\cdot$$

양이온 라디칼 → 양이온 + 라디칼

분자 이온과 양이온 조각들은 질량 대 전하의 비(m/z)로 분리되어 검출되며 이들의 분포를 나타낸 것이 **질량 스펙트럼**(mass spectrum)이다. 전하는 항상 1이므로 분자 이온의 m/z는 그 분자의 질량값과 같다. 또 분자 구조에 따라 특징적인 조각내기 양상을 보여 주기 때문에 질량 스펙트럼은 구조를 분석하는 데 유용하게 이용된다.

질량 스펙트럼에서는 이온들의 상대적인 강도를 막대 그래프로 보여 주고 있다. 가장 강한 피크를 **주피크**(base peak)라고 하고 이것의 상대 강도를 100으로 한다. 그림 12.17에 *o*-xylene의 질량 스펙트럼을 도시하였다.

이 스펙트럼에서 주피크는 m/z=91인데, 이것은 다음과 같은 조각내기 반응에서 생성된 $C_7H_7^+$에 해당된다.

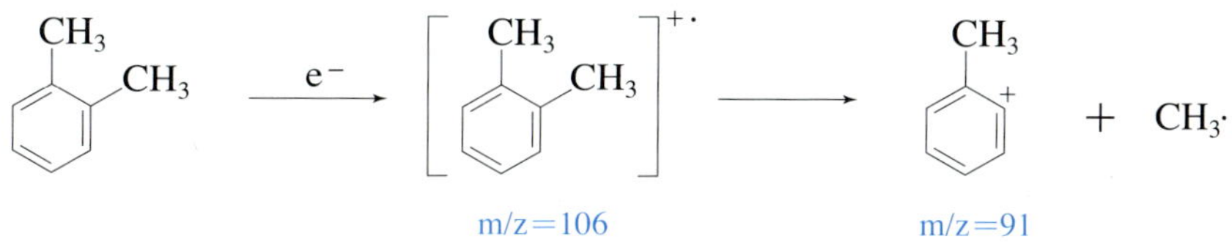

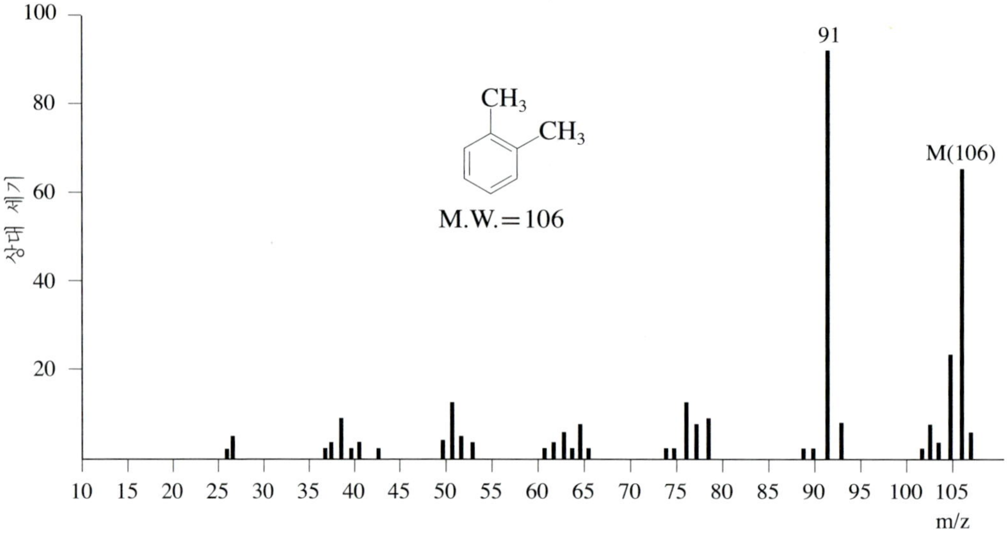

그림 12.17 ***o*-Xylene의 질량 스펙트럼**

M^+이 106인 *o*-xylene의 질량 스펙트럼에서 관찰되는 m/z=107처럼 종종 분자량보다 1 또는 2 큰 피크가 관찰된다. 이것은 ^{13}C 동위 원소 때문에 나타나는 것이다. 탄소 원자는 98.9%의 ^{12}C와 1.1%의 ^{13}C가 있기 때문에 $[M+1]^+$에서 피크가 관찰된다. 분자 이온 M^+에 대한 $[M+1]^+$의 강도는 1.1에 탄소의 수를 곱한 것과 같다. 다른 예로는 또 Br에는 ^{79}Br과 ^{81}Br의 두 동위 원소가 각각 50%의 비로 존재하기 때문에 브로민 원자 한 개를 가지고 있는 분자의 질량 스펙트럼에서는 M/M+2가 1 : 1의 비로 관찰된다. 예로서 bromoethane의 질량 스펙트럼을 그림 12.18에 도시하였다.

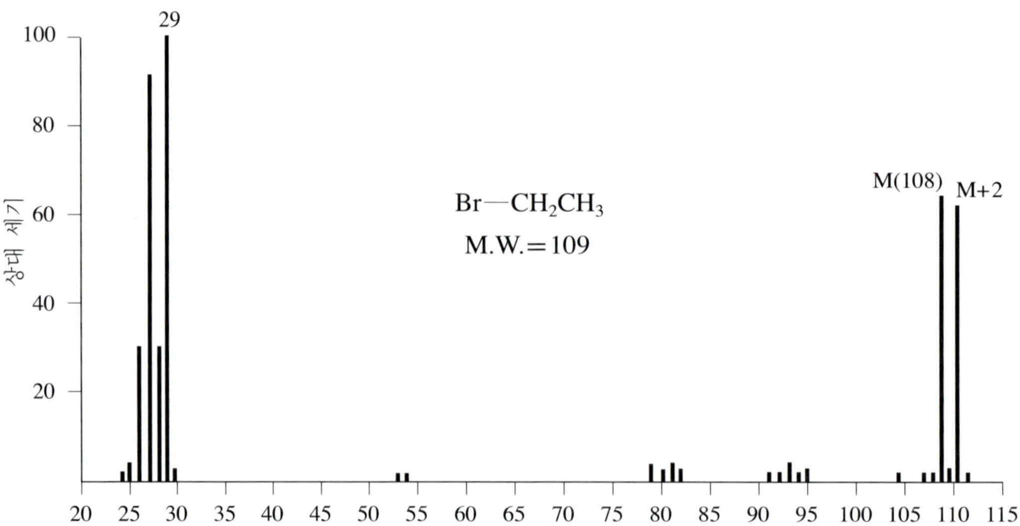

그림 12.18 **Bromoethane의 질량 스펙트럼**

최근에 개발된 보조 **레이저 탈착 이온화법**(matrix assisted laser desorption ionization, MALDI)와 **전자 분무형 이온화법**(electrospray ionization, ESI)을 이용하면 단백질과 같은 거대 분자들이나 지나치게 극성이 커서 기체 상태의 이온으로 전환하기 어려운 화합물들의 질량을 측정할 수 있다. MALDI와 ESI는 DNA와 약물의 상호 작용 등 여러 가지 생명 공학과 관련된 첨단 연구에 매우 유용하게 이용되고 있다.

12.12 어떤 알케인의 $M^{\dot{+}}$ 피크가 m/z 72에서 나타났다. 이 화합물의 분자식을 쓰시오.

12.13 어떤 bromoalkane이 m/z 136과 m/z 138에서 같은 크기의 어미 피크를 보여 주었다. 이 화합물의 분자식을 쓰시오.

요약

분자가 흡수하는 빛에너지와 분자 구조 사이의 상관 관계를 분석하는 **분광법**을 이용하면 유기 화합물의 구조를 분석할 수 있다. 유기 화합물의 구조를 분석할 때는 **적외선 분광법**(infrared spectroscopy), **핵자기 공명 분광법**(nuclear magnetic resonance spectroscopy), **자외선 가시광선 분광법**(ultraviolet-visible spectroscopy), 및 **질량 분석법**(mass spectroscopy)이 주로 이용된다.

유기 분자에 **적외선**(IR)을 쪼여 주면 결합들의 신축 진동 및 굽힘 진동에 해당하는 진동수의 에너지를 흡수한다. 이 에너지를 분석하면 분자의 작용기에 관한 정보를 얻을 수 있다. 즉 적외선 중에서 어떤 파수의 에너지가 흡수되는지를 보면 분자에 어떤 작용기가 있는지를 알 수 있다. 예를 들면 탄소–탄소 이중 결합은 1620~1680 cm^{-1} 범위에서 흡수 피크를 보여 주고 케톤 카보닐기의 흡수 피크는 1720 cm^{-1} 근처에서 관찰된다.

핵자기 공명 분광법을 이용하면 유기 분자들의 기본 골격인 탄화수소에 관한 정보를 얻을 수 있기 때문에 구조를 규명하는 데 매우 효과적이다. ^{1}H와 ^{13}C가 외부 자기장 속에 놓이면 핵스핀이 외부 자기장과 평행(α–스핀)하거나 역평행(β–스핀)하게 배열된다. 라디오파의 범위에 해당하는 에너지를 쪼여 주면 핵스핀이 α–스핀 상태에서 β–스핀 상태로 젖혀지게 된다. 이 현상을 **핵자기 공명**이라고 한다. 핵자기 공명을 일으키는 에너지를 검출하여 증폭하면 **핵자기 공명 스펙트럼**(NMR spectrum)이 얻어진다. ^{1}H NMR 스펙트럼을 이용하여 구조를 규명할 때는 **화학적 이동값**(δ), **스핀–스핀 갈라짐**, **적분** 및 **짝지음 상수값**이 분석된다. ^{13}C NMR 스펙트럼을 이용하면 탄소 골격에 관한 정보를 얻을 수 있다.

자외선 가시광선 분광법에서는 전자의 들뜸, π–분자 오비탈과 관련된 정보를 얻을 수 있다. 질량 분석법을 이용하면 분자의 질량을 쉽게 알 수 있으며 질량 분석 스펙트럼에서 조각내기 양상을 분석하면 분자 구조에 관한 정보도 얻어낼 수 있다.

보충문제

12.14 다음 각 화합물은 IR 스펙트럼의 어느 위치에서 특징적인 흡수 피크를 보여 주어야 하는가?

(1) $H_2C{=}CH\overset{O}{\overset{\|}{C}}CH_3$

(2) 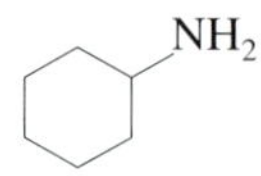

(3) 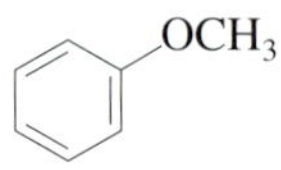

(4) $CH_3CH_2CH_2C{\equiv}CH$

(5) $CH_3CH_2CH_2OH$

(6) 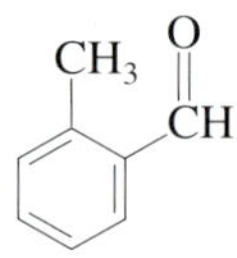

12.15 IR 스펙트럼을 이용하여 다음 각 쌍을 구별하는 방법을 설명하시오.

(1) $CH_3CH_2CH{=}CH_2$와 $CH_3CH_2C{\equiv}CH$

(2) $(CH_3)_3COH$와 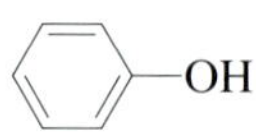

(3) $CH_3CH_2CH_2\overset{O}{\overset{\|}{C}}H$ 와 $CH_3CH_2\overset{O}{\overset{\|}{C}}CH_3$

(4) $CH_3CH_2CH_2CH_2NH_2$와 $CH_3CH_2NHCH_2CH_3$

12.16 다음 각 IR 스펙트럼에 적합한 구조를 가리시오.

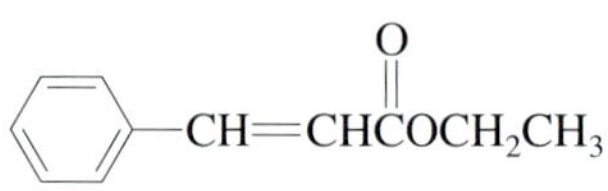

A

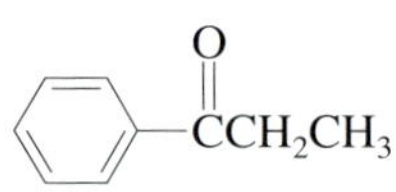

B

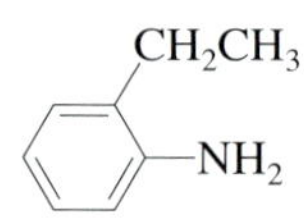

C

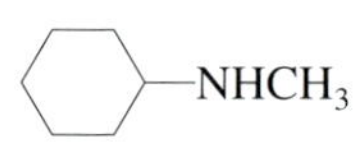

D

(1)

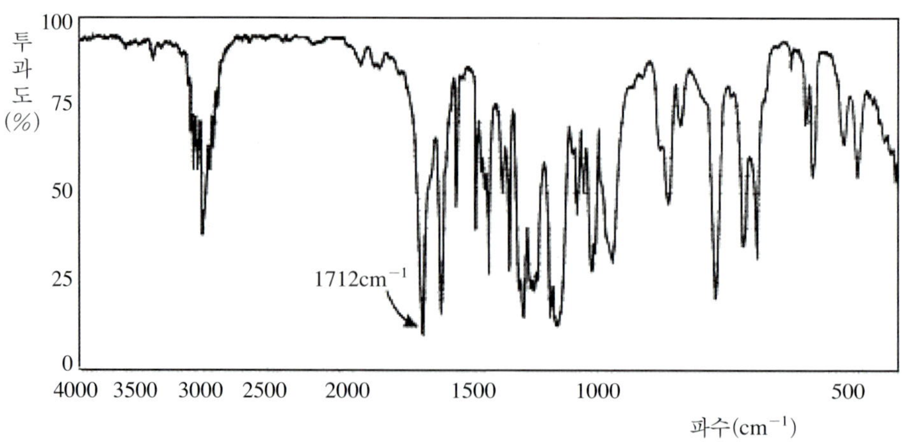

(2)

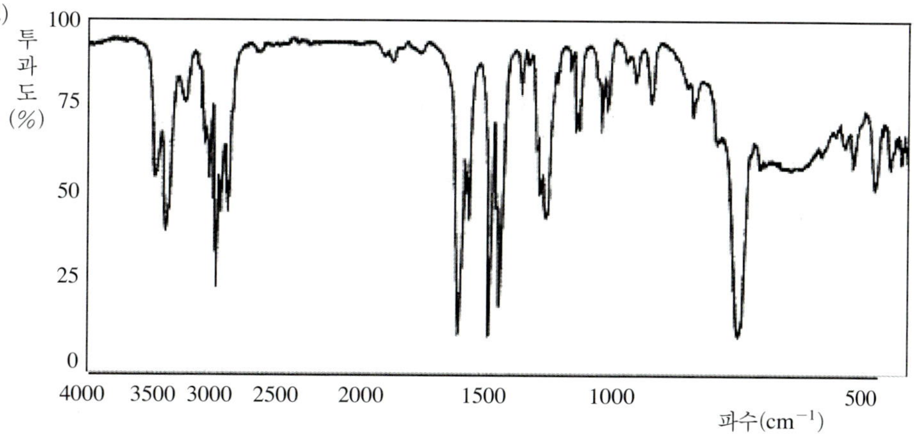

(3)

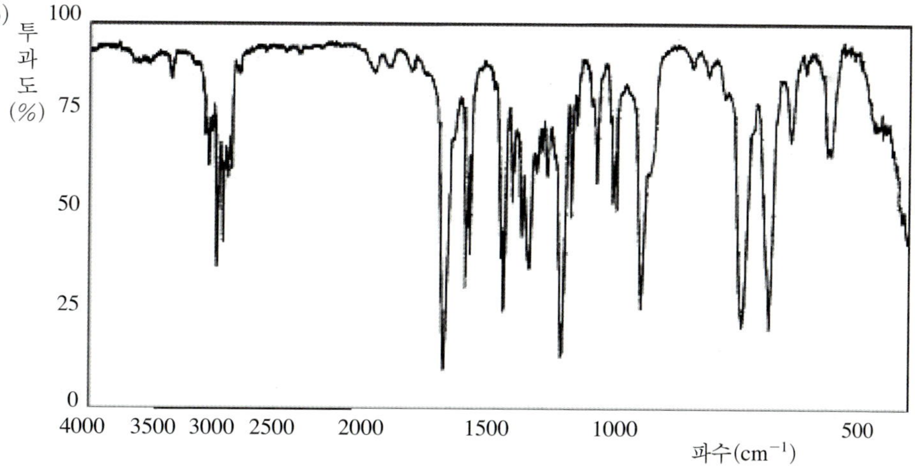

(4)

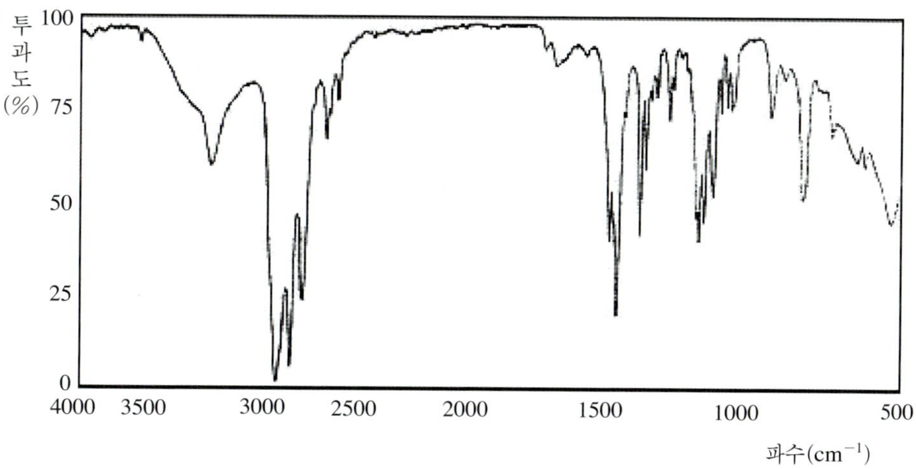

12.17 C—O 신축 진동 피크는 1100 cm^{-1}에서 관찰되고 C=O 신축 진동 피크는 1700 cm^{-1}에서 나타난다. 어느 피크의 에너지가 더 큰가?

12.18 다음 각각에서 지시된 수소 중 어느 쪽의 화학적 이동값이 더 큰가?

(1) 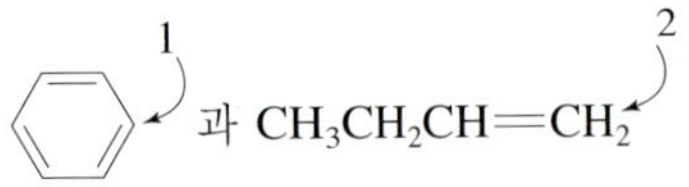

(2) 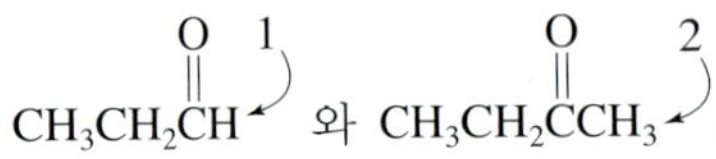

(3) 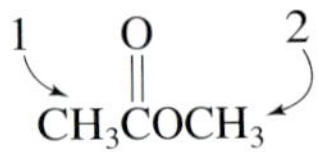

(4) 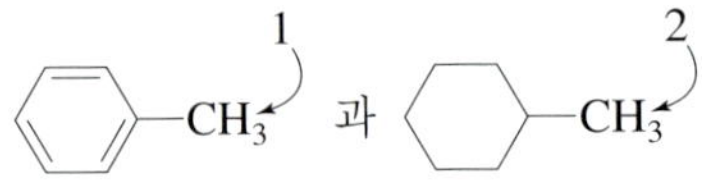

12.19 다음 각 화합물에서 화학적으로 동등한 양성자는 몇 종류인가? NMR 스펙트럼에서 이들의 상대적인 적분비는 어떻게 나타나는가?

(1) $CH_3CH_2OCH_2CH_3$

(2) $(CH_3CH_2)_2CHCH_2Cl$

(3) 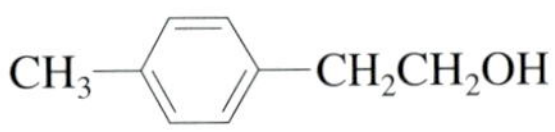

12.20 다음 각각에서 밑줄 친 수소와 화학적으로 동등한 수소를 찾으시오.

(1) 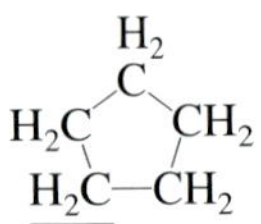

(2) 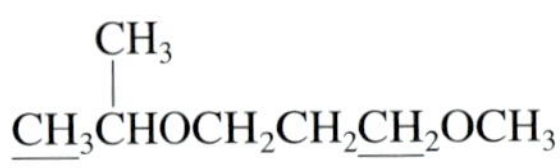

(3) 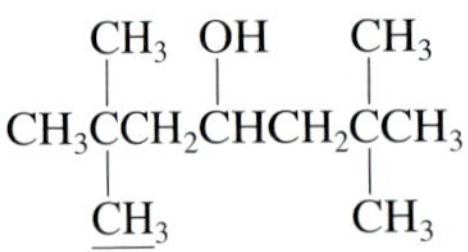

12.21 다음 화합물들은 모두 ^{1}H NMR 스펙트럼에서 한 개의 피크만 보여 준다. 피크의 화학적 이동값이 증가하는 순서로 나열하시오.

$(CH_3)_4Si$, $CH_2{=}CH_2$, CH_3COCH_3, CH_4, $CHCl_3$, cyclohexane

12.22 n+1 규칙을 기초로 다음 각각에서 지시된 수소의 다중도를 예측하시오.

(1) $CH_3\underline{CH_2}CH_3$

(2) 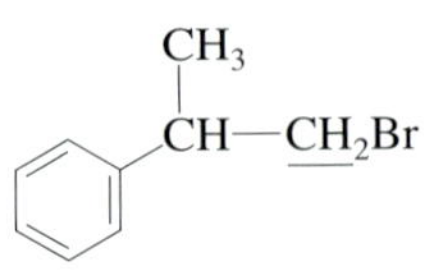

(3) 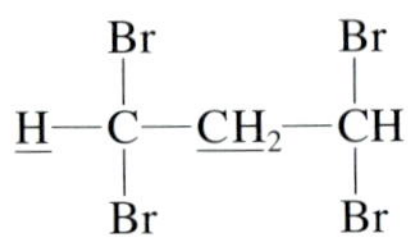

12.23 다음 중 어느 화합물의 ^{1}H NMR 스펙트럼이 면적비 3 : 1인 두 개의 피크를 보여 주겠는가?

(1) $CH_2{=}CHCH_3$
(2) $CH_3CH_2CH_2CH_3$
(3) $CH_3CH_2CH_3$
(4) $CH_2{=}C(CH_3)_2$

12.24 다음 각 화합물의 ^{1}H NMR 스펙트럼에서 화학적으로 동등한 수소들이 스핀-스핀 짝지음을 통해 발생하는 다중도와 피크 면적비를 쓰시오.

(1) $CH_3CH_2COCH_2CH_3$
(2) $CH_3OCH_2OCH_3$
(3) Br_2CHCH_2Br
(4) 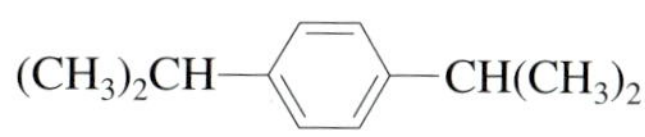

12.25 다음 각 화합물의 ^{1}H NMR 스펙트럼을 화학적 이동값, 갈라짐 양상 및 피크 면적비가 적합하도록 스케치하시오.

(1) $BrCH_2CH_3$
(2) $CH_3CHClCHClCH_3$
(3) $(CH_3)_2CHBr$

12.26 다음 각 화합물의 구조를 제시하시오.

(1) C_4H_9Cl; δ 3.35(이중선, 2H), 2.00(다중선, 1H), 1.00(이중선, 6H).
(2) $C_3H_6Br_2$; δ 3.60(삼중선, 4H), 2.40(오중선, 2H).
(3) $C_4H_{10}O$; IR. 3330 cm^{-1}, broad; δ 3.30(이중선, 2H), 2.40(단일선, 1H), 1.70(다중선, 1H), 0.90(이중선, 6H).

12.27 분자식이 $C_5H_{12}O$인 알코올의 ^{1}H NMR 스펙트럼에서 다음의 피크가 관찰되었다: 한 개의 단일선(면적비 1); 두 개의 이중선(면적비 3과 6); 두 개의 다중선(두 피크의 면적비 모두 1). 이 알코올을 HBr로 처리하면 분자식 $C_5H_{11}Br$인 브로모알케인으로 전환된다. 이것의 ^{1}H NMR 스펙트럼에서는 한 개의 단일선(면적비 6); 한 개의 삼중선(면적비 3); 한 개의 사중선(면적비 2)이 나타난다. 알코올과 브로모알케인의 구조를 그리시오.

12.28 분자식이 C_4H_7NO인 화합물은 IR 스펙트럼에서 3000 cm^{-1} 부근의 비교적 강한 피크와 2240 cm^{-1} 부근의 비교적 약한 피크를 보여 준다. 이 화합물의 ^{1}H NMR 스펙트럼에서는 δ 2.60에서 삼중선, δ 3.30에서 단일선 δ 3.50에서 삼중선을 보여 준다. 이 피크들의 면적비는 삼중선이 2이고, 단일선과 두 번째 삼중선의 합이 5이다. 이 화합물의 구조를 제시하시오.

12.29 분자식 $C_5H_{10}O_2$인 화합물의 IR 스펙트럼에서는 1750 cm^{-1}에서 강한 흡수 피크가 관찰된다. ^{1}H NMR 스펙트럼에서는 δ 1.20에서 이중선, δ 2.00에서 단일선, δ 4.95에서 칠중선이 관찰되고 이들의 면적비는 6 : 3 : 1이다. 이 화합물의 구조를 제시하시오.

12.30 다음 이성질체의 구조를 각각 ^{1}H NMR 스펙트럼과 UV 스펙트럼을 사용하여 구별하는 법을 설명하시오.

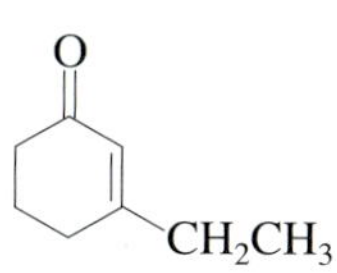

A

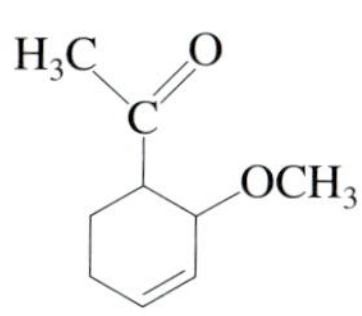

B

12.31 다음 각각의 m/z값은 얼마인가?

(1) $[CH_3CH_3]^{\cdot+}$
(2) $[(CH_3)_2CH]^{\cdot+}$
(3) $[H_2O]^{\cdot+}$

12.32 다음 각 화합물의 분자 이온에 관한 m/z값을 계산하시오.

(1) 2,3-Dimethylpentane
(2) *m*-Bromophenol
(3) Isopropyl alcohol

12.33 다음은 분자식이 C_3H_6O인 화합물의 ^1H NMR과 IR 스펙트럼이다. 이 화합물의 구조를 제시하시오.

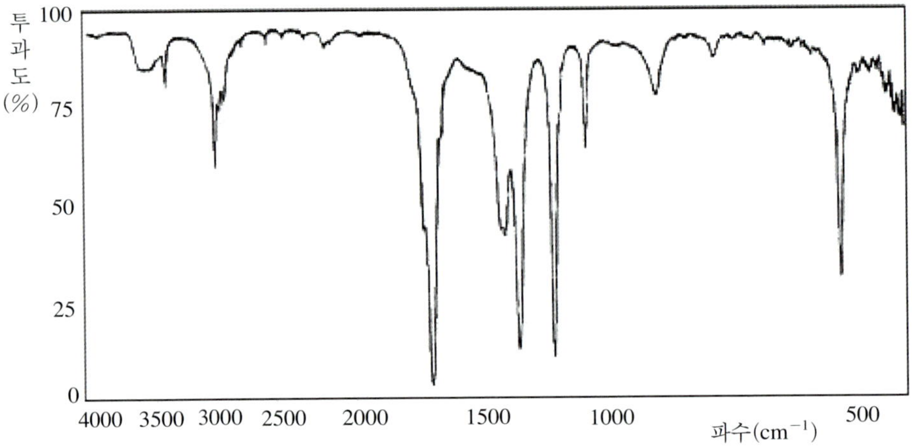

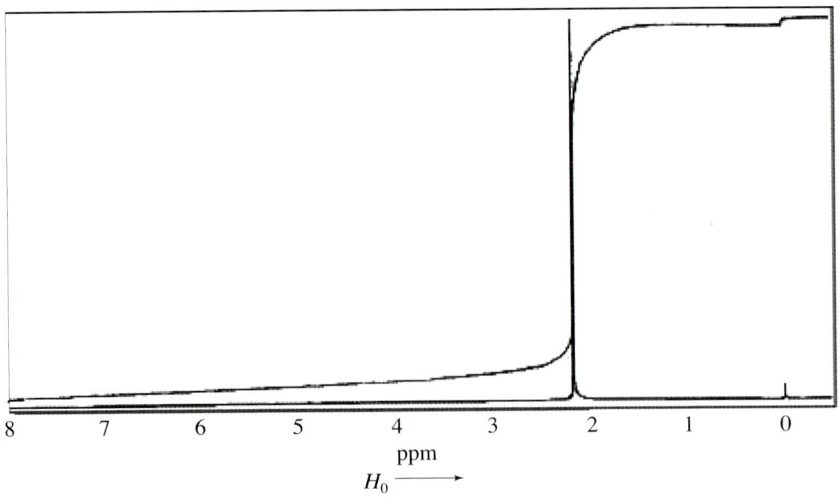

12.34 다음은 분자식이 $C_5H_{12}O_2$인 화합물의 IR 스펙트럼과 ^{1}H NMR이다. 이 화합물의 구조를 제시하시오.

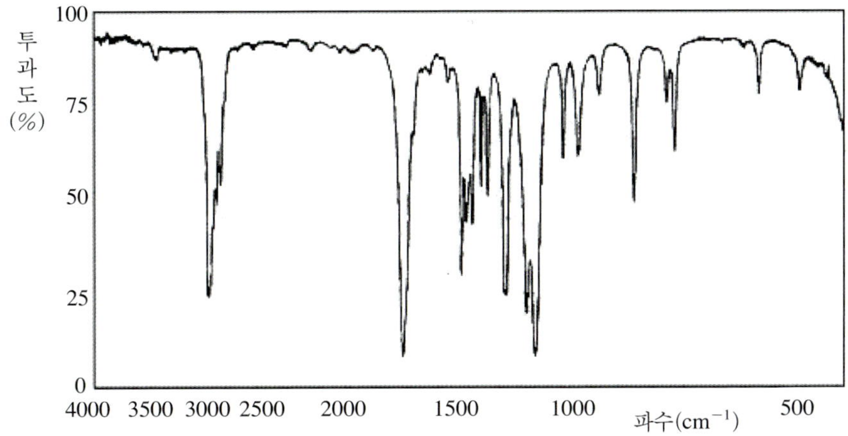

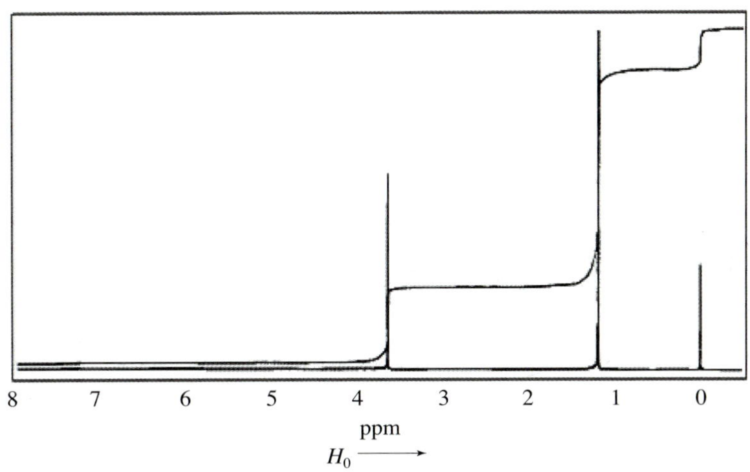

13장 유기 중합체 화학

중합체(polymer)는 **단위체**(monomer)라는 작은 반복 단위가 연결되어 만들어진 거대 분자이다. 단위체를 연결하는 과정을 **중합 반응**(polymerization reaction)이라고 한다. 중합체는 크게 **생체 중합체**(biopolymer)와 **합성 중합체**(synthetic polymer)의 두 부류로 나눌 수 있다. 생체 중합체의 예로는 탄수화물, 단백질, DNA 및 RNA를 들 수 있으며 이들은 다음 장들에서 설명될 것이다. 이 장에서는 합성 중합체들만 소개한다.

최초의 합성 중합체는 1838년 우연히 발견된 vinyl chloride의 중합체였다. 1865년 프랑스의 Louis Chardonnet은 테이블에 엎질러진 nitrocellulose란 화학 물질을 닦아내는 동안 테이블과 옷에 모두 달라붙는 명주실 같은 긴 실을 발견하였다. Chardonnet의 명주실은 1891년 파리 전람회에 소개되었으며 마치 광선을 방출하는 것처럼 반짝였기 때문에 rayon이라는 이름을 붙였다.

합성 고무는 1917년 독일의 화학자들에 의해 처음으로 만들어졌다. 이와 같은 일련의 발견들을 시작으로 단위체들을 결합시켜 연속 사슬을 만들려는 노력이 오랫동안 활발하게 이루어졌다. 150년이 채 지나기도 전에 옷, 각종 기구, 운송 수단, 포장용 바이닐, 장난감, 페인트, 합판, 타이어 등 무수히 많은 중합체 물질들이 우리의 일상 생활에 이용되고 있다. 현대 사회에서 이용되는 화학 물질들 중 합성 중합체보다 더 중요한 부류는 없다.

중합체 화학자들은 금속, 유리 세라믹, 나무, 종이 등을 대체할 새로운 물질들을 탐색하고 있으며 인간의 필요에 부합되도록 고안된 성질을 가지고 있는 새로운 중합체들을 만들려는 노력이 끊임없이 이어지고 있다. 최근에는 전기를 통할 수 있는 플라스틱인 전도성 중합체, 전기를 걸어주었을 때 강한 빛을 발산하는 중합체, 트랜지스터 특성을 가지고 있는 중합체들이 발견되고 있다. 멀지 않은 장래에 이 중합체들이 실용화되면 인류 문화에 커다란 혁명이 일어나게 될 것이다.

13.1 중합체의 분류

보통의 유기 분자보다 훨씬 높은 10,000 g/mol에서 1,000,000 g/mol 이상의 분자량을 가지고 있는 중합체는 선형, 가지달린형, 빗형, 사다리형, 별형, 교차 결합된 그물형 등 여러 가지 구조를 가질 수 있다.

선형　가지달린형　빗형　사다리형　별형　그물형

중합체는 합성 방법을 토대로 두 가지로 분류된다. **사슬 성장 중합체**(chain growth polymer) 또는 **첨가 중합체**(addition polymer)는 성장하는 사슬의 끝에 단위체가 첨가됨으로써 합성된다. 이때 사슬의 끝은 라디칼, 양이온 또는 음이온이기 때문에 중합 반응에 대한 반응성이 매우 크다. 폴리에틸렌, 폴리스타이렌, 스타이로폼 및 칫솔대 등은 사슬 성장 중합체의 예들이다.

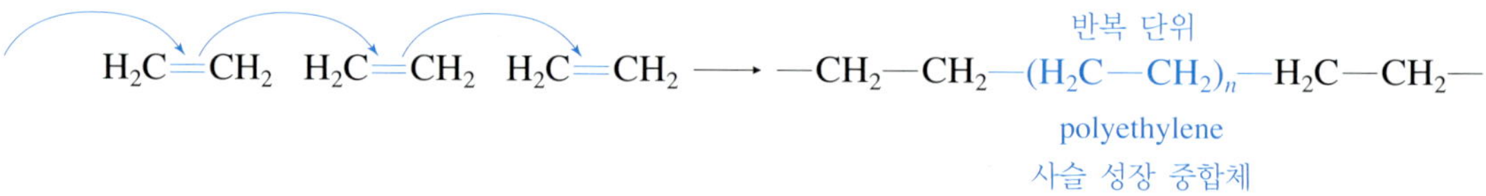

단계 성장 중합체(step growth polymer) 또는 **축합 중합체**(condensation polymer)는 물이나 알코올과 같은 작은 분자가 제거되면서 단위체들이 서로 연결된 중합체이다. 단계 성장 중합체에서는 보통 두 개 이상의 작용기를 가지고 있는 두 종류의 단위체가 교대로 연결되면서 중합체 골격을 형성한다. 단계 성장 중합체의 대표적인 예로서 Dacron이라는 상품명을 가진 폴리에스터의 일종인 poly(ethylene terephthalate, PET)를 들 수 있다.

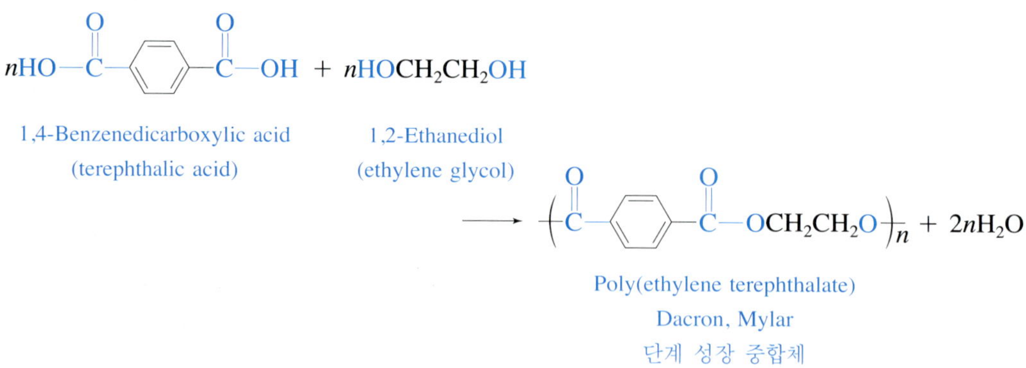

Dacron은 주름이나 구김살이 잘 안 생기는 섬유이다. 느낌이 거칠기 때문에 목화 또는 양모와 같은 천연 섬유와 함께 사용된다. 이것은 또 Mylar라고 하는 자기 기록 테이프나 음료수의 재생할 수 있는 용기의 원료로도 사용된다.

13.1 다음 구조에서 중합체의 반복 단위를 지적하고 괄호와 아래 첨자 n을 사용하여 구조를 다시 그리시오.

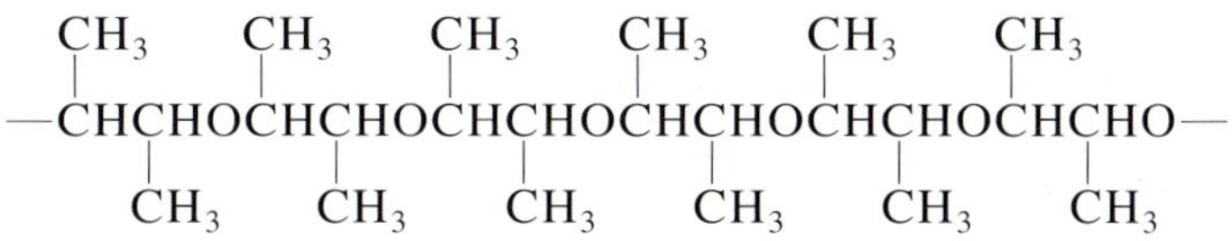

13.2 라디칼 사슬 성장 중합

사슬 성장 중합에는 단위체로서 ethylene 유도체가 일반적으로 사용된다. Ethylene 유도체의 사슬 성장 중합에 의해 생산되는 중합체를 **바이닐 중합체**(vinyl polymer)라고 부른다. 사슬 성장 중합에 의해 합성되는 대표적인 중합체들을 종합하면 표 13.1과 같다.

표 13.1 사슬 성장 중합에 의해 합성되는 대표적인 바이닐 중합체

중합체 이름	구조식	용도
Polyethylene	$\left(CH_2-CH_2 \right)_n$	전선, 필름 장난감, 병
Poly(vinyl chloride)	$\left(CH_2-\underset{\mid \atop Cl}{CH} \right)_n$	파이프, 필름, 바닥 타일
Polypropylene	$\left(CH_2-\underset{\mid \atop CH_3}{CH} \right)_n$	카페트, 자동차 부품, 가구
Polystyrene	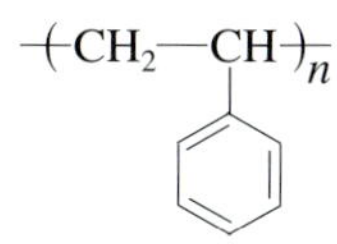	스타이로폼, 장난감, 오락 시설, 1회용 포장지, 단열재
Polytetrafluoroethylene(Tefron)	$\left(CF_2-CF_2 \right)_n$	절연체, 가재 도구의 칠
Polyacrylonitrile(Orlon, Acrilan)	$\left(CH_2-\underset{\mid \atop CN}{CH} \right)_n$	스웨트 등의 옷감, 담요, 양탄자
Poly(methyl methacrylate) (Plexiglas, Lucite)	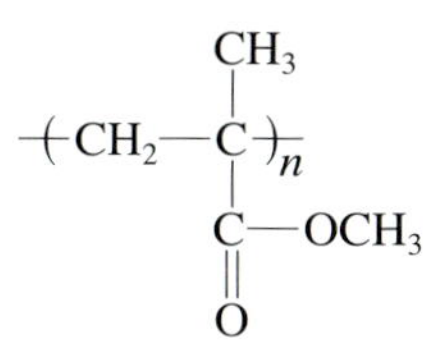	단단하고 투명한 물체의 원료 천장에 내는 채광창
Poly(vinyl acetate)	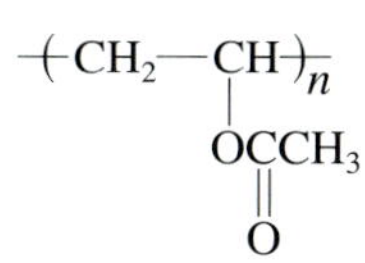	접착제, 페인트

라디칼 사슬 성장 중합에는 **개시제**(initiator)가 필요하다. 약한 결합인 산소–산소 사이의 단일 결합을 가지고 있는 peroxide가 개시제로 많이 이용된다. 개시제인 peroxide가 열 또는 빛에너지를 받아 라디칼로 균등 분해되면 라디칼이 단위체의 이중 결합에 첨가되면서 새로운 라디칼이 만들어진다. 이 단계를 **사슬 개시 단계**(chain initiation step)라고 한다. 라디칼은 입체 장애 때문에 단위체의 치환이 없는 쪽 탄소인 CH_2에 첨가된다.

사슬 개시 단계

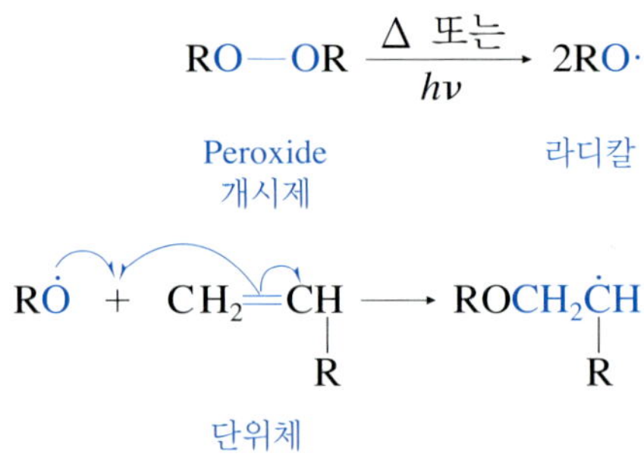

생성된 라디칼은 다른 단위체를 반복적으로 공격한다. 가장 최근 단위가 첨가된 사슬의 끝이 짝짓지 않은 전자가 놓이는 라디칼 자리이며 반복 공격의 위치가 된다. 이 단계를 **사슬 전파 단계**(chain propagation step)라고 한다.

사슬 전파 단계

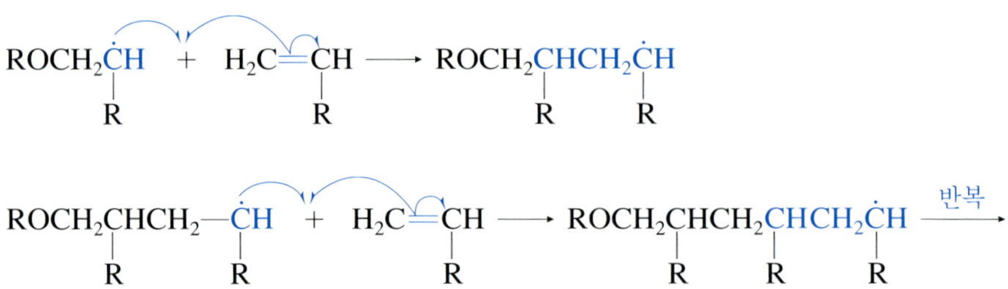

치환된 ethylene의 라디칼 사슬 성장 중합에서는 치환기가 있는 라디칼 자리가 치환이 없는 탄소를 공격하기 때문에 치환기가 탄소 원자에 하나씩 건너 붙어있는 **머리–꼬리 방식**(head-to-tail manner)으로 사슬이 성장해 나간다.

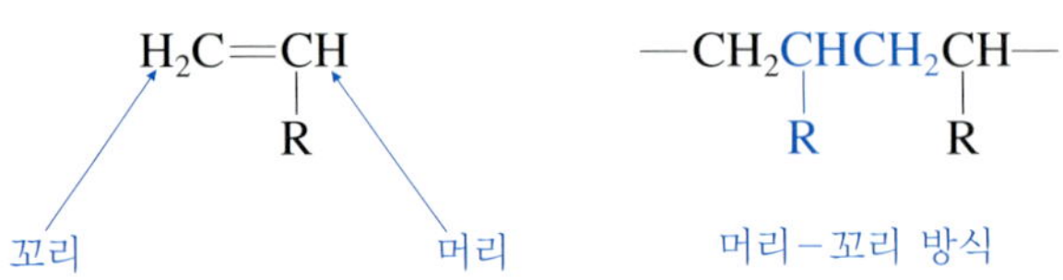

수백 또는 수천 개의 단위체가 연결되면서 중합체가 성장되다가 라디칼 자리가 소실되면 사슬 성장 반응이 종결된다. **사슬 종결 단계**(chain terminating step)는 주로 **라디칼 짝지음**(radical coupling)이나 한 사슬은 알켄으로 산화되고 다른 사슬은 알케인으로 환원되는 **라디**

칼 불균등화(radical disproportionation)를 통해서 일어난다.

사슬 종결 단계

라디칼 짝지음

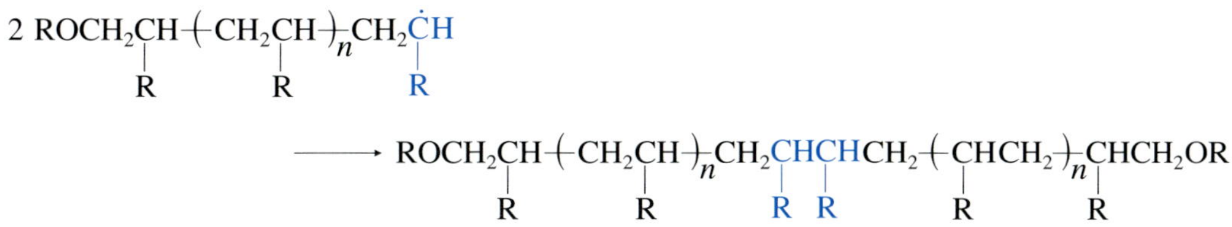

라디칼 불균등화

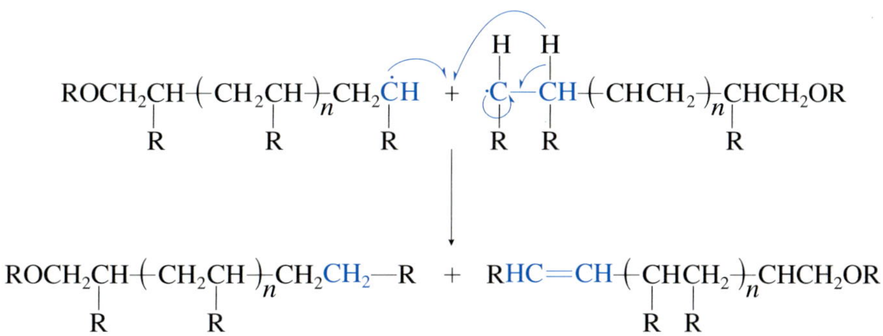

싸이올(RSH)과 같은 **사슬 종결제**(chain terminator)를 첨가하면 인위적으로 반응을 종결시킬 수도 있다. 이 방법은 중합체의 길이를 조절할 때 자주 이용된다. 싸이올은 라디칼 자리에 수소 원자를 제공한다. 생성된 싸이올레이트 라디칼(RS·)은 이황화물(disulfide)로 **이합체화**(dimerization)된다.

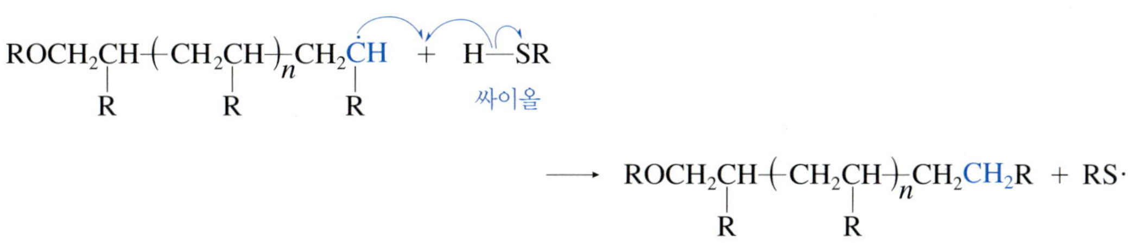

$$2RS\cdot \xrightarrow{\text{이합체화}} \underset{\text{이황화물}}{RSSR}$$

성장하고 있는 중합체의 라디칼 자리는 다른 중합체 사슬의 수소를 탈취할 수 있다. 이 반응에서 한 중합체 사슬의 연쇄 반응은 종결되지만 수소를 탈취당한 사슬은 **가지달린 중합체**(branching polymer)로 성장해 나간다.

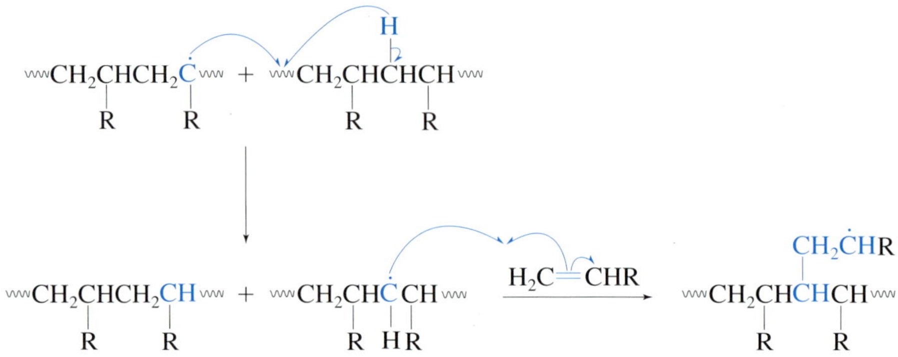

가지달린 중합체

가지는 중합체의 물리적 특성에 큰 영향을 미친다. 가지 없는 선형 중합체는 촘촘하게 쌓일 수 있기 때문에 인공 관절 등의 원료로 사용되는 비교적 딱딱한 플라스틱이 되는 반면 가지달린 중합체는 부드러운 특성을 가지고 있으므로 플라스틱 가방 등의 원료로 사용된다.

13.2 다음 각 단위체의 구조를 그리고, 머리와 꼬리를 지적하시오.

(1) Styrene (2) Propylene (3) Vinyl acetate (4) Acrylonitrile

13.3 다음 중합체의 구조를 단위체 3개가 포함되게 그리시오.

(1) Polystyrene (2) Polyacrylonitrile (3) Poly(vinyl acetate) (4) Polypropylene

13.3 중합체의 구조와 입체 화학

한 개의 치환체를 가지고 있는 이중 결합이 머리-꼬리 방식으로 중합되면 세 종류의 입체적인 형태를 가질 수 있다. 새로 형성된 카이랄 중심의 치환체가 모두 사슬의 같은 쪽에 있는 중합체는 **동일 배열 중합체**(isotactic polymer)라고 한다. 카이랄 중심의 치환체가 사슬의 양쪽에 교대로 배열되어 있는 중합체는 **교대 배열 중합체**(syndiotactic polymer)라고 하고 치환체가 불규칙하게 배열되어 있는 중합체는 **혼성 배열 중합체**(atactic polymer)라고 부른다.

동일 배열 중합체

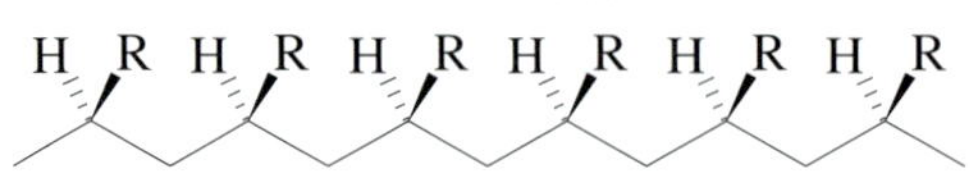

교대 배열 중합체

혼성 배열 중합체

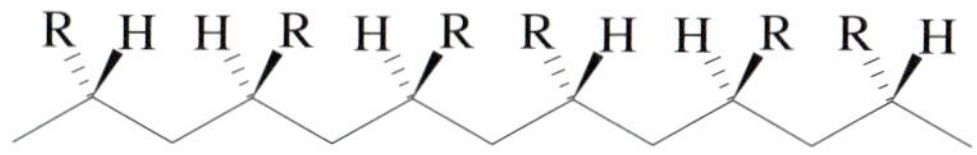

동일한 단위체로부터 합성된 중합체라도 입체 배열이 다르면 물리적 성질이 크게 달라진다. 규칙적으로 쌓일 수 있는 동일 배열 중합체 또는 교대 배열 중합체는 결정성이 크기 때문에 밀도가 크고 인장 강도(tensile strength) 또는 경도(hardness)도 크다. 이 중합체들은 자동차 내장제, 가구류, 배터리 케이스, 사발, 냉장고 등의 원료로 이용된다. 혼성 배열 중합체는 불규칙적으로 쌓이기 때문에 밀도와 경도가 낮고 부드러운 물성을 보여 준다.

동일 배열 중합체와 교대 배열 중합체를 합성할 때는 **Ziegler-Natta 촉매**를 사용한다. Ziegler-Natta 촉매는 유기알루미늄과 타이타늄 착체로 이루어져 있다. 반응 메커니즘에서는 단위체가 먼저 타이타늄 금속과 착체를 형성한 다음 성장하는 중합체 사슬의 끝과 타이타늄 금속 사이에 삽입되는 과정이 반복된다. 타이타늄 금속에 배위되어 있는 리간드들의 특징적인 입체 배열이 중합체의 입체 구조를 결정짓는다.

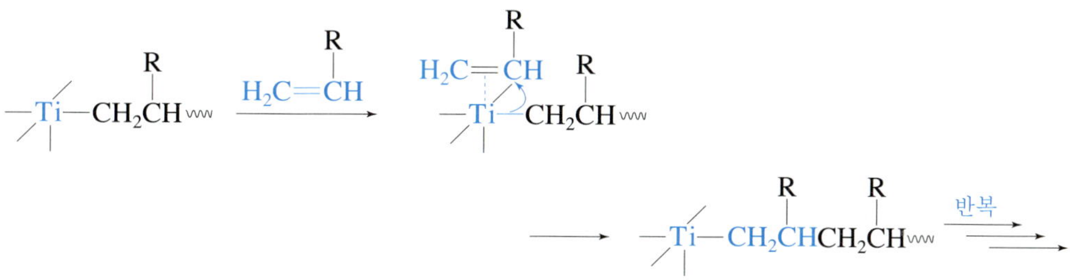

13.4 동일 배열 polystyrene 사슬의 분절을 그려보시오.

13.5 교대 배열 polystyrene과 혼성 배열 polystyrene의 분절을 그려보시오.

13.4 합성 고무

천연 고무는 평균 5000개 정도의 isoprene(2-methyl-1,3-butadiene) 단위체가 연결되어 있는 중합체이다.

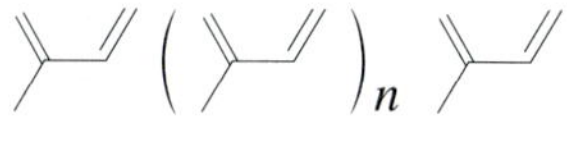

Isoprene
(2-methyl-1,3-butadiene) 단위들

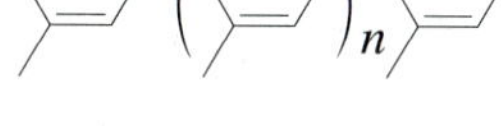

cis-Poly(2-methyl-1,3-butadiene)
천연 고무

천연 고무는 방수 능력 및 탄성과 같은 유용한 성질을 가지고 있지만 바람직하지 못한 특성들도 있다. 예를 들면 끈적거리고 냄새가 날 뿐만 아니라 온도가 높으면 물러지고 낮으면 딱딱해진다. 이와 같은 단점은 황과 함께 가열하는 **가황**(volcanization) 처리를 함으로써 개선될 수 있다. 황과 함께 가열하면 중합체 사슬들 사이에서 이황화 결합을 통한 **교차 결합**(cross-linking)들이 형성된다. 이것은 분자들을 함께 묶어 줌으로써 고무의 강도를 증가시키기 때문에 당겼을 때 끊어지는 것을 방지할 뿐만 아니라 놓았을 때 원상태로 돌아가는 '기억' 으로도 작용한다.

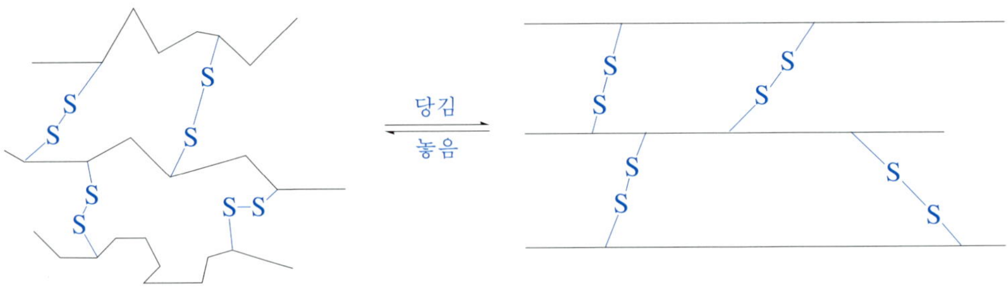

Isoprene 이외의 1,3-butadiene 유도체를 단위체로 사용하여 중합하면 여러 가지 독특한 성질을 가지고 있는 **합성 고무**(synthetic rubber)가 얻어진다. 중합체 사슬에 있는 이중 결합의 입체 구조를 조절하기 위해 중합은 주로 Ziegler-Natta 촉매의 존재 하에서 실시된다. 합성 고무의 대표적인 예로는 구두의 밑창 또는 타이어의 원료인 neoprene을 들 수 있다.

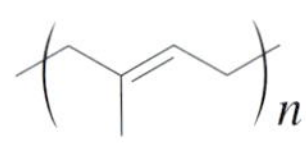

Neoprene

두 가지 이상의 단위체의 혼합물을 중합하여 얻은 합성 고무도 있다. SBR(styrene-butadiene rubber)은 styrene과 1,3-butadiene의 혼합물을 라디칼 사슬 성장 중합하여 얻는 합성 고무이다. SBR은 자동차 타이어의 질긴 실 성분으로 사용되며 연간 생산량은 천연 고무의 2배 이상에 달한다.

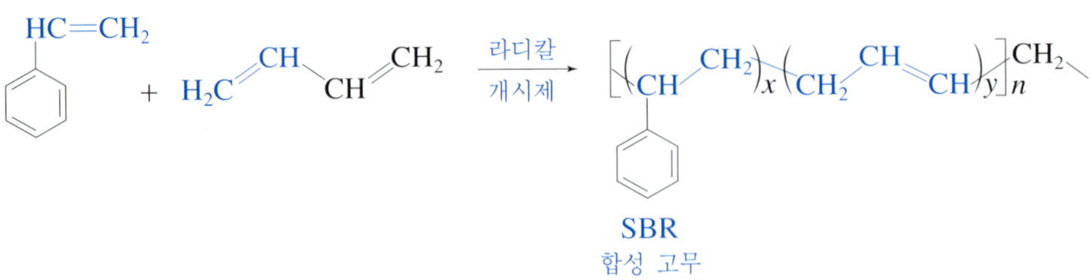

SBR
합성 고무

13.6 1,4-첨가를 통해 생성된 poly(1,3-butadiene) 중합체의 이중 결합이 Z-형태인 구조와 E-형태인 구조를 그리시오.

13.7 Styrene과 2,3-dimethyl-1,3-butadiene의 혼합물을 라디칼 사슬 성장시켰을 때 얻어지는 중합체의 구조를 그리시오.

13.5 공중합체

한 가지 단위체로부터 얻어진 중합체는 **동종 중합체**(homopolymer)라고 하는 반면 두 종류 이상의 단위체로부터 형성된 중합체는 **공중합체**(copolymer)라고 부른다. 공중합체에서 사용된 단위체들의 비가 달라지면 물리적 성질이 매우 다른 중합체가 생성된다. 많은 합성 중합체들이 공중합체이다.

공중합체에는 네 가지 형태가 있다. **교대 공중합체**(alternating copolymer)는 두 단위체가 교대로 배치되어 있다. **구역 공중합체**(block copolymer)는 각 단위체들이 구역을 이루고 있으며 **무작위 공중합체**(random copolymer)는 단위체들이 무질서하게 배열되어 있다. **접붙은 공중합체**(graft copolymer)는 한 종류의 단위체로 이루어진 중합체 사슬에 다른 종류의 단위체로 이루어진 가지가 연결되어 있는 구조를 보여 준다. 이와 같은 형태를 토대로 공중합체들의 구조를 다양하게 설계하면 여러 가지 독특한 성질을 가지고 있는 중합체들을 얻을 수 있다.

```
                                                   BBBB  BBBB  BBBB
                                                   |     |     |
ABABABABABAB   AAABBBAAABBB   ABBABAAABBAB   AAAAAAAAAAAAA
  교대 공중합체     구역 공중합체     무작위 공중합체     접붙은 공중합체
```

13.8 Propylene과 ethyl vinyl ether 사이에서 형성된 교대 공중합체의 구조를 그리시오.

13.6 단계 성장 중합

단계 성장 중합체는 두 개의 작용기를 가지고 있는 **이작용기 분자**(bifunctional molecule)들 사이의 반응에서 합성된다. 작용기들이 반응하면 물 또는 알코올과 같은 작은 분자들이 제거된다. 두 가지 형태의 단계 성장 중합이 있다. 한 형태는 A—B 형의 단위체가 **자가 축합**(self-condensation)하여 $\left(\!\text{A—B}\!\right)_n$ 형의 중합체가 생성되는 반응이다. 대표적인 예로는 Nylon-6을 들 수 있다. Caprolactam의 부분적인 가수 분해에 의해 용기 내에서 생성된 6-aminohexanoic acid를 가열하면 한 단위체의 카복실기가 다른 단위체의 아미노기와 반응한

다. 물 분자가 제거되고 아마이드기가 형성되는 과정이 반복되면 일종의 polyamide인 Nylon-6이 생성된다.

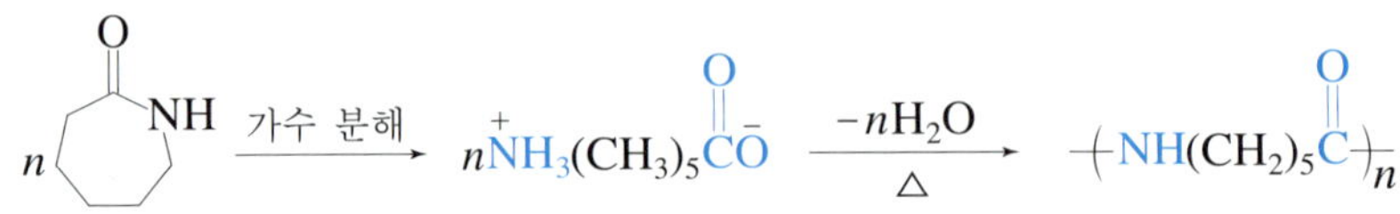

Caprolactam　　6-Aminohexanoic acid　　Nylon-6 일종의 polyamide

다른 한 가지 형태는 A—A와 B—B 형의 단위체들이 반응하여 $\left(A—A—B—B \right)_n$ 형의 중합체가 생성되는 반응이다. 예로는 Nylon 66을 들 수 있다. Hexanedioic acid와 1,6-hexanediamine의 ethanol 용액을 밀폐된 용기에 넣고 가열하면 카복실기와 아미노기 사이에서 아마이드기가 반복적으로 형성되면서 Nylon 66이 생성된다.

표 13.2 단계 성장 중합에 의해 합성되는 대표적인 중합체들

중합체 이름	구조	용도
Poly(ethylene terephthalate) Dacron, polyester의 일종	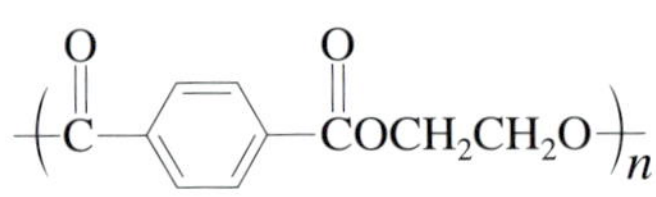	음료수병, 섬유, 타이어, 코드
Kevlar, aramide의 일종	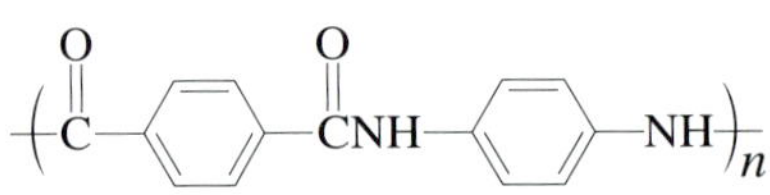	헬멧, 방화복, 방탄 조끼
Lexan, Polycarbonate의 일종	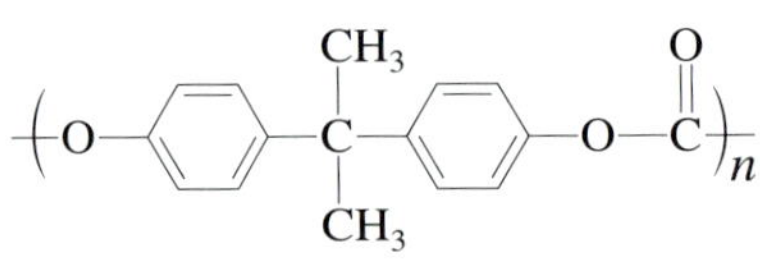	방탄 유리, 교통 신호등의 유리
Epoxy resin	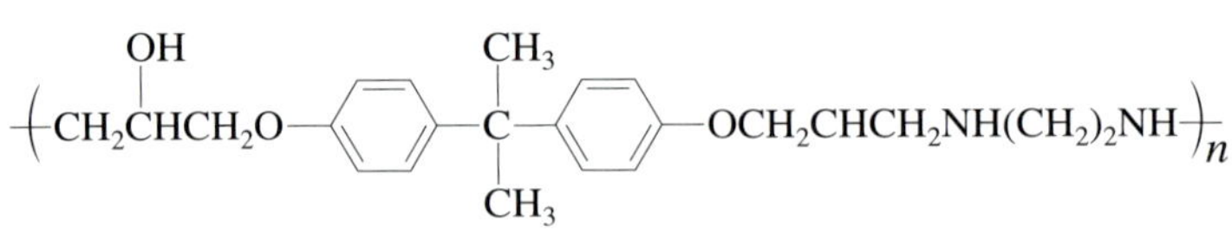	접착제
Polyurethane	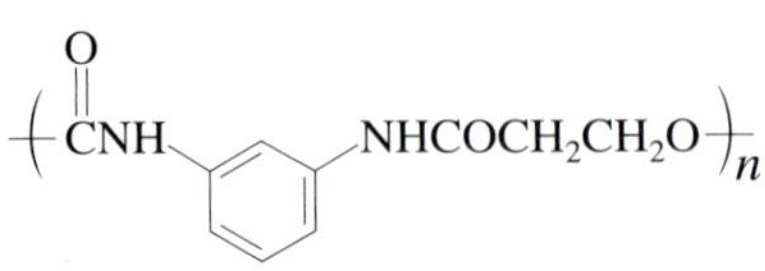	절연체, 욕조, 스판덱스
Urea-formaldehyde polymer	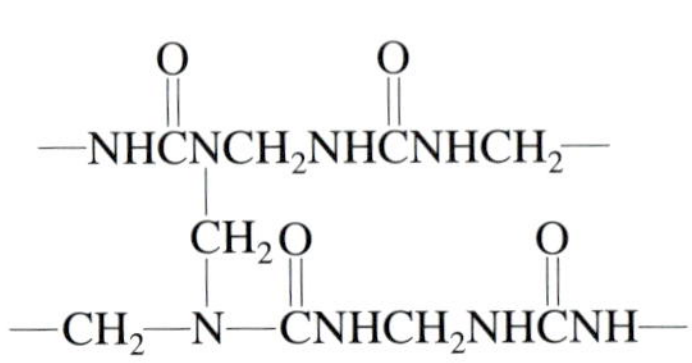	주방용품, 호마이카판, 접착제

$$n\text{HOC(CH}_2)_4\text{COH} \;(\text{C=O}) + n\text{H}_2\text{N(CH}_2)_6\text{NH}_2 \xrightarrow[\triangle/\text{ethanol}]{-2n\text{H}_2\text{O}} \left(\overset{\text{O}}{\overset{\|}{\text{C}}}(\text{CH}_2)_4\overset{\text{O}}{\overset{\|}{\text{C}}}\text{NH(CH}_2)_6\text{NH}\right)_n$$

Hexanedioic acid　　1,6-hexanediamine　　Nylon 66

단계 성장 중합에 의해 합성되는 대표적인 중합체들을 종합하면 표 13.2와 같다.

13.9 단계 성장 중합체인 표 13.2의 Kevlar를 합성하려면 어떤 단위체를 사용해야 되겠는가? 단위체의 구조를 그리시오.

13.10 표 13.2의 Dacron을 합성하는 데 필요한 단위체의 구조를 그리시오.

13.7 중합체의 물리적 성질

작은 유기 분자와 마찬가지로 중합체도 고체로 석출될 때나 가열해 녹였다 식힐 때 결정화되려는 경향이 있다. 그러나 복잡하고 불규칙적인 구조 또는 느린 확산 속도와 같은 요인들이 결정화되려는 경향을 방해한다. 이 때문에 고체 상태의 중합체는 결정성 영역(crystalline domain)과 무정형성 영역(amorphous domain)을 모두 가지고 있다. 결정성 영역과 무정형성 영역의 상대적인 양은 중합체의 종류나 가공하는 방법 등에 따라 달라진다.

중합체는 사슬이 배열되는 방법에 따라 물리적 성질이 달라지며 이것을 기초로 분류하기도 한다. **열가소성 중합체**(thermoplastic polymer)는 결정성 영역과 무정형성 영역을 모두 가지고 있는 중합체이다. 이와 같은 중합체는 보통 온도에서는 딱딱하지만 가열하면 사슬들이 서로 미끄러질 수 있기 때문에 부드러워진다. 장난감, 빗, 전화 상자 등 우리가 일상적으로 접하는 중합체들은 열가소성 중합체에 속한다.

중합체 사슬에 교차 결합이 형성되면 강하고 딱딱한 성질을 갖게 된다. 사슬들이 교차 결합을 하고 있는 중합체를 **열경화성 중합체**(thermosetting polymer)라고 한다. 교차 결합이 일어나 열경화성 중합체가 되면 원래 상태로 되돌릴 수도 용매나 열을 가하여 녹일 수도 없다. Bakelite는 phenol과 formaldehyde를 가열하여 만든 열경화성 중합체이다. 이것은 phenol의 하이드록시기에 대해 오쏘 및 파라 위치가 methylene으로 교차 결합되어 있다. Bakelite는 자동차 핸들과 같은 주형 제품이나 높은 온도에 잘 견뎌야 하는 미사일의 노즈 콘(nose cone) 등을 만드는 데 사용된다.

중합체를 보다 유연하게 하려면 **가소제**(plasticizer)를 가해 주어야 한다. 가소제는 중합체 사슬을 서로 잘 미끄러지게 한다. 가소제로는 일반적으로 dibutyl phthalate가 사용된다.

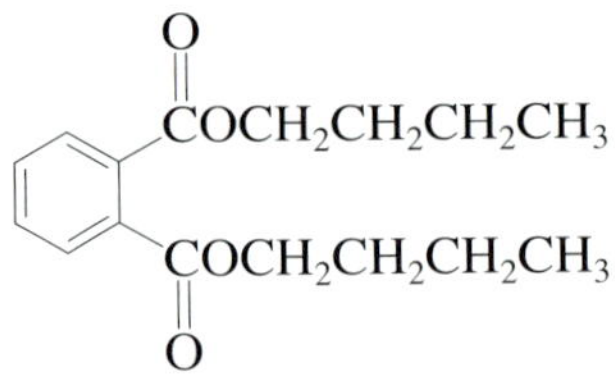

Dibutyl phthalate 가소제

보통 바삭바삭하여 부서지기 쉬운 중합체인 poly(vinyl chloride)에 가소제를 가하면 비옷, 샤워 커튼 또는 정원의 호스 등으로 사용될 수 있다.

무정형성이 큰 중합체를 종종 **유리질 중합체**(glassy polymer)라고 한다. 이 중합체들은 빛을 산란시키는 결정성 영역이 없기 때문에 투명한 물질이다. 유리질 중합체는 가열하면 딱딱한 유리 형태로부터 부드럽고 유연한 고무와 같은 상태로 전환된다. 이와 같은 전이가 일어나는 온도를 **유리 전이 온도**(glass transition temperature, T_g)라고 한다. 예를 들면 무정형 polystyrene의 T_g는 100°C이다. 실온에서 polystyrene은 컵, 충격 방지용 폼, 테이프 얼레 등으로 사용된다.

힘을 가하면 모양이 변했다가 힘을 제거하면 원래 모양으로 돌아가는 중합체 물질을 **탄성 중합체**(elastomer)라고 한다. 탄성 중합체로 거동하기 위해서는 T_g값이 낮아야 한다. 온도가 T_g값보다 더 낮으면 그 물질은 딱딱한 유리질 고체로 전환되고 탄성은 소실된다.

요약

단위체(monomer)라고 하는 작은 반복 단위가 연결되어 만들어진 거대 분자를 **중합체**(polymer)라고 한다.

중합체는 합성 방법에 따라 **사슬 성장 중합체**(chain growth polymer)와 **단계 성장 중합체**(step growth polymer)로 분류된다. 사슬 성장 중합체는 단위체가 연속적으로 첨가됨으로써 합성된다. 라디칼 등의 메커니즘으로 진행되고 메커니즘은 **사슬 개시 단계, 사슬 전파 단계** 및 **사슬 종결 단계**의 세 단계로 이루어져 있다. 단계 성장 중합체는 물이나 알코올과 같은 작은 분자가 제거되면서 단위체들이 서로 연결된 중합체이다.

한 개의 치환체를 가지고 있는 이중 결합이 **머리−꼬리 방식**으로 중합되면 **동일 배열 중합체**(isotactic polymer), **교대 배열 중합체**(syndiotactic polymer) 또는 **혼성 배열 중합체**(atactic polymer)가 얻어진다.

천연 고무는 isoprene 단위체가 연결된 중합체 물질이다. 천연 고무는 바람직한 물리적 특성을 갖도록 하기 위해 가황 처리를 한다. 합성 고무는 1,3-butadiene 유도체를 중합하여 얻으며 두 가지 이상의 단위체의 혼합물을 중합한 합성 고무도 사용된다.

한 가지 이상의 단위체로부터 얻어진 중합체는 **동종 중합체**(homopolymer)라 하고 두 종류

이상의 단위체로부터 합성된 중합체는 **공중합체**(copolymer)라고 한다. 공중합체에는 **교대 공중합체**(alternating copolymer), **구역 공중합체**(block copolymer) 및 **무작위 공중합체**(random copolymer)가 있다.

중합체는 물리적 성질에 따라 **열가소성 중합체**(thermoplastic polymer)와 **열경화성 중합체**(thermosetting polymer)로 나누어진다. 열가소성 중합체는 결정성과 무정형성을 모두 가지고 있는 중합체이다. 열경화성 중합체는 교차 결합 때문에 중합체가 만들어지면 용매나 열을 가하여 녹일 수 없다. 중합체를 유연하게 하기 위해 **가소제**(plasticizer)를 첨가한다.

보충문제

13.11 다음 단위체로부터 얻어지는 사합체(tetramer)의 구조를 그리시오.

(1) $CHF{=}CHF$

(2) $CH_2{=}CHCN$

(3) $CH_2{=}CHOCH_2CH_3$

(4) $CH_2{=}CHOC(=O)CH_3$

13.12 다음에서 양이온성 사슬 성장 중합의 반응성이 큰 단위체를 고르시오.

(1) $CH_3C(=O)CH_2CH_2N(CH_3)_2$

(2) 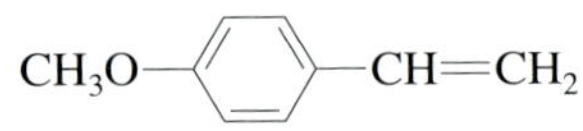

(3) $CH_2{=}CHCOOH$

(4) $CH_2{=}CHCH_3$

(5) $CH_2{=}CHOCH_3$

(6) 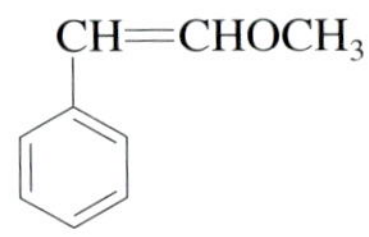

13.13 다음 중합체를 합성할 때 사용되어야 하는 단위체의 구조를 그리시오.

(1) $\left(CH_2CH(CH_2CH_3)\right)_n$

(2) $\left(CH_2CHO(R)\right)_n$

(3) 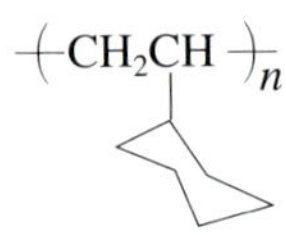

(4) 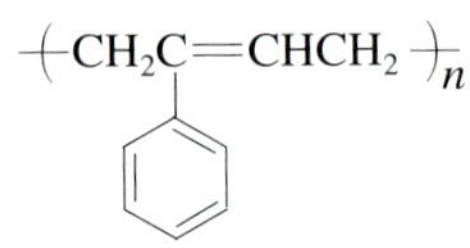

13.14 2-치환된 1,3-butylene의 라디칼 사슬 성장 중합에서 얻어진 중합체의 입체 배열은 동일 배열이나 교대 배열 또는 혼성 배열도 아니다. 이유를 설명하시오.

13.15 다음 각 사슬 성장 중합 반응에서 얻어지는 중합체의 구조를 그리시오.

(1) 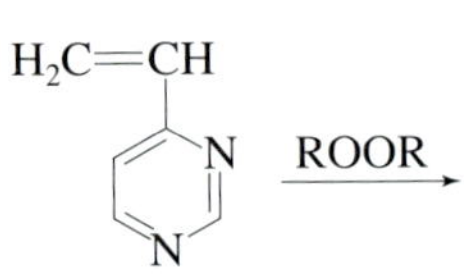

(2) 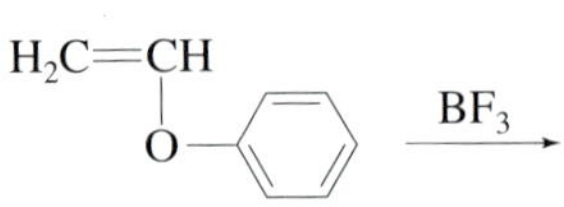

(3) 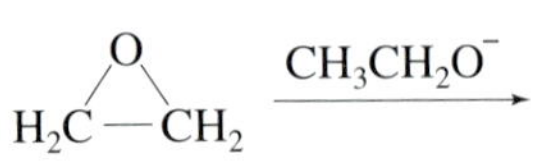

(4) $H_2C{=}CHCN \xrightarrow{BuLi}$

(5) $NH_3{}^+CH_2(CH_2)_2CH_2COO^- \xrightarrow[\triangle]{C_2H_5OH}$

13.16 Poly(vinyl alcohol)은 poly(vinyl acetate)를 라디칼 사슬 성장 중합 반응을 통해 합성한 다음 NaOH의 알코올 용액에서 가열함으로써 얻는다. Poly(vinyl alcohol)을 제조하는 전 과정의 메커니즘을 제시하시오.

13.17 Styrene을 peroxide로 처리하면 polystyrene이 얻어진다. 여기에 소량의 1,3-butadiene을 첨가하면 보다 강하고 딱딱한 중합체가 얻어진다. 이때 생성되는 중합체의 부분 구조를 그리시오.

13.18 동일 배열, 교대 배열 및 혼성 배열 poly(vinyl acetate)의 5-단위 사슬의 구조를 그리시오.

13.19 Neoprene은 공업용 호스, 벨트, 구두 밑창 등의 소재로 사용된다. 이 중합체는 2-chloro-1,3-butadiene의 1,4-첨가 반응으로 생성된다. Neoprene의 구조를 그리시오.

13.20 Styrene과 1,3-butadiene의 교대 공중합체의 구조를 그리시오.

13.21 다음 단계 성장 중합 반응에서 얻어지는 중합체의 구조를 그리시오.

(1) $CH_3O\overset{\overset{O}{\|}}{C}(CH_2)_4\overset{\overset{O}{\|}}{C}OCH_3 + H_2N(CH_2)_5NH_2 \longrightarrow$

(2) 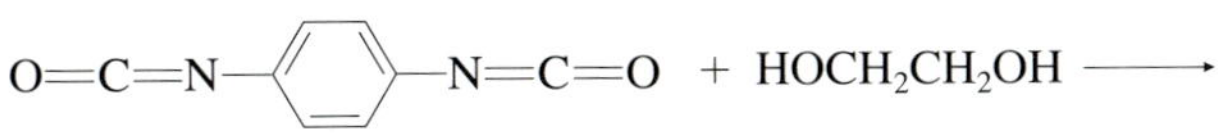

(3) $HO(CH_2)_4\overset{\overset{O}{\|}}{C}OH \xrightarrow[\triangle]{}$

(4) 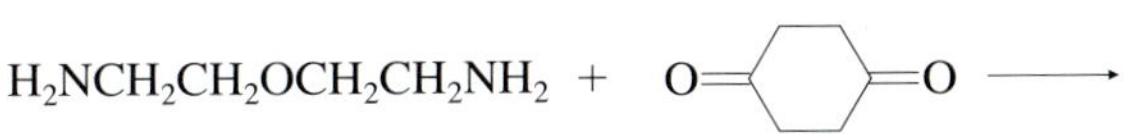

(5) 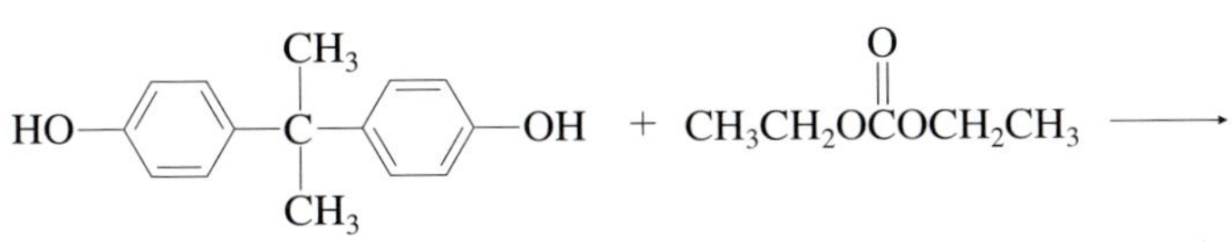

13.22 다음 단계 성장 중합체의 합성에 필요한 단위체의 구조를 그리시오.

(1) 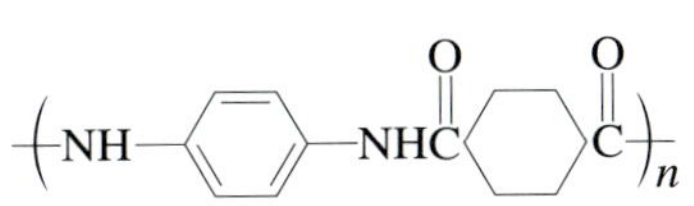

(2) 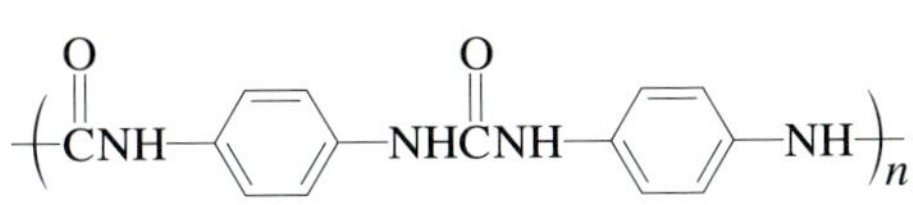

13.23 Urea와 formaldehyde 사이에서 교차 결합 중합체인 urea-formaldehyde 중합체가 생성되는 반응의 메커니즘을 제시하시오.

13.24 나일론 66을 만드는 원료인 1,6-hexanediamine은 1,3-butadiene에 염소를 1,4-첨가하는 단계로부터 시작된다. 나머지 단계를 제시하시오.

13.25 문제 13.24를 참고로 하여 나일론 66의 다른 한 원료인 hexanedioic acid(adipic acid)를 1,3-butadiene으로부터 만드는 방법을 제시하시오.

13.26 Phthalic anhydride와 1,2,3-propanetriol을 가열하면 에스터화 반응이 일차 알코올에서 위치 선택적으로 일어나 무정형인 폴리에스터가 생성된다. 이 폴리에스터의 구조를 그리시오.

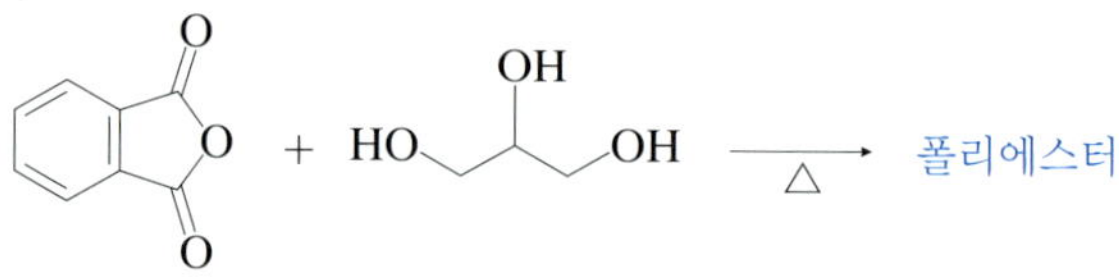

Phthalic anhydride 1,2,3-Propanetriol

13.27 문제 13.26의 폴리에스터에 0.5몰의 phthalic anhydride를 가한 다음 가열하면 glyptal이라고 하는 딱딱하고 녹지 않는 열경화성 중합체가 형성된다. Glyptal의 구조를 그리시오.

14장 탄수화물

탄수화물(carbohydrates)은 식물의 광합성을 통해서 생산된다. 이들은 식물 건조중량의 75% 이상을 차지하고 있을 만큼 식물 세계에 가장 분포가 많이 되어 있는 부류의 화합물들이다. 탄수화물은 모든 생명체의 중요 조성이며 여러 가지 다양한 작용을 한다. 글루코스, 전분 및 글리코젠과 같은 탄수화물은 화학 에너지 저장소로 작용한다. 식물은 물론이고 동물도 대사에 필요한 많은 비율의 에너지를 탄수화물에서 얻는다. 셀룰로스는 식물의 구조를 지탱하는 성분이고 chitin은 갑각류의 껍질로 이용된다. 산성 다당류는 동물의 연결 조직으로 이용되며 D-ribose 및 2-deoxy-D-ribose는 핵산의 필수 성분이다.

탄수화물은 '탄소의 수화물'이라고 하는 의미를 가지고 있다. 많은 탄수화물의 일반식이 $C_n(H_2O)_n$이기 때문에 그와 같은 이름이 사용되었다. 뒤에 이 화합물들은 물 분자를 포함하고 있는 수화물이 아니라는 사실이 알려졌으며 모든 탄수화물이 이 일반식을 가지고 있지도 않다는 사실도 밝혀졌다. 이 일반식보다 산소 원자의 수가 적은 경우도 있고 산소 원자가 더 많은 분자도 있지만 탄수화물이라는 용어는 그대로 사용되고 있다.

분자 수준에서 보면 대부분의 탄수화물은 글루코스와 같은 polyhydroxyaldehyde, fructose와 같은 polyhydroxyketone 또는 sucrose와 같이 가수 분해했을 때 polyhydroxyaldehyde나 polyhydroxyketone이 될 수 있는 화합물들이다. 또 탄수화물은 종종 **당**(saccharide, 라틴어로 설탕을 의미하는 saccharum에서 유래)이라고 부르기도 한다. 이 장에서는 탄수화물의 입체 화학, 화학 반응과 탄수화물을 기본으로 하는 거대 분자들에 관한 공부를 할 것이다.

14.1 탄수화물의 분류

탄수화물은 **단당류**(monosaccharide), **이당류**(disaccharide), **소당류**(oligosaccharide) 및 **다당류**(polysaccharide)로 분류된다. 단당류는 더 작은 분자로 가수 분해되지 않는 탄수화물이며 약 200종이 알려져 있다. 이당류는 두 개의 단당류가, 소당류는 3개~10개의 단당류가 연결되어 있다. 다당류는 10개 이상의 단당류로 이루어져 있다. 이당류, 소당류 및 다당류는 모두 가수 분해하면 단당류로 전환된다.

$$\text{-(M)-}_n \xrightarrow{\text{가수 분해}} n\text{M}$$

이당류, 소당류 또는 다당류 　　　　 단당류

단당류는 폼일 또는 케토 카보닐기 중 하나를 가지고 있다. 폼일기를 가지고 있는 단당류는 **aldose**, 케토 카보닐기를 가지고 있는 것은 **ketose**로 분류된다. 폼일기는 언제나 탄소 사슬의 한쪽 끝에 있고 케토 카보닐기는 사슬의 끝에서 두 번째 탄소에 있다. 사슬의 다른쪽 끝은 $—CH_2OH$로 이루어져 있다.

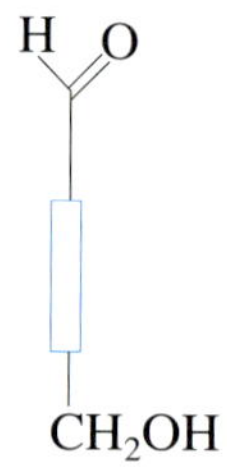

Aldose

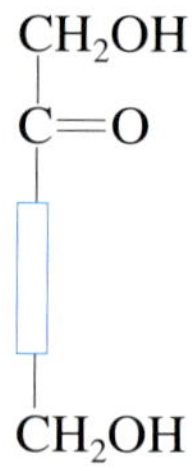

Ketose

카보닐기와 $—CH_2OH$ 사이에 있는 모든 탄소에는 하이드록시기가 치환되어 있다.

Aldose와 ketose는 사슬에 포함된 탄소의 수에 따라 tri-, tetr-, pent-, hex- 또는 hept-의 접미어를 사용하여 더 세분된다. 예를 들면 세 개의 탄소 원자를 가지고 있는 glyceraldehyde는 aldotriose이고 여섯 개의 탄소 원자로 이루어져 있는 glucose는 aldohexose이다. 여섯 탄소 원자로 이루어진 케톤인 fructose는 ketohexose이고 다섯 개 탄소 원자로 이루어진 ribose는 aldopentose이다. 자연계에 분포되어 있는 대부분의 단당류는 다섯 또는 여섯 탄소 원자의 aldopentose 또는 aldohexose이다.

14.1 다음 단당류를 분류하시오.

(1)

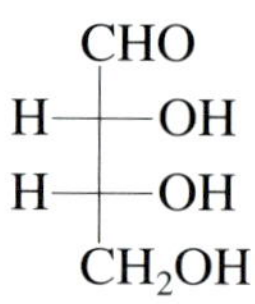

Erythrose

(2)

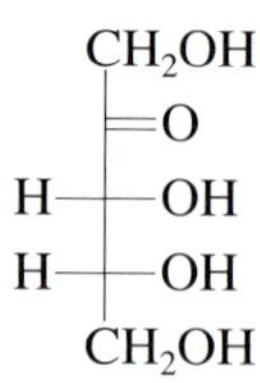

Rubulose

(3)

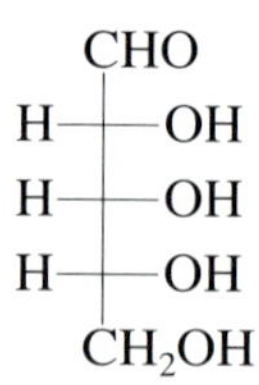

Ribose

(4)

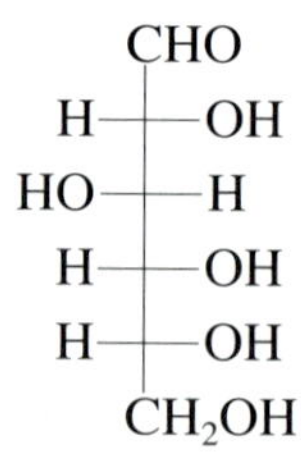

Glucose

14.2 단당류의 입체 화학

입체 화학적 배열을 나타내는 데는 *R*, *S* 절대 배열이 가장 폭넓게 이용되고 있지만 탄수화물에는 1891년 Emil Fischer가 제안했던 Fischer 투영도의 D, L 배열이 더 일반적으로 사용된다. Glyceraldehyde에는 한 개의 카이랄 탄소 C(2)가 있기 때문에 두 개의 거울상 이성질체가 존재한다. Glyceraldehyde의 폼일기를 위쪽에 두고 탄소 사슬이 수직선이 되도록 Fischer 투영도를 그렸을 때 하이드록시기가 오른쪽이 있는 것을 **D-glyceraldehyde**라 하고 하이드록시기가 왼쪽에 있는 것은 **L-glyceraldehyde**라고 정의하였다.

1952년 X-선 결정 구조로부터 D-배열은 (+)-glyceraldehyde로, L-배열은 (−)-glyceraldehyde로 밝혀졌다.

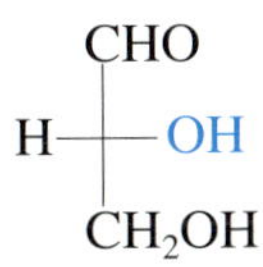

D-(+)-Glyceraldehyde
$[\alpha]_D = +13.5°$

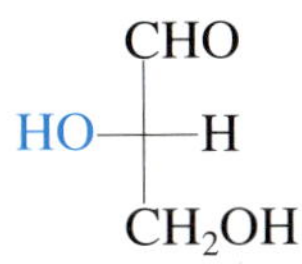

L-(−)-Glyceraldehyde
$[\alpha]_D = -13.5°$

이와 같은 D, L 배열은 다른 탄수화물 분자에도 확대 적용된다. 카보닐기를 수직선의 위쪽에 가도록 단당류의 Fischer 투영도를 그렸을 때 카보닐기로부터 가장 멀리 떨어져 있는 카이랄 탄소의 하이드록시기가 오른쪽에 있으면 **D-당**이고, 왼쪽에 있으면 **L-당**이다.

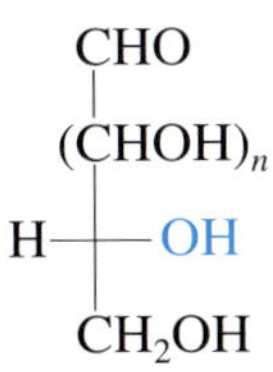

D-Aldose

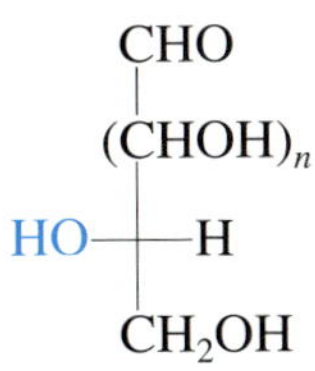

L-Aldose

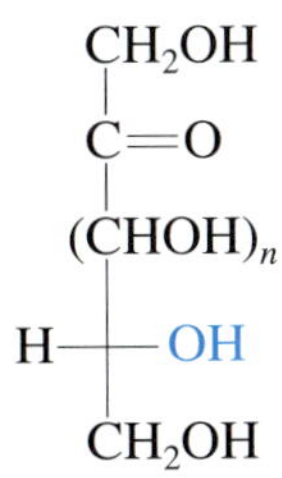

D-Ketose

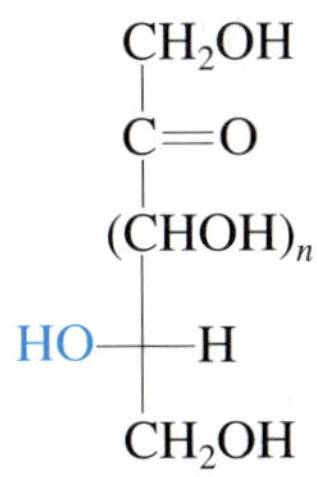

L-Ketose

D와 L은 절대 배열 *R* 및 *S*와 마찬가지로 평면 편광의 회전 방향과는 관계가 없고 카이랄 탄소의 공간적 배열만 나타낸다. 천연에서 발견되는 모든 단당류는 카보닐기에서 가장 멀리 떨어져 있는 카이랄 탄소의 하이드록시기가 Fischer 투영도의 오른쪽에 있는 D-당이다. D-Aldose 이성질체들의 입체적 배열의 상관 관계를 도시하면 그림 14.1과 같다.

Aldotetrose에는 두 개의 카이랄 탄소가 있으므로 거울상 이성질체의 두 D/L쌍인 네 개의 입체 이성질체가 존재할 수 있지만 자연계에서는 두 개의 D-aldotetrose만 발견된다. 이들의 Fischer 투영도를 그렸을 때 C(2) 및 C(3)에 결합되어 있는 두 하이드록시기가 모두 수직선의 오른쪽에 있는 것은 D-erythrose이고, 하이드록시기가 서로 반대편에 있는 것은 D-threose이다. D-Aldopentose에는 네 개의 입체 이성질체가 있다. 이들 중 D-ribose는

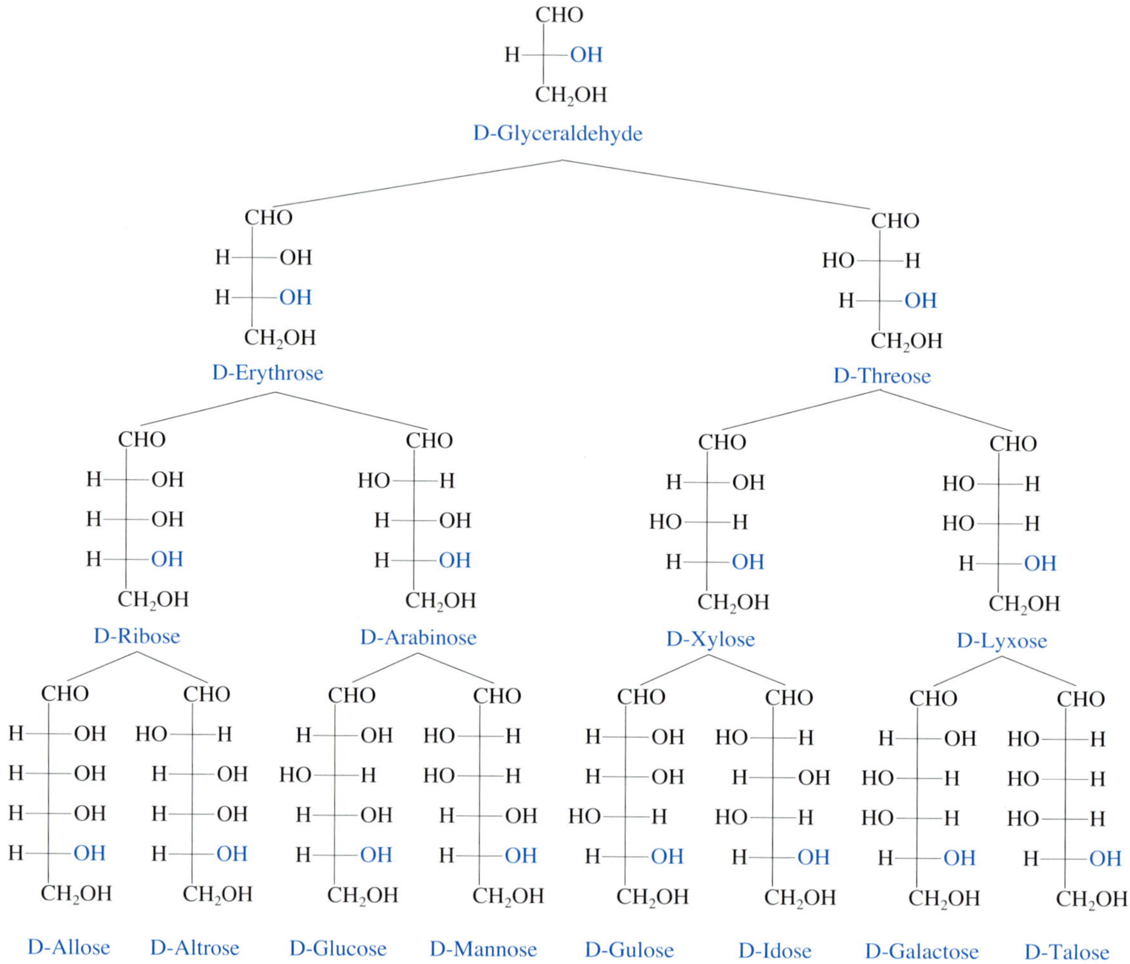

그림 14.1 D-aldose 이성질체들의 입체적 배열

RNA(리보핵산, ribonucleic acid)의 구성 성분이다. D-Arabinose는 여러 가지 식물에 포함되어 있으며 D-xylose는 목질부에서 발견된다. D-Aldohexose에는 여덟 개의 입체 이성질체가 있다. 이들 중 전분과 섬유의 구성 성분인 D-glucose와 검 및 식물 pectin의 성분인 D-galactose 및 D-mannose가 자연에 가장 폭넓게 분포되어 있으며 소량의 D-talose가 발견되고 있다. 여러 개의 카이랄 탄소를 가지고 있는 단당류에서 한 개의 카이랄 탄소의 입체 배열만 다른 한 쌍의 입체 이성질체를 특히 **에피머**(epimer)라고 한다. 예를 들면 D-glucose와 D-mannose는 C(2) 탄소에서의 입체 배열만 다른 한 쌍의 에피머이다.

14.2 D-threose의 Fischer 투영도를 삼차원 톱질대 구조와 쐐기-점선 구조식으로 바꾸어 그리시오.

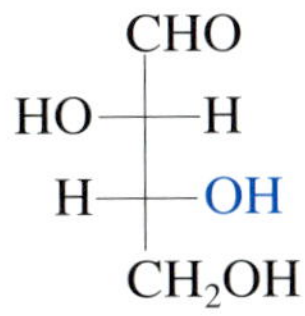

D-Threose

14.3 D-Aldohexose에는 모두 몇 개의 입체 이성질체가 가능한가?

14.4 문제 14.1에 있는 분자들의 입체 배열이 D인지 L인지 지적하시오.

14.5 D-Hexose에서 C(4)의 입체 배열이 에피머의 관계에 있는 것들을 지적하시오.

14.3 단당류의 고리 구조

9장에서 보았던 것처럼 알데하이드 또는 케톤이 알코올과 반응하면 가역적으로 반아세탈이 형성된다. 특히 하이드록시기와 카보닐기가 같은 분자에 포함되어 있고, 다섯 원자 또는 여섯 원자 고리를 형성할 수 있을 때는 평형이 반아세탈이 형성되는 쪽으로 크게 기울어진다. 예를 들면 4-hydroxypentanal은 거의 평형이 다섯 원자 고리 반아세탈을 형성하는 쪽으로 기울어져 있다.

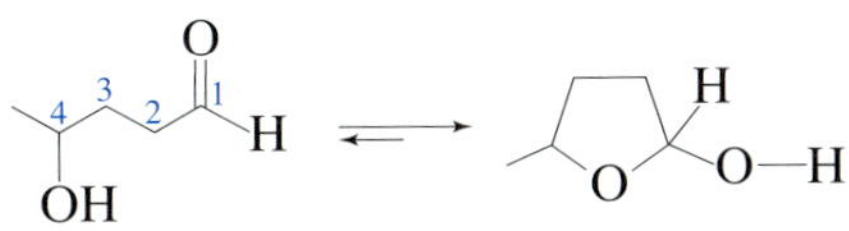

Pentose 또는 hexose와 같은 단당류는 거의 다섯 원자 또는 여섯 원자 고리 반아세탈로 존재하고 극히 일부만 열린 사슬 구조를 보여 준다.

단당류의 고리 구조는 보통 제안자인 영국의 화학자 Walter N. Haworth의 이름을 딴 **Haworth 투영도**로 그릴 때가 많다. Haworth 투영도에서 다섯 원자 또는 여섯 원자 고리 반아세탈은 지면에 수직으로 놓인 평면 오각형이나 육각형으로 나타낸다. 고리 탄소에 결합된 치환기는 고리 평면의 위 또는 아래에 놓이도록 그린다. 예로서 D-glucose에서는 폼일기와 C(5)에 있는 하이드록시기 사이에서 반아세탈이 형성된다. 이것의 Haworth 투영도를 그릴 때는 먼저 D-glucose의 Fischer 투영도를 C(6)와 폼일기가 서로 가깝게 오도록 구부려 준다. C(5)의 입체 배열이 흐트러지지 않도록 조심하면서 C(4)-C(5) 결합을 시계 반대 방향으로 돌려주면 C(5)의 하이드록시기가 폼일기와 반응하기 적당한 위치에 놓이게 된다. 이때 CH_2OH는 여섯 원자 고리 평면의 위쪽으로 가고 C(5)에 있는 수소는 고리 평면의 아래쪽으로 간다. C(5) 하이드록시기와 폼일기 사이에서 반아세탈 형성 반응이 일어나면 여섯 원자 고리 D-glucose가 생성된다.

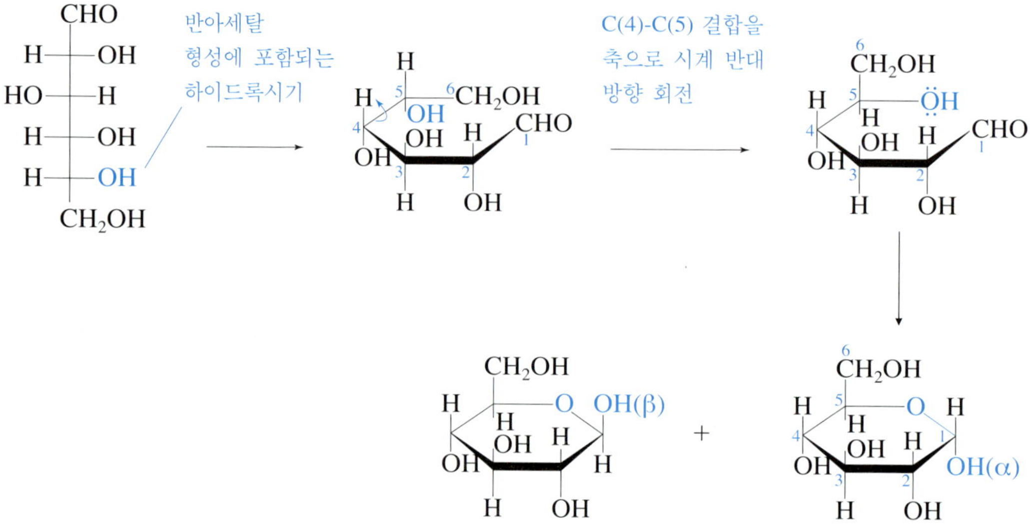

D-glucose의 Fischer 투영도에서 수직선의 왼쪽에 있던 C(3)의 하이드록시기는 Haworth 투영도에서 고리 평면의 위쪽에 그려지고 오른쪽에 있던 C(2)와 C(4)의 하이드록시기는 평면의 아래쪽에 그려진다. D-당류에서 $-CH_2OH$는 언제나 고리 평면의 위쪽에 그려진다.

열린 사슬형의 당분자에서 C(1)은 카이랄 탄소가 아니지만 반아세탈 고리를 형성하면 C(1)은 카이랄 탄소가 된다. 새로 생성되는 이 카이랄 탄소를 **아노머 탄소**(anomeric carbon)라고 한다. 이 탄소에는 두 개의 입체 배열이 가능하므로 한 쌍의 고리형 반아세탈이 생성된다. 아노머 탄소의 배열만 다른 한 쌍의 단당류 분자를 **아노머**(anomer)라고 한다. C(1)의 하이드록시기가 $-CH_2OH$와 같은 위쪽에 있는 아노머는 β-아노머라 하고 $-CH_2OH$와 반대편인 아래쪽에 있는 것은 α-아노머라고 부른다.

탄수화물의 다섯 원자 고리 반아세탈은 furan의 이름을 따서 **furanose**라 하고 여섯 원자 고리 반아세탈은 pyran의 이름을 따서 **pyranose**라고 한다.

furan pyran

Glucose의 α 또는 β형은 여섯 원자 고리 반아세탈이기 때문에 **α-D-glucopyranose** 또는 **β-D-glucopyranose**로 부르기도 한다.

α-D-glucose의 고유 광회전도 $[\alpha]_D$는 +112.2°이고 β-D-glucose의 고유 광회전도 $[\alpha]_D$는 +18.7°이다. α- 또는 β-D-glucose의 순수한 결정을 물에 녹여 주면 α 및 β형의 두 아노머와 열린 사슬 구조 사이에서 평형이 형성된다. 갓 만들어진 용액의 고유 광회전도는 평형 혼합물의 광학 활성을 나타내는 값인 $[\alpha]_D = +52.5°$에 도달할 때까지 천천히 변한다. 고리 열림 반응과 반아세탈 고리 형성 반응이 평형에 도달할 때까지 고유 광회전도가 천천히 변하는 현상을 **변광 회전**(mutarotation)이라고 한다.

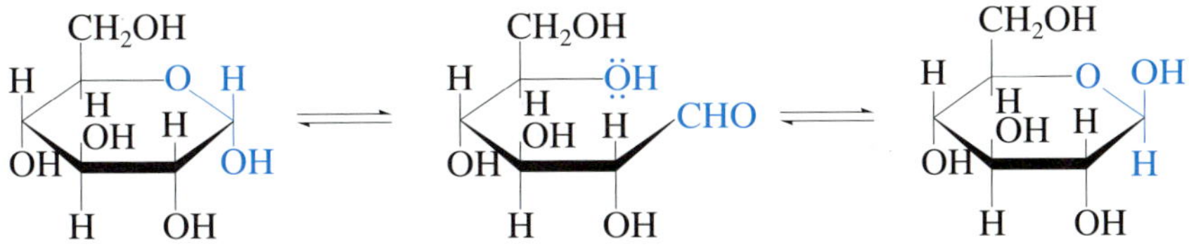

α-D-Glucose(35.5%) $[\alpha]_D = +112.2°$ ⇌ 열린 사슬형 D-Glucose (0.003%) ⇌ β-D-Glucose(64.5%) $[\alpha]_D = +18.7°$

Aldopentose들도 반아세탈 고리를 형성한다. 예로는 α-D-ribose와 β-2-deoxy-D-ribose를 들 수 있다.

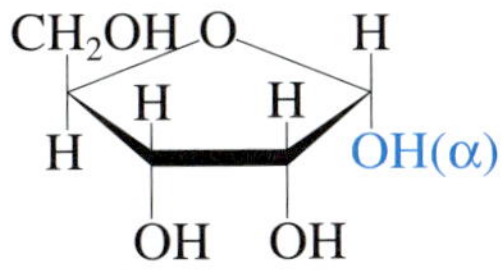

α-D-Ribose
(α-D-ribofuranose)

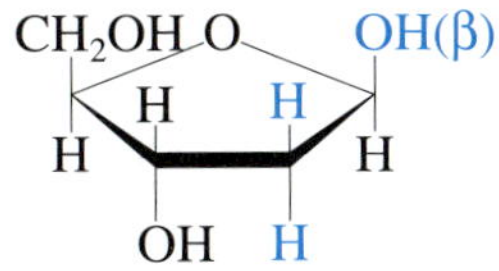

β-2-Deoxy-D-ribose
(β-2-deoxy-D-ribofuranose)

14.6 α-D-Mannose의 Haworth 투영도를 그리시오.

14.7 β-D-Arabinose의 Haworth 투영도를 그리시오.

14.8 순수한 α-D-glucose를 수용액에 일정 시간 녹였다 측정한 고유 광회전도가 +50.0° 였을 때 α-와 β-아노머의 백분율을 계산하시오.

14.4 Pyranose의 형태

다섯 원자 고리는 furanose의 Haworth 투영도처럼 평면형에 가깝지만 여섯 원자 고리는 의자 형태를 보여 준다. X-선 결정 구조에 의하면 α-D-glucopyranose 및 β-D-glucopyranose도 의자 형태로 존재한다. Haworth 투영도에서 평면의 위쪽으로 그려지는 치환체는 의자 형태에서도 위쪽을 향하고 있고 아래쪽에 그려지는 치환체는 아래쪽을 향하고 있다. β-D-glucose의 경우 수소를 제외한 모든 치환체는 수평 방향을 향하고 있다. 이 때문에 β-D-glucose는 pyranose들 중에서 가장 안정하고 단당류들 중에서 자연계에 가장 많이 분포되어 있다. α-D-glucose는 아노머 탄소의 하이드록시기가 수직 방향을 향하고 있다.

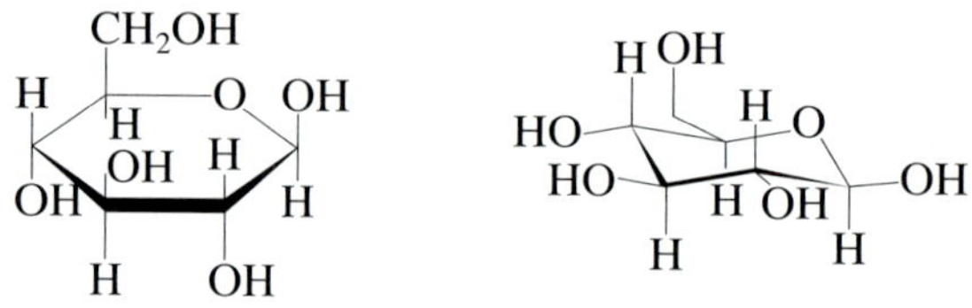

β-D-Glucose

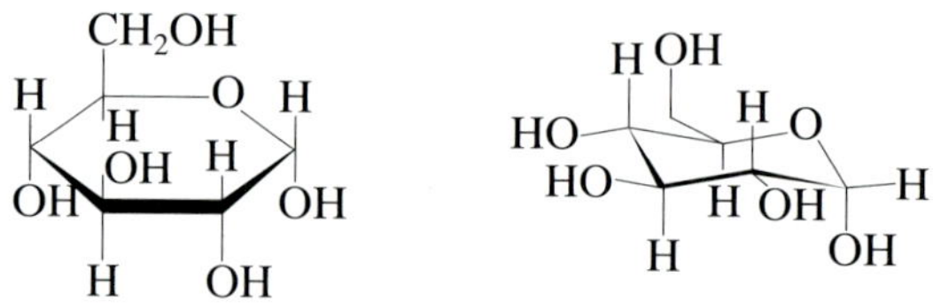

α-D-Glucose

14.9 α-D-Idose와 β-D-talose의 보다 안정한 의자 형태를 그리시오.

14.5 중요한 단당류

오탄당

오탄당은 주로 다당류 또는 핵산의 구성 성분으로 존재하고 극히 적은 양이 유리 상태로 분포되어 있다. 오탄당으로 이루어진 다당류들은 초식 동물에게는 중요한 먹이가 될 수 있지만 사람은 이것을 소화하지 못한다. 중요한 오탄당인 α-D-ribose와 β-2-deoxy-D-ribose는 핵산의 구성 요소이다.

D-Glucose

D-Glucose는 포도에서 처음 발견되었기 때문에 포도당이라고 부른다. 유리 상태의 glucose는 과일에 다량 포함되어 있으며 식물의 잎이나 줄기에도 분포되어 있다. Glucose는 포유 동물의 대사에 가장 중요한 단당류이며 탄수화물 대사의 마지막 생성물이다. 건강을 유지하기 위해서는 적당량의 혈중 glucose 농도가 필연적이다.

D-Galactose

Galactose는 자연계에서 유리 상태로는 발견되지 않으며 이당류인 lactose 또는 다당류로서 한천의 주성분인 galactan, pectin과 아라비아 검의 구성 요소이다. Galactose는 glucose와 C(4) 하이드록시기의 공간적인 배향만 다르다. Galactose는 체내에서 glucose로 전환된 다음 에너지원으로 이용된다. 이것은 또 glucose로부터 생합성된 다음 우유의 lactose와 뇌조직에 필요한 화합물로 전환된다.

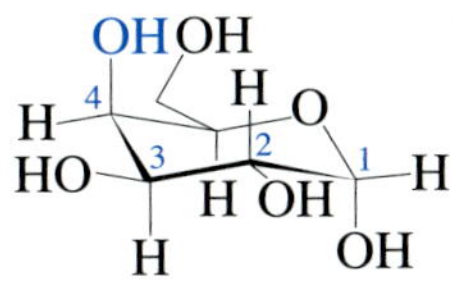

α-D-Galactose

D-Fructose

Fructose는 과당(fruit sugar) 또는 좌선성의 당이라는 뜻으로 levulose라고 부르기도 한다. Fructose는 과일과 벌꿀 등에 유리 상태로 포함되어 있다. 설탕과 같은 이당류와 돼지감자에 많이 들어 있는 다당류인 inulin의 구성 요소로도 존재한다. Fructose는 ketohexose이다. 유리 상태에서는 보다 안정한 형태인 D-fructopyranose로 존재하지만 sucrose 또는 inulin에서는 보다 덜 안정한 D-fructofuranose의 형태로 존재한다.

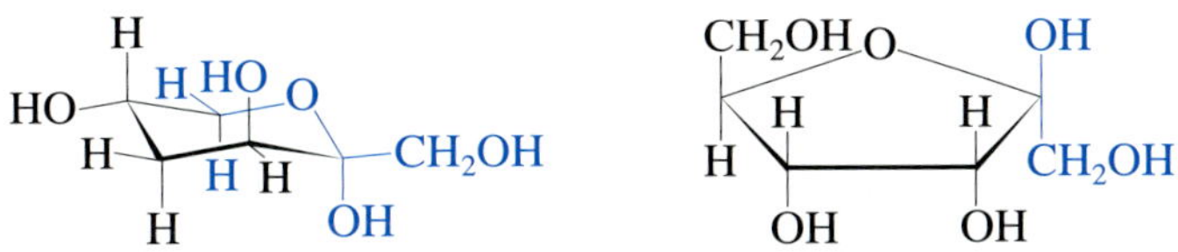

α-D-Fructopyranose β-D-Fructofuranose

14.10 D-Glucose는 대부분 pyranose의 형태로 존재하지만 furanose의 형태로도 존재한다. α-D-Glucofuranose의 Haworth 투영도를 그리시오.

14.6 단당류의 반응

배당체(아세탈)의 형성

반아세탈이 알코올과 반응하면 물을 잃고 같은 탄소에 두 개의 —OR기를 가지고 있는 화합물인 아세탈을 형성한다(9.6절 참고). Glucose와 다른 단당류들도 고리형 반아세탈이기 때문에 알코올과 반응하여 아세탈을 형성한다. 이때의 생성물들을 **배당체**(glycoside)라고 하고 알코올과 탄소 사이의 결합을 **배당체 결합**(glycosidic bond)이라고 부른다. 배당체의 이름을 지을 때는 산소에 결합된 알킬 또는 아릴기의 이름을 먼저 나열한 다음 탄수화물 이름의 마지막 '–e'를 '–ide'로 바꾸어 준다. 예로서 β-D-glucose에서 유래된 methyl 배당체의 이름은 methyl β-D-glucoside 또는 methyl β-D-glucopyranoside이다.

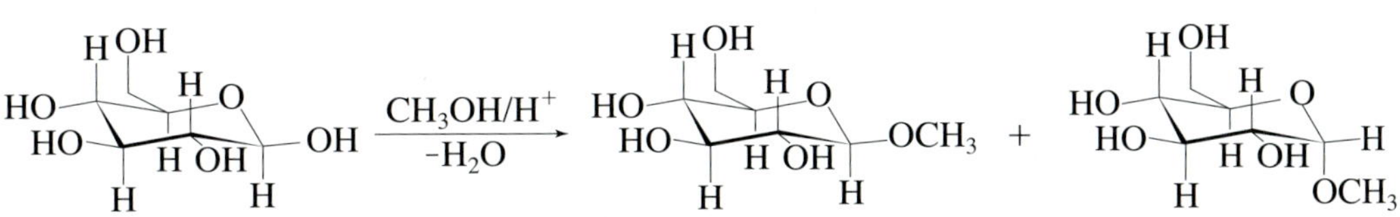

β-D-Glucose Methyl β-D-glucoside (methyl β-D-glucopyranoside) Methyl α-D-glucoside (methyl α-D-glucopyranoside)

배당체는 보통의 아세탈과 마찬가지로 중성 또는 염기성 수용액 속에서 안정하다. 배당체 결합은 천연 화합물의 —OH기가 불필요한 화학 반응을 하지 못하도록 보호하는 역할을 한다.

소당류나 다당류와 같이 보다 큰 탄수화물에서 단당류는 배당체 결합에 의해 서로 연결되어 있다. 예로서 이당류는 한 단당류의 아노머 탄소에 있는 하이드록시기와 다른 단당류의 하이드록시기의 반응에서 형성된다.

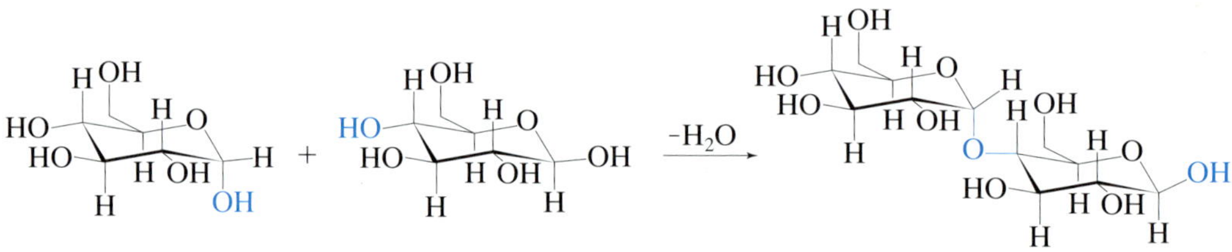

α-D-Glucose β-D-Glucose Maltose 4-O-(α-D-Glucosyl)-(β-D-glucose)

14.11 HCl 존재 하에서 D-galactose를 methanol로 처리했을 때 얻어지는 α- 및 β-methyl pyranoside의 구조를 그리시오.

14.12 β-D-Ribofuranose를 과량의 acetic anhydride로 처리했을 때 얻어지는 생성물의 구조를 그리시오.

14.7 이당류

자연계에 분포되어 있는 대부분의 탄수화물은 두 개 이상의 단당류 단위를 포함하고 있다. 이당류는 가수 분해에 의해 두 개 이상의 단당류 분자를 생성하는 탄수화물이다.

이당류에서 두 개의 당분자는 한 단위의 아노머 탄소와 다른 단위의 하이드록시기 사이의 배당체 결합에 의해 서로 연결되어 있다. 한 당분자의 C(1)과 다른 당분자의 C(4) 사이에서 형성된 배당체 결합인 1,4′-연결이 가장 일반적이다. 중요한 이당류에는 sucrose, maltose, cellobiose 및 lactose가 있다.

Sucrose

Sucrose는 생물 세계에 가장 풍부한 이당류이다. Sucrose에서 α-D-glucose의 C(1)은 **1,2′-α-배당체 결합**에 의해 D-fructose의 C(2)에 연결되어 있다. D-glucose와 D-fructose 둘 다 아노머 탄소가 배당체 결합을 형성하는 데 사용되기 때문에 어느 쪽도 열린 사슬 구조와 평형을 이루지 않으며 비환원당이다.

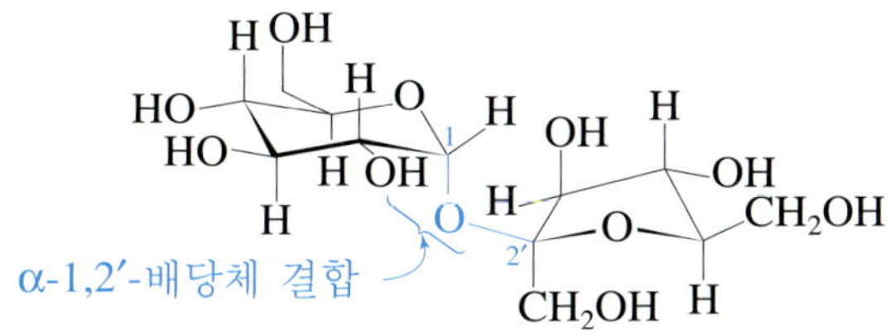

Sucrose

Maltose

Maltose는 싹튼 보리 또는 곡식에 많이 포함되어 있다. Maltose는 한 α-D-glucose 분자의 C(1) 하이드록시기가 다른 한 β-D-glucose 분자의 C(4) 탄소에 연결된 **1,4′-α-배당체 결합**을 하고 있다.

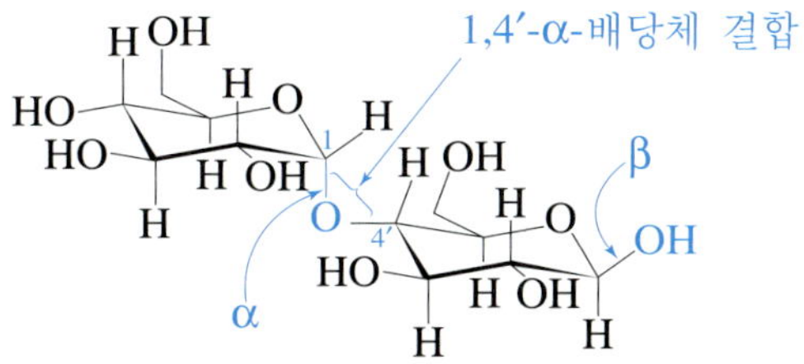

Maltose

Cellobiose

Cellulose를 부분적으로 가수 분해하면 맥아당의 입체 이성질체인 cellobiose가 생성된다. Cellobiose를 더 가수 분해하면 D-glucose가 얻어진다. 한 β-D-glucose 분자의 C(1) 하이드록시기가 다른 한 β-D-glucose 분자의 C(4) 탄소에 연결된 **1,4′-β-배당체 결합**을 하고 있다. 맥아당에서 한 glucose 분자의 C(1)은 α-배열을 하고 있고 다른 glucose 분자는 β-배열인 반면 cellobios는 두 glucose 분자가 모두 β-배열이다.

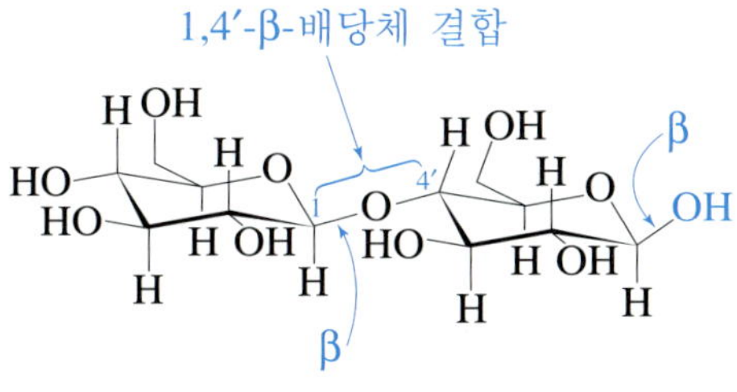

Cellobiose

Lactose

Lactose는 우유에 포함되어 있는 이당류이다. Lactose는 사람 젖과 우유의 5% 이상을 차지하고 있다. 이것의 구조는 D-galactose가 1,4′-β-배당체 결합에 의해 D-glucose의 C(4)에 연결되어 있다. Lactose를 가수 분해하는 효소인 lactase는 어린 포유 동물의 장에서 왕성하게 분비된다. 성인이 되면 lactase의 농도가 크게 감소하기 때문에 우유와 우유 제품을 잘 소화시키지 못한다. 소화되지 않은 lactose의 발효 때문에 장에 장애가 나타나는데 이러한 상태를 lactose 과민 반응이라고 한다. 이와 같은 장애를 겪는 사람에게는 미리 lactase로 처리된 우유나 치즈 같은 발효된 우유 제품이 도움이 된다.

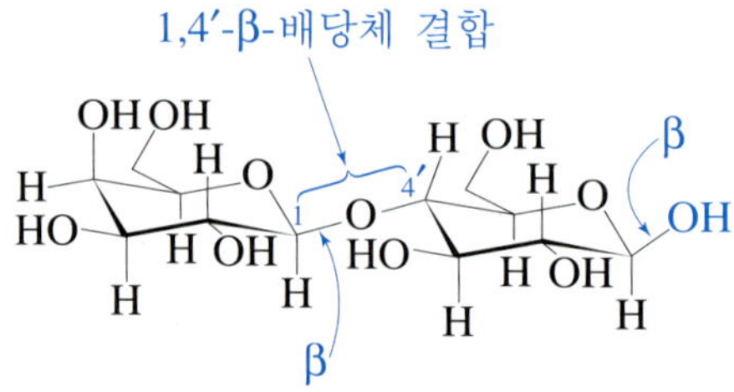

Lactose

14.13 Maltose를 다음 시약으로 처리했을 때 얻어지는 생성물의 구조를 그리시오.
(1) $NaBH_4$ (2) 과량의 acetic anhydride (3) Methanol/HCl

14.8 다당류

다당류는 서로 배당체 결합으로 연결되어 있는 많은 단당류들로 이루어져 있다. 가장 일반적인 다당류에는 녹말, 셀룰로스 및 글리코젠이 있다.

녹말

녹말은 식물의 에너지 저장을 위해 사용된다. 동물에 필요한 에너지도 녹말의 형태로 제공된다. 녹말에는 **amylose**와 **amylopectin**의 두 종류가 있다. 녹말의 약 20~25%는 amylose이고, 75~80%는 amylopectin이다.

Amylose는 수백 개의 D-glucose가 1,4′-α-배당체 결합으로 연결되어 있는 연속 사슬 구조를 보여 준다.

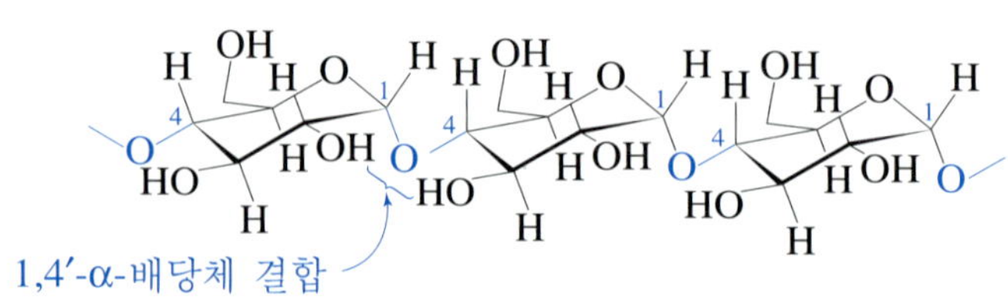

Amylose의 부분 구조

Amylopectin은 한 분자에 약 300~10,000개의 D-glucose들이 1,4′-α-배당체 결합으로 연결되어 있지만 약 25~30개 D-glucose 단위마다 곁가지가 달려 있다. 곁가지는 주사슬 D-glucose의 C(6) 탄소에 다른 D-glucose의 C(1) 하이드록시기가 1,6′-α-배당체 결합으로 연결되어 있다. 이 곁가지 때문에 녹말 가루를 물에 녹이면 부풀어 올라 콜로이드를 형성한다.

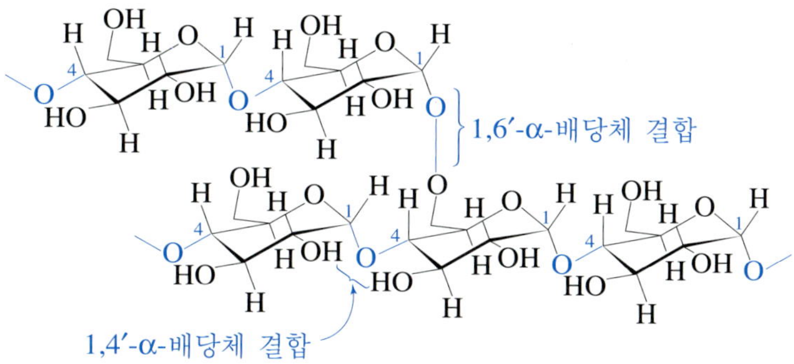

Amylopectin의 부분 구조

글리코젠

글리코젠은 동물의 에너지 저장형 탄수화물이다. 글리코젠은 1,4′-α-배당체 결합과 1,6′-α-배당체 결합에 의해 10^6개 정도의 glucose 단위가 연결되어 있는 다당류이다. 아밀로펙틴과 구조가 비슷하지만 곁가지가 더 많으며 10개 정도의 glucose 단위마다 가지가 나 있다. 영양 상태가 좋은 성인의 몸에는 모두 약 350 g의 글리코젠이 간과 근육에 거의 같은 양으로 나누어 저장되어 있다. 에너지가 필요할 때 저장되어 있던 글리코젠의 많은 가지들의 끝에서부터 분리된 glucose들이 혈액으로 공급된다.

셀룰로스

셀룰로스는 가장 폭넓게 분포되어 있는 식물 골격의 다당류 성분이다. 나무의 세포벽을 구성하고 있는 물질의 절반 이상이 셀룰로스이다. 면(cotton)은 거의 순수한 셀룰로스이다. 지구상의 식물은 광합성을 통해 매년 약 10^9톤의 셀룰로스를 생산한다.

셀룰로스는 1,4′-β-배당체 결합에 의해 glucose 단위가 선형으로 연결된 다당류이다. 셀룰로스의 평균 분자량은 400,000 g/mol인데, 이것은 약 2,200개의 glucose 단위에 해당된다. 이 선형 중합체들의 하이드록시기들은 인접해 있는 다른 사슬들의 하이드록시기와 무수히 많은 수소 결합을 함으로써 미세 섬유를 형성한다. 이 섬유들은 매우 큰 물리적 강도를 가지고 있으며, 중심축 주위를 시계 반대 방향의 나선 모양으로 감겨 있다.

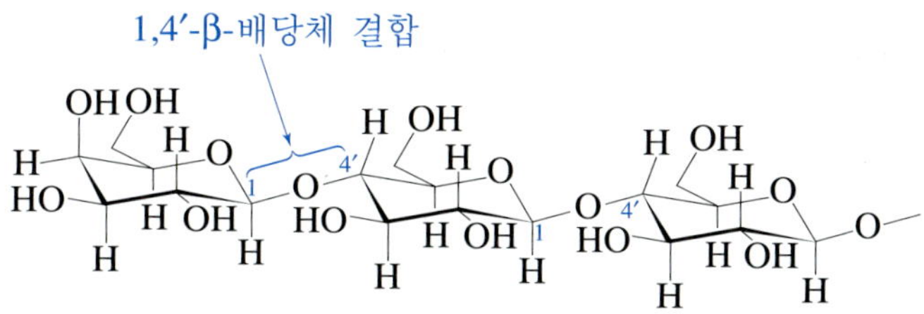

셀룰로스의 부분 구조

사람은 1,4′-α-배당체 결합을 가수 분해하여 D-glucose를 만드는 효소인 α-glucosidase는 가지고 있지만 1,4′-β-배당체 결합을 가수 분해하는 효소인 β-glucosidase가 없다. 이 때문에 사람은 셀룰로스를 먹어도 필요한 D-glucose를 얻을 수 없다. 초식 동물들은 소화관 속에 β-glucosidase를 가지고 있는 박테리아들이 살고 있기 때문에 풀과 같은 식물을 소화할 수 있다. 흰 개미들도 창자 속에 이들 박테리아가 있기 때문에 나무의 셀룰로스를 먹고 살 수 있다.

14.9 탄수화물을 포함하는 그 밖의 화합물

아미노당

한 개의 하이드록시기 대신에 아미노기가 있는 부류의 당을 **아미노당**(amino sugar)이라고 한다. 자연계에는 주로 D-glucosamine, D-mannosamine 및 D-galactosamine이 분포되어 있다. D-glucosamine의 유도체인 *N*-acetyl-D-glucose는 연골의 중요한 성분이다. 이것은 또 게나 새우와 같은 갑각류의 껍질인 키틴을 구성하고 있는 성분 중의 하나이다. 어떤 아미노당들은 항생 물질로도 작용한다.

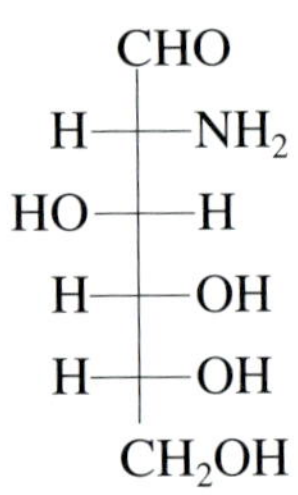
D-Glucosamine

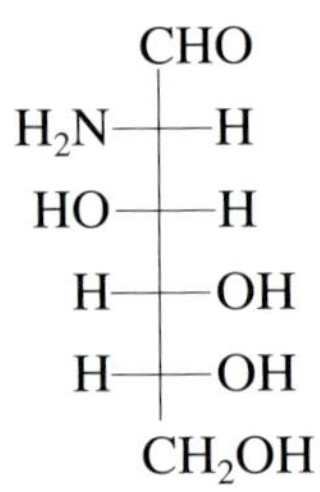
D-Mannosamine

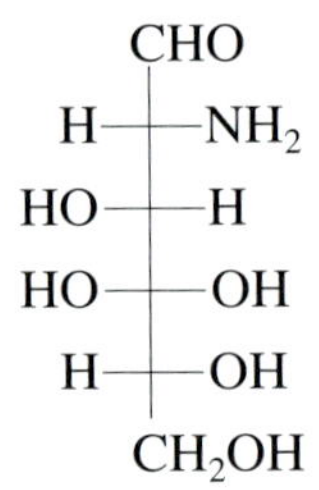
D-Galactosaminne

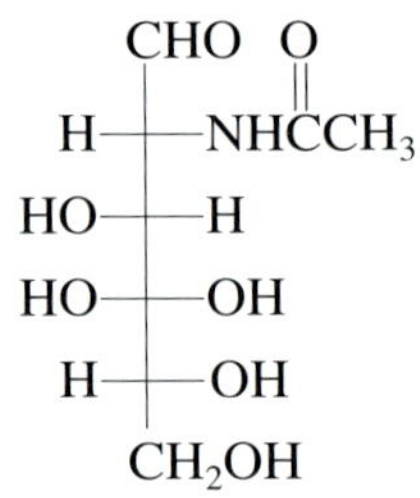
N-Acetyl-D-glucosamine

헤파린

헤파린(heparin)은 몇 가지 다른 단당류로 이루어져 있는데 그들 중 많은 것들이 sulfate기를 가지고 있다. 헤파린은 혈액 응고 방지제로 이용된다. 이것은 혈액 응고 요소인 antithrombin III에 강하게 결합하여 핏덩어리가 형성되는 것을 방지하기 때문에 외과 수술이나 심각한 상처를 입었을 때 응고를 막을 목적으로 사용된다.

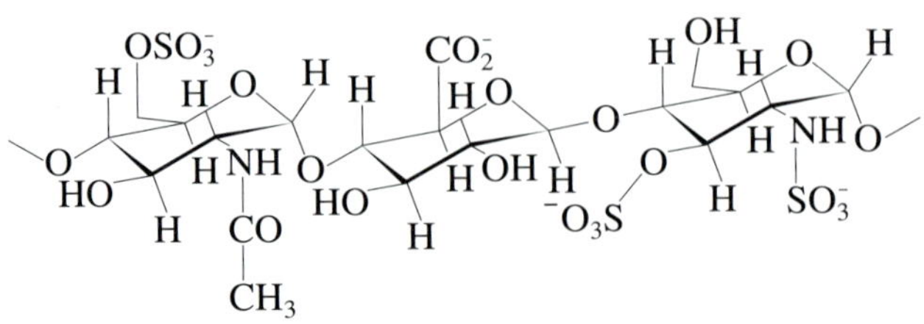
헤파린의 부분 구조

뉴클레오사이드

DNA(deoxyribonucleic acid)의 기본 단위인 **뉴클레오사이드**(nucleoside)는 당과 염기로 이루어져 있다. 당인 2-deoxyribose의 아노머 탄소에 염기인 헤테로 고리의 질소 원자가 β-방향으로 결합되어 있다. 한 뉴클레오사이드에 있는 2-deoxyribose의 C(3)와 다른 2-deoxyribose의 C(5)가 phosphate에 의해 연결되면 DNA 사슬이 된다.

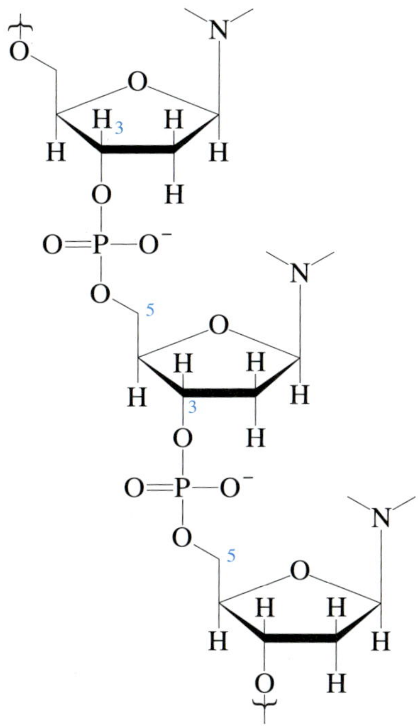

2-Deoxyribose를 포함하고
있는 DNA 부분 구조

펙틴

여러 가지 과일이나 딸기에 들어 있으면서 젤리가 형성될 수 있게 하는 화합물인 **펙틴**(pectin)은 D-galacturonic acid가 1,4′-α-배당체 결합으로 연결되어 있는 선형 다당류이다.

D-galacturonic acid는 D-galactose의 C(5) 탄소의 $-CH_2OH$기가 카복실기로 변형된 화합물이다.

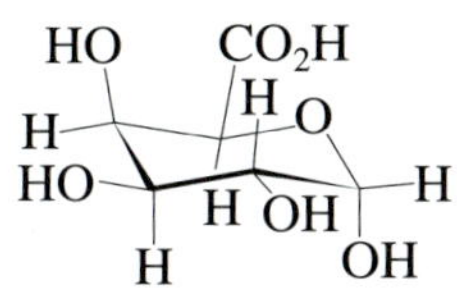

α-D-Galacturonic acid

요약

탄수화물은 여러 개의 하이드록시기를 가지고 있는 알데하이드 또는 케톤이다. 탄수화물은 주로 포함된 탄소수와 카보닐기의 종류에 따라 분류된다. 예를 들면 glucose 분자는 여섯 개 탄소를 가지고 있는 알데하이드이므로 **aldohexose**로 분류된다. 단당류는 카보닐기를 위쪽 끝에 가도록 Fischer 투영도를 그렸을 때 카보닐기로부터 가장 멀리 떨어져 있는 카이랄 탄소의 하이드록시기가 오른쪽에 있으면 **D-당**이고 왼쪽에 있으면 **L-당**으로 분류된다. 천연에서 발견되는 당 분자는 D-당이다.

오탄당 이상의 단당류는 주로 고리형 반아세탈 구조로 존재하며 다섯 원자 고리 반아세탈은 furanose라 하고 여섯 원자 고리 반아세탈은 pyranose라고 한다. 반아세탈 구조에서 아노머 자리의 하이드록시기가 $—CH_2OH$와 같은 쪽에 있으면 **β-아노머**(β-anomer)라 하고 반대쪽에 있으면 **α-아노머**라고 한다. Furanose 또는 pyranose의 입체 구조는 Haworth 투영도 또는 의자 형태로 나타낸다. Fischer 투영도에서 오른쪽에 있는 원자 또는 원자단은 Haworth 투영도의 아래쪽을 향하도록 그린다.

α-D-Hexose 또는 β-D-hexose 등을 물에 녹이면 열린 사슬형 D-hexose 중간체를 거치는 평형이 이루어지면서 고유 광회전도가 변하는데 이것을 **변광 회전**(mutarotation)이라고 한다.

단당류는 알코올과 카보닐에서 일반적으로 관찰되는 반응들을 일으킨다. 산 촉매 존재 하에서는 알코올과 함께 **배당체**(glycoside)를 형성한다.

1,4′-α- 또는 **1,4′-β-배당체 결합**을 통해 두 개의 glucose가 결합하면 각각 maltose 또는 cellobios와 같은 이당류가 형성된다. 다당류에는 **셀룰로스**, **녹말** 또는 **글리코젠** 등이 있는데 이들은 생명체를 지탱하는 구조 물질 또는 에너지를 저장하는 수단으로 이용된다.

보충문제

14.14 다음 단당류 분자를 분류하고 D-당인지 L-당인지를 지적하시오.

(1)

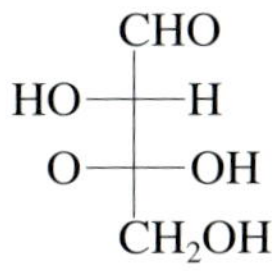

(2)

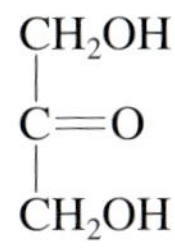

(3)

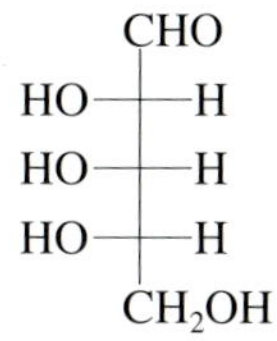

14.15 D-Erythrose의 Newman 투영도를 그리시오.

14.16 다음 각 당분자들에 있는 입체 중심의 절대 배열을 지적하시오.

(1) D-Galactose (2) D-Ribose (3) L-Xylose

14.17 다음 각 단당류 분자가 고리화되어 여섯 원자 고리 α-아노머가 형성되는 과정을 반응식으로 나타내시오(Haworth 투영도 사용).

(1)

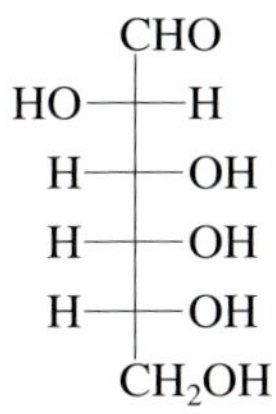

(2)

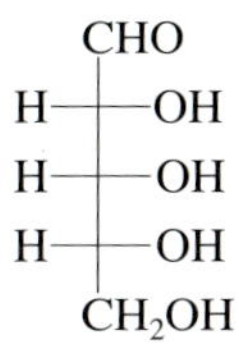

14.18 다음 각각을 열린 사슬 구조의 Fischer 투영도로 그리시오.

(1)

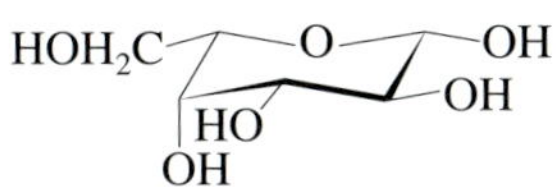

(2)

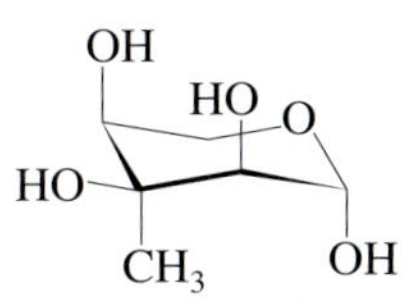

(3)

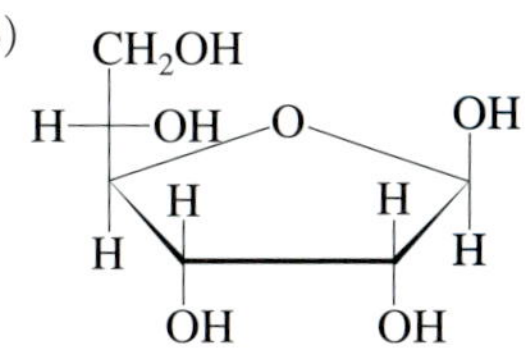

14.19 다음 각각을 Haworth 투영도로 그리시오.

(1)

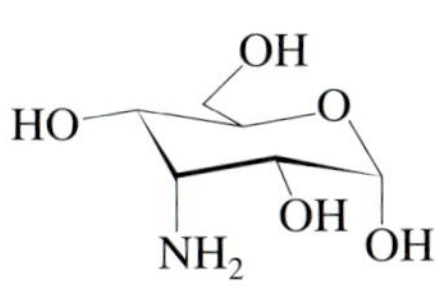

(2)

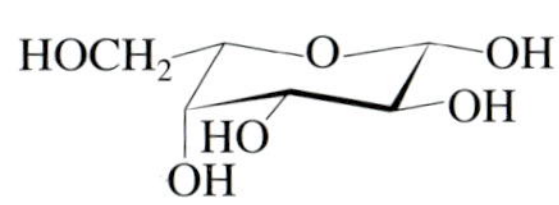

(3) β-D-Altropyranose (4) β-D-Glucopyranose

14.20 Haworth 투영도를 사용하여 다음 각각의 반응식을 쓰시오.

(1) 수용액에서 순수한 β-D-arabinofuranose의 변광 회전

(2) β-D-Fructofuranose에서 β-D-fructopyranose로의 전환

(3) β-Maltose의 변광 회전

14.21 순수한 α-와 β-D-fructofuranose의 고유 광회전도는 +21°와 −133°이다. 두 이성질체는 평형 용액에서 −92°의 고유 광회전도를 보여 준다. 평형에서 두 이성질체의 농도비를 계산하시오.

14.22 Haworth 투영도를 사용하여 다음 반응을 완결하시오.

(1) D-Glucose + $(CH_3)_2CHOH \longrightarrow$

(2) D-Galactose + $CH_3CH_2OH \longrightarrow$

14.23 다음은은 *N*-acetyl-D-glucosamine의 Fischer 투영도이다. 이 화합물의 α-pyranose를 의자 형태로 그리시오.

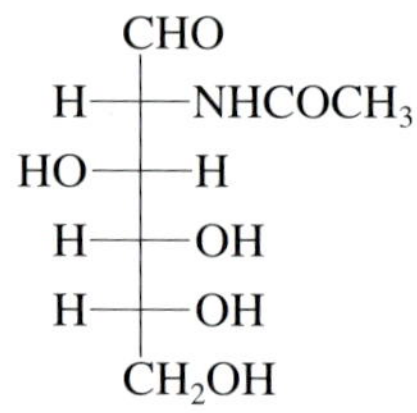

N-Acethyl-D-glycosamine

14.24 Pectic acid는 과일이나 딸기로부터 젤리를 형성하도록 하는 pectin의 주성분이다. Pectic acid는 pyranose 형태의 D-galacturonic acid가 α-1,4′-배당체 결합으로 연결된 중합체이다. 이것의 구조를 그리시오.

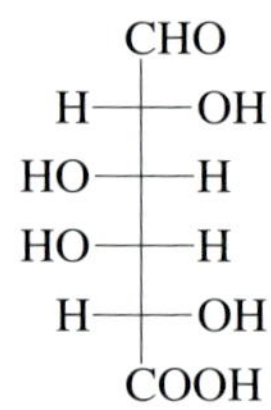

D-Galacturonic acid

15장 단백질

단백질(protein)은 **아미노산**(amino acid)의 중합체이며 세포의 구조와 작용의 모든 면에 있어서 매우 중요한 역할을 한다. 단백질을 구성하고 있는 모든 아미노산은 카복실기의 α-위치에 아미노기를 가지고 있는 α-아미노산이다. 아미노산의 일반식에서 치환체 R—은 탄화수소나 작용기일 수도 있다.

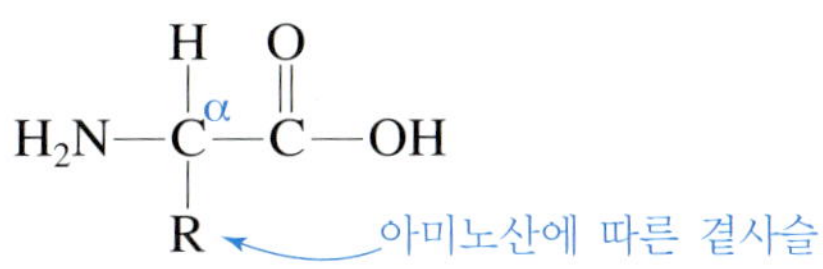

α-아미노산

두 개 이상의 아미노산은 **펩타이드 결합**(peptide bond)으로 알려져 있는 일종의 아마이드 결합으로 연결될 수 있다. 한 아미노산의 $—NH_2$기와 다른 아미노산의 —COOH 사이에서 펩타이드 결합이 이루어지면 **다이펩타이드**(dipeptide)가 형성된다. 예로서 다음은 alanine과 serine 사이에서 형성된 다이펩타이드이다.

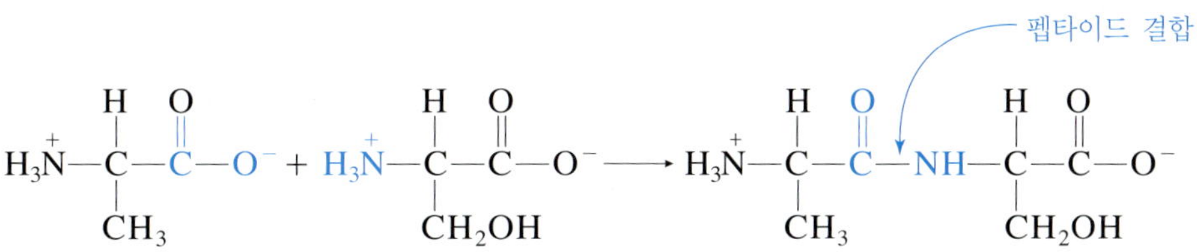

Alanine　　Serine　　다이펩타이드

세 개의 아미노산 분자가 두 개의 펩타이드 결합으로 연결되면 **트라이펩타이드**(tripeptide) 네 개의 아미노산 분자가 연결되면 **테트라펩타이드**(tetrapeptide)가 된다. 10~50개 사이의 아미노산 분자로 이루어진 사슬형 화합물을 **폴리펩타이드**(polypeptide)라고 한다. 50~4,000개의 아미노산 분자로 이루어진 중합체 사슬을 일반적으로 단백질이라고 한다.

생명체에서 발견되는 대부분의 단백질은 100~300개의 아미노산 분자로 이루어져 있다. 약 20여 종의 아미노산 성분이 단백질을 구성하고 있다. 단백질은 한 개의 폴리펩타이드 사슬일 수도 있고 몇 개의 사슬이 회합되어 있을 수도 있다.

단백질과 펩타이드는 생물학적 계에서 매우 중요한 역할을 한다. 동물의 건조 중량의 약 50%를 차지하고 있는 단백질은 생체 기관들을 외부 환경으로부터 보호하고 생물학적 구조를 지탱할 뿐만 아니라 여러 가지 생명 현상에 중요한 역할을 한다. 예로서 구조 단백질인 keratin은 머리카락, 뿔, 깃털 및 피부의 질긴 바깥 부분을 구성하고 있다. Collagen은 관절의 중요 성분이다. 뱀독이나 식물의 독은 외부의 적으로부터 자신을 보호하는 단백질이다. 효소와 같은 단백질은 생명체 내에서 일어나는 거의 모든 반응에서 촉매 작용을 한다. 단백질은 또 근육의 이완이나 수축과 같은 많은 생리 작용에도 관여한다.

이 장에서는 단백질의 구성 단위인 아미노산과 펩타이드의 구조와 화학에 관한 중요한 사실들을 소개한 다음 이들을 기초로 단백질의 화학을 공부할 것이다.

15.1 아미노산

생명체의 단백질을 구성하고 있는 20종의 아미노산을 종합하면 표 15.1과 같다. 이들 중 19개 아미노산은 α-탄소에 결합되어 있는 곁사슬인 R—부분만 다르다. 나머지 한 개는 이차 아민인 proline으로 질소 원자와 α-탄소가 다섯 원자 고리를 형성하고 있다. 표 15.1에서 보는 것처럼 각 아미노산은 세 개의 알파벳으로 구성되어 있는 약어로 표시된다. 예로서 alanine은 Ala, glycine은 Gly, proline은 Pro로 표기한다.

20개 아미노산은 곁사슬의 구조적 특성에 따라 중성, 산성 및 염기성 아미노산으로 분류된다. 15개의 중성 아미노산은 다시 비극성 아미노산과 곁사슬에 하이드록시기 또는 아마이드기와 같은 극성기를 가지고 있는 극성 아미노산으로 나누어진다.

사람의 체내에서 합성할 수 없거나 적어도 충분한 양으로 합성할 수 없기 때문에 음식물로부터 섭취해야 하는 10개의 아미노산을 **필수 아미노산**(essential amino acid)이라고 한다. 표 15.1에서 필수 아미노산에는 *표가 되어 있다. 모든 단백질이 같은 아미노산을 포함하고 있는 것은 아니다. 예로서 콩의 단백질은 methionine이 부족하고 밀의 단백질은 lysine이 부족하다. 보통 식품들은 한 가지 이상의 필수 아미노산이 부족하기 때문에 균형 있는 식사를 통하여 단백질을 섭취하여야 한다.

Glycine을 제외한 19개 아미노산의 α-탄소는 카이랄 중심이다. 고등 생물에서 발견되는 중요 아미노산 중 cysteine만 *R* 배열이고 나머지는 모두 *S* 배열이다. 아미노산의 카이랄 탄소는 보통 절대 배열로 표시하지 않고 Fischer 투영도의 D 및 L 기호가 사용된다. 카복실기를 수직선의 위쪽에, 곁사슬(R)을 아래쪽에 놓이도록 Fischer 투영도를 그렸을 때 아미노기가 수평선의 오른쪽에 있으면 D-아미노산이고, 왼쪽에 있으면 L-아미노산이다.

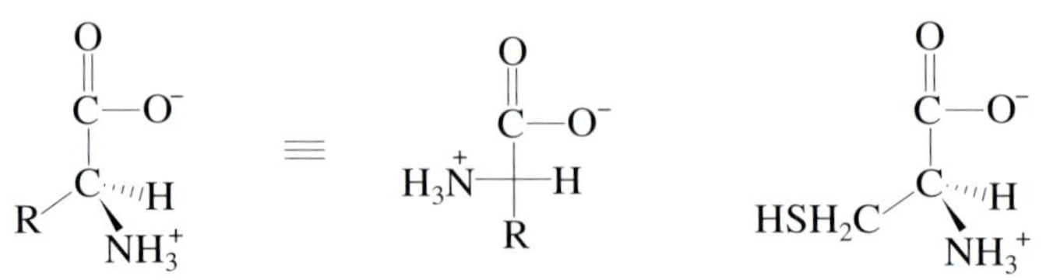

L-아미노산 (*R*)-Cysteine(L-cysteine)

표 15.1 사람의 몸에서 발견되는 아미노산

이름	약어	R의 구조	pI (등전점)	pK_1 (COOH)	pK_2 (NH_3^+)
비극성 아미노산					
Glycine	Gly	H	5.97	2.34	9.60
Alanine	Ala	CH_3	6.00	2.34	9.69
Valine*	Val	$CH(CH_3)_2$	5.96	2.32	9.62
Leucine*	Leu	$CH_2CH(CH_3)_2$	5.98	2.36	9.60
Isoleucine*	Ile	$CH(CH_3)CH_2CH_3$	6.02	2.36	9.60
Proline	Pro	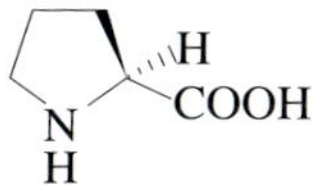 (완전한 구조)	6.30	1.99	10.60
Phenylalanine*	Phe	$CH_2C_6H_5$	5.48	1.83	9.13
Tryptophan*	Trp	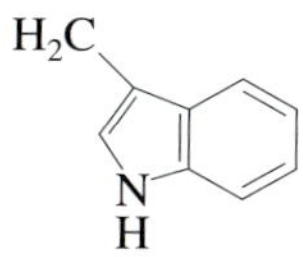	5.89	2.83	9.39
극성 아미노산					
Tyrosine	Tyr	$CH_2C_6H_4OH(p)$	5.66	2.20	9.11
Serine	Ser	CH_2OH	5.68	2.21	9.15
Threonine*	Thr	$CH(CH_3)OH$	5.60	2.09	9.10
Cysteine	Cys	CH_2SH	5.07	1.96	10.28
Methionine*	Met	$CH_2CH_2SCH_3$	5.74	2.28	9.21
Asparagine	Asn	CH_2CONH_2	5.41	2.02	8.80
Glutamine	Gln	$CH_2CH_2CONH_2$	5.65	2.17	9.13
산성 아미노산					
Aspartic acid	Asp	CH_2COOH	2.77	1.88	9.60
Glutamic acid	Glu	CH_2CH_2COOH	3.22	2.19	9.67
염기성 아미노산					
Arginine*	Arg	$CH_2CH_2CH_2NHC(=NH)NH_2$	10.76	2.17	9.04
Lysine*	Lys	$CH_2CH_2CH_2CH_2NH_2$	9.74	2.18	8.95
Histidine*	Hys	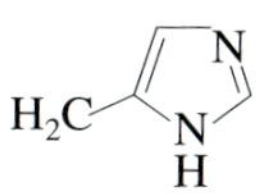	9.74	2.18	8.95

천연 아미노산은 거의 대부분 L-배열을 가지고 있다. 어떤 펩타이드 항생 물질과 박테리아의 세포벽에서 D-아미노산이 관찰되고 있지만, 단백질에서는 발견되지 않고 있다.

15.1 표 15.1에서 한 개 이상의 카이랄 탄소를 가지고 있는 아미노산을 지적하시오.

15.2 L-Valine의 삼차원 구조를 그리시오.

15.2 아미노산의 산 염기 성질

아미노산은 산성 작용기인 —COOH와 염기성 작용기인 —NH_2기를 동시에 가지고 있다. 이 두 작용기는 분자 내 산 염기 반응을 할 수 있다. 즉 양성자가 —COOH기로부터 —NH_2기로 이동하여 쌍극성 이온을 형성하는데 이 이온은 한 개의 양전하와 한 개의 음전하를 가지고 있기 때문에 전기적으로 중성이다. 이 쌍극성 이온을 **쯔비터 이온**(zwitterion)이라고 한다. 아미노산은 쯔비터 이온으로 존재하기 때문에 결정의 형태로 존재하고, 200°C 이상의 높은 녹는점을 보여 준다. 또 물에는 매우 잘 녹지만 유기 용매에는 거의 녹지 않는다.

수용액에서 아미노산의 구조는 pH에 따라 달라진다. 산성 용액에서 카복실기는 양성자화되고, 아미노기는 암모늄 이온으로 존재한다. 중성에 가까운 pH가 되면 쯔비터 이온 구조가 된다. 염기성 용액에서는 아미노기의 양성자가 제거되기 때문에 음이온 구조를 가지게 된다.

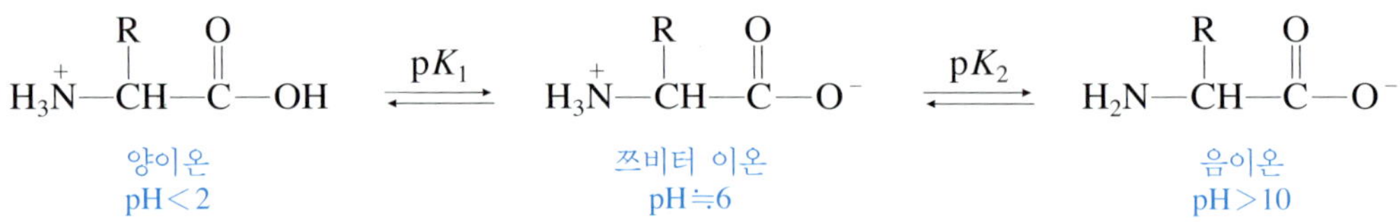

아미노산이 알짜 전하를 가지고 있지 않은 pH를 **등전점**(isoelectronic point, p*I*)이라고 한다. 등전점에서 아미노산은 음전하의 양이 양전하의 양과 균형을 이룬 중성의 쯔비터 이온으로 존재한다.

$$pI\ (\text{등전점}) = \text{알짜 전하가 없는 pH}$$

표 15.1에 아미노산들의 p*I*값이 종합되어 있다. 각 아미노산들에는 두 개의 pK_a값이 있다. pK_a값이 2~3 근처에서는 카복실기에서 양성자가 떨어져 나가는 평형에 해당되고, pK_a 9~10 근처의 값은 암모늄 이온에서 양성자가 제거되는 평형에 해당된다. p*I*값은 두 pK_1와 pK_2의 중간값이며 pH 5.0~6.5의 범위에 속한다. 두 개의 카복실기와 한 개의 아미노기를 가지고 있는 아미노산인 aspartic acid와 glutamic aicd에서는 여분의 —COOH기의 해리를 억제해야 하므로 낮은 p*I*값을 보여 준다. 예로서 aspartic acid는 p*I*=2.77이다. 염기성 곁사슬을 가지고 있는 아미노산들인 arginine, histidine 및 lysine에서는 여분의 염기성 질소에 양성자가 첨가되는 것을 억제해야 하므로 더 높은 p*I*값을 보여 준다. 예로서 lysine의 p*I*=9.74이다.

p*I*값을 이용하여 아미노산들의 혼합물로부터 순수한 성분의 아미노산을 분리하는 방법을 **전기 영동**(electrophoresis)이라고 한다. 긴 종이 띠나 젤의 중심에 아미노산 혼합물을 놓고 적당한 pH를 가지고 있는 완충 용액으로 적셔 준다. 그 다음 띠의 말단에 전극을 연결하고 전기장을 가하면 알짜 음의 전하를 가지고 있는 아미노산은 천천히 (+)극으로 이동하고 알짜 양전하의 아미노산은 천천히 (−)극으로 이동한다. 아미노산들의 이동 속도는 등전점과 완충 용액의 pH의 함수이므로 여러 가지 아미노산들을 분리할 수 있다.

15.3 Phenylalanine의 쯔비터 이온 구조를 그리시오.

15.4 수용액의 pH를 1에서 9, 9에서 13으로 올렸을 때 가장 많이 존재하는 aspartic acid의 구조를 그리시오.

15.5 다음 아미노산의 구조를 그리시오.

(1) pH = 2에서 lysine (2) pH = 4에서 isoleucine (3) pH = 3에서 tyrosine

15.3 펩타이드와 이황화물 결합

아미노산의 가장 중요한 생화학적 반응은 펩타이드 결합을 통해 펩타이드와 단백질을 형성하는 것이다. 펩타이드는 헤아릴 수 없이 많은 생명 현상에 관여한다. 몇 가지 예를 들면 노나펩타이드 호르몬인 oxytocin은 출산을 앞둔 산모의 모유 분비를 촉진시키고 자궁을 수축시킨다. 두 개의 펩타이드 사슬로 이루어져 있는 인슐린은 췌장에서 생성되는 호르몬이다. 이것은 glucose 대사를 제어함으로써 혈액 속의 glucose 함량을 조절한다. 또 펜타펩타이드의 일종인 enkephalin은 사람의 몸에서 합성된 다음 어떤 뇌세포의 수용체에 결합함으로써 통증을 억제한다. 펩타이드의 구조는 아미노기(NH_3^+ 또는 NH_2)를 왼쪽에, 카복실기(CO_2^- 또는 COOH)를 오른쪽에 그린다. 펩타이드의 왼쪽과 오른쪽 끝을 각각 ***N*-말단**(아미노 말단) 및 ***C*-말단**(카복시 말단)이라고 부른다.

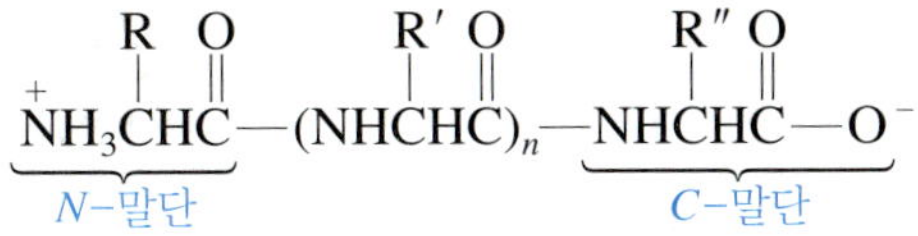

펩타이드에서 아미노산이 연결되어 있는 순서를 **아미노산 서열**(amino acid sequence)이라고 한다. 펩타이드를 Kekulé 구조로 나타내면 불편하기 때문에 종종 기호로 표시한다. 즉 아미노산 서열을 나타낼 때는 각 아미노산을 세 개의 알파벳으로 이루어진 기호로 표시하고 이들을 하이픈(−)으로 연결한다. 펩타이드에서 각 성분 아미노산들을 **아미노산 잔기**(amino acid residue)라고 부른다.

펩타이드 및 단백질의 구조와 화학은 놀라울 정도로 복잡하고 정교하다. 표 15.1에 있는 20개의 아미노산으로 다이펩타이드는 20^2개, 트라이펩타이드는 20^3개, 20개의 아미노산을 모두 포함하는 펩타이드는 20^{20}개가 있을 수 있다. 우주에 있는 전체 원자의 수를 10^{80}개로 추정한다. 만약 100개의 아미노산으로 단백질을 만든다면 20^{100}가지가 되므로 우주 전체 원자 수보다 더 많은 단백질을 만들 수 있다는 놀라운 계산이 된다.

펩타이드와 단백질의 공유 결합에는 펩타이드 결합과 함께 **이황화물 결합**(disulfide bond)이 있다. Cysteine은 싸이올(—SH)기를 가지고 있다. 단백질 사슬에 있는 두 개의 cysteine 잔기가 산화되면 이황화물 결합을 통해 연결된다. 이황화물 결합은 가까운 곳에 위치한 cysteine 잔기들을 연결함으로써 단백질의 전체 모양에 기여한다.

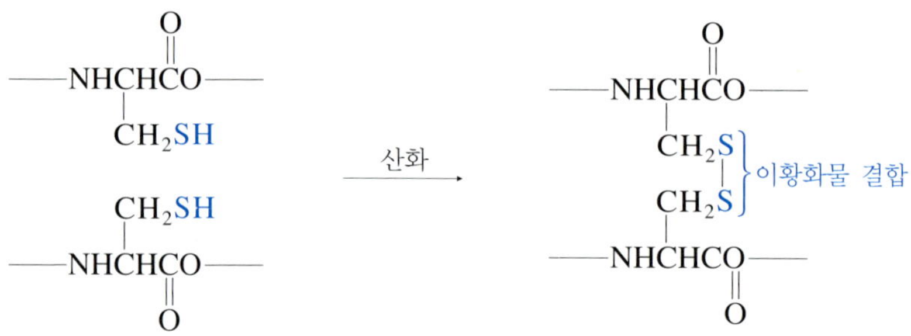

15.6 Gly-Ala의 전체 구조를 그리시오.

15.7 Leucine, tyrosine 및 proline으로 이루어진 트라이펩타이드를 모두 열거하시오.

15.8 Pro-Ser-Val-Gly의 전체 구조를 그리고 펩타이드 결합이 있는 곳을 지적하시오.

15.4 아미노산의 분석

펩타이드 구조를 결정하기 위해서는 먼저 성분 아미노산들을 분석해야 한다. 펩타이드는 펩타이드 결합과 이황화물 결합을 통해 서로 연결되어 있다. 펩타이드를 환원제로 처리하면 이황화물 결합이 분해된다. 이것을 6*N* HCl 용액에서 24시간 동안 110°C로 가열하면 성분 아미노산들로 가수 분해된다. 이렇게 얻은 아미노산 혼합물은 산 염기 성질을 이용하여 분리하는 장치인 아미노산 자동분석기로 분리된다. 아미노산을 선택적으로 흡착할 수 있는 특수한 흡착제로 채워진 유리관의 위쪽 끝에다 완전히 가수 분해된 몇 mg의 아미노산 혼합물을 놓고 pH를 알고 있는 여러 가지 완충 용액을 흘려준다. 아미노산들은 구조에 따라 각각 다른 속도로 유리관 속을 통과하기 때문에 분리된다. 유리관을 통과하는 물질은 유리관 끝에서 ninhydrin과 반응하여 보라색 색소를 형성한다. 색깔의 세기는 유출액 부피의 함수로서 전기적으로 피크의 형태로 기록된다. 피크가 관찰되는 시간을 표준 시료와 비교하면 각 아미노산의 정체를 확인할 수 있으며, 피크의 면적으로부터 상대적인 양도 측정할 수 있다. 그림 15.1

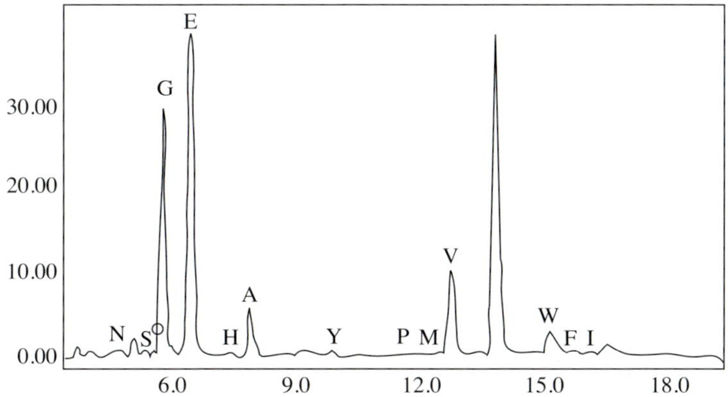

그림 15.1 **아기장대(*Arabidopsis thaliana*)에서 분리된 단백질 2-cysperoxiredoxin의 아미노산 분석 결과**

에 표준 시료를 사용하여 아미노산 자동 분석기에서 얻은 결과 중의 하나를 소개하였다.

15.9 부분적으로 가수 분해했을 때 다음의 트라이펩타이드를 생성하는 펜타펩타이드의 구조는 무엇인가?

Gly – Gly – Arg, Glu – Arg – Gly, Arg – Gly – Phe

15.5 아미노산 서열 결정

펩타이드에서 아미노산의 조성과 함량을 알고 나면 아미노산 서열을 조사하게 된다. 여러 가지 화학적인 방법이 알려져 있다 이 방법들은 모두 *N*–말단 아미노산의 아미노기가 친핵체로 작용할 수 있다는 특징을 이용한다. 펩타이드 사슬의 안쪽에 있는 아미노산들과 *C*–말단 아미노산들의 α–아미노기들은 모두 펩타이드 결합에 참여하고 있으므로 친핵체로서의 반응성이 매우 낮다.

펩타이드 또는 단백질의 서열을 결정할 때는 주로 **Edman 분해법**을 이용한다. 이 방법에서는 사슬의 *N*–말단으로부터 아미노산을 1개씩 연속적으로 떼어낸다. 수십 개의 아미노산 서열을 연속적으로 결정하는 자동 Edman 단백질 서열 결정기(protein sequenator)가 시판되고 있다.

Edman 시약인 phenyl isothiocyanate로 펩타이드를 처리하면 *N*–말단 아미노기와 반응하여 thiourea 유도체가 형성된다. 약산성 조건 하에서 thiourea 치환된 *N*–말단 아미노산은 phenylthiohydantoin(PTH)의 형태로 분리된다. 아미노산들은 서로 다른 치환체(R)를 가지고 있기 때문에 아미노산들은 각각 다른 구조의 PTH를 형성한다. PTH들은 크로마토그래피를 통해 표준 물질과 비교 · 확인된다.

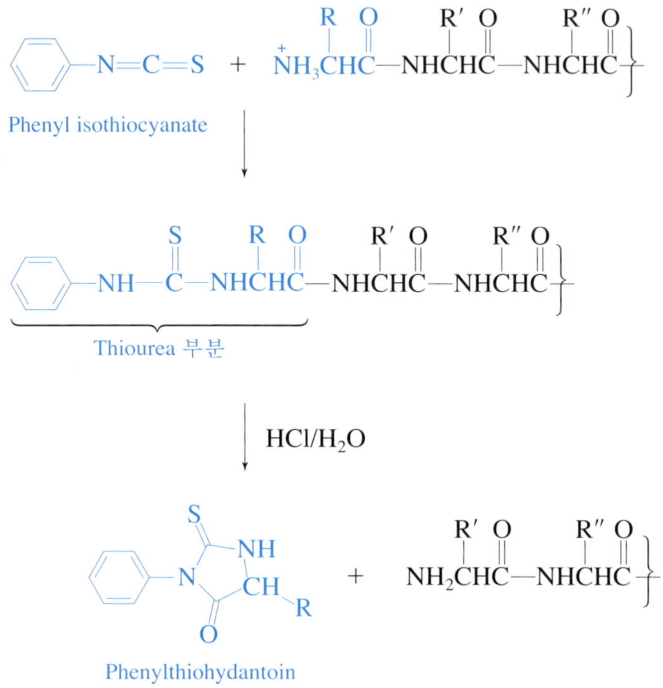

큰 펩타이드 사슬들은 먼저 부분적으로 작은 조각으로 가수 분해하고 각 조각들의 서열을 Edman 방법으로 결정한 다음 조각들을 짜 맞춘다. 산 촉매 존재 하의 가수 분해에서는 무작위로 잘라진 작은 조각들이 얻어진다. **Endopeptidase**라고 하는 효소들은 어떤 특수한 펩타이드 결합의 가수 분해를 촉진시킨다. 여기에 속하는 효소들에는 trypsin 및 chymotrypsin 등이 있다. 예를 들어 trypsin은 염기성 아미노산인 arginine과 lysine의 카복실기 쪽 펩타이드 결합을 절단한다.

Tyr – Ala – Lys ↑ Ile – Phe – Arg ↑ Val – Trp – Lys ↑ Leu – His

Trypsin에 의한 절단 위치

Chymotrypsin은 여섯 원자 방향족 고리를 가지고 있는 아미노산인 phenylalanine, tyrosine 및 tryptophane의 카복실기 쪽 결합을 가수 분해한다.

Tyr ↑ Ala – Lys – Ile – Phe ↑ Arg – Val – Trp ↑ Lys – Leu – His

Chymotrypain에 의한 절단 위치

Edman 분해법과 endopeptidase를 사용하는 가수 분해법을 조합하면 400개 이상의 아미노산으로 이루어진 복잡한 단백질의 서열도 결정해 낼 수 있다.

15.10 Arg, Gly, Leu 및 세 분자의 Pro로 이루어진 헥사펩타이드는 *N*-말단과 *C*-말단에 Pro가 있다. 가수 분해 생성물이 Gly – Pro – Arg, Arg – Pro, Pro – Leu – Gly라면 이 펩타이드의 전체 구조는 무엇인가?

15.11 테트라펩타이드인 Phe – Val – Gly – Ser에 Edman 분해를 두 번 적용했을 때 생성되는 phenylhydantoin의 구조를 그리시오.

15.12 다음 펩타이드를 chymotrypsin으로 처리했을 때 형성되는 아미노산 또는 펩타이드의 구조를 제시하시오.

Tyr – Ala – Val – Leu

15.6 단백질의 일차 및 이차 구조

단백질 분자는 몇 가지 수준의 구조를 보여 준다. 단백질의 **일차 구조**(primary structure)는 가장 기본적인 수준의 구조로서 사슬 내의 아미노산 서열과 모든 이황화물 다리의 위치를 설명한다.

단백질 골격의 작은 조각이 접혀서 보여 주는 규칙적인 공간 배열을 **이차 구조**(secondary structure)라고 한다. 펩타이드 사슬은 가장 안정한 구조를 이루기 위해 기하학적 반복 구조 내에서 접히려는 경향을 보여 주는데, 여기에는 세 가지 중요한 인자가 기여한다. 즉 첫째, 펩타이드 결합은 상당한 정도의 이중 결합의 성격을 가지고 있기 때문에 평면 구조이다. 둘째, 한 아미노산 잔기의 아마이드 수소와 다른 아미노산 잔기의 카보닐 산소 사이에서 이루어지는 수소 결합의 수를 최대화하려고 한다. 셋째, 입체 장애와 같은 전하 사이에서 일어나는 정전기적 반발을 최소화하기 위해 인접한 곁사슬 R 사이에 특정 거리를 두려고 한다. 이들 인자 때문에 단백질의 이차 구조에는 **α-나선 구조**(α-helix)와 **β-병풍 구조**(β-sheet)의 두 반복 양상이 나타난다.

α-나선 구조를 도시하면 그림 15.2와 같다. 아미노산들은 모두 L-배열을 가지고 있기 때문에 α-나선 구조에서 단백질 사슬은 분자의 종축을 따라 오른쪽으로 감겨 있다. 나선이 한 바퀴 돌아서 제자리로 올 때까지의 거리는 5.4 Å이고, 그 사이에는 3.6개의 아미노산 잔기가 포함되어 있다. 펩타이드 질소에 결합되어 있는 각각의 수소는 네 번째로 연결되어 있는 아미노산 잔기의 카보닐 산소와 수소 결합을 형성하고 있다. 모든 수소 결합은 나선의 종축 방향으로 배열되어 있으며 아미노산 잔기당 한 개씩 형성되어 있는 수소 결합 때문에 α-나선 구조가 크게 강화된다. 또한 각 아미노산 잔기의 곁사슬 R은 바깥쪽을 향하고 있기 때문에 나선의 내부가 일정한 형태를 유지한다.

α-나선 구조는 많은 종류의 단백질에서 발견되며 손 · 발톱, 근육, 머리털과 양털을 구성하고 있는 구조 단백질에는 α-나선 구조의 함량이 높다. 곱슬곱슬한 털을 잡아당길 때는 이 나선 영역의 수소 결합이 깨지면서 펼쳐진다.

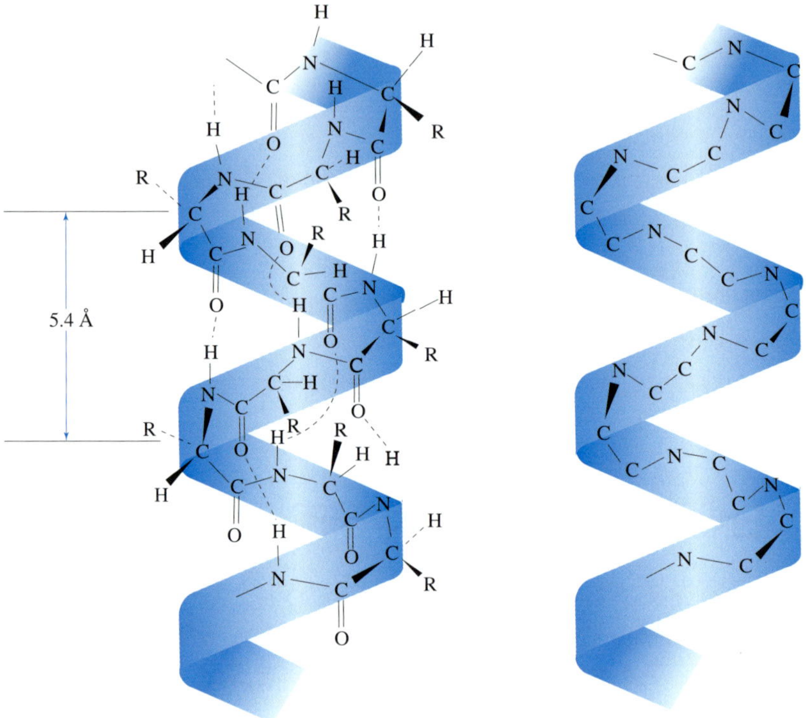

그림 15.2 α-나선 구조

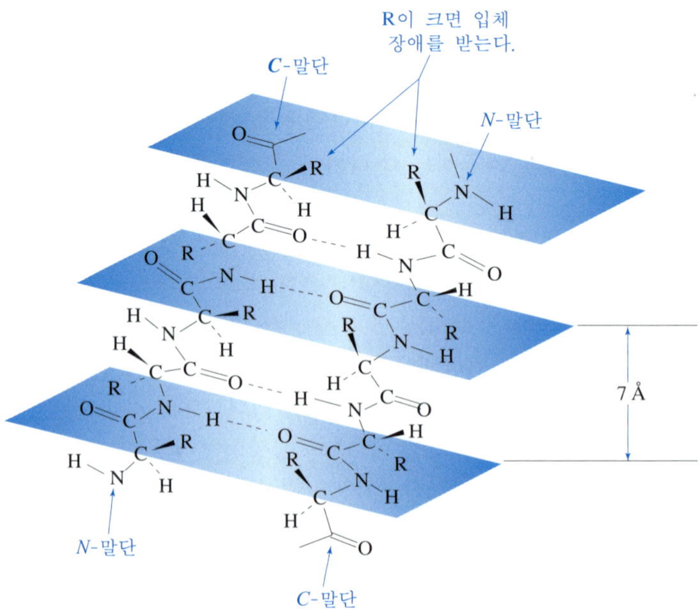

그림 15.3 β-병풍 구조

β-병풍 구조를 도시하면 그림 15.3과 같다. β-병풍 구조는 곁사슬 R의 크기가 작은 아미노산의 함량이 많은 단백질에서 주로 관찰된다. 섬유인 비단의 구조 단백질은 거의 완벽한 β-병풍 구조를 보여 준다. 이것은 36%의 glycine(R=H)과 22%의 alanine(R=CH_3)로 이루어져 있다. 이 구조에서는 인접한 단백질 사슬이 서로 반대 방향으로 나란히 배열되어서 사슬 사이의 수소 결합을 형성하고 있다. 각 사슬에 포함되어 있는 곁사슬 R은 교대로 병풍면의 위와 아래를 향하고 있다. R이 크면 인접한 사슬의 R과의 사이에서 입체 장애가 생기기 때문에 β-병풍 구조를 형성할 수 없다.

15.7 단백질의 삼차 및 사차 구조

단백질 사슬들은 구조적 안정도를 최대화하기 위해 자발적으로 접히고 둘둘 말리려는 경향을 가지고 있다. 단백질 사슬들이 접히고 말려 있는 모양을 **삼차 구조**(tertiary structure)라고 한다. 삼차 구조는 단백질의 물리적 성질은 물론이고 생물학적 작용에 결정적인 영향을 미친다.

삼차 구조를 형성하는 데는 공유 결합성 및 비공유 결합성 상호 작용이 모두 관여한다. 삼차 구조에 기여하는 공유 결합성 상호 작용의 한 예로는 단백질 사슬의 먼 거리에 있는 두 개의 cysteine 잔기 사이에서 형성되는 이황화물 다리를 들 수 있다. Arginine 또는 threonine과 같이 곁사슬 R에 포함된 —NH나 —OH는 이차 구조에서 설명했던 것과는 다른 형태의 수소 결합을 할 수 있으며 이 수소 결합은 삼차 구조에 기여한다.

반대 전하를 가지고 있는 곁사슬 R들 사이에서는 정전기적인 인력에 의한 **염다리**(salt bridge)가 형성된다. Leucine 또는 phenylalanine과 같은 중성 아미노산들은 소수성의 탄화수소 곁사슬인 R들을 가지고 있다. 이들은 van der Waals 인력을 통해 단백질 내부에 모여 왁스 성질의 핵을 형성한다. 이와는 대조적으로 산성 또는 염기성 아미노산들의 전하를 띤 R 곁사슬들은 단백질의 외부에서 물에 의해 용매화된다.

헤모글로빈의 일종인 myoglobin은 삼차 구조를 보여 주는 대표적인 구형 단백질이다. 근육 속에서 myoglobin은 에너지를 필요로 할 때 즉시 사용할 수 있도록 산소를 저장하고 있다. Myoglobin의 153개 아미노산 잔기는 여덟 개의 α-나선 조각에 배열되어 있다. α-나선 조각들은 친수성 아미노산 잔기들이 삼차 구조의 바깥쪽을 향하도록 고리 모양을 이루면서 서로 연결되어 있다. Myoglobin의 구형 구조를 도시하면 그림 15.4와 같다.

삼차 구조를 이루고 있는 여러 개의 단백질이 서로 엉켜서 이루어진 거대한 집합 구조는 **사차 구조**(quaternary structure)라고 한다. 단백질 사차 구조의 윤곽을 도시하면 그림 15.5와 같다. 사차 구조를 이루고 있는 단백질의 대표적인 예로는 hemoglobin과 collagen을 들 수 있다.

Hemoglobin은 주로 van der Waals 인력을 통해 삼차 구조를 이루고 있는 네 개의 폴리펩타이드와 네 개의 heme을 포함하고 있다.

Collagen은 포유 동물 단백질의 30% 이상을 차지하고 있다. Collagen은 피부, 뼈, 혈구

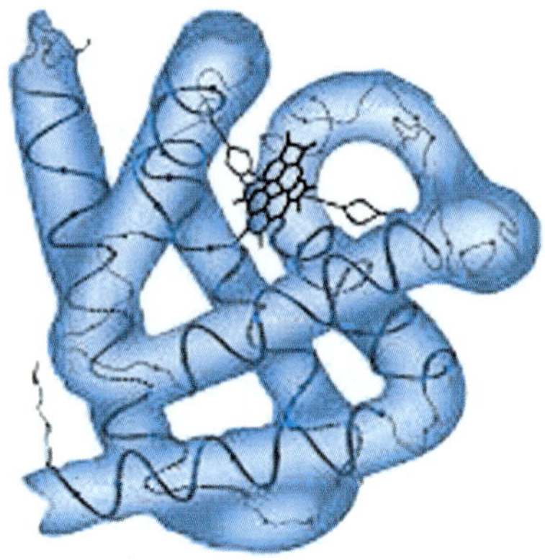

그림 15.4 **Myoglobin의 구형 구조**

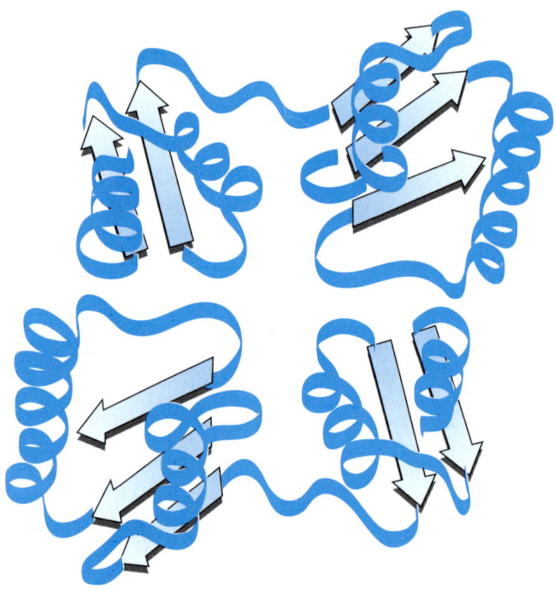

그림 15.5 **Hemoglobin 등의 거대 집합 구조인 사차 구조**

및 관절의 중요 성분이다. Collagen은 각각 약 1,000개의 아미노산 잔기로 이루어져 있으며 삼차 구조를 가지고 있는 세 개의 단백질이 서로 감겨 있다.

요약

단백질은 α-아미노산들이 **펩타이드 결합**으로 연결되어 있는 생체 중합체이다.

인체를 구성하고 있는 단백질은 20종의 α-아미노산으로 이루어져 있으며, 이들 중 10개의 **필수 아미노산**은 음식물을 통해 섭취하여야 한다. Glycine을 제외한 모든 아미노산들은 L-배열을 가지고 있다. 아미노산이 중성의 **쯔비터 이온** 구조로 존재하기 때문에 알짜 전하를 가지고 있지 않은 pH를 **등전점**(p*I*)이라고 한다.

Cysteine의 싸이올기가 산화되면 **이황화물 결합**이 형성된다.

펩타이드 또는 단백질에서 아미노산이 연결되어 있는 순서를 **아미노산 서열**이라고 한다. 펩타이드 구조를 그릴 때는 아미노기를 왼쪽 끝에, 카복실기를 오른쪽 끝에 놓이게 그리고, 펩타이드의 왼쪽 끝은 ***N*-말단**, 오른쪽 끝은 ***C*-말단**이라고 한다.

단백질 또는 펩타이드의 구조를 결정할 때는 먼저 환원제로 처리하여 이황화물 결합을 분해하고 가수 분해한 다음 α-아미노산들을 분리하여 조성과 함량을 결정한다. 다음 단계에서 펩타이드의 아미노산 서열을 결정한다. Phenyl isothiocyanate를 사용하여 펩타이드의 *N*-말단 잔기를 한 개씩 연속적으로 분리해 내고 그 유도체를 확인하는 **Edman 분해법**이 널리 이용된다.

단백질 이차 구조에는 **α-나선 구조**와 **β-병풍 구조**가 있다. 단백질들이 말려 있는 모양을 **단백질 삼차 구조**라고 한다.

보충문제

15.13 다음 각 기호가 나타내는 아미노산의 이름과 쯔비터 이온 구조를 제시하시오.

(1) Gly (2) Asp (3) Ala (4) Trp

15.14 다음 아미노산의 Fischer 투영도를 그리시오.

(1) L−Tyrosine (2) L−Isoleucine (3) D-Cysteine

15.15 다음 각 아미노산의 쯔비터 이온 구조를 그리시오.

(1) Proline (2) Tryptophan (3) Serine

15.16 쯔비터 이온 구조인 alanine이 다음과 반응했을 때 생성되는 구조를 그리시오.

(1) 1당량 HCl (2) 1당량 NaOH

15.17 다음 아미노산에 1몰의 양성자를 첨가하면 어떻게 구조가 변하겠는가?

(1) $^{-}O_2CCH_2CH(NH_3^+)CO_2^-$

$$\begin{array}{c} \qquad\qquad NH_3^+ \\ \qquad\qquad | \\ {}^{-}O_2CCH_2CHCO_2^- \end{array}$$

(2) $H_2NCH_2(CH_2)_3CH(NH_2)CO_2^-$

$$\begin{array}{c} \qquad\qquad\qquad\quad NH_2 \\ \qquad\qquad\qquad\quad | \\ H_2NCH_2(CH_2)_3CHCO_2^- \end{array}$$

15.18 다음 pH에서 가장 많이 존재하는 aspartic acid의 구조를 그리시오.

(1) pH 1.2 (2) pH 2.7 (3) pH 6.0 (4) pH 12.0

15.19 pH 5에서 histidine, serine 및 methionine이 전기 이동 장치에서 이동하는 방향을 지적하시오.

15.20 다음 각 펩타이드의 가수 분해 반응 메커니즘을 제시하시오.

(1) Valyltryptophan (2) Valylserine

15.21 Threonine에는 두 개의 카이랄 중심이 있다. 이 화합물의 부분 입체 이성질체들 중 한 개의 Fischer 투영도를 그리시오.

15.22 다음 폴리펩타이드를 trypsin 또는 chymotripsin으로 처리했을 때 얻어지는 펩타이드의 구조를 쓰시오.

Phe − Leu − Lys − Met − Asp − Gly − Tyr − Gly − Arg − Pro − Val − Ile − Tyr

15.23 단백질의 α−나선 구조에는 proline이 포함되지 않는다. 이를 설명하시오.

16장 지방질과 핵산

지방질(lipid)에는 지방, 왁스, 스테로이드, 프로스타그란딘, 터펜 등이 있다. 지방질은 생체 내에서 에너지 저장, 세포막의 구성 성분 및 화학적 전령의 세 가지 중요한 역할을 한다. 탄수화물을 태우면 약 4 kcal/mol의 에너지가 발생하는 반면 지방질을 태우면 약 9 kcal/mol의 에너지가 생산된다. 식물이 에너지원으로 사용하는 탄수화물보다 훨씬 경제적이기 때문에 동물은 탄수화물과 함께 지방질을 에너지원으로 이용한다. 세포 안팎의 환경을 다르게 유지하기 위해 세포막은 물에 녹지 않아야 한다. 물을 싫어하는 성질인 **소수성**(hydrophobicity)을 가지고 있는 지방질은 세포막의 중요한 구성 요소이다. 스테로이드 호르몬과 같은 지방질은 인체의 한 부분으로부터 다른 부분으로 신호를 전달하는 화학적 전령으로 작용하고, prostaglandin은 호르몬 반응을 중개한다.

19세기 말엽 생물학자들은 유전 정보가 한 세대로부터 다음 세대로 전달되는 현상은 세포핵 내부의 **염색체**(chromosome)와 관계가 있다고 믿었다. 생물의 특징을 결정하는 어떤 정보가 염색체 내의 **유전자**(gene)에 있다고 생각하였다.

핵은 주로 **핵산**(nucleic acid)으로 이루어져 있다. 핵산에는 **데옥시리보핵산**(deoxyribonucleic acid, DNA)과 **리보핵산**(ribonucleic acid, RNA)의 두 가지가 있다. 핵산이 유전 정보를 운반한다는 사실은 1944년에 발견되었으며 1953년 Watson과 Crick에 의해 처음으로 DNA가 이중 나선 구조를 가지고 있다는 사실이 밝혀졌다. 대부분의 생명체에서는 DNA에 저장된 유전 정보가 RNA로 전사된다. 그런 다음 이 정보는 세포의 구조와 작용에 필요한 모든 단백질의 합성을 위해 복사될 수 있다. 단백질의 생합성, 세포 작용의 유지 및 조절과 관련된 유전 정보의 전달을 분자 수준에서 규명한 것은 인류가 이룩한 가장 위대한 업적 중의 하나이다.

이 장에서는 지방질의 종류와 그들의 이용 및 생물학적 활성을 공부한다. 또 핵산의 구조와 유전 정보가 DNA 분자에 저장되는 방법, 리보핵산의 작용 및 단백질의 일차 구조가 어떻게 결정되는가에 대해서 공부한다.

16.1 지방, 기름 및 왁스

천연 지방질 중 **지방**(fat)과 **기름**(oil)이 가장 많이 분포되어 있다. 보통 온도에서 버터나 돼지 비계와 같은 지방은 고체이고 올리브나 콩과 같은 식물의 기름은 액체로서 보이는 형태는 다르지만 구조는 서로 밀접한 관계가 있다. 모든 지방과 기름은 glycerol(1,2,3-propanetriol)과 지방산(fatty acid)이라고 하는 긴 사슬 카복실산의 **삼중 에스터**(triester)이다. 이 에스터를 **triglyceride**라고 부른다.

천연 지방산은 acetylcoenzyme A의 두 개 탄소로 이루어진 아세틸기로부터 생합성되기 때문에 모두 짝수 개의 탄소를 가지고 있으며 곁가지가 없다.

$$CH_3\overset{\overset{\displaystyle O}{\|}}{C}SCoA \xrightarrow{\text{여러 단계}} \text{탄소수가 짝수인 지방산}$$

천연에는 약 40개의 지방산이 존재한다. 대표적인 지방산들을 종합하면 표 16.1과 같다.

표 16.1 **대표적인 지방산**

관용명	탄소수	구조	녹는점/℃
포화			
Lauric acid	12	$CH_3(CH_2)_{10}COOH$	44
Myristic acid	14	$CH_3(CH_2)_{12}COOH$	58
Palmitic acid	16	$CH_3(CH_2)_{14}COOH$	63
Stearic acid	18	$CH_3(CH_2)_{16}COOH$	70
Arachidic acid	20	$CH_3(CH_2)_{18}COOH$	75
불포화			
Palmitoleic acid	16	*cis*−$CH_3(CH_2)_5CH{=}CH(CH_2)_7COOH$	32
Oleic acid	18	*cis*−$CH_3(CH_2)_7CH{=}CH(CH_2)_7COOH$	4
Linoleic acid		*cis,cis*−$CH_3(CH_2)_4CH{=}CHCH_2CH{=}CH(CH_2)_7COOH$	−5
Linolenic acid	18	All *cis*−$CH_3CH_2(CH{=}CHCH_2)_3(CH_2)_6COOH$	−11

지방산은 **포화 지방산**(saturated fatty acid)과 **불포화 지방산**(unsaturated fatty acid)으로 분류된다. 포화 지방산은 탄화수소 골격이 단일 결합으로만 이루어져 있고 불포화 지방산은 적어도 한 개 이상의 탄소−탄소 이중 결합을 가지고 있다. 불포화 지방산인 linoleic acid와 linolenic acid는 인체에서 생합성될 수 없기 때문에 음식물로 섭취해야 하는 **필수 지방산**이다. 어린이가 이들 지방산이 부족한 음식을 먹으면 성장이 지연되고 심각한 피부 장애가 발생한다.

분자 사이에서 작용하는 van der Waals 인력 때문에 포화 지방산은 분자량이 증가하면 녹는점 및 끓는점이 증가한다. 불포화 지방산의 이중 결합들은 모두 *cis*-배열을 하고 있기 때문에 분자가 굽어 있다. 이 때문에 고체 상태에서 포화 지방산처럼 분자들이 촘촘하게 포개어지지 못한다. 결과로서 불포화 지방산의 분자 사이에서 작용하는 인력은 비슷한 분자량의 포화 지방산에서 보다 작으므로 녹는점이 낮다. 표 16.1에 종합된 불포화 지방산의 녹는점은 분자 내 이중 결합 수가 증가하면 감소하는 것을 보여 준다.

불포화 지방산을 전이 금속 촉매 존재 하에서 수소화하면 포화 지방산이 얻어진다. 이 반응을 **경화**(hardening)라고 한다.

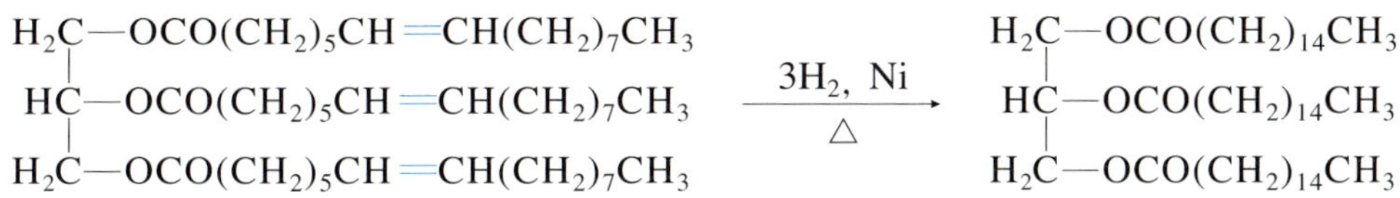

불포화 지방산이 많은 콩 또는 올리브유와 같은 기름을 수소화하면 마가린과 같은 요리용 고체 기름이 얻어진다.

간단한 천연 지방산 에스터를 **왁스**(wax)라고 한다. 왁스는 긴 사슬 알코올 에스터인 지방산들의 혼합물이다. 산의 골격은 16~36개의 짝수 개 탄소로 이루어져 있으며, 알코올 부분은 24~36개 탄소로 이루어져 있다.

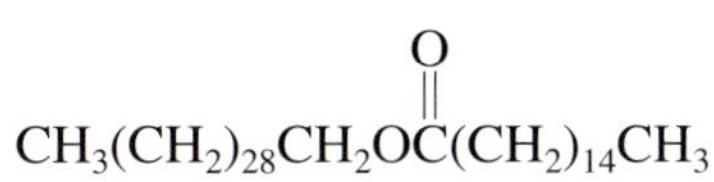

Triacontyl hexadecanoate
벌꿀의 성분

왁스는 벌꿀 속에 많이 들어 있으며 대부분의 과일, 딸기 또는 잎의 표면에 얇게 퍼져 수분의 증발을 막아내는 보호막으로 작용한다. 물새의 깃털 표면에도 방수용 왁스가 있다.

16.1 이중 결합의 입체 배열이 모두 나타나도록 linoleic acid의 구조를 그리시오.

16.2 단순 triglyceride인 glyceryl trilaurate의 구조를 그리시오.

16.2 비누

과량의 NaOH 존재 하에서 지방이나 기름을 가수 분해하면 glycerol과 지방산의 소듐염이 형성되는데 이것이 **비누**(soap)이다.

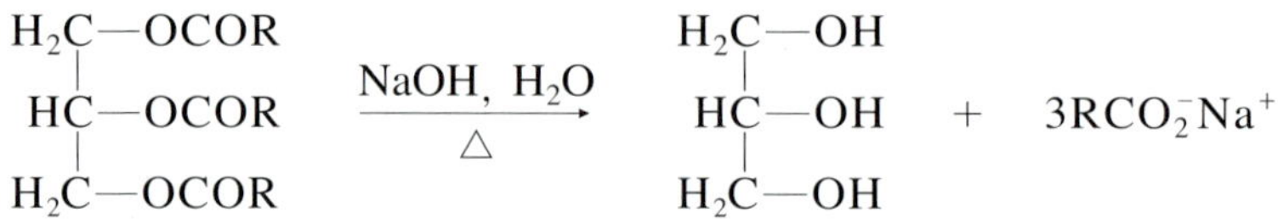

Triglyceride glycerol Sodium carboxylate 비누

비누는 수천 년 전 고대 이집트인들에 의해 발견되었다. Julius Cesar가 Teutonic족의 비누 만드는 법을 배워 로마에 전수하였다. 중세를 거치는 동안 잊혀져 있다가 르네상스 시대에 다시 비누를 만들기 시작하였는데 18세기 이전에는 비누가 주로 의학용으로 사용되는 귀한 물건이었다.

비누 분자는 친수성인 머리와 소수성인 꼬리로 이루어져 있다. 머리인 분자의 $-COO^-$ 끝은 이온성이기 때문에 물과 잘 섞일 수 있고 꼬리인 긴 사슬 탄화수소 부분은 물에는 녹지 않고 유기 화합물 또는 때와 잘 섞인다.

약 50~150개 비누 분자의 꼬리들은 안쪽으로 모여 있고 음전하를 띤 머리들은 바깥쪽 물을 향하고 있는 상태로 덩어리져 있는데 이것을 **마이셀**(micelle)이라고 한다. 이와 같은 구조 때문에 비누 분자는 물에 녹은 것이 아니라 콜로이드 상태로 퍼져 있다.

비누는 기름기 있는 때를 녹여낸다. 때는 일반적으로 비극성이며 물에 잘 녹지 않는다. 비누와 때가 서로 가까워지면 마이셀의 안쪽에 있는 꼬리 부분이 때를 둘러싸 새로운 마이셀을 형성한다. 이 새로운 마이셀은 물이 움직일 때 세탁물로부터 떨어져 나오게 된다.

비누 마이셀 때를 둘러싸고 있는 마이셀

우리가 보는 덩어리 비누나 가루 비누는 지방산의 소듐염이다. 액체 비누는 일반적으로 지방산의 포타슘염이다. 비누는 Ca^{2+} 및 Mg^{2+} 이온을 포함하고 있는 경수(hard water)에서는 침전으로 가라앉는다. 이 때문에 비누를 경수에서 사용하면 세탁물이나 욕조에 얼룩이나 찌꺼기로 남게 된다.

$$2\,RCO_2^- + Ca^{2+} \longrightarrow (RCO_2)_2Ca\downarrow$$

이와 같은 단점을 개선하기 위해 개발된 것이 긴 탄화수소 사슬을 가지고 있는 설폰산 소듐(sodium sulfate)과 같은 합성 세제이다. 합성 세제는 센물 속에서 금속 이온들과 함께 기분 나쁜 찌꺼기를 형성하지 않는다.

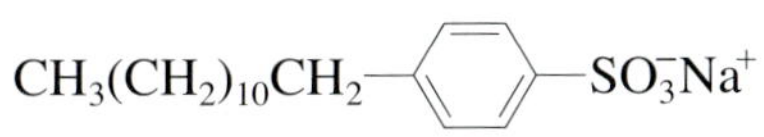

Sodium-*p*-dodecylbenzenesulfonate

$CH_3(CH_2)_{11}OSO_3^-Na^+$

Sodium dodecylsulfate

비눗물은 표면 장력이 낮기 때문에 보통의 물보다 적시는 능력이 훨씬 크다. 이와 같은 성질 때문에 비누와 합성 세제를 **계면 활성제**(surfactant)라고 한다. 계면 활성제는 물의 표면에서 물분자들의 수소 결합을 방해함으로써 물의 표면 장력을 감소시킨다. 계면 활성제는 머리의 성질에 따라 음이온성, 양이온성 및 중성으로 분류된다. 카복실산 음이온을 가지고 있는 비누는 음이온 계면 활성제이다. 항생제인 *N*–benzyl quaternary ammonium chloride는 양이온성 계면 활성제이다. 중성 계면 활성제는 친수성 극성기의 수소가 물과 수소 결합을 형성하며 합성 섬유를 세탁하는 데 효과가 있다.

$CH_3(CH2)_{16}CO_2^-Na^+$

음이온 계면 활성제

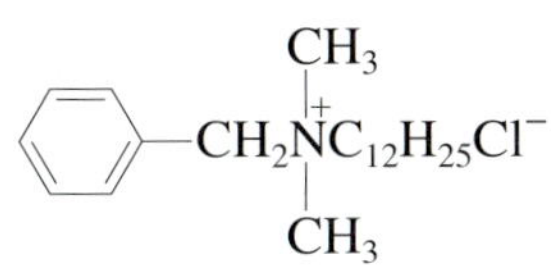

양이온 계면 활성제

$R{-}C({=}O){-}(CH_2CH_2O)_n{-}CH_2CH_2ON$

중성 계면 활성제

16.3 Glyceryl monooleate dilaurate가 NaOH 수용액에서 가수 분해될 때의 메커니즘을 제시하시오.

16.4 S_N2 반응을 이용하여 위의 양이온 계면 활성제를 합성하는 방법을 제시하시오.

16.3 인지질

인지질(phospholipid)에는 **phosphoglyceride**와 **sphingolipid**의 두 종류가 있다. Phosphoglyceride는 glycerol 3-phosphate의 삼중 에스터이며 세포막의 가장 중요한 성분이다. Glycerol의 세 —OH기 중 둘은 지방산과 에스터 결합을 하고 있으며 두 개의 소수성 꼬리로 작용한다. Glycerol의 C(1)에 결합되어 있는 지방산의 아실기는 보통 포화되어 있는 반면 C(2)에는 불포화 아실기가 결합되어 있다. Phosphoglyceride의 세 번째 위치는 인산 에스터이다. 이 인산 골격은 또 다른 알코올과 에스터를 형성하고 있다. 이 알코올이 사차 암모늄 화합물인 choline이면 phosphatidylcholine(일반명 lecithin)이라고 부른다.

Phosphoglyceride의 또 다른 예인 phosphatidylethanolamine(일반명 cephalin)은 choline 대신 ethanolamine을 포함하고 있다.

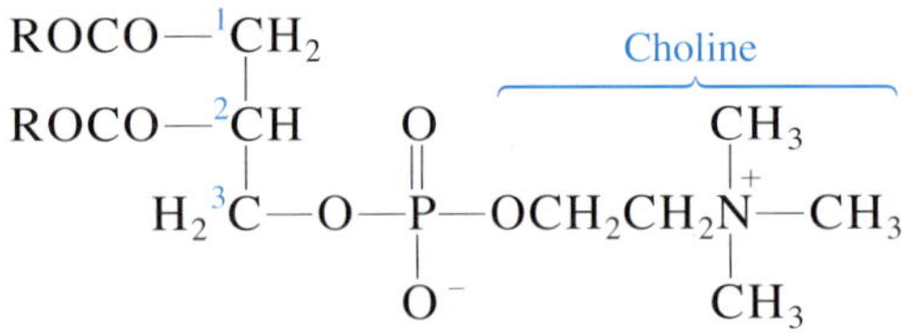

Phosphatidylcholine(Lecithin)

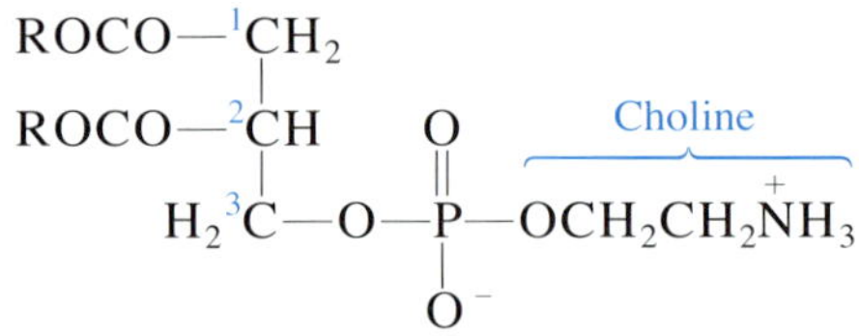

Phosphatidylethanolamine(Cephalin)

Lecithin과 cephalin은 주로 뇌, 신경 세포, 동물의 간, 달걀 노른자위, 이스트 및 콩 등에 들어 있다. Lecithin은 식품 유화제로 사용된다. 마요네즈와 같은 식품에 첨가하면 물과 지방 성분이 분리되는 것을 막아준다. Lecithin은 음전하를 띤 인산기와 양전하가 놓여 있는 choline으로 이루어져 있다. 이 전하를 띤 부분은 강한 친수성의 머리로 작용하는 반면 분자의 나머지 부분은 소수성이다. 그림 16.1에서 보는 것처럼 lecithin과 같은 인지질이 약 50 Å 두께의 **지질 두겹층**(lipid bilayer)의 일부가 되면 소수성인 꼬리는 두겹층의 안쪽을 향하고 친수성인 머리는 세포막의 안쪽 표면과 바깥쪽 표면에 배열된다.

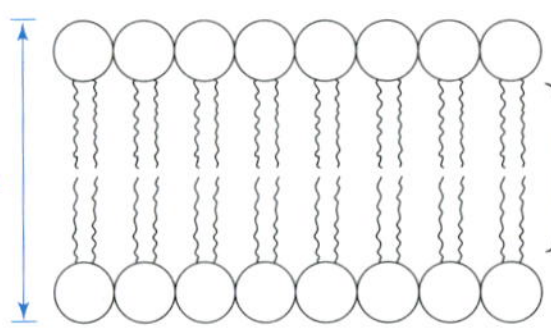

그림 16.1 세포막을 구성하고 있는 phospholipid의 두겹층

Sphingolipid는 sphingosine의 유도체들이다. Spingolipid의 일종인 spingomyelin은 sphingosine의 아미노기에 긴 사슬 지방산이 아마이드 결합으로 연결되어 있고, 사슬의 끝에 있는 하이드록시기에는 phosphorylcholine이 에스터 결합으로 연결된 구조를 보여 준다.

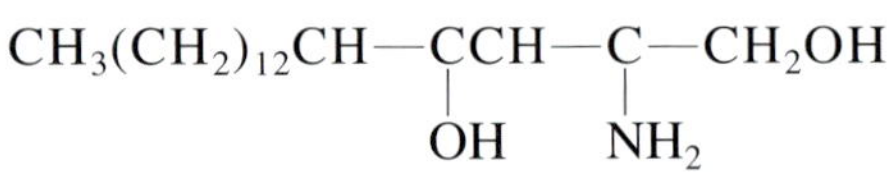

Sphingosine

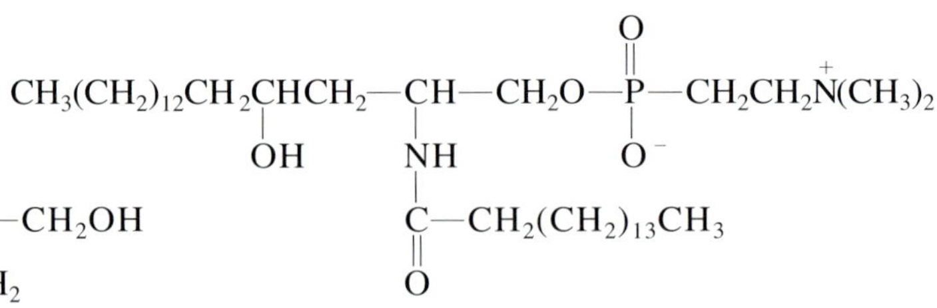

Sphingomyelin(sphingolipid)

Sphingomyelin은 신경 섬유 껍질의 중요한 성분이며 뇌조직에 다량으로 존재한다. 뇌의 미엘린에 sphingomyelin과 인지질이 부족하면 복합성 경화증이 생긴다.

16.4 스테로이드

세 번째로 중요한 부류의 지질이 **스테로이드**(steroid)이다. 스테로이드는 네 개의 고리가 *trans*로 접합된 구조를 가지고 있다. 네 개의 고리는 아래쪽으로부터 A, B, C 및 D로 표시되며 탄소 원자의 위치 번호는 고리 A로부터 시작된다. 고리 D는 다섯 원자 고리이다. A, B 및 C의 여섯 원자 고리는 입체적으로 가장 안정한 의자 형태로 고정되어 있기 때문에 고리 뒤집기를 일으키지 않는다. C(10)과 C(13)에는 메틸기가 결합되어 있고 C(17)에는 여러 가지 구조의 곁사슬들이 연결될 수 있다.

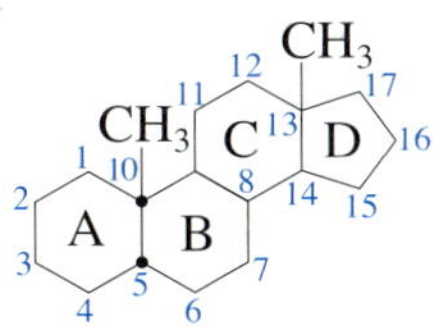

스테로이드 기본 구조

≡

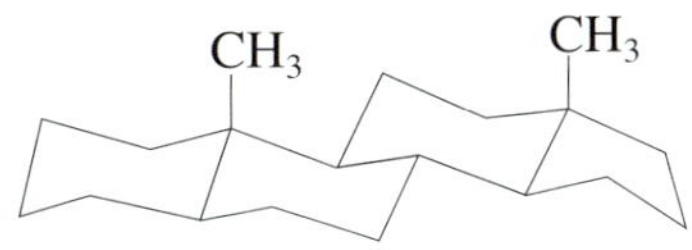

의자 형태로 표시한 스테로이드 입체 구조

사람의 몸에 가장 많으며 가장 중요한 스테로이드 계열 화합물이 **콜레스테롤**(cholesterol)이다. 콜레스테롤은 모든 동물 세포의 원형질막 구성 성분이다. 이것은 또 성 호르몬, 부신피질 호르몬 및 담즙산(bile acid)과 같은 다른 스테로이드 화합물을 생합성하는 원료로 이용된다. 혈중 콜레스테롤 농도와 동맥경화증과 같은 질병 사이의 관련성 때문에 많은 사람들은 콜레스테롤을 꺼려하고 독성 물질로 생각한다. 그러나 콜레스테롤은 독이 아니라 사람의 생명 현상에 필수적인 화합물이다. 콜레스테롤은 음식으로 섭취하지 않아도 우리가 필요로 하는 양만큼 간에서 생합성되며 몸 속에 있는 콜레스테롤의 양은 평균 170 g 정도이다.

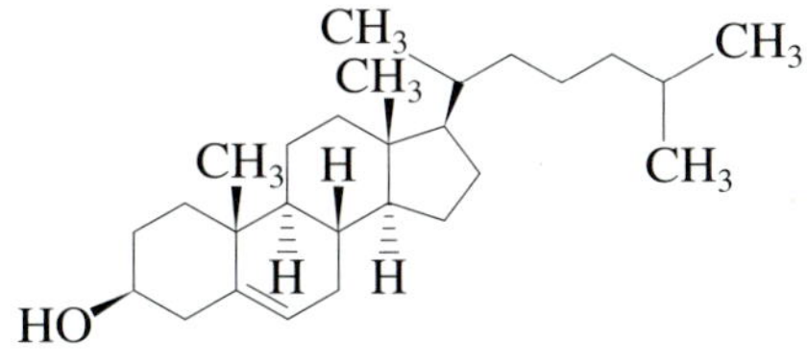

콜레스테롤

호르몬(hormone)은 내분비선에서 생합성되어 혈액을 따라 목표 조직으로 전달된 다음 어떤 생물학적 과정을 자극하거나 지지하는 화학적 전령으로 작용한다.

부신피질에서 생성되는 부신피질 호르몬은 작용 메커니즘에 따라 **Mineralocorticoid**와 **glucocorticoid**의 두 부류로 나누어진다. Mineralocorticoid류는 주로 Na^+과 K^+의 농도를 조절하며 glucocorticoid류는 탄수화물 대사를 조절한다. 가장 중요한 mineralocorticoid인 **aldosterone**은 신장의 세관에서 Na^+과 Cl^-는 재흡수시키고 K^+을 배출시킨다. Glucocorticoid인 cortisol은 체내에서 glucose와 glycogen의 농도를 조절한다.

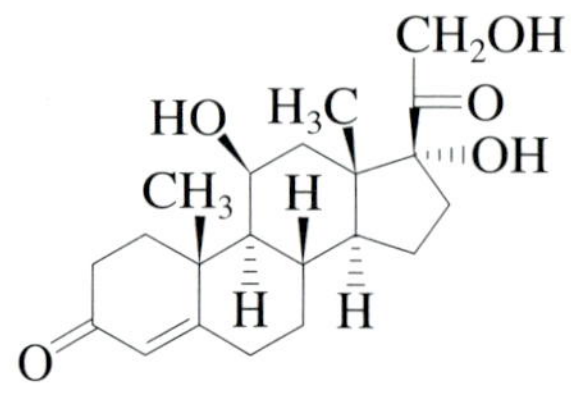

Cortisol

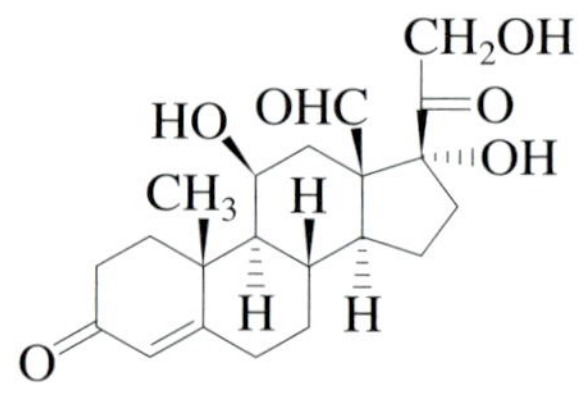

Aldosterone

남자의 고환에서 생합성되는 testosterone은 가장 중요한 남성 호르몬이다. 이것은 남자의 생식기의 성장을 촉진시킨다. 사춘기가 되면 testosterone의 분비가 증가되며 이것은 굵은 목소리와 체모와 같은 이차 성징이 나타나게 한다. 이것은 근육을 강화시키기 때문에 운동 선수나 경주말에 불법적으로 사용되기도 한다. 장기간 투여하면 성기능 장애 또는 간암과 같은 심각한 부작용이 초래된다.

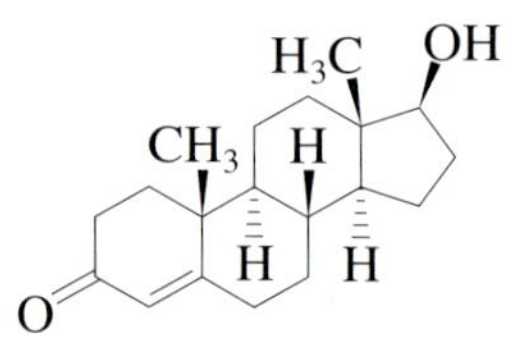

Testosterone

Estradiol은 가장 중요한 여성 호르몬이며 난소에서 분비된다. 여성의 이차 성징을 나타나게 하고 여성의 생리 주기를 조절하는 데 매우 중요한 역할을 한다. Progesterone은 자궁에 수정된 난자가 착상되어 임신을 유지시키고 이 기간 중에 이상 배란이 되지 않게 한다.

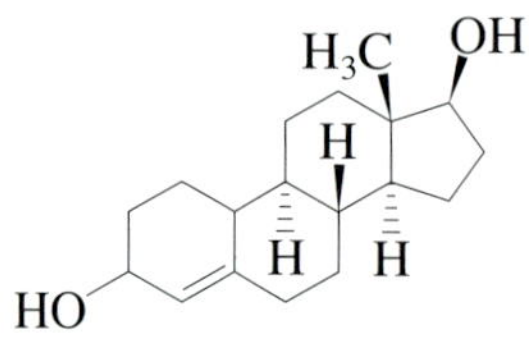

Estradiol

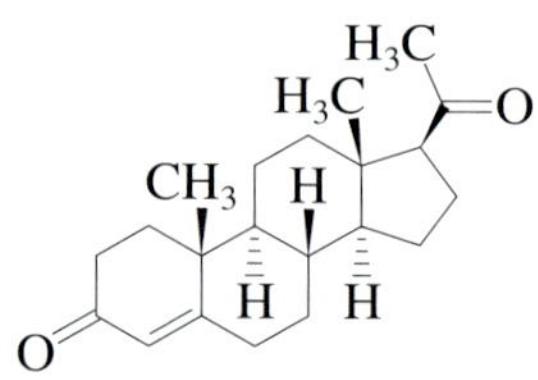

Progesterone

16.5 터펜

식물 조직을 분쇄한 다음 물과 함께 증류하면 물에 녹지 않으면서 식물의 고유한 향기를 발산하는 **정유**(essential oil)가 얻어진다. 정유의 향기 성분들을 **터펜**(terpene)이라고 한다. 터펜 중의 어떤 것들은 하이드록시기나 카보닐기를 가지고 있는데 산소 원자를 포함하고 있는 이 터펜들은 **터페노이드**(terpenoid)라고 부르기도 한다. 터펜은 수천 년 동안 식품 향료, 향수 또는 의약품으로 이용되어 왔다.

터펜은 **아이소프렌**(isoprene) 단위가 **머리-꼬리**(head-to-tail)형으로 연결된 구조를 보여 준다. 아이소프렌 분자의 메틸 치환된 부분을 '머리' 라고 하고, 가지가 없는 부분은 '꼬리' 라고 한다. 머리-꼬리 형으로 아이소프렌들이 연결되어 터펜 분자가 만들어지는 것을 **'아이소프렌 규칙'** 이라고 한다.

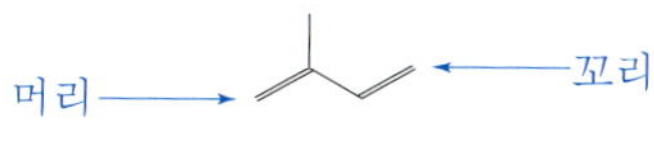

Isoprene(2-methyl-1,3-butadiene)

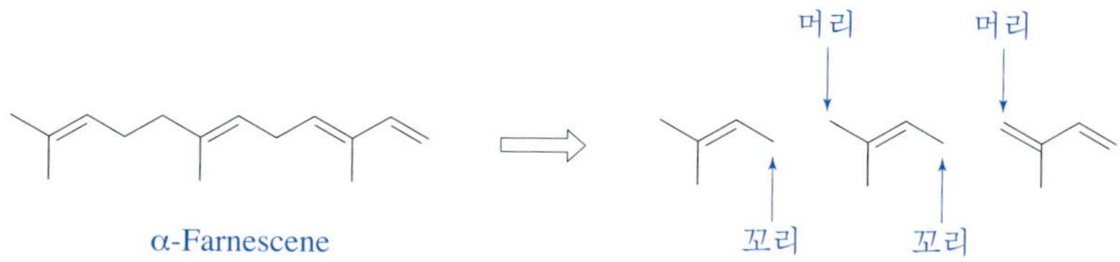

α-Farnescene

터펜은 탄소의 수에 따라 분류된다. 두 개의 아이소프렌 단위로 이루어져 있기 때문에 10개의 탄소 원자를 가지고 있는 터펜은 **monoterpene**으로 분류된다. 식물에서 발견되는 많은 향기 성분에는 monoterpene과 **sesquiterpene**(15개 탄소)이 많다. **Diterpene**(20개 탄소), **triterpene**(30개 탄소) 및 **tetraterpene**(40개 탄소)들 중 많은 것들이 생물학적으로 중요한 역할을 한다.

16.5 다음 menthol과 β-pinene에서 아이소프렌 단위들이 연결된 위치와 머리와 꼬리 부분을 지적하시오.

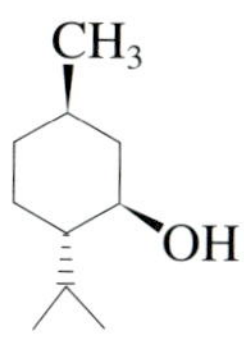

Menthol

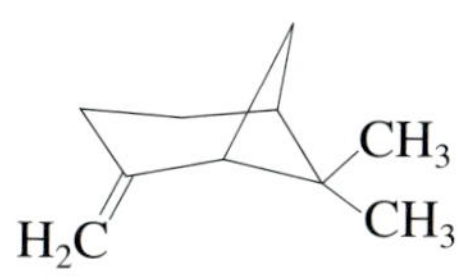

β-Pinene

16.6 아이코사노이드

아이코사노이드(eicosanoid)는 탄소수 20개의 불포화 지방산들이다. 이들은 생합성된 조직의 근처에서 화학적 전령으로 작용한다.

Prostaglandin과 **leukotriene**은 구조가 다른 두 종류의 아이코사노이드이다. Prostaglandin은 모두 다섯 원자 고리를 가지고 있지만 leukotriene에는 고리 구조가 없다.

Prostaglandin과 leukotriene은 탄소수 20개의 불포화 지방산인 arachidonic acid로부터 생합성된다. Arachidonic acid는 필수 지방산 중의 하나인 linolenic acid로부터 만들어진다.

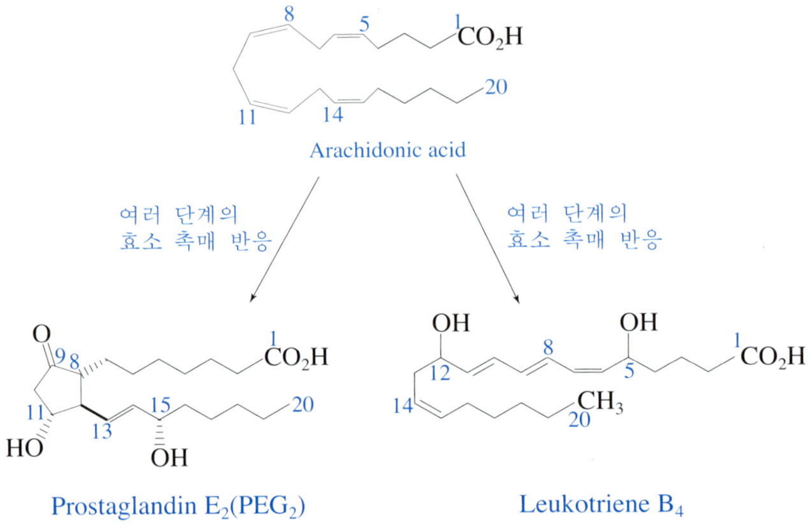

Prostagrandin들은 임상에 폭넓게 이용될 가능성 때문에 깊이 연구되었다. 수십 종의 prostaglandin이 알려져 있다. Prostaglandin은 거의 모든 인체 조직에서 발견되며 폐, 간, 자궁 및 다른 여러 조직에서 생합성된다. Prostaglandin은 호르몬과 마찬가지로 매우 낮은 농도에서 생물학적인 활성을 보여 주며 지방의 대사, 심장박동, 혈압, 혈액의 응고, 발열, 통증, 수면 사이클과 같은 여러 가지 생리학적 반응을 조절한다.

아스피린은 prostaglandin 합성에 관여하는 효소를 저해하기 때문에 해열 작용이 있다. 아스피린은 arachidonic acid를 prostaglandin으로 전환시키는 첫 단계에서 촉매 작용을 하는 효소의 serine 곁사슬에 자신의 아세틸기를 전달함으로써 효소를 비가역적으로 저해한다. 아스피린은 또 혈액 응고와 관련된 thromboxane과 prostacyclin이라는 물질의 생합성에 관여하는 효소도 저해하기 때문에 혈전으로 야기되는 심장질환도 예방해 준다.

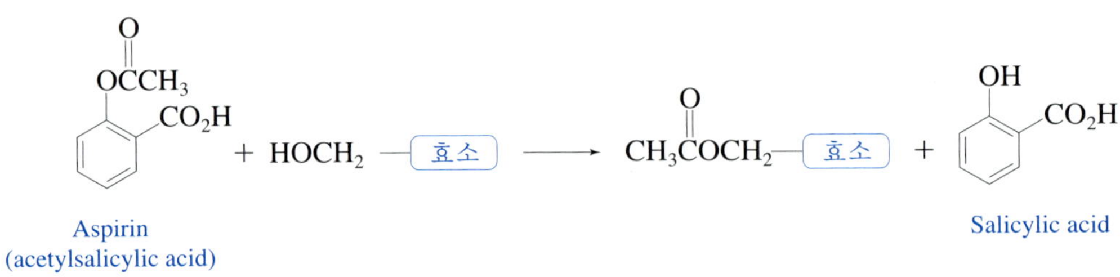

Leukotriene은 주로 백혈구에 있지만, 인체의 다른 조직에서도 발견된다. 이들은 특히 허파에서 근육의 오래 지속되는 수축에 관여하며, 천식, 심각한 알레르기 반응 또는 염증을 일으킨다. 실제로 이들은 히스타민보다 100배 정도 강하다. Plastaglandin과 leukotriene이 염증을 일으키고 열을 내게 하기 때문에 인체에서 이들의 생산을 억제하는 것은 의학적으로 중요한 의미를 가지고 있다. Leukotriene의 작용을 억제하는 한 가지 방법은 인체 내의 leukotriene 수용체를 저해하는 것이다. Accolate라는 이름으로 시판되고 있는 약품은 이 수용체를 저해하며 주기적인 천식을 치료하는 데 사용된다.

16.7 핵산의 조성

탄수화물이나 단백질과 마찬가지로 **핵산**(nucleic acid)도 고분자이다. 탄수화물은 polysaccharide, 단백질은 polypeptide이고, 핵산은 **polynucleotide**이다. **뉴클레오타이드**(nucleotide)는 질소-헤테로 고리인 염기, 당 및 인산 이온의 세 부분으로 구성되어 있다.

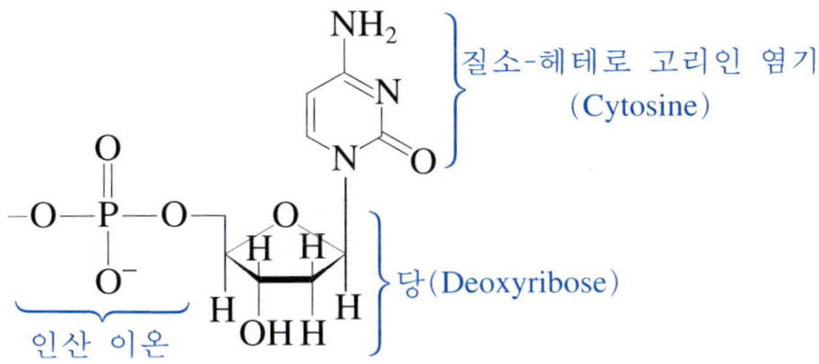

DNA와 RNA에는 다섯 종류의 염기가 있다. Uracil(U), cytosine(C) 및 thymine(T)은 pyrimidine 염기로 분류되고, adenine(A) 및 guanine(G)은 purine 염기로 분류된다. Adenine, guanine 및 cytosine은 DNA와 RNA에 모두 들어 있다. Thymine은 DNA 분자에만 있고 uracil은 RNA 분자에만 존재한다.

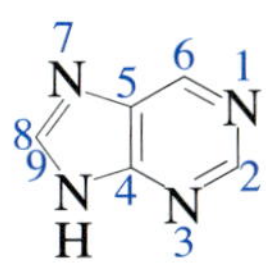
Purine

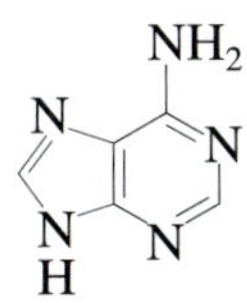
Adenine(A)
(DNA, RNA)

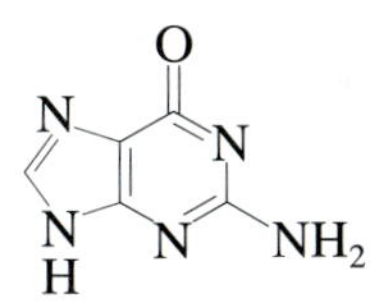
Guanine(G)
(DNA, RNA)

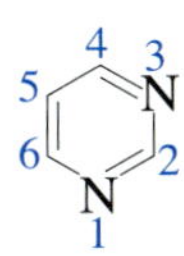
Pyrimidine

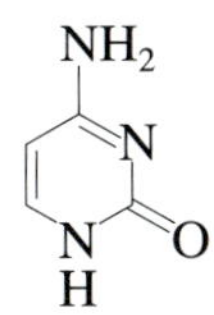
Cytosine(C)
(DNA, RNA)

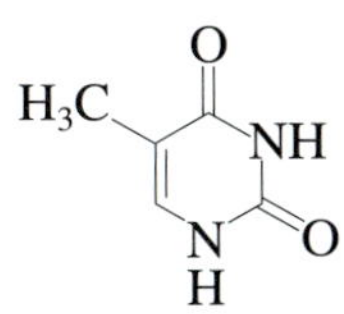
Thymine(T)
(DNA)

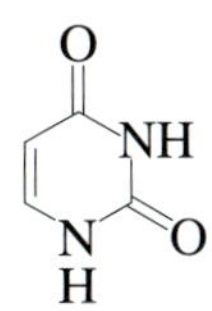
Uracil(U)
(RNA)

DNA와 RNA는 분자의 당 부분이 다르다. DNA는 당이 2-deoxyribose이고 RNA는 당이 ribose이다.

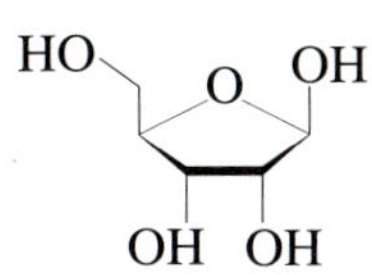
D-Ribose

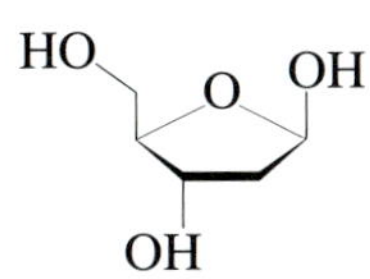
Deoxy-D-ribose

16.6 Pyrimidine과 purine이 방향족 화합물인 이유를 설명하시오.

16.7 다음 각 화합물들의 공명 구조를 그리시오.

(1) Adenine (2) Cytosine (3) Guanine

16.8 뉴클레오사이드와 뉴클레오타이드

염기와 당이 염기의 질소 원자와 당의 아노머 탄소 사이의 결합으로 연결되면 뉴클레오사이드가 된다. 당 부분의 탄소 위치는 purine 및 pyrimidine의 그것과 구별하기 위하여 1′, 2′, 3′, 4′ 및 5′으로 나타낸다. Pyrimidine 염기는 N(1)이, purine 염기는 N(9)가 D-ribose 또는 2′-deoxy-D-ribose의 아노머 탄소인 C(1′)에 β-*N*-배당체 결합을 통해 연결되어 있다. 뉴클레오사이드의 이름을 지을 때 purine 염기의 경우는 어미를 '–osine'으로 pyrimidine 염기의 경우는 어미를 '–idine'으로 바꾸어준다. Adenosine은 대표적인 purine 뉴클레오사이드이고 uridine은 대표적인 pyrimidine 뉴클레오사이드이다.

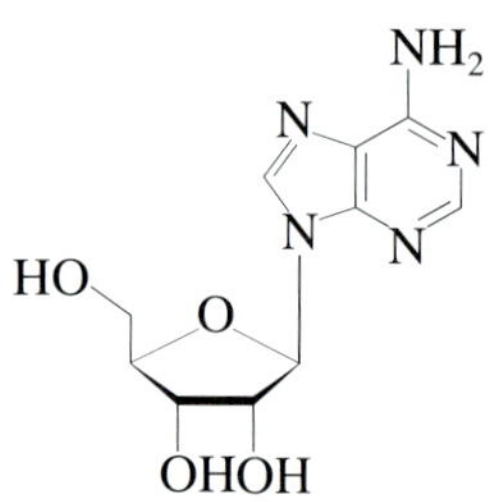
Adenosine

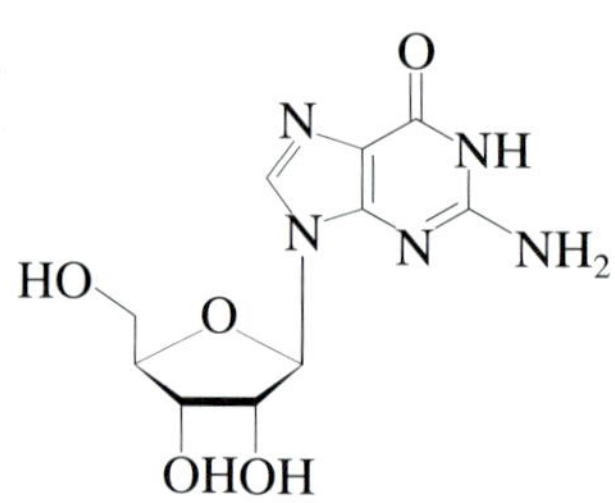
Guanosine

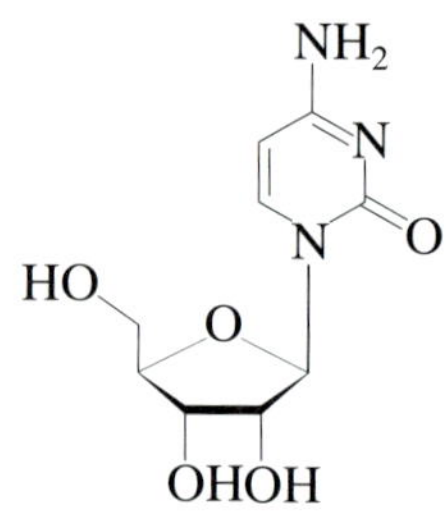
Cytidine

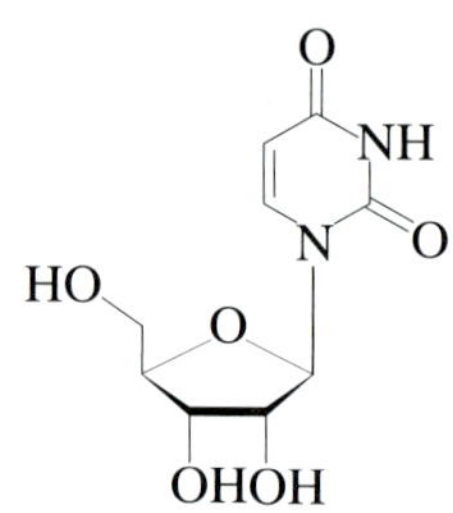
Uridine

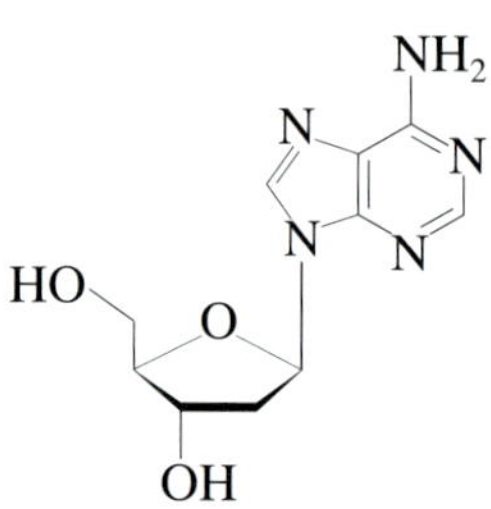
2′-Deoxyadenosine

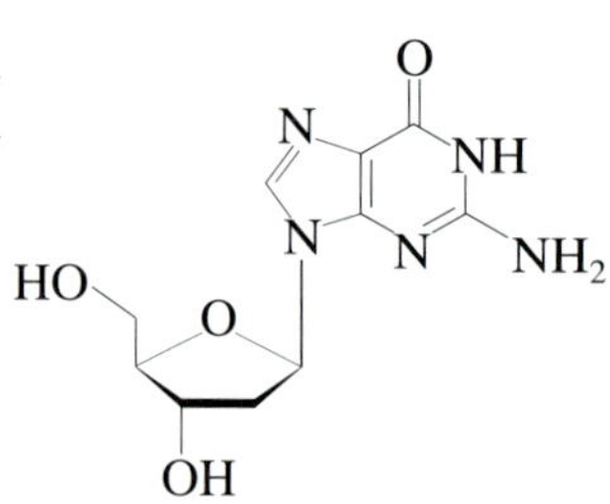
2′-Deoxyguanosine

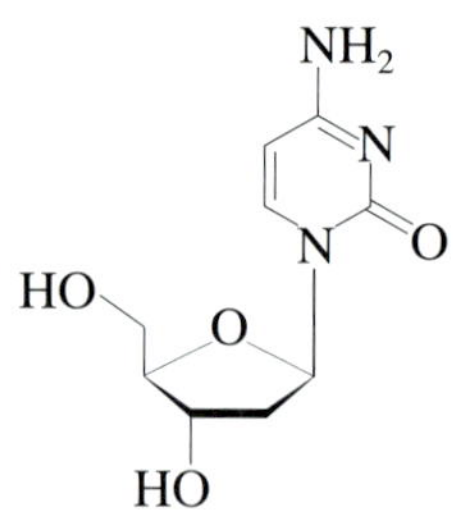
2′-Deoxycytidine

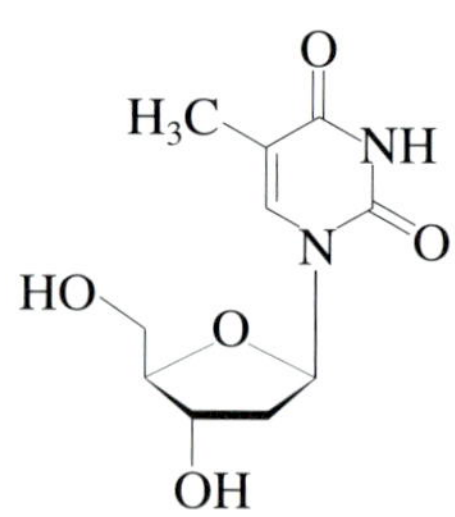
Thymidine

뉴클레오타이드는 인산 이온이 뉴클레오사이드의 3′-이나 5′-OH에 에스터 결합으로 연결되어 있는 화합물이다. RNA를 구성하고 있는 뉴클레오타이드는 **리보뉴클레오타이드**(ribonucleotide)라 하고 DNA의 뉴클레오타이드는 **데옥시리보뉴클레오타이드**(deoxyribonucleotide)라고 한다. 2′-Deoxyadenosine 3′-monophosphate와 2′-deoxyadenosine 5′-monophosphate에서 보는 것처럼 뉴클레오타이드는 뉴클레오사이드의 3′ 또는 5′-monophosphate로 이름을 짓는다. 이들의 이름은 표 16.2에서 종합한 것처럼 약어로 표시하는 것이 편리하다. 약어에서 'd' 는 2′-deoxy-D-ribose를, 다음에 오는 영문자는 염기를 나타내고 'MP' 는 monophosphate를 의미한다. 'DP' 는 diphosphate, 'TP' 는 triphosphate를 의미한다.

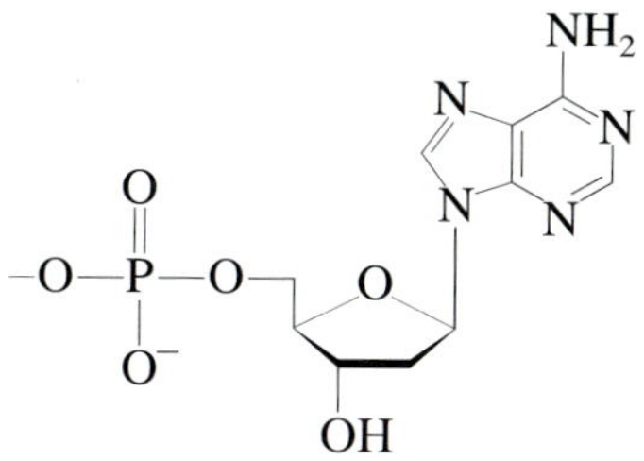

2′-Deoxyadenosine 5′-monophosphate

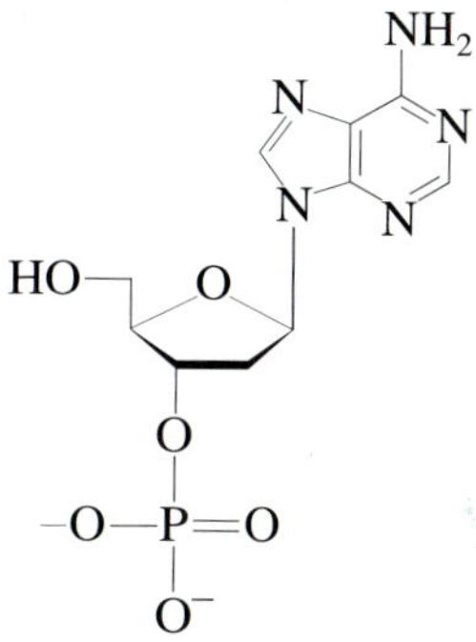

2′-Deoxyadenosine 3′-monophosphate

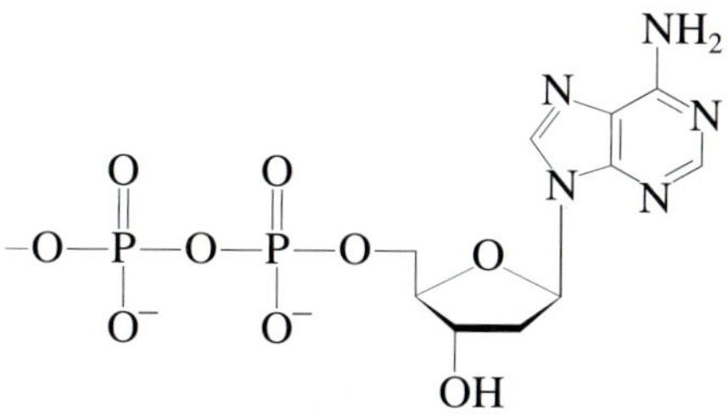

2′-Deoxyadenosine 5′-diphosphate

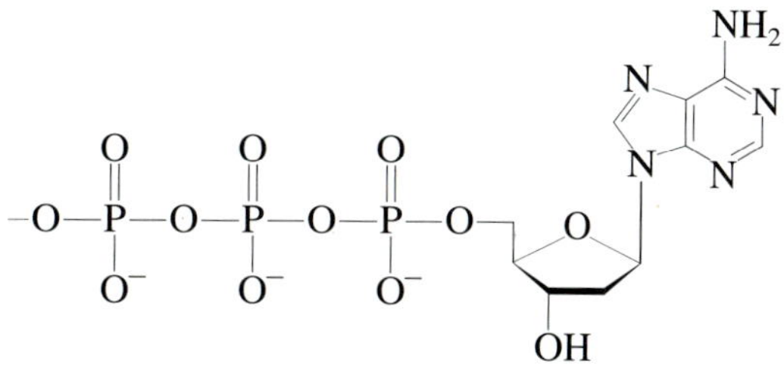

2′-Deoxyadenosine 5′-triphosphate

표 16.2 대표적인 2′-deoxyribonucleotide

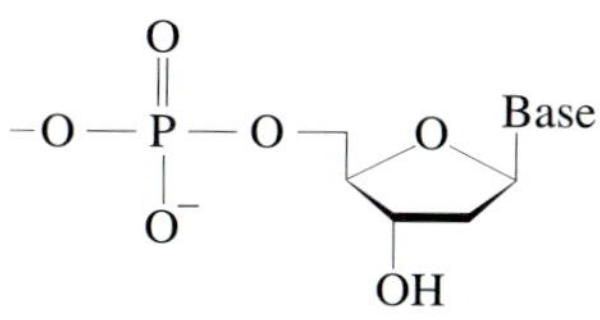

염기	Monophosphate	약어
Cytosine(C)	2′-Deoxycytidine 5′-monophosphate	dCMP
Thymine(T)	2′-Deoxythymidine 5′-monophosphate	dTMP
Adenine(A)	2′-Deoxyadenosine 5′-monophosphate	dAMP
Guanine(G)	2′-Deoxyguanosine 5′-monophosphate	dGMP

뉴클레오타이드의 인산기는 pH 7에서 이중 음이온(dianion)으로 존재한다.

16.8 다음 화합물의 가수 분해 반응 메커니즘을 제시하시오.

(1) 2′-Deoxyguanosine　　(2) 2′-Deoxyuridine 5′-monophosphate

16.9 다음 화합물들의 구조를 그리시오.

(1) 2′-Deoxycytidine 5′-diphosphate　　(2) 2′-Deoxyuridine 3′-triphosphate

16.10 dADP와 dGTP의 구조를 그리시오.

16.9 DNA 1차 구조

핵산은 뉴클레오타이드들이 연결되어 있는 긴 고분자 가닥이다. DNA와 RNA에서 한 뉴클레오타이드당 고리의 C(3′)에 있는 하이드록시기는 다음 뉴클레오타이드의 C(5′)이 인산기와 인산 다이에스터(phosphate diester) 결합을 통해 연결되어 있다.

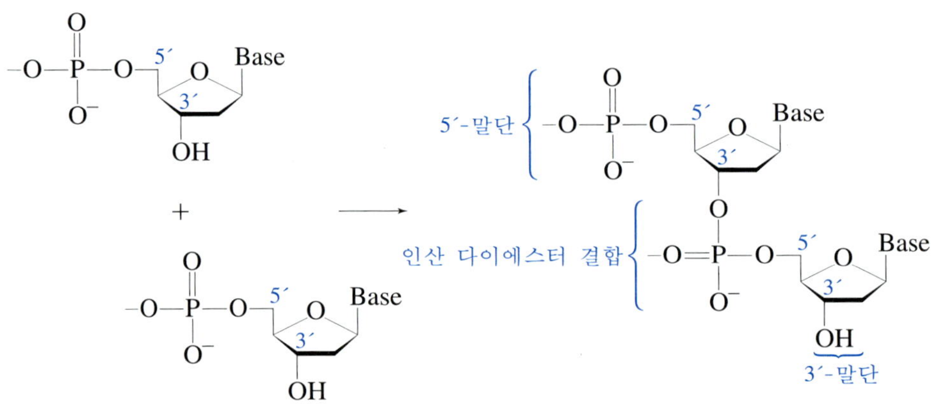

여러 종류의 곁사슬을 가지고 있는 아미노산들이 폴리아마이드(polyamide) 결합을 통하여 연결된 구조를 가지고 있는 단백질과 마찬가지로 핵산도 여러 종류의 염기가 인산 다이에스터 골격을 통해 연결되어 있다. 핵산 사슬에서 한쪽 말단에는 C(3)에 유리 하이드록시기(3′-말단)가 있고 다른 쪽 말단인 (5′-말단)에는 5′-인산기가 있다.

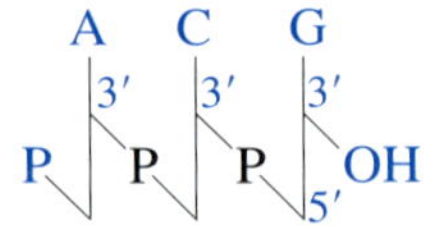

핵산 가닥의 당 고리에는 하이드록시기가 남아 있지 않지만 각 인산의 하이드록시기는 pK_a값이 약 2이기 때문에 생리학적 pH에서는 음전하를 띤 염기 형태를 이루고 있다. 음전하를 띤 골격은 친핵체를 강하게 배척하므로 인산 다이에스터 결합의 분해를 막아준다.

핵산 토막의 염기 서열을 기술할 때는 약속에 의해 5′에서 3′-방향으로 적는다(5′-말단이 왼쪽).

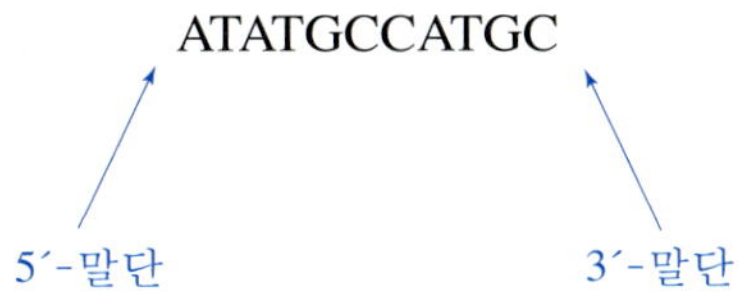

16.10 DNA 2차 구조: Watson-Crick 모델

생물의 종이 같으면 세포가 달라도 DNA에 포함되어 있는 네 개의 헤테로 고리 염기가 같은 비를 보여 주지만 생물의 종이 다르면 염기의 비가 크게 다르다. 예로서 사람의 DNA에는 A와 T가 각각 30%, G와 C가 각각 20%씩 포함되어 있다. 박테리아인 Escherichia coli의 DNA는 A와 T를 각각 24%, G와 C를 각각 26%씩 포함하고 있다. 생물이 다르면 가지고 있는 염기의 비율은 다르지만, A와 T 그리고 G와 C의 비는 항상 1 : 1이다.

1953년 James Watson과 Francis Crick은 이 결과를 DNA 두 가닥은 서로 **상보적**이고 언제나 A는 T와 짝을 이루고 G는 C와 짝을 이루고 있기 때문이라고 설명하였다. 한쪽 가닥에 A가 있으면 반대쪽 가닥에는 T가 있고 한쪽 가닥에 G가 있으면 다른 쪽 가닥에는 C가 있다. 즉 한쪽 가닥의 염기 서열을 알면 이것을 토대로 다른 가닥의 염기 서열을 그려낼 수 있다. 이와 같은 염기들의 짝짓기는 수소 결합으로 설명된다. Purine-pyrimidine 쌍 중 T–A와 C–G에서 가장 효과적인 수소 결합이 이루어진다. 두 개의 pyrimidine은 지나치게 작고 두 개의 purine은 지나치게 큰 공간을 차지하기 때문에 멀리 떨어져 있어 수소 결합을 형성하지 못한다. A는 T와 두 개의 수소 결합을 형성하지만 C와는 수소 결합을 효과적으로 이루지 못한다. G는 C와 세 개의 수소 결합을 형성하지만 T와는 두 개의 수소 결합 밖에 형성하지 못한다. 수소 결합은 염기들을 모두 거의 같은 거리인 2.9±1 Å을 유지하게 한다.

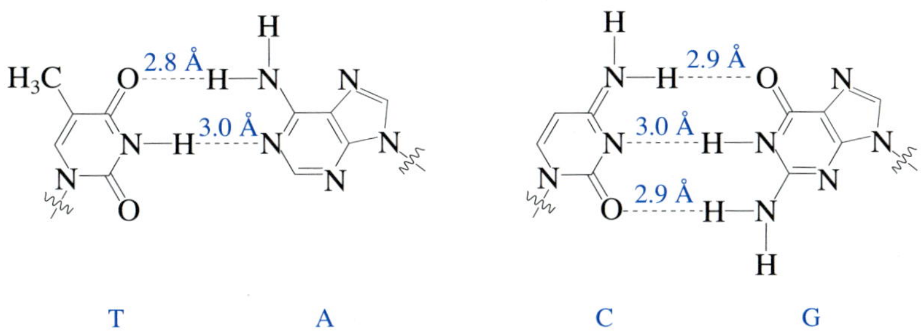

DNA 구조를 도시하면 그림 16.2와 같다. DNA 가닥은 공통 축 주위로 꼬여 있는 **이중 나선**(double helix)으로 이루어져 있다. 나선은 우선성으로 꼬여 있으며 3′에서 5′ 방향으로 진행하는 두 가닥은 서로 반대 방향을 향하고 있다. 당과 인산기들은 이 우선성 이중 나선의

바깥에 배열되어 있다. 염기쌍들은 나선의 내부에서 같은 평면을 이루면서 평행하게 배열되어 있다. 친수성인 당과 인산은 바깥으로 배열되고 소수성인 염기는 안쪽에 층적됨으로써 이중 나선의 구조는 보다 안정해진다. 나선의 반지름은 10 Å이고 인접한 염기쌍들은 3.4 Å 떨어져 있다. 나선이 한 바퀴(360°) 돌 때마다 그 속에 10개의 염기쌍이 배열되어 있으며 34 Å 마다 반복된다.

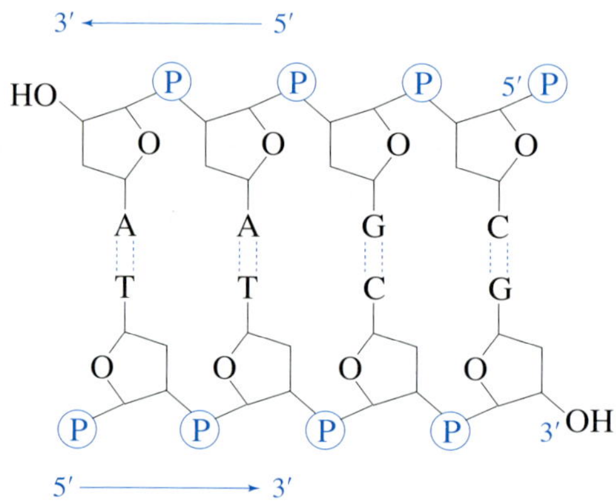

16.11 다음은 DNA 토막의 염기 서열을 보여 준다. 이것의 상보적인 가닥의 염기 서열은 무엇인가?

3′-말단 ATTGCGAGC 5′-말단

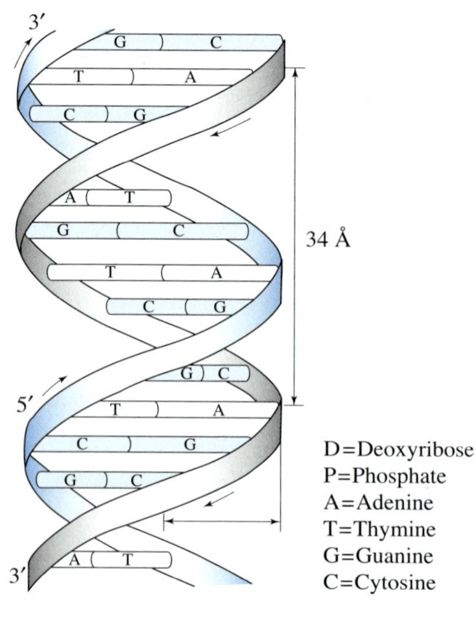

그림 16.2 **DNA 구조**

16.12 Adenine과 Uracil의 염기쌍에서 이루어지는 수소 결합을 구조식과 함께 그리시오.

16.11 DNA 복제

Watson과 Crick의 DNA 이중 나선 모델은 염기쌍을 형성하는 원리 이상의 것을 설명한다. 즉 한 세대로부터 다음 세대로 유전 정보가 어떻게 전달될 수 있는가를 설명하는 분자 수준의 기반을 제공하였다. 이중 나선의 두 가닥은 서로 상보적이기 때문에 동일한 유전 정보를 가지고 있다.

이중 나선의 풀림은 여러 곳에서 동시에 진행된다. 이중 나선이 풀어지면 각각의 가닥들은 새로운 딸가닥을 만들어 내는 **주형**(template)으로 작용한다. 새로운 DNA 딸가닥은 어미 가닥과 동일하기 때문에 어미 가닥이 갖고 있는 유전 정보를 그대로 가지고 있다. DNA의 복사본을 합성하는 과정을 **복제**(replication)라고 한다.

DNA 복제의 기본 원리는 간단하지만 실제 복제는 매우 복잡한 양상으로 진행된다. 핵산을 포함하는 모든 반응은 효소의 촉매 작용을 받는다. DNA 합성은 가닥이 풀어지기 시작하는 영역에서 일어난다. 핵산의 합성은 5′→3′ 방향으로만 일어나므로 한 가닥은 단일 조각 내에서 연속적으로 합성된다. 다른 가닥은 여러 개의 작은 조각 단위에서 5′→3′ 방향으로 불연속적으로 합성된다. 합성된 토막들은 DNA ligase라고 하는 효소에 의해 연결된다. 합성된 각각의 DNA 이중 나선은 어미가닥 하나와 새로 합성된 딸가닥 하나를 포함한다. 이 과정을 **반보존적 복제**(semiconservative replication)라고 한다. DNA 반보존적 복제 과정을 도시하면 그림 16.3과 같다. 사람의 세포에는 23개의 염색체가 포함되어 있으며 각 염색체에는 수천 개의 **유전자**(gene)가 있다 사람의 세포에 있는 전체 DNA는 약 29억 개의 염기쌍을 포함하고 있다.

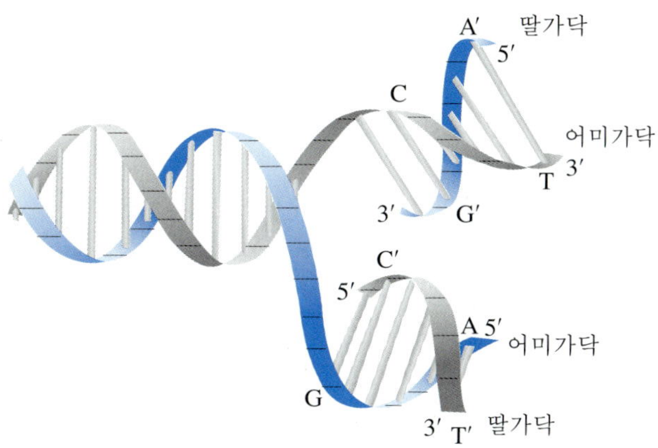

그림 16.3 **DNA의 반보존적 복제**

16.12 리보핵산 : RNA

RNA는 당이 ribose이고 염기가 thymine 대신 uracil이다. RNA는 DNA보다 짧고 이중 나선이 아닌 단일 가닥으로 이루어져 있으며 여러 곳에서 접힌 구조를 보여 준다. DNA는 유전 정보를 저장하는 역할을 하는 반면 RNA는 DNA가 가지고 있는 정보를 이용하여 단백질을 합성하게 한다. 세포에는 세 가지 RNA가 포함되어 있다.

DNA로부터 정보가 전달되는 과정을 **전사**(transcription)라고 하는데 여기에 관여하는 RNA를 **전령 RNA**(messenger RNA, mRNA)라고 한다. 전사 과정에서는 먼저 DNA 이중 나선이 부분적으로 풀어져서 특정 유전자를 포함하고 있는 뉴클레오타이드 부분이 노출된다. DNA 한 가닥은 정보 가닥이 되고 다른 가닥은 주형 가닥이 된다. 원료가 되는 각각의 리보뉴클레오타이드들은 DNA 주형 가닥을 따라 수소 결합을 통해 상보적인 방법(A－U 및 C－G)으로 배열된다. 전사는 DNA 주형의 3′에서 5′ 방향으로 진행된다. 즉 mRNA의 5′－말단에서부터 성장한다.

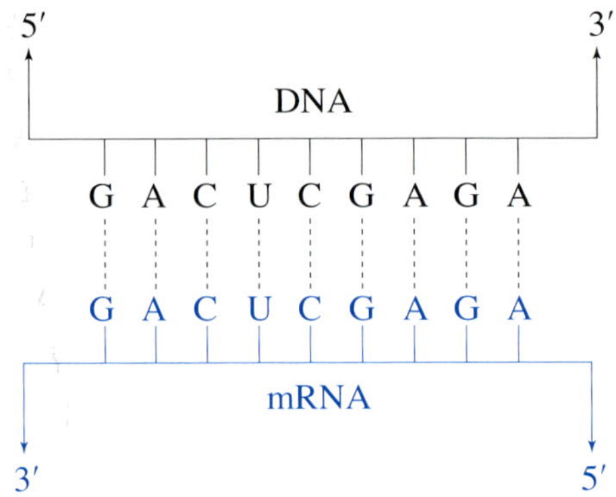

이어서 mRNA 가닥은 주형 가닥으로부터 분리되고 DNA는 다시 이중 나선을 형성한다. mRNA는 세포벽을 통과하여 세포질로 들어간다. 전사 과정에서 생긴 mRNA의 염기 서열은 thymine 대신 uracil이 사용된 것을 제외하면 DNA 정보 가닥의 염기 서열과 상보적으로 정확하게 일치한다.

세포질에 들어간 mRNA는 **리보솜**(ribosome)이라는 작은 입자와 결합한다. 리보솜에 있는 mRNA에 **전달 RNA**(transfer RNA, tRNA)가 결합한다. 64가지의 tRNA가 알려져 있으며 tRNA는 약 70~90개의 리보뉴클레오타이드로 구성되어 있다. tRNA는 활성화된 아미노산을 리보솜까지 운반하여 펩타이드 결합을 형성하게 하며 각 tRNA에는 아미노산이 한 개씩 결합되어 있다. 각 tRNA에는 아미노산이 결합되어 있는 위치로부터 상당히 먼 곳에 **안티코돈**(anticodon)이 있다. 안티코돈이 mRNA의 상보적인 코돈(codon)을 인식하여 그것과 수소 결합을 형성한다. tRNA는 말단 ribose에 있는 3′-하이드록시기의 에스터 결합을 통하여 특정 아미노산의 카복실기에 연결되어 있다. tRNA들은 차례로 mRNA와 수소 결합을 형성하고 운반된 아미노산들은 펩타이드 형성 효소의 작용을 받아 서로 연결된다.

세 번째 형태의 RNA인 **리보솜 RNA**(ribosomal RNA, rRNA)는 리보솜을 구성하고 있는 주성분이며, RNA의 80%를 차지하고 있다. rRNA는 단백질 생산을 위해 효소가 작용할 수 있는 골격을 제공한다.

16.13 다음의 구조를 그리시오.

(1) AMP (2) RNA trinucleotide GUC

16.13 유전 암호

유전 암호(genetic code)는 단백질의 특정 서열에 특정한 아미노산이 배치되도록 지시하는 **삼중자**(triplet)로 구성되어 있다. 삼중자는 mRNA 상의 연속된 세 개의 염기 서열이며 코돈이라고 부른다. 핵산-염기의 코돈 서열은 DNA에 저장된 다음 mRNA로 전사되고 마지막에

표 16.3 유전 암호: mRNA 코돈과 아미노산

첫 번째 염기 (5′-말단)	두 번째 염기	세 번째 염기			
		U	C	A	G
U	U	Phe	Phe	Leu	Leu
	C	Ser	Ser	Ser	Ser
	A	Tyr	Tyr	Stop	Stop
	G	Cys	Cys	Stop	Stop
C	U	Leu	Leu	Leu	Leu
	C	Pro	Pro	Pro	Pro
	A	His	His	Gln	Gln
	G	Arg	Arg	Arg	Arg
A	U	Ile	Ile	Ile	Met(start)
	C	Thr	Thr	Thr	Thr
	A	Asn	Ans	Lys	Lys
	G	Ser	Ser	Arg	Arg
G	U	Val	Val	Val	Val
	C	Ala	Ala	Ala	Ala
	A	Asp	Asp	Glu	Glu
	G	Gly	Gly	Gly	Gly

tRNA에 의해 **번역**(translation)되어 아미노산의 특정 서열을 구성한다.

RNA에는 4개의 염기(A, G, C, U)가 있기 때문에 코돈은 $4^3=64$개가 있을 수 있다. 64개의 코돈 중 61개는 특정 아미노산과 관련이 있다. 각 코돈은 한 개씩의 아미노산에 대응한다. 사람의 단백질에는 20개의 아미노산이 있기 때문에 암호가 중첩될 수 있으며 여러 개의 다른 코돈이 한 개의 같은 아미노산에 해당될 수도 있다. 예를 들면 tryptophan은 한 가지 코돈(U－G－G)에 의해 지정되지만 다른 아미노산들은 최고 6개의 서로 다른 삼중자에 의해 지정된다. 64개의 코돈 중에서 UAA, UAG 및 UGA의 세 코돈은 종결과 관련된 유전 암호이다. 이들은 어떤 특정한 단백질의 합성이 끝났음을 나타낸다.

코돈 AUG는 두 가지 일을 수행하는 것으로 알려져 있다. 이 코돈은 많은 단백질 합성의 개시에 관여한다. 어떤 단백질의 합성이 시작된 다음 다시 이 코돈이 나타나면 methionine을 코드화한다. 표 16.3에 코돈과 코돈들이 지정하는 아미노산을 종합하였다.

16.14 다음 아미노산의 코돈을 적으시오.

(1) Ile (2) Asp (3) Thr

16.15 Tetranucleoside UAUC로부터 어떤 polynucleoside가 생성되었다. 이것으로부터 (Tyr－Leu－Ser－Ile)n의 단백질이 합성되었다. 이들 4개 아미노산에 대한 코돈은 무엇인가?

16.14 핵산 서열

DNA의 서열 결정은 효소 반응과 화학 반응을 이용하여 DNA를 확인 가능한 작은 토막으로 자르는 단계로부터 시작된다. 여기에 **제한 효소**(restriction enzyme)가 이용된다. 약 200여 종의 제한 효소가 알려져 있다. 이들은 뉴클레오타이드의 각각 다른 특정 자리에서 DNA를 자른다. 이들을 이용하여 먼저 거대한 DNA를 100~150개의 뉴클레오타이드를 포함하고 있는 토막으로 자른다. 토막을 정제한 다음 염기인 A, G, C, T 사이의 결합을 선택적으로 자를 수 있는 반응들을 이용하여 더 작게 토막낸다. 얻어진 여러 그룹의 뉴클레오타이드를 **젤 전기 영동**(gel electrophoresis) 장치의 폴리아크릴아마이드상에서 이동시키면 작은 폴리뉴클레오타이드는 빠르게 이동하고 큰 폴리뉴클레오타이드는 느리게 움직이므로 분리된다. 자세한 내용은 교과서의 범위를 벗어나므로 더 깊이 설명하지 않지만 이 실험은 DNA 서열을 해독할 수 있는 정보를 제공해 준다. 핵산의 서열을 결정하는 방법은 빠르게 발전해 왔다. 수천 개의 뉴클레오타이드를 포함하고 있는 정도의 DNA는 하루 이내에 서열을 결정해 낼 수 있다.

요약

가장 흔한 **지질**에는 보통 온도에서 고체인 **지방**과 액체인 **기름**이 있다. 지질은 긴 사슬 지방산과 glycerol의 삼중 에스터인 **triglyceride**이다. 비누는 지방이나 기름을 염기 수용액에서 가수 분해함으로써 얻는다. 보통의 **합성 세제**는 긴 알킬 사슬 sulfonate 또는 sulfate의 소듐염이다.

인지질(phospholipid)에는 **phosphoglyceride**와 **spingolipid**의 두 종류가 있다. 세포막의 중요 구성 물질인 phosphoglyceride는 glycerol 뼈대에 두 개의 지방산과 한 개의 인산이 에스터 결합을 하고 있다. Spingolipid는 sphingosine의 유도체들이다. 신경 섬유 껍질의 중요한 성분이며, 뇌조직에 다량으로 존재한다.

스테로이드(steroid)는 세 개의 여섯 원자 고리와 한 개의 다섯 원자 고리가 트랜스로 접합된 구조를 가지고 있다. 여러 가지 스테로이드 화합물들이 호르몬으로 작용한다.

터펜(terpene)은 정유의 중요 성분으로서 아이소프렌 단위가 **머리-꼬리**(head-to-tail)형으로 연결된 화합물들이다.

아이코사노이드(eicosanoid)는 극미량으로 강한 생물학적 현상을 나타내는 지질의 일종이다. 아이코사노이드에는 **prostaglandin**과 **leucotriene**이 있다.

생체 고분자인 핵산에는 **DNA**와 **RNA**가 있으며 이들은 생명체의 유전 정보를 저장하고 운반하는 역할을 수행한다. DNA의 기본 단위인 **뉴클레오타이드**에서 헤테로 고리 아민인 purine과 pyrimidine 유도체는 2′-deoxyribose의 C(1′)에 연결되어 있으며 RNA의 뉴클레오타이드에서는 헤테로 고리 아민이 ribose의 C(1′)에 연결되어 있다. 이때 ribose 또는 2′-deoxyribose의 C(5′)에는 인산기가 결합되어 있다. 한 뉴클레오타이드의 인산기는 인접한 다른 뉴클레오타이드에 있는 당의 3′-하이드록시기와 에스터 결합으로 연결되어 있다.

이중 나선 구조를 가지고 있는 DNA 분자는 헤테로 고리 염기 사이의 수소 결합을 통해 서로 **상보적**으로 잡혀 있다. 이때 adenine은 thymine과 수소 결합을 형성하고, cytosine은 guanine과 수소 결합을 한다.

DNA는 다음 세 단계를 통해 유전 현상을 일으킨다. **복제**(replication) 과정에서 DNA의 이중 나선이 풀리고 상보적인 deoxyribonucleotide가 순서대로 정렬하여 새로운 두 개의 DNA 분자를 생성한다. **전사**(transcription) 과정에서는 RNA가 생성되어 유전 정보가 핵에서 리보솜으로 전달된다. 이때는 mRNA가 생성된다. **번역**(translation) 과정에서는 mRNA가 단백질의 합성을 명령한다. 각 mRNA 사슬에는 **코돈**(codon)이라는 부분이 있다. 각 코돈은 세 개씩의 리보뉴클레오타이드로 이루어져 있으며 단백질 합성에 필요한 적합한 아미노산을 운반하는 tRNA가 이것을 인식한다.

보충문제

16.16 다음 각각의 일반 구조식을 그리시오.

(1) 지방 (2) 스테로이드 (3) 터펜 (4) 인지질

16.17 Stearic acid 두 당량과 oleic acid 한 당량으로 가수 분해되는 광학 활성인 지방과 광학 비활성인 지방의 구조를 그리시오.

16.18 Glyceryl trilinoleate를 다음 시약으로 처리했을 때 얻어지는 생성물의 구조를 그리시오.

(1) 과량의 Br_2/CCl_4 (2) H_2, Pd/C
(3) NaOH 수용액 (4) O_3 처리 후 Zn/CH_3COOH

16.19 Stearolic acid($C_{18}H_{32}O_2$)를 Lindlar 수소화하면 oleic acid가 얻어진다. 이 화합물의 구조를 그리시오.

16.20 1-Decene과 벤젠을 원료로 합성 세제인 alkylbenzenesulfonate를 합성하는 전략을 제시하시오.

16.21 여성 호르몬인 progesterone을 다음 시약으로 처리했을 때 얻어지는 생성물의 구조를 그리시오.

(1) Br_2/CCl_4 (2) $NaBH_4$/ethanol
(3) CH_3MgI/ethyl ether (4) NH_2NH_2/H^+

16.22 Prostaglandin E_2(PGE_2)의 카이랄 중심과 각 곁사슬에 있는 이중 결합의 입체 배열을 지적하시오.

16.23 다음 화합물의 구조식을 그리시오.

(1) dCTP
(2) Deoxythymidine 5′-triphosphate
(3) Deoxycytidine 3′-monophosphate

16.24 다음 화합물의 토토머의 구조를 그리시오.

(1) Cytosine (2) Thymine (3) Uracil

16.25 Deoxythymidine 5′-monophosphate의 가수 분해 반응식을 쓰시오.

16.26 RNA에서 유도된 다이뉴클레오타이드인 G-U와 A-C의 구조를 그리시오.

16.27 DNA에서 유도된 GCTT를 NaOH로 가수 분해한 다음 산으로 처리했을 때 얻어지는 생성물의 구조를 그리시오.

16.28 어떤 생물에서 얻어진 DNA는 A를 32%, G를 18% 포함하고 있다. 이 DNA에 포함된 T와 C의 백분율을 계산하시오.

16.29 다음 DNA 토막에 상보적인 DNA와 RNA의 염기 서열을 쓰시오.

(1) 5′-GCTTATGC-3′　　(2) 5′-AAGCTGTAC-3′

16.30 다음 아미노산의 코돈을 쓰시오.

(1) Ile　　(2) Phe　　(3) Tyr　　(4) Asn

16.31 RNA 코돈인 UAC가 지적하는 아미노산의 구조를 그리시오.

16.32 UAC 코돈이 전사된 원래 DNA 염기 서열을 쓰시오.

16.33 코돈 CUU는 아미노산 leucine을 나타낸다. 이 코돈이 전사되는 DNA 가닥은 무엇인가? 또 그 가닥의 상보적인 가닥은 어떻게 나타날 것인가를 5′과 3′ 방향을 보이면서 설명하시오.

16.34 어떤 mRNA 가닥은 5′-CCAUGCAGCAUGCCAAACUAAUUAACUAGC-3′의 서열을 가지고 있다. 출발 및 종결 코돈을 감안하여 생성되는 펩타이드의 아미노산 서열을 제시하시오.

16.35 DNA에서 염기 서열이 TACCAGGAT가 복제 과정에서 잘못되어 TGACCGGAT가 되었다. 이 변이가 아미노산 서열에 어떤 영향을 미칠 것인가를 설명하시오.

제 2 부

1장 실험실 안전

유기 화학 실험에는 크고 작은 사고가 발생할 위험이 항상 있기 때문에 실험실 안전에 관한 지식을 익힐 필요가 있다. 이 장에서는 유기 화학 실험에서 생길 수 있는 사고들과 사고들을 피하기 위해 지켜야 하는 사항, 사고가 발생하였을 때 대처하는 방법들을 설명한다.

1.1 일반적인 수칙

- 실험실 안전 수칙을 만들어 눈에 쉽게 띄는 곳에 비치하고 그 내용을 잘 익혀야 한다.
- 안전한 실험 방법이 가장 좋은 방법이다. 실험 계획을 세우고 조교의 지시를 따라야 한다. 어떻게 해야 할지 잘 모를 때는 조교에게 물어야 한다.
- 모든 안전 장치와 보호 장치의 위치를 파악하고 필요할 때 사용할 수 있어야 한다.
- 실험실에 있는 동안에는 담배를 피우거나 음식물을 먹어서는 안 되며 화장 등을 하지 않아야 한다.
- 화학약품을 다룰 때는 실험복, 장갑과 에이프런을 착용하여야 한다.
- 긴 머리나 느슨한 소매 자락의 옷을 입은 채 작동하고 있는 기계 옆에 가면 안 된다.
- 어떤 종류의 장난도 위험하며 실험실에서 뛰어다니면 안 된다.
- 실험 도중에는 휴대폰이나 MP3 등을 사용하면 안 된다.
- 혼자서 실험하면 안 된다.
- 압축 가스통은 잠금 장치를 잘 확인하여야 하며 보호 캡 없이 옮기면 안 된다.
- 실험조교가 없는 곳에서 위험한 시약을 사용하는 새로운 실험을 하면 안 되며 실험 과정(용매, 규모, 가열 장치, 반응 온도 및 반응 압력 등)을 변화시킬 때는 반드시 조교와 상의하여야 한다.
- 새로운 시약을 처음 다룰 때는 시약병의 위험 경고문을 잘 읽어야 한다.
- 시약병에는 반드시 표지가 부착되어 있어야 하며 시약을 따를 때는 표지를 보호하기 위해 표지가 손바닥 안에 들어오도록 병을 잡아야 한다.

- 피부에 묻은 시약을 제거하는 데 유기 용매를 사용하면 안 된다. 유기 용매는 시약이 피부를 통해 쉽게 흡수되게 한다.
- 피펫에 용액을 채울 때 입으로 빨아당기면 위험하다.
- 실험실을 나갈 때는 반드시 손을 씻어야 한다.
- 실험실을 깨끗하고 질서정연하게 관리하고 사용하지 않는 장비는 서랍 등에 보관하여야 한다.
- 사용하지 않는 장비나 시약을 실험실이나 비상구 앞에 쌓아두면 안 된다.
- 위험한 폐기물은 정해진 지침을 따라 처리하여야 한다.
- 아무리 사소한 사고나 불이 나도 즉시 조교나 학교의 사고 담당부서에 신고하여야 한다.

1.2 눈과 안면 보호

화학실험실에 들어가는 사람은 누구나 독성 또는 부식성이 있는 화학약품이나 떠 다니는 입자들로부터 안면을 보호해야 한다. 실험실에 들어갈 때는 실험을 하든 안 하든 간에 언제나 그림 1.1A와 같은 보호용 고글을 착용해야 한다. 보통의 안경은 눈을 보호하는 데 충분하지 않다. 그림 1.1B에 도시된 안면 보호용 마스크는 머리, 얼굴, 목 및 귀를 폭넓게 보호하는 데 효과적이다. 부식성이 큰 액체, 감압 또는 가압 하에서의 유리세공, 고온 또는 저온 액체를 다룰 때나 폭발의 위험이 있는 실험을 할 때는 언제나 안면 보호용 마스크를 착용하여야 한다. 자외선 또는 레이저 조사 하에서의 실험을 할 때는 자외선 또는 레이저로부터 눈을 보호할 수 있는 장치가 필수적이다. 콘택트렌즈나 안경을 착용하는 사람도 보호용 고글이나 안면 보호용 마스크를 착용하여야 된다. 눈에 약품이 들어갔을 때는 즉시 눈을 씻는 것이 매우 중요하다. 눈으로부터 효과적으로 약품을 씻어내는 장치 중의 한 가지 예를 소개하면 그림 1.1C와 같다.

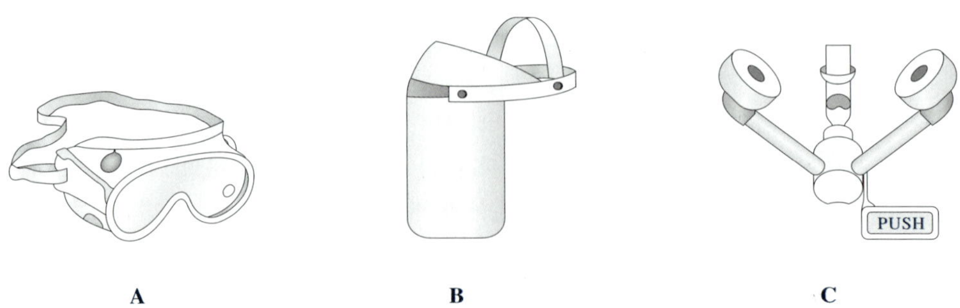

그림 1.1 안면 보호 및 세척 장치

1.3 실험복

피부는 해로운 환경에 대해 일차적으로 보호 장벽 역할을 한다. 해로운 약품에 피부가 손상되면 더 이상 보호 장벽으로서의 역할을 하지 못한다. 어떤 화학약품들은 피부를 통해 흡수되면 혈액을 따라 간이나 신경조직으로 가서 해를 끼칠 수 있다. 화학적으로 활성이 낮은 천으로 만든 실험복, 에이프런과 장갑을 착용하고 발을 보호하는 신발을 신어 해로운 약품에 피부가 노출될 가능성을 최소화하여야 한다. 실험실에서는 짧은 옷을 입으면 안 되며 굽이 높거나 발가락이 노출되는 신발을 신어서도 안 된다.

1.4 화재예방

실험실에서 발생하는 인명피해와 재산 상의 손실 중 가장 중요한 원인 중 하나는 화재이다. 실험실에서 일어나는 화재 중 약 56%는 오후 6시에서 오전 6시 사이에 일어난다. 전기기구와 인화성 액체에서 발생하는 화재가 가장 많으며 그 밖에 인화성 기체에 의한 화재, 폭발사고나 자연발화도 일어날 수 있다.

■ 전기기구

전기기구의 스파크는 가연성 물질 또는 폭발성 증기의 발화 원인이 될 수 있다. 정전도 여러 가지 위험한 상황을 초래할 수 있다. 냉장고나 냉동기의 전원이 끊어져 온도가 올라갔을 때나 후드의 작동이 멈추었을 때는 가연성 또는 독성 기체가 새어 나올 수 있다. 전기기구에서 생기는 위험을 예방하기 위해서는 다음과 같은 일반적인 수칙을 잘 지켜야 된다.

- 전기기구의 전선과 코드는 사용하기 전에 점검하여야 한다.
- 냉장실이나 물중탕 가까운 곳 등 젖은 환경에서는 모든 전기코드와 전선은 절연되어야 한다. 부식성 약품이나 용매는 전선과 코드를 부식시킬 수 있으므로 잘 살펴보아야 하며 손상되었을 경우에는 새것으로 교환하든지 수리하여야 한다.
- 회로 차단기와 차단 스위치의 위치와 작동 방법을 알아 놓아야 하며 화재나 감전사고가 났을 때는 즉시 전기를 차단하여야 한다.
- 확장 코드는 짧은 시간 동안에만 사용하여야 하며 과다 사용하면 안 된다.
- 사용하고 있는 전기기구 주변에 가연성 액체나 물을 흘리지 않도록 조심하여야 한다.
- 50 V 이상에서 작동하는 전기기구의 충전부는 플렉시 유리로 보호되어야 한다.
- 삼봉플러그가 장착된 전기기구를 사용하여야 한다. 삼봉플러그는 전기합선을 예방하는 접지작용이 있으며 사용자의 감전사고를 막아 준다.
- 높은 전압과 전류를 사용하는 기구는 훈련을 받은 사람만 취급하여야 한다.

■ 가연성 물질

가연성 액체는 용기 뚜껑이 열려 있으면 휘발한다. 증기는 보통 공기보다 무겁기 때문에 실험실 바닥에 가라앉아 수십 미터 이상 이동할 수 있으며 눈에 보이지 않기 때문에 발화 지점에 도달할 때까지 감지되지 않는다. 대부분의 가연성 액체와 고체는 환원제이다. 아세톤과 같은 것은 강한 환원제이기 때문에 산화제와 격리되어야 한다. Benzoyl peroxide와 같은 강한 산화제는 가연성이 크므로 사용하거나 저장할 때 특히 조심하여야 한다. 실험실에서 사용하는 가연성 고체에는 알칼리 금속, 마그네슘, 금속 하이드라이드, 유기금속들 및 황과 같은 약품들이 있다. 알칼리 금속을 포함하는 많은 가연성 금속들이 물과 반응하며 이때 발화하는 불은 이산화 탄소나 분말형 소화제를 사용하여 끌 수 없다.

가연성 액체나 고체를 취급할 때는 위험을 예방하기 위해 다음과 같은 일반적인 수칙을 잘 지켜야 한다.

- 화염, 낡은 전선, 브러시가 장착된 모터나 정류자 전동기의 스파크는 잘 알려져 있는 발화원이다. 표면 온도가 액체나 고체의 자연 발화 온도를 넘어가는 비스파크성 발화원도 있다. 예를 들면 가열판, 뜨거운 백열전구, 베어링이 불량한 유도전동기의 뜨거운 샤프트 및 찢어졌거나 손상된 가열맨틀 등이 여기에 속한다. 가연성 액체를 사용하는 장소 부근에 있는 모든 발화원을 주의하여야 된다.
- 실험실에는 실험에 실제로 필요한 양의 가연성 액체만을 두어야 한다.
- 안전이 검증된 플라스틱, 유리 또는 금속 용기를 사용하여야 한다.
- 가연성 증기가 쌓이는 것을 제한할 수 있도록 뚜껑이 열려 있는 용기로 실험할 때는 실험실 후드를 이용하여야 한다.
- 유리용기를 옮길 때는 병 운반대를 이용하여야 한다.
- 발화점이 낮은 액체(예로서 diethyl ether)를 큰 깡통에서 따를 때는 정전기 발생을 최소화할 수 있도록 깡통을 땅에 접지시켜야 한다.
- 가연성 고체에서 발생한 불을 끌 때는 모래를 사용하여야 하므로 실험실에 모래함이 비치되어 있어야 한다.
- 물과 격렬하게 반응하는 가연성 고체가 피부에 묻었을 때는 잘 털어내고 많은 양의 물로 씻어 내야 된다.
- lithium aluminium hydride와 같은 화합물은 이산화 탄소와 폭발적으로 반응하기 때문에 이산화 탄소 소화기를 사용하면 안 된다.
- palladium, platinum oxide 또는 Raney nickel과 같은 수소화 반응의 촉매들은 화재나 폭발을 일으킬 수 있기 때문에 사용한 다음 조심스럽게 여과하고 깔때기 채로 즉시 물 중탕에 담가야 된다.
- 많은 경우 화재는 초기에는 규모가 작기 때문에 휴대용 소화기로 끌 수 있다. 나무, 천, 종이, 고무나 플라스틱과 같은 보통의 가연성 물체에서 발생한 불은 거의 모든 종류의 소화기로 끌 수 있지만 물이 가장 좋다.
- 가연성 액체, 기체, 기름 등은 분말 소화기나 이산화 탄소가 효과적이며 물을 사용하면 안 된다.

- 전열기에서 발생한 불은 이산화 탄소나 분말소화기를 사용해야 하며 물을 사용하면 안 된다.
- 알칼리 금속, 지르코늄, 아연 등과 같은 가연성 금속에서 발생한 불을 끌 때는 모래를 사용하여야 된다.

1.5 독성 물질과 부식성 물질

독성 물질이 건강에 미치는 영향은 모호한 경우가 많다. 특히 어떤 화학 물질에 대한 만성적 노출이 건강에 미치는 효과는 불분명한 경우가 매우 많다. 화학 물질이 건강에 미치는 영향을 설명할 때는 **독성**(toxicity)과 **위해성**(hazard)의 두 가지 용어가 사용된다. 독성은 물리적 특성과 같은 물질의 본질적인 성질이며 생물학적 계에 바람직하지 못한 결과를 일으키는 화학 물질의 능력을 의미한다. 위해성은 어떤 물질이 사용 조건 하에서 위해효과를 나타낼 가능성을 의미한다. 즉, 적절하게 취급한다면 매우 독성이 큰 물질도 안전할 수 있으며 독성이 적은 물질도 잘못 취급하면 매우 위험할 수 있다. 독성 물질의 유해성은 양, 빈도 및 기간에 따라 달라진다. 어떤 화학 물질이던지 간에 노출량이 많으면 유해할 수 있다. 화학 물질이 얼마나 독성이 큰가에 상관없이 만약 인체에 흡수되지 않는다면 해가 없을 것이다.

무기산, 염기 수용액 및 산화제 등은 **부식성**(corrosive) 액체이다. 이들이 실험 중에 튀어 피부나 눈에 묻으면 조직의 손상이 매우 빠르게 진행되기 때문에 심각한 위험이 될 수 있다. 브로민, 수산화 소듐 수용액, 황산 및 과산화 수소 등이 특히 위험하다. 부식성 기체나 증기는 신체의 모든 부분에 위험하며 눈이나 호흡기 등에 특히 심각할 수 있다. 암모니아나 염화수소와 같이 물에 대한 용해도가 큰 기체는 코나 목을 심각하게 부식시킬 수 있으며 용해도가 낮은 이산화 질소, 포스젠 및 이산화 황은 허파 속으로 깊이 침투해 들어갈 수 있다. 수산화 소듐, 수산화 포타슘 및 페놀 등의 부식성 고체는 피부와 눈에 화상을 입힐 수 있다.

실험실에서 가장 많이 일어날 수 있는 노출사고는 **흡입**(inhalation)이다. 특수한 경우를 제외하고는 **섭취**(ingestion)로 인한 사고의 가능성은 매우 낮다. **주입**(injection)될 가능성도 있지만 깨어진 유리조각을 제거할 때 적절한 보호장갑을 끼고 있다면 가능성이 낮다. 바늘과 칼은 화학실험실에 자주 사용하지 않지만 사용할 필요가 있을 때는 주의가 필요하다. 안전 고글과 안면 보호용 마스크를 착용하고 있으면 눈이나 귀가 독성 물질에 노출될 가능성은 거의 없다. 피부나 옷에 튀긴 약품을 즉시 씻어내면 피부를 통해 흡수될 위험도 크지 않다. 독성 물질의 흡입을 피하기 위해서는 실험실 환기 시설이 잘 되어 있어야 한다.

대부분의 독성 평가는 사람에게 위해한지 아닌지에 상관없이 동물실험을 통해 이루어진다. 대부분의 동물실험에서는 독성이 사망에 이르는 효과로 측정된다. 실험 동물의 50%가 사망하는 데 필요한 독성 물질의 양을 치사량이라고 하고 LD_{50}으로 나타낸다. LD_{50}은 실험동물 체중 1 kg당 물질의 mg 양으로 측정된다. 실험동물의 반을 죽이는 데 필요한 독성 물질의 공기 중 농도는 LC_{50}으로 나타내고 단위는 주로 백만분의 일을 나타내는 ppm을 사용한다.

1.6 그 밖의 실험실 위험요소들

화재와 독성 물질 외에도 다량의 열이나 독성 물질을 발생하는 격렬한 반응 등 실험실에서 생길 수 있는 여러 가지 위험들이 있다. 몇 가지 중요한 위험들을 종합하면 다음과 같다.

■ 폭발 물질

보통 대학의 화학실험실에서는 폭발성이 있는 물질을 사용하여 실험하는 경우가 매우 드물다. 그러나 폭발 가능성이 있는 물질들은 충격, 열 또는 화학 반응 등에 의해 격렬하게 분해된다. 이들 물질은 실험하는 학생들로부터 격리 저장하여야 하며 폭발성 물질이 생성될 수 있는 반응들을 잘 파악하고 조심하여야 한다.

여러 가지 폭발 물질들 중 빛과 산소가 존재할 때 에터, 특히 고리형 에터로부터 천천히 형성되는 과산화물(R—O—O—R)이 위험하다. 과산화물을 쉽게 형성할 수 있는 예로는 그림 1.2에 소개하는 1,4-dioxane, diethyl ether, tetrahydrofuran, carbonyl compounds, cyclohexene, tetralin, benzylic compounds 등이 있다. 에터 화합물들은 갈색병에 넣어 냉장하여야 하며 구입한 날짜를 표지에 기록해 놓아야 한다. 구매한지 3개월이 지난 에터는 소량의 2%-KI 수용액이나 몇 방울의 염산 또는 황산을 가하고 흔들어 주면서 과산화물의 형성을 체크하여야 한다. 갈색으로 변하거나 전분 존재 하에서 짙은 자주색으로 변하면 과산화물이 존재한다. 이때는 $FeSO_4$나 Na_2SO_3 용액을 가하고 흔들어 주면 과산화물이 제거된다. 아자이드, 나이트로, 나이트로소, 다이아조 화합물, 할로젠 치환된 아민 등이 폭발성이 있다. 알칼리 금속, 황, 알루미늄 등은 스파크 등의 발화원과 접촉하면 폭발한다. 아세틸렌이나 수소 등도 폭발 위험이 있는 기체이다.

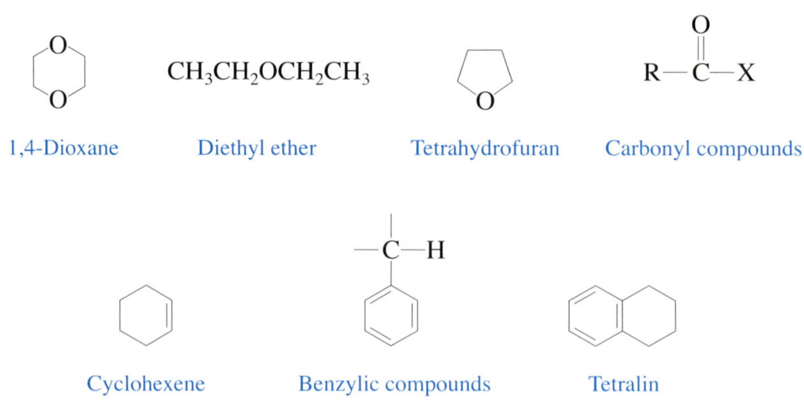

그림 1.2 쉽게 과산화물을 형성하는 화합물들

■ 강한 산화제와 환원제

쉽게 산소나 브로민, 염소, 플루오린을 발생하는 산화제는 가연성 물질과 반응하여 화재나 폭발을 일으킬 수 있다. 이와 같은 산화제에 의한 화재나 폭발은 실온에서나 조금 가열하였을 때 자발적으로 일어난다. Diborane, Raney Ni 및 인과 같은 환원제도 공기 중에서 쉽게 연소된다. 일반적인 산화제와 환원제를 표 1.1에 종합하였다.

표 1.1 **강한 산화제와 환원제**

물질	산화제	환원제
Bromine	Nitric acid	Alkali metals
Bromates	Nitrites	Diborane
Chlorates	Perborates	Hydrogen gas
Chromates	Perchlorates	Magnesium
Dichromates	Perchloric acid	Metal hydrides
Hydroperoxides	Periodates	Raney Ni
Hypochlorites	Permanganates	Phosphorus (white)
Inorganic peroxides	Peroxides	Zinc
Ketone peroxides	Peroxyacids	
Nitrates	Persulfates	

■ 습기나 산에 민감한 화합물들

알칼리 금속, metal hydrides, organometallic hydrides들은 일반적으로 물과 격렬하게 반응한다. P_2O_5, PX_5, PX_3(X=halogen), acetyl chloride, $NaNH_2$, $AlCl_3$, $ClSO_3H$ 및 황산도 물과 격렬하게 반응하며 다량의 열을 발생하기 때문에 취급할 때 조심하여야 한다.

■ 압축 기체

그림 1.3A에서 보는 것처럼 압축 기체들은 보통 실린더 형의 두꺼운 금속 통에 저장되어 있다. 실린더형 통에 들어 있는 압축 기체들은 압력이 매우 높으며 실린더에는 압력 조절기가 장착되어 있다. 그림 1.3B와 같은 거의 모든 압력 조절기는 **격막식**(diaphragm type)이며 두 개의 게이지가 달려 있는데 하나는 실린더의 압력을 가리키고 다른 하나는 유출 압력을 나타낸다. 조절기의 유출구 쪽에는 작은 밸브가 있다. 압력 조절기를 실린더에 연결한 다음에 실린더 밸브를 열기 전에 격막 밸브를 시계 반대 방향으로 돌려서 열어 준다. 대부분 실험실에서의 기체 유출 속도는 매우 작다. 두 플랜지 격막 밸브를 시계 방향으로 돌리면 기체 유출 속도 또는 압력이 증가한다. 기체를 사용하지 않을 때는 실린더의 맨 위쪽에 있는 실린더 밸브를 시계 방향으로 돌려 잠근다. 실린더로부터 압력 조절기를 제거하기 전에 유출 속도를 영으로 만들어야 한다.

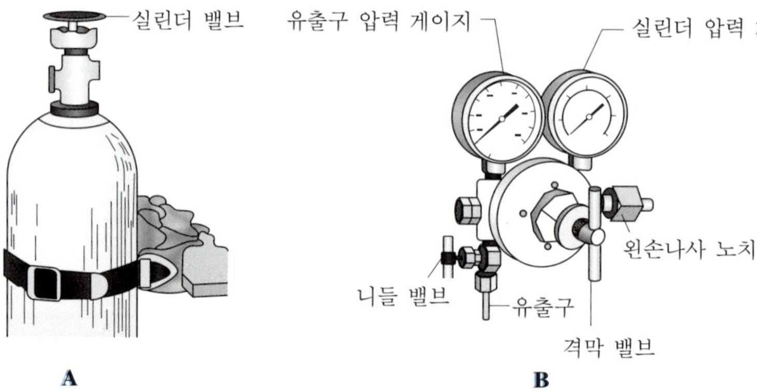

그림 1.3 **A: 실린더형 기체 통, B: 기체 압력 조절기**

압축 기체들은 가연성, 부식성, 산화성, 비활성 또는 이들 중 몇 가지 성질이 함께 있을 수 있다. 압축 기체들은 화학적인 위험은 물론이고 매우 큰 압력에서 비롯되는 에너지 때문에 취급할 때 주의하여야 하며 특히 다음과 같은 위험을 피할 수 있어야 한다.

- 보통의 비활성 기체에 노출되면 질식할 위험이 있다. 비활성 기체는 무색무취이기 때문에 모르는 사이에 빠르게 확산되어 산소 농도를 생명에 필요한 기준 이하로 감소시킬 수 있다. 폐쇄된 공간에서 비활성 기체를 사용할 때는 산소 모니터링 장비가 있어야 한다.
- 가연성 기체(아세틸렌, 수소, 에테인 등), 산소 및 산화제로 작용하는 기체들은 화재와 폭발의 위험이 있다. 가연성 기체는 전기 스파크, 불꽃 또는 뜨거운 것과 함께 있으면 안 된다. 산화제로 작용하는 기체 자체는 타지 않지만 유기 물질들이 연소되게 도와주며 농도가 클수록 연소 속도도 증가시킨다.
- 부식성이 큰 기체(염소, 염화 수소, 브로민화 수소 등)들은 옷, 피부, 눈 또는 다른 조직들을 부식시킨다. 어떤 기체들은 자체로는 부식성이 없지만 소량의 습기가 있을 때 극도로 부식성이 커질 수 있다. 독성 기체(포스젠, 일산화 탄소 등)에는 매우 작은 양이나 짧은 시간 동안 노출되어도 치명적인 손상을 입을 수 있다.

■ 극저온 물질

끓는점이 −73°C 이하인 물질들은 극저온 물질로 분류된다. 이들은 심각한 동상이나 조직의 괴사를 일으킨다. 액체 질소, 산소 및 이산화 탄소는 실험실에서 사용하는 매우 일반적인 극저온 물질이다. 모든 극저온 액체는 증발하였을 때 매우 많은 부피의 기체로 된다. 예로서, 액체 질소는 696배, 산소는 862배, 아르곤은 847배 부피의 기체로 팽창한다. 폐쇄된 공간에서 극저온 액체가 증발하면 질식할 수 있다. 액체 산소는 다른 물질들의 연소를 촉진시키고 액체 수소는 공기와 섞이면 폭발한다.

1.7 폐기물 처리

더 이상 사용하지 않거나 버려야 할 시점에 있는 물질들을 폐기물로 정의한다. 유기 실험실에서는 여러 종류의 용매, 산, 염기, 산화제, 환원제 또는 촉매들을 사용한다. 이들로부터 생긴 폐기물들은 하수구를 통해 씻어 내버리거나 폐기물통에 방치해서는 안 된다. 폐기물로 분류된 물질들은 무해성 고체 폐기물, 일반 유기 용매, 할로젠 용매, 여러 형태의 유해성 폐기물로 표지된 용기에 모아야 한다. 종이, TLC 판, 알루미나, 실리카겔과 같은 크로마토그래피용 흡착제, 염화 칼슘 또는 황산 소듐과 같은 건조제 등은 수집한 다음 보통의 쓰레기 매립지로 보내면 된다. 일반 유기 용매, 무해성 유기 고체들은 소각장으로 보내야 한다. 다이클로로메테인과 같은 할로젠 용매나 할로젠 화합물들은 할로젠 유기 물질용 용기에 모은 다음 연소가스로부터 할로젠화 수소를 제거하는 세척기가 장착된 특수 소각기에서 소각해야 한다. 유해성 폐기물인 $NaHSO_3$와 같은 환원제, 백금 촉매, Cr^{6+}, 산화제들은 소각할 수 없으며 특수한 매립지로 보내야 한다. 다른 유해성 및 위험한 폐기물들은 적은 양으로 나누어 모아 이들을 전문 처리업체로 보내야 한다.

실험실에서 고체 시약을 떨어뜨렸을 때는 쓸어 담은 다음 적당한 고체 폐기물용 용기에 담아야 한다. 수산화 소듐이나 수산화 포타슘과 같은 강한 염기는 폐기하기 전에 물로 희석한 다음 $NaHSO_4$로 중화하여야 한다. 흘린 화학 물질을 처리하는 방법은 화합물의 종류에 따라 달라진다. 부식성이 있거나 휘발성이 있는 화학 물질을 1 g이나 1 mL 이상 흘렸을 때나 시약병을 떨어뜨리거나 깨었을 때는 실험실 조교와 즉시 상의하여야 한다. 다량의 가연성 물질을 흘렸을 때는 즉시 발화원을 제거해야 한다. 다량의 휘발성 물질은 습기가 없는 모래에 흡착시키거나 종이 타월을 사용하여 훔쳐내어야 한다.

1.8 응급처치

■ 화재나 부식성 화학 물질에 의한 화상

옷에 불이 붙으면 담요, 코트 등으로 덮거나 마루바닥에 뒹굴면서 일단 불을 끄는 것이 중요하다. 유기 용매에서 불이 났을 때는 불이 더 크게 번질 수 있기 때문에 물을 사용하면 안 된다. 찬물로 화상 부위를 10분 이상 식혀 화상이 더 이상 진행되지 않게 해야 한다. 화상은 1도에서 3도로 분류된다. 1도 화상은 피부가 붉어지는 정도의 약한 화상이고 물집이 생기는 화상을 2도라고 한다. 2도 화상을 입었을 때는 물집을 터트리지 않아야 하며 크림이나 연고를 발라서도 안 된다. 피부 전층이 손상되었을 때를 3도 화상이라고 한다. 2도 화상의 범위가 넓거나, 3도 화상을 입었을 때는 즉시 응급 구조를 요청해야 한다. 화상 부위의 옷은 제거하지 말아야 하고 더러운 물건이나 먼지가 화상을 오염시키지 않도록 해야 한다.

부식성 약품에 오염되었을 때는 즉시 다량의 흐르는 물로 씻어내야 한다. 약품으로 오염된 옷을 벗겨야 된다. 화학약품의 종류에 따라 처치가 다르기 때문에 어떤 약품에 오염되었는지를 아는 것이 매우 중요하다.

■ 화학약품이 눈에 들어갔을 때나 잘못 마셨을 때

화학약품이 눈에 들어갔을 때는 가능한 한 빠르게 흐르는 물로 10~15분간 계속 씻어내어야 하며 콘택트렌즈는 즉시 제거하고 전문가와 상의하여야 한다. 부식성 약품을 마시면 소화관의 점막에 손상이 생긴다. 산은 다량의 우유나 물을 마셔서 토하게 하고 알칼리의 경우는 우유, 묽은 식초물 또는 다량의 물을 마셔서 토하게 해야 한다.

■ 구강 대 구강호흡

환자의 호흡이 정지되었을 때는 구급차나 전문가가 도착할 때까지 구강 대 구강호흡을 하여야 한다. 구강 대 구강호흡법을 도시하면 그림 1.4와 같다. 먼저 환자를 바로 눕히고 옷을 느슨하게 한 다음 입이나 목구멍에 이물질이 있는가, 혀가 기도를 막고 있는가를 확인한다. 목을 위로 당기고 머리를 젖힌다. 1) 환자의 이마를 누르고 있는 손의 첫째, 둘째 손가락을 이용하여 환자의 코를 잡아 콧구멍을 막는다. 2) 시술자가 숨을 크게 들여 마시고, 시술자의 입을 환자의 입에 대고, 숨을 빠르게 불어 넣는다. 이 동작을 1분에 12번 정도의 속도로 반복한다. 3) 환자가 입을 다쳐서 입을 통한 인공호흡이 어려운 경우에는 환자의 목을 받치고 있던 손을 떼어서 환자의 입을 막고, 환자의 코를 통해서 숨을 불어 넣어 주며, 숨을 불어 넣은 후에는 입을 막은 손을 떼어서 공기가 밖으로 나오도록 한다. 이 동작을 1분에 12회 반복한다. 매번 숨을 불어 넣기 전에 시술자가 숨을 크게 들여 마셔야 한다. 또한 공기가 나오는지, 환자의 호흡이 돌아 왔는지를 확인해야 한다.

■ 감전

전류를 차단하고 절연재를 이용하여 환자를 전기장치로부터 격리하여야 한다. 호흡이 멈추었을 때는 지체 없이 인공호흡을 하여야 한다.

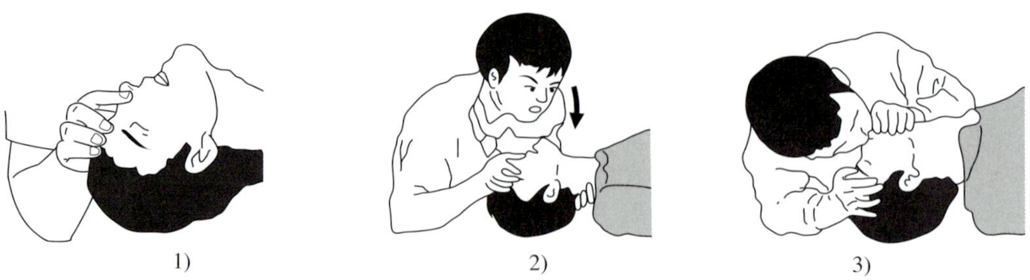

그림 1.4 구강 대 구강호흡법

■ 출혈

출혈이 심할 때는 상처 부위를 심장보다 높게 들어올리고 깨끗한 붕대나 옷으로 출혈 부위를 압박하여야 한다. 출혈이 멈추면 상처를 물로 씻고 붕대를 감은 다음 의사와 상의하여야 한다. 출혈을 멈추기 어려우면 즉시 구급차를 불러야 한다.

2장 물질의 분리 및 정제

2.1 추출

추출은 혼합물로부터 어떤 화합물을 선택적으로 분리해 내는 가장 오래된 방법 중의 하나이다. 추출법에는 **고체-액체 추출법**(solid-liquid extraction)과 **액체-액체 추출법**(liquid-liquid extraction)의 두 가지 방법이 있다.

2.1.1 고체-액체 추출법

고체-액체 추출법은 천연재료로부터 음료나 유용한 화합물을 분리하는 가장 일반적인 기술이다. 예로서, 아편 열매나 코카 잎과 같은 약용식물로부터 모르핀이나 코카인과 같은 약

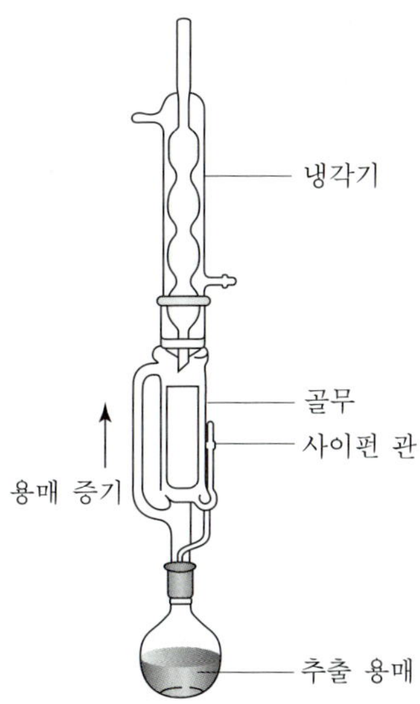

그림 2.1 말린 잎이나 뿌리와 같은 고체로부터 화합물들을 추출할 때 사용하는 속슬렛 추출기

을 분리하거나 페퍼민트와 같은 향기식물로부터 멘톨과 같은 향기 성분을 분리할 때는 그림 2.1과 같은 고체-액체 추출법이 이용된다. 여기서 고체는 식물 조직 등이고 액체는 유기 용매이며 속슬렛 추출기(Soxhlet extractor)가 사용된다.

속슬렛 추출기는 1879년 Franz von Soxhlet에 의해 발명되었다. 속슬렛은 분리하려고 하는 물질은 용매에 녹고 불순물들은 그 용매에 녹지 않을 때 이용한다. 분리하려고 하는 물질을 포함하고 있는 고체 물질을 두꺼운 여과지로 만든 골무의 안쪽에 넣고 속슬렛 추출기의 안쪽에 탑재한다. 속슬렛 추출기의 아래쪽에는 추출 용매를 담고 있는 플라스크를, 위쪽에는 냉각기를 장착한다. 용매를 환류시키면 용매 증기는 증류관을 타고 올라가 냉각기에서 응축된 다음 속슬렛 추출기 안쪽의 골무 속으로 떨어진다. 고체를 담고 있는 속슬렛은 천천히 용매로 채워지고 분리하고자 하는 화합물은 용매에 녹아 나온다. 속슬렛이 용매로 거의 채워지면 자동으로 용매가 사이펀 관을 따라 플라스크 쪽으로 내려가고 속슬렛이 비워진다. 이 과정은 여러 시간 또는 여러 날에 거쳐 여러 번 반복될 수 있다. 추출이 끝나고 용매가 제거되면 추출된 화합물이 얻어진다.

2.1.2 액체-액체 추출법

유기 화학 반응에서는 일반적으로 여러 가지 유기 또는 무기 부생성물들이 생성된다. 뿐만 아니라 출발 물질도 완벽하게 없어지지 않고 반응 혼합물에 남아 있기 때문에 필요한 생성물을 이들로부터 분리 정제하는 **마무리**(work-up) 과정이 필요하다. 액체-액체 추출법은 가장 많이 이용되는 마무리 과정이다. 액체-액체 추출에서는 한 액체상에 녹아 있거나 **현탁**(suspend)되어 있는 물질이 다른 액체상으로 **이동**(transfer)한다. 두 액체상 사이에 **분배**(partition)되는 물질의 비가 일정하기 때문에 이와 같은 이동이 일어날 수 있다.

두 액체상 사이에 녹는 화합물의 분배는 **Nernst 분배 법칙**으로 설명된다. 이 법칙에 의하면 두 개의 서로 섞이지 않는 액체상 A와 B에 녹아 있는 물질 C의 농도 비는 주어진 온도의 평형에서 일정하며 이 비 K를 분배 계수(partition coefficient)라고 한다.

$$K = \frac{C_A}{C_B}$$

추출 용매(A)에서의 용해도가 다른 용매(B)에서 보다 훨씬 클 때 효과적으로 추출된다. 대부분의 액체-액체상은 물(B)과 유기 용매(A)로 이루어져 있다. 추출에 이용되는 유기 용매는 물과 섞이지 않으며 물보다 무겁거나 가볍기 때문에 물의 위쪽이나 아래쪽 액체상을 형성한다(그림 2.2).

표 2.1 **추출에 이용되는 용매**

용매	bp(°C)	밀도(g/mL)	용매	bp(°C)	밀도(g/mL)
Diethyl ether	35	0.71	Chloroform	62	1.48
Pentane	36	0.62	Hexane	69	0.66
Dichloromethane	40	1.32	Ethyl acetate	77	0.90

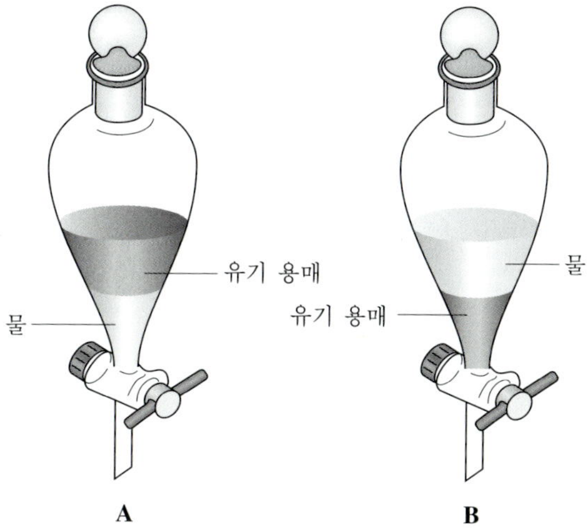

그림 2.2 **A: 유기 용매가 물보다 가벼울 때, B: 유기 용매가 물보다 무거울 때**

추출 용매는 증발시켜 제거하기 때문에 끓는점이 낮은 용매가 편리하다. 추출에 많이 사용하는 유기 용매를 종합하면 표 2.1과 같다.

■ 추출하기

추출은 후드에서 해야 한다. 적당한 크기의 분별 깔때기를 이용하면 보통 몇 백 밀리그램에서 몇 그램 정도의 양을 추출할 수 있다. 추출에 사용하는 유기 용매 상은 수용액 상의 30% 정도가 적당하다. 유기 용매 상과 수용액 상으로 이루어진 혼합물을 깔때기를 이용하여 분별 깔때기에 넣고(그림 2.3A) 잠금 꼭지와 마개를 채운 다음 두 손으로 분별 깔때기를 잘 쥔다. 분별 깔때기를 잠금 꼭지가 위쪽, 다른 사람이 없는 방향을 향하도록 천천히 거꾸로 뒤집은 다음 잠금 꼭지를 열어 분별 깔때기 내에 과하게 걸린 증기압을 낮추어 준다(그림 2.3B). 이 과정을 생략하면 분별 깔때기의 과하게 걸린 증기압 때문에 마개와 동시에 용액이 튕겨나갈 수 있다. 끓는점이 낮은 diethyl ether나 dichloromethane과 같은 용매를 사용하고 소량의 산이 들어 있는 유기 용매 상을 묽은 탄산 소듐이나 탄산수소 소듐의 수용액으로 처리할 때는 특히 주의하여야 한다. 처음 분별 깔때기를 한 번 뒤집은 다음 잠금 꼭지를 열어 증기를 제거하고 그 다음부터는 뒤집었다 바로 세우기를 세 번 정도 반복할 때마다 증기를 제거한다. 격렬하게 뒤집으면 에멀션이 생길 수 있으므로 천천히 뒤집어야 한다. 이 과정을 두세 번 반복한 다음 지지고리 위에 1분 가량 방치하면 상분리가 일어난다(그림 2.3C).

아래쪽 층이 유기 용매이면 마개를 열고 잠금 꼭지를 천천히 조절하여 두 상의 경계면이 잠금 꼭지에 도달할 때까지 비커나 플라스크에 아래층을 받는다. 그런 다음 새로운 용매를 분별 깔때기에 가하고 추출 과정을 반복한다. 위쪽이 유기 용매일 때는 분별 깔때기의 위쪽으로 위층을 플라스크나 비커에 따르고 새로운 용매를 아래층 위에 붓고 추출을 반복한다. 일반적으로 세 번에서 다섯 번 정도 반복 추출한다.

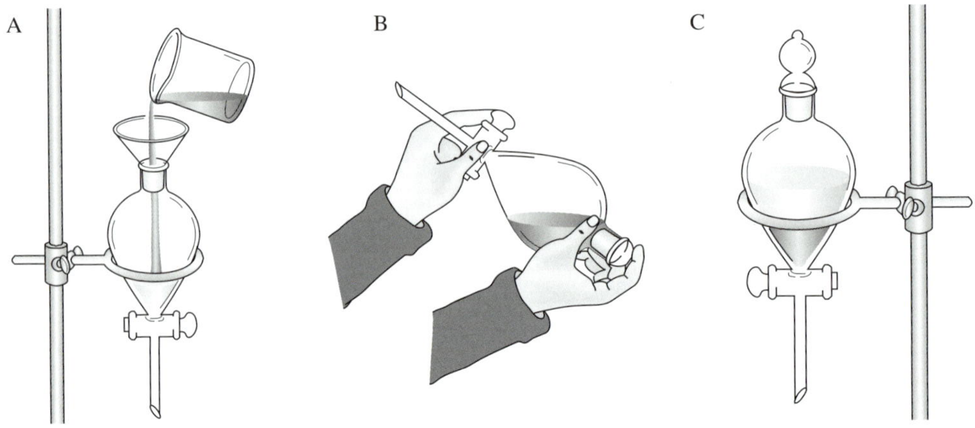

그림 2.3 **분별 깔때기를 이용하여 추출하기**
A: 용액의 따르기, B: 분별 깔때기를 잡고 흔들기, C: 상분리를 위해 방치하기

추출이 끝나고 두 액체 층이 분리되고 나면 유기 용매 층을 물로 씻고 묽은 산 또는 염기 용액으로 씻어 준다. 예로서, 염기 시약을 사용한 반응에서는 염기성 물질이 소량 포함되어 있는 유기 추출물이 얻어진다. 이 염기성 물질들은 5% 염산 수용액으로 씻어 준다. 마찬가지로 산성 용액으로부터 얻어진 유기 추출 용액은 5% 탄산 소듐 또는 탄산수소 소듐으로 씻어 준다. 추출 용액의 중화 과정에서 형성된 염들은 물에 매우 잘 녹기 때문에 수용액 층으로 이동한다. 추출 용매는 보통 마지막으로 다시 한번 물로 씻어 주는 단계를 거친다. 이들 과정이 끝나면 유기 용매에 소량의 무수 황산 소듐 또는 무수 황산 마그네슘과 같은 건조제를 넣고 수분을 제거한다. 혼합물을 여과한 다음 그림 2.4에서 보는 것과 같은 회전식 증발기를 이용하여 감압 하에서 용매를 날리면 추출된 물질이 분리된다.

물에서 유기 용매로 추출되는 물질의 분배 계수가 2.0보다 작을 때는 추출 효율이 떨어진

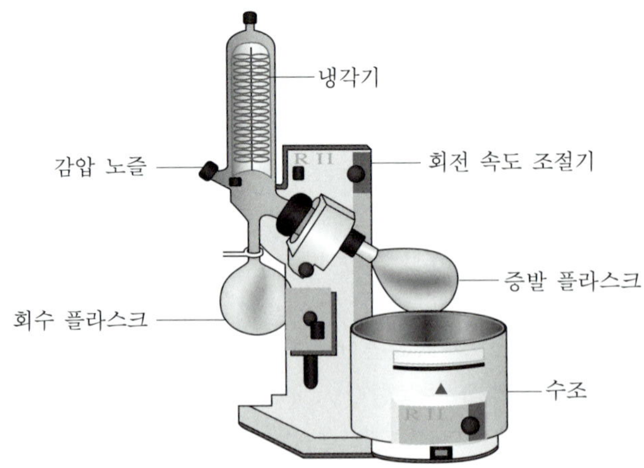

그림 2.4 **회전식 증발기**

다. 이때는 NaCl 또는 Na_2SO_4의 포화 용액이나 이들 고체 자체를 수용액 층에 가해주는 **염석**(salting out) 처리가 도움이 된다. 수용액 층에 이들 염이 녹아 있으면 유기 물질의 용해도가 감소하므로 분배 계수가 커지고 유기 물질은 수용액 층으로부터 유기 용매 층으로 더 많이 이동한다.

서로 녹지 않는 두 가지 액체의 한쪽이 미세한 입자 상태로 다른 쪽에 분산되어 있는 상태를 **에멀션**(emulsion)이라고 한다. 에멀션이 형성되면 전체 혼합물이 뿌연 상태가 되며 섞이지 않는 층의 분리가 어려워진다. 다이에틸 에터로 추출할 때는 에멀션이 잘 형성되지 않지만 방향족이나 다이클로로메테인과 같은 염소 원자를 포함하고 있는 유기 용매에서는 종종 형성된다. 에멀션이 한번 형성되면 풀기가 쉽지 않기 때문에 에멀션이 생기지 않도록 하는 것이 중요하다. 방향족이나 염소 원자를 포함하고 있는 유기 용매를 사용하여 추출할 때는 격렬하지 않게 분별 깔때기를 천천히 뒤집거나 2분 정도 천천히 돌려주면서 추출하면 에멀션 형성을 예방할 수 있다. 에멀션이 형성되었을 때는 원심 분리하거나 셀라이트 패드를 채운 관을 통과시키면 두 액체상을 분리할 수 있다.

2.2 증류

2.2.1 액체 혼합물의 증류

증류는 끓는점이 다른 두 개 이상의 액체 성분을 증기압의 차이를 이용하여 분리하는 방법이다. 증류는 1세기경 알렉산드리아의 연금술사들이 처음으로 이용하였다. 여러 가지 크기의 에너지를 가지고 움직이는 액체 분자들은 액체 표면에서 증기상으로 이동하고 증기상에 있는 분자들이 액체 표면에 도달하면 액체상으로 들어간다. 액체를 가열하면 보다 많은 분자들이 증기상으로 들어가고 식히면 증기상에서 액체상으로 이동한다. 닫힌 계의 평형 상태에서는 분자들이 액체상에서 증기상으로 이동하고 같은 수의 분자들이 증기상에서 액체상으로 이동한다. 이때 평형의 정도는 증기압으로 측정한다. 에너지가 증가하여 보다 많은 분자가 액체상에서 증기상으로 이동할 때도 동시에 증기상으로부터 액체상으로 이동하는 분자수가 증가하기 때문에 평형이 유지된다. 그러나 증기상의 분자수가 증가하면 증기압이 증가한다.

서로 다른 두 액체 혼합물 위에 있는 증기에는 각 액체 분자들이 있다. Pentane과 hexane 혼합 용액의 증기압과 온도의 상관관계를 도시하면 그림 2.5와 같다. 액체의 증기압이 외부 압력과 같을 때 액체는 끓는다. 그림 2.5에서 보는 바와 같이 표준 대기압(760 mmHg)에서 이들 순수한 액체의 끓는점은 각각 36°C와 69°C이다. 순수한 액체를 증류한다면 액체의 끓는점은 증기의 온도와 같고 증류하는 동안 온도가 일정하게 유지될 것이다.

증류의 이상적인 모델은 Raoult의 법칙과 Dalton의 법칙을 따른다. Raoult의 법칙에 의하면 pentane과 hexane의 혼합 용액에서 pentane의 증기압은 순수한 pentane 증기압과 액체 상태 혼합물에서 몰분율을 곱한 것과 같다.

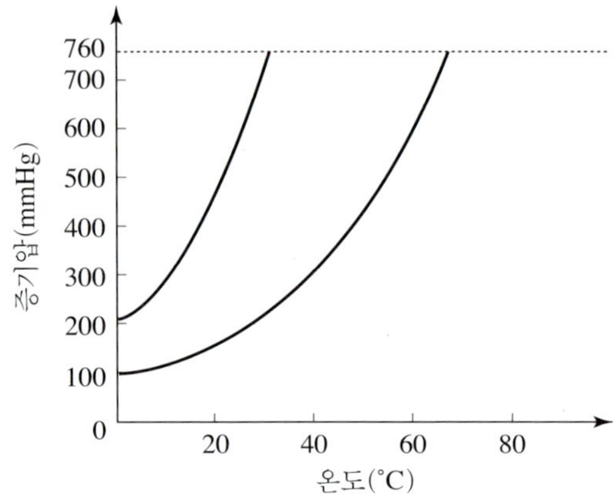

그림 2.5 **증기압과 온도의 상관관계**

$$P_{pen} = P^{\circ}_{pen} N_{pen}$$

여기서 P_{pen}는 pentane의 부분 증기압이고 P°_{pen}는 주어진 온도에서 순수한 pentane의 증기압이다. N_{pen}은 혼합 용액에서 pentane의 몰분율이다. 마찬가지로 hexane에 대해서는

$$P_{hex} = P^{\circ}_{hex} N_{hex}$$

용액 위의 전체 증기압(P_{tot})은 pentane과 hexane의 부분 증기압의 합과 같다.

Dalton의 부분 압력 법칙에 의하면 주어진 온도에서 증기상에 있는 pentane의 몰분율(N_{pen})은 그 온도에서 pentane의 부분 증기압을 전체 증기압으로 나눈 것과 같다.

$$N_{pen} = \frac{P_{pen}}{\text{전체 증기압}}$$

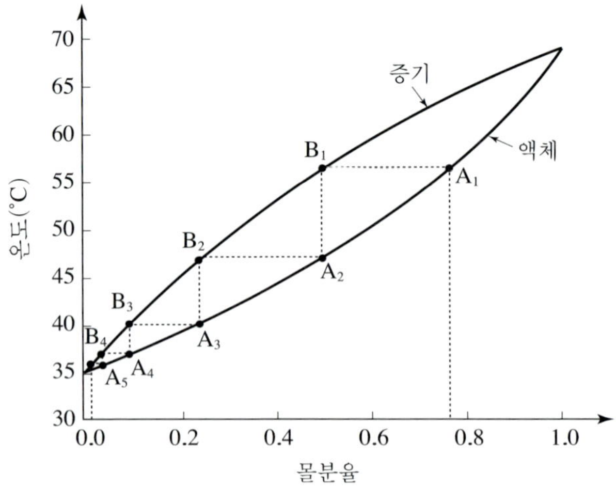

그림 2.6 **1기압 하에서의 pentane/hexane 혼합 용액의 온도 조성 상관관계**

1.0기압에서 pentane/hexane 혼합 용액에 관한 온도와 조성의 관계를 도시하면 그림 2.6과 같다.

25%의 pentane과 75%의 hexane 몰 조성으로 이루어진 처음의 혼합 용액 A_1에서 시작하여 점선을 따라가 보자. 이 혼합물은 57°C에서 끓으며 52%의 pentane과 48%의 hexane의 몰 조성으로 이루어진 증기 B_1을 형성한다. 끓는점이 낮은 조성의 몰분율이 액체에서보다 증기에서 더 커진다. B_1이 응축되어 형성된 액체는 A_2인데 이것의 조성은 B_1과 같다. A_2가 증발하여 생성된 증기 B_2에는 pentane이 더 많아진다. 끓이기와 응축을 여러 차례 반복하면 순수한 pentane이 얻어진다.

Pentane 증기가 제거됨에 따라 남아 있는 액체에는 pentane의 비율이 감소하게 된다. 이때 끓는점이 더 높은 hexane의 비율이 증가하게 된다. Hexane의 몰분율이 증가함에 따라 액체의 끓는점은 순수한 헥세인의 끓는점인 69°C에 도달할 때까지 증가한다. 이와 같은 방법으로 헥세인도 순수하게 분리할 수 있다. 증발과 응축을 반복하는 이 과정을 **분별 증류**(fractional distillation)라고 한다.

끓는점의 차가 클수록 분리가 쉬워진다. 예로서, 끓는점의 차가 33°C인 pentane/hexane 혼합 용액보다 끓는점의 차가 90°C인 pentane(36°C)/octane(126°C) 혼합 용액으로부터 화합물이 더 쉽게 분리된다. 두 번이나 세 번 정도 이하의 증발과 응축을 거치는 증류를 **단순 증류**(simple distillation)라고 한다. 끓는점의 차가 70°C 이하인 액체 혼합물은 단순 증류로는 성분 물질들을 효과적으로 분리할 수 없다.

2.2.2 증류

■ 단순 증류

50 mL 이상의 양을 대기압 하에서 증류할 때는 그림 2.7에 도시한 표준 증류 장치를 이용한다. 증류 장치들은 증류 플라스크 아래쪽에 가열 장치를 쉽게 넣고 뺄 수 있도록 적당한 높이의 지지대에 안전하게 고정시켜야 된다. 그림 2.7에 도시한 것처럼 증류 장치를 조립한 다음 냉각수 호스를 냉각기의 아래쪽 주입구에 연결한다. 증류액은 증류 플라스크의

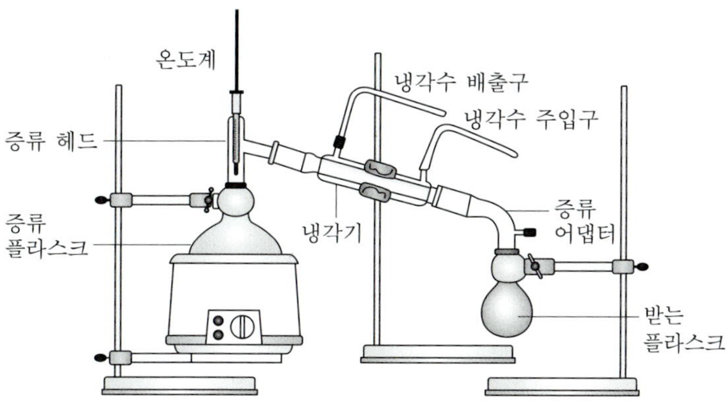

그림 2.7 **단순 증류 장치**

1/3~1/2 정도 채우고 **튐**(bumping)이 일어나지 않도록 **비등석**(구멍이 많은 사기조각 또는 모세관)을 조금 넣는다. 많은 양의 증류액을 증류 플라스크에 채우고 증류하거나 비등석을 사용하지 않으면 증류액이 냉각관 쪽으로 갑자기 튄다. 천천히 가열하여야 효과적으로 증류되기 때문에 맨틀이나 기름 중탕 등을 이용하여 증류 플라스크를 천천히 가열하여야 한다. 마지막 남은 소량의 액체를 증류하는 것은 불순물들이 증류액을 오염시킬 수 있기 때문에 좋지 않다.

■ 분별 증류

분별 증류에서는 증류액을 모으기 전에 증발과 응축이 여러 번 반복해서 일어난다. 그림 2.6에 도시한 것처럼 각 주기의 증발과 응축마다 보다 휘발성이 큰 화합물이 증기 속에 점점 많아진다. 분별 증류관에서 증발과 응축의 주기가 반복해서 일어나면 혼합물을 구성하고 있던 성분들이 효과적으로 분리될 수 있다. 증류 플라스크와 증류 장치의 증류 헤드 사이에 삽입되는 분별 증류관은 액체/증기 평형이 여러 번 반복해서 일어나는 표면적을 매우 크게 한다. 관을 통해 증기가 올라가면 식혀져서 응축되고 응축된 액체는 아래로부터 올라오는 뜨거운 증기와 접촉하면 다시 증기가 된다. 이와 같은 과정은 여러 번 반복된다. 분별 증류관의 역할이 효과적이라면 관의 꼭대기에 있는 증류 헤드에 도달한 증기는 끓는점이 보다 낮은 성분으로만 이루어져 있게 된다.

분별 증류관의 효율은 그림 2.6에 도시한 그래프의 수평선의 수로 나타낼 수 있다. 예로서, 증류되는 처음 용액이 펜테인과 헥세인의 몰분율이 25%와 75%이고 분별 증류관에 한 개의 이론적인 수평선이 있다면 관의 꼭대기에서 수집되는 액체는 몰분율이 48%와 52%(A_2)의 펜테인과 헥세인으로 이루어져 있을 것이다. 만약 관에 두 개의 이론적인 수평선이 있다면 증류된 액체는 73%의 펜테인과 27%의 헥세인으로 이루어진 몰분율(A_3)을 보여 줄 것이다. 그림 2.6에 의하면 관에 다섯 개 이상의 수평선이 있다면 처음 증류되는 용액에 1 : 3의

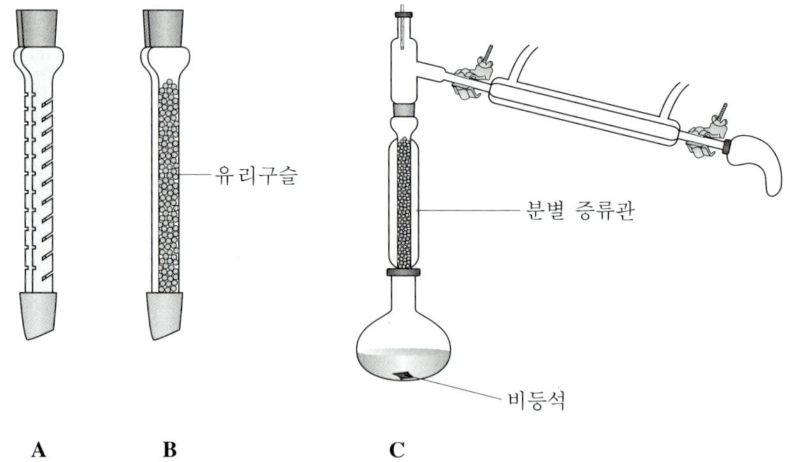

그림 2.8 **분별 증류관(A: 비그럭스관, B: 헴펠관, C:분별 증류 장치)**

비로 펜테인과 헥세인이 혼합된 용액으로부터 순수한 펜테인을 얻을 수 있다.

액체-증기 평형이 일어날 수 있는 관 표면적이 클수록 관의 효율도 커진다. 그림 2.8에 도시한 일반적으로 이용되는 분별 증류관에는 여섯 개 내지 여덟 개의 이론적 수평선이 있다. 만약 여덟 개의 이론적인 수평선이 있다면 끓는점의 차가 25°C인 용액을 분리할 수 있다. 일반적으로 **비그럭스관**(vigreux column)(A)이나 작은 유리구슬이나 나선유리로 채워진 **헴펠관**(Hempel column)(B)이 많이 사용된다. (B)가 액체-증기 평형이 일어날 수 있는 면적이 더 크기 때문에 좀 더 효과적이다. 대기압 하에서 실시되는 분별 증류 장치를 도시하면 그림 2.8C와 같다.

단순 증류에서와 마찬가지로 증류 플라스크의 용량은 증류되는 액체 혼합물의 두 배 이상이어야 한다. 혼합물이 끓는점이 낮은 용매에 용해되어 있을 때는 먼저 용매를 증류시켜 제거한 다음 혼합물을 더 작은 증류 플라스크에 옮기고 두세 개의 비등석을 넣고 증류하여야 한다.

분별 증류에서는 가열 속도가 매우 중요하며 증류가 진행되는 동안 온도를 천천히 점진적으로 증가시켜야 한다. 가열 속도가 빠르면 증류가 급하게 진행되기 때문에 효율적으로 분리하는 데 필요한 액체-증기 평형이 반복적으로 일어나지 않는다. 열을 적게 가하면 증기가 증류관의 꼭대기에 도달하지 못한다. 일반적으로 2 내지 3초마다 한 방울씩 받는 플라스크에 떨어지도록 증류하는 것이 바람직하다. 끓는점의 차이가 적을수록 이론적인 수평선이 많은 분별 증류관을 사용하여 더 천천히 증류하여야 한다.

분획을 위해 받는 플라스크를 교체하는 시점은 물질의 끓는점이 분리될 때, 즉 온도가 올라가거나 떨어질 때이다. 더 이상 온도계의 봉에서 온도를 유지할 액체가 없으면 온도가 떨어진다. 이 시점에서는 열을 더 가하여 두 번째 용액을 받을 준비를 하여야 한다.

■ 함께 끓는 증류

수소 결합과 같은 분자 사이의 상호작용 때문에 모든 용액은 Rault의 법칙을 따르는 이상 용액이 아니다. 어떤 혼합 용액을 증류하면 일정한 온도에서 끓는 혼합 용액이 얻어진다. **불변 끓음 혼합물**(azeotrope 또는 azeotropic mixture)이라고 하는 일정한 온도에서 끓는 혼합물은 증류를 통해서 더 이상 정제되지 않는다. 증류하는 동안 불변 끓음 혼합물을 형성하는 가장 잘 알려져 있는 예는 에탄올과 물의 혼합물이다. 에탄올과 물의 불변 끓음 혼합물은 78.2°C에서 끓으며 이것은 무게비로 95.6%의 에탄올과 4.4%의 물로 이루어져 있다. 증류관을 따라 이동할 때 얼마나 많은 액체-증기 평형이 이루어지는가에 상관없이 더 이상은 분리할 수 없다. 순수한 에탄올은 다른 방법으로 얻어야 한다. 불변 끓음 혼합물을 만드는 성분의 혼합물은 보통 증류법으로는 순수한 성분으로 분리시킬 수 없으므로, 이들 성분과 혼합하여 별개의 불변 끓음 혼합물을 만드는 제3의 성분을 첨가하여, 새로운 불변 끓음 혼합물의 끓는점이 처음 용액의 끓는점보다 충분히 낮아지도록 한 다음 증류함으로써 증류 잔류물이 순수한 성분이 되게 한다. 예로서, 100%에 가까운 에탄올을 얻으려면 벤젠과 같은 다른 용매와 함께 불변 끓음 혼합물로 제거하여야 한다. 32.4%의 에탄올과 67.6%의 벤젠은 68.2°C에서 끓는다. 74.1% 벤젠, 18.5% 에탄올과 7.4% 물의 불변 끓음 혼합물은 64.9°C에서 끓는다. 100%에 가까운 에탄올은 95%의 에탄올에 벤젠을 가하고 증류하면 얻어진다. 물은 벤젠, 에탄올 및 물의 불변 끓음 혼합물을 64.9°C에서 증류하면 제거되며 78.4°C의 100%에 가까운 에탄올을 얻을 수 있다.

■ 감압 증류

많은 유기 화합물들은 대기압 하의 끓는점 이하에서 분해된다. 이 화합물들은 감압이 걸린 증류 장치를 이용하면 대기압 하에서 보다 낮은 끓는점에서 증류할 수 있다. **감압 증류**(vaccum distillation)에서는 액체의 끓는점과 압력이 서로 상관관계가 있다는 사실을 이용한다. 감압 증류가 대기압 하의 분별 증류보다 효과가 떨어지지만 끓는점이 200°C 이상인 액체는 감압 증류를 이용하여 정제하여야 한다. 화학실험실에서는 진공 펌프 또는 **흡인기**(aspirator)를 이용하여 감압한다. 진공 펌프를 이용하면 쉽게 0.5 mmHg보다 낮은 압력을 얻어낼 수 있다. 흡인기를 이용했을 때는 물의 증기압보다 낮을 수 없으며 일반적으로 상온에서 15 ~ 25 mmHg 정도로 감압할 수 있다.

대기압 이외의 압력 하에서 어떤 물질의 끓는점은 정확하게 계산하기 어렵다. 대략적으로 압력을 50% 낮추면 액체 유기 화합물의 끓는점은 15 ~ 20°C 낮아진다. 25 mmHg 이하에서는 압력을 반으로 낮추면 끓는점은 약 10°C 낮아진다. 그림 2.9에 도시한 도표를 이용하면 감압과 대기압 하에서 화합물의 끓는점을 예측할 수 있다. 예로서, 760 mmHg에서 어떤 화합물의 끓는점이 145°C(B)인 비극성 화합물의 28 mmHg(C)에서의 끓는점과 극성인 화합물의 10 mmHg(D)에서의 끓는점은 50°C(A)이다. 마찬가지로 감압 하에서의 끓는점을 안다면

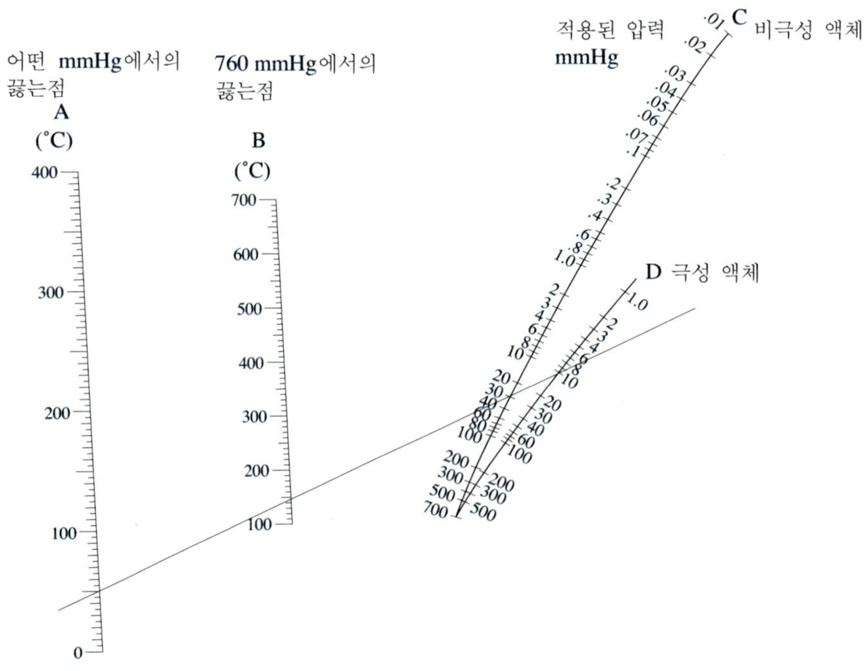

그림 2.9 **여러 가지 압력에서 끓는점을 알 수 있는 온도-압력 관계**

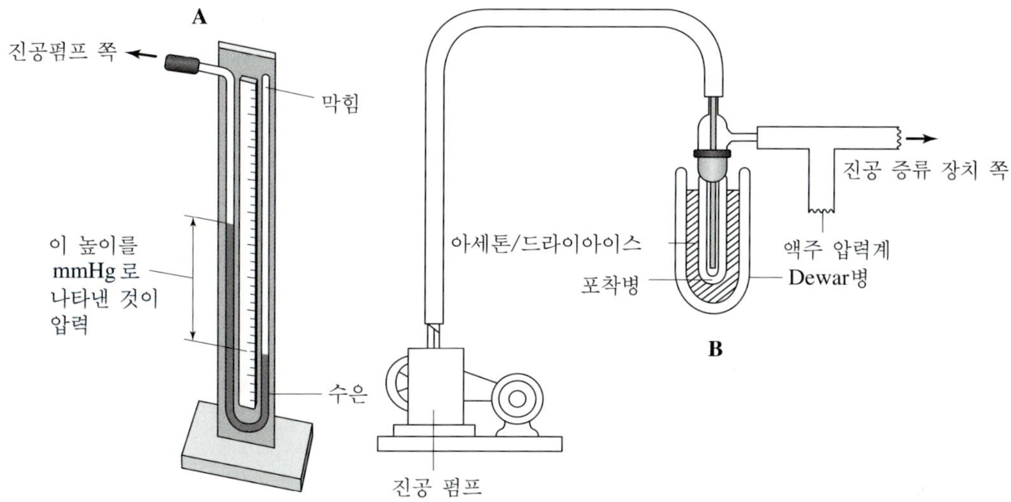

그림 2.10 **A: 액주 압력계, B: 감압시스템**

대기압에서의 끓는점도 예측할 수 있다. 감압 하에서의 압력인 컬럼 C 및 D와 컬럼 A에 있는 해당 압력에서의 끓는점을 연결하였을 때 컬럼 B의 절편은 760 mmHg에서의 끓는점이 된다. 일반적으로 액체상에서 분자 사이에 강한 인력이 작용하는 극성 화합물의 끓는점은 비극성 화합물보다 덜 정확하다.

압력은 그림 2.10A와 같은 **액주 압력계**(manometer)로 모니터링할 수 있다. 물이 감압소스로 이용될 때는 물이 역류하여 증류 장치로 들어가는 것을 막기 위해 **포착병**(trap bottle)이나 **포착 플라스크**(trap flask)를 사용하여야 한다. 진공 펌프가 감압소스로 사용될 때는 그림

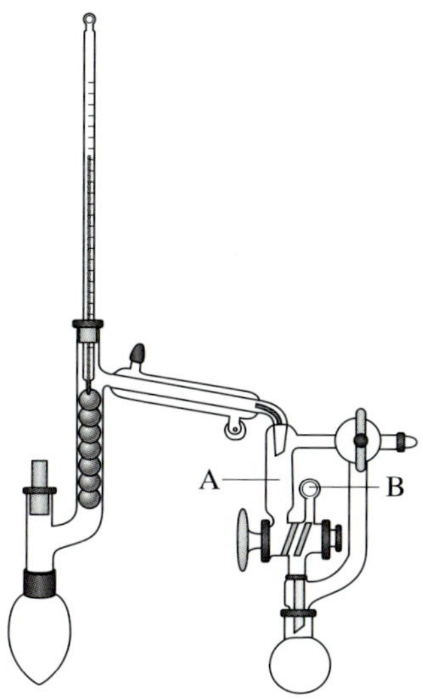

그림 2.11 **비그럭스 클라이젠 어댑터와 분획 포집기가 장착된 감압 증류 장치**

2.10B와 같은 증류 장치와 펌프 사이에 Dewar 병에 담긴 아세톤/드라이아이스(−78°C)나 헥세인/드라이아이스(−80°C)로 일정한 온도를 유지하게 만든 포착병을 삽입하여야 한다. 포착병은 휘발성 물질들을 포착함으로써 이들이 진공 펌프로 들어가 오일의 증기압을 올라가게 하여 진공 효율을 떨어뜨리고 펌프를 손상시키는 것을 막아 준다.

대표적인 감압 증류 장치를 소개하면 그림 2.11과 같다. 그림 2.11의 장치에는 비그럭스 클라이젠 어댑터와 분획 포집기가 장착되어 있다. 감압 증류에서는 증류 플라스크 속의 혼합 용액이 격렬하게 끓어 냉각관으로 넘어가는 것을 방지하기 위해 비그럭스 클라이젠 어댑터를 사용한다. 용량이 큰 증류 플라스크를 사용하고 비등석 대신 자석 젓개를 사용하는 것도 효과적이다. 분획 포집기를 이용하면 증류 장치의 압력을 교란하지 않고 분획 플라스크를 제거할 수 있다. 분획 플라스크를 교환하는 동안 증류액은 튜브 A에 저장된다. 증류 장치에 새 플라스크가 연결되기 전에 튜브 B에 있는 흡인기에 의해 감압된다. 보다 효과적인 감압을 위해서는 각 연결 마디에 고진공용 실리콘 오일을 바르고 진공 펌프 쪽으로 연결되는 고무관은 진공에 의해 찌그러지지 않도록 두꺼운 것을 사용하여야 한다.

■ 승화

일반적으로 화합물들에 열을 가하면 고체-액체-기체로의 상변화를 일으키지만 어떤 화합물들의 경우에는 액체상을 거치지 않고 고체에서 기체상으로 변화되는데 이 과정을 **승화**(sublimation)이라고 한다. 이와 같은 화합물들에는 아이오딘, phathalazine 및 camphor 등이 있다. 예로서, 고체 이산화 탄소인 드라이아이스는 액체를 거치지 않고 −78°C에서 기체인 이산화 탄소가 되며 아이오딘을 천천히 가열하면 자주색 기체로 승화된다.

화합물이 녹지 않고 분해되지 않으면서 기화될 수 있고 기체에서 고체로 다시 되돌아갈 수 있다면 그 화합물을 정제하는 데 승화를 이용할 수 있다. 대기압 하에서 승화되지 않는 많은 유기 화합물들이 감압 하에서는 승화할 수 있기 때문에 승화를 통해서 정제될 수 있다.

승화 장치는 그림 2.12에 도시한 것과 같이 두 개의 시험관으로 이루어져 있다. 정제하여야 할 시료를 넣는 바깥쪽 시험관은 감압 장치에 연결된다. 안쪽 시험관에는 찬물 또는 얼음

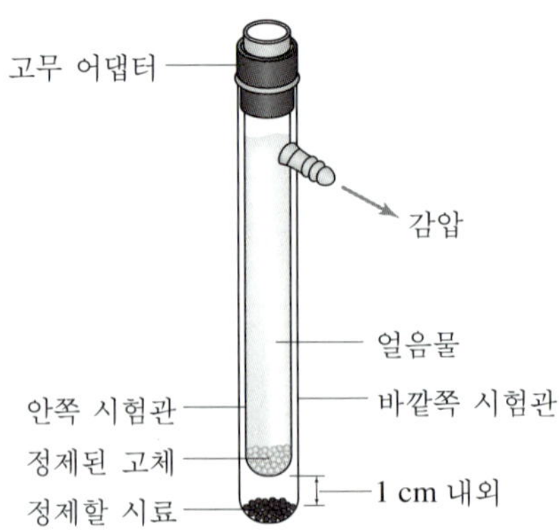

그림 2.12 **승화 장치**

물을 넣어 온도가 낮은 시험관의 표면에서 승화된 화합물이 다시 고화될 수 있도록 한다. 안쪽과 바깥쪽 시험관은 고무 어댑터로 서로 밀봉된다. 안쪽과 바깥쪽 시험관 바닥 사이에는 약 1 cm 내외의 거리를 둔다. 거리가 지나치게 멀 때는 화합물을 기체상으로 유지하는 데 높은 온도가 필요하며 높은 온도 때문에 화합물이 분해될 수 있다. 거리가 너무 가까우면 불순물이 안쪽 시험관의 표면으로 튀어올라 고화된 화합물을 오염시킬 수 있다.

2.3 재결정

순수한 유기 화합물은 같은 구조를 가지고 있는 분자들로만 이루어져 있는 균일한 화합물이지만 보통 여러 가지 불순물에 오염되어 있을 수 있다. 어떤 용매에 대한 화합물의 용해도가 불순물과 다를 때는 **재결정**(recrystallization)을 통해 정제될 수 있다. 재결정은 고체 유기 화합물을 정제하는 가장 중요한 방법이다. 순수한 유기 화합물의 결정은 분자들이 삼차원의 기하학적 배열을 이루고 있으며, 여기에는 주로 **런던 힘**(London forces)이 작용하고 있다. 순수하지 못한 고체 유기 화합물에서는 불순물이 분자들의 규칙적인 배열을 통한 결정의 형성을 방해하기 때문에 잘 정의된 결정 격자를 보여 주지 못한다. 재결정을 통해 불순물을 제거하면 규칙적인 결정 격자가 성장한다.

일반적으로 재결정은 먼저 정제하려는 화합물을 높은 온도에서 적당한 용매에 녹이는 것으로부터 시작한다. 용액을 가열하여 온도를 높이면 거의 모든 고체는 용해도가 증가한다. 용매를 천천히 식히면 용해도가 감소하고 용액에 대해 화합물이 **포화**(saturation)되면서 결정이 석출된다. 어떤 주어진 온도에서 고체가 더 이상 녹지 않는 상태를 포화되었다고 한다. 결정의 규칙적인 격자가 형성될 때 불순물이 격자로부터 밀려나면서 순수한 화합물이 된다. 보통 불순물은 재결정하려는 화합물보다 농도가 낮아 용액에 포화되지 않기 때문에 용액에 용해된 채로 남는다. 불순물이 뜨거운 용액에 녹지 않는다면 용액을 식히기 전에 여과하여 제거할 수 있다.

일반적으로 용질과 구조적으로 비슷한 용매가 비슷하지 않은 용매보다 용질을 더 잘 녹인다. 재결정 용매는 시행착오를 거치면서 찾아내지만 용매의 구조와 용질의 용해도 사이에 상관관계가 있기 때문에 용질의 구조와 용매 극성 사이의 상관관계를 감안하여야 한다. 메탄올 및 에탄올과 같은 용매는 대부분의 극성 물질과 어느 정도의 비극성 물질을 녹일 수 있기 때문에 극성 물질을 재결정할 때 적당하다. 수소 결합을 할 수 있는 카복실산, 알코올 및 아민류를 재결정할 때는 알코올이 우선적으로 고려되는 용매이다. 극성이 낮은 비이온성 화합물을 재결정할 때는 아세트산 에틸, 헥세인 또는 클로로폼 등을 이용할 수 있다.

단일 용매가 재결정에 적합하지 않을 때는 두 가지 이상의 혼합 용매를 사용할 수도 있다. 이때는 먼저 재결정하려는 물질이 다 녹을 때까지 보다 극성이 큰 용매를 천천히 가하면서 가열하고 난 다음 용액이 부옇게 흐려질 때까지 극성이 낮은 용매를 천천히 가한다. 혼합물에 열을 가하여 다시 맑은 용액이 되면 천천히 식히면서 결정이 형성되게 한다. 자주 이용되는 혼합 용매의 조합의 예를 소개하면 표 2.2와 같다.

표 2.2 재결정에 이용될 수 있는 혼합 용매 조합의 예

보다 극성인 용매	+ 보다 비극성인 용매	보다 극성인 용매	+ 보다 비극성인 용매
메탄올	아세톤	아세트산 에틸	헥세인
메탄올	아세트산 에틸	아세트산 에틸	다이에틸 에터
메탄올	클로로폼	물	메탄올
메탄올	다이에틸 에터	물	아세트산 에틸
클로로폼	사염화 탄소	클로로폼	헥세인

■ 일반적인 재결정 과정

- 삼각 플라스크 또는 시험관에 비등석을 넣고 재결정하려는 시료가 녹을 때까지 천천히 가열하고 저어 주면서 용매를 조금씩 가한다. 둥근 바닥 플라스크보다는 삼각 플라스크를 사용하는 것이 더 좋다. 증기 중탕, 모래 중탕 또는 가열램프 등을 이용하여 가열하는 것이 좋다.
- 용매의 끓는점보다 조금 낮은 온도에서 필요한 최소량보다 조금 더 많은 용매에 시료를 녹인다.
- 화합물에 불순물의 색깔이 있을 때는 무게비 2% 정도의 숯가루를 넣고 가열하여 색을 가지고 있는 소량의 불순물을 제거한다.
- 또 하나의 플라스크를 준비하고 소량의 용매와 비등석을 넣고 여과지가 얹힌 깔때기를 플라스크 위에 놓은 다음 가열하여 플라스크, 깔때기 및 여과지가 끓는 용매로 데워지게 한다. 시료가 녹아 있는 첫 번째 플라스크의 뜨거운 용액을 여과한다. 이 단계에서는 숯가루와 녹지 않은 물질들이 제거된다.
- 여과지 위에서 결정이 생기면 소량의 뜨거운 용매를 종이에 가하여 결정이 녹아 내려가게 한다. 용매가 줄어들어 용액이 포화될 때까지 가열한다.
- 결정이 천천히 형성되도록 방치한다. 시스템이 실온에 도달한 다음 얼음 중탕이나 냉장고 등을 이용하여 온도를 더 내리면 결정의 수득률을 높일 수 있다.
- 결정이 충분히 형성되면 Büchner 또는 유리 여과 장치를 이용하여 흡인 여과한다(그림

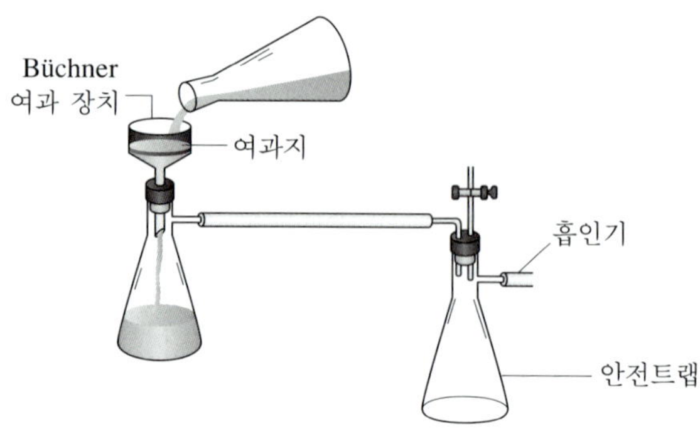

그림 2.13 흡인 여과 장치

2.13).

- 흡인 여과 장치를 사용하여 결정을 거를 때는 먼저 재결정에 사용된 용매로 여과지를 적시고 흡인기를 켠 다음 혼합물을 여과 장치에 붓고 약숟가락을 이용하여 결정을 넓게 편다.
- 결정이 마르기 전에 소량의 찬 재결정 용매로 씻어 준다. 혼합 용매를 사용했을 때는 극성이 낮은 용매로 씻어 준다.
- 몇 분간 흡인기를 틀어 결정에 남은 용매가 충분히 마르도록 둔 다음 흡인기를 끄고 결정을 모은다.
- 모은 결정은 데시케이터나 오븐에서 건조시킨다.

■ 재결정에서 생길 수 있는 문제의 해결

재결정 용매가 지나치게 많거나, 온도에 따른 용해도의 변화가 작거나, 용액에 대한 화합물의 용해도가 지나치게 크거나 용액이 과포화되어 있을 때는 재결정 용액을 식혀도 결정이 생기지 않는다. 과포화가 문제일 때는 같은 화합물의 결정을 몇 조각 넣어 주면 결정 형성의 핵으로 작용하여 결정화를 촉진시킬 수 있다. 어떤 때는 유리 막대를 이용하여 플라스크의 안쪽 벽을 긁어 주어도 결정 형성에 도움이 된다.

온도를 지나치게 빠르게 내리거나 극성이 낮은 용매를 빠르게 가하면 결정 형성의 속도가 빨라질 수 있지만 불순물이 격자 사이에 끼어들 수 있다. 결정 형성의 속도가 지나치게 느린 경우에도 불순물이 결정 격자 사이에 섞여들 수 있다.

재결정하려는 화합물의 녹는점보다 용액의 끓는 온도가 높을 때는 오일(점성 액체)이 형성되어 불순물에 오염될 수 있다. 이때는 용매의 양을 늘리거나 화합물의 녹는점보다 끓는점이 낮은 용매를 찾아야 한다. 용액을 식히는 동안 빠르게 저어 주면 처음에 형성된 오일이 매우 작은 조각으로 흩어져 결정 형성을 위한 핵으로 작용할 수 있다.

2.4 크로마토그래피

크로마토그래피는 이동상(보통 액체 또는 기체)을 사용하여 혼합물을 **정지상**(stationary phase, 보통 고체 또는 고체에 입혀진 액체)을 따라 혼합물을 밀어 각각의 성분 물질로 분리하는 일련의 테크닉들이다. 각각의 성분 물질들은 서로 다른 분자 구조를 가지고 있기 때문에 정지상과 서로 다른 세기의 분자간 수소 결합 및 쌍극자–쌍극자 힘이 작용한다. 정지상 및 이동상과 서로 다르게 상호작용을 하므로 **이동상**(mobile phase, 보통 액체 또는 기체)에 의해 서로 다른 속도로 움직인다. 정지상과의 사이에 보다 강한 인력이 작용할수록 보다 느리게 이동한다. 극성 물질과 정지상 사이에 작용하는 인력은 비극성 물질의 경우보다 더 크기 때문에 극성 물질이 더 느리게 이동한다. 같은 이유 때문에 극성 용매는 비극성 용매보다 화합물을 더 빨리 이동시킨다. 보통 유기 화학에서 기본적으로 많이 이용하는 크로마토그래피에는 **얇은 층 크로마토그래피**(thin layer chromatography, TLC)와 **관크로마토그래피**(column chromatography)가 있다.

2.4.1 얇은 층 크로마토그래피

얇은 층 크로마토그래피는 혼합물을 구성하고 있는 성분 물질의 수, 순도 또는 화학 반응의 진행 정도를 판단하는 데 폭넓게 이용되는 간단하고도 경제적인 방법이다. 이 기술에서는 정지상으로 작용하는 얇은 막의 흡착제가 도포되어 있는 유리나 플라스틱 TLC 판을 이용한다. TLC 실험 단계를 보다 자세히 설명하면 다음과 같다.

■ TLC 판

TLC 판의 가장 일반적으로 사용되는 정지상은 **실리카젤**(silica gel, $SiO_2 \cdot xH_2O$) 흡착제이며 극성이 큰 물질에는 **알루미나**(Al_2O_3)가 많이 이용된다. 비극성 물질들이 이들 정지상에 흡착될 때는 약한 인력인 van der Waals 힘만 작용하지만 극성 분자에서는 수소 결합과 쌍극자–쌍극자 힘 등이 작용한다. 실리카젤과 알루미나 흡착제는 활성을 키우기 위해 가열하여 수분을 제거한 미세한 분말이 이용된다. 실리카젤은 극성이 지나치게 크지 않은 산성 또는 중성인 유기 화합물들을 분리하는 데 효과적이다. 알루미나에는 산성, 염기성 및 중성이 있다. 셀룰로스는 실리카젤과 알루미나보다는 극성이 낮다. 셀룰로스는 당, 아미노산 및 핵산과 같이 물에 녹는 화합물들을 크로마토그래피하는 데 사용된다. 화합물들은 셀룰로스 입자에 수소 결합되는 물 분자와 전개 용매 사이에서 분리된다. 정지상으로서 셀룰로스가 이용되는 한 가지 예로는 종이 크로마토그래피를 들 수 있다.

역상 TLC(reverse-phase TLC) 판에는 실리카젤의 하이드록시기가 긴 사슬 알콕시기로 치환되어 있는 흡착제가 사용된다. 알콕시 사슬은 비극성 정지상으로 작용한다. 역상 TLC에 사용되는 용매는 메탄올, 아세토나이트릴 또는 물과 이들의 혼합 용액과 같이 매우 극성이 크다. 역상 TLC에서는 보다 극성이 큰 화합물들이 극성이 낮은 화합물들보다 더 빨리 이동한다. 극성이 낮은 화합물들은 비극성 흡착제 표면에 보다 강하게 흡착된다.

이동상으로는 순수한 용매 또는 혼합 용매가 이용된다. 혼합 용매의 조성비는 분리하려는 성분 물질들의 극성에 따라 달라진다. 얇은 층 크로마토그래피는 주로 비휘발성 고체 성분들을 분석할 때 이용되며 휘발성이 있는 액체 화합물은 TLC 실험에서 휘발하여 없어질 수 있기 때문에 적합하지 않다.

TLC 실험을 할 때는 먼저 소량의 분리하려는 혼합물을 적당한 용매에 녹인다. 전개 용매를 담은 병은 용매 증기로 포화되어야 하기 때문에 용매는 실온에서 쉽게 증발할 수 있어야 한다.

■ 모세관 제작

TLC에 사용되는 모세관은 상품화되어 있다. 그러나 그림 2.14A에 도시한 것처럼 실험실에서 간단히 만들어 쓸 수 있다. 모세관을 만들 때는 먼저 분젠 버너에 불을 켜고 불꽃을 중간 정도의 세기로 조절한다. 불꽃으로 적당한 두께의 유리관의 중심을 가열하여 길이 1~2 cm

정도의 부위가 흐물거릴 때 유리관의 양쪽 끝을 반대 방향으로 빠르게 잡아당기면 유리관의 흐물거리는 중앙 부분이 늘어나 내경 0.2~0.3 mm 정도의 모세관이 된다. 줄 등의 유리 절단기로 모세관을 적당한 길이로 잘라 TLC 점적에 사용한다. 이때 절단면은 판에 충분히 접촉하여 용액이 흡착제에 효과적으로 점적될 수 있도록 모세관 종축에 직각이고 매끈하여야 한다.

■ TLC 판에 마크하기

그림 2.14B에 도시한 것처럼 TLC에는 일반적으로 폭 2 cm 길이 5 cm 정도의 판을 이용한다. 판의 한 쪽 끝으로부터 약 1 cm 되는 지점에 끝과 평행하게 연필을 이용하여 직선을 그린다. 직선 위에 작은 점을 마크한다. 이 선과 점은 물질을 점적하는 위치를 정해줄 뿐만 아니라 R_f값을 측정하는 점이 된다. 판의 다른 쪽 끝으로부터 1 cm 정도 되는 곳에 두 번째 연필선을 그어 용매를 도달할 수 있는 지점을 정해둔다.

■ TLC 판의 활성화

TLC 판을 150~160°C 오븐에서 15~20분 정도 가열하여 판에 흡착되어 있는 수분을 제거하여 활성화시킨다.

■ TLC의 점적

분석하려는 물질의 용액을 포함하고 있는 용기에 모세관의 한쪽 끝을 담가 용액이 모세관을 따라 올라가게 한다. 모세관에 용액이 실리면 TLC 판 직선 위에 마크한 점에 모세관을 수직으로 갖다 대어 모세관 속의 용액이 판에 점적되게 한다. 이때 점적된 반점의 직경은 1 mm가 넘지 않도록 한다. 반점으로부터 용매가 완전히 증발되게 한다. 용매가 물과 같이 휘발성이 낮을 때는 5오븐에서 가열하여 용매를 증발시킬 수도 있다.

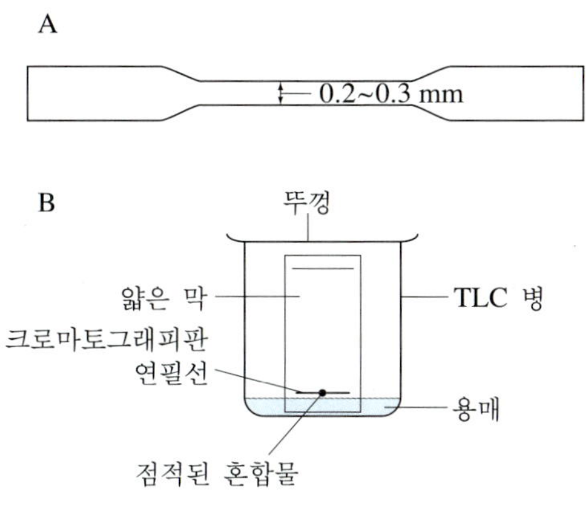

그림 2.14 **간단한 TLC 장치**

■ TLC의 전개

보통 **전개 용매**(developing solvent)라는 소량의 이동상이 담긴 병에 점적된 아래쪽 가장자리가 전개 용매에 잠기도록 핀셋을 이용하여 연필로 그은 선의 반대쪽 끝 부분을 잡고 조심스럽게 전개병에 놓는다. 이때 TLC 판의 아래쪽이 전개병의 벽에서 조금 떨어지도록 기울여 세우고 병 뚜껑을 닫는다. 판이 지나치게 기울어져 있으면 용매가 판을 따라 균일하게 전개되지 않을 수 있다. 모세관 현상에 의해 용매가 정지상을 따라 위로 올라가면 이동상과 정지상 사이에서 시료가 분배된다. 전개 과정에서 이동상과 정지상 사이에 수없이 일어나는 평형의 결과로 분리가 진행된다. 흡착제에 보다 약하게 결합하는 비극성 물질일수록 보다 빠르게 올라가고, 보다 강하게 흡착되는 극성 화합물은 보다 느리게 올라가거나 올라가지 않고 점적된 위치에 그대로 남는다. 전개 용매의 경계선이 TLC 판의 위쪽 끝으로부터 0.5 cm 정도에 이르렀을 때 판을 꺼내고 용매를 날려보내기 전에 즉시 연필을 사용하여 전개 용매 경계선의 위치에 표를 한다. 그런 다음 방치하여 용매를 날려보낸다.

■ TLC 판의 건조

판을 깨끗하고 건조한 곳에 방치하여 용매를 증발시킨다. 용매의 휘발성이 낮을 때는 60°C 정도의 오븐을 이용하여 증발시킨다. TLC 점적에서 용매 증발까지의 과정을 도시하면 그림 2.15와 같다.

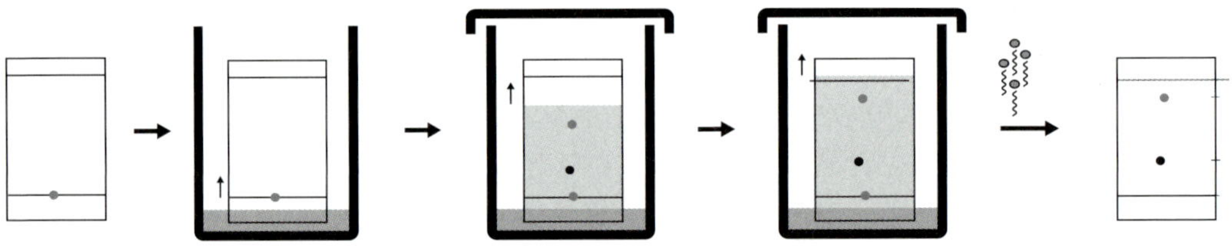

그림 2.15 **TLC 점적에서 용매 증발까지의 과정**

■ TLC 판의 시각화

분리된 화합물이 색깔을 띠고 있다면 화합물의 위치를 판 위에서 직접 볼 수 있지만 화합물의 색깔이 없을 때는 눈으로 볼 수 있는 처리를 하여야 한다. TLC 상에서 화합물을 확인할 수 있도록 하는 시각화에는 여러 가지 방법들이 있다. 이들 중 유기 화학에서 가장 많이 이용하는 방법은 아이오딘화법과 형광을 이용하는 법이다. 이 방법에서는 몇 조각의 아이오딘 결정을 포함하고 있는 병에 TLC 판을 몇 분간 넣어둔다. 병 속에 있는 아이오딘 증기가 여러 가지 반점에 있는 화합물들을 산화시키면 갈색 계열의 색깔을 나타내므로 화합물들의 위치를 볼 수 있다. 형광을 이용하는 방법에서는 실리카젤과 형광 물질의 균일한 혼합물이 도포된 TLC 판을 이용한다. 판을 따라 이동한 물질은 그들의 위치에서 형광을 가리기 때문에 형광 램프를 이용하여 판을 비추면 화합물의 위치가 어둡게 나타난다. 아미노산을 분석할

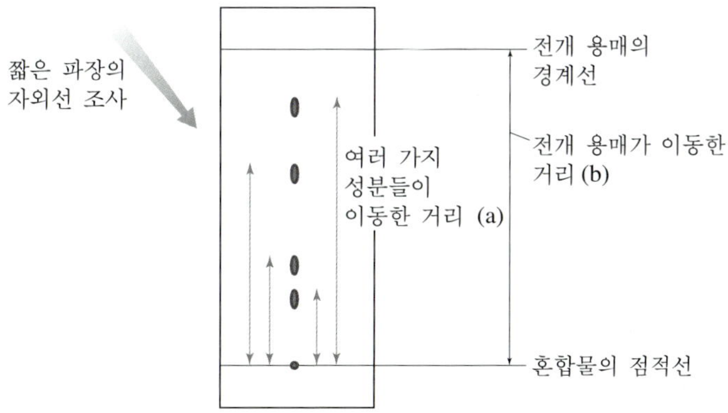

그림 2.16 R_f값의 측정

때는 **닌하이드린**(ninhydrin)법이 특히 유용하다. 0.2%의 닌하이드린의 에탄올 용액을 TLC 판에 분무하고 몇 분간 기다리면 아미노산이 있는 위치에서 자주색이 나타난다.

■ R_f값의 측정 그림

그림 2.16에 도시한 것과 같이 혼합물이 점적된 연필 선으로부터 용매가 전개된 경계선까지의 거리(b)와 화합물 반점의 중심까지의 거리(a)를 측정하고 이들의 비를 계산하여 $R_f = \frac{a}{b}$값을 구한다.

2.4.2 관크로마토그래피

관크로마토그래피(column chromatography)는 혼합물로부터 성분 물질들을 분리하는 데 가장 일반적으로 이용되는 방법이다. 원리는 TLC와 같지만 TLC보다 한꺼번에 훨씬 많은 양을 분리할 수 있다. 한꺼번에 수 밀리그램에서 수십 그램 스케일의 혼합물을 처리할 수 있다. 이 기술은 화학, 생물, 생화학, 미생물, 약학을 포함하는 많은 분야에 폭넓게 이용된다.

■ 정지상의 선택

TLC에서와 마찬가지로 실리카젤과 알루미나가 정지상으로 가장 많이 이용된다. 보통 관크로마토그래피에서는 63 ~ 210 μm(70 ~ 230 mesh)의 실리카젤이 이용된다. 알루미나에는 중성(pH 7), 염기성(pH 10) 및 산성(pH 4)이 있다. TLC에서와 마찬가지로 극성이 큰 화합물일수록 정지상에서 더 늦게 이동한다. 즉, 극성이 작은 화합물일수록 관에서 더 빨리 용리되므로 TLC에서 R_f값이 더 낮은 화합물일수록 더 빨리 분획된다. 정지상은 TLC 실험의 결과를 기초로 선택한다. 흡착제, 관의 크기, 이동상(용매)의 극성뿐만 아니라 용리의 속도도 분리에 영향을 미치므로 관크로마토그래피를 할 때는 이들 인자들을 모두 검토하여야 한다.

■ 용매의 선택

관크로마토그래피에서 이동상으로 사용되는 용매 시스템은 주로 TLC 실험으로 결정될 수 있다. 보통 극성이 낮은 용매를 사용하여 화합물이 정지상에 흡착되게 한 다음 천천히 용매의 극성을 높여 화합물이 탈착되어 이동상을 따라 이동하게 하면 분리가 진행된다. 용매를 적당한 비로 혼합함으로써 극성을 높여갈 수 있는데 주로 사용하는 용매 조합에는 hexane-ethyl acetate 또는 hexane-dichloromethane 등이 있다. 관크로마토그래피에 이용하는 용매들을 극성이 감소하는 순서로 나열하면 표 2.3과 같다. 이들 용매를 적당한 비로 조합하면 대부분의 화합물들을 분리할 수 있다. 분리하려는 화합물이 TLC 상에서 R_f값이 0.3 정도로 이동하게 하는 용매를 선택하여야 한다. 용매와 양을 선택하는 문제는 시행착오를 통해 해결될 수 있다. methanol과 물은 실리카겔을 녹여 내어 정지상을 교란하기 때문에 보통 사용하지 않는다.

표 2.3 **관크로마토그래피에 주로 이용되는 용매의 상대적인 극성**

용매	극성 증가
Methanol	↓
Ethyl acetate	
Acetone	
Diethyl ether	
Chloroform	
Dichloromethane	
Toluene	
Hexane	
Pentane	

■ 관

관은 용도에 따라 연필만큼 가는 것으로부터 직경 수십 센티미터에 이르는 것까지 사용될 수 있다.

혼합물을 분리하는 데 사용할 흡착제를 결정하고 나면 흡착제의 양을 결정하여야 한다. 보통 분리하려는 혼합물 무게의 열 배에서 스무 배 정도의 실리카겔이나 알루미나를 사용한다. 충진된 흡착제의 높이는 10~30 cm 정도가 적당하다. 흔하게 사용하는 관크로마토그래피 장치를 도시하면 그림 2.17과 같다. 용리되는 용액을 분획할 때는 용도에 따라 삼각 플라스크, 비커, 시험관 또는 바이알 등을 이용할 수 있다.

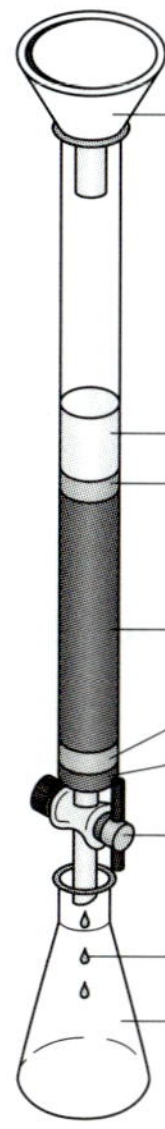

그림 2.17 **관크로마토그래피 장치**

■ 관의 충전

관에 흡착제를 충전할 때는 **건식 충전**(dry packing)이나 **곤죽 충전**(slurry packing) 중 어느 한 방법을 이용한다. 일반적으로 곤죽 충전이 더 효과적이기 때문에 더 많이 이용되지만 경우에 따라 건식 충전법도 이용된다.

많은 양의 시료를 분리할 때는 곤죽 충전법을 주로 이용한다. 이때는 비커에 정지상과 비극성 용매를 넣고 고르게 묽은 반죽이 되도록 섞은 다음 균일한 반죽을 가능한 조심스럽게 관에 붓는다. 비커 벽에 묻은 반죽은 약숟가락을 이용하여 조금씩 긁어 붓는다. 곤죽 충전법을 이용하면 효과적으로 충전할 수 있지만 숙달이 필요하다. 미량 스케일일 때는 건식 충전법이 더 효과적이다. 이때는 비극성 용매로 관을 채운 다음 연필 등을 이용하여 관의 바깥쪽 벽을 가볍게 탁탁 치면서 알루미나 또는 실리카젤의 가루를 관의 위쪽 깔때기를 통해 천천히 가해 준다. 이때 가루가 관의 바닥 쪽으로 천천히 떠 내려 앉도록 해야 한다. 가능한 한 고르게 충전되어야 하며, 공기방울이나 가는 금이 있으면 효과적으로 분리가 되지 않는다. 관에 용매를 채우기 전에 정지상을 먼저 채우는 건식 충전법도 있다. 이때는 적당한 높이로 정지상을 채우고 난 다음 균일하게 충전이 되도록 비극성 용매를 천천히 가한다. 이 방법은 알루미나를 충전할 때만 주로 이용되며 실리카젤에서는 효과적으로 충전이 되지 않기 때문에 이용하지 않는다. 곤죽 충전이나 건식 충전 중 어느 방법을 이용해도 되지만 정지상을 균일하게 만드는 것이 무엇보다 중요하다. 충전할 때는 잠금 꼭지를 열고 용매가 흘러내리게 해야 하며 관크로마토그래피를 하는 동안 항상 용매 윗면이 충진된 정지상의 위쪽에 있도록 해야 된다. 용매 윗면이 정지상의 아래쪽으로 내려가면 공기 방울과 공기 통로가 형성되므로 분리 효율이 크게 낮아진다.

■ 시료의 탑재

충진이 끝나면 시료를 정지상의 위쪽에 탑재한다. 보통 혼합물로 이루어진 시료를 가능한 한 적은 양의 충진에 사용된 용매나 충진에 사용된 용매와 비슷한 극성 용매에 녹여서 정지상의 위쪽에 표면이 흐트러지지 않도록 피펫으로 조심스럽게 탑재한다. 시료를 탑재한 다음 용매를 부을 때 정지상의 윗면이 흐트러지지 않도록 보호할 목적으로 굵은 모래를 3~4 mm 정도로 얇게 펴 덮어 준다. 피펫을 이용하여 먼저 충전된 시료 위쪽 모래에 용매를 조금씩 가하여 정지상을 흩트리지 않도록 함과 동시에 시료를 조금씩 녹여 내린다. 그런 다음 용매를 연속적으로 가하면서 관의 아래쪽에서 용리액을 조금씩 분획한다. 용매가 흘러내리는 속도는 분당 2~3 mm 정도가 적당하다. 흘러내리는 속도가 지나치게 느리면 관속에서 화합물들이 확산되어 효과적으로 분리되지 않는다. 용리된 용매를 분획하는 양은 10~50 mL 정도가 적당하다. 분획하는 양이 많으면 분획 속에 한 가지 이상의 성분이 혼합될 수 있다.

■ 관크로마토그래피의 모니터링

분리되는 혼합물이 색깔이 있는 화합물들로 이루어져 있을 때는 색깔 있는 밴드가 용매를 따라 관 아래쪽으로 흘러내리므로 밴드가 관을 끝에 도달하였을 때 모으면 된다. 그러나 대부분의 유기 화합물은 색깔이 없기 때문에 TLC를 이용하여 모니터링하여야 된다. 관으로부터 성분 물질들을 용리시킨 다음 네 개 내지 다섯 개의 분획을 TLC 판에 점적하고 전개하여 아이오딘 법이나 형광 램프를 이용하여 확인하면 각각의 분획에 있는 화합물이 어느 것인지 구별할 수 있다. 같은 화합물이 들어 있는 분획을 모으고 용매를 날려보내면 순수하게 분리된 화합물을 얻을 수 있다. 이 화합물들을 재결정하면 더욱 순수한 화합물이 얻어진다.

■ 속성 크로마토그래피

관크로마토그래피는 보통 시간이 많이 걸리는 지루한 실험이다. 실험을 빠르게 진행하는 한 가지 방법이 속성 크로마토그래피(flash chromatography)이다. 이 방법에서는 10 psi 정도의 질소 또는 공기압을 이용하여 이동상을 관 아래로 밀어준다. 이동상의 속도가 증가하기 때문에 실험 시간이 절약되지만 분리 효율이 낮을 수 있다. 이때는 입자가 더 작은 정지상을 이용함으로써 분리 효율을 향상시킬 수 있다.

3장 유기 화학 실험

결과 보고서

실험의 결과 보고서는 실험하는 동안 관찰된 현상 및 얻어진 결과와 관련된 이론 등을 기술해 놓는 것이다. 개인별은 물론이고 조별로 실험을 하는 경우에도 측정한 결과와 관찰하는 내용이 실험하는 사람에 따라 차이가 있을 수 있으므로 결과 보고서는 각자가 작성하여야 한다. 결과 보고서는 상세하게 작성되어야 하며 다른 사람이 결과 보고서를 보면 똑같은 방법으로 실험을 재현해 낼 수 있어야 한다.

결과 보고서에는 1. 날짜와 시간, 2. 실험 제목, 3. 실험 목적, 4. 준비물(실험 기구 및 시약) 5. 실험과 관련된 반응 메커니즘 등의 이론, 6. 실험 방법, 7. 관찰 사항, 8. 결과, 9. 고찰, 10. 참고문헌 등이 자세하게 서술되어야 한다.

실험 3.1 Cyclohexene의 브로민화 반응

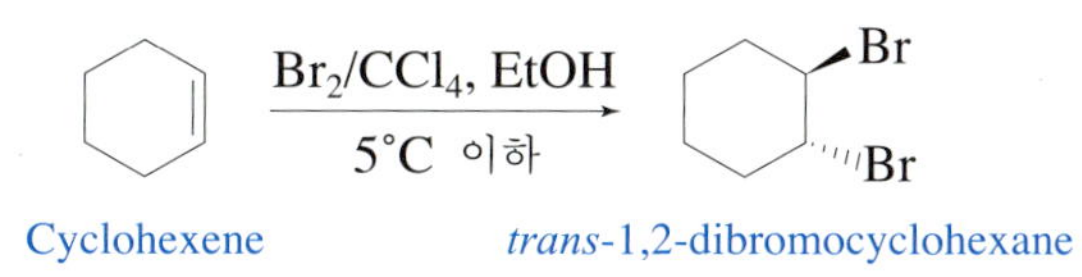

1. 적하 깔때기, 온도계 및 자석 젓개가 장치된 삼구둥근 바닥 플라스크에 20 mL의 사염화 탄소, 1 mL 에탄올과 cyclohexene 3.0 mL(2.46 g, 30.0 mmol)를 넣는다.
2. 얼음 중탕을 이용하여 반응 혼합물을 5°C 이하로 낮춘다.
3. 적하 깔때기에 10 mL의 사염화 탄소와 1.6 mL Br_2(4.96 g, 31.0 mmol)를 넣고 마개를 닫은 다음 5°C 이하에서 이 용액을 한 방울씩 천천히 플라스크에 가한다. 용액을 가할 때마다 Br_2의 붉은색이 즉시 사라진다.
4. 10분간 더 저어 준 다음 플라스크를 기름 중탕으로 옮기고 증류 장치를 장치한다.
5. 증류하면 96°C에서 순수한 *trans*-1,2-dibromocyclohexane이 얻어진다.

6. 수득률을 계산하고 IR과 NMR을 이용하여 구조를 확인한다.

실험 3.2 유기 할로젠 화합물의 확인(질산 은 시험)

어떤 유기 화합물이 알코올 용매 속에서 질산 은과 반응하여 할로젠화 은의 침전(염화 은은 흰색, 브로민화 은은 옅은 노란색, 아이오딘화 은은 짙은 노란색)을 형성하면 그 화합물이 할로알케인임을 확인할 수 있다. 이 반응은 S_N1 메커니즘으로 진행된다.

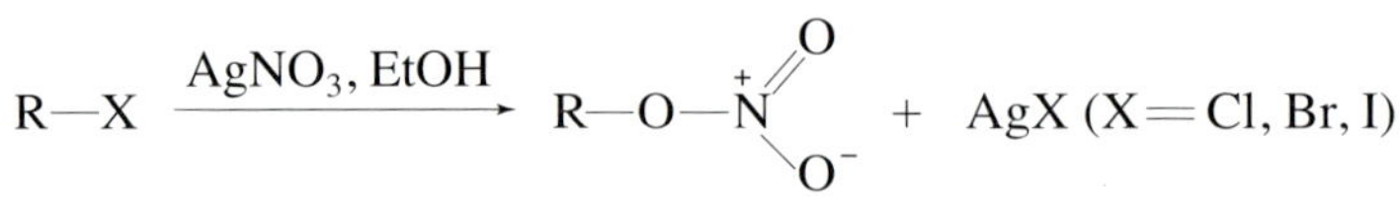

Haloalkane　　Alkyl nitrate　　Silver halide

1. 30 mL의 시험관에 에탄올 5 mL, 5% 질산 은 수용액 5 mL 및 halocyclohexane($C_6H_{11}Cl$, $C_6H_{11}Br$ 또는 $C_6H_{11}I$) 한 방울을 넣고 흔들어 준다. 생성되는 침전의 색깔을 관찰한다.
2. 실온에서 5분 이내에 반응이 일어나지 않으면 물중탕을 이용하여 시험관을 가열해 본다.
3. 생성되는 침전이 적으면 6%의 질산 두세 방울을 가하고 발생하는 변화를 관찰한다.
4. 일차, 이차 및 삼차 할로알케인(예로서, 1-bromobutane, 2-bromobutane 및 2-bromo-2-methylpropane)에 대해서도 동일한 실험을 하고 변화 및 차이를 관찰한다.

실험 3.3 Phenol의 Williamson 반응

염기 촉매 존재 하에서 phenol을 dimethyl sulfate와 반응시키면 S_N2 메커니즘으로 반응이 진행된다. 이 반응은 Williamson 에터 합성법의 일종이다.

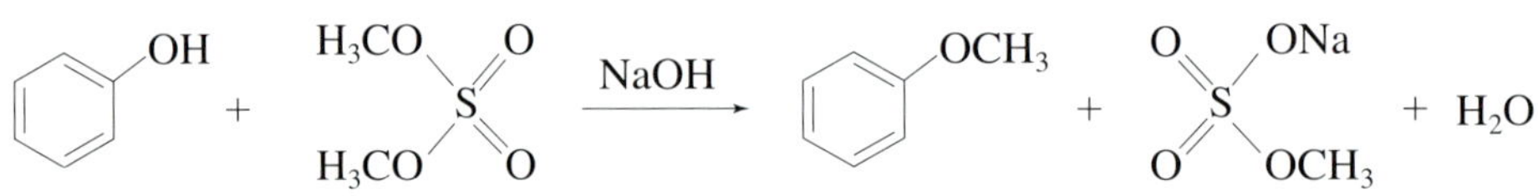

Phenol　　Dimethyl sulfate　　Anisole

1. 적하 깔때기와 냉각기가 장치된 200 mL 이구둥근 바닥 플라스크에 phenol 10.0 mL (10.0 g, 100.0 mmol), 수산화 소듐 4.0 g(100.0 mmol) 및 물 40 mL를 넣는다.
2. 얼음 중탕을 이용하여, 반응 혼합물을 10°C로 냉각시킨다.
3. 적하 깔때기를 이용하여, 9.4 mL(12.6 g, 100.0 mmol) dimethyl sulfate를 천천히 가한다.
4. 얼음 중탕을 제거한 다음 반응 혼합물을 기름 중탕에서 15시간 동안 환류시킨다.
5. 반응 혼합물을 실온으로 식히고 10 mL의 물을 가한다.
6. 분별 깔때기로 옮긴 다음 50 mL씩의 다이에틸 에터로 두 번 추출하여 모은 유기층을 무수 황산 마그네슘으로 수분을 제거한다.
7. 증류하면 154°C 부근에서 생성물인 anisole이 분리된다.

8. 수득률을 계산하고 IR과 NMR을 이용하여 구조를 확인한다.

실험 3.4 Cyclohexanol의 산화

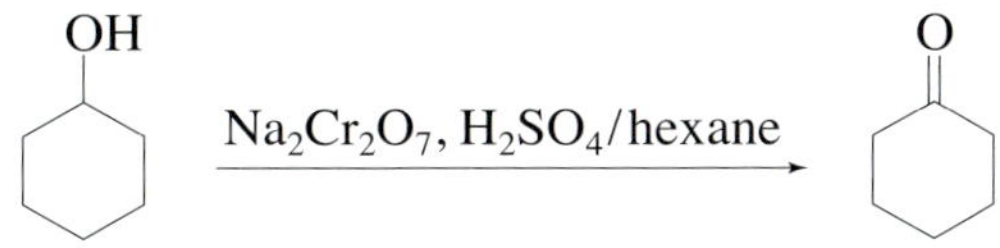

Cyclohexanol　　　　Cyclohexanone

1. 250 mL 삼각 플라스크에 물 50 mL를 넣고 $Na_2Cr_2O_7 \cdot 2H_2O$ 20.0 g(67.0 mmol)을 녹인다.
2. 얼음 중탕으로 냉각한 다음 진한 황산 15 mL를 천천히 가한다.
3. 자석 젓개가 장치된 250 mL 삼각 플라스크에 50 mL hexane과 cyclohexanol 9.5 g (10 mL, 94.6 mmol)을 가한다.
4. 플라스크를 얼음 중탕으로 냉각한 다음 앞에서 만든 $Na_2Cr_2O_7$의 황산 용액을 반응 혼합물의 온도가 40°C 이상 올라가지 않도록 천천히 가하면서 빠르게 저어 준다.
5. 열이 더 발생하지 않으면 포화 $NaHCO_3$ 수용액으로 반응 용액을 중화시킨다. 분별 깔때기를 사용하여 유기층을 분리한 다음 소량의 무수 황산 마그네슘으로 습기를 제거한다.
6. 회전식 증발기를 사용하여 용매를 제거한 다음 증류하면 생성물인 cyclohexanone(b.p. 155.7°C)이 분리된다.
7. 수득률을 계산하고 IR을 이용하여 카보닐기를 확인한다.

실험 3.5 Alcohol의 할로젠화 반응

$$\text{ROH} \xrightarrow{\text{HCl 또는 HCl/ZnCl}_2} \text{RCl}$$

1. 일차, 이차 및 삼차 알코올인 1-propanol, 2-propanol, 2-methyl-2-propanol 각 1 mL씩을 10 mL의 시험관에 넣는다.
2. 각 시험관에 진한 염산 2 mL씩을 넣고 흔든다.
3. 변화가 관찰되지 않는 시험관을 물중탕에서 가열한다. 가열해도 변화가 없는 시험관에는 소량의 $ZnCl_2$를 녹인 진한 염산을 가한다.

이 실험을 **Lucas 시험**이라고 하며 각 알코올에 대한 반응성의 차이는 일차, 이차 및 삼차 알코올을 구별하는 시험법으로 이용된다. 알코올을 haloalkane으로 전환할 때는 여러 가지 방법들이 이용된다. 예로, chloroalkane에는 $SOCl_2$(thionyl chloride), bromoalkane에는 PBr_3(phosphorus tribromide)와 같은 시약이 이용되고 iodoalkane에는 붉은인과 아이오딘의 혼합물이 이용된다.

실험 3.6 α-picoline의 산화

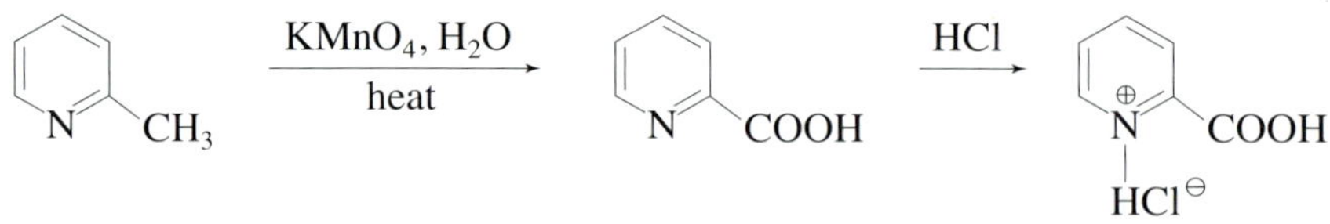

α-Picoline　　Picoline acid　　Picolinic acid hydrochloride

1. 자석 젓개가 장치된 250 mL 삼각 플라스크에 물 50 mL를 넣고 5.0 mL 2-methylpyridine(α-picoline, 5.3 g, 57.0 mmol)을 가한 다음 물중탕을 이용하여 70°C로 온도를 올려준다. 빠르게 저어주면서 20.0 g $KMnO_4$(130.0 mmol)를 10번으로 나누어 가한다.
2. 반응 혼합물의 보라색이 사라질 때까지 70°C에서 1시간 동안 가열하면서 저어준다.
3. 뜨거운 상태에서 용액을 거르고 고체를 10 mL씩의 물로 네 번 씻어 준 다음 용액들을 모두 모은다.
4. 모은 용액을 회전식 증발기를 사용하여 감압 하에서 50 mL로 농축한 다음 200 mL의 삼각 플라스크로 옮기고 6 mL의 진한 염산을 가한다. 20분 동안 자석 젓개로 저어 주면서 끓는점까지 가열하였다 식힌다.
5. 냉장고에서 하룻밤 방치하였을 때 생성된 picolinic acid hydrochloride 결정을 거르고 말린다.
6. 수득률을 계산하고 IR 및 NMR을 이용하여 구조를 확인한다.

실험 3.7 카보닐기의 환원

m-Nitroacetophenone　　1-(*m*-Nitrophenyl)ethanol

1. 자석 젓개가 장치된 100 mL 삼각 플라스크에 에탄올 30 mL를 넣고 *m*-nitroacetophenone 2.2 g(13.3 mmol)을 가하고 가열하면서 녹인다. 용액을 얼음 중탕을 이용하여 냉각하면 미세한 고체의 현탁액이 형성된다. 여기에 $NaBH_4$ 0.6 g(16.0 mmol)을 가하고 15분 동안 저어 준다.
2. 물 20 mL를 가하고 여분의 $NaBH_4$가 분해될 때까지 끓는 온도로 가열한다.
3. 반응 혼합물을 식히고 분별 깔때기로 옮긴 다음 30 mL씩의 다이에틸 에터로 두 번 추출하여 모은 유기층을 무수 황산 마그네슘으로 수분을 제거한다.
4. 회전식 증발기를 사용하여 용매를 제거하면 갈색의 오일이 얻어진다. 이것을 냉장고에 방치하였을 때 생성되는 고체를 톨루엔에서 재결정하면 1-(*m*-nitrophenyl)ethanol이 얻

어진다.

5. 생성물의 수득률을 계산하고 녹는점을 측정한다. IR 및 NMR을 이용하여 구조를 확인한다.

실험 3.8 Toluene의 나이트로화 반응

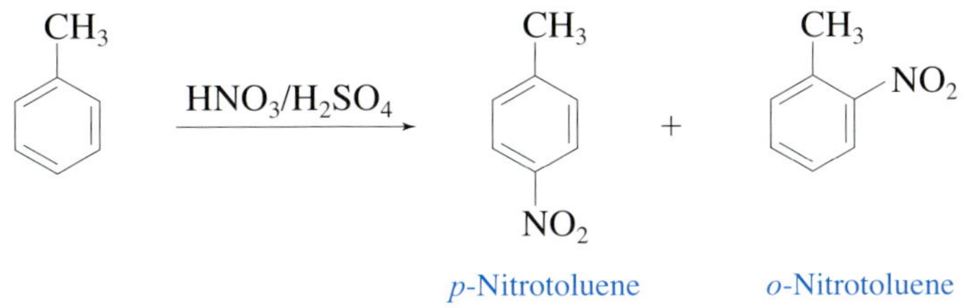

1. 물중탕과 자석 젓개가 장치된 250 mL 삼각 플라스크에 2 mL 물, 12.5 mL(18.7 g) 진한 질산과 15 mL(27.5 g)의 황산을 천천히 섞는다.
2. 반응 혼합물의 온도가 50~60°C를 유지하도록 빠르게 저어주면서 17.3 mL(13.8 g)의 toluene을 2.5 mL씩 나누어서 가한다.
3. 물중탕을 이용하여 60°C에서 40분간 더 가열한다.
4. 실온으로 냉각한 다음 물 100 mL를 반응 혼합물에 가하고 분별 깔때기로 옮긴 다음 유기층을 분리한다. 유기층에 약 10 g의 무수 황산 마그네슘을 가하여 수분을 제거한다.
5. 분별 증류하면 238°C 부근에서 *p*-nitrotoluene이 분리된다.
6. 수득률을 계산하고 IR 및 NMR을 이용하여 생성물들의 구조를 확인한다.

실험 3.9 *p*-Nitrotoluene의 환원

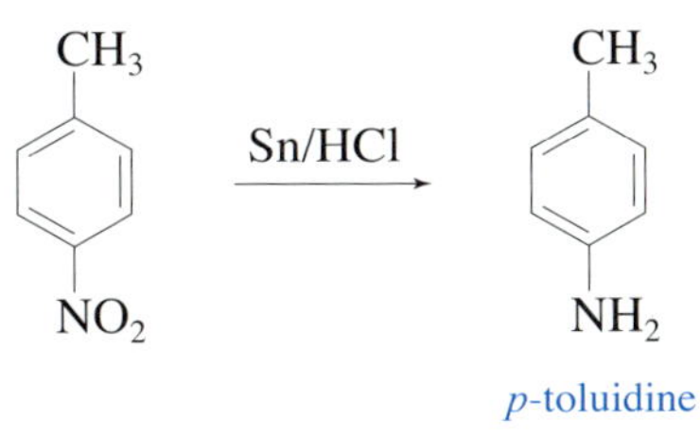

1. 냉각관과 자석 젓개가 장치된 250 mL 이구둥근 바닥 플라스크에 *p*-nitrotoluene 3.0 mL (3.3 g, 21.9 mmol), tin(과립형, 8.0 g) 및 10% 염산 80 mL(물 58 mL에 진한 염산 22 mL를 가하여 만든다)를 넣은 다음 기름 중탕에서 1.5시간 동안 환류한다.
2. 반응 혼합물을 식힌 다음 분별 깔때기로 옮기고 60 mL씩의 다이에틸 에터로 두 번 추출하여 모은다. 추출액을 무수 황산 마그네슘으로 수분을 제거한 다음 회전식 증발기를 사용하여 용매를 제거한다.
3. 얻어진 고체를 뜨거운 물에서 재결정하면 *p*-nitrotoluidine이 얻어진다.
4. 실온에서 건조시킨 *p*-nitrotoluidine의 수득률을 계산하고 녹는점을 측정한 다음 IR 및

NMR을 이용하여 구조를 확인한다.

실험 3.10 Phenyl magnesiumbromide와 acetophenone의 반응

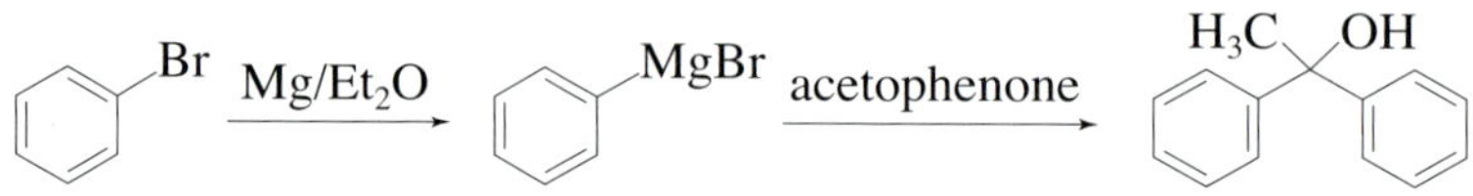

1. 50 mL의 적하 깔때기, 냉각기와 자석 젓개가 장치된 200 mL의 삼구둥근 바닥 플라스크의 접합 부위를 테플론 테이프를 사용하여 잘 밀봉한다.
2. 감압 하에서 불꽃으로 반응 용기를 가열하여 습기를 제거하고 식힌다.
3. 플라스크에 마그네슘 1.2 g(50.0 mmol)과 습기를 제거한 다이에틸 에터 20 mL를 넣고 플라스크를 밀봉한 다음 고무풍선을 이용하여 질소 기체를 채운다.
4. Bromobenzene 5.2 mL(7.9 g, 50.0 mmol)를 20 mL의 습기를 제거한 다이에틸 에터에 녹인 용액을 저어 주면서 적하 깔때기를 통하여 천천히 적가한다. 이때 마그네슘이 녹으면서 반응 용액은 밝은 노란색에서 갈색을 띠는 회색으로 변한다.
5. 마그네슘이 다 녹으면 10분간 더 저어 준다.
6. 만들어진 phenyl magnesium bromide 용액에 acetophenone 6.0 mL(6.0 g, 50.0 mmol)를 20 mL의 습기를 제거한 다이에틸 에터에 녹인 용액을 저어 주면서 적하 깔때기를 통하여 천천히 적가한다.
7. 반응 혼합물을 물중탕에서 환류시킨 다음 실온으로 식힌다.
8. 반응 혼합물에 얼음 20 g을 넣고 저어주면서 50 mL 10% 묽은 염산을 천천히 가한다.
9. 반응 혼합물을 분별 깔때기로 옮기고 다이에틸 에터 50 mL씩으로 두 번 추출한다. 유기층을 분리하고 무수 황산 마그네슘을 사용하여 습기를 제거한다.
10. 용매를 제거하고 관크로마토그래피하여 생성물인 1,1-diphenylethanol을 얻는다.
11. 수득률을 계산하고 생성물의 녹는점을 측정한 다음 IR과 NMR로 생성물의 구조를 확인한다.

실험 3.11 Benzaldehyde와 semicarbazide의 반응

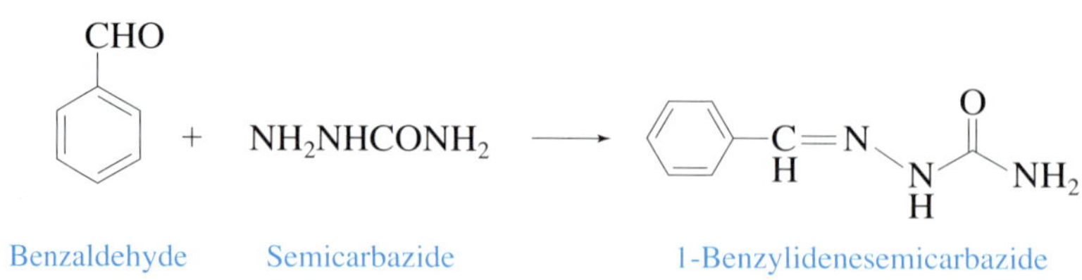

1. 자석 젓개가 장치된 100 mL 삼각 플라스크의 물 15 mL에 K_2HPO_4 1.0 g과 semicarbazidehydrochloride 0.5 g($NH_2CONHNH_2 \cdot HCl$, 4.5 mmol)을 녹이고 얼음 중탕으로 5°C 이하로 냉각한다.

2. 50 mL 삼각 플라스크에 에탄올 10 mL를 넣고 여기에 benzaldehyde 0.5 mL(0.5 g, 4.7 mmol)를 녹인 다음 이 용액을 semicarbazide 용액에 가하면서 저어 준다.
3. 5°C 이하에서 10분 동안 방치한 다음 생성된 결정을 거르고 찬물 1~2 mL로 씻고 에탄올에서 재결정한다.
4. 수득률을 계산하고 녹는점을 측정한 다음 IR 및 NMR을 이용하여 구조를 확인한다.

실험 3.12 카보닐 유도체(benzoyl chloride)의 아실 첨가 반응

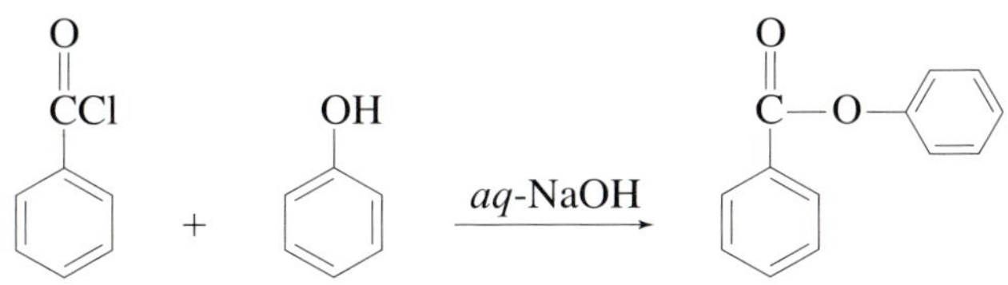

Benzoyl chloride Phenol Phenyl benzoate

1. 자석 젓개가 장치된 50 mL의 삼각 플라스크에 물 10 mL를 넣고 여기에 phenol 0.5 g(5.3 mmol)을 녹인다. 이 용액에 메틸레드 용액 1방울과 benzoyl chloride 0.6 mL(0.75 g, 5.4 mmol)를 넣고 저어 준다.
2. 반응 혼합물에 용액의 색깔이 노란색에서 붉은색으로 변할 때까지 5 *N*-수산화 소듐 수용액을 천천히 적가한다.
3. 반응 혼합물을 분별 깔때기에 옮기고 20 mL씩의 다이에틸 에터를 이용하여 두 번 추출한다.
4. 추출 용액을 무수 황산 마그네슘으로 수분을 제거한 다음 거르고 회전식 증발기를 이용하여 용매를 제거한다.
5. Ethanol에서 재결정하면 생성물인 phenyl benzoate가 얻어진다.
6. 수득률을 계산하고 녹는점을 측정한 다음 IR 및 NMR을 이용하여 구조를 확인한다.

실험 3.13 Methyl salicylate의 가수 분해

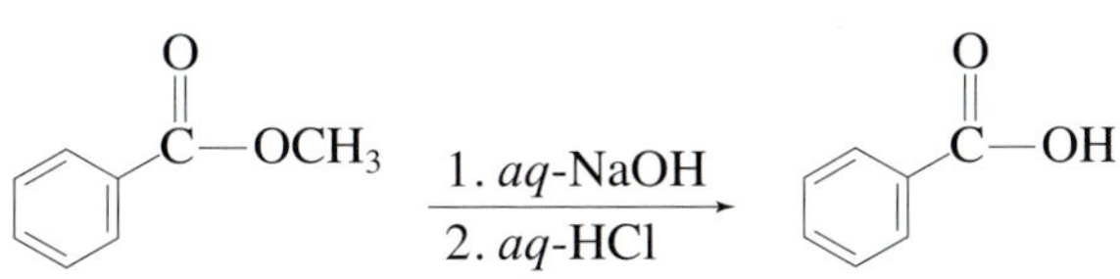

Ethyl benzoate Benzoic acid

1. 자석 젓개와 냉각기가 장치된 100 mL 이구 둥근 바닥 플라스크에 물 30 mL를 넣고 수산화 소듐 5 g을 녹인다.
2. 저어 주면서 ethyl benzoate 3.0 mL(3.0 g, 20 mmol)를 천천히 가한다.
3. 기름 중탕을 이용하여 30분간 환류하고 TLC를 이용하여 반응 종결(ethyl benzoate가 모두 사라짐)을 확인한다.

4. 반응이 종결되면 실온에서 식힌 다음 반응 혼합물을 250 mL 삼각 플라스크에 옮기고 1 *N*-묽은 염산을 이용하여 반응 용액이 산성이 되게 한다.
5. 방치하였을 때 생성되는 결정을 거르고 물에서 재결정한다.
6. 재결정한 benzoic acid의 수득률을 계산하고 녹는점을 측정한다. IR과 NMR을 이용하여 구조를 확인한다.

실험 3.14 Azo-coupling 반응(Methyl orange의 생성)

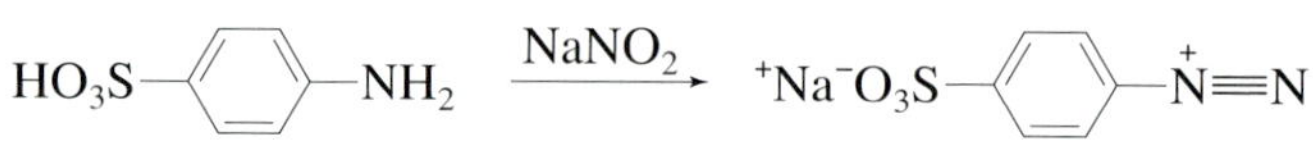

Sodium *p*-diazosulfanilate

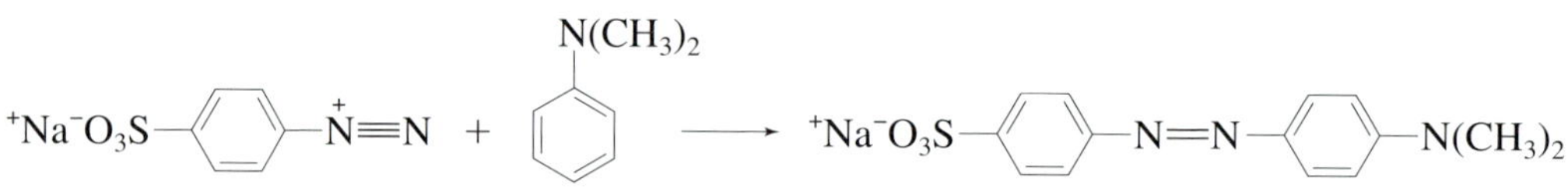

N,*N*-Dimethylaniline　　　Methyl orange

1. 자석 젓개가 장치된 250 mL 둥근 바닥 플라스크에 물 10 mL를 넣고 0.29 g $NaHCO_3$를 녹인다.
2. 기름 중탕에서 sulfanilic acid sodium salt(4-$(H_2N)C_6H_4SO_3Na \cdot xH_2O$) 1.0 g을 가하고 가열하면서 녹인다.
3. 실온으로 식힌 다음 0.37 g sodium nitrite(5.3 mmol)를 가하고 녹을 때까지 저어 준다.
4. 반응 혼합물을 100 mL의 삼각 플라스크에 옮기고 얼음물 8 mL와 진한 염산 1.3 mL를 가한 다음 5°C 이하에서 저어 준다. 이때 *p*-diazosulfanilate의 미세한 침전물이 형성된다.
5. 10 mL 시험관의 1.0 mL 아세트산에 0.7 mL의 *N*,*N*-dimethylaniline(0.66 g, 5.5 mmol)을 녹인 용액을 5°C 이하에서 *p*-diazosulfanilate의 현탁액에 가하면서 빠르게 저어 준다.
6. 반응 혼합물에 10% 수산화 소듐 수용액 7.5 mL를 반응 혼합물이 염기성이 될 때까지 (pH 시험지를 이용하여 확인) 천천히 가한다.
7. 반응 혼합물을 15분 정도 가열하면 고체가 녹으면서 methyl orange가 형성된다.
8. 반응 용액에 2.5 g 염화 소듐을 넣고 녹인 다음 얼음 중탕에서 냉각하면 methyl orange의 결정이 형성된다.
9. 여과하고 말린 다음 수득률을 계산하고 녹는점을 측정한다. IR 및 NMR을 이용하여 구조를 확인한다.

실험 3.15 Nylon의 합성

Hexamethylenediamine　　Sebacoyl Chloride　　Nylon

1. 자석 젓개가 장치된 100 mL 삼각 플라스크에 물 20 mL를 넣고 여기에 1.0 g의 수산화 소듐을 녹이고 저어 주면서 hexamethylenediamine 1.0 g(8.6 mmol)을 넣는다.
2. 반응 혼합물에 sebacoyl chloride 2.0 mL(2.24 g, 9.4 mmol)의 헥세인 용액 20 mL를 저어 주면서 천천히 가한다.
3. 형성된 경계면이 흔들리지 않도록 주의하면서 두 액체상의 경계면에 생성된 나일론 고체를 유리 막대에 감은 다음 물 또는 에탄올로 충분히 씻어 준다.
4. 생성된 나일론을 말린 다음 무게를 달고 분광학적 데이터를 측정한 다음 구조를 확인한다.
5. Hexamethylenediamine, sebacoyl chloride 및 수산화 소듐은 부식성이 강하고 피부, 눈 및 호흡기 등을 자극하고 심한 화상을 유발할 수 있으므로 보호 장비를 착용하고 조심해서 취급해야 한다.

해답편

해답

1장

1.1 $3p_x$

1.2 (1) $1s^22s^22p_x^{\ 2}2p_y^{\ 2}2p_z^{\ 2}3s^23p_x^{\ 2}3p_y^{\ 2}3p_z^{\ 1}$
(2) $1s^22s^22p_x^{\ 2}2p_y^{\ 2}2p_z^{\ 2}3s^2$
(3) $1s^22s^22p_x^{\ 2}2p_y^{\ 2}2p_z^{\ 2}3s^23p_x^{\ 1}3p_y^{\ 1}3p_z^{\ 1}$

1.3 (1) 이온 결합
(2) 공유 결합
(3) 이온 결합
(4) 공유 결합
(5) 공유 결합

1.4 두 개

1.5 (1)
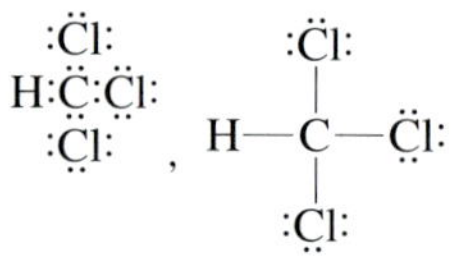

(2) :Ö::C::Ö:, O=C=O

(3)
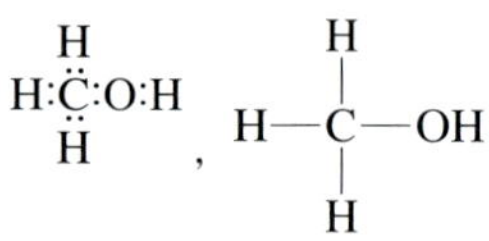

(4)
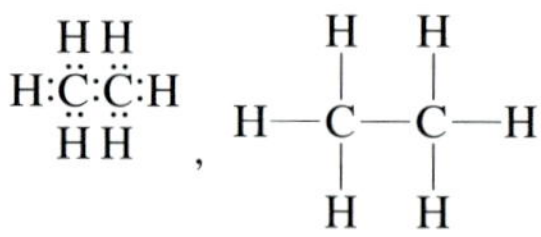

1.6 (1) $\overset{\delta^-}{Cl}—\overset{\delta^+}{Br}$
(2) $H_3\overset{\delta^+}{C}—\overset{\delta^-}{F}$
(3) $H_3\overset{\delta^-}{C}—\overset{\delta^+}{MgBr}$
(4) $CH_3\overset{\delta^-}{O}—\overset{\delta^+}{H}$
(5) $H_3\overset{\delta^+}{C}—\overset{\delta^-}{NH_2}$

1.7
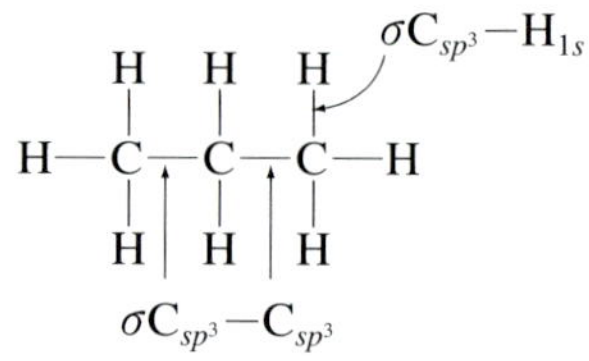

1.8 (1)
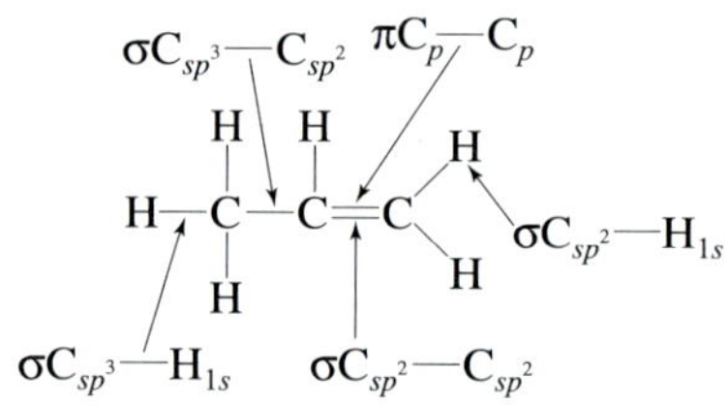

(2)
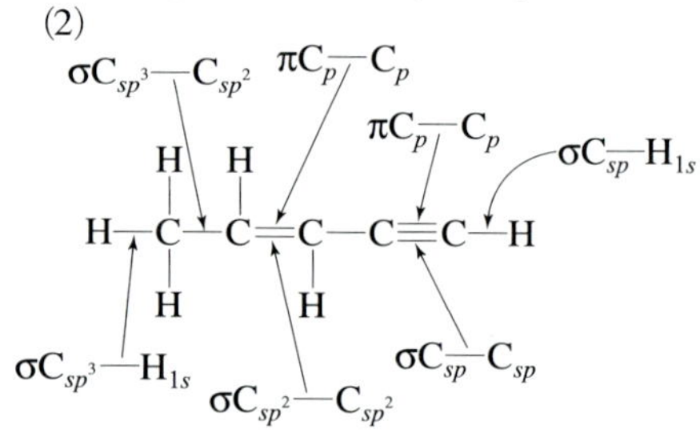

1.9 (1) CH_3CH_2COOH
(2) $CH_3CH_3NHCH_3$
(5) $CH_3OCH_2CH_2SH$

1.10 (2) H_2S → (3) NH_3 → (1) H_2O → (4) HF

1.11 (1)
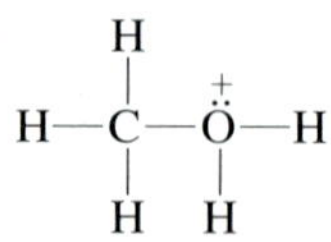

(2)
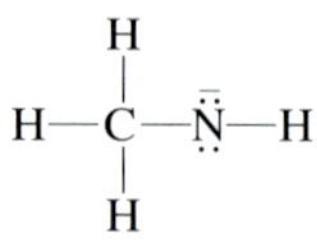

(3)
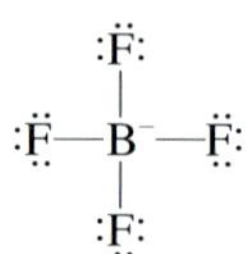

(4) 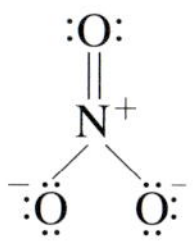

(5) 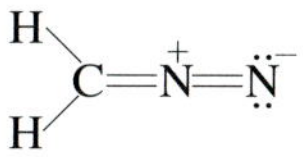

1.12 (1) 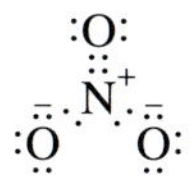 (2) 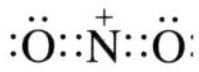

(3) 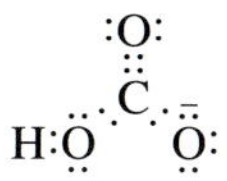 (4) 

1.13 $pK_a = -\log 1.0 - \log 10^{-16} = 0 + 16 = 16$

1.14 phenol

1.15 Lewis 산; (2) BF_3
(3) $FeCl_3$
(4) Ca^{2+}
(7) $(CH_3)_3C^+$
Lewis 염기; (1) $CH_3CH_2OCH_2CH_3$
(5) $CH_3CH_2NH_2$
(6) CH_3^-

1.16 (1) $CH_2=CH$: 이중 결합, $C=O$: 카보닐기
(2) $CH_2=CH$: 이중 결합, $C=O$: 카보닐기, $-NH_2$: 아미노기
(3) NO_2: 나이트로기, OH: 하이드록시기, CN: 사이아노기
(4) CHO: 폼일기, OH: 하이드록시기

1.17 (1) 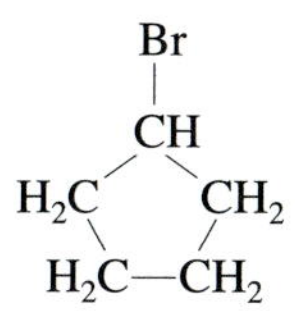

(2) 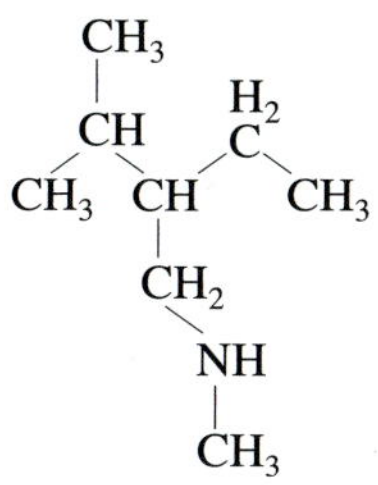

(3) 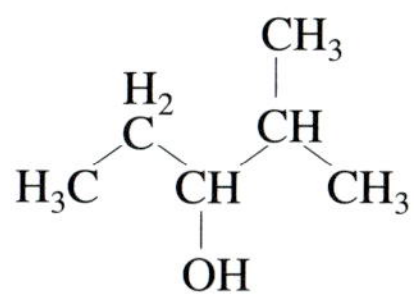

1.18 (1) $1s^22s^22p_x^{\,2}2p_y^{\,1}2p_z^{\,1}$
(2) $1s^22s^22p_x^{\,2}2p_y^{\,2}2p_z^{\,2}3s^23p_x^{\,1}3p_y^{\,1}3p_z^{\,1}$
(3) $1s^22s^22p_x^{\,2}2p_y^{\,2}2p_z^{\,2}$
(4) $1s^22s^22p_x^{\,2}2p_y^{\,2}2p_z^{\,2}$
(5) $1s^22s^22p_x^{\,2}2p_y^{\,2}2p_z^{\,2}3s^23p_x^{\,2}3p_y^{\,2}3p_z^{\,2}$
비활성 기체 전자 배치: (3), (4), (5)

1.19 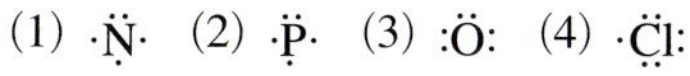
(5) 

1.20 공유 결합 화합물: (3), (4), (5), (7), (8), (9)
이온 결합 화합물: (1), (2), (6), (10)

1.21 (1) 3 (2) 3 (3) 2 (4) 1 (5) 3

1.22 (1) 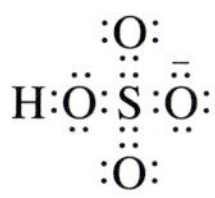 (2) 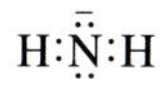

(3)  (4) 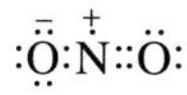

(5) 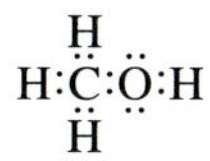 (6) 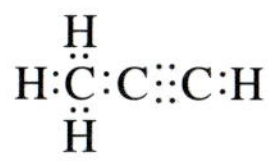

1.23 (1) 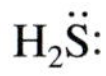 (2) 

(3) 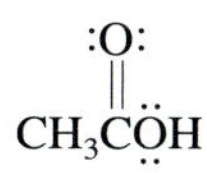 (4) 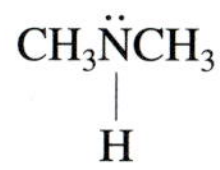

1.26 (1) 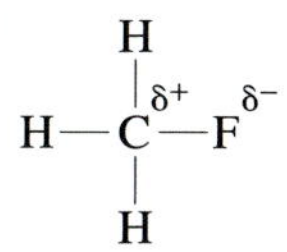

(2) 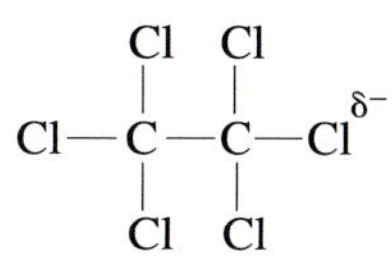

(4) 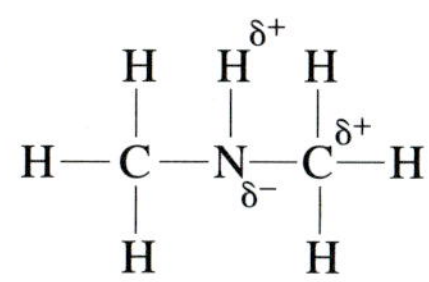

(5) 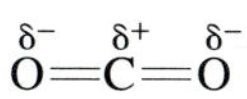 (7) 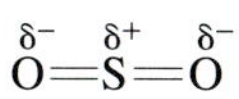

1.28 (1)

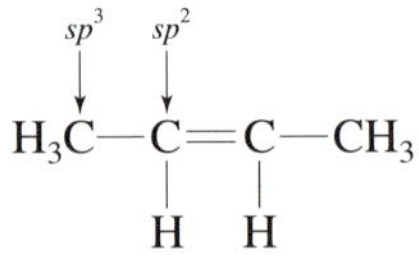

(2)

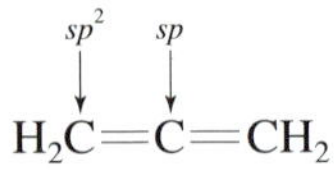

(3)

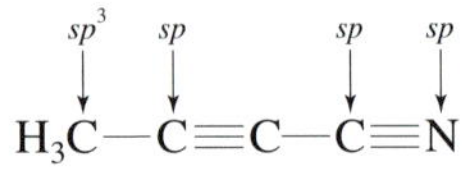

(4)

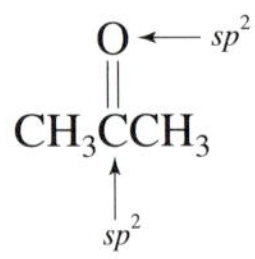

(5)

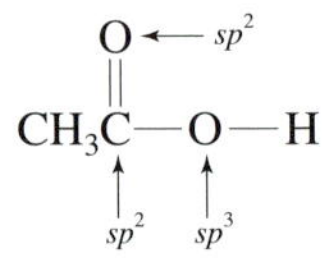

1.29 (1)

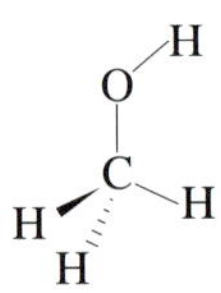

(2)

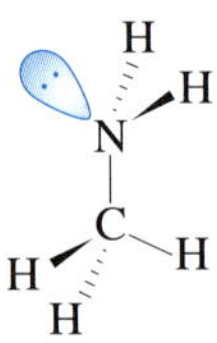

(3)

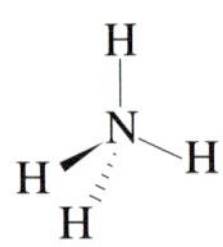

(4)

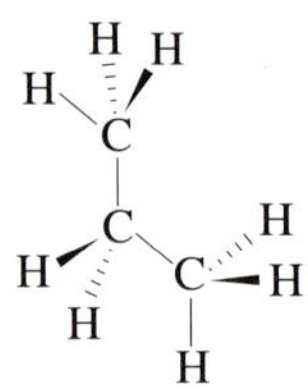

1.31 (2)

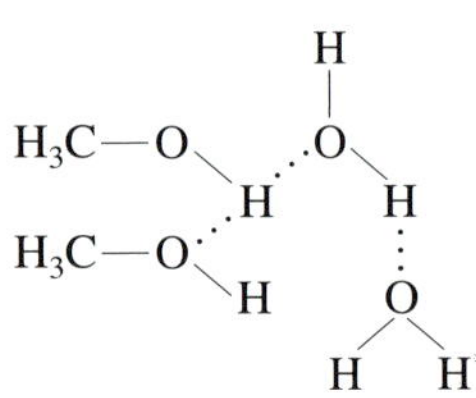

(3)

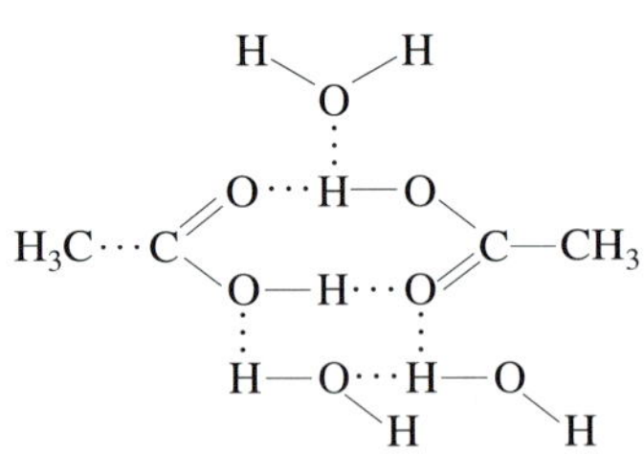

(5)

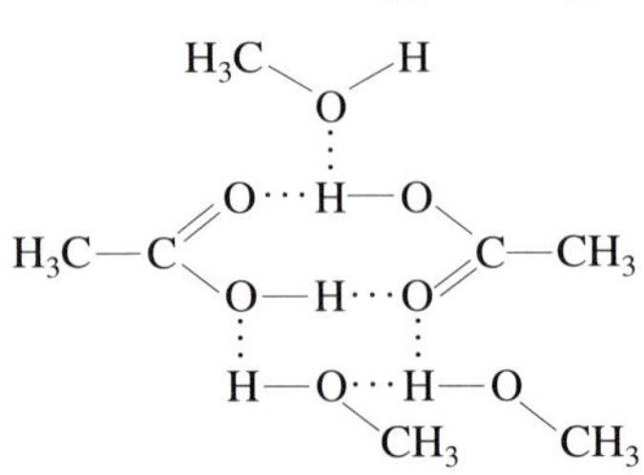

1.32 (1)

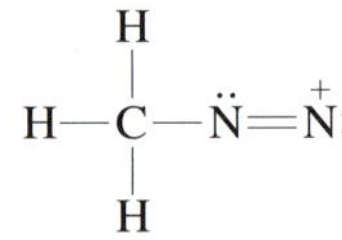

(2)

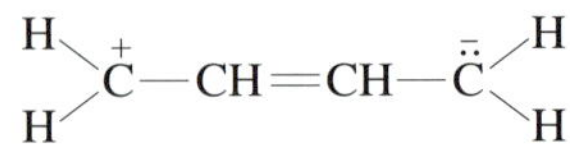

(3)

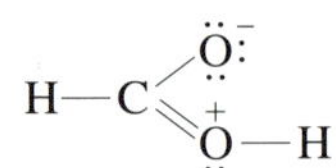

(4)

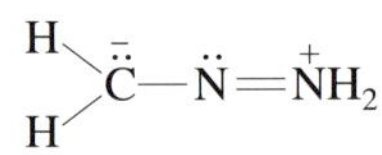

비활성 기체의 전자 배치: 팔전자계를 이루고 있는 모든 원자들과 구조식의 수소 원자들

1.33 (1) $CH_3CO_2H + NaHCO_3 \rightleftharpoons CH_3CO_2Na + H_2CO_3$

오른쪽으로, acetic acid가 더 센산

1.36 (1), (2)

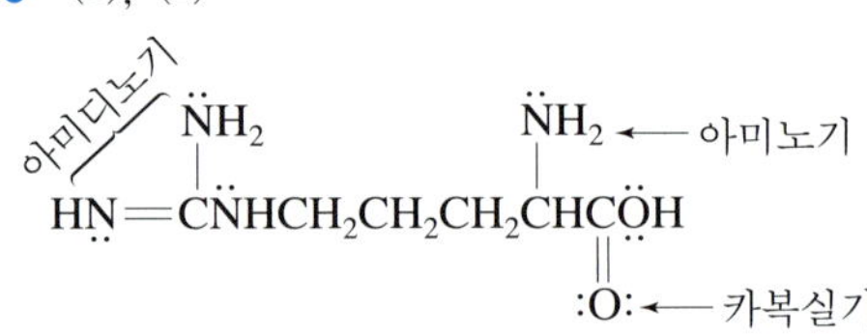

1.38 sp^3인 것: (1), sp^2인 것: (3)

2장

2.1 $C_{10}H_{22}$, $C_{12}H_{26}$

2.2 $CH_3CH_2CH_2CH_2CH_2CH_3$

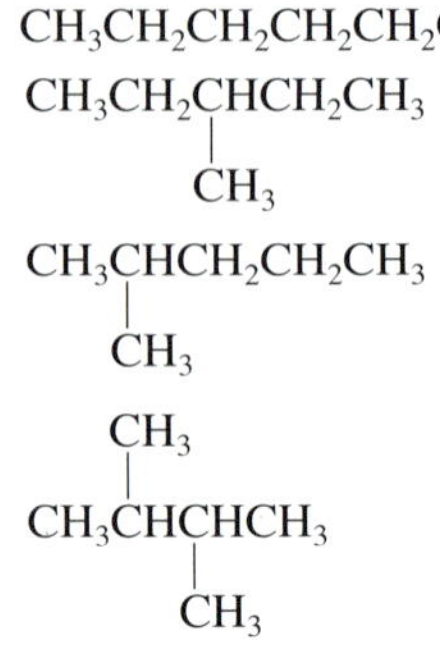

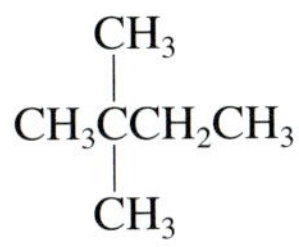

2.3

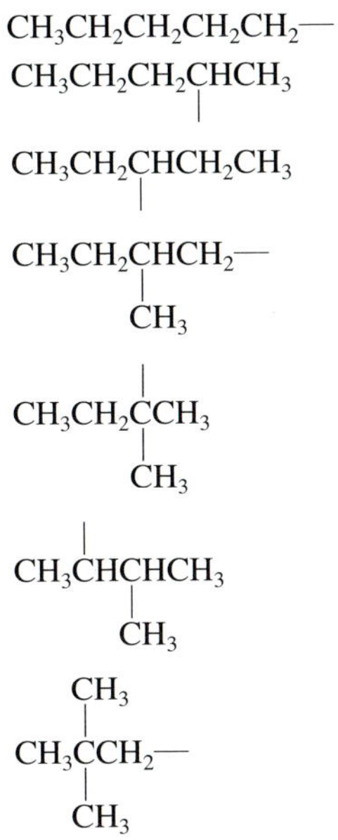

2.4

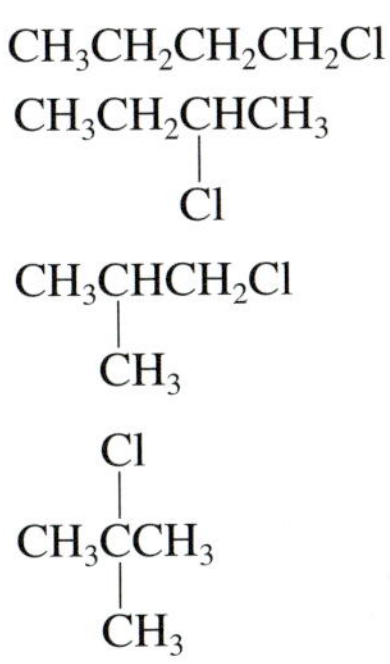

2.5 (1)과 (6), (2)와 (3), (4)와 (5)

2.6 (1) 2-Chlorobutane
(2) 3,4-Dimethylheptane
(3) 4-Ethyl-2,5-dimethylheptane
(4) 2,2,4,4-Tetramethylpentane
(5) 2,2,4-Trimethylpentane

2.7 (1)

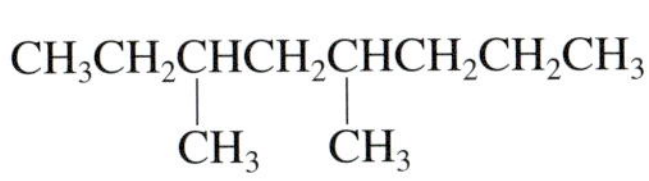

(2)

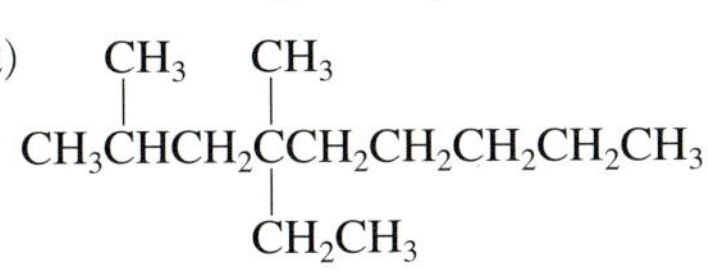

(3)

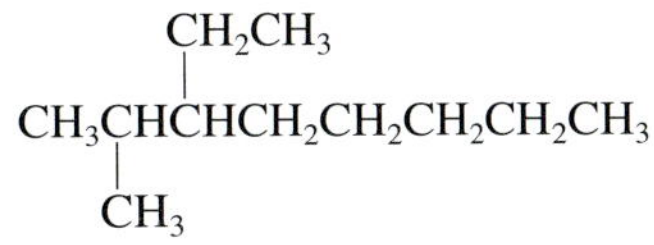

(4)

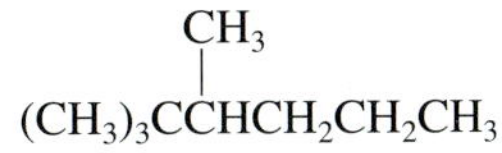

2.8

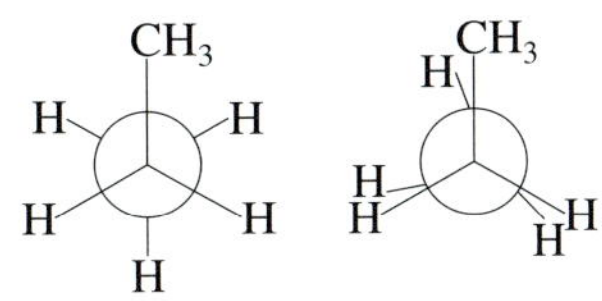

엇갈린 형태　　가려진 형태

2.9

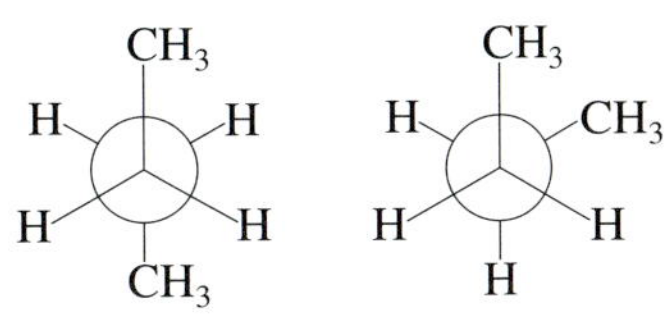

엇갈린 형태

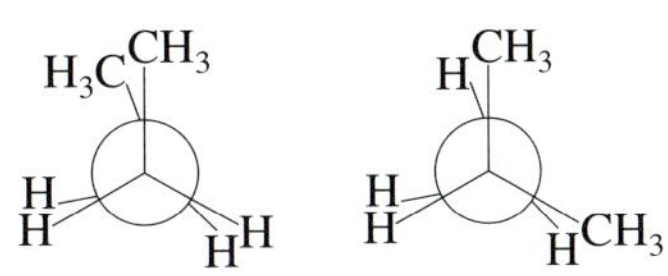

가려진 형태

2.10 가장 안정한 형태: 엇갈린 형태, 가장 큰 메틸기의 반대편 배열, 입체 장애 및 비틀림 변형이 가장 작음

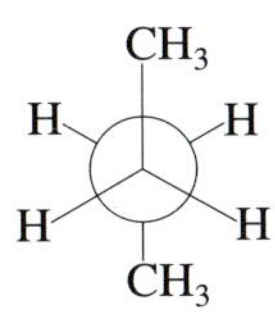

가장 불안정한 형태: 모든 치환체가 가려진 형태, 비틀림 변형과 메틸-메틸 입체 장애가 가장 큰 형태

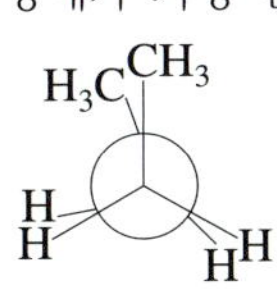

2.11 (1) 1,3-Dimethylcyclopentane
(2) 1-Chloro-4-ethyl-2-methylcyclohexane
(3) 5-Methyl-1-isopropylcyclononane

2.12 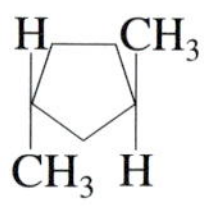

2.13

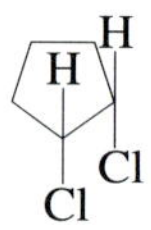

cis-1,2-Dichlorocyclopentane

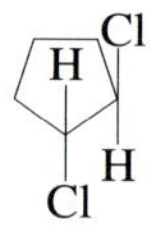

trans-1,2-Dichlorocyclopentane

2.14 (1) 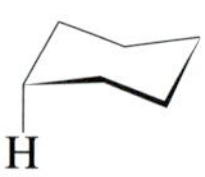 (2) 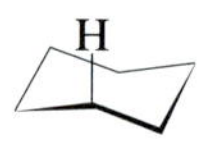

(3) 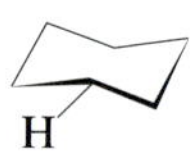 (4) 

2.15 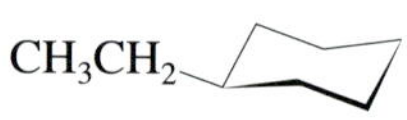

보다 안정한 형태

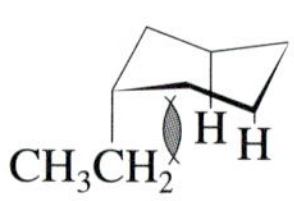

1,3-두 축방향 상호작용
때문에 보다 불안정한 형태

2.16 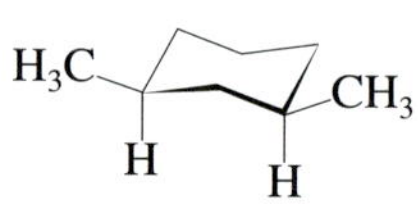

cis-1,3-Dimethylcyclohexane

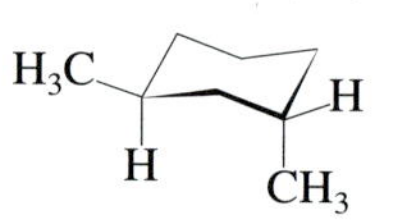

trans-1,3-Dimethylcyclohexane

2.17 $CH_3CH_2CH_2CH_2CH_2Br$

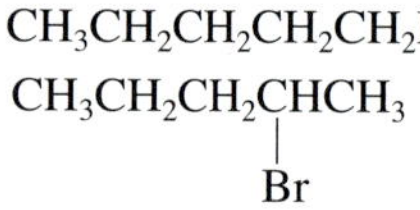

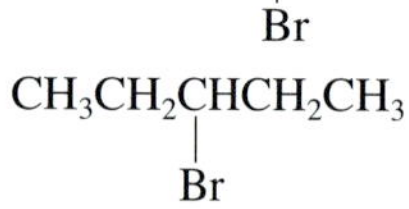

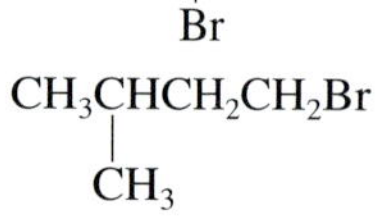

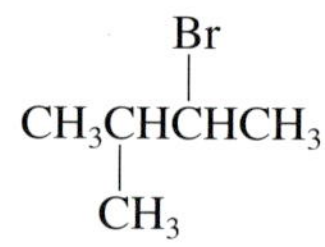

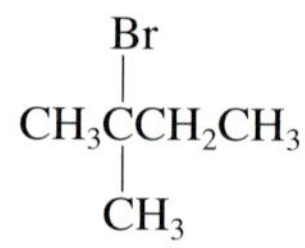

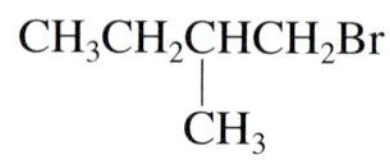

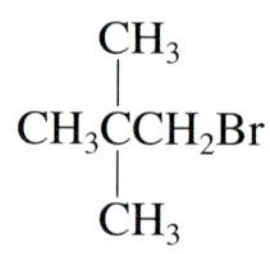

2.18 $CH_3CH_2CH_2OH$

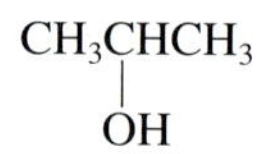

$CH_3CH_2OCH_3$

2.19 (1) 첫 번째와 세 번째가 동일, 두 번째와 네 번째가 동일

(2) 첫 번째와 두 번째가 동일

2.20 (1) Isopropyl

(2) *tert*-Butyl

(3) Isobutyl

2.21 (1)

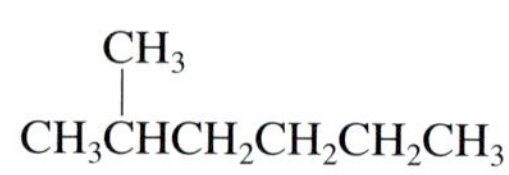

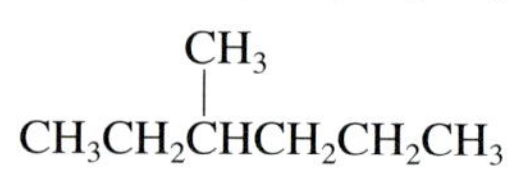

(2)

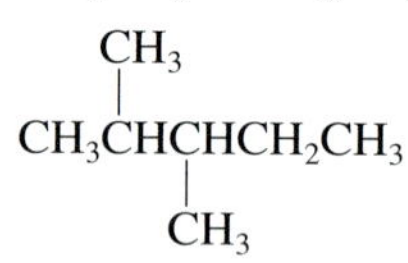

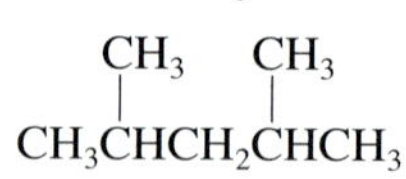

(3)

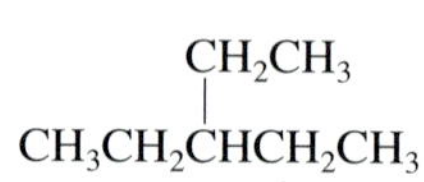

2.22 (1) 2,4-Dimethylhexane

(2) 2,2-Dimethyl-4-ethylhexane

(3) 4,4-Diethyl-2-methylhexane

(4) 2,4-Dichloro-2,4-dimethylheptane

2.23 (1)
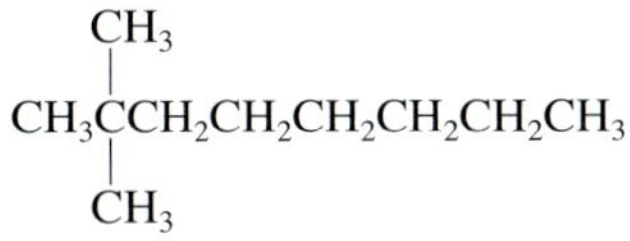

(2)
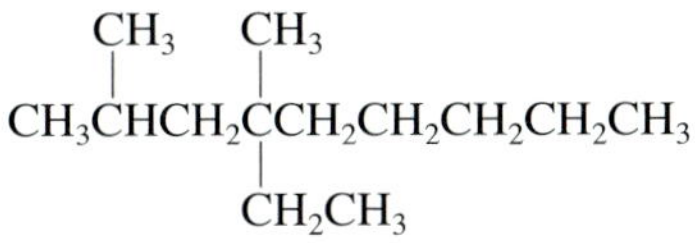

(3)
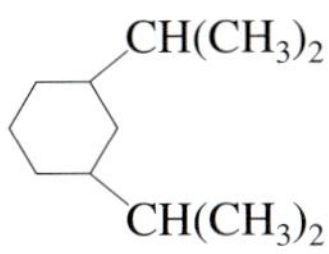

(4)
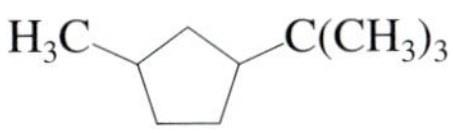

(5)
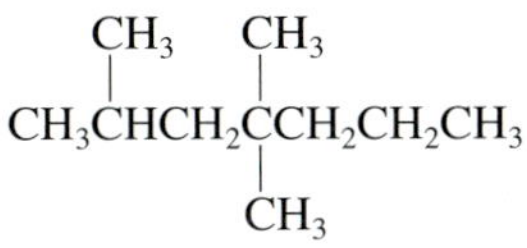

(6)
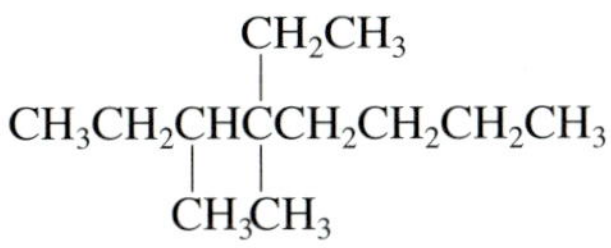

2.24 (1) $BrCH_2CH_2CH_2CH_2Br$

(2)
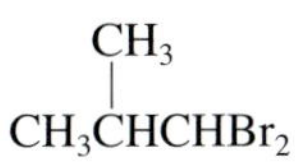

2.25 (1) 3개 (2) 5개 (3) 3개

2.26 (1)

(2)
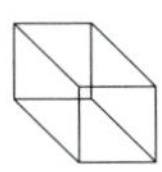

(3) $(CH_3)_2CHCH_2CH(CH_3)_2$

2.27 엇갈린 형태

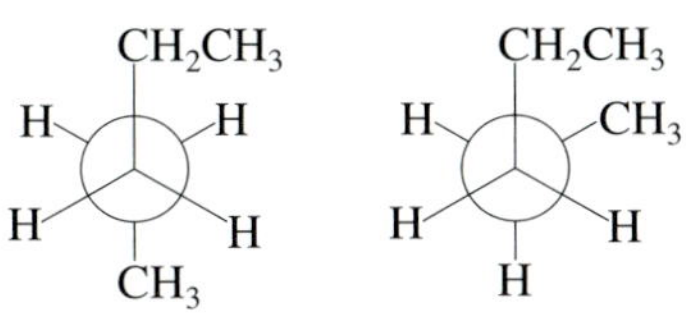

가장 안정

가려진 형태

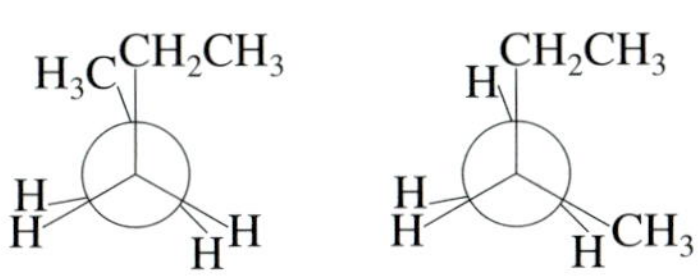

가장 불안정

2.28 (1) 1-Bromo-4-methylcyclohexane
(2) 4-Bromo-1,1-dimethylcyclohexane
(3) *cis*-1,3-Dichlorocyclopentane
(4) *trans*-1,2-Dimethylcyclohexane

2.29
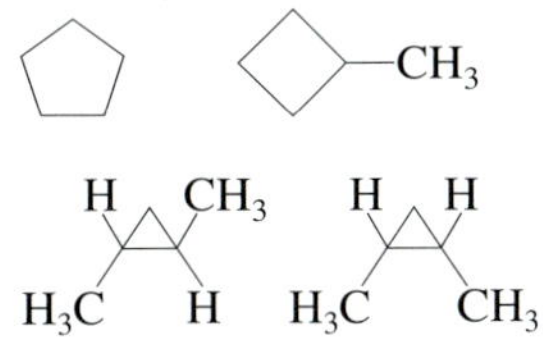

2.30
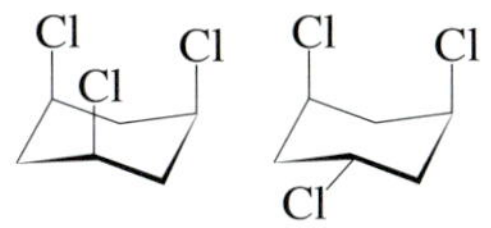

cis, *cis* *trans*, *trans*

3장

3.1 (1) 4-Bromo-2-pentene
(2) 2,3-Dimethyl-2-butene
(3) 2-Methyl-3-hexene
(4) 3-Bromo-2,6-dimethyl-3-heptene
(5) 1-Bromo-3-methylcyclohexene
(6) 3-Methyl-1,4-heptadiene

3.2 (1)
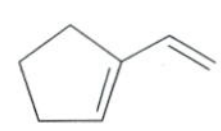

(2)
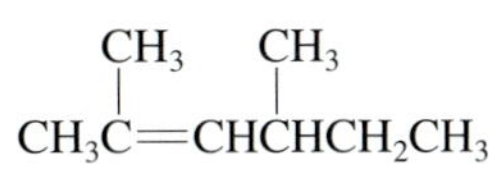

(3)
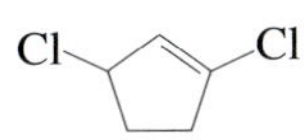

(4)
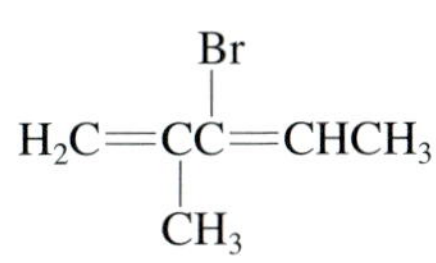

3.3 (1)과 (3)

3.4 (1)
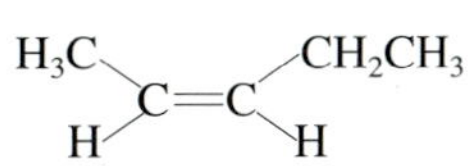

cis-2-Pentene

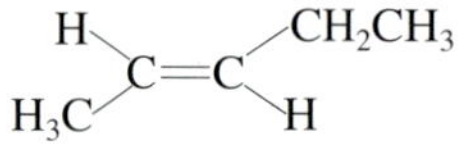
trans-2-Pentene

(3) 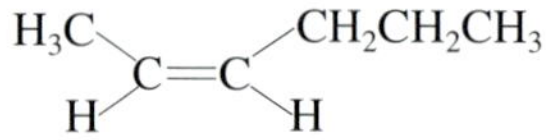
cis-2-Hexene

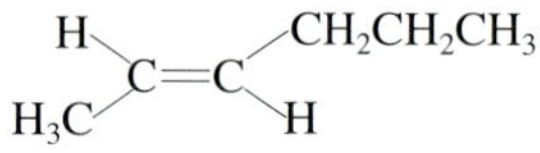
trans-2-Hexene

3.5 (1) *Z* (2) *E* (3) *E* (4) *E*

3.6 친전자체; (1), (2), (3)
친핵체; (4), (5), (6)

3.7 (1)
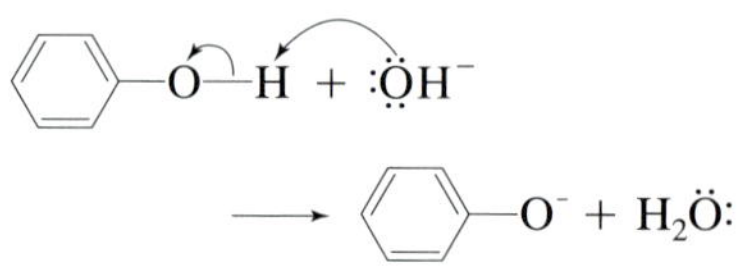

(2)
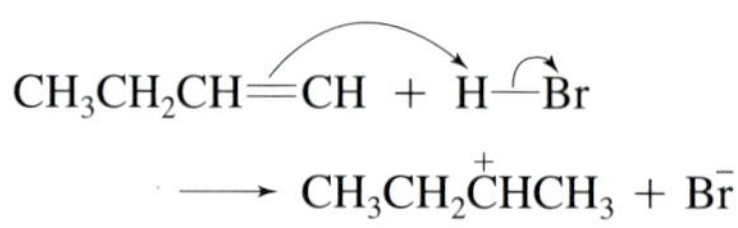

(3)
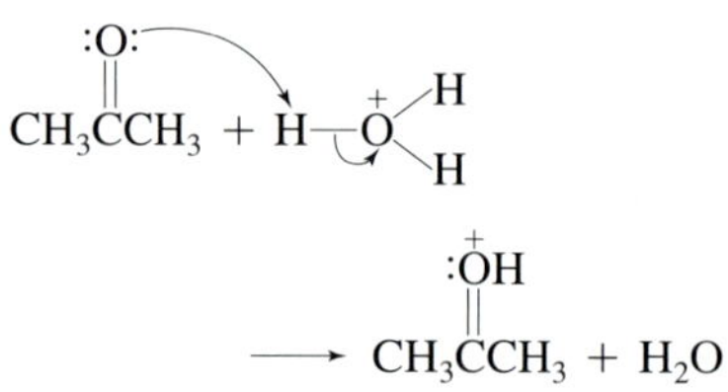

3.8 다음과 같은 공명 현상에 의해 비공유 및 π-전자가 O—C—O의 세 원자 사이에 비편재화되어 있다.

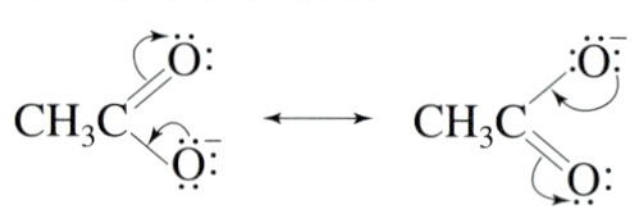

3.9 (1)
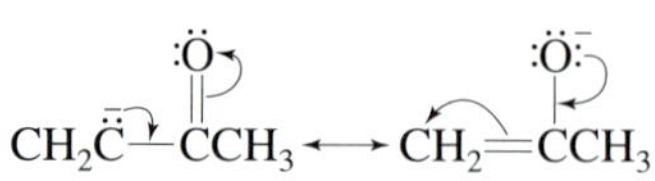

(2)
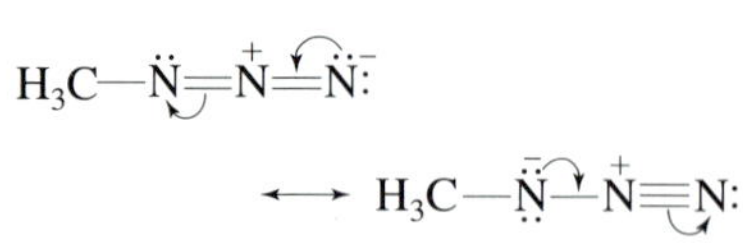

(3)
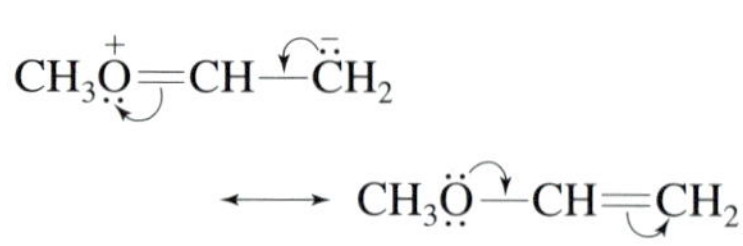

(4)
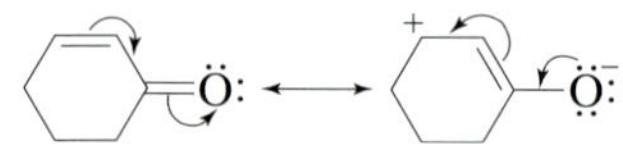

3.10 (1) $CH_3CH{=}C(CH_2CH_3)_2$
(2) $CH_2{=}CHCH_3$
(3) 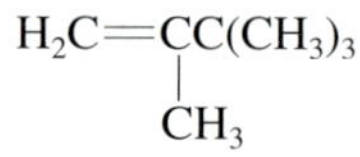
(4) $CH_2{=}CHCH_3$

3.11 (1) $CH_2{=}CHCH_2CH_3$와
$CH_3CH{=}CHCH_3$ (주생성물)
(2) $(CH_3)_2CHCH{=}CH_2$와
$(CH_3)_2C{=}CHCH_3$ (주생성물)
(3) 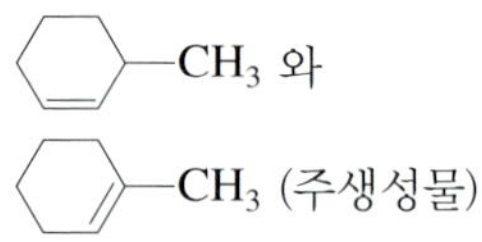

(4) 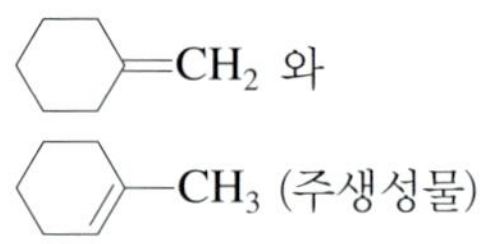

3.12 (1) 2-Chloro-3-hexyne
(2) 4,4-Dimethyl-1-pentyne
(3) 1,4-Heptadiyne

3.14 (1) C_9H_{16}
(2) 4-Ethyl-1,4-heptadiene
(3) sp^2–sp^2; 2개, sp^2–sp^3; 4개

3.17 (1) 1-Methyl-1-cyclohexene
(2) 2-Pentene
(3) 4-Ethylcycloheptene
(4) 3-Ethylcyclohexene

3.19 $CH_2{=}CHCH_2CH_2CH_3$
1-pentene
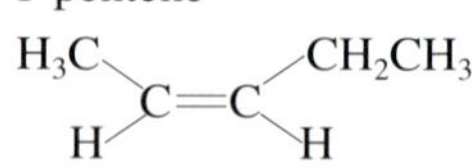
cis-2-pentene
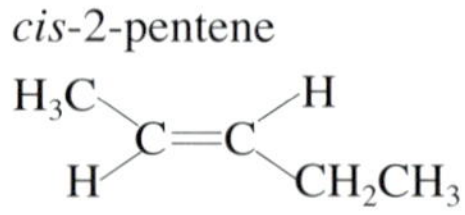
trans-2-pentene
$CH_2{=}C(CH_3)CH_2CH_3$
2-methyl-1-butene
$CH_2{=}CHCH(CH_3)_2$
3-methyl-1-butene

$CH_3C(CH_3){=}CHCH_3$
2-methyl-2-butene

3.20 (2)
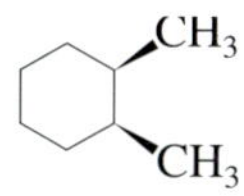

cis-1,2-Dimethylcyclohexane

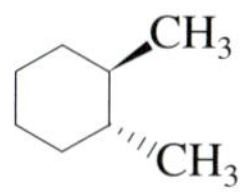

trans-1,2-Dimethylcyclohexane

(3)
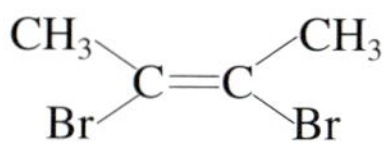

cis-1,2-Dibromo-2-butene

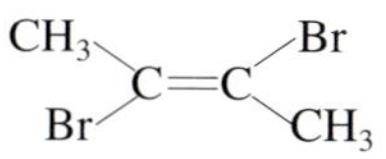

trans-1,2-Dibromo-2-butene

(5)
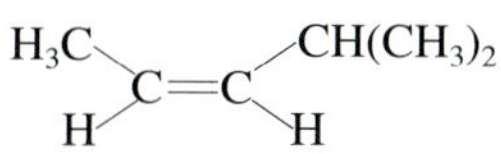

cis-4-Methyl-2-pentene

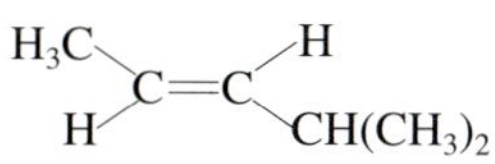

trans-4-Methyl-2-pentene

3.22 (1) $CH_3\overset{CH_3}{\overset{|}{C}}H\underset{+}{C}HCH_3$

(2차 탄소 양이온)와

$CH_3\underset{+}{\overset{CH_3}{\overset{|}{C}}}CH_2CH_3$

(3차, 보다 쉽게 형성)

(2)
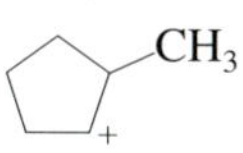

(2차 탄소 양이온)와

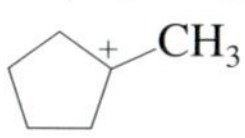

(3차, 보다 쉽게 형성)

(3)
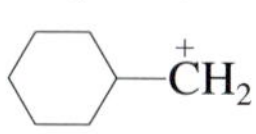

(1차, 형성되지 않음)와

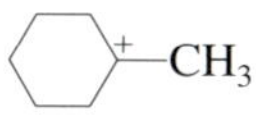

(3차, 보다 쉽게 형성)

3.23 (1) 공명 구조

$CH_3\overset{+}{C}HCH{=}CHCH_3 \longleftrightarrow$
$CH_3CH{=}CH\overset{+}{C}HCH_3$

$CH_2{=}CH\overset{+}{C}HCH_2CH_3 \longleftrightarrow$
$\overset{+}{C}H_2CH{=}CHCH_2CH_3$

(2) 생성물

$CH_3CHBrCH{=}CHCH_3$,
$CH_3CH{=}CHCHBrCH_3$,
$CH_2{=}CHCHBrCH_2CH_3$,
$BrCH_2CH{=}CHCH_2CH_3$

3.26 혼성 오비탈의 길이 $sp^3 > sp^2 > sp$
$sp^2 - sp^2$: 1.47 Å; $sp^2 - sp$: 1.43 Å;
$sp - sp$: 1.37 Å

4장

4.1 (1) $CH_3\underset{+}{\overset{CH_3}{\overset{|}{C}}}CH_2CH_3$

(2)
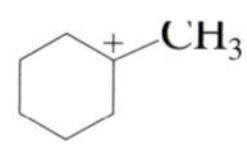

4.2 (1)
$CH_3CH_2CH_2\overset{+}{C}H_2 < CH_3CH_2\overset{+}{C}HCH_3 < CH_3\underset{+}{\overset{CH_3}{\overset{|}{C}}}CH_2CH_3$

(2)
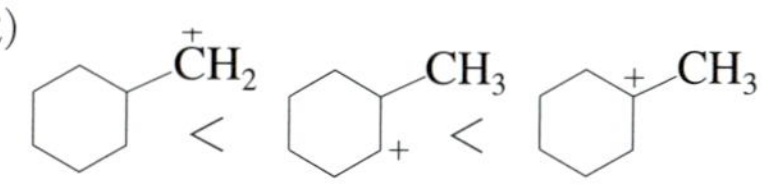

4.3 (1) $CH_3\underset{OH}{\underset{|}{\overset{CH_3}{\overset{|}{C}}}}CH_2CH_3$

(2)
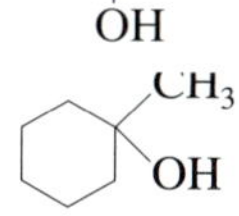

(3)
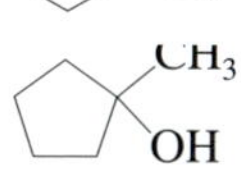

4.4 (1) $CH_3CH_2CH_2CH{=}CH_2$
(2) $CH_3CH{=}C(CH_2CH_3)_2$

(3) 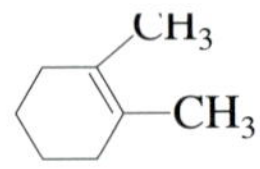

4.5 (1) 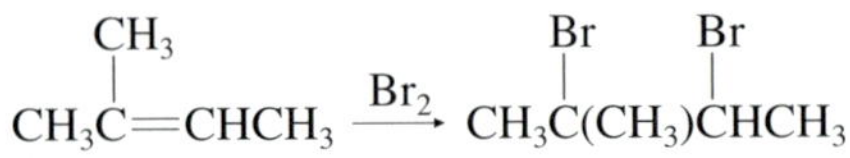

(2) 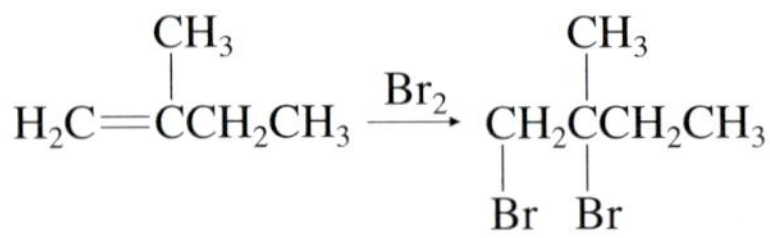

(3) 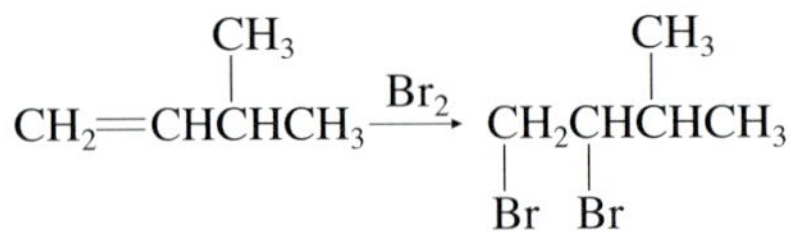

4.6 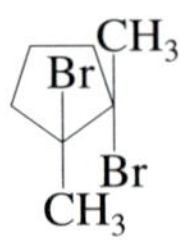

4.7 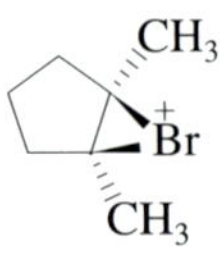

4.8 (1) 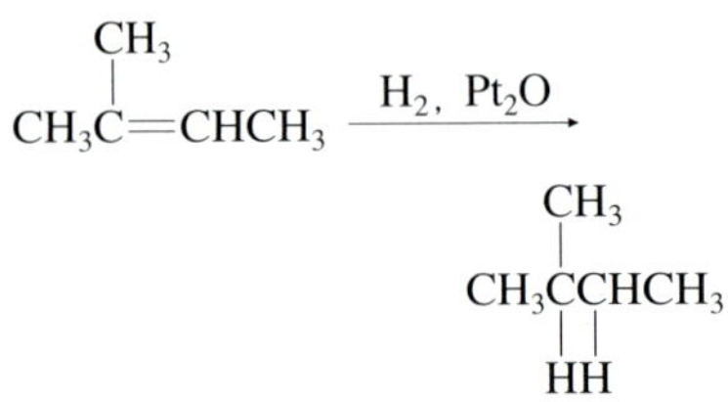

(2) 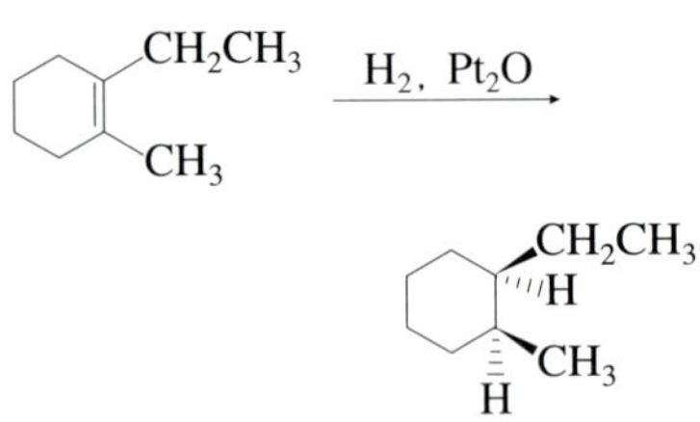

4.9 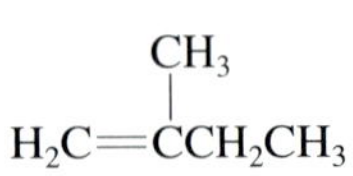,

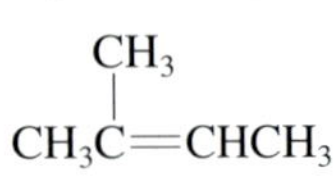,

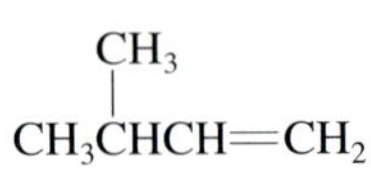

4.10 (1) 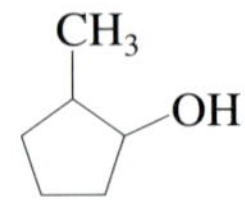

(2) 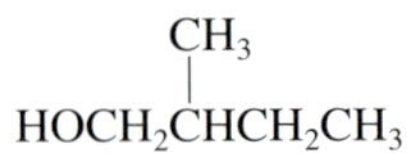

4.11 2몰

4.12 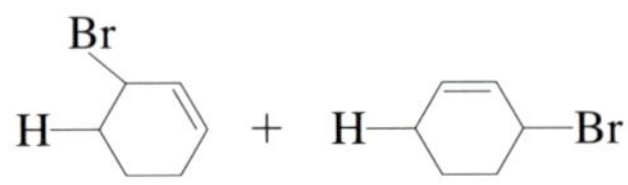

1,2-첨가 생성물 1,4-첨가 생성물

4.13 다이엔체

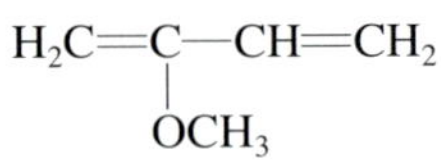,

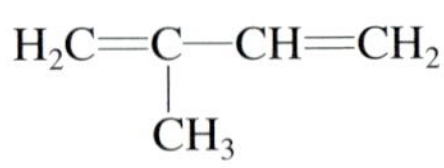

친다이엔체

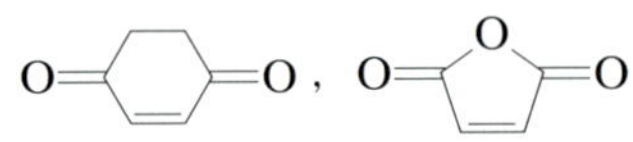

4.14 (1) 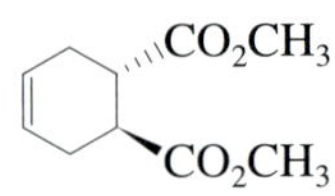

(2) 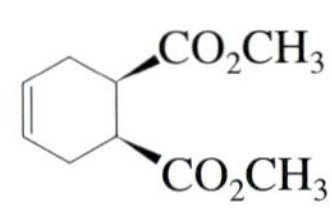

(3) 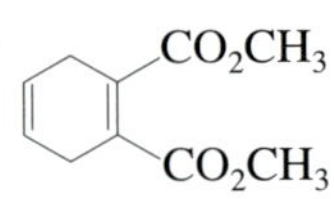

4.15 (1) 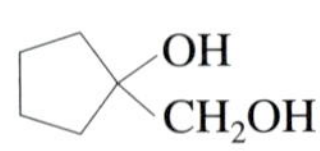

(2) 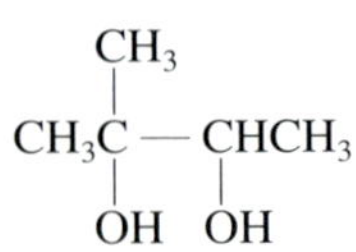

(3) 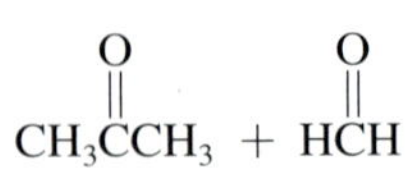

(4) 

4.16 (1) 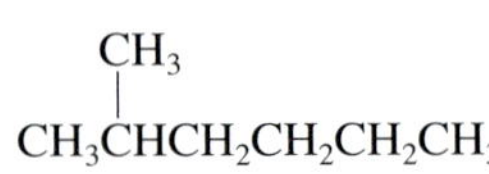

(2)
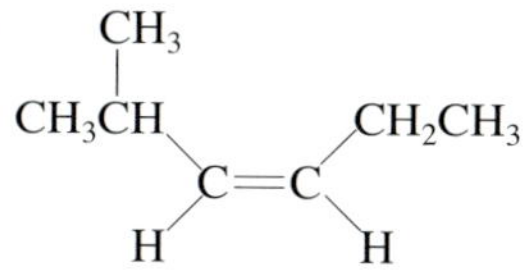

(3)
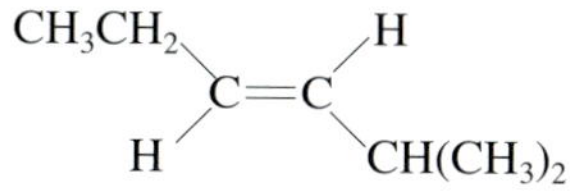

4.17 (1)
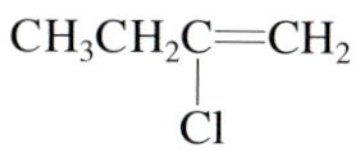

(2)
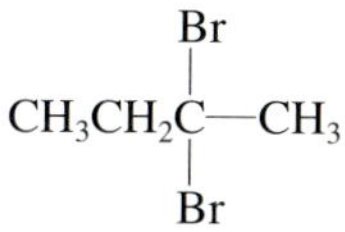

(3)
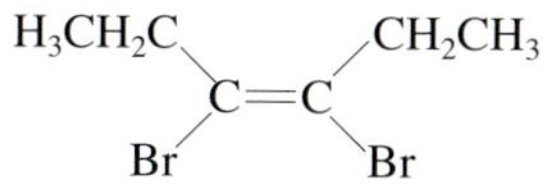

4.19 (1)
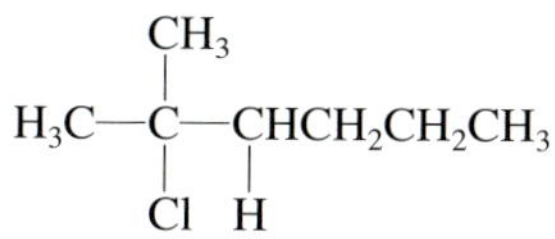

(2)
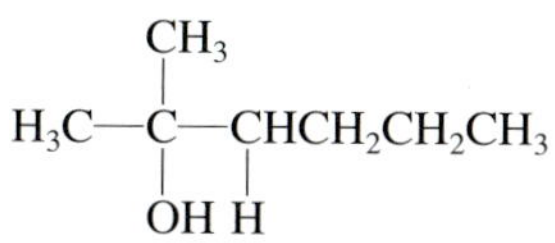

(3)
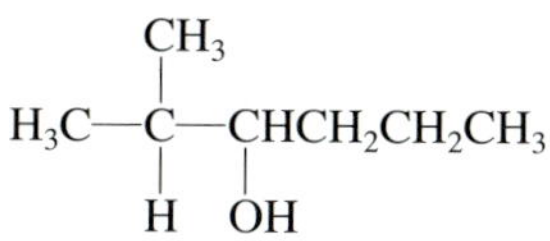

4.20 (1)
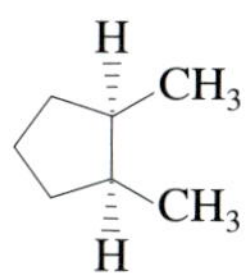

(2)
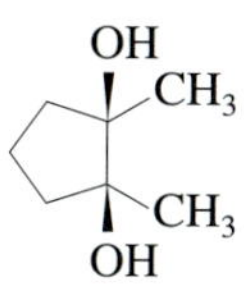

(3)
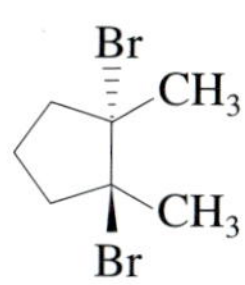

4.21 (1)
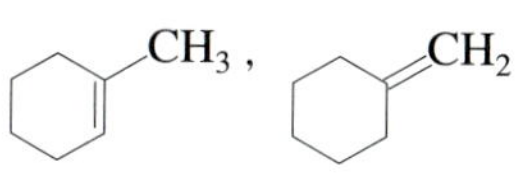

(2)
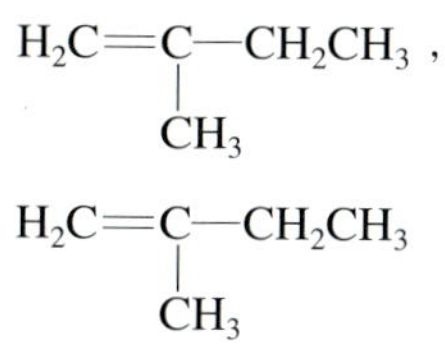

4.22 $CH_3CH_2CH_2CH{=}CHCH_2CH_2CH_3$

4.23
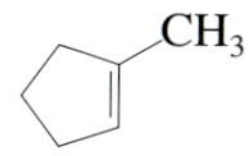

4.24 (1)

(2)
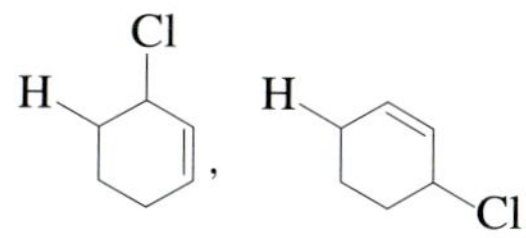

(3)
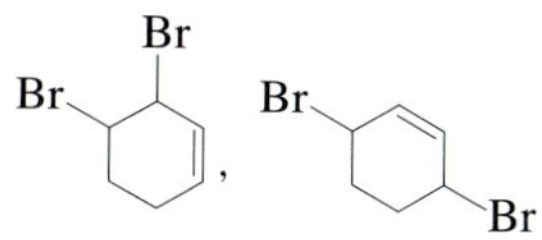

(4)
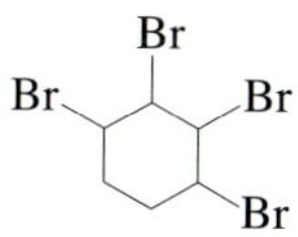

(5)
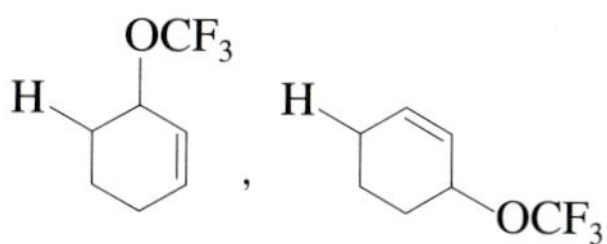

4.25 $(CH_3)_2CH\overset{+}{C}HCH{=}CHCH(CH_3)_2$

$\longleftrightarrow (CH_3)_2CHCH{=}CH\overset{+}{C}HCH(CH_3)_2$

4.26 (1)
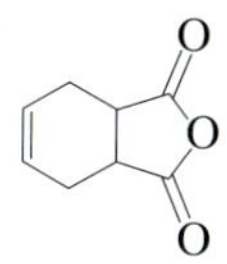

(2)
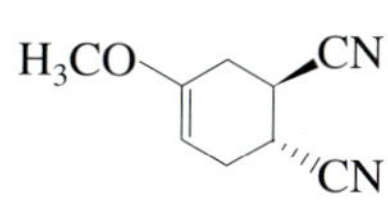

4.27 (1)
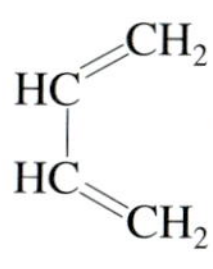
와
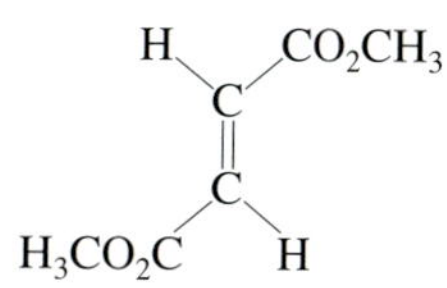

(2)

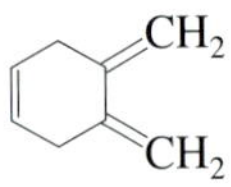

와

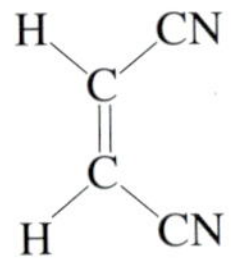

4.28

$CH_3(CH_2)_{10}CH{=}CHCH_2CH{=}CH(CH_2)_4CH_3$

4.29

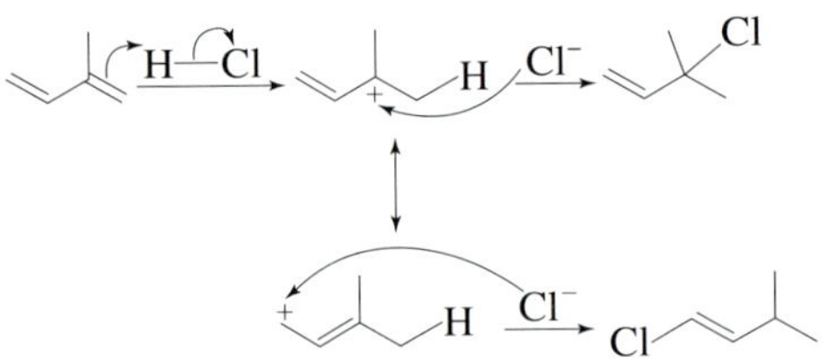

4.30 (1) $CH_2{=}CHCH_2CH_2CH_2CH_3$

(2)

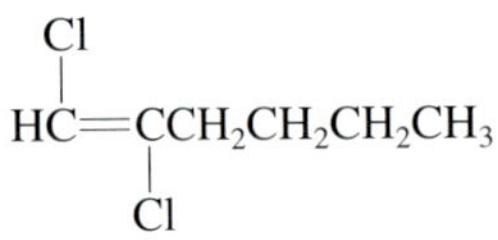

(3)

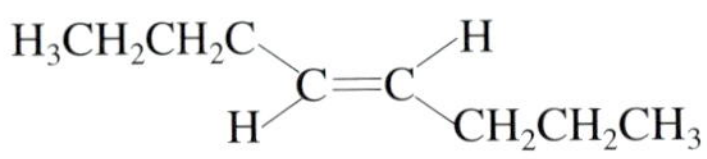

5장

5.1 (1), (4), (5)

5.2

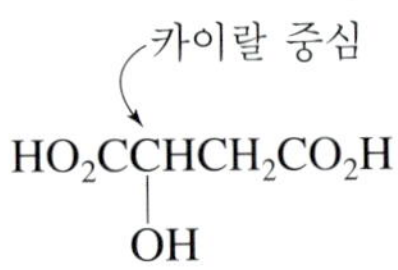

5.3 (2), (3), (4)

5.4

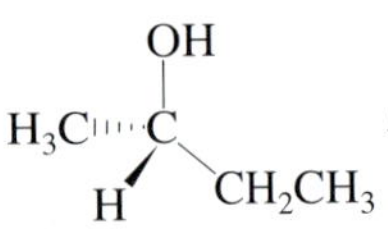

와

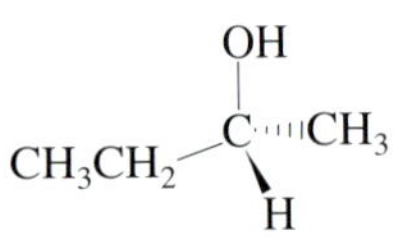

5.5 $[\alpha]_D = 44°$

5.6 $\alpha = 0.696°$

5.7 (1) $-H < -CH_3 < -CH_2CH_3 < -Cl$

(2) $-CH_2CH_2OH < -CH_2OH < -OH < -OCH_3$

(3) $-CH_2NH_2 < -NHCH_3 < -OCH_3 < -SCH_3$

(4) $-CONH_2 < -COOH < -COOCH_3 < -CH_2Cl$

5.8 (1) *S* (2) *R* (3) *R* (4) *R*

5.9 (1)

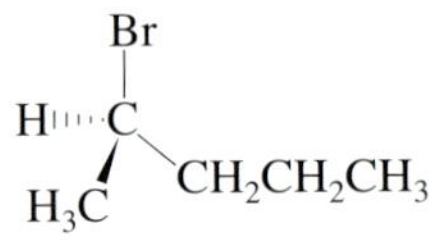

(2)

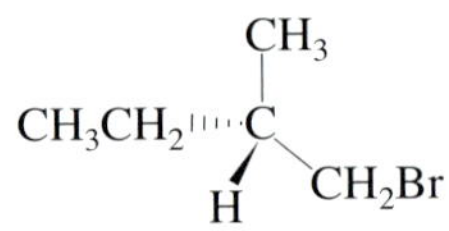

(3)

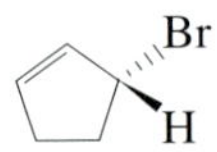

(4)

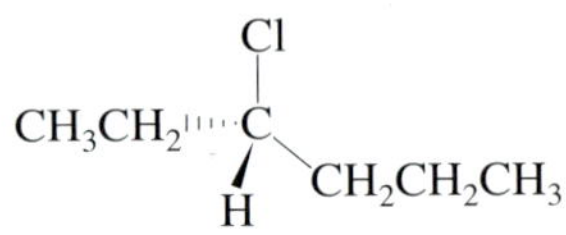

5.10 (1)

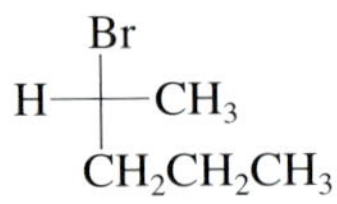

(2)

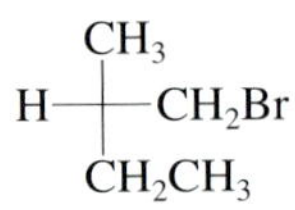

(3)

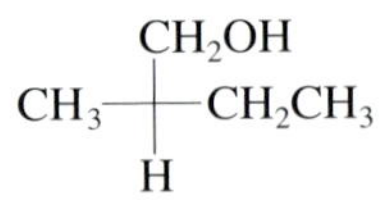

(4)

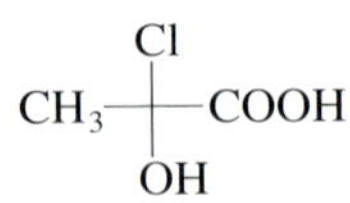

5.11 (1) (2*S*, 3*S*) (2) (2*S*, 3*R*) (3) (2*R*, 3*S*)

5.12 (1)

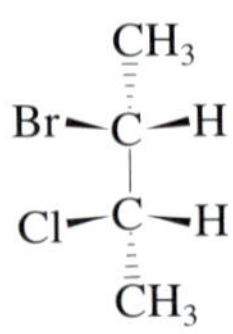

Ⅰ

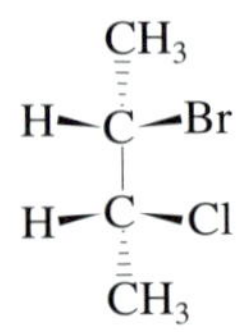

Ⅱ

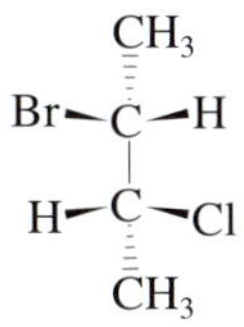

Ⅲ

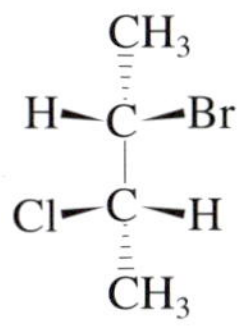

Ⅳ

(2)

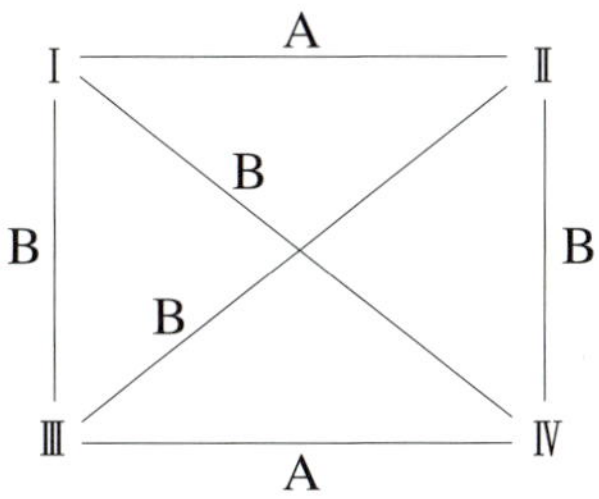

거울상 이성질체 : A, 부분 입체 이성질체 : B

(3)

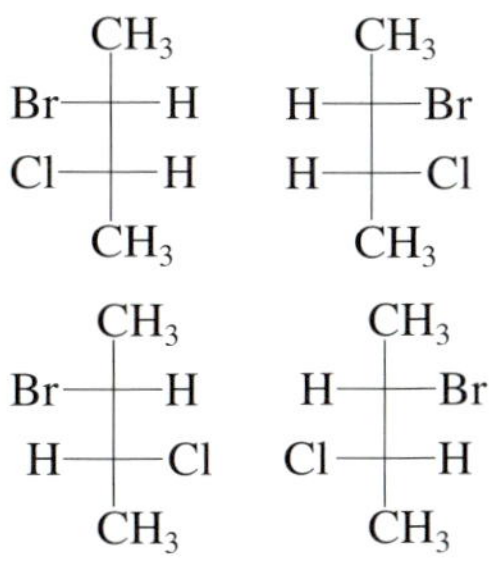

5.13 (1), (2), (3)

5.14 (1)

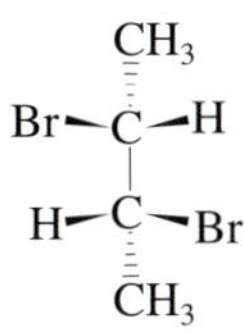

Ⅰ

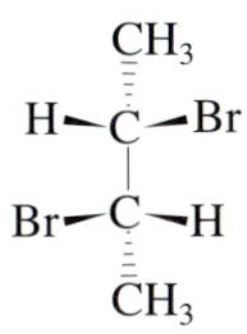

Ⅱ

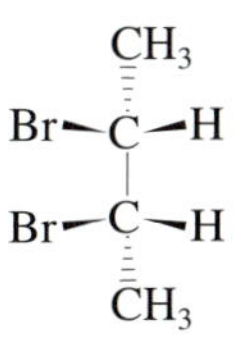

Ⅲ

(2) I : (2*R*,3*R*)
II : (2*S*,3*S*)
III : (2*R*,3*S*)

(3)

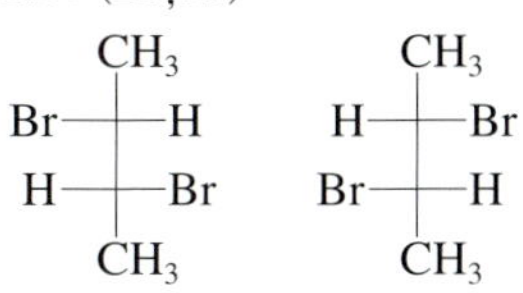

Ⅰ　　Ⅱ

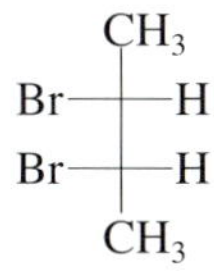

Ⅲ

(4) I과 II는 서로 거울상 이성질체, III과 I 및 II는 부분 입체 이성질체, III은 메소 화합물

5.17 (2)와 (3) 광학 활성

5.18 (1) $[\alpha]_D = +22.5°$

5.20 (2) 같은 구조, (3)과 (4)는 *R* 배열이므로 (1)의 거울상

5.21

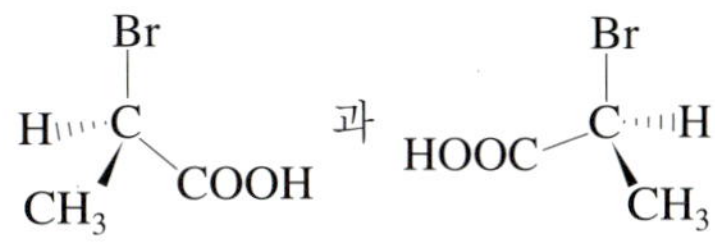

5.25 (2)

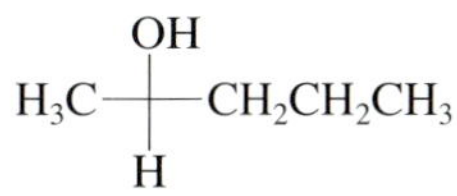

(5)

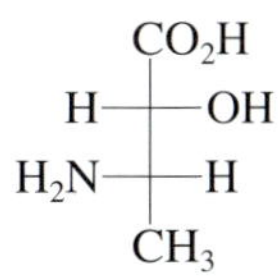

5.27 (1) I, III과 II　　(2) II

5.29 (1)

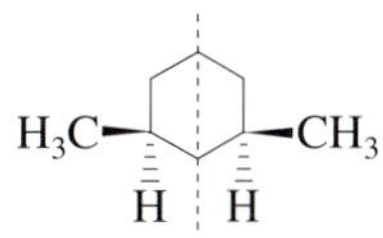

(2)

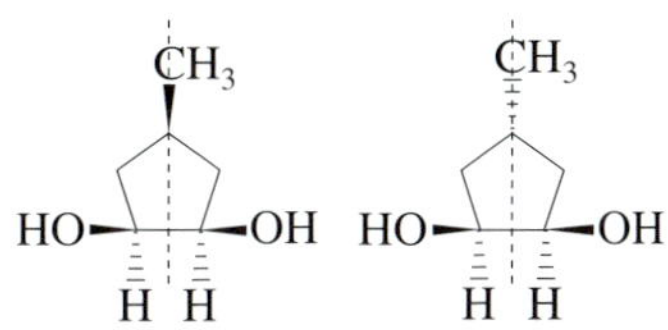

5.30 1-Chloro-2-methylcyclopentane

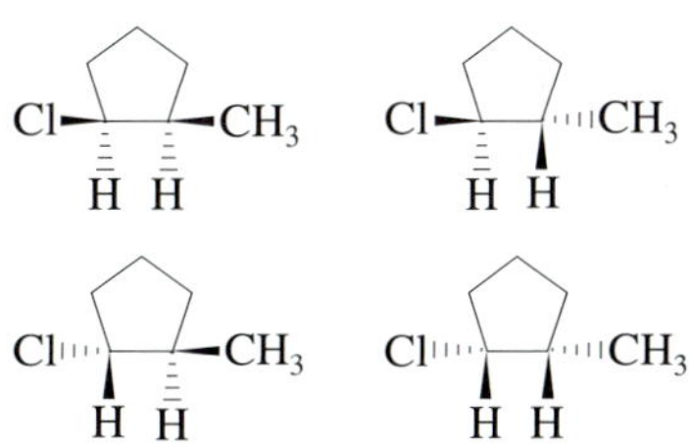

6장

6.1 (1) 4-Bromo-2-methylhexane
(2) 4-Iodo-2,2-dimethylhexane
(3) 1,2-Dibromopentane
(4) 2-Bromo-3,5-dichlorohexane

6.2 (1)
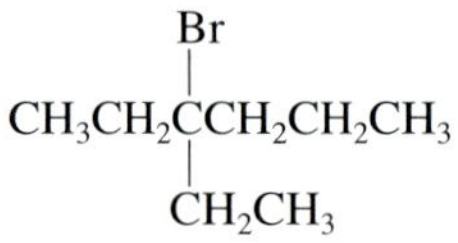

(2)
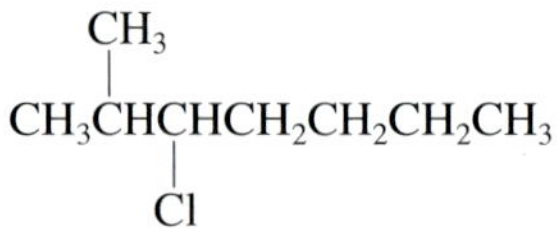

(3)
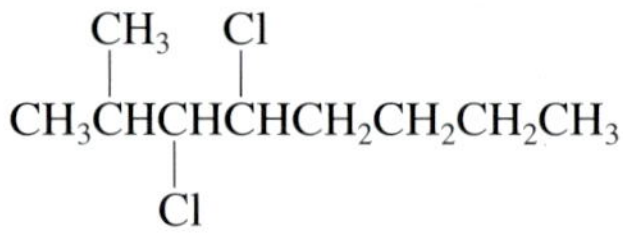

(4)
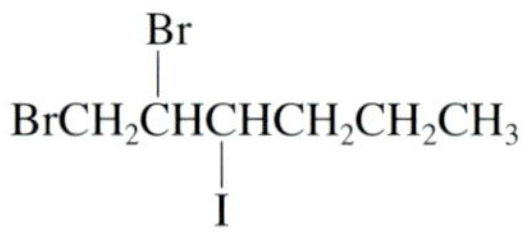

6.3 (1)

(2)
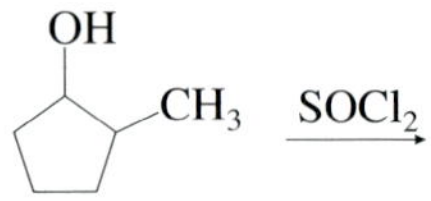

(3)
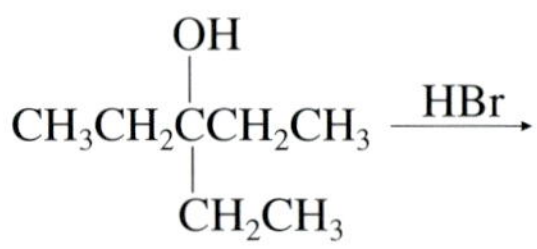

6.5
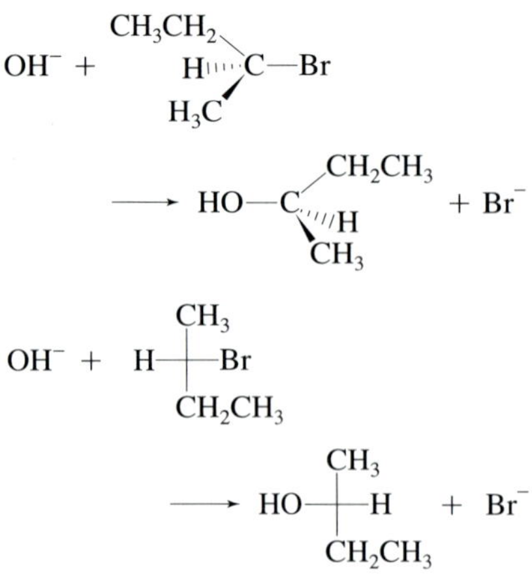

6.6
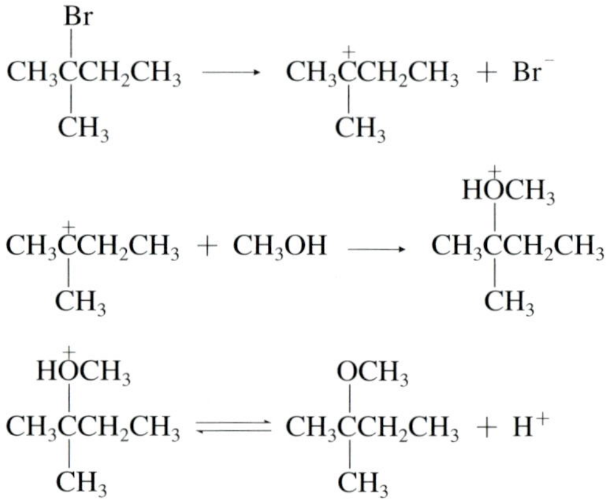

6.7 (1) $(CH_3CH_2)_3COH$
(2)
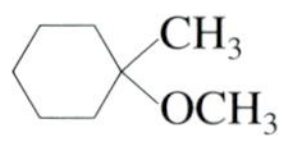

6.8 (1)
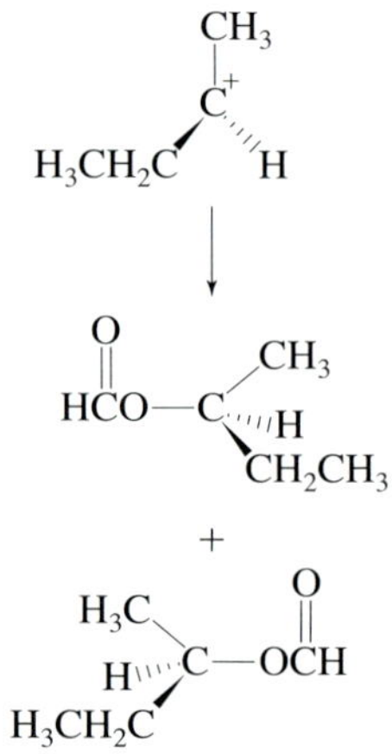

(2)
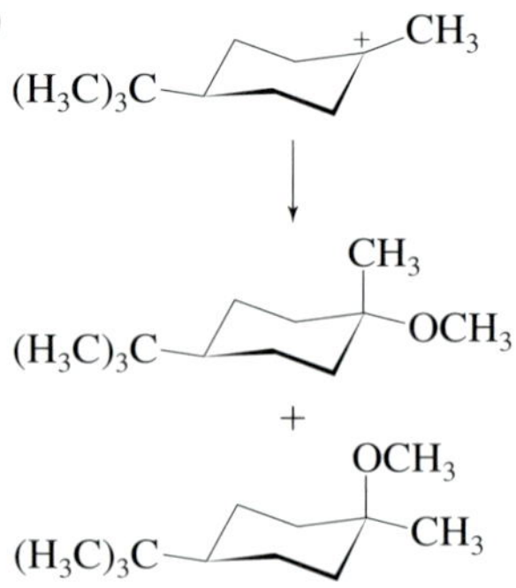

6.9
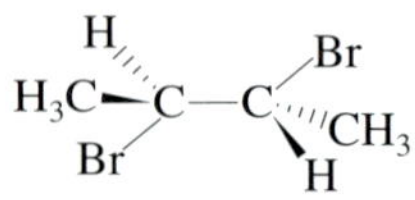

meso-2,3-Dibromobutane

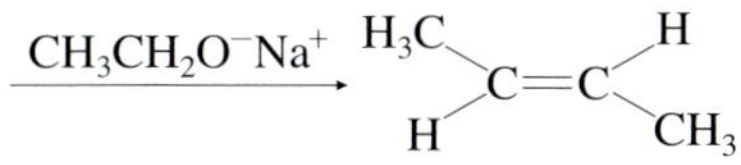

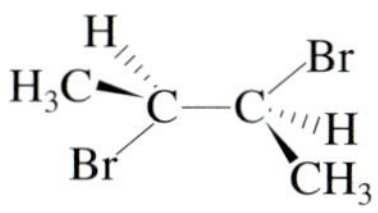

(2*S*,3*S*)-2,3-Dibromobutane

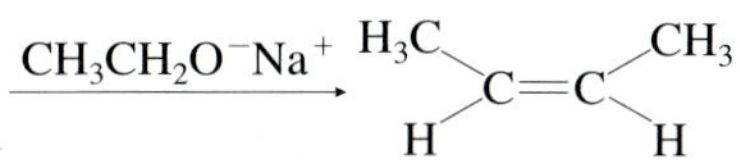

6.10 (1) $CH_3CH{=}C(CH_3)_2$

(2) 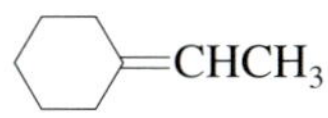

6.14 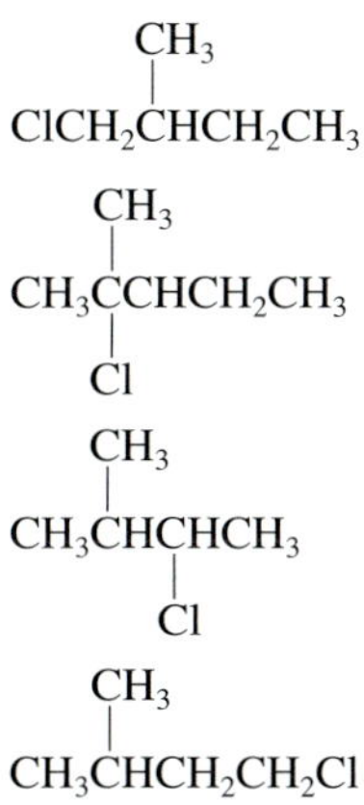

(카이랄)

6.15 (1) $(CH_3CH_2)_2CHBr$

(2) $(CH_3)_2CHI$

(3) 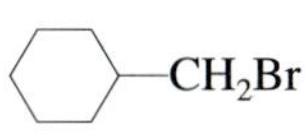

6.16 (1) $(CH_3CH_2)_3CBr$

(2) 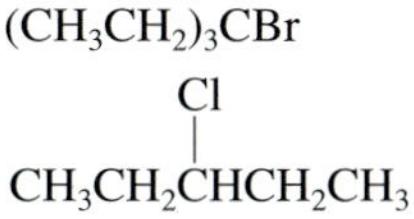

(3) 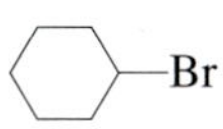

(4) 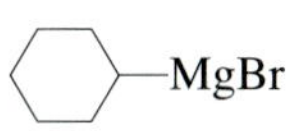

6.17 (1) 반응 속도가 6배 빨라진다.

(2) 반응 속도가 2배 느려진다.

(3) 반응 속도가 2배 느려진다.

6.18 (1) 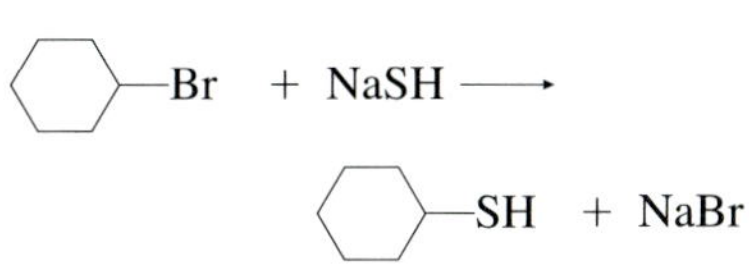

(2) 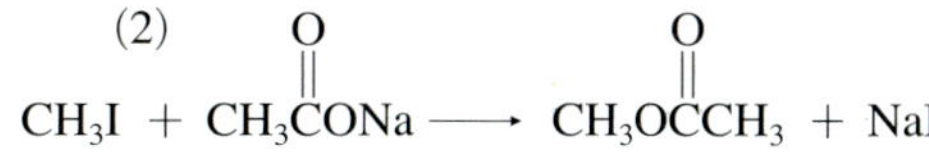

(3) $CH_3CH_2CH_2CH_2Br + NaSCH_3$
$\longrightarrow CH_3CH_2CH_2CH_2SCH_3$

(4) $BrCH_2CH_2CH_2CH_2Br + NaCN$(과량)
$\longrightarrow CNCH_2CH_2CH_2CH_2CN + NaBr$

(5) 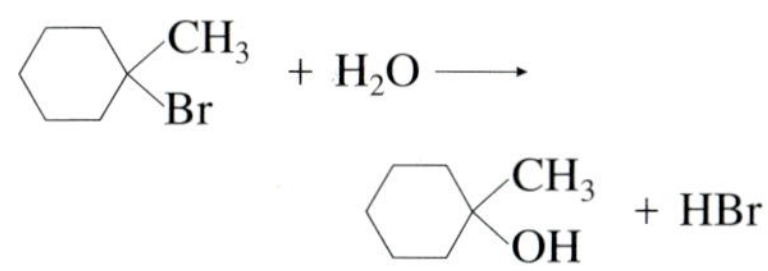

6.20 (1) 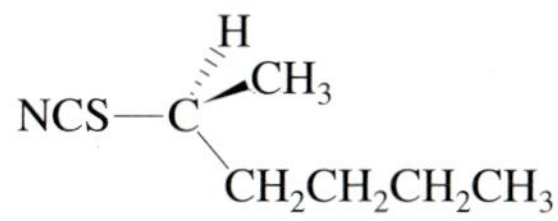

(2) 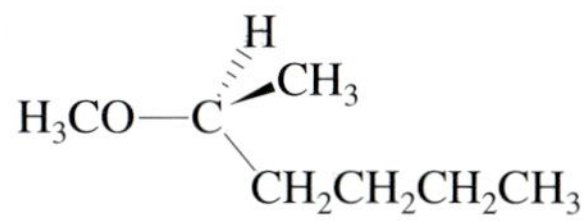

(3) 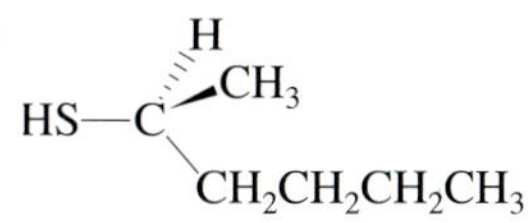

6.21 H_2O와 반응했을 경우

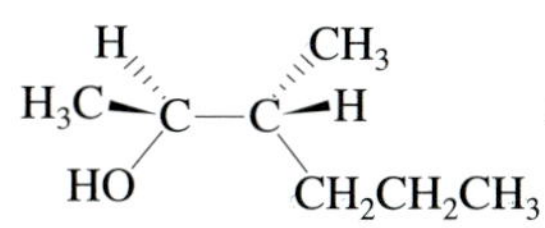

와

2*S*,3*R*

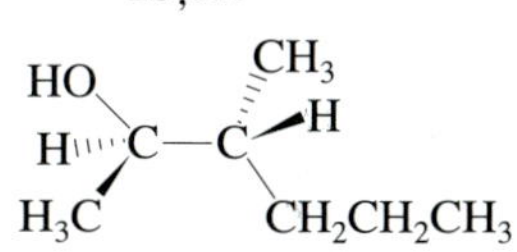

의

2*R*,3*R*

부분 입체 이성질체 생성

CH_3COOH와 반응했을 경우에도 같은 입체 화학적 결과가 얻어진다.

6.23 (1) 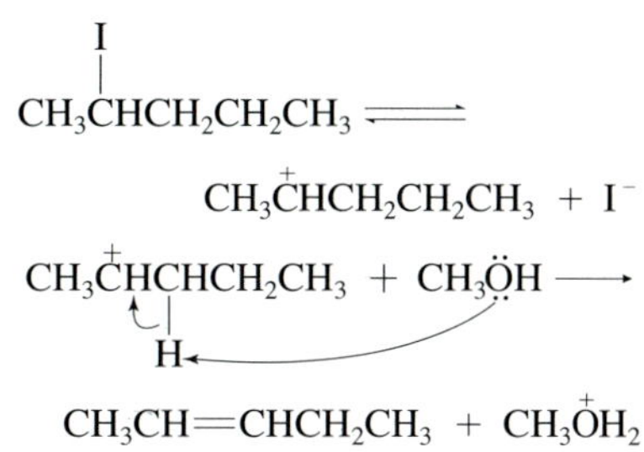

(2) 첫 번째 단계

6.25 알킬 치환이 더 많은 이중 결합이 더 안정하므로 주생성물

(1) $CH_3(CH_2)_5CH{=}C(CH_3)COOH$ $CH_3(CH_2)_6C(=CH_2)CO_2H$

주생성물

(2) 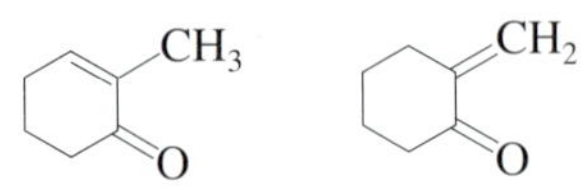

주생성물

6.27 E2 반응이 일어날 수 있는 형태

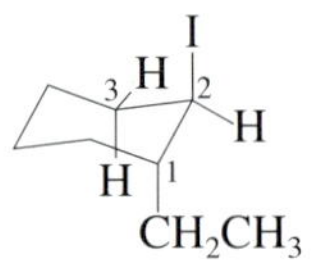

에서 이탈기인 I와 안티 근사 평면 구조를 이룰 수 있는 수소는 3번 위치 밖에 없다. Zaitsev 생성물이 되려면 1위치의 수소가 제거되어야 되는데 이것은 I와 안티 근사 평면 구조를 이룰 수 없다.

7장

7.1 3개

7.2
(1) *m*-Nitrotoluene
(2) *p*-Bromoethylbenzene
(3) 3-Bromo-5-nitroaniline
(4) 2-Chloro-6-nitrotoluene

7.3 (1) 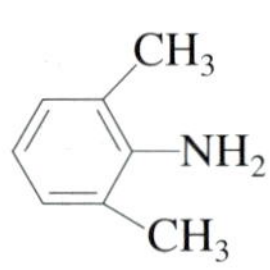

(2) 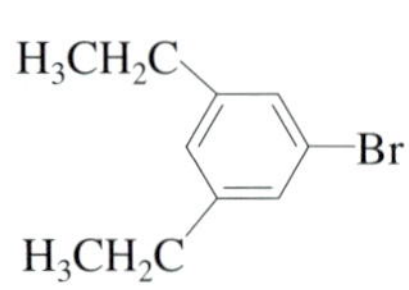

(3) 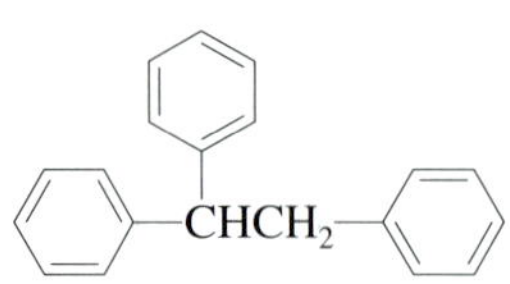

(4) 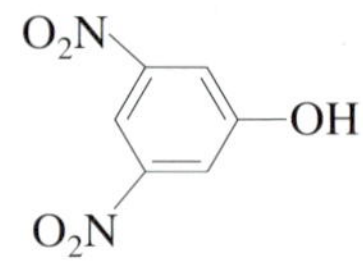

7.4 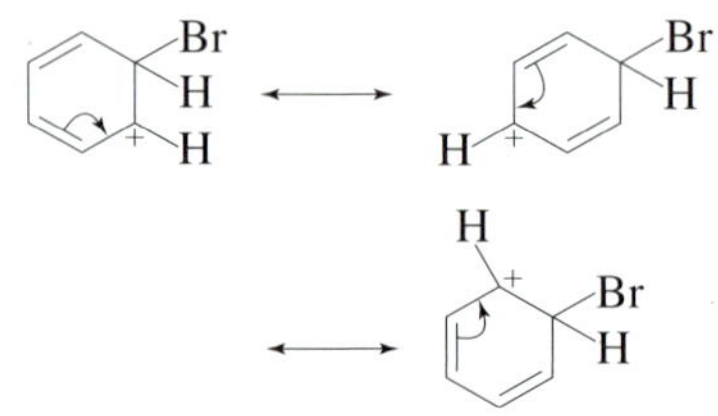

7.5 *o*-Xylene:

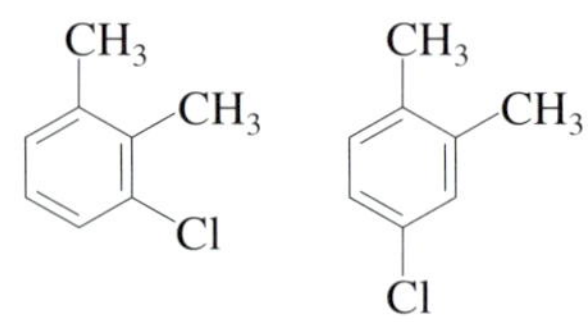

m-Xylene:

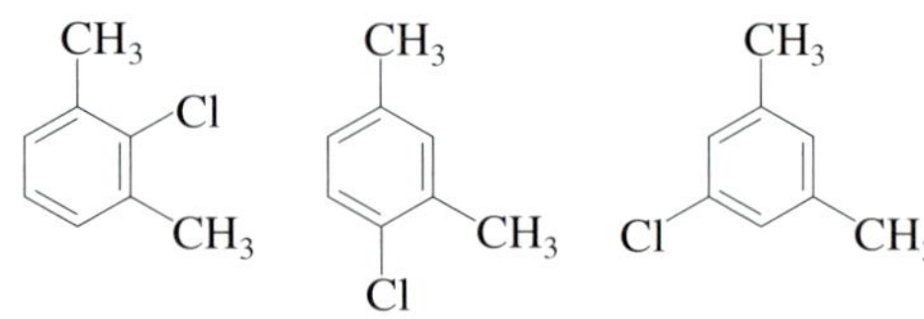

p-Xylene:

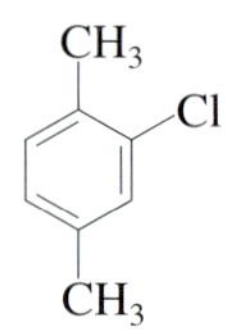

7.6 (1) 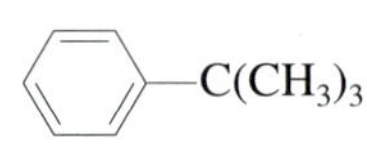

(2) 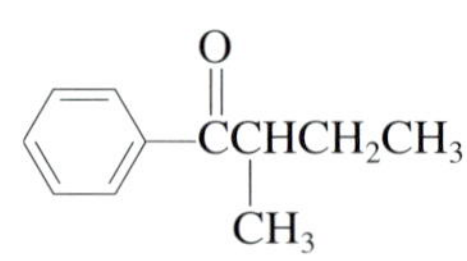

7.10 (1) 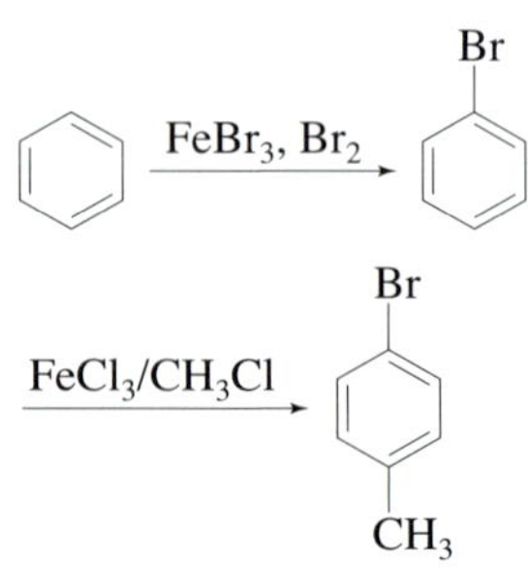

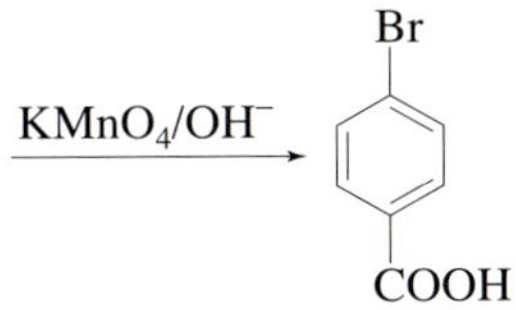

(2)

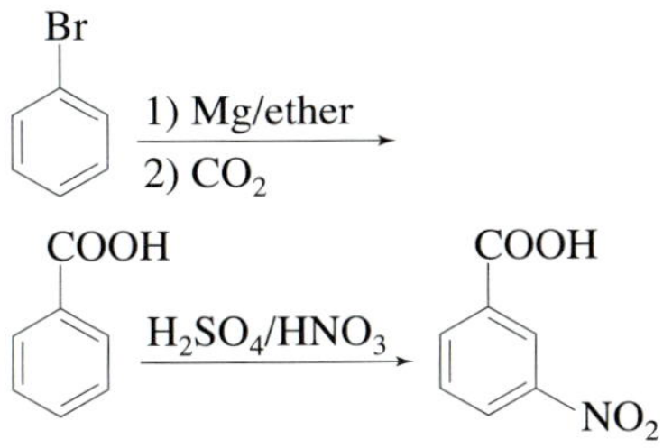

(3)

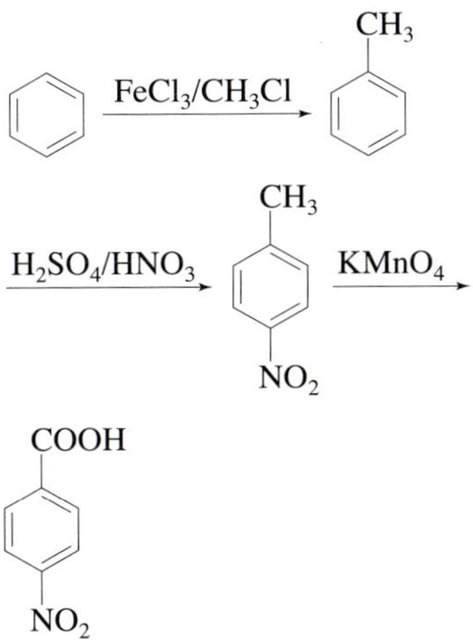

7.13

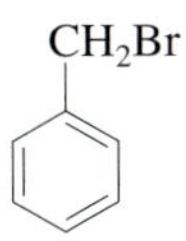

Benzyl bromide

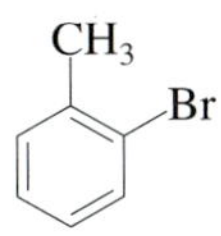

o-Bromotoluene

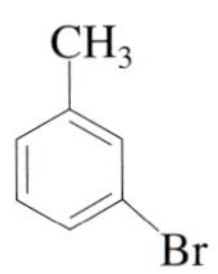

m-Bromotoluene

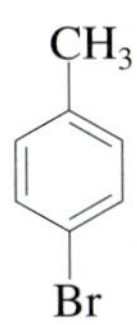

p-Bromotoluene

7.15 (1)

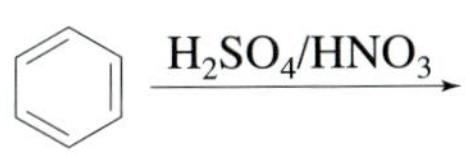

(2)

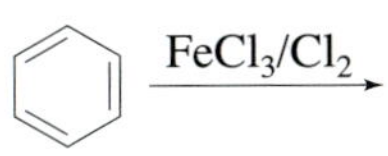

(3)

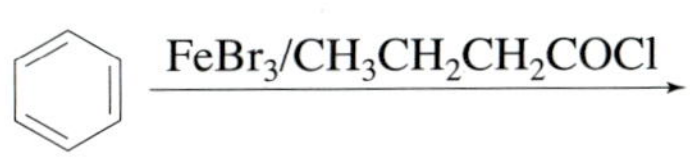

7.16

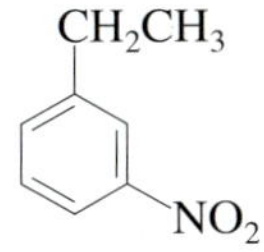

7.17

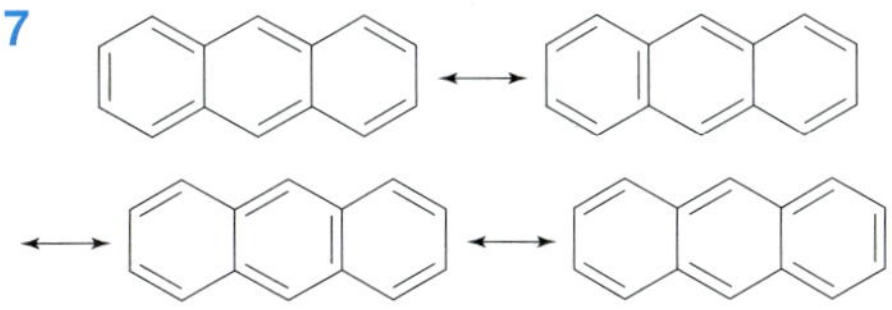

7.18 (1)

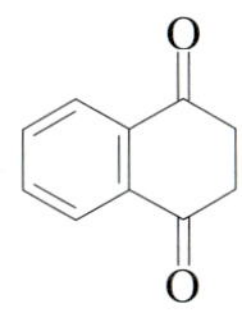

(2)

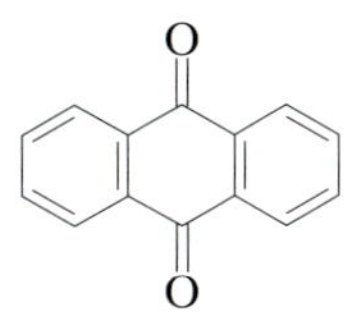

7.19

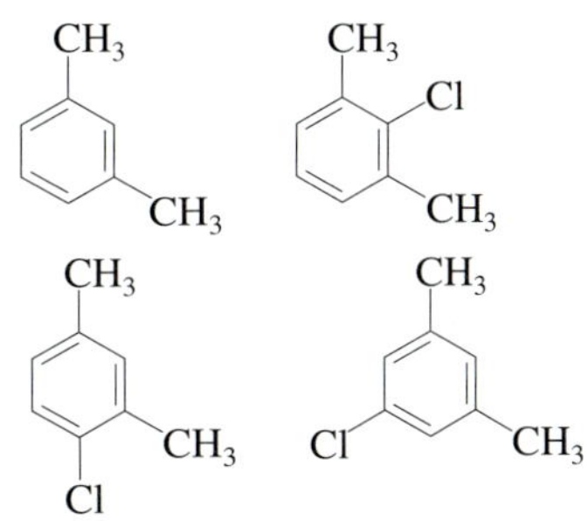

7.20

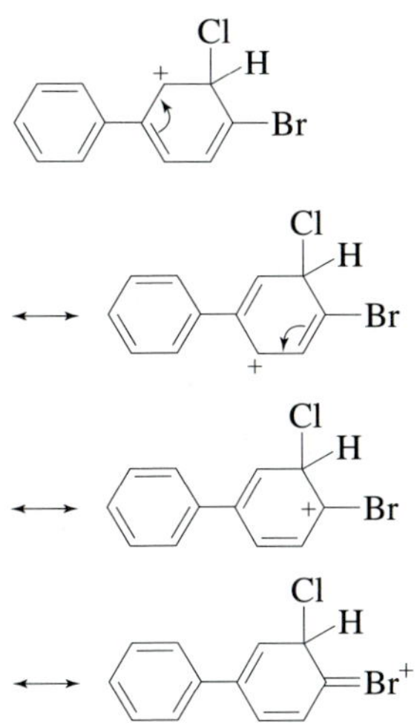

7.21 (1)

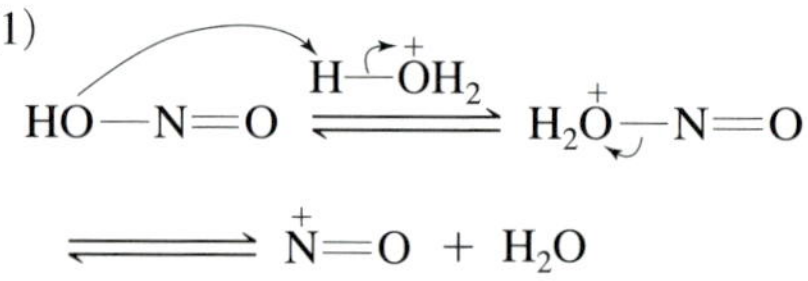

(2)

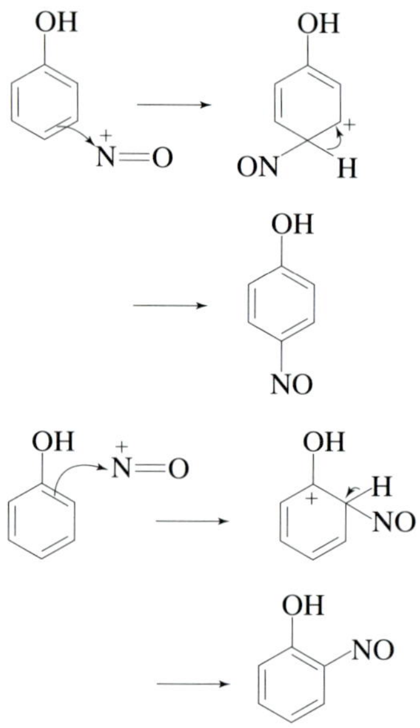

7.22

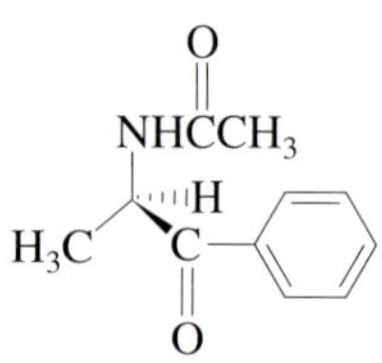

8장

8.1 (1) 3,3-Dimethyl-1-butanol
(2) 4,4-Dimethylcyclohexaol
(3) 4-methylpentanol
(4) 2-Ethyl-1,4-hexanediol

8.2 (1)

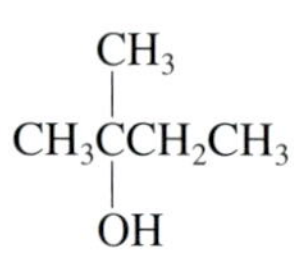

(2)

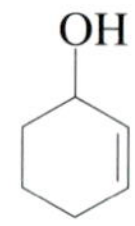

(3)

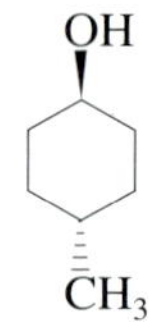

(4)

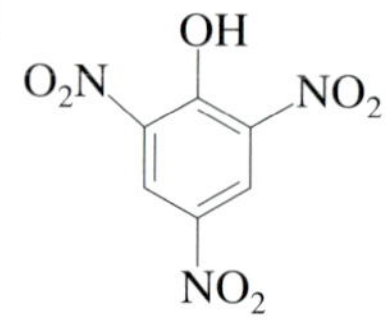

8.3 (1)

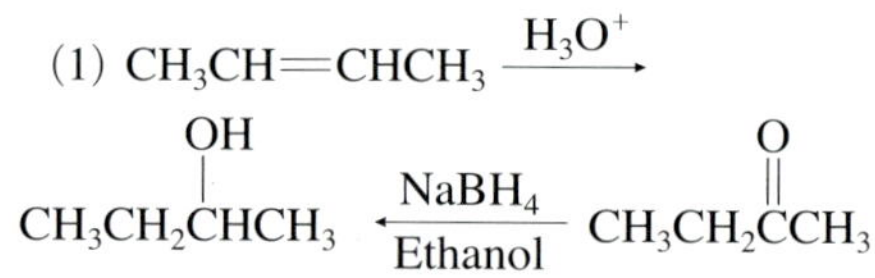

(2)

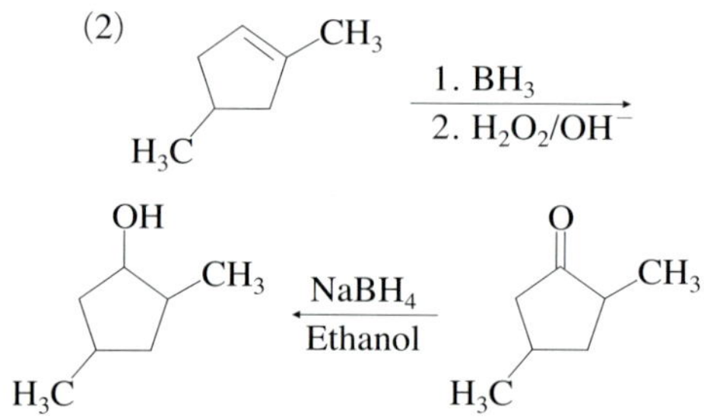

8.4 $CH_3CH_2CH_2CH{=}CHCH_3$과 $(CH_3)_2C{=}CHCH_3$

8.5 (1)

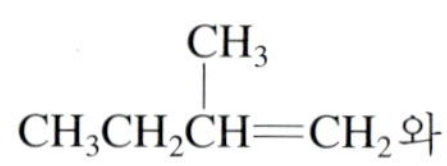

와

$CH_3CH{=}C(CH_3)_2$ (주생성물)

(2)

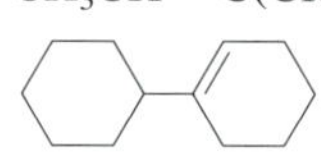

와

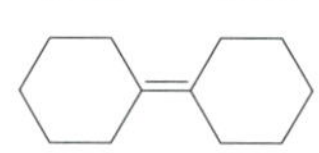

(주생성물)

8.6 (1)

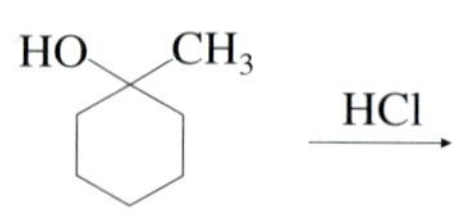

(2)

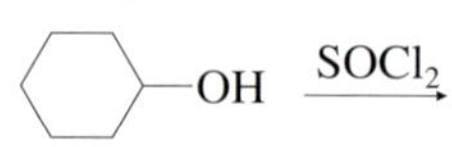

(3)

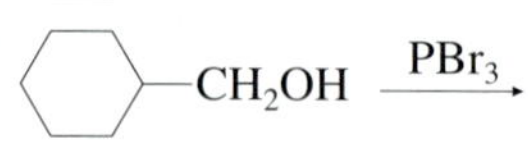

(4) $(CH_3)_3COH \xrightarrow{HBr}$

8.7

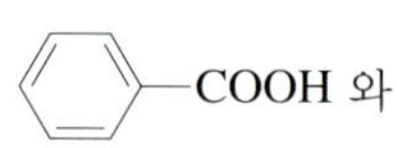

와

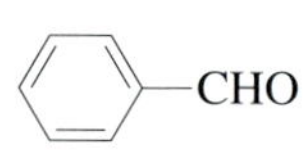

8.8 (1)

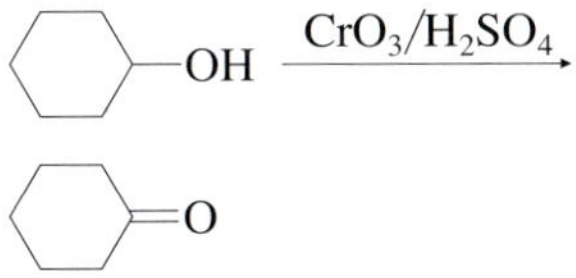

(2) $CH_3CH_2CH_2CH_2CH_2OH \xrightarrow{PCC}$ $CH_3CH_2CH_2CH_2CHO$

(3)

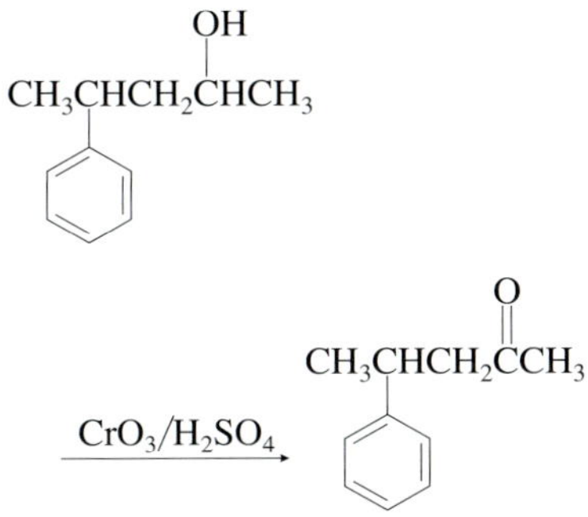

(4)

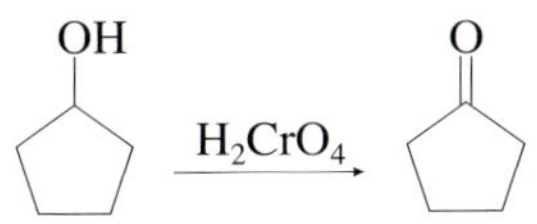

8.9 (1) $(CH_3)_3COK + CH_3CH_2I \longrightarrow$

(2) $(CH_3)_2CHONa$ $+ CH_3CH_2CH_2Br \longrightarrow$

(3)

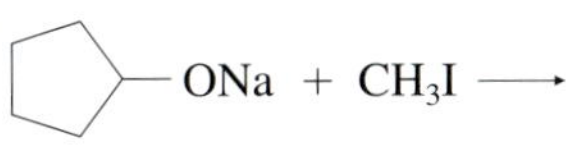

(4)

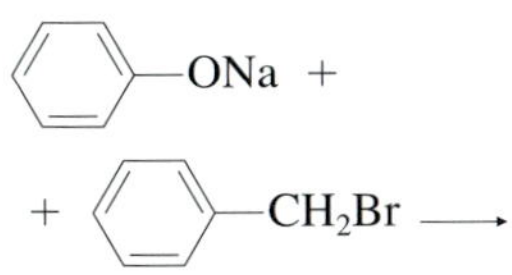

8.10 (1)

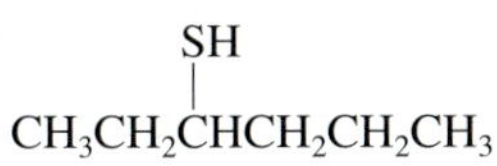

(2) $CH_3CH_2CH_2CH_2CH_2SH$

(3) $CH_3SCH(CH_3)_2$

(4)

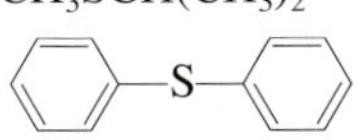

8.11 (1) $(CH_3)_2CHCH_2CH_2Br + NaSH \longrightarrow$

(2) $CH_3CH_2CH_2OH \xrightarrow{PBr_3}$ $CH_3CH_2CH_2Br$(2당량) $\xrightarrow{NaSH}$

8.15 (1)

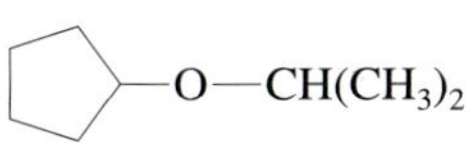

(2)

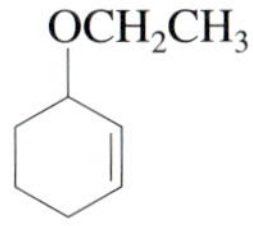

(3) Dicyclohexyl ether

(4) 3-Ethoxypentane

8.16 $CH_3CH_2CH_2CH_2OH$

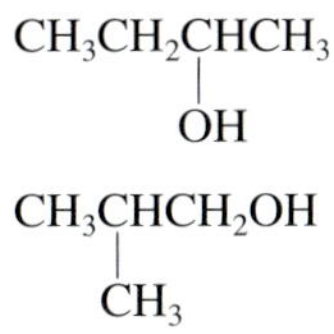

$(CH_3)_3COH$

8.17 소수성 부분이 증가하기 때문

8.18 $CH_3CH_2CH_2CH_3 < CH_3CH_2OCH_3 < CH_3CH_2CH_2OH < HOCH_2CH_2OH$

8.19 (1)

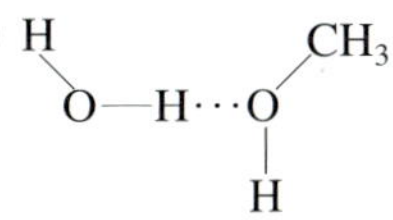

8.21 (1) $CH_3CH_2CH_2CH_2Br \xrightarrow{OH^-}$ $CH_3CH_2CH_2CH_2OH \xleftarrow{NaBH_4} CH_3CH_2CH_2CHO$

$CH_3CH_2CH_2CO_2H \xrightarrow{LiAlH_4} CH_3CH_2CH_2CH_2OH$

8.22 (1)

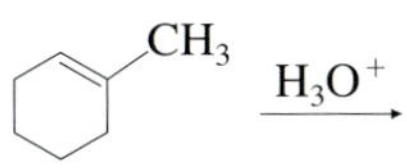

(2)

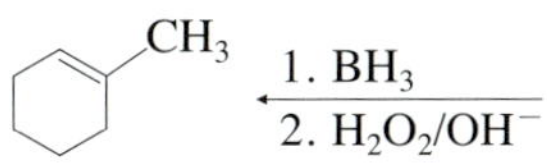

8.25

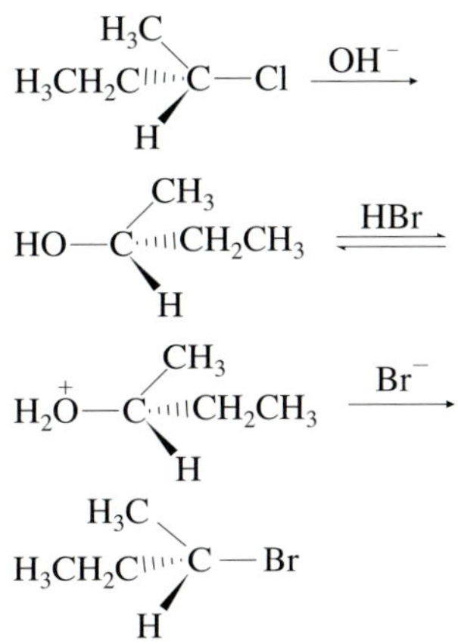

8.26 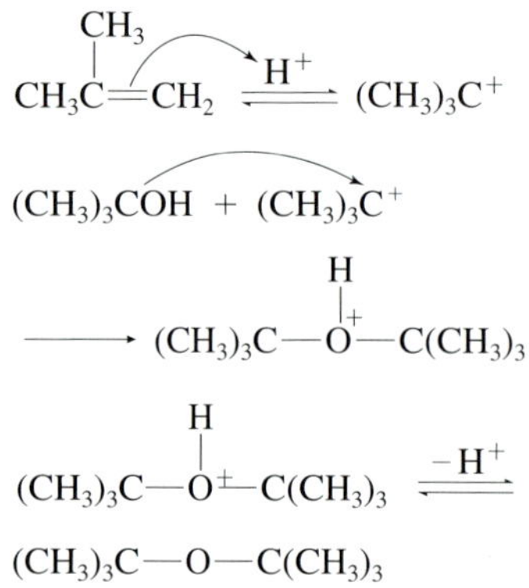

8.27 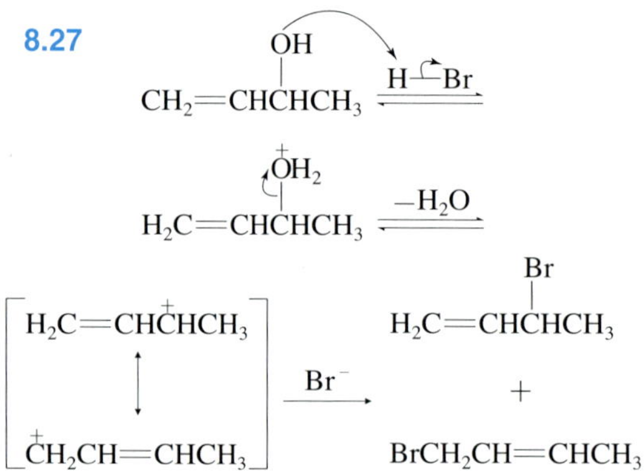

8.28 아래와 같은 S_N2 반응이 빠르게 일어나면서 카이랄 탄소 입체 배열의 라셈화가 진행된다.

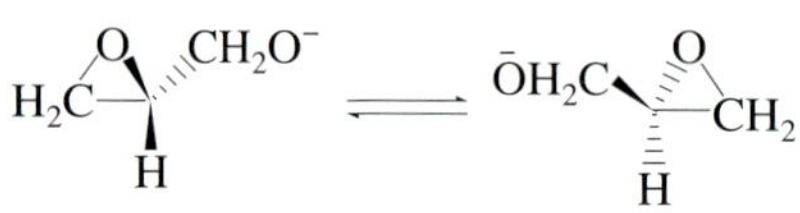

9장

9.1 (1) 3-Ethylpentanal
(2) 2-Octanone
(3) 2-Methylcyclohexanecarbaldehyde
(4) 2-Bromocyclohexanone
(5) 1,6-hexanedial
(6) 2-butenal

9.2 (1) $CH_3CH_2CH_2CH_2CH_2\overset{\overset{O}{\|}}{C}H$

(2) 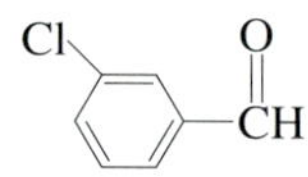

(3) 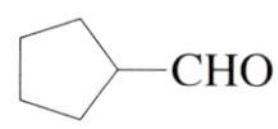

(4) $CH_3\overset{\overset{O}{\|}}{C}C{\equiv}CCH_3$

9.3 (1) $CH_3CH_2CH_2CH_2\overset{\overset{O}{\|}}{C}H$

(2) 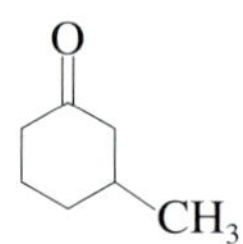

9.4 (1) $CH_3CHO < CH_2ClCHO < CHCl_2CHO < CCl_3CHO$
(2) $CH_3CH_2CH_2COCH_2CH_2CH_3 < CH_3CH_2CH_2COCH_3 < CH_3CH_2CH_2CHO$

9.5 (1) 반케탈
(2) 반아세탈
(3) 케탈

9.6 (1) $CH_3CH_2CH_2\overset{\overset{O}{\|}}{C}CH_2CH_3$

(2) $CH_3CH_2CH_2\overset{\overset{O}{\|}}{C}H$

(3) 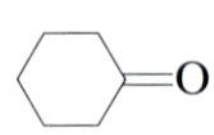

9.7

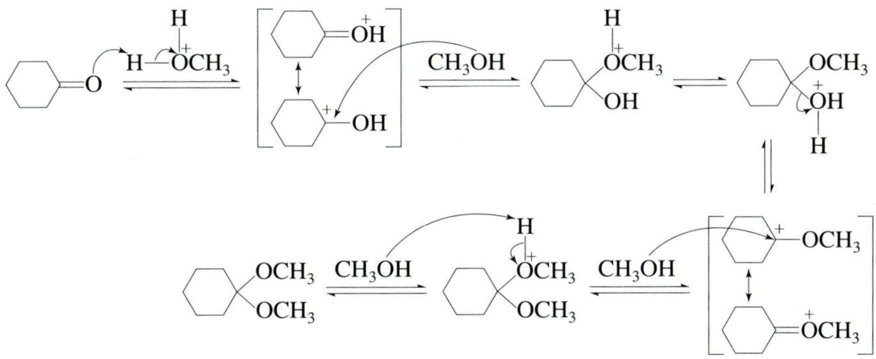

9.8 (1)

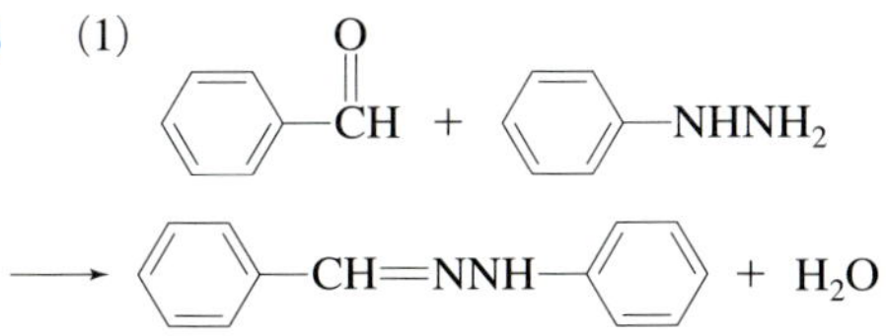

(2) ~ (4)는 문제 (1)과 근본적으로 같은 반응

9.9 (1) $CH_3CH_2CH_2CH_2CHO \xrightarrow{CrO_3/H^+} CH_3CH_2CH_2CH_2CO_2H$

(2) 반응 안 함

(3)

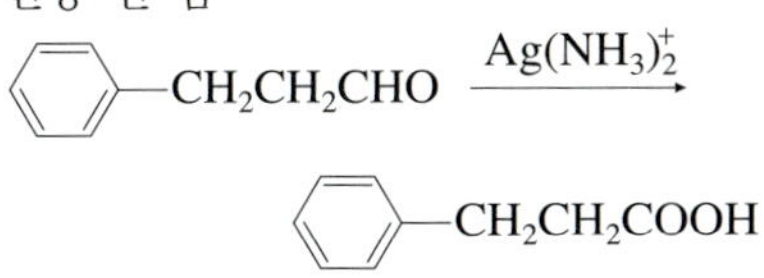

(4)

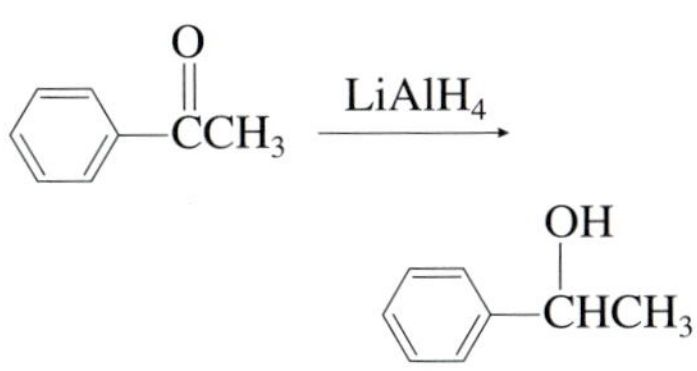

(5) $CH_3CH_2CH_2CH_2CHO \xrightarrow{H_2,\ Pd/C} CH_3CH_2CH_2CH_2CH_2OH$

9.10 $CH_3MgI + CH_3CH_2CH_2CHO$와 $CH_3CH_2CH_2MgBr + CH_3CH_2MgI$

9.11 (1)

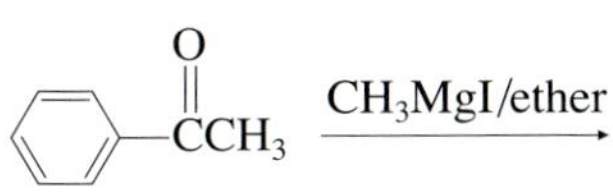

(2)

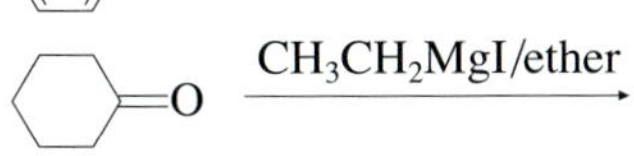

9.12 (1)

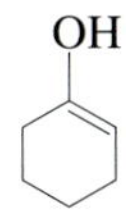

(2)

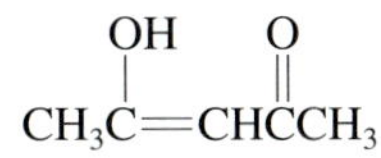

9.13

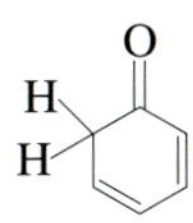

9.14 (1)

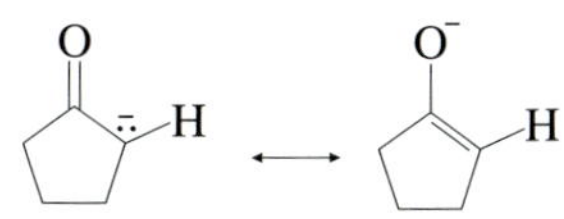

(2)

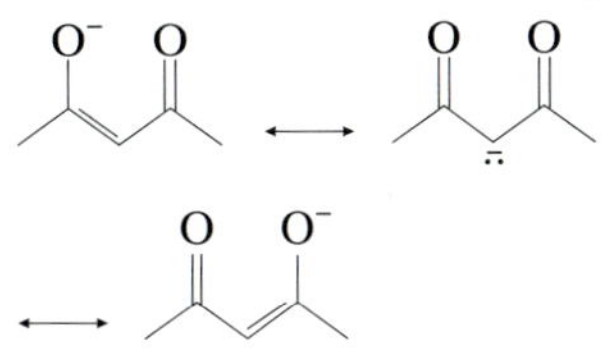

9.15 (3)

9.19

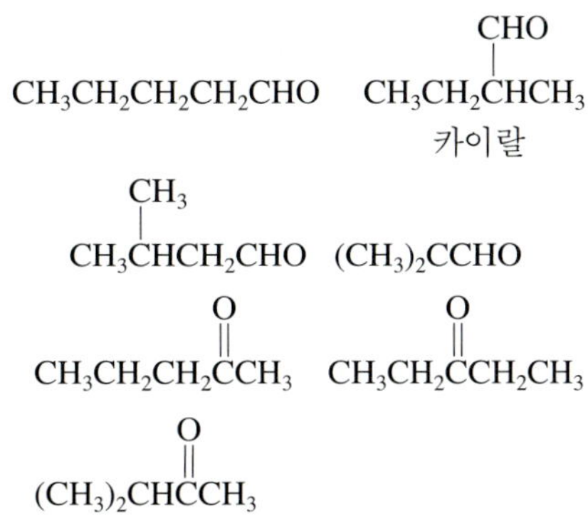

9.20 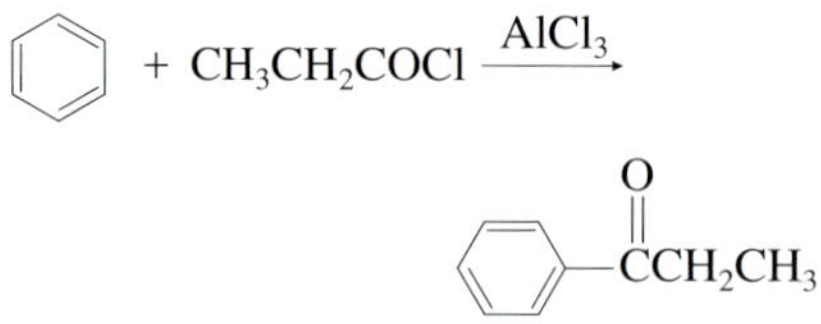

(2) 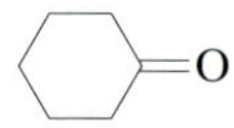

(3) $HOCH_2CH_2CH_2CH_2CHO$

9.21 Pentane < Butanal < 1-Butanol 순으로 극성이 증가하며 1-butanol의 경우는 수소결합을 하기 때문에 끓는점이 가장 높다.

9.23 (1) 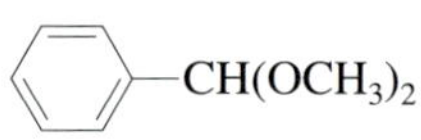

9.25 (3) $CH_3CH_2CH_2OH$
(4) $C_6H_5CH_2CH_2OH$

9.26 (1) 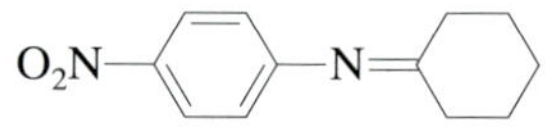, (2)와 (3)은 (1)과 동일한 메커니즘으로 생성물이 만들어짐

9.27

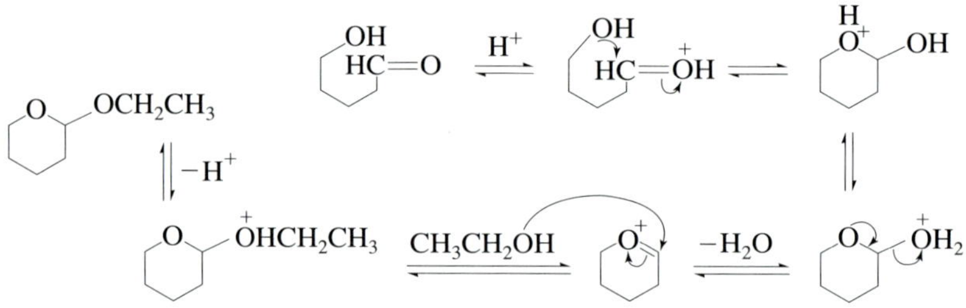

9.28 (1)

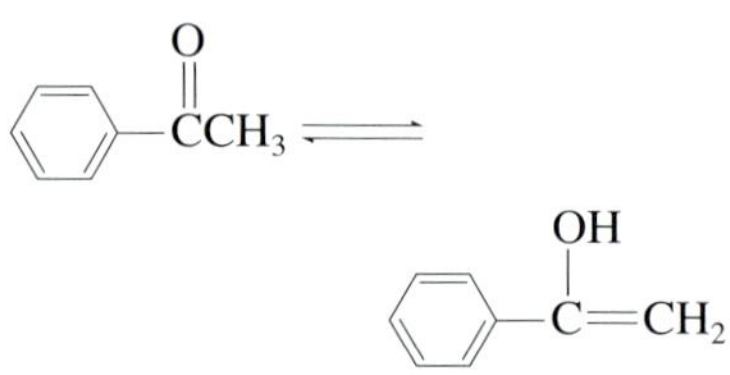

(2)

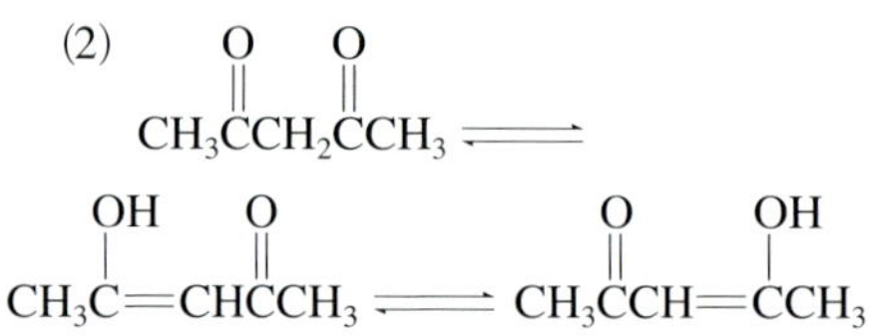

(3)

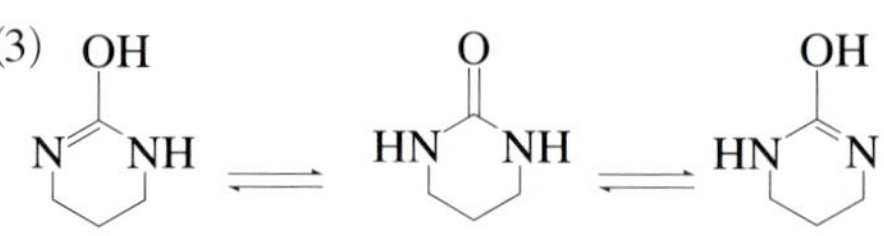

(4)

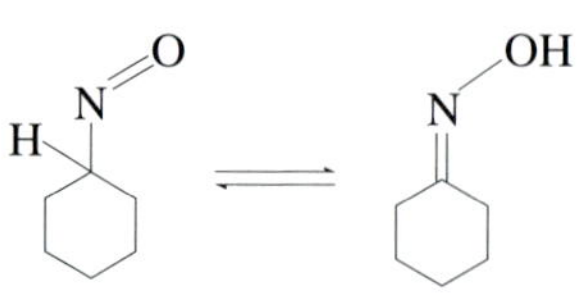

10장

10.1 (1) 3-Hydroxypentanoic acid
(2) 3-Pentenoic acid
(3) 1-Cyclohexenecarboxylic acid
(4) *trans*-2-Methylcyclohexanecarboxylic acid

10.2 (1) 

(2) 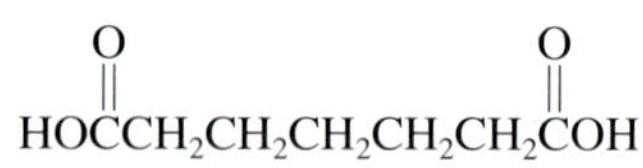

(3) 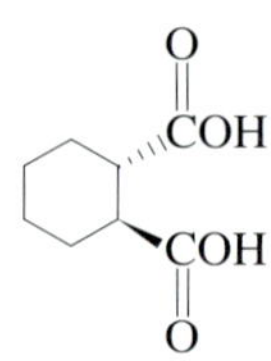

(4) 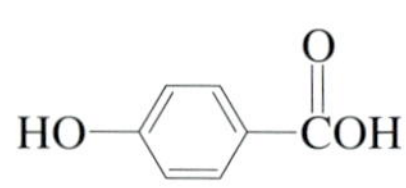

10.3 (1) 5-Methylhexanoyl chloride
(2) Cyclohexyl 2-methylpropanoate

(3) Ethyl cyclohexanecarboxylate
(4) *o*-Methylbenzoic anhydride
(5) 4-Bromohexanenitrile
(6) 4-Heptenamide

10.4 (1) *p*-Methoxybenzoic acid < Benzoic acid < *p*-Chlorobenzoic acid < *p*-Nitrobenzoic acid
p-Methoxybenzoic acid의 CH_3O기는 전자를 밀어주는 작용기,
p-Chlorobenzoic acid와 *p*-Nitrobenzoic acid의 Cl과 NO_2는 전자를 당기는 작용기이며 당기는 힘은 NO_2가 Cl보다 더 크다.
(2) Iodoacetic acid < Bromoacetic acid < Chloroacetic acid
할로젠 원자들의 전기 음성도는 I < Br < Cl의 순으로 커지므로

10.5 (1) $CH_3CH_2\overset{\overset{\displaystyle O}{\|}}{C}ONa$

(2) 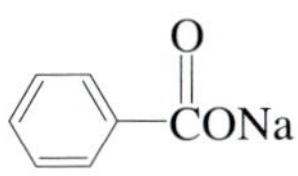

10.6 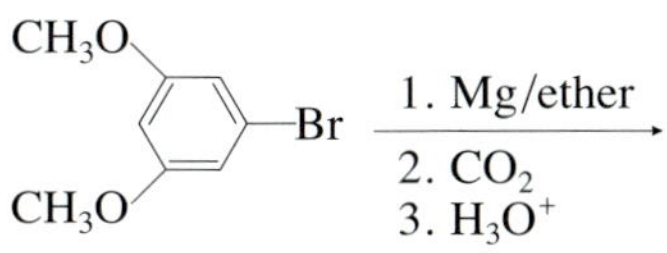

10.7 (1) $CH_3\overset{\overset{\displaystyle CH_3}{|}}{C}HCH_2CH_2COOH$

(2) 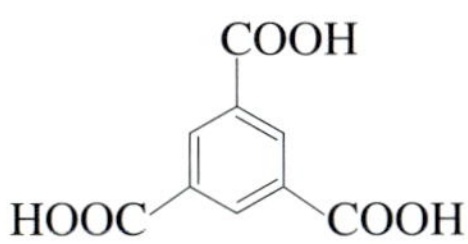

10.8 $CH_3\overset{\overset{\displaystyle O}{\|}}{C}O\overset{\overset{\displaystyle O}{\|}}{C}CH_3$

10.9 전기 음성도가 큰 Cl 원자 셋이 치환되어 있는 $CCl_3CO_2CH_3$의 반응성이 더 크다.

10.10 (1) Potassium 2-chloro-4-methylpentanoate
(2) Sodium *p*-bromobenzoate

10.11 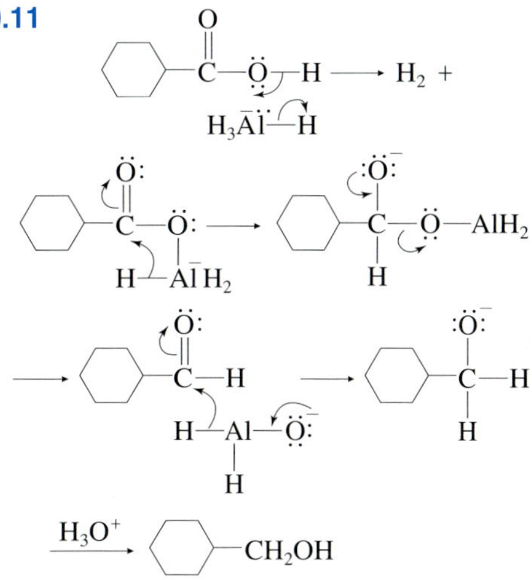

10.12 (1) $CH_3(CH_2)_4\overset{\overset{\displaystyle O}{\|}}{C}OH \xrightarrow{SOCl_2} CH_3(CH_2)_4\overset{\overset{\displaystyle O}{\|}}{C}Cl$

(2) 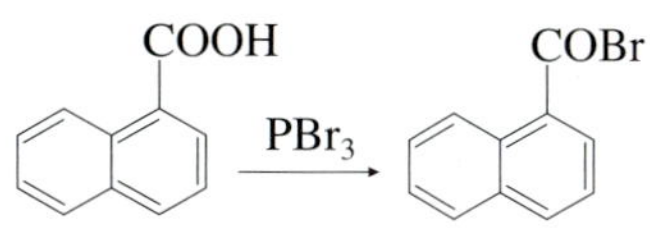

10.13 (1) 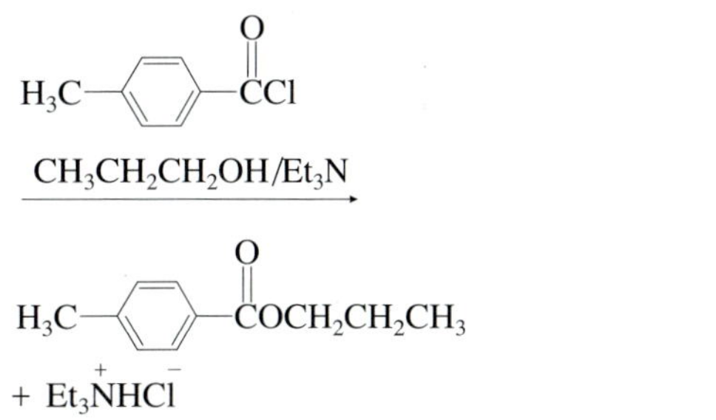

(2) 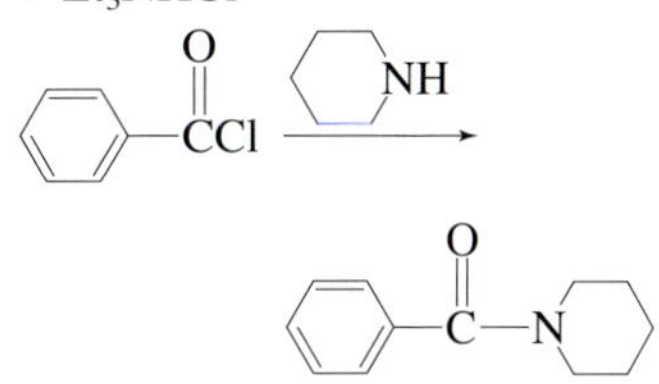

(3) $CH_3(CH_2)_4\overset{\overset{\displaystyle O}{\|}}{C}Cl \xrightarrow{CH_3\overset{\overset{O}{\|}}{C}OH/Et_3N} CH_3(CH_2)_4\overset{\overset{\displaystyle O}{\|}}{C}O\overset{\overset{\displaystyle O}{\|}}{C}CH_3$

10.14 (1)

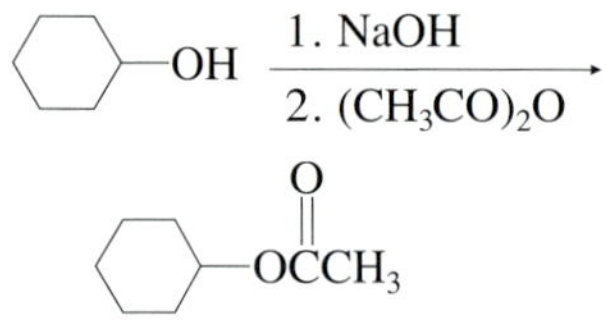

(2)

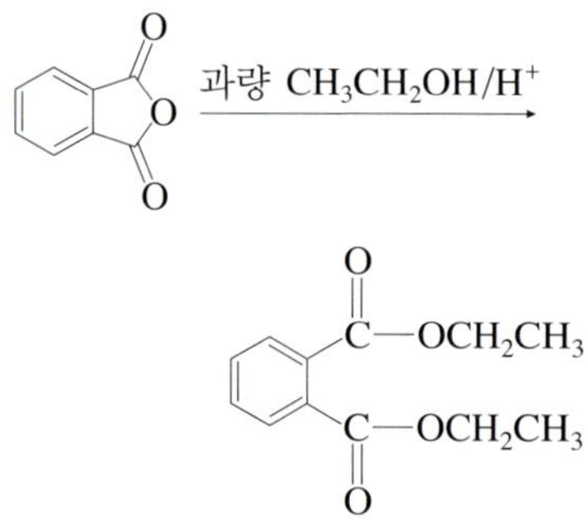

(3)

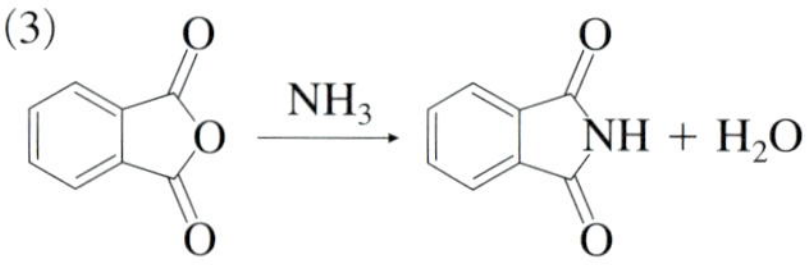

10.15

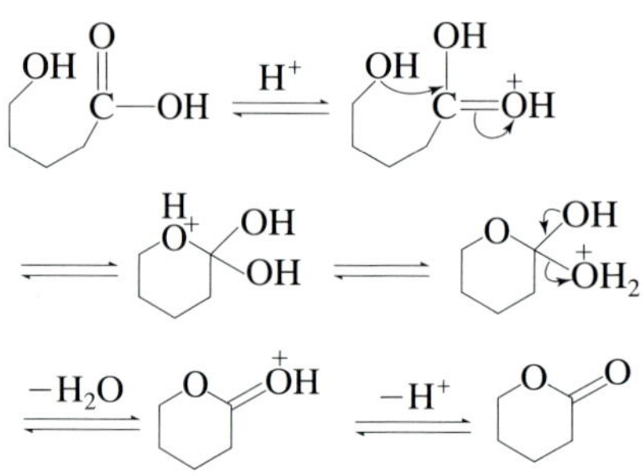

10.16 (1)

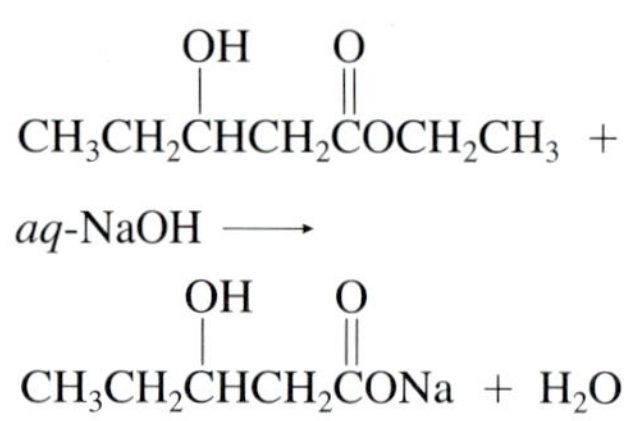

(2)

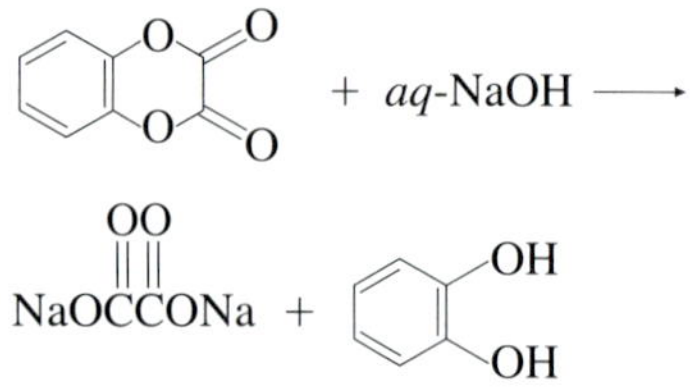

10.17

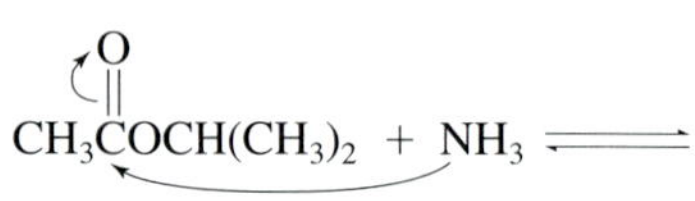

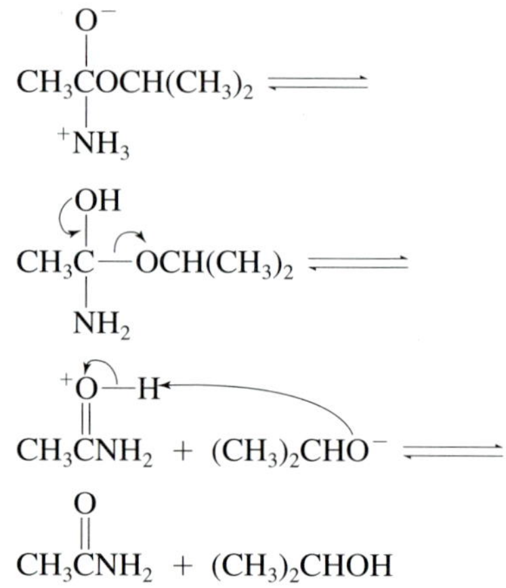

10.18 (1) 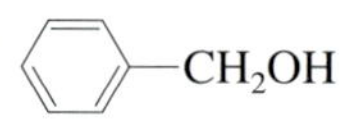

(2) $CH_3CH_2CH(CH_3)CH_2CH_2OH$

(3) $HOCH_2(CH_2)_3CH_2OH$

10.19 (1) $CH_3I \xrightarrow{\text{Mg/ether}} CH_3MgI$

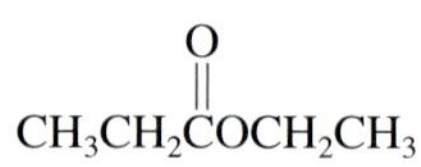

1. 2당량 CH_3MgI
2. H_3O^+

(2)

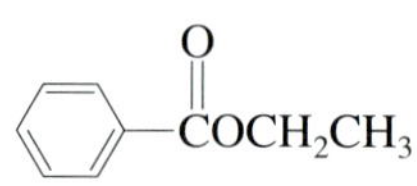

1. 2당량 CH_3MgI
2. H_3O^+

(3) $C_6H_5Br \xrightarrow{\text{Mg/ether}} C_6H_5MgBr$

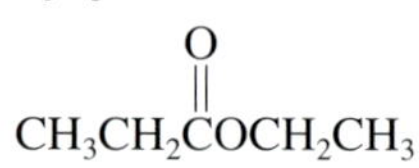

1. 2당량 CH_3MgI
2. H_3O^+

10.20

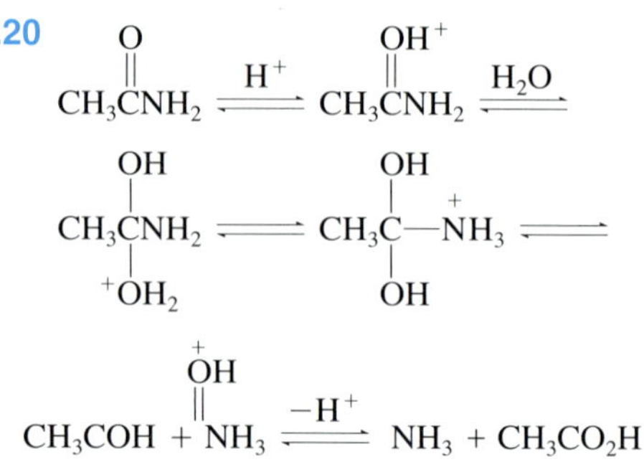

10.21 (1)

$CH_3CH_2CH_2CH_2CN \xrightarrow[2.\ H_3O^+]{1.\ CH_3MgI/ether}$

(2) 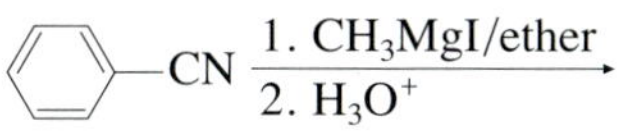

(3) $CH_3CH_2CN \xrightarrow[2.\ H_3O^+]{1.\ CH_3CH_2MgBr/ether}$

(4) 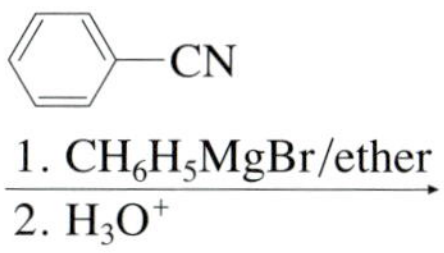

10.26 $CH_3CH_2CH_2CH_3 < CH_3CH_2CH_2CHO < CH_3CH_2COOH$

Butanal에는 극성이 큰 폼일기가 있으며 propanoic acid는 수소 결합을 할 수 있다.

10.27 (1) $CH_3CH_2CH_2COOH <$ $CH_3CHBrCH_2COOH <$ $CH_3CH_2CHBrCOOH$

두 번째와 세 번째 화합물에서는 전기음성도가 큰 브로민 원자가 치환되어 있는데 세 번째 화합물의 브로민이 카복실기에 더 가까운 위치에 있다.

(2) $CH_3COOH < CH_2ClCOOH <$ $CHCl_2COOH < CCl_3COOH$

왼쪽에서 오른쪽으로 갈수록 전기 음성도가 큰 Cl 원자의 수가 증가한다.

10.29 (1) 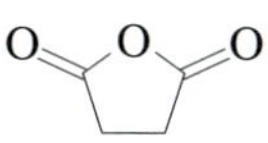

(2) 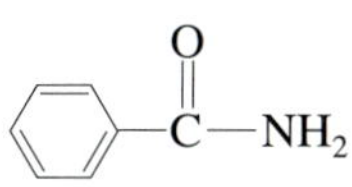

(3) $CH_3CH_2CH_2CH_2OH$

(4) $CH_3CH_2CH_2CH_2NH_2$

(5) 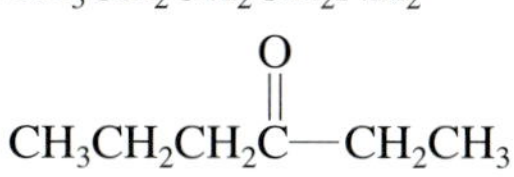

10.30 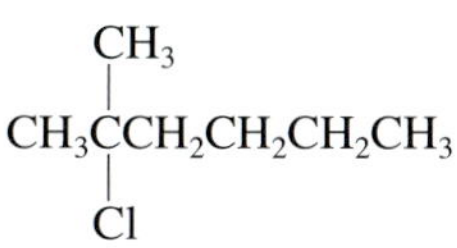 에서 CN^-로 치환될 Cl은 S_N2 반응을 할 수 없는 3차 탄소에 결합되어 있다.

10.31 (1) 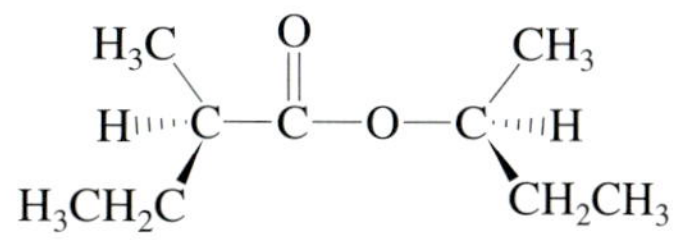 와

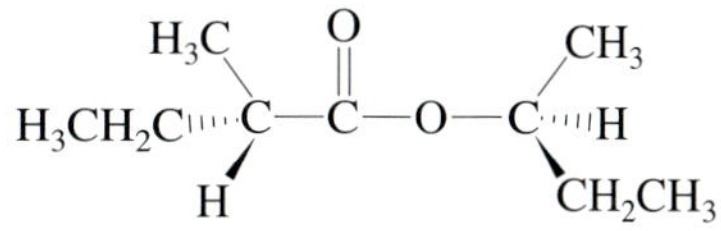

(2) (*S*,*S*)와 (*R*,*S*)의 부분 입체 이성질체

10.32 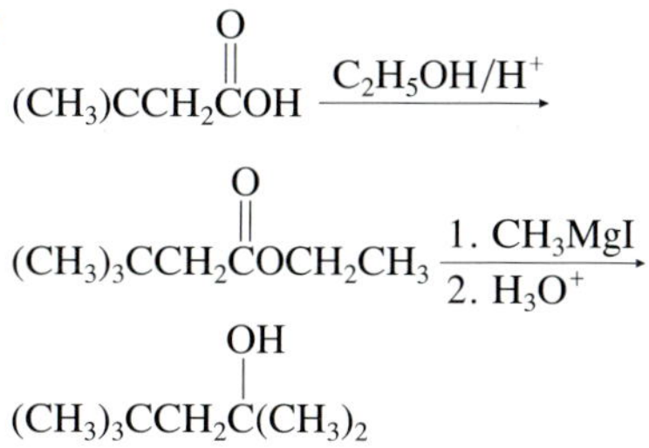

11장

11.1 (1) Pentylamine

(2) 3-Hexylamine

(3) *N*-Ethyl-1,1-dimethylpropylamine

(4) *N*,*N*-Dimethyl-*p*-methylaniline

(5) 3-Phenylpropylamine

(6) 4-Aminopentanoic acid

11.2 (1) 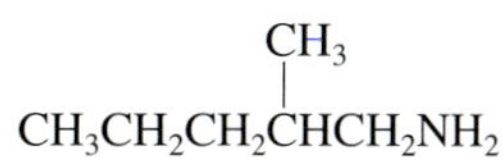

(2) 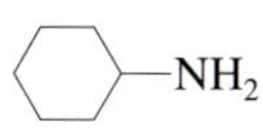

(3) 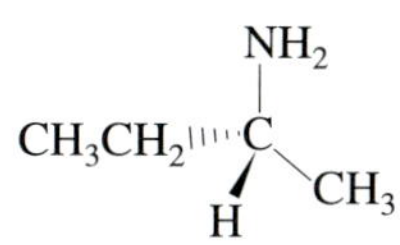

(4) 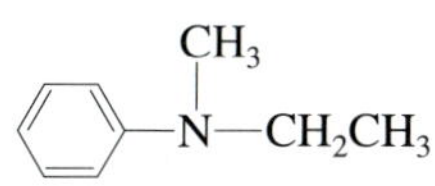

11.3 1차 아민은 수소 결합을 할 수 있는 반면 3차 아민은 수소 결합을 할 수 없다.

11.4 (1) $CH_3CH_2NH_2$
(2) $CH_3CH_2NH_2$
(3)
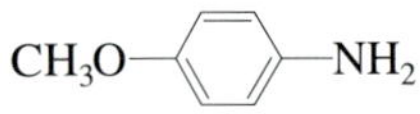

11.5 (1) Cyclohexylammonium bromide
(2) Tetraethylammonium chloride
(3) Dipropylammonium acetate

11.6 (1) $CH_3CH_2CH_2NH_2$ + HBr
$\longrightarrow CH_3CH_2CH_2NH_3^+Br^-$
Propylammonium bromide
(2)
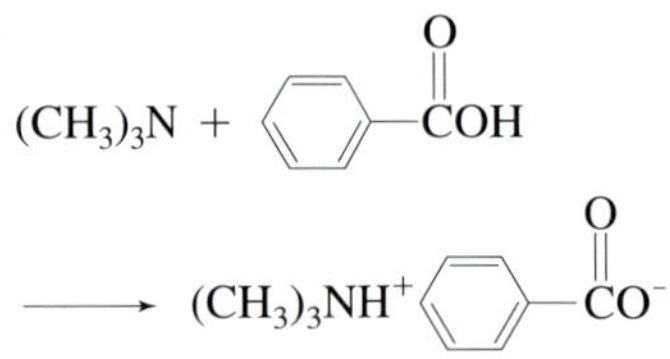

Tetramethylammonium benzoate

11.7 (1)

(2) $(CH_3CH_2)_3N$와 $(CH_3CH_2)_4N^+Br^-$
(3)
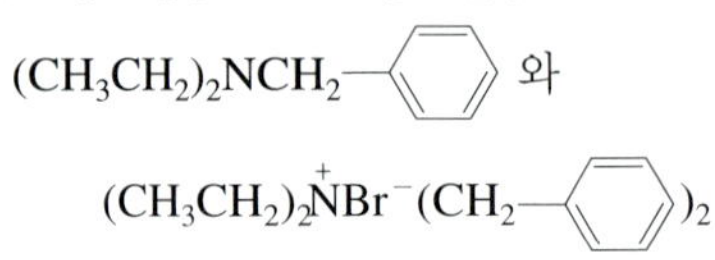

11.8
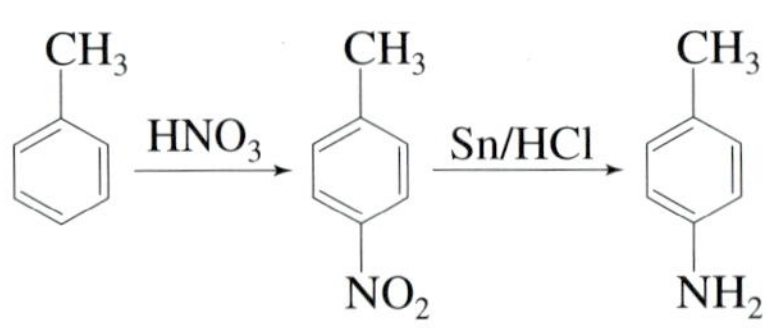

11.9
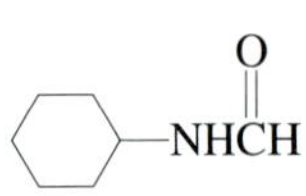

11.10 $CH_3CH_2CH_2Br \xrightarrow{CN^-} CH_3CH_2CH_2CN$
$\xrightarrow{LiAlH_4} CH_3CH_2CH_2CH_2NH_2$

11.11 (1)
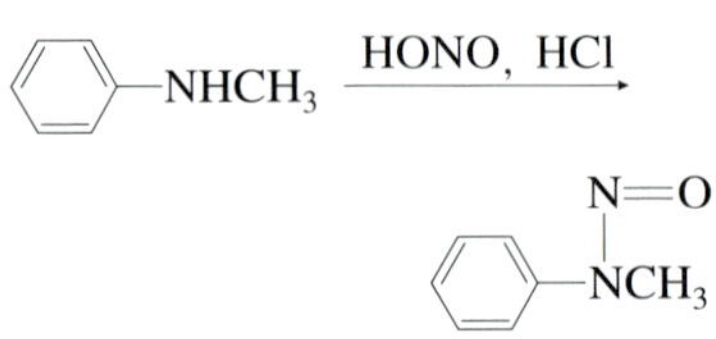

(2)
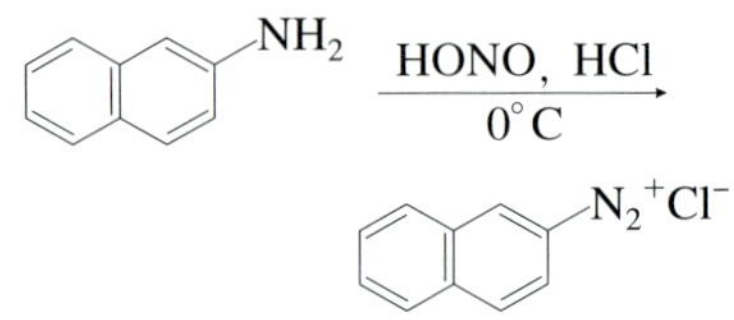

(3)
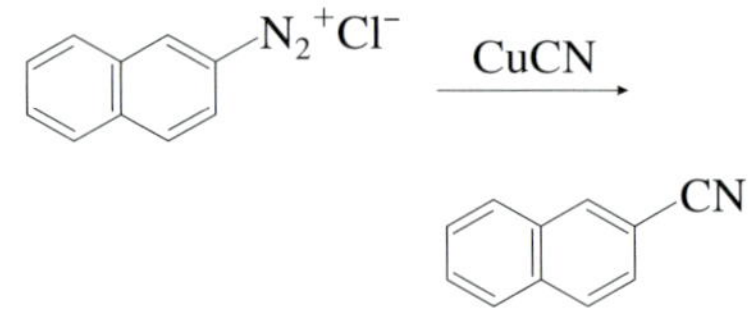

(4)
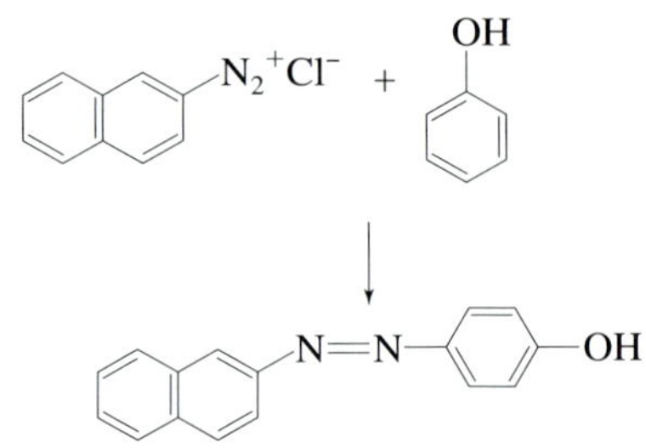

11.12 (1) 삼차
(2) 이차
(3) 일차 및 이차

11.16 (1)

(2)
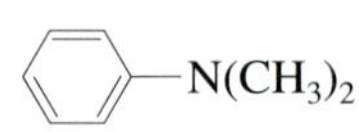

(3) $CH_3CH_2CH_2NHCH_3$

11.17 (1)

(2)
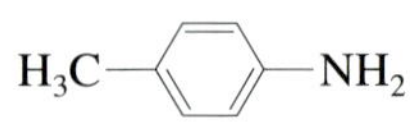

(3)

(4) $(CH_3CH_2CH_2)_3N$

11.19 (1)
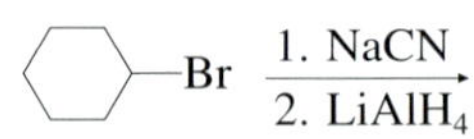

(2)
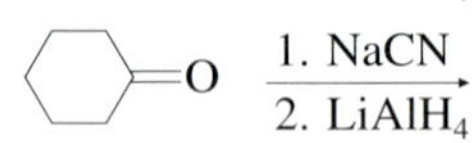

(3)
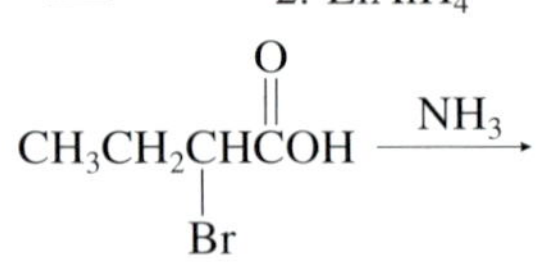

11.21 (1)
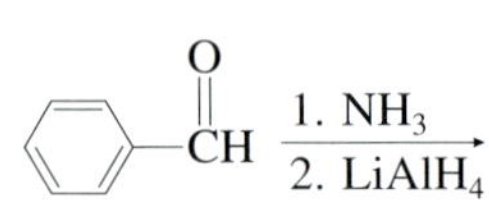

(2)

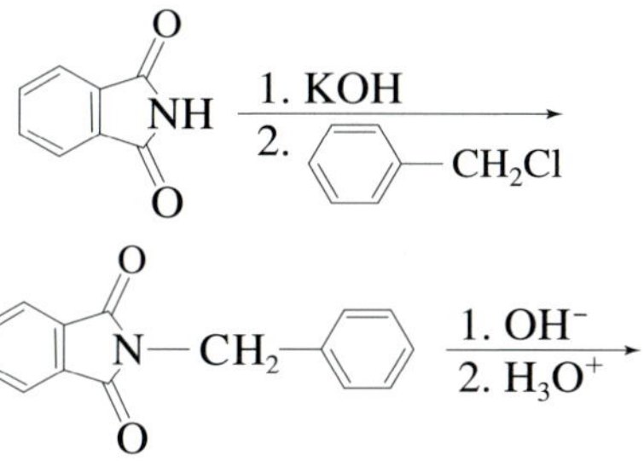

(3) 가수 분해

(4) NH_3와 반응

11.24

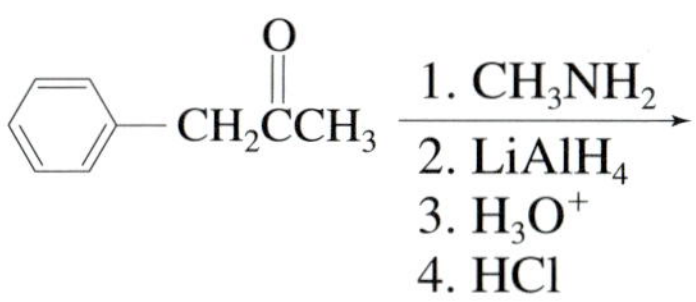

11.25

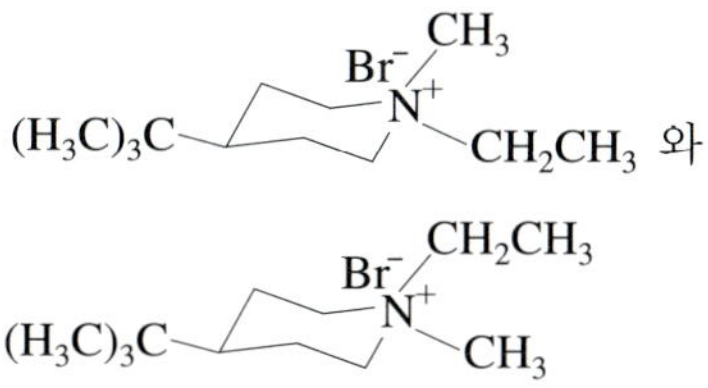

11.26 (1)

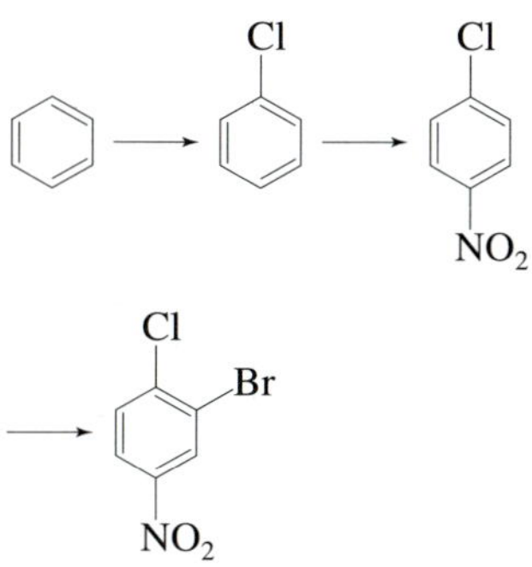

(2)

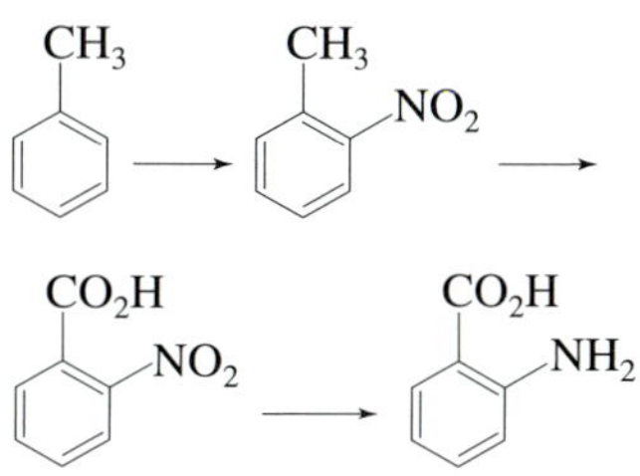

11.27

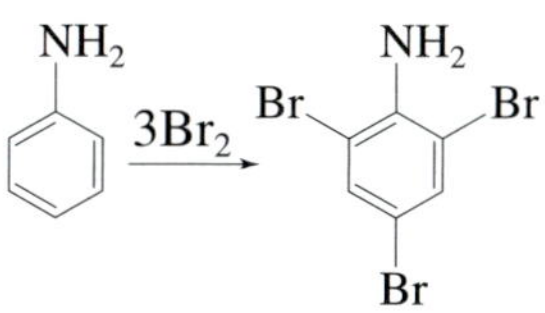

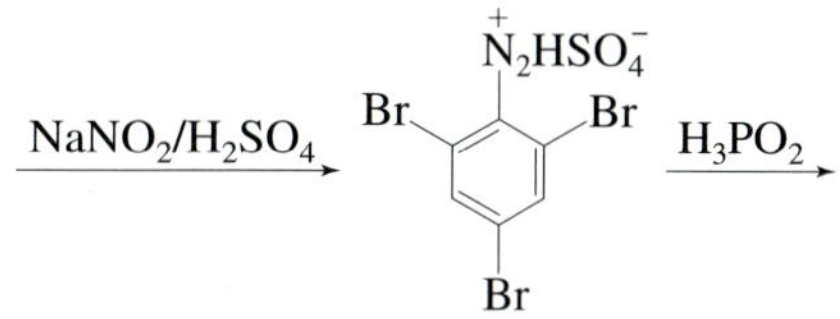

11.28 (1)

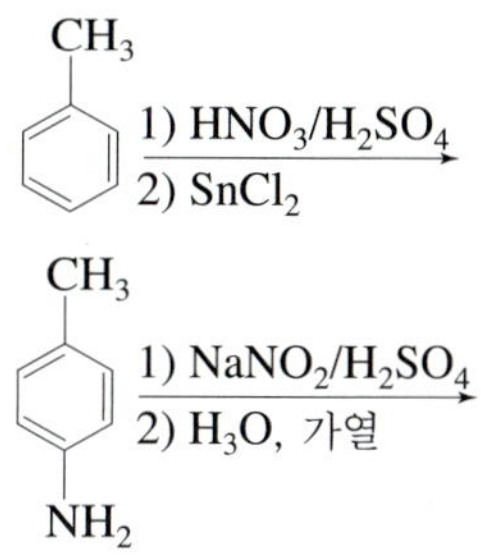

(2)

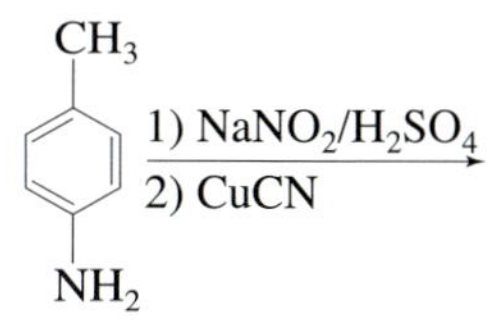

11.29 (1)

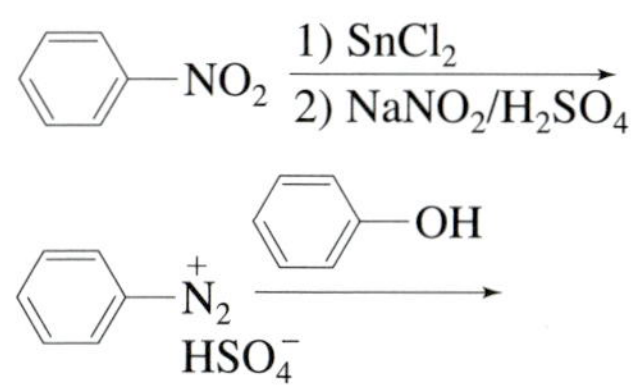

(2)

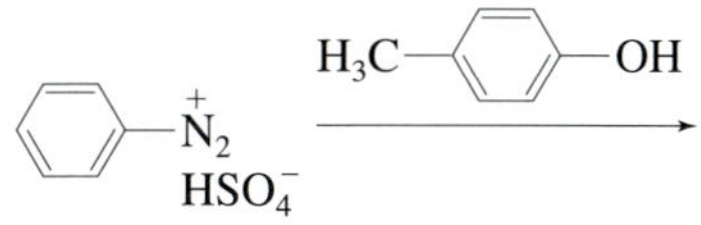

11.30

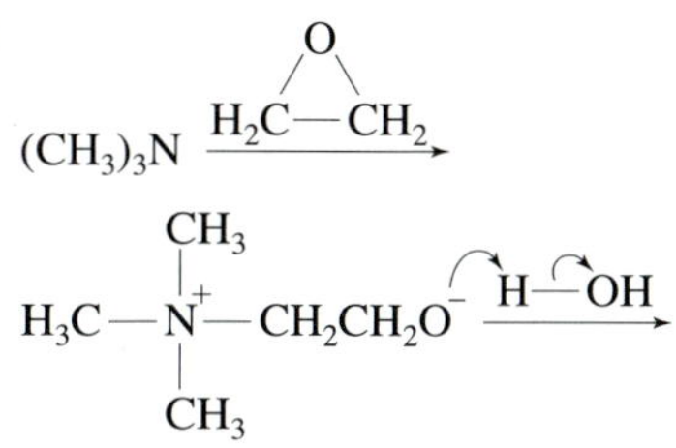

12장

12.2 (1) —C—H: 2580 ~ 2590 cm^{-1};
OH: 3200 ~ 3600
=C—H: 3030 cm^{-1}
C=C: 1620 ~ 1680 cm^{-1}
(2) C=O: 1650 ~ 1780 cm^{-1}
(3) NH_2: 3350 ~ 3500 cm^{-1}
(4) ≡C—H: 3310 ~ 3320 cm^{-1}

12.3 3000 ~ 3500 cm^{-1}의 범위에서 OH기에 특징적인 피크가 관찰되지만, C=O 피크는 관찰되지 않는다.

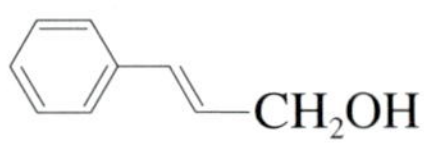

12.4 $\underset{a}{CH_3}\overset{b}{CH}(\underset{a}{CH_3})\overset{O}{\overset{\|}{C}}\underset{c}{H}$
a: δ ~ 0.9 ppm
b: ~2.2 ppm
c: ~9.0 ppm

12.5 $\underset{a}{CH_3}\overset{b}{CH}(\underset{a}{CH_3})\overset{O}{\overset{\|}{C}}O\underset{c}{CH_3}$
a, b, c의 3개의 피크,
a : b : c = 6 : 1 : 3
a : δ ~ 0.9 ppm
b: ~2.1 ppm
c: ~4.0 ppm

12.6 $\underset{a}{CH_3}\underset{b}{CH_2}Cl$ a: δ ~ 1.0 ppm, 삼중선
b: ~3.1 ppm 사중선

12.7 (1) $\underset{a}{(CH_3)_3}\underset{b}{CH}$ a: 이중선; b: 다중선
(2) $\underset{a}{CH_3}\underset{b}{CH_2}Cl$ a: 삼중선; b: 사중선
(3) $\underset{a}{(CH_3)_2}\underset{b}{CH}\underset{c}{CH_3}$ a: 이중선; b: 다중선; c: 이중선
(4) $Br\underset{a}{CH_2}\underset{b}{CH_2}\underset{a}{CH_2}Br$ a: 삼중선; b: 오중선

12.8 $\underset{a}{CH_3}\underset{b}{CH_2}\underset{c}{CHBr_2}$

스펙트럼의 오른쪽(높은장)으로부터 a, b, c의 순서로 피크가 나타나며, a : b : c의 면적비는 3 : 2 : 1이다. a = 이중선, b = 다중선, c = 이중선

$\underset{a}{CH_3}\underset{b}{CHBr}\underset{c}{CH_2}Br$

스펙트럼의 오른쪽(높은장)으로부터 a, c, b의 순서로 피크가 나타나며, a : b : c의 면적비는 3 : 1 : 2이다. a = 이중선, b = 다중선, c = 이중선

$\underset{a}{CH_3}CBr_2\underset{a}{CH_3}$

모두 화학적으로 동등한 양성자이므로 단일선만 관찰된다.

$Br\underset{a}{CH_2}\underset{b}{CH_2}\underset{a}{CH_2}Br$

스펙트럼의 오른쪽(높은장)으로부터 b, a의 순서로 피크가 나타나며 a : b의 면적비는 2 : 1이다. a = 삼중선, b = 오중선

12.9 (1) a: 3; b: 3; c: 2; d: 2; e: 4; f: 4

12.10 1,4-Pentadiene은 서로 고립된 이중 결합을 가지고 있으므로 175 nm 근처에서 흡수한다.
1,3-Pentadiene은 두 개의 이중 결합이 콘쥬게이션되어 있으므로 217 nm 근처에서 흡수한다.

12.12 C_5H_{12}

12.13 C_4H_9Br

12.16 (1) B (2) C (3) A (4) D

12.17 C=O

12.21 $(CH_3)_4Si < CH_4 <$ Cyclohexane $< CH_3COCH_3 < CH_2{=}CH_2 < CHCl_3$

12.26 (1) $CH_3CH(CH_3)CH_2Cl$
(2) $BrCH_2CH_2CH_2Br$
(3) $CH_3CH(CH_3)CH_2OH$

12.27 알코올: $CH_3CH(OH)CH(CH_3)CH_3$

브로모알케인:

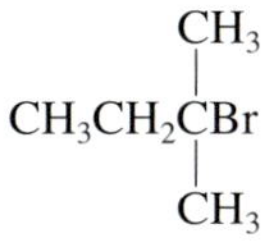

12.28 $\underset{a}{CH_3}O\underset{b}{CH_2}\underset{c}{CH_2}CN$

a: 단일선, δ=3.50
b: 삼중선, δ=3.50
c: 삼중선, δ=2.60

12.29

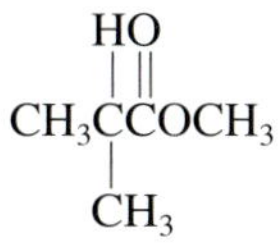

12.30 A는 카보닐기와 이중 결합이 콘쥬게이션되어 있으므로 더 긴 파장의 빛을 흡수한다.

12.33

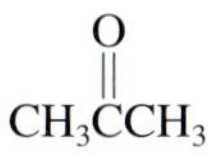

12.34

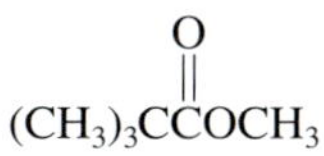

13장

13.1

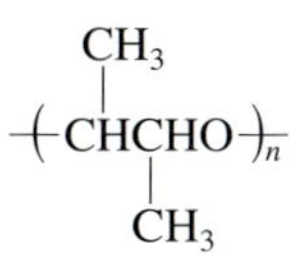

13.2 (1)

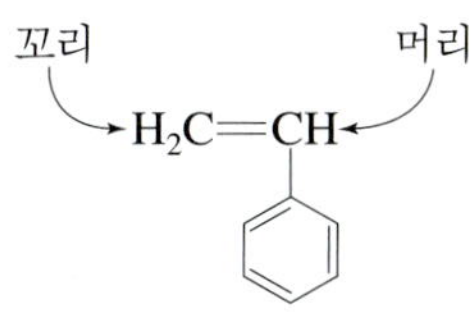

(2)

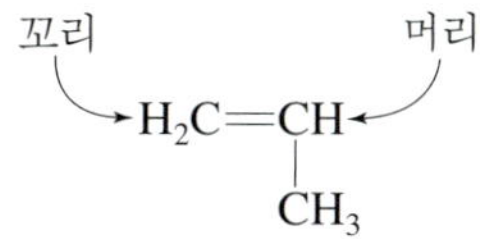

(3)

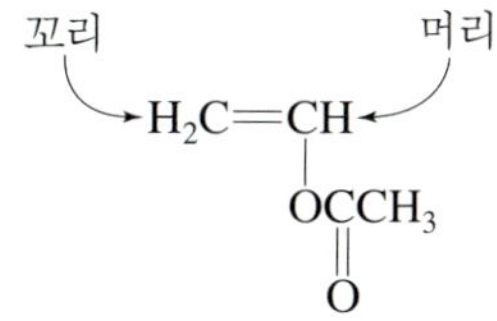

(4)

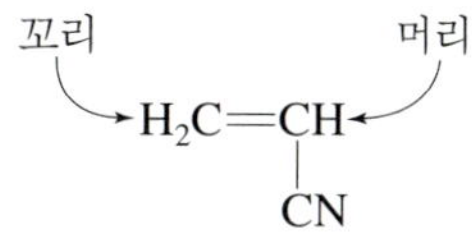

13.3 (1)

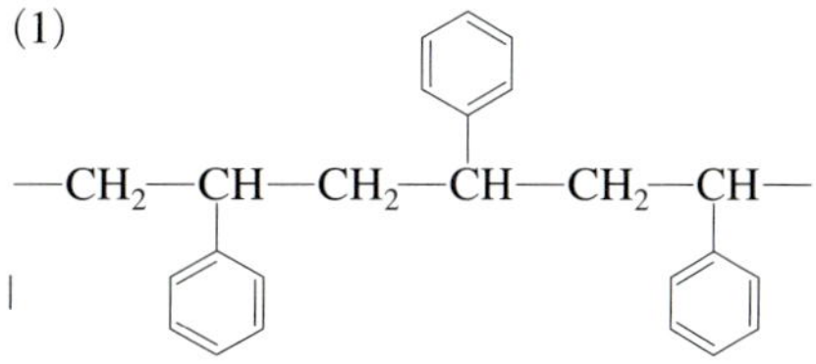

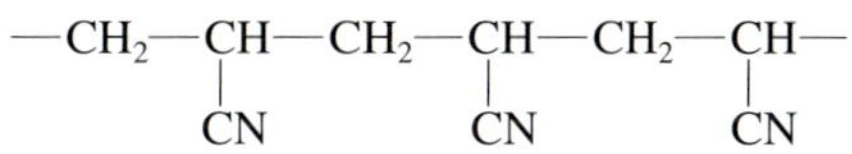

(3)

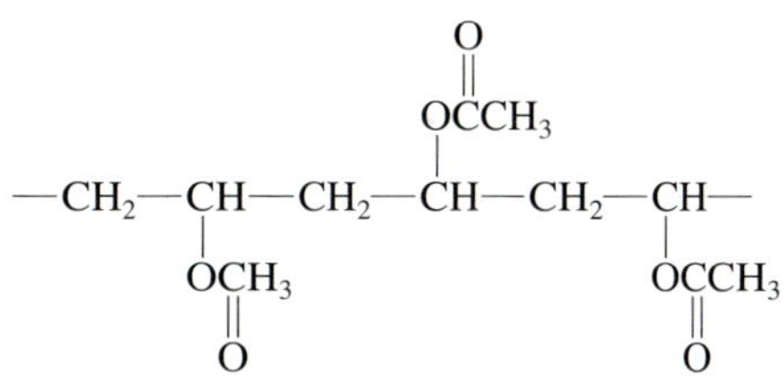

(4)

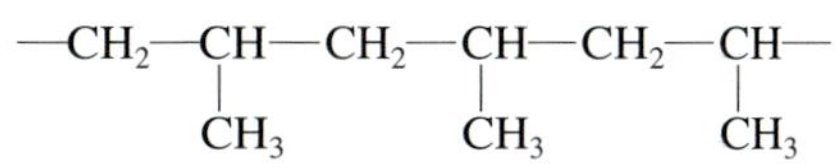

13.4

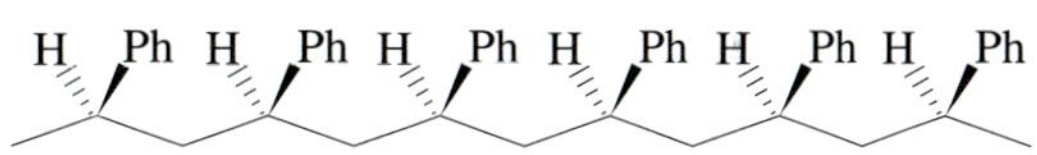

13.5 교대 배열 중합체

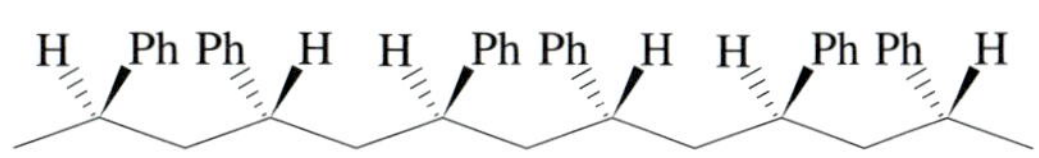

혼성 배열 중합체

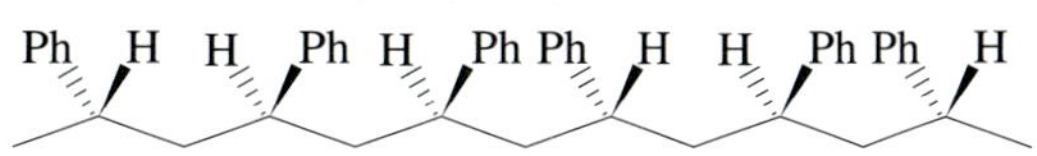

13.6 

Z

Z

13.7 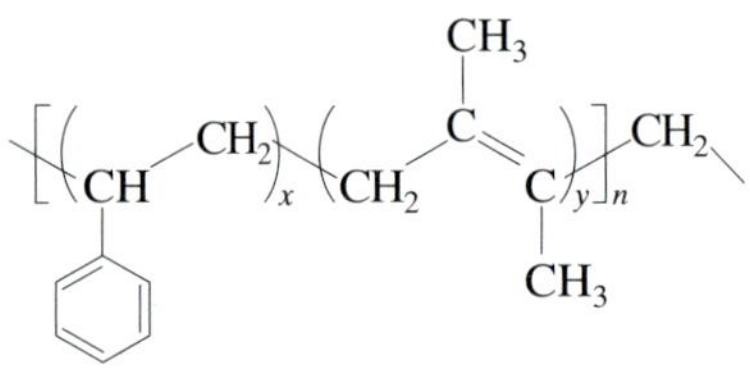

13.8 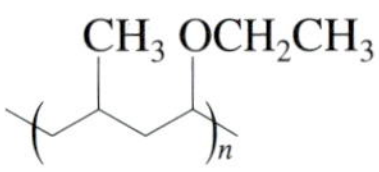

13.9 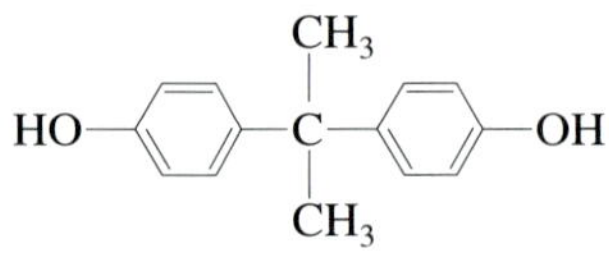 와

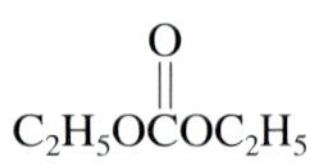

13.10 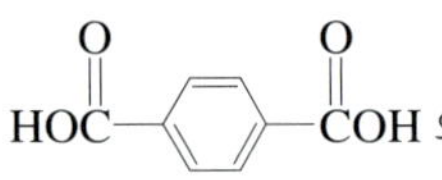 와 $HOCH_2CH_2OH$

13.12 (2), (5), (6)

13.14 생성되는 중합체의 구조는 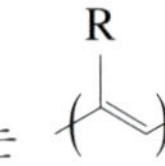 이며 치환체가 치환되어 있는 탄소가 카이랄 중심이 아니기 때문

13.16 ROOR ⟶ 2RO·

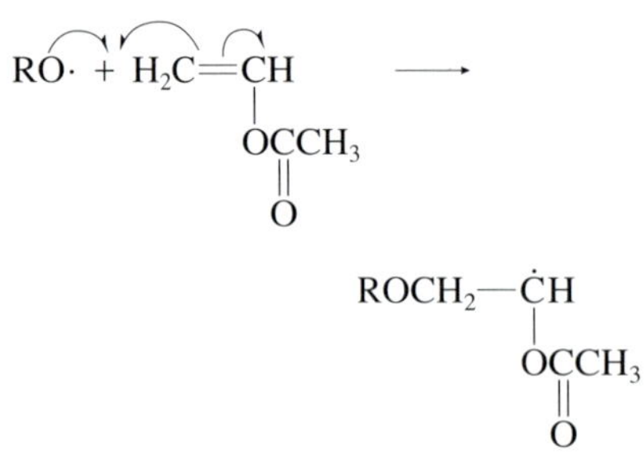

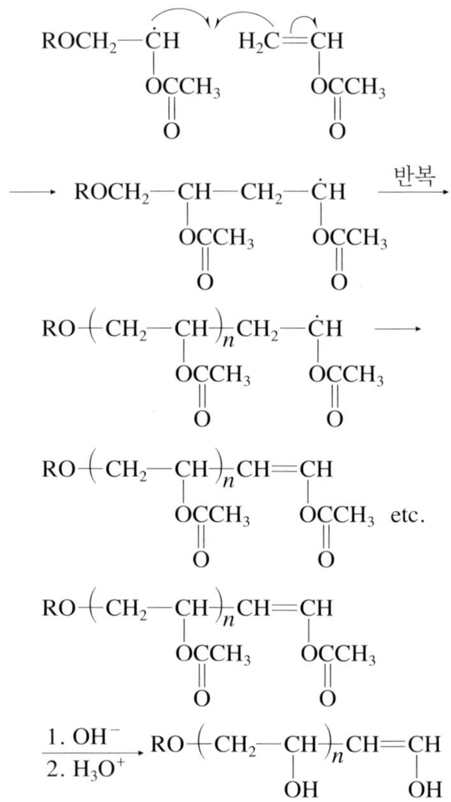

13.17 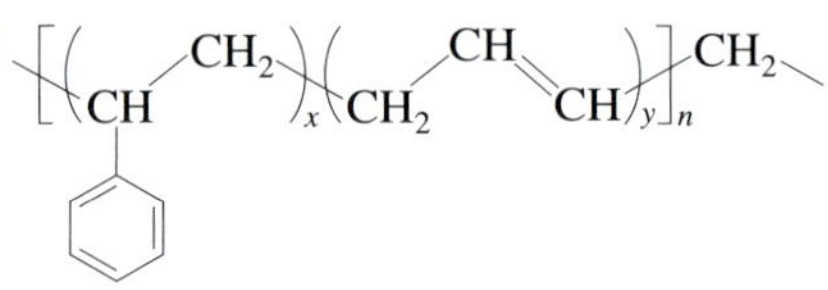

13.19 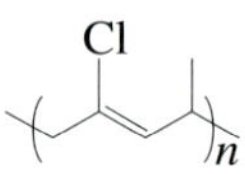

13.23 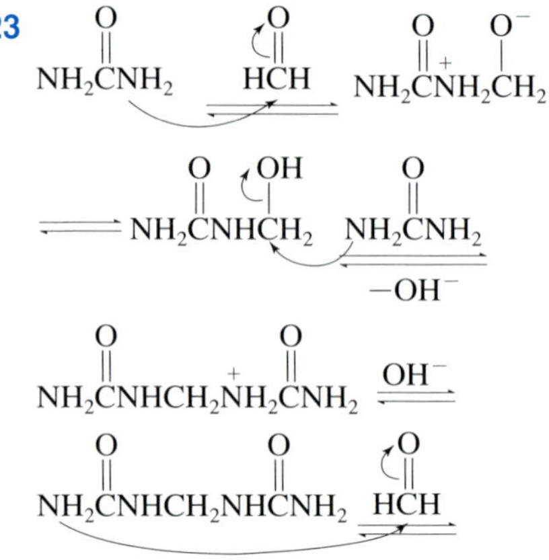

반복 $\longrightarrow \left(\text{NH}\overset{\text{O}}{\overset{\|}{\text{C}}}\text{NHCH}_2 \right)_n$

13.24

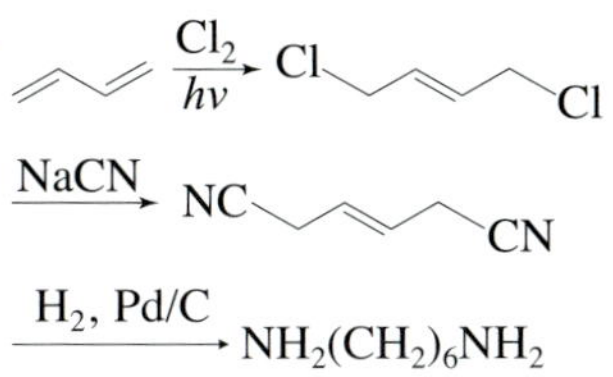

13.27

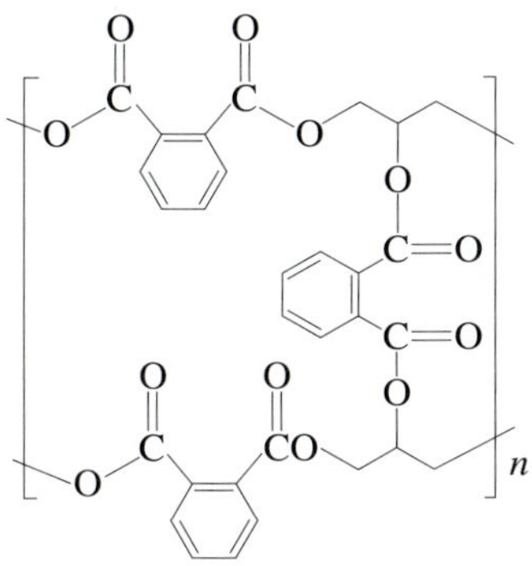

14장

14.1 (1) Aldotetrose
(2) Ketopentose
(3) Aldopentose
(4) Aldohexose

14.2

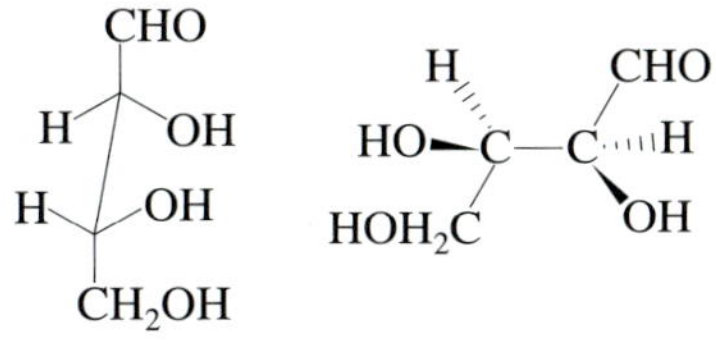

14.3 2^3개

14.4 모두 D 배열

14.5 D-Allose, D-Altrose, D-Glucose, D-Mannose 그룹과 D-Glulose, D-Idose, D-Galactose, D-Talose

14.6

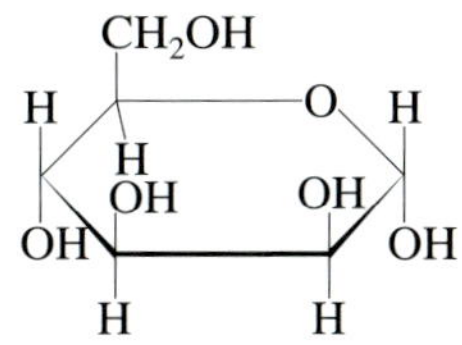

α-D-Mannose

14.7

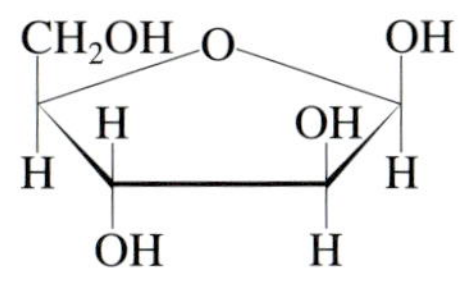

β-D-Arabinose

14.9

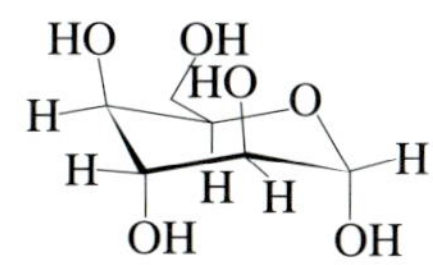

α-D-Idose

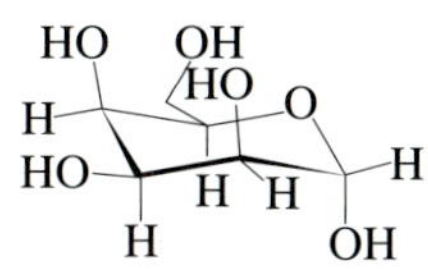

α-D-Talose

14.10

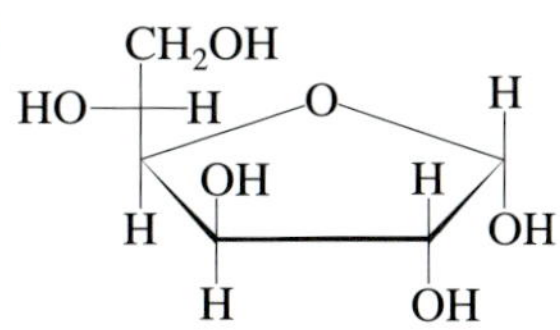

α-D-Glucofuranose

14.11

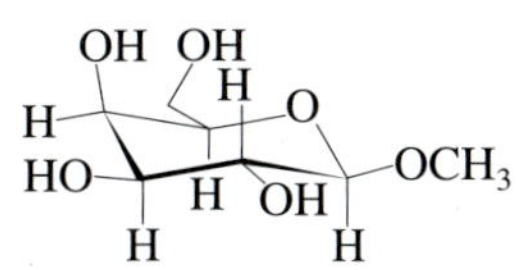

Methyl β-D-Galactoside

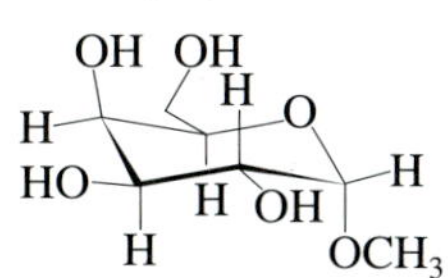

Methyl α-D-Galactoside

14.12

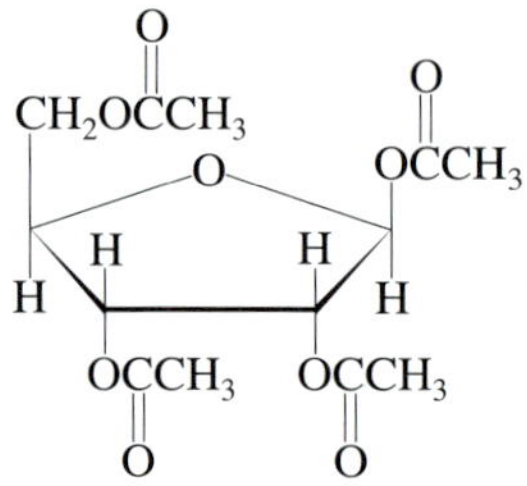

β-D-Ribofuranose

14.13 (1)

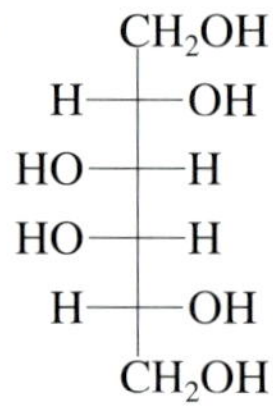

14.15

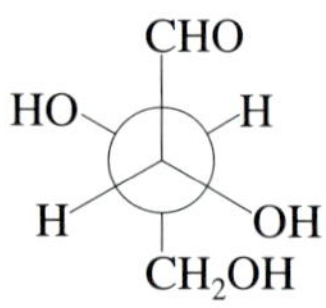

14.18 의자형에서 각 탄소의 아래쪽에 있는 치환기는 Fischer 투영도에서 수직선의 오른쪽에, 의자형에서 각 탄소의 위쪽에 있는 치환기는 Fischer 투영도에서 수직선의 왼쪽에 그려 준다. 예를 들어,

(1)

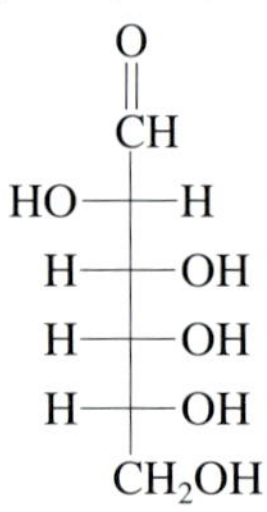

14.19 의자형에서 각 탄소의 아래쪽에 있는 치환기는 Haworth 투영도에서도 고리의 아래쪽에 그려진다.

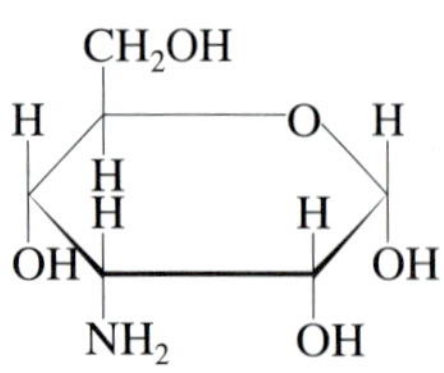

14.20 (1)

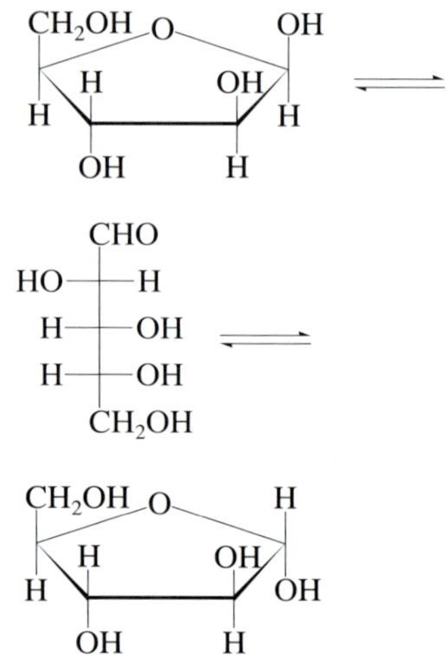

(2)

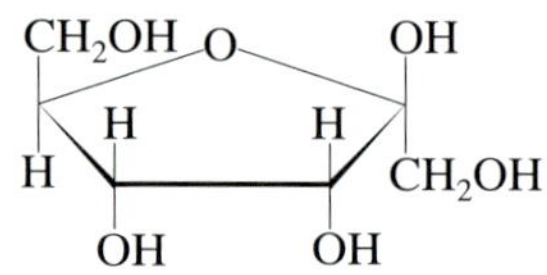

β-D-Fructofuranose

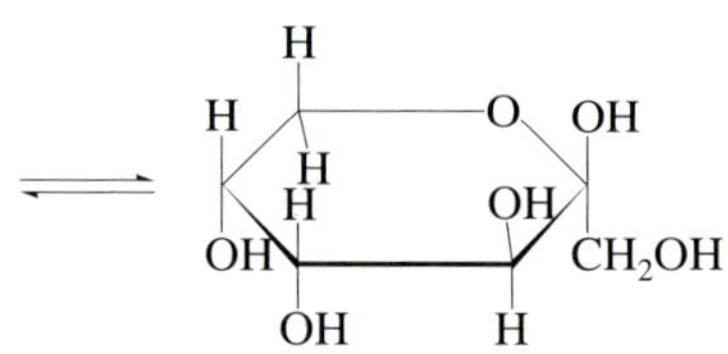

β-D-Fructopyranose

(3)

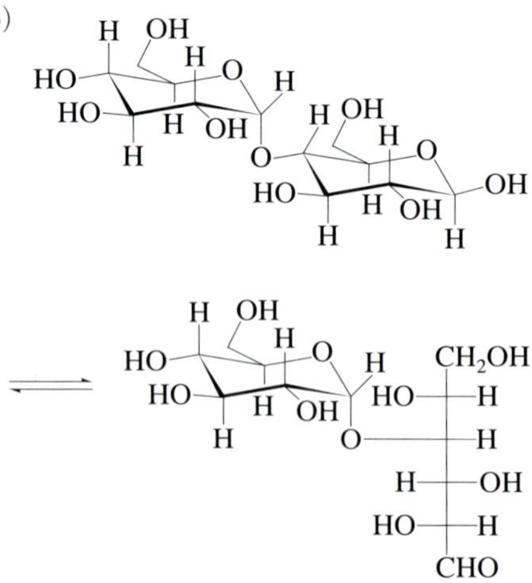

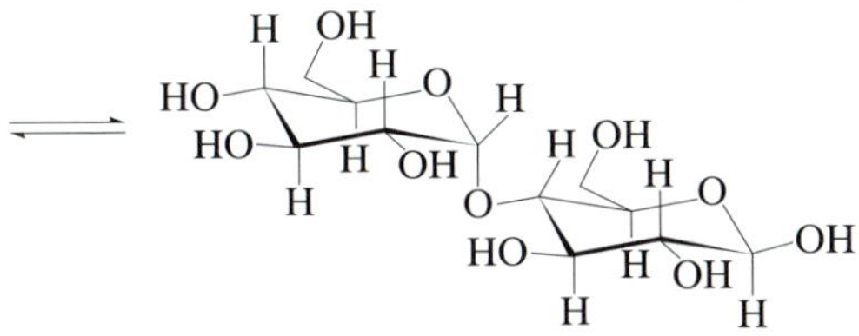

14.23 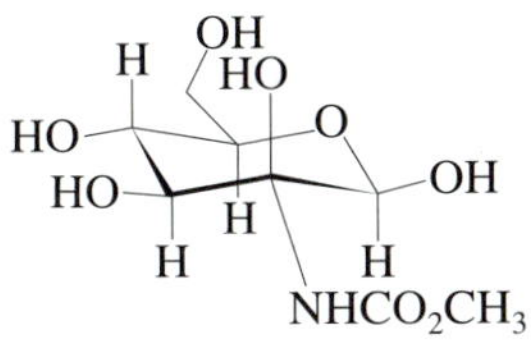

14.24 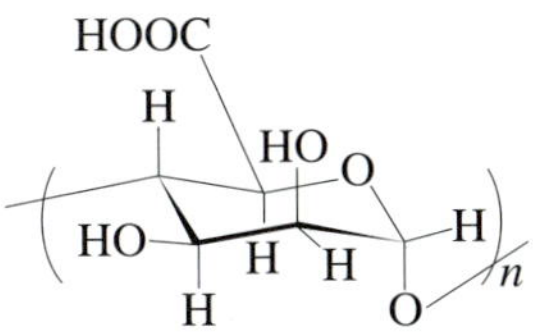

15장

15.2 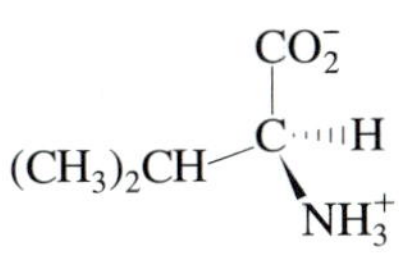

15.3 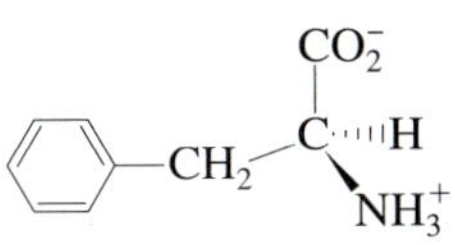

15.4 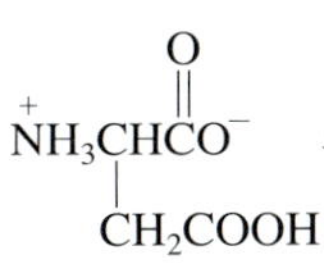 와 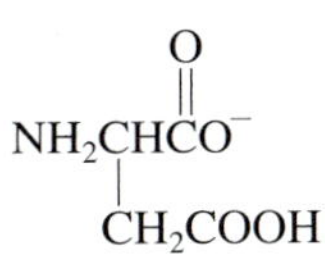

15.5 (1) 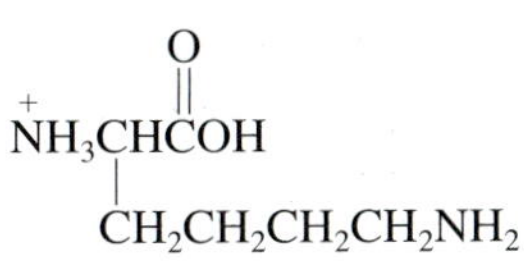

(2) 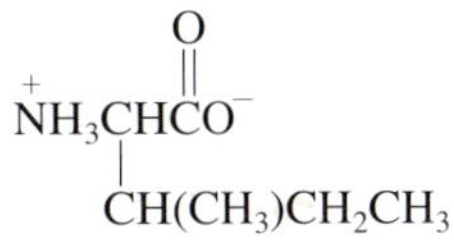

(3) 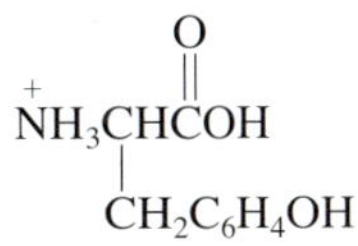

15.6 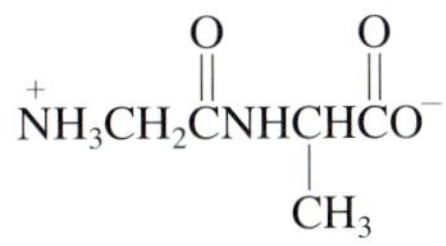

15.7 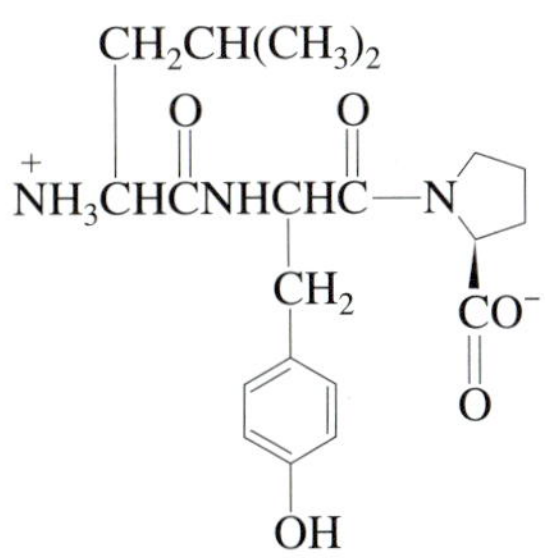

15.9 Glu-Arg-Gly-Gly-Arg-Gly-Phe

15.10 Pro-Leu-Gly-Pro-Arg-Pro

15.11 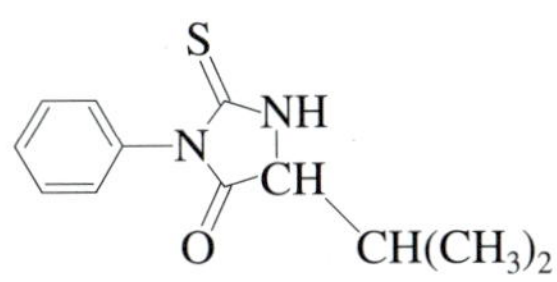

15.12 Tyr과 Ala-Val-Leu

15.19 모두 양극

15.21 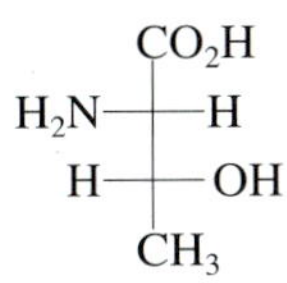

15.22 Trypsin: Phe-Leu-Lys, Met-Asp-Gly-Tyr-Gl-Arg, Pro-Val-Ile-Tyr
Chymotripsin; Phe, Leu-Lys-Met-Asp-Gly-Tyr, Gly-Arg-Pro-Val-Ile-Tyr

15.23 Proline은 2차 아미노기를 가지고 있다. Proline 잔기가 1차 펩타이드 구조에 포함되면 사슬 안쪽의 수소 결합에 필요한

N—H기가 없다. 이와 같은 구조적 특징은 α-나선의 형성을 방해하는 경향이 있다. Proline은 단백질의 구조가 꺾인 부분에서 자주 발견된다.

16장

16.1

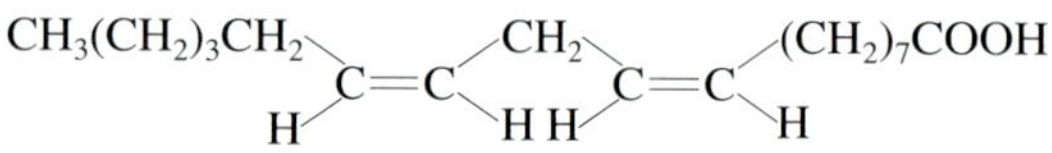

16.2

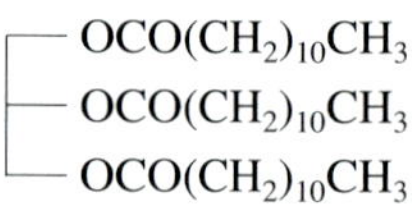

16.4

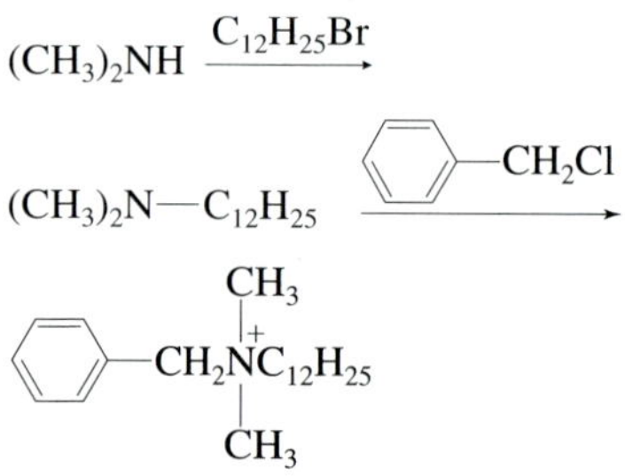

16.5

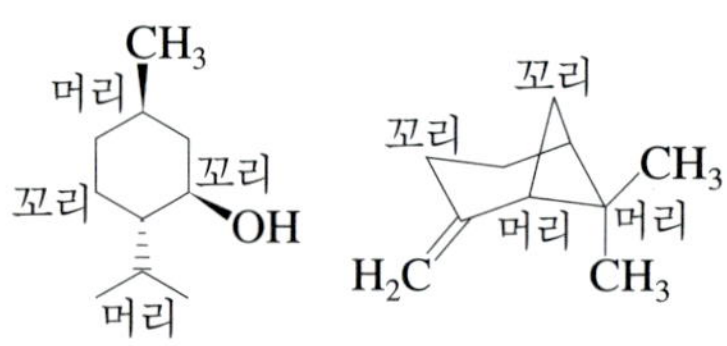

16.6 Pyrimidine과 purine은 방향족성의 기준인 $(4n+2)\pi$, 전체 고리의 콘쥬게이션 및 평면 구조의 조건을 충족시키고 있다.

16.7

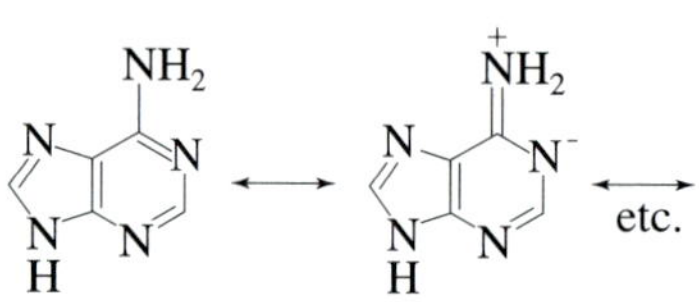

16.9 (1)

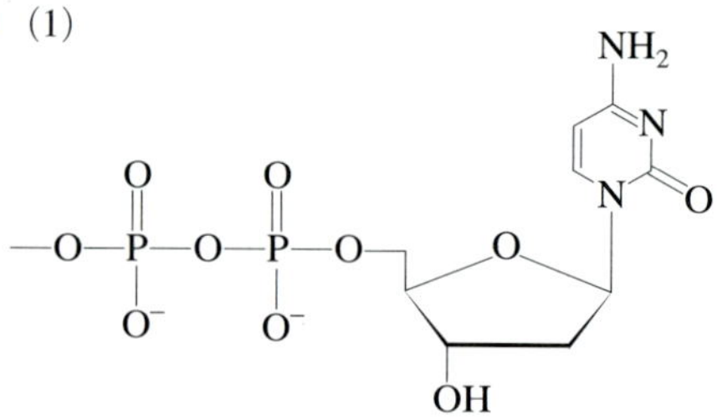

16.10 dGTP

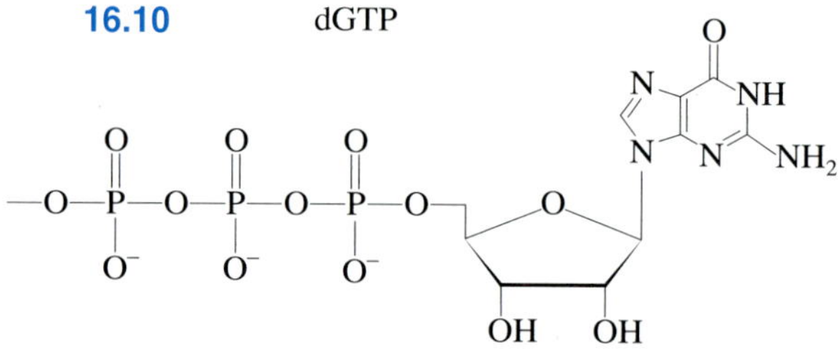

16.11 5′-말단 TAACGCTCG 3′-말단

16.12

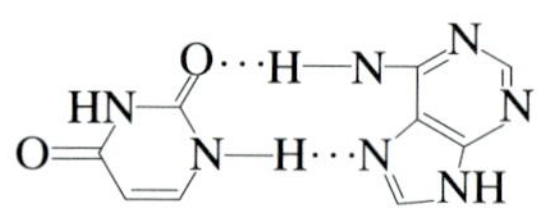

16.14 (1) AUU, AUC, AUA
(2) GAU, GAC

16.15 Tyr: UAU; Leu: CUA; Ser: UCU, UCG; Ile: AUC, AUA

16.17 광학 활성인 지방:

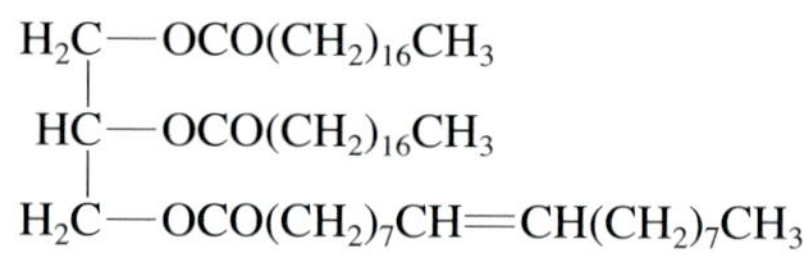

광학 비활성인 지방:

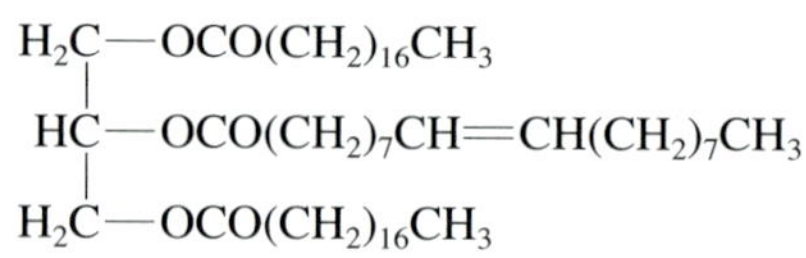

16.28 T: 32%; C: 18%

16.29 (1) 상보적 DNA: 5′-GCATAAGC-3′
상보적 RNA: 5′-GCAUAAGC-3′
(2) 상보적 DNA: 5′-GCAUAAGC-3′
상보적 RNA: 5′-GUACAGCUU-3′

16.31 Tyr의 구조

16.33 5′-GTA-3′
전사되는 DNA 가닥: 5′-AAG-3′
상보적인 DNA 가닥: 5′-CTA-3′

16.34 Gln-His-Ala-Lys-Leu-Ile-Asn

16.35 정상적인 DNA에서 전사된 mRNA 코돈은 5′-AUCCUGGUA-3′이다. 그리고 이 코돈에 의해 결정되는 아미노산 서열은 Ile-Leu-Val이다. 복제 과정의 실수로 변이된 DNA에서 전사된 mRNA 코돈은 5′-AUCCGGGCA-3′이다. 따라서 아미노산 서열은 Ile-Arg-Ala로 원래의 서열과 달라지게 된다.

찾아보기

[한글]

ㄱ

ㄴ

ㄷ

ㅅ

ㅇ

ㅈ

ㅎ

| 저자 소개 |

신 성 철
서울대학교 대학원 이학박사
현: 경상대학교 화학과 교수

길잡이 유기화학 - 이론과 실험

| 저 자 신 성 철
| 발 행 인 주 정 희
| 발 행 처 자유아카데미
| 주 소 경기도 파주시 회동길 37-42 파주출판도시
| 전 화 031-955-1321
| 팩 스 031-955-1322
| 전자우편 main@freeaca.com(대표)
editor@freeaca.com(편집)
crm@freeaca.com(영업)
| 등 록 제406-2003-017호, 1980. 7. 12
| 제1판1쇄 2016년 3월 3일 발행
| 정 가 30,000원

저자와의 협의하에 인지생략

무단 복제를 금하며, 잘못된 책은 바꾸어 드립니다.
ISBN 979-11-5808-046-4 93430

■ 중요 작용기

계열 이름	일반식	화합물 예	이름
알켄(Alkene)	$R_2C{=}CR_2$	$H_2C{=}CH_2$	Ethene (Ethylene)
알카인(Alkyne)	$RC{\equiv}CR$	$HC{\equiv}CH$	Ethyne (Acetylene)
아렌(Arene)	ArH	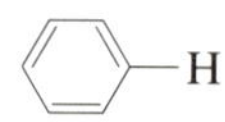	Benzene
할로알케인 (haloalkane)	$R-\ddot{X}:$ (X=F, Cl, Br, I)	CH_3CH_2Cl	Chloroethane (Ethyl chloride)
알코올(Alcohol)	$R-\ddot{O}H$	$CH_3CH_2\ddot{O}H$	Ethanol (Ethyl alcohol)
에터(Ether)	$R-\ddot{O}-R$	$CH_3CH_2\ddot{O}CH_2CH_3$	Diethyl ether
아민(Amine)	$R-\ddot{N}R'R''$	$CH_3CH_2\ddot{N}H_2$	Ethylamine
설파이드(Sulfide)	$R-\ddot{S}-R$	$CH_3CH_2\ddot{S}CH_2CH_3$	Diethyl sulfide
싸이올(Thiol)	$R-\ddot{S}H$	$CH_3CH_2\ddot{S}H$	Ethanethiol
카보닐(Carbonyl) 기($-C(=\ddot{O})-$)를 가지고 있는 화합물들:			
알데하이드(Aldehyde)	$R-C(=\ddot{O})-H$	$CH_3-C(=\ddot{O})-H$	Ethanal (Acetaldehyde)
케톤(ketone)	$R-C(=\ddot{O})-R'$	$CH_3-C(=\ddot{O})-CH_3$	2-Propanone (Acetone)
카복실산(Carboxylic acid)	$R-C(=\ddot{O})-\ddot{O}H$	$CH_3-C(=\ddot{O})-\ddot{O}H$	Ethanoic acid (Acetic aicd)
에스터(Ester)	$R-C(=\ddot{O})-\ddot{O}R'$	$CH_3-C(=\ddot{O})-\ddot{O}CH_2CH_3$	Ethyl ethanoate (Ethyl acetate)
아마이드(Amide)	$R-C(=\ddot{O})-\ddot{N}R'R''$	$CH_3-C(=\ddot{O})-\ddot{N}H_2$	Ethanamide (Acetamide)
나이트릴(Nitrile)	$R-C{\equiv}\ddot{N}$	$CH_3C{\equiv}\ddot{N}$	Ethanenitrile (Acetonitrile)

할로알케인에서 진행되는 대표적인 친핵성 치환 반응

$Nu: + R—L \longrightarrow R—Nu + L:^-$

구조식	친핵체 이름	구조식	생성물 이름
산소 친핵체			
$HO:^-$	하이드록사이드 이온	R—OH	알코올
$RO:^-$	알콕사이드 이온	R—O—R	에터
$RCOO:^-$	카복실산 이온	RCOOR	에스터
HOH	물	ROH_2^+	알킬옥소늄 이온
ROH	알코올	R^-O^+HR	다이알킬옥소늄 이온
질소 친핵체			
RNH_2	아민	$R\overset{+}{N}H_2R$	다이알킬암모늄 이온
$:\bar{N}=\overset{+}{N}=\bar{N}:$	아자이드 이온	$RN=\overset{+}{N}=\bar{N}$	알킬 아자이드
황 친핵체			
$HS:^-$	황화 수소 이온	R—SH	싸이올
$RS:^-$	싸이올레이트 이온	RS—R	설파이드
할로젠 친핵체			
$:I:^-$	아이오딘 이온	R—I	아이오도알케인

친전자성 치환 반응에서 치환기의 효과

반응 속도 영향	*o*,*p*-지향기	반응 속도 영향	*m*-지향기
매우 강한 활성화	$—NH_2$, —NHR, $—NR_2$	강한 활성 감소	—C(=O)OR
	—OH		—C(=O)R
	—OR		$—SO_3H$
강한 활성화	—O—C(=O)—R		—C(=O)H
	—NH—C(=O)—R		—C(=O)OH
활성화	$—C_6H_5$(aryl)		—CH
	—R(alkyl)	매우 강한 활성 감소	$—NO_2$
약한 활성 감소	—X(X=halogen, 활성 감소)		$—\overset{+}{N}R_3$